Reine und angewandte Mikrochemie in Einzeldarstellungen

Herausgegeben von F. Hecht

1

Anorganische Mikrogewichtsanalyse

Von

Friedrich Hecht und **Julius Donau**

Assistent am II. chemischen Institut der Universität Wien

Dozent der Technischen Hochschule Graz

Mit 102 Abbildungen im Text

Springer-Verlag Wien GmbH

ISBN 978-3-7091-3171-8 ISBN 978-3-7091-3207-4 (eBook)
DOI 10.1007/978-3-7091-3207-4

Ursprünglich erschienen bei Julius Springer in Vienna 1940
Softcover reprint of the hardcover 1st edition 1940

Vorwort.

Die Mikroanalyse befaßt sich zum Unterschied von der Makroanalyse mit der Ermittlung kleiner und kleinster Stoffmengen. Sie ist zwar an sich nur ein Teil der umfassenderen Mikrochemie, doch liegt die große Mehrzahl aller mikrochemischen Untersuchungen auf *mikroanalytischem* Gebiete, womit aber keineswegs die Bedeutung etwa der mikropräparativen Methoden geschmälert werden soll.

Die Mikroanalyse gliedert sich ebenso wie die Makroanalyse in einen qualitativen und einen quantitativen Zweig. Bei jedem dieser Teilgebiete können selbstverständlich wieder die organische und die anorganische Richtung unterschieden werden, wobei jedoch gewisse Übergänge feststellbar sind. Die Methoden der quantitativen Mikroanalyse werden je nach der Technik, deren sie sich bedienen, als Mikrogewichtsanalyse, Mikromaßanalyse, Mikrocolorimetrie usw. bezeichnet. Es sei an dieser Stelle betont, daß der Forscher, der mikroanalytische Methoden benutzt, in universeller Weise dazu die jeweils meistgeeignete Arbeitstechnik heranziehen wird. Es wäre demnach beispielsweise unzweckmäßig, in einer Darstellung der in der Metallurgie gebräuchlichen Mikromethoden sich etwa nur auf die mikrogravimetrischen oder aber nur auf die mikrovolumetrischen Methoden zu beschränken, vielmehr müßten *alle Verfahren* — unbeschadet ihrer Einteilung nach der verwendeten Arbeitstechnik — vom Gesichtspunkt ihrer praktischen Anwendbarkeit auf die Probleme der Metallurgie besprochen werden. Stellt man jedoch als primäres Moment nicht eben die Anwendungsgebiete, sondern die Art der Arbeitstechnik in den Vordergrund, wie sich dies für ein *allgemein gehaltenes Lehrbuch* ziemt, so darf ein solches Buch zweifellos das Hauptgewicht auf die Darstellung der Arbeitsmethodik und der bisher ausgearbeiteten diesbezüglichen Bestimmungsverfahren legen, wie es ja auch für die Makroanalyse besondere Lehrbücher der Gewichtsanalyse, der Maßanalyse usw. gibt. Auch das vorliegende Buch schöpft seine Berechtigung vor allem aus didaktischen Gesichtspunkten und will dem Benutzer über die wohl erprobte Arbeitstechnik der Mikrogewichtsanalyse einen Überblick geben, der durch eine Darstellung der wichtigsten bisher ausgearbeiteten Einzelbestimmungs- und Trennungsmethoden seine notwendige Ergänzung erfährt. Die Entwicklung der Mikrogravimetrie hat derzeit einen Stand erreicht, der eine solche zusammenfassende Darstellung begründet erscheinen läßt. Eine allgemeine Beschreibung der *gesamten anorganischen Mikroanalyse* würde schon jetzt einen recht umfangreichen Band ergeben und ist in diesem Rahmen auch nicht beabsichtigt.

Untrennbar verbunden ist die Entwicklung der anorganischen Mikrogewichtsanalyse mit dem Namen FRIEDRICH EMICHS, die der organischen Mikrogewichtsanalyse mit dem FRITZ PREGLS. Diese Entwicklung fällt der Hauptsache nach in die letzten drei Jahrzehnte. Während die organische Mikrogewichtsanalyse in Gestalt der Mikroelementaranalyse bereits das Bild eines wohlfundierten, mehrstöckigen, bis zum Dach festgefügten Baues gewährt, der seine Fähigkeit, Wind und Wetter zu trotzen, vielfältig unter Beweis gestellt hat und bloß gelegentlichen Ausbesserungen und Erneuerungen unterworfen ist, ist das Gebäude der anorganischen Mikrogewichtsanalyse vergleichsweise erst bis zum ersten Stockwerk gediehen. Baumeister und Arbeiter haben also noch ein reiches Betätigungsfeld vor sich. Infolge des schnellen Emporwachsens der benachbarten Gebäude mikrovolumetrischer, mikrocolorimetrischer, polarographischer, potentiometrischer, spektralanalytischer Methoden muß sogar der ursprüngliche Bauplan gewisse Abänderungen erfahren, d. h. der Weiterbau wird aus Gründen der Arbeitsökonomie in enger Ausrichtung zu diesen Gebieten mikroanalytischer Arbeitstechnik erfolgen, um überflüssige Doppelarbeit dort zu vermeiden, wo inzwischen schon Besseres geschaffen worden ist.

Es lag nun den Verfassern daran, nach einer allgemeinen Darstellung der Arbeitstechnik in erster Linie solche Bestimmungsmethoden zu beschreiben, die als wohlbegründet gelten können und in der Hand eines geübten Mikroanalytikers zuverlässige Ergebnisse liefern. Zur Vervollständigung wurden auch manche Methoden aufgenommen, die zwar nicht von den Verfassern selbst überprüft worden sind, für deren Güte jedoch der Name des Autors bürgt. In diesem Zusammenhang muß darauf hingewiesen werden, daß die bisherige Entwicklung der Mikrogravimetrie auf eine verhältnismäßig beschränkte Zahl von Instituten und Forschungsstätten zurückgeht. Die Verfasser richten daher an alle interessierten Fachgenossen den dringenden Appell, sich an dem weiteren Ausbau dieses Zweiges der Mikroanalyse, dessen Grundlagen nunmehr gegeben sind, zu beteiligen, damit der Fortschritt um so rascher erfolge. So manches Laboratorium scheut noch immer vor der Anwendung von Mikromethoden zurück, weil die Anschauung ziemlich verbreitet ist, daß die Erlernung dieser Arbeitstechnik mit größeren Schwierigkeiten verbunden sei. Im Gegensatz dazu muß auf Grund vielfacher Erfahrung festgestellt werden, daß ein *guter Analytiker* bei ausreichender Übung auch ein guter, zumindest aber stets ein durchaus brauchbarer Mikroanalytiker wird. Für die Mikrogravimetrie gilt dabei, daß zur Aneignung der Grundlagen dieser Arbeitstechnik durchschnittlich vier Wochen genügen. Die Schönheit und Sauberkeit der mikrochemischen Methoden üben auf jeden ihrer Jünger einen so nachhaltigen Eindruck aus, daß er vom Augenblick ihrer Beherrschung an die Mikromethoden soweit als möglich den Makromethoden vorzieht, sofern im einzelnen ihre Gleichwertigkeit gegeben ist.

Den Vertretern anderer Wissenschaften, wie z. B. Mineralogen, Geologen, Archäologen, Biologen, fehlt sehr oft die Kenntnis der bisher schon erreichten Leistungsfähigkeit der anorganischen Mikroanalyse, insbesondere der Mikrogravimetrie. Eine fortschreitende Kenntnisnahme dieser Tatsache würde sehr zum schnelleren Fortschritt einiger Gebiete beitragen, da so manche Probleme gelöst werden könnten, die bis jetzt lediglich aus Unkenntnis oder aus Scheu vor der Anwendung der ungewohnten Mikromethoden nicht in Angriff genommen worden sind. Anderseits fällt manchmal Nichtchemikern das Verständnis dafür schwer, daß dann, wenn zur Lösung eines bestimmten Problems erst neue Methoden aufgefunden werden müssen, unbedingt eine Erprobung am Modellversuch erforderlich ist. Man könnte andernfalls zu völlig unzureichenden und falschen Ergebnissen gelangen, deren wissenschaftliche Auswertung grobe Fehlresultate zur Folge hätte und geeignet wäre, das Ansehen der Mikroanalyse aufs schwerste zu beeinträchtigen. Der heutige Stand der Mikrogravimetrie erlaubt noch nicht, jedes auftretende Problem ohne weiteres zu lösen. Insbesondere fehlt es noch sehr an Trennungsmethoden. Vielfach wird man veranlaßt sein, solche erst selbst auszuarbeiten, doch hoffen die Verfasser, daß das vorliegende Buch in dieser Hinsicht vielleicht manchen geeigneten Fingerzeig geben kann. Auch in der sogen. „Spurensuche“[1], welcher Begriff von F. Emich geprägt worden ist, beweist die Mikroanalyse ihre Bedeutung; sind daran doch Wissenschaft und Industrie gleichermaßen interessiert! Gerade auf diesem Gebiete ersteht der Mikrogravimetrie allerdings schärfste Konkurrenz durch physikalische und physikalisch-chemische Analysenverfahren, und der Forscher wird hier in jedem einzelnen Falle nach dem Grundsatz wählen, daß das Bessere des Guten Feind ist.

Es muß auch vor der Ansicht gewarnt werden, daß Mikromethoden unter allen Umständen Schnellmethoden sein müssen. So sehr eine Anwendung in der technischen Analyse rasche Ausführbarkeit verlangt, eben so sehr muß dieses Moment in den Hintergrund treten, wenn es sich um rein wissenschaftliche Aufgaben handelt, deren Lösung nur durch solche Mikromethoden ermöglicht wird, die zwar nicht so sehr zeitsparend, als vielmehr wohlerprobt sind und einwandfrei zum Ziel führen. Im übrigen steht für die Mehrzahl aller Mikroverfahren fest, daß die Schnelligkeit ihrer Ausführbarkeit diejenige der entsprechenden Makromethoden beträchtlich übertrifft.

Möglichst anzustreben ist vor allem die Ausarbeitung von Mikromethoden für Vollanalysen. Durch Verfolgung dieses Zieles wird der Einschränkung des Anwendungsbereiches der Mikroanalyse entgegengewirkt, die sich bis jetzt noch daraus ergibt, daß oft für die Bestimmung verschiedener Einzelbestandteile jeweils besondere Einwaagen notwendig sind und so der Vorteil der Materialersparnis teilweise wieder aufgehoben wird. Immerhin läßt die bisherige Entwicklung der Mikrogravimetrie und der übrigen Arten mikroanalytischer Arbeitstechnik die von

[1] Vgl. S. 334.

F. EMICH[1] ausgesprochene Hoffnung keineswegs unberechtigt erscheinen, daß die Mikroanalyse in nicht allzuferner Zukunft ihre Anwendbarkeit auf alle Probleme der quantitativen Analyse zu erweisen bestimmt ist.

Eine gewisse Bedeutung kommt der mikroanalytischen Arbeitstechnik auch im Hochschulunterricht zu. Die mit solchen Arbeiten befaßten Studenten finden daran erfahrungsgemäß nicht nur großes Gefallen, sondern lernen vor allem besondere Sauberkeit, sorgfältiges Dosieren, aufmerksame Beobachtung, sparsames Umgehen mit dem Material und schärfen ihre Selbstkritik, die bei der Mikroanalyse noch notwendiger als bei der Makroanalyse ist. Außerdem wird bei jedem angehenden Mikroanalytiker raschestens die etwa bestehende falsche Meinung ausgerottet, daß die Mikroanalyse einfach ein verkleinertes Abbild der Makroanalyse — bewirkt durch maßstabgemäße Verringerung aller Dimensionen — sei.

Vielfach ist in dem vorliegenden Buch auf das klassische Werk von F. PREGL, und zwar auf die von H. ROTH bearbeitete 4. Auflage Beziehung genommen. Auf eine parallele Behandlung von dort beschriebenen Verfahren zur Bestimmung anorganischer Komponenten in organischen Substanzen ist in den meisten Fällen verzichtet, sofern es sich nicht um die grundlegende Beschreibung einer Arbeitstechnik handelt, die ihrem Wesen nach zum Gebiet der anorganischen Mikrogravimetrie gehört.

Erwähnt mag ferner werden, daß die „Umrechnungsfaktoren" der einzelnen analytischen Bestimmungsformen unter Zugrundelegung der Atomgewichte berechnet worden sind, die die Internationale Atomgewichtskommission für das Jahr 1940 bekanntgegeben hat.

Im allgemeinen Teil („Apparate und Arbeitstechnik") wurden die Abschnitte I (S. 4 bis 26), V, 9 (S. 114 bis 129), teilweise V, 10 (S. 137 bis 140), im besonderen Teil („Analysenmethoden") die Abschnitte I, 7 (S. 266 bis 275), III (S. 293 bis 303) und IV, 1 (S. 303 bis 313) von J. DONAU behandelt. Die übrigen Kapitel des Buches haben F. HECHT zum Verfasser.

J. DONAU verdankt dem Vorstand des Biochemischen Institutes der Technischen Hochschule Graz, Herrn Prof. Dr. F. FUHRMANN, die Gewährung der Arbeitsmöglichkeit, F. HECHT dem Vorstand des Analytischen Laboratoriums der Universität Wien, Herrn Prof. Dr. A. FRANKE, die Arbeitsmöglichkeit und langjährige vielfältige Unterstützung. Beiden Herren sei dafür an dieser Stelle der wärmste Dank der Verfasser ausgesprochen. Auch dem Verlag gebührt für das bei der Herausgabe des Buches bewiesene weitgehende Entgegenkommen der beste Dank.

Wien und Graz, im November 1940.

FRIEDRICH HECHT und JULIUS DONAU.

[1] F. EMICH: Chem. Ztg. **37**, 1523 (1913).

Inhaltsverzeichnis.

Verzeichnis der abgekürzten Buchtitel.

R. BERG: Das Oxin = Die analytische Verwendung von o-Oxychinolin („Oxin") und seiner Derivate. 2. Aufl. Stuttgart 1938.

F. EMICH: Lehrbuch = Lehrbuch der Mikrochemie. 2. Aufl. München 1926.

F. EMICH: Praktikum = Mikrochemisches Praktikum. 2. Aufl. München 1931.

F. FEIGL: Tüpfelreaktionen = Qualitative Analyse mit Hilfe von Tüpfelreaktionen. 3. Aufl. Leipzig 1938.

F. PREGL-H. ROTH: Mikroanalyse = Die quantitative organische Mikroanalyse. 4. Aufl. Berlin 1935.

W. PRODINGER: Fällungsmittel = Organische Fällungsmittel in der quantitativen Analyse. 2. Aufl. Stuttgart 1939.

F. P. TREADWELL: Lehrbuch, II. = Kurzes Lehrbuch der analytischen Chemie, II. Band. 11. Aufl. 8., unveränderter Abdruck. Leipzig und Wien 1939.

Druckfehlerberichtigung.

Seite 51, Zeile 1 von oben lies „NENCKI" statt „NENEKI";
„ 77, „ 8 „ unten „ „filtern" statt „fiitern";
„ 81, „ 16 „ oben „ „Griff" statt „Spindel";
„ 178, „ 8 „ unten „ „Ammoniak und Ammoniumnitrat" statt „Ammoniak".

Einleitung.

Die Stellung der Mikrogewichtsanalyse im allgemeinen Rahmen der Mikrochemie ist bereits im Vorwort umrissen worden. Wann sind nun überhaupt mikroanalytische Methoden mit Vorteil anwendbar? In dieser Hinsicht ist zu unterscheiden zwischen jenen Fällen, in denen die geringe zur Verfügung stehende Probenmenge zur Anwendung von Mikromethoden zwingt, und solchen Gelegenheiten, wo zwar kein Mangel an Analysensubstanz vorliegt, jedoch die Heranziehung der Mikroanalyse noch andere ins Gewicht fallende Vorteile bietet, die weiter unten besprochen werden. Mangel an Probensubstanz besteht beispielsweise bei der Analyse von historischen oder Kunstgegenständen, von Werkstücken in der Eisen- und Stahlindustrie, die gleichfalls nicht beschädigt werden dürfen, bei der Analyse von nichtmetallischen Einschlüssen in Stählen, bei der Untersuchung örtlicher Materialseigerungen, bei Oberflächen- und Schichtuntersuchungen, deren gelegentliche Notwendigkeit sich nicht nur in der Metallurgie, sondern auch in der Mineralogie und Petrographie bei einzelnen Kristallindividuen ergibt, ferner in der Glasindustrie bei der Bestimmung färbender Bestandteile usw. Dies ist das primäre Anwendungsgebiet der Mikroanalyse, das schon jetzt größte Mannigfaltigkeit aufweist und immer weitere Ausdehnung erfährt. Die in solchen Fällen zur Verfügung stehenden Stoffmengen betragen oft nur wenige Milligramm. Mit der Möglichkeit der Verkleinerung der Probenmenge geht demnach eine entsprechende Erweiterung des Anwendungsbereiches der Mikroanalyse einher. Die vielfältige Ersparnis (siehe weiter unten), die die Mikroanalyse mit sich bringt, und die Eleganz ihrer Ausführbarkeit sind die Ursache, daß viele Mikroanalytiker ihr auch dann treu bleiben, wenn kein Mangel an Analysensubstanz sie dazu zwingt.

Nicht ganz einfach ist die Umgrenzung des Anwendungsbereiches der Mikrogewichtsanalyse, soweit es sich um die bestimmbaren Mengen handelt. Die untere Grenze ist durch den jeweiligen Stand der Mikroarbeitstechnik gegeben, mit deren Entwicklung sie sich ändert; sie ist aber auch abhängig von der Natur des betreffenden Problems. Vor allem muß sich die Mikromethodik der verfügbaren Substanzmenge anpassen. Die überhaupt mögliche Größe der Probe variiert indessen über einen weiten Bereich: Während 10 bis 50 mg die obere Grenze der Probenmenge darstellen, die der Mikrogewichtsanalyse bei Anwendung der Waagen vom NERNST- oder KUHLMANN-Typus noch zugänglich ist, ist die untere Grenze der gewöhnlichen Mikrogravimetrie mit 0,1 mg, äußerstenfalls mit 10 bis

50 γ, gegeben, wobei die angewendete Bestimmungsform (vergrößernder Umrechnungsfaktor!) eine entscheidende Rolle spielt. Der Bereich von wenigen γ (oder noch weniger) ist — zumindest für Rückstandsbestimmungen — durch besondere Waagen erschlossen, z. B. durch die elektromagnetische Waage (S. 9). Dieses letztere Verfahren wird im vorliegenden Buche nicht behandelt. A. A. BENEDETTI-PICHLER[1] weist mit Recht darauf hin, daß die Variation der Mikroproben von 0,1 γ bis 50 mg der Gewichtsänderung einer Makroprobe von 1 g bis 500 kg entspricht und demgemäß die anzuwendende Mikrotechnik sehr stark variieren wird. Deren Änderungen müssen jedoch größer sein als bei einem wirklichen Substanzabfall von 500 kg auf 1 g, da man bei der entsprechenden Abnahme des mikroanalytischen Bereiches von 50 mg bis zu 0,1 γ unter die Grenze der unmittelbar mit den menschlichen Sinnen wahrnehmbaren Eigenschaften der Materie gelangt. Der genannte Autor betont daher die in der Mikroanalyse bestehende enge Beziehung zwischen Masse und Arbeitstechnik, eine Tatsache, die zwar meist übersehen wird, die aber nicht genug hervorgehoben werden kann. Man unterscheidet demnach zweckmäßig je nach der angewendeten Probenmenge die „Milligrammverfahren" (im weitesten Sinne genommen), die einen Bereich von äußerstens 10 oder 50 γ (siehe oben) bis höchstens 10 mg[2] umfassen, und die „Centigrammverfahren", deren Anwendbarkeit sich von 10 mg bis zu etwa 50 mg erstreckt. Der für die Centigrammverfahren meist gebräuchliche Ausdruck „Halb"- oder „Semi-Mikroanalyse" sollte, abgesehen von seiner sprachlichen Unschönheit, auch wegen der mangelnden Präzision vermieden werden. Das vorliegende Buch hat im wesentlichen die „Milligramm"- und die untere Grenze der „Centigrammverfahren" zum Gegenstand. Den unter 1 mg liegenden Bereich erfassen am besten die Mikromethoden nach J. DONAU, während die Arbeitstechnik nach F. EMICH bzw. F. PREGL vor allem die Bestimmung von Probenmengen von 0,5 bis zu 10 mg, gegebenenfalls auch noch 20 mg ermöglicht. Insbesondere die Filterröhrchenmethodik nach F. PREGL eignet sich für die größeren der bezeichneten Mengen, doch soll betont werden, daß die Anwendungsbereiche der genannten Arten der Arbeitstechnik Übergänge zeigen und nicht allzu strenge aufgefaßt werden dürfen. Die praktische Vertrautheit mit allen diesen Verfahren wird in jedem einzelnen Fall leicht die richtige Wahl treffen lassen. Die oben angegebenen Grenzen gelten im allgemeinen nicht für zusammengesetzte Proben mit mehreren, in mengenmäßig vergleichbaren Verhältnissen vorkommenden Einzelbestandteilen, sondern nur für einheitliche Substanzen, bzw. für die Einzelbestandteile der zusammengesetzten Proben. Für Probenmengen zwischen 20 und 50 mg sind daher die in diesem Buch beschriebenen Methoden nur dann geeignet, wenn es sich um eine mehrfach zusammengesetzte Probe handelt (siehe S. 33).

---

[1] A. A. BENEDETTI-PICHLER: Ind. Engng. Chem., Analyt. Edit. 7, 208 (1935).

[2] Analysenmethoden für 10 bis 100 γ werden nach F. EMICH (Praktikum, S. 44) zweckmäßig als „Dekagammaverfahren" bezeichnet.

An die „Centigrammverfahren“ reihen sich nach oben die „Dezigrammverfahren“, d. h. die Methoden der gewöhnlichen Makroanalyse, während an die „Milligrammverfahren“ bzw. an die „Dekagammaverfahren“ nach unten die „Gammaverfahren“ (z. B. die erwähnten Rückstandsbestimmungen mittels der elektromagnetischen Waage) und die Methoden der „Ultramikroanalyse“[1] anschließen, deren Besprechung außerhalb des Rahmens des vorliegenden Buches fällt.

Wenn man nun von den obengenannten Fällen des Mangels an Untersuchungssubstanz absieht, fällt nicht zuletzt die bedeutende Ersparnis an Kosten ins Gewicht, die sich aus der Verkleinerung der Apparaturen, des erforderlichen Raumes, der geringen Erfordernis an Reagenzien, der Steigerung der Analysengeschwindigkeit und der damit zusammenhängenden Arbeitsverminderung des Analytikers ergeben. Auch können die durch die geeigneteren, jedoch teureren Spezialreagenzien gebotenen analytischen Möglichkeiten voll ausgeschöpft werden, wie auch durch den ausgedehnteren Gebrauch verhältnismäßig leichter Platingefäße große Vorteile entstehen. In vielen Fällen macht jedoch die durch die mikroanalytische Arbeitstechnik bedingte wesentlich größere Sorgfältigkeit der Ausführung ebenso wie die längere Dauer der Wägungen mit der Kuhlmann-Waage einen Teil des Zeit- und Arbeitsgewinnes wieder wett. Aus diesem Grunde wird von mancher Seite der Übergang zur verhältnismäßig einfachen Analyse von 10-mg-Proben (auch für die technische Analyse) und die Anwendung dafür geeigneter aperiodischer Waagen mit einer Empfindlichkeit von 10 bis 20 γ empfohlen.[2]

Was nun die Genauigkeit mikrogewichtsanalytischer Methoden betrifft, läßt sich sagen, daß bei den echten „Milligrammverfahren“ (Probenmenge zwischen 1 und 10 mg) die Genauigkeit in der Regel oder zumindest fast immer die gleiche wie bei den entsprechenden makroanalytischen Methoden ist. Nur selten betragen die Abweichungen gegenüber den Werten, die mittels bewährter makroanalytischer Verfahren ermittelt worden sind (siehe S. 34), mehr als $\pm$ 1%, vielmehr wird dieser Fehler fast stets wesentlich unterschritten. Parallelwerte, die mit Hilfe guter mikrogravimetrischer Methoden gewonnen worden sind, differieren untereinander meist um höchstens einige Zehntelprozent auf- oder abwärts. Das jeweilige Optimum der Probenmenge ändert sich bei verschiedenen Elementen und verschiedenen Bestimmungsmethoden, ähnlich wie sich solche Ungleichheiten auch in der Makroanalyse zeigen. Im übrigen soll man auch in der Mikroanalyse auf Konstanzwägungen und Parallelanalysen ebensowenig verzichten, wie man dies in der Makroanalyse tun darf (vgl. S. 107).

---

[1] Für die Bezeichnung „Ultramikroanalyse“ gilt ebenfalls das für den Begriff „Halbmikroanalyse“ Gesagte.

[2] C. J. van Nieuwenburg: Mikrochem. **21**, 184 (1937).

Apparate und Arbeitstechnik.

I. Waagen und Wägetechnik.

Mikrowaagen.

Obwohl die in der Makroanalyse benutzten Waagen bereits eine beträchtliche Genauigkeit besitzen und exakte Wägungen bis auf ein Millionstel des aufgelegten Gewichtes ermöglichen, hat sich bei der Entwicklung mikrochemischer Methoden im Laufe der Zeit das Bedürfnis nach besonderen Waagen geltend gemacht, mit denen noch viel kleinere Substanzmengen mit hinreichender Genauigkeit bestimmt werden können.

Unter *Genauigkeit einer Waage* wird der Quotient $\frac{\text{Empfindlichkeit}}{\text{Maximalbelastung}}$ verstanden, wobei der Ausdruck *Empfindlichkeit* in der Praxis das kleinste Übergewicht bezeichnet, auf das die Waage noch merklich reagiert.

Wenn wir als *Genauigkeit einer Wägung* den Quotienten $\frac{\text{Empfindlichkeit}}{\text{Gewicht der gewogenen Substanz}}$ bezeichnen, so ist leicht einzusehen, daß die Wägung um so ungenauer wird, je geringer das Gewicht des zu wägenden Körpers ist. Dieser Quotient hat bei der Wägung eines Körpers von 1 g Gewicht auf einer Waage mit einer Empfindlichkeit von 0,1 mg den Wert 0,0001, während er nur noch 0,1 beträgt, wenn der aufgelegte Körper 1 mg wiegt. Der Wägefehler kann also in diesem Falle bereits 10% des Gesamtgewichtes betragen.

Gleichzeitig mit den Anfängen *quantitativer* Versuche mit geringen Stoffmengen beginnen auch die zahlreichen Bemühungen verschiedener Forscher und Waagenbauer, Waagen zu konstruieren, die das genaue Wägen kleiner Substanzmengen gestatten, und im Laufe der letzten Jahre ist eine ganze Reihe sog. *Mikrowaagen*[1] entstanden.

Die Empfindlichkeit mancher dieser Waagen kann bis auf 0,1 γ (1 γ = 1 Mikrogramm = 0,001 mg) und noch weiter gesteigert werden. Derartig hochempfindliche Waagen sind naturgemäß nur dann mit Vorteil anwendbar, wenn keine von dem Wägevorgang unabhängigen

[1] Es wird hier auf eine Unterscheidung zwischen „Mikrowaagen“ und „Mikrochemischen Waagen“ (vgl. F. Pregl-H. Roth: Mikroanalyse. S. 1) verzichtet.

Fehlerquellen die Resultate nennenswert beeinflussen. Einer zu weit gehenden Steigerung der Empfindlichkeit wird dadurch eine Grenze gesetzt, daß die Löslichkeit mancher Niederschläge oder ihre Flüchtigkeit beim Glühen das Erreichen der angestrebten Gewichtskonstanz unmöglich machen. Auch ist bei hochempfindlichen Waagen die Nullpunktkonstanz nicht immer befriedigend und nur durch verschiedene Vorsichtsmaßregeln, die besonders Temperaturschwankungen während des Wägens vermeiden müssen, praktisch zu verwirklichen.

Es ist jedoch ohne weiteres möglich, unter Einhaltung bestimmter Arbeitsbedingungen beim Waschen bzw. Glühen der Niederschläge auch dann, wenn mit sehr geringen Substanzmengen (Bruchteilen eines Milligramms) gearbeitet wird, noch brauchbare Ergebnisse zu erhalten, die, wenngleich sie auch nicht den Anspruch auf große Genauigkeit erheben können, immerhin zu Vergleichszwecken dienlich sind. Das Prinzip der später zu beschreibenden Filtrations- und Fällungsmethode nach J. Donau (S. 114 ff.) kommt beim Arbeiten mit so geringen Substanzmengen zu besonderer Geltung. Natürlich wird man nur bei *tatsächlichem Materialmangel* zu so kleinen Probenahmen greifen und die Bestimmungen für gewöhnlich mit Stoffmengen von mehr als 1 mg und mit Waagen von mittlerer Empfindlichkeit durchzuführen versuchen.

Von den zahlreichen bekanntgewordenen Mikrowaagen seien einige angeführt und zum Teil kurz beschrieben. Nur zwei dieser Instrumente, und zwar die bekannte Kuhlmannsche und eine nach dem Prinzip der Nernst-Waage gebaute Mikrowaage, sollen eingehender betrachtet werden: die erstere, weil sie hinsichtlich Konstruktion, Behandlung und Art des Wägens für eine ganze Reihe von Waagen typisch ist, die letztere als ein zum besonderen Gebrauch bei der *anorganischen* Mikrogewichtsanalyse empfehlenswertes Instrument, das bei gleicher Genauigkeit den Vorteil einer schnellen Durchführbarkeit der Wägung aufweist.

Wohl als erste aller Mikrowaagen[1] gilt die von E. Warburg und T. Ihmori[1] angegebene. Sie wurde von den beiden Forschern konstruiert, um die an Glasoberflächen sich niederschlagende Wasserhaut wägen zu können. Sie ist eine gleicharmige Hebelwaage, deren sehr leichter Glasbalken einen Spiegel trägt. Die Ablesung erfolgt mittels eines Fernrohres. Die Schneiden sind aus einer Rasierklinge verfertigt und besitzen daher einen sehr kleinen Winkel. Die Empfindlichkeit ist von der Belastung erheblich abhängig. Bei einer Belastung von z. B. 0,5 g erhält man mit einem Übergewicht von 0,1 mg einen Skalenausschlag von etwa 25 Teilstrichen. Eine weitere Erhöhung der Empfindlichkeit hat Unregelmäßigkeiten der Nullage zur Folge.

Später wurden von verschiedenen Firmen, wie Stückrath (Friedenau bei Berlin), Kuhlmann (Hamburg), Bunge (Hamburg), Nemetz (Wien),

---

[1] Vgl. das Sammelreferat: „Die Mikrowaage“ von G. Gorbach: Mikrochem. **20**, 254 (1936). — E. Warburg und T. Ihmori: Ann. Physik u. Chem., N. F., **27**, 481 (1886); **31**, 145 (1887).

Sartorius (Göttingen), Starke und Kammerer (Wien) u. a., genaue Mikrowaagen hergestellt, die sich von den übrigen feinen Analysenwaagen durch die Verkleinerung der Dimensionen sowie durch Anwendung feinster Spitzen (Stückrath) bzw. feinster Schneiden unterscheiden.[1] Die Beschreibung der Kuhlmannschen Waage und Angaben über ihre Behandlung siehe S. 9ff.

Eine ganz besonders empfindliche Waage haben B. D. Steele und K. Grant[2] konstruiert. Dieses Instrument, das im Handel nicht erhältlich ist, sei hier wegen seiner Originalität und außerordentlichen Empfindlichkeit kurz beschrieben. In der schematischen Abb. 1 bedeutet A den aus Quarzstäben bestehenden Balken, der auf einer Schneide spielt und etwas weniger als 1 g wiegt. Am linken Ende des Balkens befindet sich ein Gegengewicht, rechts ist eine hohle Quarzkugel α aufgehängt, deren Inhalt, eine genau bekannte Luftmenge (z. B. 0,009 ccm), gewissermaßen als Gewichtseinheit dient. Darunter befindet sich das Schälchen β, das die Last aufnimmt. Durch Veränderung des Luftdruckes im Gehäuse und des Auftriebes der Quarzkugel sowie durch Zulegen von Gewichten kann das Gleichgewicht hergestellt werden. Die Ablesung bei diesen zeigerlosen Waagen erfolgt mittels eines am Balken angeschmolzenen Hohlspiegels.

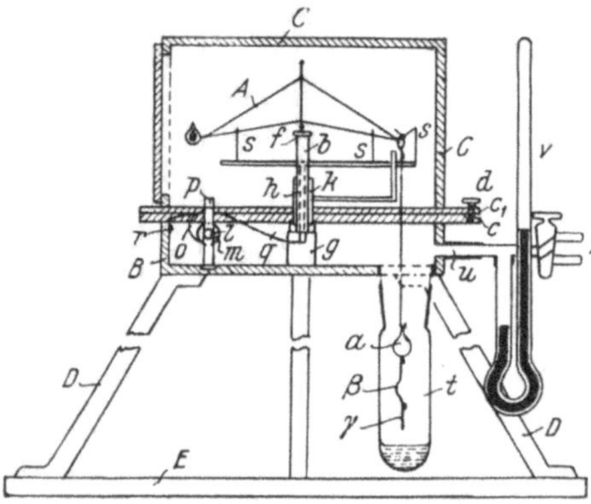

Abb. 1. Mikrowaage nach B. D. Steele und K. Grant.

Von diesem Apparat wurden zwei Typen gebaut. Während die eine zur Bestimmung allerkleinster Gewichtsänderungen, z. B. von radioaktiven Substanzen, dient und die erstaunliche Empfindlichkeit von 0,004 γ besitzt, wird die zweite Art zum Wägen größerer Substanzmengen, jedoch nicht über 0,1 g, benutzt; dieses zweite Modell zeigt noch ein Zehntausendstel Milligramm (0,1 γ) an.

Eine ähnliche, noch empfindlichere Waage wurde von H. Pettersson[3] in Stockholm gebaut.

---

[1] W. Felgenträger: Theorie und Konstruktion der Hebelwaagen. Leipzig u. Berlin 1907. — F. Emich in E. Abderhalden: Handbuch der biologischen Arbeitsmethoden. Bd. IX, S. 55. — F. Emich: Lehrbuch. S. 74 (Kuhlmann-Waage). — H. Lieb in E. Abderhalden: a. a. O., Bd. IX, S. 326 (Kuhlmann-Waage). — F. Pregl-H. Roth: Mikroanalyse. S. 1, 7 (Kuhlmann-Waage); S. 4, 6 (Waage von P. Bunge). — F. M. Jaeger und D. W. Dykstra: Z. anorg. allg. Chem. **143**, 247 (1925). — E. Schwarz-Bergkampf: Z. analyt. Chem. **69**, 321 (1926) (Kuhlmann-Waage).

[2] B. D. Steele und K. Grant: Proc. Roy. Soc. (London), Ser. A **82**, 580 (1909).

[3] H. Pettersson: Dissertation. Göteborg 1914.

Zu dieser Gruppe von Hebelwaagen gehört auch die bekannte NERNST-Waage,[1] die im Laufe der Zeit verschiedene Veränderungen und Verbesserungen erfahren hat. Abb. 2 zeigt ein von J. DONAU gebautes, abgeändertes Modell.[2] *A B* stellt einen leichten Glasbalken vor, der mittels Schellacks oder Selens an den Quarzfaden *Q* geklebt ist. Der Balken ist bei *A* mit dem Zeiger *Z* verschmolzen und trägt an dieser Stelle eine Glaskugel von 0,3 bis 0,4 g als Gegengewicht. Der Zeiger *Z* spielt vor einer Glasskala, die von einer Lichtquelle beleuchtet wird. Bei *B* ist ein Wollastondraht oder feiner Quarzfaden angeschmolzen, der an seinem

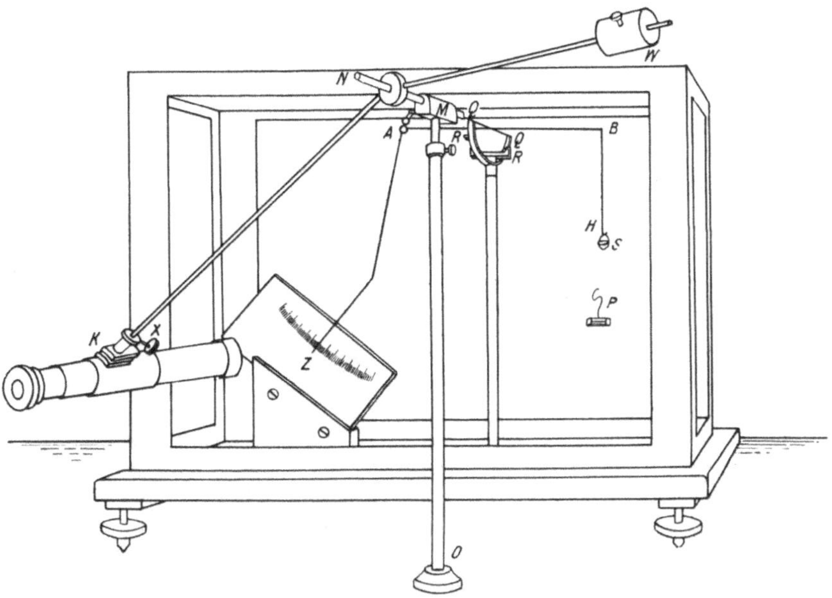

Abb. 2. NERNST-Waage in einer von J. DONAU abgeänderten Form. [Aus Mh. Chem. **32**, 1115 (1911).]

unteren Ende ein Häkchen trägt, das zum Anhängen der kleinen Schälchen aus Platinfolie dient. Als Ablesevorrichtung kann entweder ein ganz einfaches Instrument mit fünf- bis zehnfacher Vergrößerung oder ein besonders konstruiertes, mit einem Okularmikrometer versehenes Ablesemikroskop dienen. Ein solches wurde von der Firma C. Zeiß (Jena) angefertigt.

Das Wägeschälchen *S* wird mittels eines langstieligen Löffels durch eine seitliche Öffnung eingeführt, die während der Wägung durch Vorlegen eines Schiebers verschlossen werden muß. Da die Zeigerausschläge den Belastungen meist nicht proportional sind, ist die Anlegung einer Korrektionskurve geboten. Die mit diesem Modell erreichten Empfindlichkeiten betrugen 2 bis 3 γ. Bei größeren Empfindlichkeiten traten Nullpunktschwankungen auf.

[1] W. NERNST und E. H. RIESENFELD: Ber. dtsch. chem. Ges. **36**, 2086 (1903).

[2] J. DONAU: Mh. Chem. **32**, 1115 (1911).

In der letzten Zeit hat J. DONAU eine doppelarmige, gleichfalls auf dem Prinzip von W. NERNST beruhende Waage entworfen, die praktisch proportionale Ausschläge besitzt und deren Balken durch eine am Zeiger angebrachte Dämpfungsvorrichtung in wenigen Sekunden zur Ruhe kommt (Beschreibung siehe S. 19 ff.).

Eine andere Abart von empfindlichen NERNST-Waagen rührt von F. EMICH[1] her. Sie weist eine Empfindlichkeit von 0,1 γ auf.

E. H. RIESENFELD und H. F. MÖLLER[2] haben eine Waage von noch höherer Empfindlichkeit beschrieben. Die Ablesung erfolgt mit Fernrohr und Spiegel. Die Last wird auf einem besonderen Gehänge, der sog.

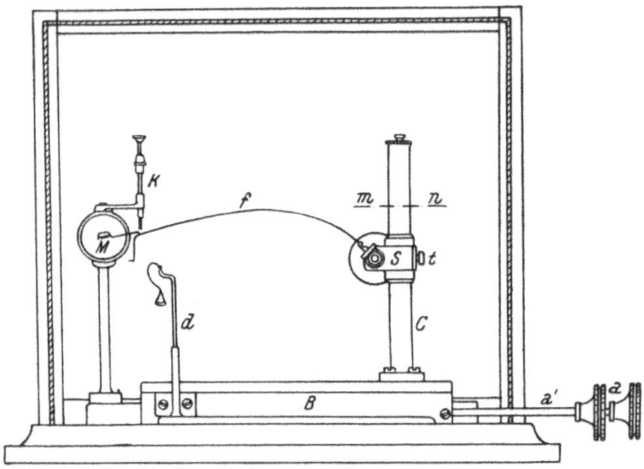

Abb. 3. Glasfadenwaage von E. SALVIONI.

Torsionsschneide, aufgehängt. Das Prinzip dieses Gehänges besteht darin, daß der Balken an einem Ende geteilt ist und an den beiden so entstandenen gabelförmigen Enden mit einem dünnen Quarzfaden bespannt wird. An diesem Faden wird ein weiterer Faden befestigt, der zum Anhängen der Last bestimmt ist. Die bei dieser Waage erreichte Empfindlichkeit beträgt 0,06 γ.

Ein auf dem Prinzip der Federwaage beruhendes Instrument ist die Glasfadenwaage von E. SALVIONI.[3] Sie besteht im wesentlichen aus einem etwa 10 cm langen, 0,1 mm dicken, annähernd horizontal eingespannten Glasfaden (Abb. 3), dessen Durchbiegung der angehängten Masse einigermaßen proportional ist. Die Größe der Durchbiegung wird mittels eines mit Okularmikrometer versehenen Mikroskops *M* an einer Skala gemessen. Die Empfindlichkeit beträgt ungefähr 1 γ.

---

[1] F. EMICH: Mh. Chem. **36**, 407 (1915).

[2] E. H. RIESENFELD und H. F. MÖLLER: Z. Elektrochem. angew. physik. Chem. **21**, 131 (1915).

[3] Vgl. G. GORBACHS Sammelreferat, a. a. O., **317**, sowie W. LENZ: Apotheker-Ztg. **27**, 189, 200, 209 (1912).

Ferner sind Mikrowaagen angegeben worden, die auf elektromagnetischer Kompensation beruhen. Diese Waagen sind im wesentlichen so konstruiert, daß das eine Gehänge einen kleinen, senkrecht hängenden, permanenten Magneten trägt. Unter oder über diesem befindet sich eine Spule, durch die man einen Strom schicken kann. Als Gleichgewichtslage gilt die Einstellung bei stromloser Spule. Das Gleichgewicht wird durch Auflegen einer Last gestört, kann jedoch durch Einstellen einer bestimmten Stromstärke wiederhergestellt werden. Bei Einhaltung gewisser Bedingungen ist nun die betreffende Stromstärke proportional dem Übergewicht und kann somit zur Bestimmung des letzteren dienen.

Nachdem im Jahre 1895 K. ANGSTRÖM[1] als erster eine derartige Waage hergestellt hatte, wurde später nach dem selben Prinzip von G. URBAIN[2] eine Milligrammwaage gebaut, die in der letzten Zeit von F. EMICH und E. WIESENBERGER[3] noch bedeutend verfeinert wurde.

Einer allgemeinen Einführung der letztgenannten Waagenarten dürfte u. a. der Umstand im Wege stehen, daß sie nur dort mit einfachen Mitteln hergestellt werden können, wo genauest geeichte Widerstände und ein Präzisionsgalvanometer zur Verfügung stehen.

Abb. 4.
Torsionswaage von Hartmann & Braun.

Die Firma Hartmann & Braun (Frankfurt a. M.) bringt eine „*Torsionswaage*" (Abb. 4) in den Handel, die bezüglich ihrer Empfindlichkeit und Meßgenauigkeit für mikrochemische Zwecke vielfach verwendbar ist. Das Gerät, das dem einen der Verfasser (J. DONAU) zur Verfügung gestellt wurde, war jedoch noch äußerst subtil und erforderte große Vorsicht in der Behandlung. Es ist aber zu erwarten, daß diese Waage noch so weit vervollkommnet werden kann, daß sie auch den Anforderungen des praktischen Gebrauches genügen wird.

Die Mikrowaage von W. H. F. KUHLMANN.

Der massive Messingbalken der Waage (Abb. 5) besitzt bei einem Gewicht von rund 20 g eine Länge von 7 cm. An der Oberkante befinden sich die für den Reiter nötigen Einkerbungen. Bis zu einer Maximal-

[1] Vgl. F. EMICH in E. ABDERHALDEN: Handbuch der biologischen Arbeitsmethoden, Abt. I, Teil 3, S. 261. Wien und Berlin 1921.

[2] G. URBAIN: C. R. hebd. Séances Acad. Sci. **154**, 347 (1912).

[3] E. WIESENBERGER: Mikrochem. **10**, 10 (1932).

belastung von 20 g ist die Empfindlichkeit bei jeder Belastung gleich, d. h. sowohl im unbelasteten Zustand als auch bei Belastung beider Schalen mit dem höchsten zulässigen Gewicht entspricht die Verschiebung des Reiters um einen Zahn einer Ausschlagdifferenz von 10 Teilstrichen auf der Skala.

Die Anzahl der Kerben am Reiterlineal beträgt 100; die Einteilung ist so angelegt, daß der 5 mg schwere Reiter, in der ersten Kerbe sitzend, die Waage auf den Nullpunkt einspielen läßt. Befindet sich der Reiter

Abb. 5. Mikrowaage von W. KUHLMANN.

auf der letzten Kerbe rechts, so entspricht das einem Gewicht von 10 mg. Zur Erleichterung des Aufsetzens des Reiters kann an der Verschiebungsvorrichtung eine Lupe angebracht werden. Wie noch später gezeigt wird, birgt das Aufsetzen und die jeweilige Lage des Reiters nicht zu unterschätzende Fehlerquellen in sich. Nach dem Aufsetzen des Reiters in die Kerbe muß man ihm mit der Schiebervorrichtung einen leichten Stoß versetzen, um ihn sicher in die tiefste Stelle der Kerbe zu bringen. Die auf jeder 10. Kerbe angebrachten Ziffern bedeuten ganze Milligramme. Die Hundertstelmilligramme folgen unmittelbar aus dem Ausschlag, während die Tausendstel geschätzt werden müssen. Die Waage ist so justiert, daß ein Zehntelmilligramm Übergewicht eine Ausschlagdifferenz von 10 Teilstrichen der mittels eines vergrößernden Spiegels zu betrachtenden Skala bewirkt. Wenn demnach beispielsweise der Zeiger rechts bis 5,9 und links bis 3,2 ausschlägt, so ist die Schale links mit dem zu wägenden Körper um 2,7 Hundertstelmilligramm schwerer (s. S. 16). Ausschläge, die nach derselben Seite erfolgen, sind an und für sich zu addieren, doch ist eine solche Wägung unzuverlässig. Man versetzt dann entweder den Reiter in die Nachbarkerbe oder bringt die Waage zu stärkerem Schwingen.

Bei strengster Einhaltung mehrerer noch zu erörternder Vorsichtsmaßregeln läßt sich äußerstenfalls erreichen, daß der Unterschied zweier aufeinanderfolgenden Wägungen nicht größer als 2γ (0,002 mg) ist. Dies soll jedoch nicht zu der irrigen Ansicht führen, daß man mit der Waage das absolute Gewicht eines Körpers bis zur zulässigen Belastungsgrenze mit einer daraus sich ergebenden Genauigkeit von 10^{-7} feststellen könne; denn abgesehen davon, daß die Einzelgewichte oft nur auf 0,01 bis 0,02 mg genau zu sein pflegen,[1] schließen auch noch andere Umstände, wie die ständige, kaum reproduzierbare Veränderung der Oberfläche mancher Körper, ferner Temperatur-, Feuchtigkeits- und Luftdruckschwankungen, eine derartige Genauigkeit von vornherein aus.

Zur Vermeidung elektrischer Aufladungen und der dadurch bedingten Inkonstanz des Gewichtes der zu wägenden Gefäße wird auf den Boden des Waagengehäuses links und rechts je ein Stück Pechblende gelegt, wodurch die Luft ionisiert wird.

Die *Aufstellung* der Waage erfordert gewisse Vorsichtsmaßregeln. Um sie vor Erschütterungen zu schützen, stellt man sie am besten auf eine Marmorplatte, die unter Vermittlung einer Zwischenlage von Bleiblech auf starken eisernen Wandkonsolen ruht. Damit die Waage nicht durch zufälliges Anstoßen verschoben werden kann, ist es vorteilhaft, sie mittels in geeigneter Weise verankerter Haken an der Marmorkonsolplatte zu fixieren.[2] Die Füße sind mit Stoßdämpfern aus Gummischeiben versehen.

W. R. Kirner[3] gibt eine neuartige Vorrichtung für die erschütterungsfreie Aufstellung von Mikrowaagen an. Als Unterlage bewährt sich darnach ein Holzkasten, der in den vier Ecken in dazu bestimmten kreisrunden Löchern je vier Gummibälle enthält, die in Form von Tetraedern aufgeschichtet sind. Darüber werden zwei Bleiplatten von 1,9 cm Dicke gebracht, die voneinander durch eine 1,25 cm dicke Lage von Gummischwamm isoliert sind. Das ganze befindet sich in dem erwähnten, oben offenen Holzkasten von 54 cm Länge, 41 cm Breite und 12,5 cm Höhe. Die obere Bleiplatte wird mit einem rechteckigen Stück Filztuch bedeckt. Darüber kommt eine 0,6 cm dicke Glasplatte, auf die die Füße der Waage mit Königschem Glaskitt aufmontiert sind. Der Filzbelag ragt zwischen den beiden Platten etwa 6 mm heraus und berührt zunächst den Rahmen der oberen Öffnung der Kiste. Auf diese Weise werden die seitlichen Schwankungen der Waage bzw. Übertragungen von Vibrationen auf die Waage verhindert. Infolge der Belastung durch die Waage werden die Gummibälle deformiert und senken

---

[1] Diesem Übelstand ist durch Eichung der Bruchgramme gegen den Reiter weitgehend abzuhelfen (S. 18).

[2] F. Emich: Lehrbuch. S. 76.

[3] W. R. Kirner: Ind. Engng. Chem., Analyt. Edit. **9**, 301 (1937).

sich allmählich, bis der Filz die Ecken der Kiste nicht länger berührt. Die Bälle müssen nach etwa 6 Monaten erneuert werden.

Die *Zusammenstellung* der Waage erfordert ganz besondere Sorgfalt. Zunächst muß das Funktionieren der Arretierungsvorrichtung kontrolliert werden. Nach dem Heben der Arretierung wird der Balken aufgelegt. Da der Reiter nicht aufgesetzt ist, wird sich der Balken nach rechts umlegen. Während man durch leichtes Drücken mit einem Pinsel an der linken Seite der Zunge den Balken auf die linke Seite umkippen läßt, wird das linke Gehänge eingehängt. Wenn dann durch vorsichtiges Ändern des Druckes der Balken in die horizontale Lage kommt, hängt man das rechte Gehänge ein. Hierauf erfolgt das Einhängen der Schalen. Sobald die Waage nach dem vorhandenen Senkel genau horizontal gestellt und gegebenenfalls an der Konsolenplatte mittels Haken und Schrauben fixiert ist, wird nach abermaliger Prüfung der Arretierung und nach Aufsetzen des Reiters beobachtet, ob der Zeiger annähernd auf Null einspielt. Dies kann leicht dadurch erreicht werden, daß man die Fahnenschraube mittels einer Elfenbeinpinzette entsprechend verstellt. Es braucht wohl nicht betont zu werden, daß die Waagenbestandteile schon vor der Zusammenstellung einer peinlichen Reinigung unterzogen werden müssen. Diese besteht insbesondere im vorsichtigen Abreiben der Arretierungskontakte, der Schneiden und der Lager mit Rehlederläppchen. Außerdem sollen Balken, Reiterlineal, Gehänge usw. abgepinselt bzw. mit einem Rehlederlappen sorgfältig abgewischt werden. Der Balken selbst darf bei dieser Manipulation ebensowenig wie die übrigen Teile unmittelbar mit den Fingern in Berührung kommen. Besonders ist auch darauf zu achten, daß die Zungenspitze vollkommen unversehrt bleibt.

Eine gründliche Reinigung der ganzen Waage muß auch späterhin ein- bis zweimal im Jahr erfolgen und außerdem jedesmal dann, wenn beim Freimachen der Arretierungskontakte die Waage nicht regelmäßig zu schwingen anfängt, was auf ein „Kleben" der Kontakte schließen läßt.

Aus den von E. SCHWARZ-BERGKAMPF[1] ausgeführten Untersuchungen über die KUHLMANNsche Mikrowaage seien folgende Einzelheiten herausgegriffen:

Die täglichen Temperaturschwankungen des Waagenzimmers dürfen 1° nicht überschreiten.[2] Hierzu ist noch zu bemerken, daß die Wägungen erst dann konstant sind, wenn im Waagenzimmer schon einige Tage lang dieselbe Temperatur herrscht. Die Temperatur des Waagenzimmers soll 18 bis 20° betragen, da sich sonst die durch den Körper des Wägenden

---

[1] E. SCHWARZ-BERGKAMPF: Z. analyt. Chem. **69**, 321 (1926).

[2] Es sei hier bemerkt, daß einschlägige Firmen „Klimaanlagen" für Waagräume einrichten, mit deren Hilfe konstante Temperatur, konstanter Feuchtigkeitsgehalt (50 bis 55% relative Feuchtigkeit) und Staubfreiheit der Luft erzielt werden können. Diese Anlagen stellen sich jedoch noch im Preis sehr hoch. Vgl. auch die Beschreibung eines mikrochemischen Waagraumes von W. R. KIRNER: Ind. Engng. Chem., Analyt. Edit. **9**, 300 (1937). — Über eine elektrische Heizanlage zur Erzielung konstanter Temperatur im Waagraum berichtet M. FURTER: Mikrochem. **18**, 8 (1935).

verursachte Erwärmung zu rasch bemerkbar macht.[1] Die Messung der Temperatur soll im Gehäuse der Waage erfolgen. Bei Wägungen mit Taragefäßen, die die gleiche Dichte wie der zu wägende Gegenstand aufweisen, ist eine Korrektur für Barometerstand und Temperatur unnötig, ebensowenig spielt die Änderung der Luftfeuchtigkeit eine wesentliche Rolle. Wenn die Waage erst nach längerer Zeit wieder benutzt wird, läßt man sie unter fünfmaligem Arretieren eine Weile schwingen. In der Zeit zwischen den Wägungen sollen die Seitentüren des Gehäuses geöffnet sein. Während einer Wägung darf die Temperatur um nicht mehr als 0,1 bis 0,2° steigen; eine größere Zunahme der Temperatur durch die Körperwärme des Wägenden würde bereits die frühere Gleichgewichtslage stören.[2]

Der Reiter muß bei jeder Wägung stets einige Male „eingeritten" werden. Nach mehreren Versuchen an verschiedenen Stellen des Reiterlineals zeigte sich bei den Untersuchungen von E. SCHWARZ-BERGKAMPF eine maximale horizontale Abweichung zwischen einzelnen Kerben von $6\,\mu$ (0,006 mm), die einer Gewichtsänderung von $1\,\gamma$ entspricht. Der Reiter muß unbedingt senkrecht sitzen, da, wie sich berechnen ließ, eine Neigung von nur 1° gegen die Vertikale eine Gewichtsänderung um $6\,\gamma$ vortäuscht. Der Hauptgrund dafür, keine völlige Konstanz der Gewichtsanzeige erreichen zu können, liegt demnach in der praktischen Unmöglichkeit, den Reiter in die theoretisch richtige Lage zu bringen.

Die *Nullpunktbestimmung* wird am besten *nach* der Wägung ausgeführt. Vor der Wägung muß das Gehäuse ungefähr 15 Minuten lang gelüftet werden, wobei alle Waagentüren offen bleiben. Vor und nach der ersten Wägung eines Tages ist die Nullstellung zu ermitteln, während sie bei den folgenden Wägungen, wie bereits erwähnt, immer nach der Ausführung der Wägung bestimmt wird.

Kein Objekt darf gewogen werden, ehe es mit Sicherheit die Temperatur des Gehäuseraumes angenommen hat. Zu diesem Zwecke beläßt man die bereits abgekühlten Gegenstände je nach ihrer Größe[3] 5 bis 20 Minuten zunächst in der Nähe und hierauf 5 bis 10 Minuten im Innern der Waage, bevor sie auf die Waagschale gestellt werden.

Die Berührung von Wägegegenständen mit den Fingern ist unbedingt zu vermeiden. Zum Anfassen dienen Pinzetten, Drahtklammern u. dgl.; Glasgegenstände werden zunächst mit einem feuchten Flanelltuch, hierauf mit zwei trockenen Lederlappen abgewischt (S. 82 u. 93) und dann etwa 15 Minuten sich selbst überlassen.

---

[1] Die Waage darf von keinem Sonnenstrahl erreicht werden.

[2] Beim Arretieren legt man die linke Hand an die Arretierungskurbel bzw. -schraube und gleichzeitig die rechte Hand an die rechte Seite des Gehäuses, um auf beiden Seiten gleichmäßige Erwärmung zu bewirken. — Die neuesten Waagenmodelle mancher Firmen verfügen über an den Seitentüren angebrachte Greifvorrichtungen, mit deren Hilfe die Waagschalen von außen bedient werden können. Dieses Prinzip ist auch bei der später zu besprechenden neuen Mikrowaage nach J. DONAU (S. 19ff.) befolgt.

[3] Bzw. je nach dem Material, aus dem sie bestehen.

Die Beleuchtung der Waage erfolgt mittels einer matten Glühbirne, die in einer Entfernung von 1,5 m über dem Waagetisch genau mitten über der Waage angebracht ist. Ist man an einem Tag voraussichtlich genötigt, Wägungen bis zu dem Zeitpunkt der Notwendigkeit künstlicher Beleuchtung auszuführen, so ist es am besten, diese schon morgens einzuschalten und während des ganzen Tages in Verwendung zu lassen, so daß Temperaturschwankungen vermieden werden. Da das Waageninnere infolge der Bauart nicht getrocknet werden kann, darf die Wägung von

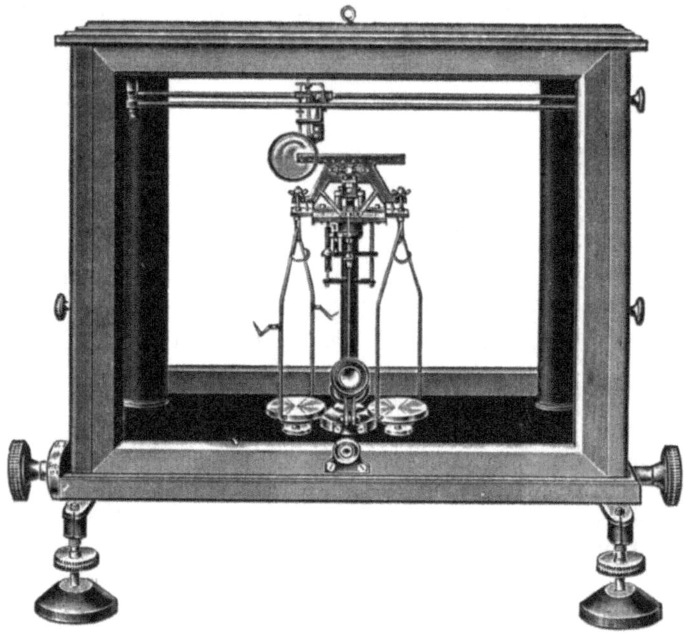

Abb. 6. Mikrowaage von Starke & Kammerer.

hygroskopischen Substanzen nur unter besonderen Vorkehrungen erfolgen (vgl. S. 34ff.).

Die eben geschilderte Behandlungsweise der KUHLMANN-Waage gilt ebenso auch für die Mikrowaagen von Starke & Kammerer (Welharticky & Pachner, Wien), Nemetz (Wien) u. a. Hierbei sei besonders auf die erstgenannte Waage von Starke & Kammerer (Abb. 6) hingewiesen, die der KUHLMANN-Waage ebenbürtig ist und von der drei Exemplare im Analytischen Laboratorium der Universität Wien sich in zehnjährigem Gebrauche gut bewährt haben. Die bei dieser Waage vorhandene Möglichkeit, die Empfindlichkeit auf die einer gewöhnlichen Analysenwaage (0,1 mg) umzustellen, erleichtert das erstmalige Wägen eines Gegenstandes sowie die Ausführung von Einwaagen ungemein und trägt sehr zur Schonung des Instrumentes bei.

Ausführung der Wägungen.

Das Wägen wird nach der Schwingungsmethode ausgeführt, wobei der zehnte Teil eines Skalenteiles als Einheit angenommen wird. Schlägt also beispielsweise der Zeiger 3,6 Skalenteile nach rechts aus, so zählt man „36 rechts" oder „+ 36". Beim Ausschlag von 4,5 Skalenteilen nach links zählt man entsprechend „45 links" oder „— 45". Die Ausschlag*differenz* ist in diesem Falle „9 links" oder „— 9". Man beobachtet so viele Schwingungen, bis die Ausschlagdifferenz auf ± 1 konstant ist. Dies tritt meist schon nach wenigen Schwingungen ein. Nur selten ist es notwendig, ein halbes Dutzend ganzer Schwingungen (sechs nach links, sechs nach rechts) zu zählen; meist genügen weniger. Die ersten zwei ganzen Schwingungen werden nicht in Betracht gezogen, da sie in der Regel noch zu stark gestört sind. Auch sollen die ersten Ausschläge nach links und rechts einander auf etwa 100 ergänzen. Nun setzt man den Reiter um eine Kerbe nach links oder rechts, und zwar (vom Nullpunkt der *Skala* gerechnet) im gleichen Sinne des Vorzeichens der Ausschlagdifferenz. War also die Ausschlagdifferenz „links" gerichtet, so wird der Reiter nach links versetzt, damit sich nunmehr eine Ausschlagdifferenz nach „rechts" ergibt. Das Versetzen des Reiters um eine Kerbe, d. h. die Änderung der Waagenbelastung um 0,1 mg sollte bei einer in gutem Zustande befindlichen und richtig justierten Mikrowaage eine Änderung der Ausschlagdifferenz um „100", also um zehn ganze Skalenteile bewirken. Dies ist jedoch bei Waagen, deren Schneiden nicht mehr ganz scharf sind, in der Regel nicht der Fall. Die „Empfindlichkeit" beträgt dann beispielsweise nur „80". Sie sollte auch von der Größe der Belastung der Waagschalen unabhängig sein, sofern die drei Schneiden parallel in *einer* Ebene liegen. Doch ist auch letztere Bedingung praktisch meist nicht mehr vollkommen erfüllt, da man im allgemeinen dauernde „Justierübungen" an einer Waage vermeiden wird. Infolgedessen ist bei Objekten von größerem Gewicht (z. B. 10 g) die Empfindlichkeit gegenüber geringerer Belastung (etwa 1 g) merklich herabgesetzt. Bei guter Behandlung der Waage bleibt jedoch jede dieser bei verschiedener Belastung etwas verschiedenen „Empfindlichkeiten" monatelang gleich, auch wenn die Waage tagtäglich stark benutzt wird.[1]

---

[1] Wir halten es nicht für überflüssig, auf diese in der Praxis vorkommenden Verhältnisse hinzuweisen, da der Mikroanalytiker es mit einem Präzisionsinstrument zu tun hat, das eben mit allen *praktischen* Mängeln und Besonderheiten eines derart empfindlichen Mechanismus behaftet ist, der sich nicht jederzeit in dem bestmöglichen Zustand befindet und nicht dauernd unter den theoretisch als günstigsten erkannten Bedingungen arbeitet. Wenn in einem Institut drei Mikroanalytiker vom Morgen bis zum Abend andauernd auf einer Waage zu wägen genötigt sind, ist es wohl auch kaum möglich, allen diesen Bedingungen vollkommen Genüge zu leisten. Trotzdem aber gelingt es nach unseren Erfahrungen, sehr genaue Wägungen auszuführen, wenn man sich gleichartiger Taragefäße bedient (siehe S. 17). Dabei ist zu bedenken, daß die Analyse kompliziert zusammengesetzter anorganischer Substanzen (wie z. B. von Mineralen) in der Regel Wägeserien verlangt, die am

Hat man Übung in der raschen Ausführung[1] der Wägungen erlangt, so ist es zu empfehlen, bei einzelnen im Laufe eines Tages ausgeführten Wägungen nochmals auf die ursprüngliche Reitereinstellung zurückzugehen und zu prüfen, ob die Ausschlagdifferenz noch den ursprünglichen Wert ergibt. Sollte die Abweichung größer als *höchstens* 3 oder 4 sein (was bei einer in gutem Zustand befindlichen Mikrowaage nur ausnahmsweise vorkommt), so ist es ratsam, die Wägung nach erneutem „Lüften" der Waage nach etwa 10 Minuten zu wiederholen. Den Schluß bildet stets die Bestimmung des Nullpunktes bei unbelasteter Waage. War beispielsweise die Ausschlagdifferenz beim erstenmal „17 links", beim zweitenmal (nach Versetzen des Reiters um eine Kerbe nach links) „71 rechts", beim drittenmal (nach Rückversetzen des Reiters in die ursprüngliche Kerbe) „18 links" und ergab sich bei der Ermittlung des *Nullpunktes* eine Ausschlagdifferenz von „10 rechts",[2] so ist die „Empfindlichkeit" durch die Differenz der Ergebnisse der zweiten und dritten Schwingungsserie, also durch die Differenz zwischen „71 rechts" und „18 links" gegeben und beträgt mithin „89" oder abgerundet „90" (statt theoretisch „100"). Der Unterschied zwischen dem Ergebnis der (maßgeblichen) dritten Schwingungsserie „18 links" und der Nullpunktbestimmung „10 rechts" ist „28 links", da der praktisch gefundene Nullpunkt eben die Nullstellung bedeutet. Auf Grund der Proportion $28:90 = x:100$ ergibt sich $x = \frac{28 \,.\, 100}{90} = 31$ („links"). Diese Zahl bedeutet Millionstelgramm (γ). Es war also die rechte Waagschale (mit den Gewichten) um $31\,\gamma$ schwerer belastet als die linke. Es befänden sich z. B. auf der rechten Waagschale 0,050 g in Gewichten, der Reiter sitze auf Kerbe 52. Da letztere Zahl den Zehntelmilligramm entspricht, so beträgt das Gesamtgewicht im vorliegenden Falle $0{,}0500 + 0{,}0052\,\text{g} = 0{,}0552_{00}\,\text{g}$. Davon sind die oben gefundenen $31\,\gamma$ abzuziehen, so daß das „wahre Gewicht" 0,055169 g beträgt. Wäre die Differenz gegenüber der Nullpunkteinstellung beispielsweise „15 rechts" bzw. nach Berücksichtigung der „Empfindlichkeit" = 90 „17 rechts",[3] so hätte man zu dem auf den Waagschalen und dem Reiterlineal ablesbaren Gewicht noch $17\,\gamma$ zu addieren.

---

folgenden Tag fortgesetzt werden müssen. Trotzdem muß Gewichtskonstanz der Gefäße gewährleistet sein. Dies bedeutet naturgemäß eine wesentliche Erschwerung gegenüber den Bedingungen, wie sie bei der Ausführung organischer mikroanalytischer C-H-Bestimmungen gegeben sind, die ja noch an demselben Tag beendet werden, an dem sie begonnen worden sind.

[1] Man darf dann die Waage jedesmal nur drei- bis viermal nach links bzw. rechts (ohne Einrechnung der beiden ersten Schwingungen) ausschwingen lassen, da sich sonst die Erwärmung durch den Wägenden schon zu stark bemerkbar macht.

[2] Falls die Ausschlagdifferenz bei der Nullpunktermittlung größer als ± 20 bis höchstens ± 25 ausfällt, wird die Einstellung des Nullpunktes mit Hilfe der dazu bestimmten Stellschraube korrigiert.

[3] Man dividiert einfach die gefundene Zahl 15 durch 0,9. Ist die Empfindlichkeit beispielsweise 85, so wird durch 0,85 dividiert.

Das beschriebene Verfahren ist eigentlich nicht vollkommen exakt, weil in Wahrheit *nicht* der Unterschied zwischen der Ausschlagdifferenz bei der Wägung und der Ausschlagdifferenz bei der Ermittlung des Nullpunktes im *unbelasteten* Zustand der Waage maßgeblich ist. Von H. STERNBERG[1] wurde in einer überhaupt sehr beachtenswerten Arbeit mit Recht darauf hingewiesen, daß die Nullpunktänderung der Waage zwischen zwei Wägungen eigentlich im *belasteten* Zustand bestimmt werden müßte, um ganz genaue Resultate zu erhalten. Dies setzt die Benutzung eines Kontrollgefäßes voraus, mit dessen Hilfe die Nullpunktänderung zwischen der Leerwägung und der Wägung des Gefäßes samt der Substanz oder dem Niederschlag bestimmt wird. Allerdings wird dadurch das Wägen auf der Mikrowaage ziemlich kompliziert, so daß man zu diesem gewiß sehr richtigen Verfahren wohl nur dann greifen wird, wenn äußerste Exaktheit einer Bestimmung verlangt wird.

Taragefäße.

Alle Mikrogefäße sind bei Anwendung der Waagen vom KUHLMANN-Typus grundsätzlich gegen gleichartige Taragefäße zu wägen.[2,3] Dadurch, daß die Dichte und die Oberfläche des zu wägenden Körpers einerseits, des Taragegenstandes anderseits gleich groß sind, erübrigen sich alle Korrekturen, die infolge der auf S. 13 erwähnten äußeren Einflüsse anzubringen wären. Man scheue also nicht die geringe Mühe oder die Kosten, die damit verbunden sind, für je drei bis vier Mikrogefäße ein weiteres, gleichartiges Gefäß auszuwählen, das beim Wägen als gemeinsames Gegengewicht dient und ebenso wie die Gewichtsstücke dauernd im Waagengehäuse verbleibt. Sein Gewicht liegt zweckmäßig in der Mitte der Einzelgewichte der zugehörigen Mikrogefäße. Deren schwerstes soll sich vom leichtesten im Gewicht möglichst nur um einige Zehntelgramm unterscheiden. Bestehen die Geräte aus zwei Teilen, z. B. aus Mikrobecher und Filterstäbchen (S. 67 bzw. 74ff.), die stets zusammen gewogen werden, so ist ein gleichartiges Paar (Becher + Filterstäbchen) als Tara zu verwenden. Es ist klar, daß es bei dieser Art der Wägung ungewohnterweise dazu kommen kann, daß das Taragefäß als das schwerere von beiden auf die linke Waagschale zu stehen kommt, während das zu wägende Gefäß als das leichtere seinen Platz auf der rechten Schale hat. Eine einfache Überlegung ergibt, daß auch bei dieser scheinbar „umstürzlerischen“ Methode das Gewicht eines Niederschlages oder einer Einwaage sich eben wieder als die Differenz zwischen der Leerwägung und der Wägung von Gefäß + Substanz ergibt. Beträgt also z. B. das Ergebnis der Leerwägung, d. i. der Unterschied zwischen

---

[1] H. STERNBERG: Mikrochem. **22**, 187 (1937); vgl. auch A. FRIEDRICH und H. STERNBERG: Mikrochem., MOLISCH-Festschrift, 118 (1936).

[2] Dieses an und für sich selbstverständliche Vorgehen ist bei den Verfahren zur Atomgewichtsbestimmung, bei denen alle Wägungen nach der sog. Substitutionsmethode ausgeführt werden, seit jeher üblich. Es ist schon von F. EMICH (Lehrbuch. S. 79, 80) empfohlen worden, hat aber leider noch immer nicht allgemeine Beachtung gefunden.

[3] Grundsätzlich wird beim Wägen die linke Waagschale mit der linken Hand, die rechte Schale mit der rechten Hand bedient.

dem zu wägenden Gefäß und dem Taragefäß, 0,063209 g, während sich nach der Ausführung der Einwaage das (scheinbar niedrigere) Gewicht von 0,053527 ergibt, so entspricht die Einwaage auch in diesem Falle der Differenz zwischen beiden Wägungen, nämlich 9,682 mg. Man gewöhnt sich sehr schnell an diese Art der Wägung, die im Analytischen Laboratorium der Universität Wien schon seit Jahren im Gebrauche steht und niemals zu den geringsten Schwierigkeiten Anlaß gegeben hat. Der etwaige, oberflächlicher Überlegung entspringende Einwand, daß dabei leicht Irrtümer und Verwechslungen vorkommen könnten, wird von der Praxis widerlegt.

Eichen und Reinigen der Gewichte; Kunstgriffe beim Wägen.

Selbstverständlich müssen die Zenti- und Dezigrammgewichte des Gewichtssatzes der mikrochemischen Waage von den kleinsten Stücken bis zu denen von 0,2 g nachgeeicht werden, wobei man den Reiter, mit dem man gewöhnlich wägt, gleich 5 mg setzt. Man führt diese Eichung in der Weise aus, daß man jedes der beiden 10-mg-Gewichte für sich auf die linke Waagschale bringt, den Reiter in die Kerbe 100 setzt und nunmehr eine normale Wägung ausführt. Diese Wägung ist mehrmals zu wiederholen, am besten in Abständen von je 1 Stunde. Auf Grund des mittleren Ergebnisses ist die Korrektur für jedes der 10-mg-Gewichte im Vergleich zum Reiter festzulegen. Hierauf wird bei der Reiterstellung in Kerbe 100 eines der geeichten 10-mg-Gewichte auf die rechte Waagschale und eines der zu eichenden 20-mg-Gewichte auf die linke Schale gelegt und wiederum die Wägung ausgeführt. Auf diese Weise erhält man die Korrektur des 20-mg-Gewichtes, die in der gleichen Weise auch für das zweite 20-mg-Gewicht bestimmt wird. Durch Vergleich der beiden geeichten 20-mg-Gewichte gegen das 50-mg-Gewicht bei Reiterstellung in Kerbe 100 wird die Korrektur des 50-mg-Gewichtes ermittelt. Das 100-mg-Gewicht wird gegen das 50-mg- und die beiden 20-mg-Gewichte (bei Reiterstellung in Kerbe 100) geprüft. Schließlich kontrolliert man noch jedes der zwei 200-mg-Gewichte gegen die Summe $100 + 50 + 20 + 20$ mg (bei Reiterstellung in Kerbe 100). Nun legt man eine kleine Tabelle an, aus der hervorgeht, welche Korrektur in γ für jedes der geprüften Gewichtsstücke anzubringen ist. Wiegt z. B. das eine 10-mg-Gewicht 9,997 mg, das andere 10,002 mg, so ist die Korrektur für das erste $-3\,\gamma$, für das zweite $+2\,\gamma$. Man wird selbstverständlich bei einer Einwaage, bei der die Leerwägung ungefähr 40 bis 49 mg, die Wägung von Gefäß + + Substanz ungefähr 50 bis 59 mg beträgt, im zweiten Falle nicht das 50-mg-Gewicht, sondern die beiden 20-mg-Gewichte, die bei der Leerwägung benutzt wurden, und eines der 10-mg-Gewichte verwenden. Hat man z. B. Differenzwägungen zwischen 85 und < 95 mg auszuführen, so kann man den Kunstgriff anwenden, bei beiden Wägungen einen Reservereiter, dessen Gewicht wie erwähnt 5 mg beträgt, auf die linke Waagschale zu legen, so daß die Differenzwägungen in das Gebiet zwischen 90 und < 100 mg fallen und man infolgedessen mit dem gewöhnlichen Reiter auskommt. Dadurch vermeidet man die immerhin vorhandene geringe Unsicherheit, die der Eichung der Gewichtsstücke anhaftet. Von größerer Bedeutung als im vorliegenden Fall ist dieser Kunstgriff dann, wenn sich Gefäß und Gegengewicht nur um wenige Milligramm im Gewicht unterscheiden und das Gegengewicht das schwerere ist. Dann würde nämlich ein Niederschlag, dessen Gewicht etwas größer als die Gewichtsdifferenz beider Gefäße ist, bewirken, daß die beiden Gefäße auf den Waagschalen (gegenüber der Leerwägung) zu vertauschen sind. Dies läßt sich dadurch vermeiden, daß man das zu wägende Mikrogefäß durch Mitwägung eines Reservereiters von Anbeginn an schwerer als das Taragefäß macht.

Von Zeit zu Zeit müssen die Gewichtsstücke gereinigt werden. Wenn man dies nicht von einem Waagenfachmann vornehmen läßt, kann man es selbst ausführen, indem man die Gewichtsstücke mit Wasser und Alkohol wäscht und mit feinem Rehleder abwischt. Reiter aus Platindraht können durch vorsichtiges Baden in verdünnter Cyankaliumlösung und gelindes Abreiben zwischen den Fingern wieder auf ihr früheres Gewicht gebracht werden. Es ist jedoch fast mehr zu empfehlen, einen neuen Reiter zu kaufen, zumal die Nacheichung ohnedies nicht zu vermeiden ist. Aus Aluminium- und besonders aus Golddraht verfertigte Reiter haben sich als gut gewichtskonstant bewährt.

Die neue NERNST-Waage.

Über einige Abänderungen der NERNST-Waage wurde bereits kurz berichtet. Die neue Waage von J. DONAU[1] hat mit der alten NERNST-Waage den an einem gespannten dünnen Quarzfaden aufgehängten und mit diesem fix verbundenen Waagebalken gemein. Die übrige Einrichtung erinnert mehr oder weniger an die gebräuchlichen Mikrowaagen vom Typus der KUHLMANNschen Waage, unterscheidet sich jedoch von diesen dadurch, daß der schwingende Teil der Waage, d. i. der Aluminiumbalken samt Zeiger, ein Gewicht von kaum 1,5 g besitzt. Der daraus erwachsende Vorteil besteht u. a. darin, daß Temperaturunterschiede sich rasch ausgleichen, was bei anderen, massiv gebauten Waagen nicht der Fall sein kann.

Die Abb. 7 zeigt in schematischer Darstellung den Aufbau der Waage. Hierbei bedeutet G den starken Glasbügel, zwischen dessen Enden der Quarzfaden Q gespannt ist. Bei A und A' sitzt der Balkenreiter B, mit dem Quarzfaden fix verbunden, auf. Der Balken ist etwa 7 cm lang und besitzt in der Mitte und an beiden Enden je einen verstellbaren und durch Schrauben fixierbaren Reiter. Durch Höher- oder Tieferschrauben der Reiter kann die Empfindlichkeit vermindert bzw. erhöht werden. Dabei ist stets darauf zu achten, daß die Fußenden der beiden seitlichen Reiter zu den Aufhängepunkten des Balkens am Quarzfaden in einer bestimmten, auf empirischem Wege zu ermittelnden Stellung liegen müssen (vgl. S. 25f.).

Zwischen den Enden der beiden seitlichen Reiter $\boldsymbol{R}$ ist je ein Quarzfaden q gespannt, an dessen Mitte ein Häkchen h angeklebt ist, das zum

[1] J. DONAU: Mikrochem. **9**, 1 (1931); **13**, 155 (1933).

Tragen der Wägeschälchen *Sch* dient. Bei *C* ist der aus Aluminium bestehende Zeiger mittels Schellacks festgeklebt. Am unteren Teil des Zeigers ist das dünne Glimmerscheibchen *P* angeklebt, das in einer Metallhülse *H* reibungslos schwingt. Durch diese Hülse, die oben und unten einen schmalen Schlitz für den Durchtritt des in eine feine Spitze endigenden Zeigers besitzt, wird die nötige Dämpfung bewirkt.

Die Säulen für die Arretierung und die übrigen Teile sind auf einer geschliffenen schwarzen Glasplatte montiert. Diese steht auf drei Füßen,

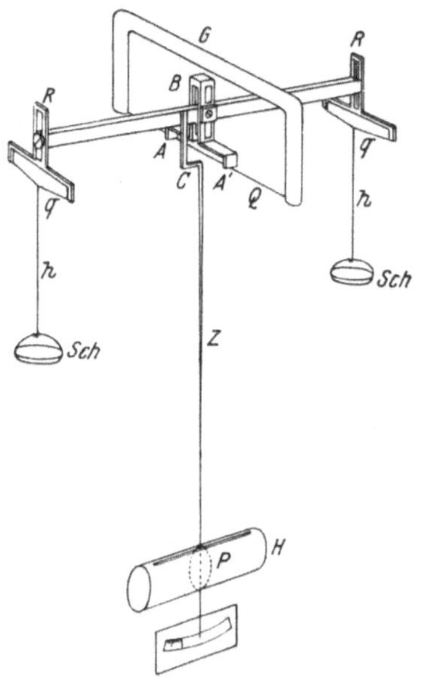

Abb. 7. Schematische Darstellung der neuen Mikrowaage nach J. DONAU. [Aus Mikrochem. **13**, 156 (1933).]

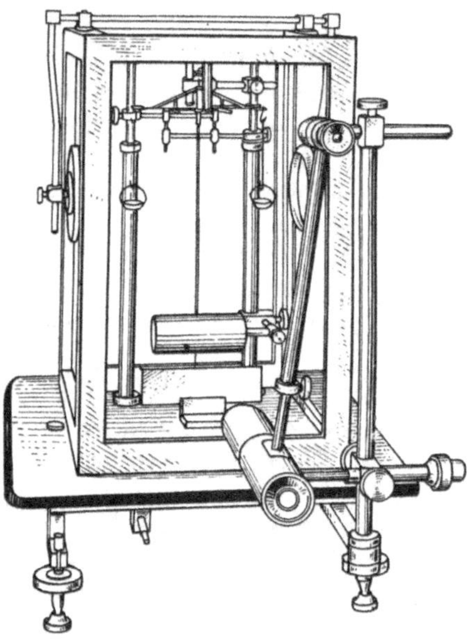

Abb. 8. Neue Mikrowaage nach J. DONAU (Gesamtansicht).

von denen die beiden vorderen als Stellschrauben zur Horizontaleinstellung des Instruments ausgebildet sind. Im Innern der Waage, auf der Bodenplatte frei beweglich, befinden sich die Skala, die in einen kleinen massiven Messingklotz eingespannt ist, sowie ein kleiner Spiegel für die Skalenbeleuchtung.

Zum Ablesen der Zeigerausschläge dient ein einfaches Ablesemikroskop mit langer Brennweite, das mit einem Okularmikrometer ausgestattet ist. Das Ableseinstrument ist auf einer auf der Grundplatte angeschraubten Säule in entsprechender Weise montiert. Die genaue Einstellung des Mikrometers auf die Teilung der Waagenskala wird mittels einer an der Fernrohrsäule angebrachten Einstellschraube vorgenommen.

Das Gehäuse der Waage besitzt quadratischen Querschnitt und besteht aus fünf dicken, miteinander verkitteten Spiegelglasplatten, die von schmalen Schutzrahmen aus Holz umgeben sind. Die beiden seitlichen

Glastafeln weisen ungefähr in der Mitte je ein kreisförmiges Loch auf, durch welches die Wägeschälchen eingeführt und auf die Gehänge der Waage gebracht werden. Der luftdichte Verschluß der beiden Öffnungen erfolgt durch runde Glasscheiben. Diese können mittels eines Messingbügels, der auf dem Gehäuse drehbar angebracht ist, *gleichzeitig* bewegt werden. Die Abb. 8 zeigt die Waage in gebrauchsfertigem Zustand.

Zusammenstellung und Behandlung der Waage.

1. *Aufstellungsort der Waage.* Die Waage kann im üblichen Waagzimmer oder auch im Arbeitsraum aufgestellt werden. Die unmittelbare Nähe einer Türe, eines Fensters, einer Flamme oder Heizanlage soll vermieden werden. Da die Ablesung bei *ruhendem* Zeiger vorgenommen wird, ist eine möglichst erschütterungsfreie Aufstellung erwünscht. Dies erreicht man in befriedigender Weise, indem man die Waage auf eine Marmorplatte stellt, die auf einer von starken Konsolen getragenen Holzplatte ruht. Die Konsolen sind in passender Höhe über dem Boden an einer starken Mauer angebracht, die senkrecht zum Straßenzug verlaufen soll.

Die Beleuchtung (mattierte Lampe von etwa 40 Watt) wird am besten in einer Entfernung von etwa 2 m oberhalb der Waage an der Wand angebracht. Bei hochempfindlichen Waagen ist ein noch größerer Abstand nötig.

2. *Aufstellung des Waagengestells.* Vor dem Aufstellen wird das Gestell gut gereinigt und daraufhin geprüft, daß Säulen und Füße gut angeschraubt sind. Die drei Näpfchen, welche die Füße des Gestells aufnehmen sollen, werden mit Wachs befestigt, damit die Waage nicht so leicht verschoben werden kann.

Die Horizontaleinstellung erfolgt mit Hilfe einer Wasserwaage.

3. *Aufhängung des Waagebalkens.* Der Waagebalken wird zunächst ohne Gehänge vorsichtig auf die beiden Arretierungsdrähte so aufgelegt, daß er etwa in die Mitte des darunter befindlichen, am Glasbügel aufgespannten Quarzfadens zu liegen kommt. An den beiden Enden des Reiters sind in die aufgeschmolzene Schellackschicht Kerben eingeschnitten (z. B. mittels einer heißgemachten Rasierklinge), damit der Reiter dort auf dem Faden aufsitzen kann.

Nun wird entarretiert, wodurch der Balken mit den zwei Kerben auf den Faden zu liegen kommt. Man überzeugt sich, daß der Faden genau in die Einschnitte gelangt. Wenn dies nicht mit bloßem Auge festgestellt werden kann, so bedient man sich einer Lupe.

Nun wird die Waage wieder arretiert und an den beiden Enden, die mit der RIESENFELDschen „Torsionsschneide“ (S. 8) ausgestattet sind, mit den Gehängen versehen. Diese bestehen aus kurzen, mittelstarken Glasfäden, die an beiden Enden zu Häkchen umgebogen sind. Das eine Ende ist mit einer dünnen Schellackschicht überzogen. Das Einhängen geschieht in der Weise, daß man das Gehänge mit der Hand oder mit einer Pinzette faßt und mit dem mit Schellack versehenen Ende möglichst in die Mitte des Quarzfadens bringt. Nach dem Einhängen der Platinschälchen wird die Fixierung der Gehänge am Faden dadurch vorgenommen, daß das Ende eines heißen Glasstabes der Befestigungsstelle genähert wird.

Nun werden die Schälchen so austariert, daß der Zeiger annähernd in die Mitte der provisorisch aufgestellten Skala zu stehen kommt. Bei dieser Gelegenheit wird durch Auflegen eines bekannten Gewichtes lediglich annähernd die Empfindlichkeit geprüft. Falls eine höhere oder geringere Empfindlichkeit erwünscht ist, hat das man am oberen Balkenende angebrachte Schraubenpaar vorsichtig höher oder tiefer zu verstellen.

Die Fixierung des Balkens am Faden führt man so aus, daß man die Waage zunächst entarretiert, worauf durch vorsichtige Berührung der beiden mit Schellack versehenen Enden mit einem heißen Glasstab der Balken am Faden festgeklebt wird.

4. *Aufstellung der Skala.* Die auf photographischem Wege hergestellte Skala wird vor den Zeiger gestellt, und zwar so, daß die Schichtseite gegen den Zeiger zu liegen kommt, der Anfang der Teilung sich also rechts vom Beobachter befindet.

Durch wiederholtes Schwingenlassen des Balkens und entsprechendes Verschieben der Skala läßt es sich bald erreichen, daß der Zeiger in augenscheinlich gleicher Entfernung von dieser schwingt. Der Abstand soll möglichst klein sein, damit Zeiger und Skala im Fernrohr gleich scharf erscheinen.

5. *Einstellung des Spiegels und des Fernrohres.* Nunmehr wird der Spiegel hinter den Zeiger gestellt und so lange verschoben und am Kugelgelenk gedreht, bis das Gesichtsfeld des Fernrohres hell erscheint und nach entsprechender Einstellung des letzteren Skala und Zeiger deutlich zu sehen sind. Sollte der Zeiger nicht parallel zu den Skalenstrichen verlaufen, so ist die Skala nach rechts oder links zu verschieben, je nachdem der Zeiger von der Richtung der Teilstriche nach rechts oder links abweicht. Nötigenfalls muß auch die Lage der Skala im Stativ variiert werden. Nun ist darauf zu achten, daß beim Verschieben des Fernrohres die Skala stets symmetrisch im Gesichtsfeld verbleibt und somit das im Fernrohr eingesetzte Mikrometer die Skala annähernd in derselben Höhe bestreicht. Man erreicht dies leicht durch Verschiebung des oberen Querträgers des Ständers.

6. *Bestimmung der Empfindlichkeit, Feststellung der Proportionalität.* Um die absolute Empfindlichkeit der Waage, d. i. den Wert eines Skalenteiles in Milligramm, zu bestimmen, tariert man die Schälchen zunächst so aus, daß der Zeiger zwischen dem 15. und 20. Teilstrich der 100teiligen Skala einspielt. Um die Zeigerstellung genau ablesen zu können, muß das Mikrometer durch entsprechendes Verlängern oder Verkürzen des Tubus auf die Innenskala so eingestellt werden, daß 1 Skalenteil 10 Teilstrichen des Mikrometers entspricht, man also in der Lage ist, noch die Zehntelskalenteile abzulesen. Die Hundertstel werden geschätzt. Um die betreffenden Teilstriche zur genauen Deckung zu bringen, benutzt man die an der Vertikalsäule angebrachte Stellschraube, durch die das

Fernrohr verschoben werden kann. Die Scharfeinstellung der Mikrometerteilung erfolgt mittels des Okulartubus.

Um nun die *Empfindlichkeit* der Waage zu bestimmen, legt man nach der Notierung der Anfangsstellung das betreffende Normalgewicht, z. B. ein 5- oder ein 10-mg-Gewicht, auf die rechte Waagschale und liest die neue Zeigerstellung ab. Durch Division der Zahl der aufgelegten Milligramm durch die Ausschlagdifferenz in Teilstrichen der Skala erhält man den Wert eines Skalateilstriches in Milligramm. Da die Empfindlichkeit der Waage je nach der Gesamtbelastung verschieden ist, müßte man bei wechselnder Belastung jedesmal die Empfindlichkeit feststellen. Um dies zu vermeiden, ist es vorteilhaft, stets mit annähernd gleicher Belastung zu arbeiten. Man wählt diese so, daß sie die Wägung der später zu beschreibenden Filterschälchen (S. 115ff.) und eines auf derselben Seite aufgehängten kleinen Taraschälchens, in dem sich mehrere Gewichtchen befinden, zuläßt. Die Belastung auf der linken Seite wird dann *nicht* mehr geändert. Will man in der Folge Schälchen oder dgl. wägen, die leichter sind als die erwähnten Filterschälchen, so wird die nötige Tara auf die rechte Seite in das kleine, gesondert aufgehängte Schälchen gebracht. Auf diese Weise kommt bei den Wägungen kein größerer Belastungsunterschied vor als höchstens der Wert eines Skalenbereiches, was auf die Empfindlichkeit der Waage noch keinen Einfluß ausübt. Die Höchstbelastung auf der rechten Balkenseite soll 1,5 g nicht übersteigen, da sonst die Quarzfäden leicht reißen können. Nach jeder Wägung entlaste man die Waage durch Abheben der beiden Hauptschälchen. Das kleine Taraschälchen auf der rechten Balkenseite kann ohne weiteres hängen bleiben.

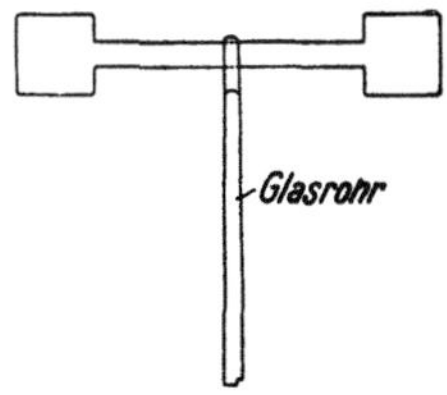

Abb. 9. Wägelöffel für die neue Mikrowaage nach J. Donau ($^1/_6$ der natürl. Größe).

Zur Feststellung der Proportionalität der Zeigerausschläge kann man folgendermaßen verfahren: Man wägt zwei oder mehr Platinfolien oder dünne Platindrähtchen, deren Gesamtgewicht nicht mehr als 60 Skalenteilen entspricht, zuerst jedes für sich und hierauf alle zusammen. Vergleicht man nun das Gesamtgewicht mit der Summe der Einzelwägungen, so darf die Abweichung die Summe der möglichen Ablesefehler nicht überschreiten. Da bei Ausnutzung des ganzen Skalenbereiches der Ausschlagwinkel des Zeigers schon zu groß ist, wird in der Regel nur der Bereich zwischen dem 20. und dem 80. Teilstrich in Anspruch genommen.

7. *Ausführung der Wägungen.* Beim Wägen selbst hat man folgendes zu beachten:

Die Wägung wird selbstverständlich bei geschlossenem Gehäuse vorgenommen. Beim Ein- und Aushängen der Schälchen achte man darauf, daß sie nicht zu sehr ins Schwanken kommen, nötigenfalls dämpfe man das Hin- und Herpendeln mit dem Wägelöffel[1] (Abb. 9). Die

[1] Die aus Aluminiumblech verfertigten Löffel sind doppelarmig und besitzen zur Vermeidung der Erwärmung durch die Hand einen rechtwinkelig abstehenden, etwa 25 cm langen Glasstiel. Die Löffelränder sind, um ein Abrutschen der aufgelegten Schälchen zu verhindern, etwa 2 mm hoch aufgebogen.

Arretierung muß stets langsam und mit größter Vorsicht betätigt werden. Zur Ablesung der jeweiligen Zeigerstellung wird das Fernrohr zunächst an den betreffenden Teil der Skala geschoben, worauf mit Hilfe der seitlich angebrachten Stellschraube Mikrometer und Skala zur Deckung gebracht werden.

Bei Wägungen, die zeitlich weit auseinander liegen, ist es vorteilhaft, sich eines Kontrollschälchens zu bedienen, das man vor der eigentlichen Wägung auf sein früheres Gewicht prüft. Gegebenenfalls wird die Differenz mit der Fußschraube korrigiert oder die gefundene Abweichung bei der Wägung in Rechnung gestellt.

Die zu wägenden Massen sind durch den verhältnismäßig geringen Skalenbereich (60 Teilstriche) *keineswegs* beschränkt. Dadurch, daß auf dem kleinen Taraschälchen oberhalb des rechten Hauptschälchens eine Anzahl gekennzeichneter Drähtchen von (in Skalenteilen) bekanntem Gewicht mitaustariert ist, ist es ohne weiteres möglich, eben soviele Skalenbereiche in die Wägung einzubeziehen. Man muß zu diesem Zwecke nur die kleinen Gewichte nacheinander abnehmen, bis der Zeiger innerhalb der Skala zu stehen kommt. Nun wird abgelesen und der Skalenwert der abgenommenen Gewichtchen zu der Ausschlagdifferenz hinzugezählt. Da hierbei keine größere Belastungsdifferenz eingetreten ist, als dem einfachen Skalenbereich entspricht, ist auch die Empfindlichkeit die gleiche geblieben und die Wägung daher trotz des hohen Betrages an Teilstrichen als richtig anzunehmen.

Diese Möglichkeit, eine Wägung über mehrere Skalenbereiche ausdehnen zu können, ist besonders dann von Wichtigkeit, wenn eine größere Einwaage erforderlich ist oder wenn die Schlußwägung die Einwaage bedeutend übersteigt.

Die Konstanz der Nullage ist befriedigend, solange größere Temperaturschwankungen vermieden werden. Beim Anheizen eines kalten Zimmers treten stets starke Nullpunktänderungen auf, die offenbar auf Luftwirbel zurückzuführen sind. Nach Eintritt stabiler Temperaturverhältnisse wird die Nullstellung wieder konstant.

8. *Ausbesserungen und Behebung von Mängeln.* Von den in Betracht kommenden Beschädigungen und möglicherweise auftretenden Mängeln seien folgende angeführt:

a) Abreißen der Fäden;
b) Beschädigung des Zeigers;
c) Defekt an der Arretierung, Bruch der Skala;
d) ungenügende Proportionalität.

Im folgenden ist die Behebung dieser Mängel angegeben.

a) Aufziehen eines neuen Fadens: Um einen Quarzfaden auf den Glasbügel aufzuziehen, legt man den zunächst auf einer Drahtgabel fixierten Faden so auf den Bügel, daß der Faden in die an den beiden Enden angebrachten Kerben im Schellack zu liegen kommt. Sodann berührt man die betreffenden Stellen mit dem Ende eines heißen Glasstabes, wodurch der Faden in den Schellack eingeschmolzen wird. Nach

Gehänge nicht in der richtigen Lage zueinander stehen, kann es vorkommen, daß die Proportionalitätsprüfung negativ ausfällt. Ist beispielsweise die Summe der Skalenausschläge der einzeln gewogenen Drähte geringer als der Ausschlag, der sich beim gemeinsamen Wägen der Drähte ergibt, so liegen die Angriffspunkte der Belastung zu *hoch*. In diesem Falle wurde die Waage durch die *steigende* Belastung *empfindlicher*. Im gegenteiligen Falle sind die Lagen der betreffenden Punkte zu *tief*, da die Empfindlichkeit bei größerer Belastung eine *geringere* ist. Bei ungenügender Proportionalität prüfe man zunächst die Befestigungsstellen des Balkens am Quarzfaden und die Anklebepunkte der beiden Fäden an den Balkenenden. Diese müssen bei richtiger Lage alle am Grunde der Schellackauflage liegen. Durch vorsichtiges Anlegen eines heißen Glasstabes sinken die Fäden ohnehin leicht an die tiefste Stelle. Sollte sich die Proportionalität bei einer neuerlichen Prüfung noch immer nicht als befriedigend erweisen, so kann der Grund nur in einer eingetretenen Deformierung des Balkens liegen. In diesem Falle löse man den Balken durch Berührung mit dem heißen Glasstab sorgfältig vom Quarzfaden ab. Sodann werden die seitlichen Enden mittels einer Flachzange ganz schwach nach oben bzw. unten gebogen, je nachdem die Summe der Einzelgewichte größer oder geringer erschien als das Gewicht der gemeinsam gewogenen Drähte. Sollte bei abermaliger Prüfung die Proportionalität noch immer unbefriedigend sein, muß die beschriebene Operation wiederholt werden.

Durch Höherschrauben oder Beschwerung der am Balken befindlichen Schraube könnte die Empfindlichkeit der Waage natürlich beliebig weit gesteigert werden, doch ist einer allzu großen Empfindlichkeit durch die infolge von Wärmestrahlung auftretenden Nullpunktschwankungen eine praktische Grenze gesetzt. Immerhin lassen sich bei wirksamer Abschirmung der Wärmestrahlen Empfindlichkeiten von 0,1 γ erreichen, was bei Instrumenten vom Typus der KUHLMANN-Waage kaum möglich ist.

II. Wägungsformen.

1. Eigenschaften der für die Mikroanalyse geeigneten Wägungsformen.

Da bei den Wägungen mit der Mikrowaage weitestgehende Angleichung der zu wägenden Gefäße an die Temperatur der Waage und überhaupt an das sog. „Klima“ des Waagraumes unerläßliche Bedingung für die Gewichtskonstanz ist, müssen solche Wägungsformen der Niederschläge gewählt werden, die nicht ein Erkalten im Exsiccator erfordern. Es sind also von vornherein alle diejenigen Niederschläge ausgeschlossen, die an der Luft nicht völlig unverändert bleiben und Feuchtigkeit oder Kohlendioxyd anziehen. Bei der Ausarbeitung neuer mikroanalytischer Bestimmungsformen muß demnach stets das Verhalten der Niederschläge zunächst in dieser Beziehung untersucht werden.

Ein weiterer Gesichtspunkt ist der, daß die manchmal nicht unbeträchtlichen Schwierigkeiten, bei den Mikrowägungen eine Gewichtskonstanz von 10 γ oder weniger zu erzielen, zur Bevorzugung solcher Wägungsformen führen, die in einem möglichst großen Molekül einen möglichst geringen Prozentanteil des gesuchten Bestandteiles enthalten. Der unvermeidliche Wägefehler zwingt also dazu, Verbindungen zu suchen, bei denen der sog. „Umrechnungsfaktor“[1] möglichst klein ist.

Weiterhin wird die Auswahl der Bestimmungsformen dadurch beeinflußt, daß das — verschiedenartige — Material der Mikrogefäße, in denen die Niederschläge ausgewogen werden, nicht gleichmäßig bei allen Temperaturen Gewichtskonstanz aufweist. Es darf nicht vergessen werden, daß — im Gegensatz zu den Verhältnissen bei der Makroanalyse — bei der Mikroanalyse in der Regel ein gewaltiges Mißverhältnis zwischen dem bloß Milligramme oder sogar nur Zehntelmilligramme betragenden Gewicht der Niederschläge und demjenigen der Gefäße besteht, die stets mitgewogen werden. Das letztere bewegt sich meist in der Größenordnung von 10 g. Nimmt man das Gewicht der zu wägenden Niederschläge mit 10 bis 0,5 mg an, so beläuft sich das Verhältnis des Niederschlagsgewichtes zum Gewicht des Gefäßes auf 1 : 1000 bis 1 : 20000. Ausnahmen stellen Rückstandsbestimmungen und die Verfahren dar, die mit Hilfe der DONAUschen Fällungs- und Filterschälchen ausgeführt werden (vgl. S. 114 ff.). Bei letzteren ist, wegen des nur einige Zehntelgramm betragenden Gefäßgewichtes, das bezeichnete Verhältnis um eine Zehnerpotenz günstiger, also etwa 1 : 100 bis 1 : 1000. In der Makroanalyse wägt man dagegen meist Niederschläge von etwa 5 mg bis 1 g in Tiegeln von 10 bis 20 g. Das Verhältnis zwischen Niederschlags- und Tiegelgewicht ist daher 1 : 10 bis 1 : 2000 (oder höchstens 1 : 4000), von Ausnahmefällen abgesehen. Es unterscheiden sich also die entsprechenden Verhältniszahlen bei der Mikro- und der Makroanalyse in den Grenzwerten um 1 bis 2 Zehnerpotenzen zuungunsten der Mikroanalyse. Daraus wird ersichtlich, daß in der Mikroanalyse der Gewichtsbeständigkeit der Gefäße, in denen die Niederschläge zur Gewichtskonstanz gebracht werden müssen, besonders große Aufmerksamkeit zuzuwenden ist. Die Verhältnisse liegen vergleichsweise so, als ob in der Makroanalyse die Fällungsgefäße (Bechergläser) zusammen mit den Niederschlägen gewogen würden. Über die Gewichtsbeständigkeit der Gefäße handelt Abschnitt V, 2. Hier soll indessen vorweggenommen werden, daß die Beziehungen zwischen der Gewichtskonstanz der Wägungsgefäße und der Temperatur dazu führen, solche Verbindungen als Wägungsformen zu bevorzugen, die entweder bei Zimmertemperatur oder bei normaler Trockenschranktemperatur getrocknet werden können. Auch Glühtemperaturen von 600 bis 800° sind noch ohne wesentliche Schwierigkeiten zulässig. Höhere Temperaturen hingegen sollten möglichst nur in solchen Fällen angewendet werden, in denen bis jetzt keine bessere Methode bekannt ist.

[1] Im Sinne der bekannten Tabellen von F. W. KÜSTER-A. THIEL: Logarithmische Rechentafeln. Laboratoriums-Taschenbuch für Chemiker, Pharmazeuten, Mediziner und Physiker. 46. bis 50. Auflage. Berlin 1940.

Es wird das Ziel künftiger mikroanalytischer Forschung zu sein haben, diese Fälle auf ein Minimum zu beschränken.

Ferner muß, ebenso wie in der Makroanalyse, von den Niederschlägen bzw. Wägungsformen gefordert werden, daß sie „formelrein", also in stöchiometrisch definierter Zusammensetzung, vorliegen und nicht zum Einschluß von Fremdbestandteilen neigen. Man wird daher nach Möglichkeit Niederschläge heranziehen, die nicht amorph, sondern kristallin ausfallen und gut filtrier- und auswaschbar sind.

2. Anorganische und organische Wägungsformen.

Wenn man nun auf Grund der vorangehenden Überlegungen die Eignung anorganischer und organischer Wägungsformen vergleichend ins Auge faßt, ergibt sich, daß zahlreiche anorganische Niederschläge ohne weiteres auch den verschärften Anforderungen der Mikroanalyse bezüglich Gewichtskonstanz und Unveränderlichkeit an der Luft genügen. Dies ist z. B. bei den meisten Oxyden und Sulfaten der Fall, die deshalb bei den später zu besprechenden Rückstandsbestimmungen (S. 62ff.) eine wesentliche Rolle spielen, ebenso bei manchen Pyrophosphaten. Hingegen entsprechen die genannten Verbindungen in sehr geringem Maße der Forderung nach einem günstigen Umrechnungsfaktor für die zu bestimmenden Elemente und zudem, mindestens sofern die Oxyde in Frage kommen, auch nur zum geringen Teil dem Verlangen, hohe Glühtemperaturen zu vermeiden. Die Wägung in Form der Oxyde ist daher vom Standpunkt der Mikroanalyse eigentlich nur als Notbehelf anzusehen.

Bezüglich der „Formelreinheit" bestehen die gleichen Verhältnisse wie in der Makroanalyse. Die anorganischen Bestimmungsformen sind also innerhalb gewisser Grenzen meist als „formelrein" zu bezeichnen. Ebenso gilt dies von den organischen Wägungsformen kristalliner Struktur (vgl. das folgende).

Betrachten wir die organischen Fällungs- und Bestimmungsformen, so sehen wir, daß diese sich dem vorhin gekennzeichneten Ideal weitgehend nähern; sie sind an der Luft unveränderlich und ziehen weder Wasser noch Kohlendioxyd an; sie weisen wegen ihres hohen Molekulargewichtes fast immer günstigere Umrechnungsfaktoren als die anorganischen Verbindungen auf; sie sind meist weitgehend formelrein, kristallin, gut filtrier- und auswaschbar und benötigen daher, wenn diese Bedingungen erfüllt sind, keine Glühtemperaturen, sondern erreichen ihre Gewichtskonstanz entweder nach geeigneter Vorbehandlung schon bei Zimmer- oder doch bei Trockenschranktemperaturen. Bestimmungsmethoden mit Anwendung organischer Reagenzien, bei denen ein Verglühen des Niederschlages zu Oxyd erforderlich ist, sind demnach von dem vorhin gekennzeichneten Gesichtspunkt aus auch nur als Provisorium zu betrachten. Der heutige Stand der Mikrogravimetrie erlaubt allerdings noch nicht, diesen Standpunkt folgerichtig in allen Fällen in die Praxis zu übertragen. Einer der Gründe dafür ist der, daß organische Reagenzien vielfach in organischen Lösungsmitteln (z. B. Alkohol oder Aceton) aufgelöst werden müssen, da sie meist *nicht wasserlöslich* sind. Daher tritt manchmal in mehr oder minder hohem Maße eine Ausfällung des organischen Reagens in der zu stark wäßrigen Lösung und infolgedessen Okklusion durch den Niederschlag ein, so daß man gezwungen ist, ihn zu verglühen. Als Idealreagens erscheint daher das wasserlösliche Fällungsmittel. Dieses Bestreben wird besonders von F. FEIGL[1] vertreten. Immerhin stellt auch in dem genannten Falle das organische Fällungsreagens ein Hilfsmittel sowohl zur Erzielung einer *intermediären Fällungsform* als auch zur Durchführung von Trennungen dar. Anderseits erscheint für die Eignung einer organischen Verbindung als *Wägungsform* die Frage, ob das Reagens „spezifisch"[2] ist oder nicht, von geringerer Bedeutung. Das o-Oxychinolin („Oxin") z. B. kann gewiß nicht als spezifisch bezeichnet werden, eignet sich jedoch für die mikroanalytische Bestimmung einer Reihe von Elementen ganz ausgezeichnet. Demnach ist die Spezifität der organischen Reagenzien nicht so sehr für die Erzielung guter Wägungsformen als vielmehr für die *Trennung* der einzelnen Ionen wichtig.[3] Trotzdem ist selbstverständlich — eben wegen der sich bietenden Trennungsmöglichkeiten — der Gebrauch spezifischer oder möglichst selektiver organischer Fällungsmittel so weitgehend als möglich anzustreben.

Aus dem Gesagten ergibt sich, daß die Auffindung geeigneter organischer Reagenzien und die Ausarbeitung entsprechender Bestimmungsmethoden für die quantitative Mikroanalyse von noch viel wesentlicherer Bedeutung als für die Makroanalyse ist, ja in vielen Fällen geradezu als eines der wichtigsten Probleme gelten kann. Es sei an dieser Stelle auf das Buch von F. FEIGL[4] verwiesen, aus dem der Mikroanalytiker sich über die bis jetzt erforschten Zusammenhänge zwischen Atomgruppierungen organischer Verbindungen und ihrer besonderen Eignung als Fällungsreagenzien für bestimmte Ionen zu orientieren vermag. Zweifellos wird auch der quantitative Mikroanalytiker daraus manche Anregung für seine Arbeiten entnehmen können. Insbesondere wegen der eben erwähnten Tatsache, daß spezifische oder selektive Wirkungen sich auf ganz bestimmte Atomgruppierungen zurückführen lassen, ist eine systematische Forschung nach neuen organischen Reagenzien unerläßlich. Einen Führer auf dem Gebiete der bisher in der quantitativen Makro- und Mikroanalyse ge-

[1] Vgl. F. FEIGL: Tüpfelreaktionen.

[2] Im Sinne der Beschlüsse der „Internationalen Kommission für neue analytische Reaktionen und Reagenzien" vom Mai 1937 [Mikrochem. **22**, 258 (1937); Microchim. Acta (Wien) **1**, 253 (1937)] sollen „solche Reaktionen (Reagenzien), die unter bestimmten Versuchsbedingungen für einen Bestandteil *ganz eindeutig* sind, als *spezifisch* bezeichnet werden, dagegen solche Reaktionen (Reagenzien) als *selektiv*, mit denen sich nur eine *engere* Auswahl treffen läßt, weil sie für einige (wenige) Bestandteile charakteristisch sind".

[3] Eine mehr oder minder große „Selektivität", also Fähigkeit zur Fällung bestimmter Ionen*gruppen*, ist ja allen gebräuchlichen organischen Reagenzien eigen.

[4] F. FEIGL: Tüpfelreaktionen (vgl. S. 47 des vorliegenden Buches). Siehe auch J. V. DUBSKÝ: Mikrochem. **23**, 24, 42 (1938); **28**, 145 (1940).

bräuchlichen organischen Fällungsmittel stellt das Buch von W. PRODINGER[1] dar.

Weniger als Wägungsform als vielmehr zur intermediären Abscheidung gewisser Elemente kommen die durch Mikroelektrolyse erzeugten Niederschläge in Betracht. Als Wägungsformen eignen sie sich an und für sich deshalb nicht so sehr, weil der Umrechnungsfaktor = 1 ist, also das betreffende Element ganz ohne vergrößernden Faktor unmittelbar gewogen wird. Hingegen bietet die selektive elektrolytische Abscheidung zahlreiche Möglichkeiten zur Trennung von Ionen und zur Reinigung von Niederschlägen. Nach dem heutigen Stande der Mikroanalyse empfiehlt sich allerdings manchmal eine unmittelbare Wägung des Niederschlages eher als ein Auflösen und Überführen in eine andere Wägungsform, nämlich dann, wenn noch keine genügend einwandfreie Bestimmungsmethode anderer Art bekannt ist, bzw. wenn die bei der Umfällung möglichen Fehler voraussichtlich größer als die bei der unmittelbaren Wägung zu erwartenden Wägefehler sind. Das Gebiet der Mikroelektrolyse verdient zweifellos eine weit intensivere Erforschung, als ihm bis heute zuteil geworden ist.

III. Vorbereitungen zur Analyse.

1. Probenahme.

Diese zählt zu den Vorbereitungshandlungen, von deren einwandfreier Durchführung das Gelingen der Analyse in weitgehendem Maße abhängt.[2] Verbreitet ist die Meinung, daß es für die Mikroanalyse häufig ganz besonders schwierig, wenn nicht manchmal fast unmöglich sei, richtige Durchschnittsproben der zu analysierenden Substanzen zu erlangen. Diesbezüglich wurde weitgehende Klärung durch mathematisch fundierte Überlegungen sowie praktische Versuche von A. BENEDETTI-PICHLER[3] herbeigeführt, durch die er nachwies, daß in allen jenen Fällen, in denen Substanzen weitgehend zerkleinert werden konnten, in Einwaagen von 3 bis 5 mg geeignete Durchschnittsmuster zu gewinnen waren. Den Berechnungen wurden Substanzen vom spezifischen Gewicht 2 zugrunde gelegt. Ein praktischer Versuch, bei dem ein Gemisch grober Kristalle von Kaliumnitrat und Kaliumbichromat nur 2 Minuten lang in einer Reibschale verrieben wurde, ergab Teilchen von 80 bis 7 μ größter Ausdehnung. Untersuchungen an verschiedenen anderen Gemengen führten ebenso wie diese Berechnungen zu dem Ergebnis, daß immer dann, wenn sich ein festes Gemisch mehrerer Substanzen aufs feinste verreiben und

---

[1] W. PRODINGER: Fällungsmittel (vgl. S. 47 des vorliegenden Buches).

[2] Vgl. W. F. HILLEBRAND und G. E. F. LUNDELL: Applied Inorganic Analysis. New York 1929. S. 47. Dort heißt es u. a.: „The sampling of the material that is to be analyzed is almost always a matter of importance and not infrequently it is a more important operation than the analysis itself."

[3] A. BENEDETTI-PICHLER: Z. analyt. Chem. **61**, 305 (1922).

gründlich zerteilen ließ,[1] es ohne weiteres möglich war, geeignete Durchschnittsmuster von 3 bis 5 mg oder noch weniger zu erhalten.[2]

Folgende Faktoren sind nach den Feststellungen A. BENEDETTI-PICHLERS (a. a. O.) für das Zustandekommen einer richtigen Durchschnittsprobe von wesentlicher Bedeutung: Die Dichte des Materials hat auf das Gewicht der einzelnen Teilchen nur einen linearen Einfluß. Gegebenenfalls wären bei sehr großen Unterschieden im spezifischen Gewicht der einzelnen Teilchen Entmischungen zu befürchten. Auch verschiedene Härte der einzelnen Gemischbestandteile mag insofern stören, als die härteren Teilchen durch Einbettung in die weichere Grundmasse die Zerkleinerung erschweren können. Bei Metallen und insbesondere bei Legierungen ist es im allgemeinen nicht möglich, eine geeignete Durchschnittsprobe von 5 mg zu erhalten. Dagegen gelingt in manchen Fällen das Homogenisieren der Probe durch Zusammenschmelzen, falls der Regulus beim Abkühlen keine Seigerungserscheinungen zeigt. Auch Metallaschen und andere Materialien, in denen Metallteilchen enthalten sind, lassen sich in der Regel nicht durch Zerkleinern der Mikroanalyse zugänglich machen.

Daß gerade Metallegierungen, Stähle usw. der Entnahme von Durchschnittsproben oft große Schwierigkeiten entgegensetzen, ist allgemein bekannt, und genaue Vorschriften über die diesbezüglichen Verfahren sind (auch in anderen Fällen) den einschlägigen Handbüchern zu entnehmen. So ist, um nur ein Beispiel anzuführen, bei grauem Roheisen ein Hobeln über den ganzen Querschnitt, womöglich sogar an zwei oder drei verschiedenen, weit voneinander liegenden Querschnitten erforderlich.[3] Grobe Späne müssen zerschlagen und mit dem feineren, graphitreicheren Material vermengt werden. Gegebenenfalls hat man noch durch Absieben zwei oder drei verschiedene Anteile zu bilden, diese zu wägen und im Verhältnis ihrer Gewichte zur Analyse heranzuziehen. Im allgemeinen kann man erwarten, daß in den Fällen, in denen für die Makroanalyse richtige Durchschnittsmuster gewonnen werden können, auch geeignete Mikrodurchschnittsproben zu erhalten sind. Es ist jedoch zu bedenken, daß die Bedeutung der Mikroanalyse vielfach gerade darin liegt, die qualitative und quantitative Feststellung geringfügiger Inhomogenitäten zu ermöglichen, wozu man bisher bei Anwendung rein makroanalytischer Methoden nicht imstande war (vgl. das weiter unten Gesagte).

In geeigneten Fällen ist manchmal der Ausweg möglich, größere Legierungsproben einzuwägen, zu lösen, die Lösung auf ein bestimmtes Volumen aufzufüllen und die Mikroanalyse mit einem entsprechend kleinen aliquoten Teil der Lösung auszuführen. Dieses Verfahren hängt von zwei Voraussetzungen ab: daß einerseits sich ein Lösungsmittel

[1] Ohne daß beim Zerreiben mehr Mühe, als in der Makroanalyse üblich, angewendet werden mußte.

[2] Vgl. auch R. STREBINGER und L. RADLBERGER: Österr. Chemiker-Ztg. **22**, 67 (1919).

[3] R. WEIHRICH: Untersuchungsmethoden für Roheisen, Stahl und Ferro legierungen. 2. Aufl., Stuttgart 1939. S. 1.

finden lasse, das bei der nachfolgenden Analyse nicht stört oder ohne Schaden wieder entfernt werden kann, und daß anderseits genügend Material vorhanden sei. Letzteres wird natürlich überflüssig, wenn es sich aus bestimmten Gründen darum handelt, den eben vorliegenden *Partikel* der Legierung zu analysieren.

Dies führt uns zu allen denjenigen Fällen, in denen nicht eine Durchschnittsanalyse benötigt wird. Der Wert der Mikroanalyse besteht wie erwähnt darin, daß sie die Möglichkeit bietet, *kleinste* Substanzmengen einwandfrei zu analysieren. Es sei beispielsweise auf die Erz- und Mineralanalyse verwiesen, bei der der „Makroanalytiker" oft genug gezwungen ist, eine große Anzahl einzelner Mineralindividuen oder Kriställchen zusammen zu pulvern, damit überhaupt eine quantitative Analyse ausführbar wird. Dadurch wird häufig wertvollstes Untersuchungsmaterial zerstört, und manche Frage des Feinbaues kann nicht beantwortet werden. Es treten eben klar zwei Vorzüge der Mikroanalyse zutage: einerseits ihre Anwendbarkeit zwecks Ersparnis von Zeit, Arbeit und Reagenzien, ohne daß man jedoch durch Mangel an Ausgangsmaterial dazu gezwungen ist; anderseits die Tatsache, daß *erst die Mikroanalyse* die Ermittlung der Zusammensetzung einer kostbaren oder spärlichen Probe oder die Feststellung von Inhomogenitäten einer größeren Probe gestattet. Im letztgenannten Falle kommt eine Durchschnittsprobe an sich nicht in Frage.

In der Mikro-Mineralanalyse sind für die Entnahme von besonderen oder Einzelproben mehrfach Bohrmaschinen in Gebrauch gekommen. Im Analytischen Universitätslaboratorium in Wien steht eine Art zahnärztlicher Fräse in Benutzung,[1] die mit Hilfe von Diamantbohrern die schichtweise Abtragung von Kristallen oder das Herausbohren bestimmter Partien aus einem Kristall gestattet. Das Mineralogische Institut der Wiener Universität besitzt eine Bohrmaschine, deren nadelförmiger Bohrer aus Spezialstahl die Entnahme winziger Teilchen unter dem Mikroskop ermöglicht.[2] Das Mineral bzw. der Dünnschliff wird zu diesem Zweck in einer geeigneten Haltevorrichtung auf dem Objekttisch des Mikroskops befestigt. Von A. K. Russanow[3] wurde eine ähnliche „Mikro-Bohrmaschine" beschrieben, die sich für die Isolierung von Einschlüssen aus Schliffen eignet. Der Bohrer wird dabei in den einen Teil der binokularen Lupe eingesetzt, während man das Objektiv und den Tubus der Lupe vorübergehend entfernt. Der Antrieb erfolgt bei allen derartigen Bohrmaschinen durch einen kleinen Motor.

Bezüglich der Probenahme bei Platinlegierungen vergleiche auch die Abhandlung von R. Strebinger und H. Holzer.[4]

Über das Sammeln von Staubproben aus der Luft sowie über „Mikromanipulatoren", die die Vornahme mechanischer Operationen, darunter auch

[1] F. Hecht: Mitt. Inst. Radiumforsch. Wien, Nr. 281 (1931); S.-B. Akad. Wiss. Wien, Abt. IIa, **140**, 599 (1931).

[2] H. Moritz: Zbl. Mineral., Geol., Paläont., Abt. A, **1929**, 251.

[3] A. K. Russanow: Mikrochem. **21**, 98 (1937).

[4] R. Strebinger und H. Holzer: Mikrochem. **9**, 412 (1931).

die Isolierung von Substanzen, im Gesichtsfeld des Mikroskops ermöglichen, berichten zusammenfassend A. A. BENEDETTI-PICHLER und H. LIEB.[1]

2. Einwaage.[2]

Wie bereits erwähnt, erstreckt sich der Bereich der quantitativen Mikroanalyse, der mit Hilfe der Waagen vom NERNST- und KUHLMANN-Typus beherrscht werden kann, von etwa 0,1 mg bis zu rund 50 mg Einwaage. Bei der letztgenannten Zahl haben wir schon das Gebiet der „Milligrammverfahren" weit überschritten und sind im Bereich derjenigen Mengen angelangt, die der analytischen Technik der „Centigrammverfahren" zugänglich sind. Bei noch größeren Mengen sind Sonderverfahren, wie z. B. Bestimmung einzelner Bestandteile in aliquoten Teilen der gelösten Probe, unvermeidlich, denn die Anwendung der gebräuchlichen mikroanalytischen[3] Arbeitstechnik auf derart große Mengen ist mit solchen Unbequemlichkeiten verbunden, daß sie weit mehr Nachteile als Vorteile im Gefolge hat. Auch schon bei Einwaagen von 50 mg einer zusammengesetzten Probe sind Mikrobecher, Tiegel usw. notwendig, deren Größe das sonst übliche Maß bei weitem überschreitet. Solche Einwaagen sind überhaupt nur bei äußerst ungünstiger Zusammensetzung der Probe gerechtfertigt, d. h. wenn einzelne oder die Mehrzahl der Bestandteile nur in geringen Prozentgehalten anwesend sind. Auch ist dann die Anwendung sog. „Halb-" oder „Semi"-Mikrowaagen mit einer Empfindlichkeit von 0,01 mg ausreichend und eher zu empfehlen als die Benutzung der eigentlichen Mikrowaagen.[4]

Wenn angängig, wird man bei *zusammengesetzten* Proben die Einwaage am besten zu etwa 10 bis 20 mg wählen. Rechnet man mit einem Wägefehler von 5 bis 10 γ (bei Anwendung gleichartiger Taragefäße, vgl. S. 17), so kann sich dieser bei der Ausführung einer aus zwei Wägungen bestehenden Einwaage im ungünstigsten Fall auf das Doppelte erhöhen, also 10 bis 20 γ erreichen. Das entspricht einem Fehler von 0,1% der Einwaage. Bestimmt man nun beispielsweise einen Bestandteil, dessen Menge 10% des Gemisches, also 1 bis 2 mg, entspricht, so würde der Wägefehler, der bei Differenzwägungen im wenigst günstigen Fall wieder bis zu 10 oder 20 γ ansteigen kann, (maximal) schon einem Prozent dieses Bestandteiles gleichkommen. Verwendet man jedoch eine Bestimmungsform mit günstigerem Umrechnungsfaktor, z. B. 0,20, so beträgt der Fehler nur noch 0,2% des betreffenden Bestandteiles bzw. — bei Beziehung auf die Einwaage — 0,02%.

Es braucht nicht betont zu werden, daß sowohl die richtige Ausführung jeder Einwaage als auch die exakte Ermittlung der Aus-

---

[1] A. A. BENEDETTI-PICHLER und H. LIEB in J. D'ANS: Chemisch-technische Untersuchungsmethoden. Ergänzungswerk zur achten Auflage, I. Teil. Berlin 1939. S. 270, 271.

[2] Siehe auch S. 122.

[3] Im weitesten Sinne des Wortes gebraucht.

[4] Vgl. die eingehenden und klaren Ausführungen von C. J. VAN NIEUWENBURG: Mikrochem. 21, 184 (1937).

einigen Minuten wird die Gabel, in die der Faden ursprünglich mittels Schellacks eingespannt war, durch Abschneiden oder Abreißen entfernt. Die Dicke des aufzuziehenden Fadens soll etwa 0,05 mm betragen. Quarzfäden aller Dimensionen können von der Firma Heraeus in Hanau bezogen werden.

Muß ein neuer Faden auf einen seitlichen Reiter aufgezogen werden, so wird er zunächst ebenfalls auf einer Drahtgabel befestigt. Die Fadendicke soll ungefähr 0,03 mm betragen. An den beiden gabelförmigen Enden sind in den dort angeschmolzenen Schellack schmale Kerben eingeschnitten, in die der auf dem Drahtbügel gespannte Faden eingelegt wird. Durch das Gewicht der dabei herabhängenden Drahtgabel wird der Faden entsprechend gespannt. Nun berührt man die Kerben mit einem heißen Glasstab, bis der Faden vollkommen einsinkt, und schneidet die überstehenden Enden mit dem Bügel ab.

Wenn an beiden Enden Fäden aufgezogen werden sollen, muß dafür gesorgt werden, daß der Balken bei der zunächst einseitigen Belastung nicht umkippt.

b) Beschädigung des Zeigers: Der aus Aluminium bestehende Zeiger ist mit dem Balken mittels Schellacks fest verbunden und trägt gegen das untere Ende zu das Glimmerscheibchen, das die Dämpfung in der Hülse bewirkt. In die Rille des Zeigers eingelegt und mittels Schellacks fixiert ist die aus Glas bestehende Zeigerspitze. Um sie im Falle der Beschädigung durch eine neue zu ersetzen, legt man den in eine feine Spitze endigenden Glasfaden in die mit einer dünnen Schellackschicht bestrichene Rille des Zeigers und fixiert ihn durch vorsichtiges Annähern an eine kleine Flamme. Zur Herstellung brauchbarer Zeigerspitzen nähert man einem senkrecht eingespannten, unten etwas beschwerten, mittelstarken Glasfaden recht behutsam eine kleine Flamme. Das Glas wird weich und zieht sich von selbst geradlinig aus.

c) Defekt an der Arretierung, Bruch der Skala. Es kann mitunter vorkommen, daß die Arretierung infolge zu starker Reibung stecken bleibt. In diesem Falle kann man sich durch Ölen, gegebenenfalls durch geringes Lockern der beiden Schrauben an der unteren Führung der Arretierungsstange helfen. Andernfalls muß die ganze Arretierung auseinandergenommen und nach Behebung der Mängel wieder aufmontiert werden.

Die mittels einer gravierten Originalskala auf photographischem Wege hergestellte Skala kann man kaum selbst anfertigen. Bei zu starkem Einspannen in das Skalenstativ springt sie leicht. Im Fall eines Bruches der Skala ist es das einfachste, sich durch eine hierfür in Betracht kommende Firma eine neue zu beschaffen.[1]

d) Ungenügende Proportionalität. Die einmal festgestellte Proportionalität der Skalenausschläge bleibt in der Regel dauernd bestehen. Wenn jedoch etwa beim Verwenden neu aufgezogener Fäden die Befestigungspunkte des Balkens am Mittelfaden oder die der seitlichen

[1] Die Lieferung der Waage mit Zubehör besorgt vorläufig J. DONAU, Graz, Biochemisches Institut der Technischen Hochschule, Schlöglgasse 9.

waagen eine tadellose Nacheichung der Bruchgrammgewichte von 1 bis 100 mg gegen den Reiter erfordern (S. 18).

Handelt es sich darum, Beleganalysen für eine neu auszuarbeitende Mikromethode auszuführen, so stellt man eine das zu bestimmende Ion enthaltende Lösung nach einer *bewährten* makroanalytischen Methode ein und verdünnt 50 oder 100 ccm dieser Lösung mit Hilfe geeichter Pipetten in geeichten Meßkolben von 1000 oder 2000 ccm Inhalt bei der der Eichung entsprechenden Temperatur. Da der erlaubte Fehler der Vollpipette von 5 ccm 0,01 ccm, also 0,2%, der der 2-ccm-Vollpipette 0,006 ccm, d. h. 0,3% beträgt, so kann beim nun folgenden Einpipettieren der zu analysierenden Probelösung ein gleich großer Maximalfehler entstehen. Eine zweite Möglichkeit ist die, das spezifische Gewicht der „Mikrolösung" zu ermitteln und die Probelösungen für die einzelnen Analysen auf der gewöhnlichen analytischen Waage mit einer Genauigkeit von einem Zehntelmilligramm einzuwägen (in bedeckten Gefäßen oder verschlossenen Filterbechern;[1] vgl. dazu S. 69). Da 1 g mit einer guten Analysenwaage leicht auf 0,1 bis 0,2 mg genau einwägbar ist, würde infolge dieser Ungenauigkeit ein Einwägefehler von 0,01 bis 0,02% entstehen. Die erlaubten Fehler geeichter Pyknometer mit einem Fassungsraum von 100 ccm, geeichter Meßkolben von 1 oder 2 Liter Inhalt und Pipetten zu 50 oder 100 ccm sind so gering (Hundertstelprozente), daß man in allen Fällen damit rechnen kann, beim Einwägen einer so hergestellten „Mikrolösung" einen Wägefehler von höchstens 0,1% zu begehen, der jedoch meistens unterschritten werden dürfte. Auf diese Weise ist es natürlich möglich, die Mengen eines zu bestimmenden Ions mit so großer Genauigkeit in das Fällungsgefäß einzumessen, daß man die Beleganalysen in lückenloser Reihenfolge an Substanzmengen von Zehntelmilligrammen bis zu 5 und 10 mg ausführen kann. Die Methode des Einwägens der Probelösungen hat gegenüber der Verwendung von Pipetten auch den Vorteil einer Variationsmöglichkeit innerhalb weiterer Grenzen.

Einwaage hygroskopischer Substanzen.

Dieses Problem kommt in der anorganischen Mikroanalyse ungleich seltener als in der organischen vor. Für Sonderfälle sind geeignete Vor-

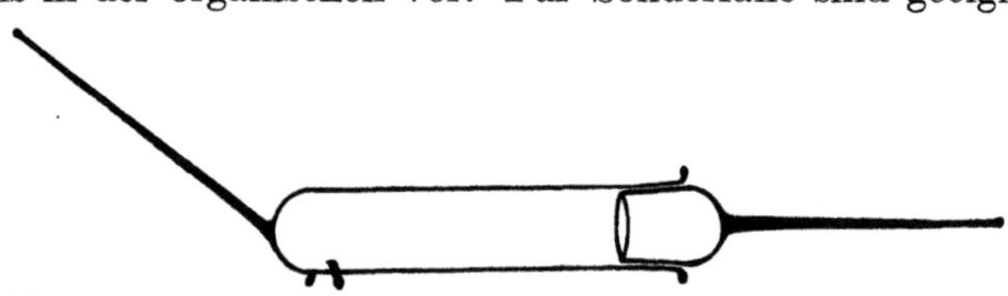

Abb. 10. Wägegläschen für hygroskopische Substanzen (natürliche Größe).
[Aus F. PREGL-H. ROTH: Mikroanalyse. S. 66.]

richtungen konstruiert worden, z. B. für die Einwaage von Phosphorpentoxyd zur Bestimmung seiner Dampfdichte.[2] Bei weniger hygroskopi-

[1] R. DWORZAK und W. REICH-ROHRWIG: Z. analyt. Chem. **86**, 108 (1931).
[2] E. V. BRITZKE und E. HOFFMANN: Mikrochem. **22**, 121 (1937).

schen Substanzen genügt Trocknung in einer Trockenpistole[1] und Wägung des Schiffchens mit der getrockneten Substanz in einem Wägegläschen[2] mit dünnen Griffen (Abb. 10) zur Vermeidung der Erwärmung beim Anfassen. Dieses Wägegläschen befindet sich für gewöhnlich im Waagengehäuse und darf aus diesem nur zum Transport des Schiffchens zur Trockenpistole und wieder zurück entfernt werden, um möglichst gewichtskonstant zu bleiben. Die Griffe sind selbstverständlich nur mit Rehleder anzufassen. Jede Erwärmung muß vermieden werden, da sonst bis zur Herstellung der Gewichtskonstanz längere Zeit vergeht. Ebensowenig soll das Wägeröhrchen in einen Exsiccator gebracht werden, damit der Feuchtigkeitsbelag seiner Oberfläche und infolgedessen sein Gewicht sich nicht ändert.

Substanzen, die nicht allzu stark hygroskopisch sind, können im Mikroexsiccator nach F. Pregl[3] (Abb. 11) getrocknet werden. Dieser besteht aus einer 240 mm langen Glasröhre von 10 mm äußerem Durchmesser, die ungefähr in der Mitte zu einer haarfeinen Kapillare verengt ist. In die eine Hälfte füllt man auf eine mehrfache Lage von festgepreßter Watte gekörntes Calciumchlorid in einer etwa 50 mm langen Schicht und hält es mit einer weiteren Lage festgepreßter Watte fest. Den Verschluß der Mündung bildet ein Gummistopfen, durch den ein kapillar verengtes Glasrohr führt. Eine olivenförmige Auftreibung dieses Rohres wird mit festgepreßter Watte gefüllt. Die leer gebliebene Hälfte der langen Glasröhre nimmt das Schiffchen auf. Den Verschluß des offenen Endes bildet ein Gummistopfen, durch den der Schnabel eines kleinen, mit Calciumchlorid gefüllten Rohres gesteckt wird, das durch ein Zwischenstück mit der Saugpumpe in Verbindung steht. Der „Mikroexsiccator" wird, wie es die Abb. 11 zeigt, in den „Regenerierungsblock" (S. 92, Abb. 44) eingelegt und darin erhitzt. Zwei über die Rohrhälfte mit der Substanz gesteckte, genau passende Korke *K* verhindern durch festes Anpressen an den Kupferblock eine Drehung des Exsiccatorrohres um seine Längsachse. Anfeilen von ebenen Flächen an die Korke gibt die Möglichkeit, den Mikroexsiccator samt Schiffchen und Substanz auf die Tischplatte zu legen, ohne daß er seine

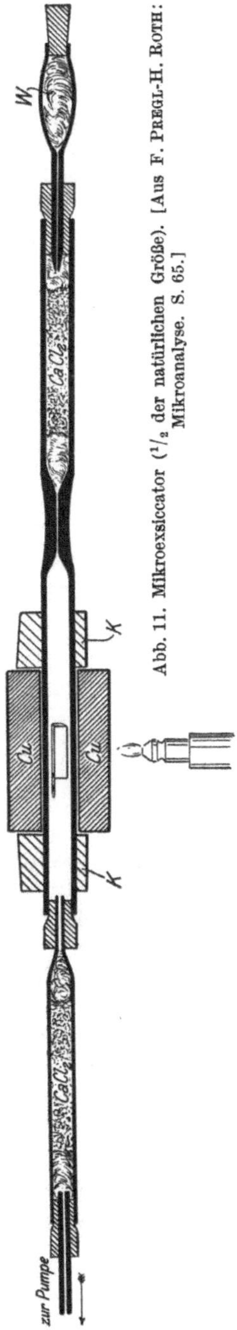

Abb. 11. Mikroexsiccator (1/2 der natürlichen Größe). [Aus F. Pregl-H. Roth: Mikroanalyse. S. 65.]

[1] F. Pregl-H. Roth: Mikroanalyse. S. 66.
[2] Ebenda.
[3] F. Pregl-H. Roth: Mikroanalyse. S. 65. — Vgl. F. Vetter: Mikrochem. 10, 408 (1932).

Lage ändert. Die Pumpe wird erst abgestellt, nachdem ein Schraubenquetschhahn an den Pumpenschlauch angelegt worden ist. Nach Erreichen des Druckausgleiches wird das Calciumchloridrohr mit dem Gummischlauch aus der Mündung entfernt und das Platinschiffchen mit einem Platinhaken so weit vorgezogen, daß es mit einer Pinzette erfaßt werden kann. Nach Auskühlen auf dem Metallblock (S. 83) wird das Schiffchen in die Waage gebracht.

Schwer zu trocknende, äußerst hygroskopische Substanzen können in dem von J. UNTERZAUCHER[1] angegebenen Hochvacuumexsiccator

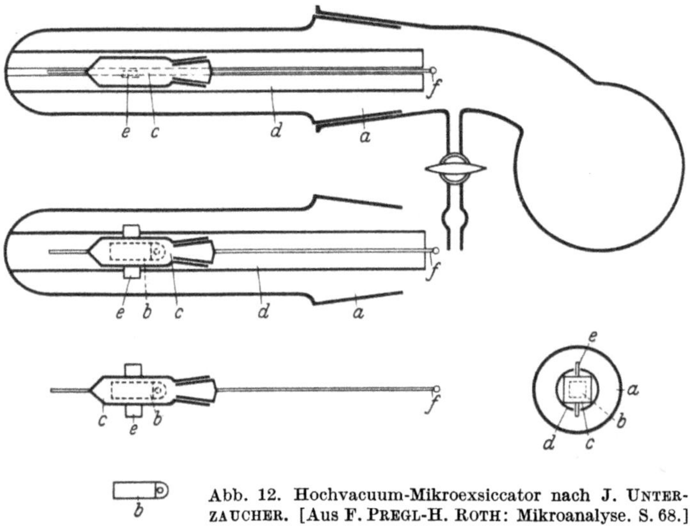

Abb. 12. Hochvacuum-Mikroexsiccator nach J. UNTERZAUCHER. [Aus F. PREGL-H. ROTH: Mikroanalyse. S. 68.]

getrocknet werden (Abb. 12). Ein Revolverexsiccator (Trockenpistole) *a* enthält im Inneren eine Gleitvorrichtung *d*, in der der Wägebehälter *c* von kubischem Querschnitt mittels zweier angesetzter Flügel *e* sich so bewegen kann, daß er samt dem Schiffchen *b* in waagrechter Lage bleibt und bei der Entnahme nicht mit dem Schliffett des Exsiccators in Berührung kommen kann. Ein an dem Stopfen des Wägebehälters angebrachter Schaft *f* ermöglicht das Schließen des Wägebehälters im Exsiccatorrohr. Wägebehälter und Exsiccator sind mit Schraubenschliffen[2] versehen. Das Gleiten des Wägebehälters in der Vorrichtung *d* beim Neigen des Exsiccators bzw. beim Öffnen durch Herausdrehen des Stopfenschaftes wird dadurch verhindert, daß an der für den Wägebehälter bestimmten Stelle von *d* beiderseits für die Flügel passende Vertiefungen angebracht sind. Der das Schiffchen enthaltende Wägebehälter wird verschlossen gewogen und hierauf mittels des Stopfenschaftes *f*

[1] J. UNTERZAUCHER: Mikrochem. 18, 315 (1935). — Ebenso bei F. PREGL-H. ROTH: Mikroanalyse. S. 67. — Herstellerfirma: W. Neumann, München NW 2, Theresienstraße 78.

[2] Bezugsquelle: W. K. Heinz, Stützerbach, Deutsches Reich.

in den Exsiccator geschoben. Nun wird der Stopfen abgenommen und in der Gleitvorrichtung *d* liegen gelassen. Nach Aufsetzen der mit frischem Phosphorpentoxyd beschickten Verschlußkappe des Exsiccators legt man Hochvacuum an und bringt gegebenenfalls den die Substanz enthaltenden Teil des Apparates in die seitliche Bohrung eines regulierbaren Trockenschrankes. Nach Beendigung der Trocknung und darauffolgender Abkühlung leitet man durch ein mit Phosphorpentoxyd auf Bimsstein gefülltes, am anderen Ende mit einer feinen Kapillare versehenes Rohr trockene Luft ein, öffnet dann den Exsiccator, verschließt den Wägebehälter noch in der Gleitvorrichtung *d* und bringt ihn (unter Anfassen mit Rehleder) in die Waage.

Der Mikroexsiccator nach P. RÖSCHEISEN und P. BRETTNER[1] (Abb. 13) ist nicht mehr nach dem Vorbild der Trockenpistole

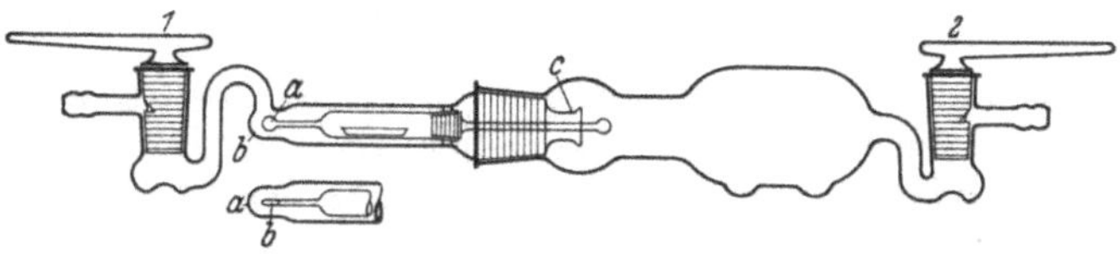

Abb. 13. Mikroexsiccator nach P. RÖSCHEISEN und P. BRETTNER. [Aus Mikrochem. **22**, 255 (1937).]

gebaut. Seine Form bewirkt, daß das Schiffchen bei jeder Handhabung in einer gleichmäßigen Lage verbleibt. Der Exsiccatoreinsatz wird statt in einem Trockenschrank in dem Trockenblock nach F. PREGL (S. 92, Abb. 44) erhitzt. Das Schiffchen wird in einem „Wägeschweinchen" gewogen, dessen Stopfen mit einem langen Schaft versehen ist. Es wird mit Hilfe des Blättchens *a* in der flachen Stelle *b* des Exsiccatorrohres so fixiert, daß sich der Schliffstopfen des Schweinchens mittels des langen Schaftes hinein- und herausdrehen läßt, ohne daß das Schweinchen der Drehbewegung folgen kann. Der Schliffkern des Trockenrohres ist am Exsiccatoreinsatz bei *c* so verengt, daß das Schweinchen eine Führung erhält, die eine Berührung mit dem Schliffett verhindert. Der Exsiccator wird mit einem Trockenmittel (Calciumchlorid oder Phosphorpentoxyd) gefüllt. Die beiden Hähne und der Schliff am Exsiccatoreinsatz werden gefettet. Das das Schweinchen enthaltende Exsiccatorrohr wird in den PREGLschen Trockenblock eingebracht, während der Trockenmittelbehälter auf ein vorgebautes Auflagebänkchen gelegt wird. Eine Waschflasche mit konz. Schwefelsäure und ein Trockenrohr mit dem gleichen Trockenmittel wie im Exsiccator wird dem Hahn *1* vorgeschaltet, während an den Hahn *2* die Saugpumpe angeschlossen wird. Zur Einwaage wägt man das Schweinchen erst mit dem leeren, dann mit dem mit Substanz gefüllten Schiffchen. Hierauf wird das Schweinchen in das Exsiccatorrohr eingeführt, bis das angeschmolzene Blättchen *a* in die flache Stelle *b* zu sitzen kommt. Nach Herausziehen des Schwein-

[1] P. RÖSCHEISEN und P. BRETTNER: Mikrochem. **22**, 254 (1937). — Herstellerfirma: Gebr. Buddeberg, Laboratoriumsgeräte, Mannheim A 3. 5.

chenstopfens mit Hilfe des langen Schaftes schließt man den Exsiccator und saugt mit der Pumpe bei Hahn *2*. Die Geschwindigkeit der durchströmenden Luft wird durch langsames Öffnen des Hahnes *1* geregelt, bei Trocknung im Hochvacuum bleibt jedoch Hahn *1* geschlossen. Nach beendeter Trocknung schließt man Hahn *2* und läßt durch Hahn *1* trockene Luft einströmen. Der Exsiccator wird sodann geöffnet, das Schweinchen durch festes Drehen des Schliffstopfens geschlossen und in der Waage auskühlen gelassen, was 10 bis 15 Minuten erfordert. Falls man einen Trockenblock mit drei Bohrungen verwendet, kann man gleichzeitig mit drei Exsiccatoren arbeiten.

Von Bedeutung für das Trocknen kleiner Mengen fester und flüssiger Substanzen ist eine Untersuchung von H. K. ALBER,[1] bezüglich deren auf das Original verwiesen sei.

3. Lösen und Aufschließen.

Die Substanz wird in dem Gefäß, in dem sie eingewogen worden ist, also in dem Glasbecher bzw. dem Porzellan- oder Platintiegel, in Wasser oder Säure gelöst. Die Säure wird mittels Kapillarpipetten (S. 73, Abb. 28) zugesetzt.

Abb. 14. Gasüberleitungsrohr (1/3 der natürl. Größe).

Zu beachten ist folgendes: Substanzen, die Eisen enthalten, dürfen in Platintiegeln nicht in Salzsäure gelöst werden, da salzsaure Ferrichloridlösung, insbesondere beim Eindampfen, Platin beträchtlich angreift, es sei denn, daß die Verunreinigung der Lösung durch Platin für die späteren Bestimmungen ohne Einfluß und auch das ursprüngliche Gewicht des Platintiegels nicht mehr von Interesse ist.[2] Schwefelsäure darf nicht in Porzellantiegeln bis zum Rauchen erhitzt werden, sondern möglichst nur in Platingefäßen, da Porzellantiegel dabei meist etwas angegriffen werden. Alkalische Lösungen wirken selbstverständlich auf Glasgeräte schädlich ein, auf Berliner Porzellantiegel hingegen weniger.

Bei Carbonaten, die durch Salzsäure zersetzt werden müssen, wird dies mit Hilfe des in Abb. 14 dargestellten „Gasüberleitungsrohres" ausgeführt (vgl. S. 241 u. 258). Es ist aus Jenaer Geräteglas gefertigt und besteht aus einem halbkugelig gewölbten Teil und einer oben zur Olive erweiterten Gaseinleitungskapillare, die in den gewölbten Teil zentral eingeschmolzen ist und sich unterhalb der gewölbten Fläche noch ein kurzes Stück fortsetzt. An ihrem unteren Ende weist sie eine kleine seitliche Öffnung auf. Dieses „Gasüberleitungsrohr" wird auf den Tiegel oder schnabellosen Becher, der die 1 bis 2 ccm hoch mit Wasser zu überschichtende Substanz enthält, aufgesetzt. Mit Hilfe eines Gasentwicklungsapparates bekannter Art (Rundkolben und Tropftrichter) wird aus Natriumchlorid „p. a." und konz. Schwefelsäure „p. a." Salzsäuregas entwickelt und in langsamem Strom nach Passieren einer Waschflasche

[1] H. K. ALBER: Mikrochem. **25**, **47**, **167** (**1938**).

[2] Ein Beispiel dafür ist die Kieselsäurebestimmung in säureunlöslichen Silikaten (S. 241 ff).

mit konz. reinster Salzsäure durch die Kapillare über die Lösung geleitet. Auf diese Weise tritt ganz allmählich Lösen des Carbonats ein, ohne daß es zu heftigem Spritzen und dadurch bedingten Verlusten kommen kann. Sobald die Lösung sauer ist, was im allgemeinen nach längstens 1 Stunde der Fall ist, wird das Gasüberleitungsrohr mit heißem Wasser (Mikrospritzflasche, S. 86, Abb. 35) auf der gewölbten Unterseite abgespritzt und auch das Innere der Kapillare durchgespült, wobei man das Spülwasser in die Lösung tropfen läßt. Sodann bedeckt man den Tiegel oder Becher mit einem passenden Uhrglas und erwärmt einige Zeit auf dem Wasserbade (S. 108ff.), bis keine Kohlendioxydblasen mehr beobachtet werden können. Hierauf wird mit Hilfe der Mikrospritzflasche die Unterseite des Uhrglases mit heißem Wasser abgespült und die Lösung soweit als nötig eingeengt.

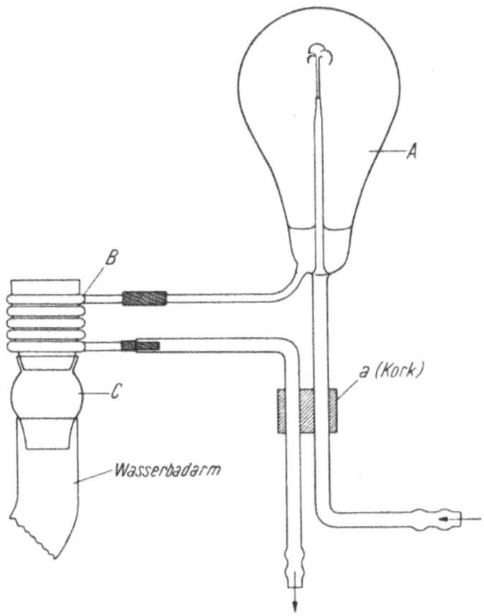

Abb. 15. Vorrichtung zur Auflösung von Niederschlägen in der Wärme unter Beibehaltung eines bestimmten Lösungsvolumens (1/4 der natürl. Größe). [Aus Mikrochem. 26, 253 (1939)].

In bestimmten Fällen (vgl. S. 231) erweist es sich als notwendig, in einem Tiegel befindliche Niederschläge unter Beibehaltung eines gegebenen Volumens in der Wärme aufzulösen. Die Verwendung von Uhrgläsern kann eine teilweise Verdampfung der Flüssigkeit nicht verhindern, da sich ein Teil davon auf der Unterseite des Uhrglases und an den Tiegelinnenwänden kondensiert. Die mit Dorn versehenen Glaskugeln (S. 111, Abb. 61) bilden nicht immer einen dichten Verschluß, weil die wenigsten Porzellantiegel einen genau kreisförmigen Querschnitt aufweisen. Abb. 15 zeigt eine Vorrichtung,[1] die die erwähnten Nachteile vermeidet. Sie besteht aus drei Teilen: dem Druckregler *A*, der Kühlschlange *B* und dem Wasserbadaufsatz *C* (für das Mikrowasserbad nach W. Reich-Rohrwig [S. 109, Abb. 59]). Der Druckregler hat den Zweck, Druckunterschiede des Kühlwassers auszugleichen. Ein etwaiger Überdruck wird dadurch abgeschwächt, daß sich das in die Birne einströmende Wasser darin ansammelt, das Volumen der eingeschlossenen Luft verkleinert und so den Druck im Innern erhöht. Der gesteigerte Druck innerhalb der Birne wirkt hemmend auf das nachströmende Wasser. Drosselt man die Wasserzufuhr, so kann als Folge unter Umständen zu wenig Wasser zufließen. In diesem Falle, der auch durch Überbeanspru-

[1] H. Ballczo: Mikrochem. **26**, 252 (1939). — Herstellerfirma: P. Haack, Wien.

chung der Wasserleitung von selbst eintreten kann, sinkt der Wasserspiegel in dem Druckregler unter das Normalniveau, der freie Raum wird vergrößert und der Druck mithin vermindert, wodurch jedoch der Wasserzutritt wieder erleichtert wird. Auf diese Weise können kleine Druckdifferenzen automatisch geregelt werden. Der Wasserbadaufsatz *C* ist so beschaffen, daß der Porzellantiegel 5 mm tief in den Dampfraum einsinkt. Um ihn einzusetzen, bringt man die Zinnkühlschlange, die durch Einspannen des Korkes *a* in ein kleines Stativ festgehalten wird, über den Wasserbadaufsatz und setzt sodann den Tiegel in die Kühlschlange. Während der unterste Teil des Tiegels vom heißen Wasserdampf erwärmt wird, so daß die Auflösung der Substanz erfolgen kann, wird der übrige Teil der Tiegelwandung gut gekühlt, wodurch ein Verdampfen der Flüssigkeit vermieden wird. Der Durchmesser des Zinnrohres ist klein gewählt, um eine größere Strömungsgeschwindigkeit zu erzielen. Die gute Schmiegsamkeit des Rohres gleicht den erwähnten Nachteil des häufig nicht kreisrunden Querschnittes der Porzellantiegel aus.

Aufschlüsse mit Soda bzw. Soda-Salpeter-Gemisch erfolgen im Platintiegel und sind an anderer Stelle für den Fall der Kieselsäurebestimmung in unlöslichen Silikaten (S. 241), bzw. für die Mikrobestimmung des Schwefels in Gesteinen (S. 258) beschrieben. Pyrosulfataufschlüsse werden derart ausgeführt, daß die Substanz in einem Platintiegel mit so viel Kalium- oder Natriumpyrosulfat überschichtet wird, daß der Boden des Tiegels beim Aufschluß 0,5 bis 1 cm hoch von der Schmelzmasse bedeckt ist. Das Pyrosulfat stellt man in größeren Mengen aus Kalium- oder Natriumhydrosulfat her, indem man die Salze in einem geräumigen Platintiegel völlig entwässert und bis zum beginnenden Entweichen von Schwefelsäuredämpfen erhitzt. Die Schmelze wird in eine große Platinschale ausgegossen und erkalten gelassen. In einer Achatschale zerschlägt man sie dann in erbsengroße Stücke, die in einem gut verschlossenen Pulverglas mit Schliffdeckel aufbewahrt werden. Zur Ausführung des Aufschlusses wird der Tiegel auf ein passendes Ton- oder Platindreieck gestellt und sodann mit kleiner Flamme eines Bunsenbrenners unter „Fächeln“ langsam erhitzt. Sobald das Pyrosulfat vollständig geschmolzen ist, erhitzt man ganz vorsichtig immer stärker, zum Schluß mit rauschender Flamme des Brenners, bis endlich eine dunkelgelbe bis rotbraune Schmelze entstanden ist, aus der starke Dämpfe von Schwefeltrioxyd aufsteigen. In diesem Stadium des Aufschlusses löst sich die Substanz gewöhnlich sehr schnell klar auf. Mit Hilfe einer Platinspitzenpinzette schwenkt man den Tiegel etwas um, damit die Schmelze auch die Tiegelwände möglichst weitgehend benetzt. Hierauf beendet man das Erhitzen rasch, um nicht alles überschüssige Schwefeltrioxyd auszutreiben. Die Schmelze darf während des starken Erhitzens noch nicht unter Ausscheidung von Kalium- bzw. Natriumsulfat zu erstarren beginnen, sonst fehlt es an Pyrosulfat. In diesem Falle läßt man 5 Minuten lang abkühlen und fügt hierauf noch etwas Pyrosulfat hinzu.[1] Dann wird abermals bis zum Auf-

[1] Von einer Zugabe von konz. oder rauchender Schwefelsäure zur Ergänzung des entwichenen Schwefeltrioxyds ist abzuraten, weil dadurch

treten der Dunkelbraunfärbung erhitzt. Man läßt die Schmelze erkalten und löst sie dann auf einem Wasserbad in der ausreichenden Menge Wasser. Gegebenenfalls kann die Auflösung durch Zugabe von etwas Salz- oder Salpetersäure beschleunigt werden, falls für die weitere Analyse die Anwesenheit dieser Säuren nicht schädlich ist.

IV. Reagenzien.

1. Reagensbehälter.

Die Reagenzien werden mit wenigen Ausnahmen in Fläschchen aus Jenaer Geräteglas mit *auf*geschliffener Kappe aufbewahrt. Eine sehr geeignete Form[1] ist in Abb. 16 dargestellt. Ein starkwandiges Fläschchen aus Jenaer Glas in der Größe von 22 zu 65 mm steht in einem Holzsockel, der von einem gut schließenden, übergreifenden Holzsturz licht- und staubfrei überdeckt ist. Durch das Aufschleifen der Verschlußkappe wird verhindert, daß vom Schliff abgeriebene Glaspartikelchen oder sonstige Verunreinigungen, wie sie sich bei *ein*geschliffenen Stöpseln leicht ansetzen, in das Fläschchen fallen. Diese Reagensfläschchen können auch zu einem Satz vereinigt werden (Abb. 17).

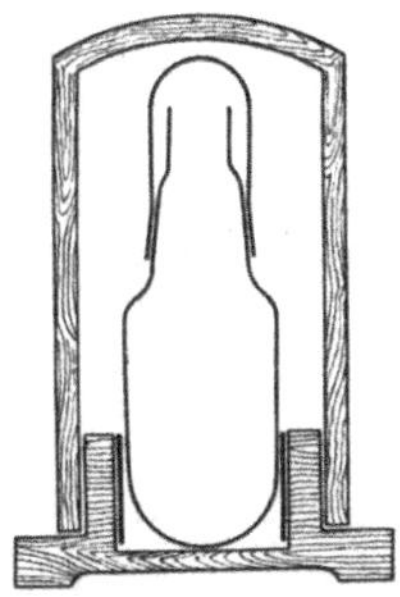

Abb. 16. Reagensbehälter. [Aus Mikrochem., MOLISCH-Festschrift, 134 (1936).]

Abb. 18 zeigt ein ähnlich gestaltetes Indikatorfläschchen,[2] das sich vor allem zur Aufbewahrung lichtempfindlicher Indikatoren eignet, aber auch ganz allgemein verwendet werden kann. Die Pipettenspitze reicht nicht bis zum Boden, da die Indikatoren sehr oft kleine Mengen unlöslicher Bestandteile abscheiden.

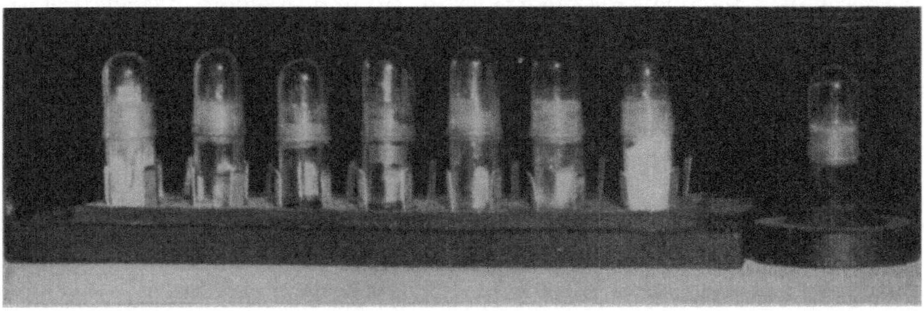

Abb. 17. Reagensbehälter zu einem Satz vereinigt. (Nach F. FUHRMANN.)

---

wieder etwas Wasser in die Schmelze gelangt und beim neuerlichen Erhitzen infolge der Durchmischung der wasserfreien mit der wasserhaltigen Substanz ein Spritzen fast nicht zu vermeiden ist.

[1] F. FUHRMANN: Mikrochem., MOLISCH-Festschrift, **133** f. (1936).

[2] F. v. VIDITZ: Mikrochim. Acta (Wien) **2**, 211 (1937).

Falls Ammoniak überhaupt aufbewahrt wird (vgl. S. 43), hat dies in Platinfläschchen oder in mit einem Deckel gut bedeckten Platintiegeln zu erfolgen. Wegen des hohen Preises von Platinfläschchen kommen diese nicht für die allgemeine Verwendung in Betracht.

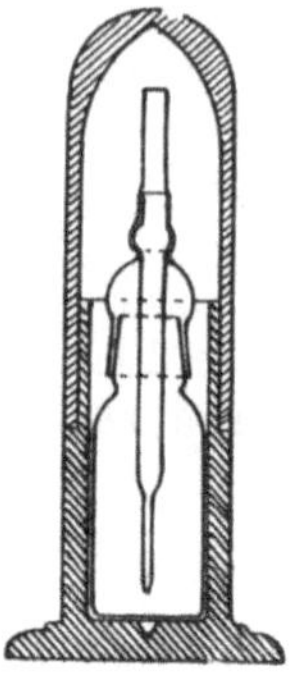

Abb. 18. Indikatorfläschchen. [Aus Mikrochim. Acta (Wien) 2, 212 (1937).]

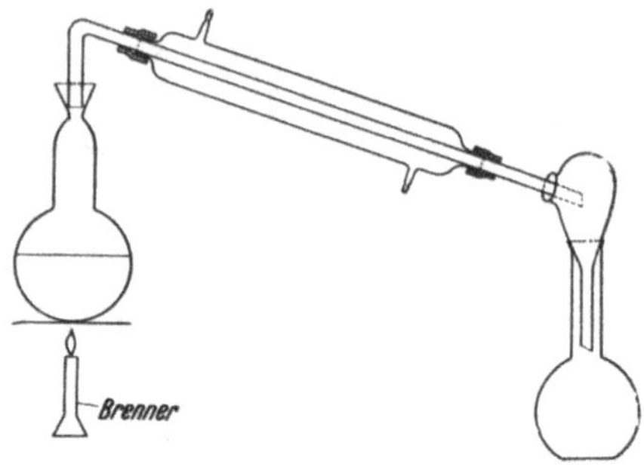

Abb. 19. Apparatur zur Redestillation des destillierten Wassers (Kühler verkürzt dargestellt) ($^1/_{10}$ der natürl. Größe).

Flußsäure kann nur in Platinflaschen aufbewahrt werden. Die Flasche wird zweckmäßig gegen äußere Verunreinigung geschützt, indem man sie in einen verschließbaren Holzbehälter stellt.

2. Anorganische Reagenzien.

Destilliertes Wasser. Das destillierte Wasser des Laboratoriums wird aus einem Jenaer „Schnürkolben“ unter Zusatz von alkalischem Kaliumpermanganat nochmals destilliert[1] (Abb. 19) und in einem ausgedämpften Jenaer Glaskolben aufgefangen und aufbewahrt. Es ist empfehlenswert, das Destillat noch ein weiteres Mal ohne Zusatz von Kaliumpermanganat, gegebenenfalls bei Anwesenheit von Kaliumbisulfat unter Verwendung eines Zinnkühlers, zu destillieren. Das derart gereinigte Wasser soll nicht länger als höchstens zwei Wochen verwendet werden.

Eine ganz aus Glas bestehende Apparatur zur Destillation und Redestillation von Wasser im Laboratorium ist von F. Rappaport[2] angegeben worden.

Salzsäure. Die „Salzsäure 1,19 (ca. 37%) für analytische Zwecke“ der Ebenseer Solvay-Werke in Hallein, Oberdonau, ist für mikroanalytische Zwecke ausgezeichnet geeignet. Ferner ist für die meisten Zwecke auch die konz. Salzsäure von Merck, Darmstadt, mit der Bezeichnung „Acidum hydrochloricum fumans 1,19 p. a.“ brauchbar.

K. Heller, G. Kuhla und F. Machek[3] fanden bei der Untersuchung der eben erwähnten Salzsäure („p. a.“) von Merck ($D = 1{,}19$) einen Zinkgehalt

---

[1] Als Hilfsmittel gegen Siedeverzug werden dünne, einseitig zugeschmolzene Glaskapillaren verwendet.

[2] F. Rappaport: Mikrochem. **15**, 302 (1934).

[3] K. Heller, G. Kuhla und F. Machek: Mikrochem. **23**, 82 (1938).

von 8 bis 10 γ in 100 ccm.[1] Da für ihre Untersuchungen (Bestimmung von Schwermetallspuren in Mineralwässern) der Zinkgehalt nur weniger als 0,3 γ in 100 ccm betragen durfte, stellten sie in einer Apparatur aus Jenaer Glas aus reinstem Ammoniumchlorid und reinster konz. Schwefelsäure Chlorwasserstoff her, der zwei Waschflaschen mit konz. Schwefelsäure und ein Glasfrittenfilter passierte und schließlich in einen Kolben mit redestilliertem Wasser gelangte. Während die Säure anfangs noch immer Spuren von Zink enthielt, die vermutlich aus der Glasapparatur stammten, gelang nach einiger Benutzung dieser Apparatur die Herstellung einer einwandfreien Salzsäure, die auch bei längerem Stehen kein Zink mehr aufnahm.

Salpetersäure. Die konz. Salpetersäure von Schering-Kahlbaum, Berlin, mit der Bezeichnung „Acidum nitricum 1,40 (ca. 65%) p. a." eignet sich praktisch vollkommen für die Mikroanalyse.

Schwefelsäure. Die konz. Schwefelsäure von Merck, Darmstadt, mit der Bezeichnung „Acidum sulfuricum 1,84 p. a. (für forensische Zwecke)" genügt praktisch den Anforderungen.

Flußsäure. Diese wird aus einer Platinretorte mit Platinkühlrohr zuerst unter Zusatz von etwas Kaliumpermanganat, hierauf noch weitere zwei Male ohne Permanganatzusatz destilliert.

Ammoniak. Dieser ist jedesmal vor Verwendung frisch herzustellen, indem in dreifach destilliertes Wasser, das sich in einem Platintiegel befindet, aus einer Bombe Ammoniakgas eingeleitet wird, das erst eine gut gekühlte Waschflasche mit Wasser passiert hat. Zum Einleiten dient ein Platinrohr. Schickt man das Gas durch einen Natronkalkturm, so ist es praktisch genügend kohlensäurefrei, um beispielsweise zur Trennung des Calciums von Eisen und Aluminium zu dienen.

Für besondere Zwecke kann man die Salpetersäure und den käuflichen Ammoniak („p. a.") noch nach den bei Atomgewichtsbestimmungen üblichen Methoden[2] weiter reinigen. Man geht dann folgendermaßen vor:

Salpetersäure: Die Säure („p. a.") wird aus einem Jenaer Schnürkolben mittels Quarzkühlers destilliert. Es wird nur die Mittelfraktion verwendet.

Ammoniak: Dieser wird aus einer Platinretorte mittels Platinkühlers (vgl. oben unter „Flußsäure") destilliert und in einem Platintopf über dreimal destilliertem Wasser aufgefangen.

Ammoniumacetat. Käufliches Ammoniumacetat der besten Qualität („p. a.") wird in möglichst wenig Wasser gelöst, hierauf mit frisch bereiteter Ammoniaklösung gegen Methylrot annähernd neutralisiert und mit destilliertem Wasser so weit verdünnt, daß eine rund 50%ige[3] Lösung

[1] Zur Vermeidung von Mißverständnissen sei bemerkt, daß dieser Befund nicht den Angaben der Firma Merck über die Reinheit der betreffenden Salzsäure widerspricht.

[2] Diese sind vor allem von O. Hönigschmid und seinen Schülern in der Z. anorg. allg. Chem. sowie von G. P. Baxter und seiner Schule im J. Amer. chem. Soc. mehrfach beschrieben worden.

[3] Gewichtsprozent. Aus Zweckmäßigkeitsgründen wird das Ammoniumacetat bei den anorganischen Reagenzien besprochen.

entsteht. Diese wird am besten in Platingefäßen oder, wenn solche nicht zur Verfügung stehen, in Fläschchen aus Jenaer Geräteglas aufbewahrt. In letzterem Falle wird die Lösung zweckmäßig nach nicht allzu langer Zeit neu hergestellt.

Die übrigen anorganischen Reagenzien sind fallweise bei den Bestimmungsmethoden der einzelnen Kationen und Anionen angeführt.

3. Organische Reagenzien.

a) Allgemeines.

Unter den organischen Fällungsmitteln sind verschiedene Typen zu unterscheiden. Neben solchen, die unter normaler Salzbildung reagieren, gibt es zahlreiche andere, bei denen Nebenvalenzbindungen unter Entstehung komplexer Verbindungen auftreten. Man unterscheidet nach A. WERNER, dem Schöpfer der Koordinationslehre, drei Haupttypen von Komplexverbindungen: Anlagerungs-, Einlagerungs- und Innerkomplexverbindungen.

Ein Beispiel für eine *Anlagerungsverbindung* ist $CrCl_3 \cdot 3\,Py$ (Py = Pyridinmolekül). Diese ist nach WERNER durch die Koordinationsformel

$$\begin{bmatrix} Cl & & Py \\ Cl \cdot Cr: & & Py \\ Cl & & Py \end{bmatrix}$$

wiederzugeben. Charakteristisch ist dabei, daß die direkte Bindung zwischen dem Zentralatom Cr und dem Anion Cl der Stammsubstanz weder im festen Zustande noch in wäßriger Lösung getrennt ist, sondern durch Hinzutreten des „Neutralteiles" Py so weit gefestigt wird, daß sie ihre ionogene Natur einbüßt. Es können jedoch auch statt neutraler Liganden, wie Py oder NH_3, Ionen komplex angelagert werden, wie z. B. in dem bekannten Hexanitritokobaltiat $[Co(NO_2)_6]K_3$. In diesem Falle stellt der in der eckigen Klammer stehende Teil des Gesamtmoleküls ein dreiwertiges Anion dar. Derartige Verbindungen interessieren uns hier aber weniger, da es sich im vorliegenden Abschnitt um die Besprechung *organischer* Fällungsmittel handelt.

Bei den *Einlagerungsverbindungen* schieben sich die neu hinzutretenden anorganischen oder organischen Liganden (Neutralteile) zwischen das kationische Zentralatom und die anionischen Bestandteile und lösen auf diese Weise die zwischen Kation und Anion bestehende direkte Bindung. Dadurch entsteht ein neues komplexes Ion, in dem eines der früheren Ionen durch Nebenvalenzen an die Neutralteile gebunden ist. Das Komplexion ist selbst wieder durch Absättigung der Hauptvalenzen mit dem zweiten ursprünglichen Ion ionogen gebunden. Als solche Neutralteile können besonders organische Basen, wie z. B. Äthylendiamin, Propylendiamin, Pyridin, Chinolin, Oxychinolin, Naphthochinolin, auftreten. Als Beispiele für solche Einlagerungsverbindungen mit einer organischen Base seien die Komplexe der allgemeinen Formel $[Me^{II}\,Py_2](SCN)_2$ genannt, wobei Me^{II} = Cu, Co, Ni, Cd und Zn sein kann. Die Einlagerungsverbindungen organischer Basen mit den Schwermetallionen zeichnen sich durch große Beständigkeit aus und ermöglichen die Ausführung mancher Trennungen.

Besonders wertvoll für die quantitative Mikroanalyse sind die *Innerkomplexsalze*. Es sind dies Nichtelektrolyte, in denen ein Metall- oder Nichtmetall-Ion an verschiedene Stellen eines Moleküls zugleich salzartig und komplex gebunden ist. Dadurch, daß außer der Hauptvalenzbetätigung des Metalls auch noch die Nebenvalenzen abgesättigt werden, entstehen heterocyclische Ringe. Beispiele für diesen Typus bilden die Metallverbindungen des sehr bekannten Cupferrons (Nitrosophenylhydroxylaminammonium) von folgender Struktur:

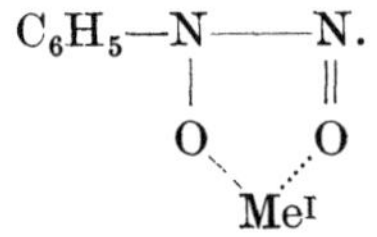

Die Innerkomplexsalze zeigen selbstverständlich keine Reaktionen des in ihnen gebundenen Metalls mehr. Zahlreiche derartige Salze sind in Wasser schwer, in organischen Lösungsmitteln (Äther, Chloroform usw.) hingegen leicht löslich. Außerdem zeichnen sie sich durch anormale Färbung aus, ein Umstand, der mit der Nebenvalenzabsättigung zwischen organischem Rest und Metallatom zusammenhängt. Dadurch eignen sie sich oftmals für colorimetrische Bestimmungen. Ihre Schwerlöslichkeit in Wasser macht sie in vielen Fällen als Abscheidungsform in der quantitativen Analyse geeignet. Dazu kommt der fast immer sehr günstige Umrechnungsfaktor für das zu bestimmende Metall und die große Beständigkeit an der Luft, so daß die Innerkomplexsalze für die Mikrogewichtsanalyse hervorragende Bedeutung gewonnen haben.

Ein besonderer Typus organischer Reagenzien, der unter Bildung unlöslicher Metalladsorptionsverbindungen reagiert (wie z. B. Tannin), hat bis jetzt in der *Mikro*gewichtsanalyse erst vereinzelt Anwendung gefunden.[1]

Nachstehend ist eine Übersicht über die wichtigsten bisher in der Mikrogravimetrie verwendeten organischen Reagenzien gegeben. Die nicht eingeklammerten Elemente sind diejenigen, für die eine mikrogravimetrische Bestimmungsmethode bereits ausgearbeitet worden ist. Die in eckige Klammern gesetzten Elemente sind solche, die zwar mit Hilfe des betreffenden Reagens schon makro-, aber noch nicht mikrogewichtsanalytisch bestimmt worden sind,[2] bei denen jedoch nach Ansicht der Verfasser die Ausarbeitung einer entsprechenden Mikromethode von Interesse sein könnte, wobei auf die Ermöglichung von Trennungen besondere Rücksicht zu nehmen wäre.

---

[1] Vgl. Fußnote 4 auf S. 46.

[2] Um Mißverständnissen vorzubeugen, sei betont, daß die Tabelle *nicht sämtliche* makrogewichtsanalytisch ausgewerteten Metallverbindungen des betreffenden Reagens enthält. Auch bringt sie keine Reagenzien, deren Anwendung zwar interessant oder wünschenswert wäre, jedoch noch nicht an mindestens einem Element erprobt worden ist.

Verbindungstypus	Name des Reagens	Bestimmbare Metalle bzw. Säuren
Normale Salzbildung	1. Anthranilsäure	Zn, Co, [Cu, Cd]
	2. Pikrolonsäure	Ca, Pb, Th, [Cu]
	3. Benzolsulfinsäure[1]	Th, [Fe, Zr, U (IV), Ce (IV)]
	4. Nitron	HNO_3,[2] $HReO_4$
	5. Rhodanin	Ag
	6. Dipikrylamin	K
Innerkomplexsalze	1. Dimethylglyoxim	Ni, Pd
	2. Methylbenzoylglyoxim	Pd
	3. Benzoinoxim	Cu
	4. Salicylaldoxim	Cu, Pd
	5. Pyrogallol	Bi
	6. Cupferron	Ti, Fe, Sn
	7. α-Nitroso-β-naphthol	Co, [Pd]
	8. 8-Oxychinolin (Oxin)	Mg, Al, Ti, Fe, Zn, Cd, In,[3] Th, U, [Co, Ni, Cu, Ga, Zr, Mo, Pd, W]
	9. 5,7-Dibrom-8-oxychinolin (Dibromoxin)	Cu, Ti, [Fe]
	10. Chinaldinsäure	Zn, Cu, [Cd]
	11. Mercaptobenzthiazol	Cd
Einlagerungsverbindungen	1. Pyridin	Cu
	2. Benzidin	Cu
	3. Äthylendiamin	Cu, Bi, Sb
	4. Propylendiamin	Bi
Anlagerungsverbindungen	1. 8-Oxychinolin (Oxin)	H_3PO_4
Metalladsorptionsverbindungen[4]	1. Tannin[4]	Nb, Ta[5]

Es könnte zunächst überflüssig erscheinen, des öfteren für ein und dasselbe Element mehrere organische Fällungsmittel zu erproben. Dies ist jedoch nicht der Fall, weil sich, ganz abgesehen von der keineswegs

[1] Ebenso Brom- bzw. Jodbenzolsulfinsäure.

[2] Die mikroanalytische Bestimmung der Salpetersäure mit Nitron ist nicht genügend gesichert und wahrscheinlich aufzugeben (vgl. S. 50).

[3] Vgl. W. Geilmann und F. W. Wrigge: Z. anorg. allg. Chem. **209**, 129 (1932). — R. Berg: Das Oxin. S. 59. — G. L. Royer: Mikrochem. **21**, 141 (1937).

[4] Dieser besondere Typus von Verbindungen, bzw. das hierhergehörige Reagens Tannin, das zur Mikrobestimmung von Ta und Nb (siehe Fußnote 5) herangezogen worden ist, soll im Rahmen dieses Buches nicht näher besprochen werden, da die mikroanalytische Verwendung sich noch in eingehender Bearbeitung befindet. Näheres über diesen Verbindungstypus siehe bei W. Prodinger: Fällungsmittel, S. 28, 183 ff., sowie bei W. R. Schoeller (siehe Fußnote 5).

[5] W. R. Schoeller: The Analytical Chemistry of Tantalum and Niobium. London 1937. S. 45.

gleichmäßigen analytischen Eignung aller Fällungsmittel, in der Regel auf diese Weise *verschiedene* Trennungen ermöglichen lassen.

Auf die für den quantitativen Mikroanalytiker bedeutsamen Bücher von F. FEIGL[1] sowie von W. PRODINGER[2] ist schon auf S. 29 bzw. 30 eingehend hingewiesen worden. In beiden sind zahlreiche Literaturangaben enthalten.[3]

b) Besonderes.

Normale Salzbildung.

1. *Anthranilsäure*,[4] $C_7H_7O_2N$, 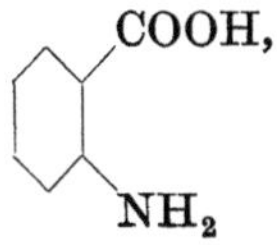

M. G.[5]: 137,1.

Das H-Atom der Carboxylgruppe ist durch Me^I vertretbar. Die Säure bildet gut kristallisierte, in Wasser und Alkohol unlösliche, nicht hygroskopische Verbindungen mit Zn, Co(II), Ni, Cu, Cd, Pb und Hg(II), die alle sehr leicht filtrierbar und bei 105 bis 110° beständig sind. Auch Mn läßt sich durch Anthranilsäure abscheiden, doch ist diese Bestimmungsart des Mangans wegen der verhältnismäßig geringen Schwerlöslichkeit des Mangansalzes kaum für die *Makro*analyse, geschweige denn für die *Mikro*analyse empfehlenswert. Die Fällungen mit Anthranilsäure sind nur für Einzelbestimmungen, nicht für Trennungen geeignet (ausgenommen von den Erdalkalien).

R e a g e n s: Die Säure (auch das „p. a.“-Präparat) wird mehrfach aus Alkohol, verdünntem Alkohol und zum Schluß aus Wasser (gegebenenfalls unter Zusatz von aktiver Kohle) umkristallisiert. Der Schmelzpunkt der reinen Säure ist 145°. Für die mikroanalytische Zinkbestimmung[6] wird das reine Präparat in 1 n-Natronlauge (ohne Überschuß) gelöst, wobei für 1 g Säure fast 7 ccm der Lauge verwendet werden. Man verdünnt hierauf mit destilliertem Wasser, filtriert und stellt mit Hilfe von verdünnter Essigsäure auf ein p_H von 5,5 bis 6,5 ein. Sodann wird mit destilliertem Wasser verdünnt, bis eine 1%ige Lösung von Natriumanthranilat vorliegt. Die Kontrolle des p_H der Lösung erfolgt in einem aliquoten Teil mit Hilfe des Universalindikators von Merck. Das beinahe farblose Reagens wird in einer braunen Glasflasche unter Lichtabschluß aufbewahrt.

---

[1] F. FEIGL: Tüpfelreaktionen.

[2] W. PRODINGER: Fällungsmittel.

[3] Vgl. ferner: J. V. DUBSKÝ: Mikrochem. **23**, 24, 42 (1938); **28**, 145 (1940).

[4] H. FUNK und M. DITT: Z. analyt. Chem. **91**, 332 (1933) [Zn, Cd]; **93**, 241 (1933) [Co, Ni, Cu]. — H. FUNK und M. DEMMEL: Z. analyt. Chem. **96**, 385 (1934) [Mn].

Mikroanalyse: CH. CIMERMAN und P. WENGER: Mikrochem. **18**, 53 (1935) [Zn]. — P. WENGER, CH. CIMERMAN und A. CORBAZ: Mikrochim. Acta (Wien) **2**, 314 (1937) [Co].

[5] M. G. = Molekulargewicht.

[6] CH. CIMERMAN und P. WENGER: a. a. O.

Für die Mikrobestimmung des Kobalts werden 0,2 g umkristallisierte Anthranilsäure in 1,6 ccm 1 n-Natronlauge gelöst. Nach Verdünnen der Lösung mit 8 ccm doppelt destilliertem Wasser wird durch ein trockenes Filter filtriert und das p_H der Lösung mit 6 bis 7 Tropfen 5%iger Essigsäure auf einen Wert von etwa 6 eingestellt. Auf diese Weise werden 10 ccm des 2%igen Reagens erhalten. Das p_H wird in einem aliquoten Teil mit Hilfe des Universalindikators von Merck kontrolliert. Das beinahe farblose Reagens wird in einer braunen Flasche, vor Licht geschützt, aufbewahrt, hält sich jedoch nur zwei Tage in brauchbarem Zustand.

2. *Pikrolonsäure*,[1] $C_{10}H_8N_4O_5$, M. G.: 264,2.

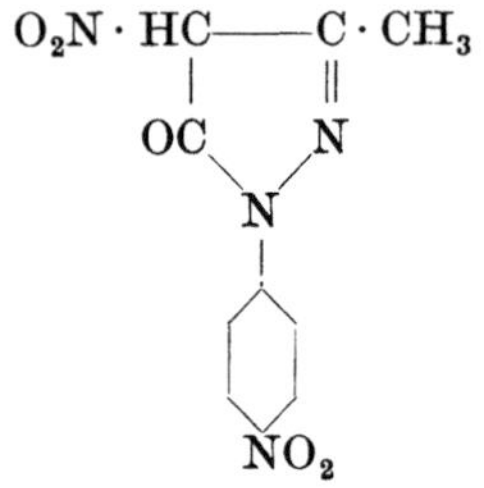

a

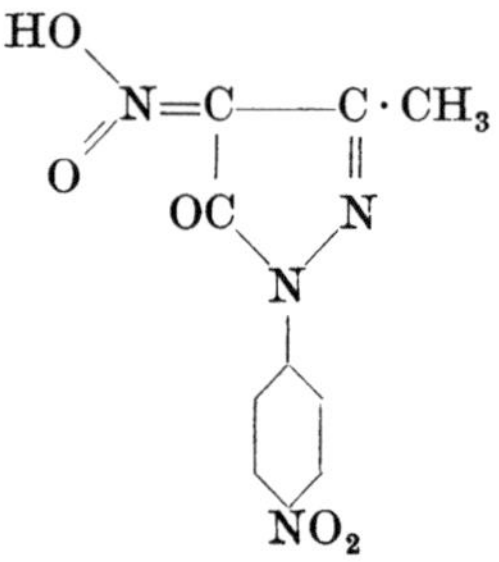

b

Die Salze leiten sich wahrscheinlich von der *aci*-Form der Pseudosäure (b) ab. In diesem Falle würde also das H-Atom der Gruppe $=N{\overset{O}{\underset{OH}{\diagdown}}}$ durch Me vertreten werden.

Die Pikrolonsäure bildet gut kristallisierte, in Wasser schwer lösliche Metallsalze mit Ca, Pb, Th und Cu,[2] doch sind auch die Salze der Alkalimetalle und des Ammoniums ziemlich schwer löslich. Die von den Firmen E. Merck und Schering-Kahlbaum A. G. in den Handel gebrachten Präparate zersetzen sich etwas unterhalb des Schmelzpunktes, der für völlig reine Pikrolonsäure bei 116,5° liegt. Man kann diese durch Umkristallisieren der Handelsware aus 33%iger Essigsäure und hierauf aus wenig Alkohol herstellen, doch genügt das käufliche Präparat („p. a.") selbst für mikroanalytische Zwecke vollauf. Die Bestimmungen von Calcium, Blei und Thorium wurden makro- und mikroanalytisch ausgearbeitet.

Reagens:[3] Man behandelt etwa 2,7 g käufliche Pikrolonsäure auf dem Wasserbad unter öfterem Umrühren[4] mit 1 Liter destilliertem Wasser, läßt die Lösung über Nacht stehen und filtriert am nächsten Tag von

---

[1] Makro- und Mikroanalyse: R. Dworzak und W. Reich-Rohrwig: Z. analyt. Chem. **86**, 98 (1931) [Ca]. — F. Hecht, W. Reich-Rohrwig und H. Brantner: Z. analyt. Chem. **95**, 152 (1933) [Pb]. — F. Hecht und W. Ehrmann: Z. analyt. Chem. **100**, 87 (1935) [Th].

[2] J. Kisser: Mikrochem. **1**, 26 (1923).

[3] R. Dworzak und W. Reich-Rohrwig: a. a. O., 104.

[4] Digerieren in der Kälte genügt nicht zur Herstellung der 0,01 n-gesättigten Lösung.

ungelöster Pikrolonsäure ab. Es ergibt sich so eine 0,01 n-Lösung,[1] die bei Zimmertemperatur gesättigt und sehr lange klar haltbar ist. Es ist zwar möglich, konzentriertere Lösungen herzustellen, doch sind diese übersättigt und scheiden nach einiger Zeit Pikrolonsäure aus.

3. *Benzolsulfinsäure,*[2] $C_6H_6O_2S$, 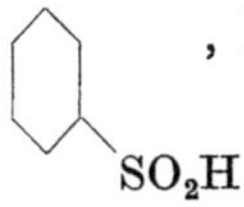 , M. G.: 142,2.

Das H-Atom der SO_2H-Gruppe ist durch Me^I ersetzbar. Die Säure bildet mit Ti, Fe(III), Zr, Sn(IV), Ce(IV), Th, U(IV) Verbindungen, die auch in schwach mineralsaurer Lösung schwer löslich sind. Von diesen fallen die Salze mit Fe(III), Ce(IV), Th und U(IV) formelrein aus, während bei den Salzen des Ti, Zr und Sn teilweise Hydrolyse eintritt. Durch Wasserstoffsuperoxyd ist die Sulfinsäure sehr leicht zur Sulfonsäure oxydierbar. Die Fällungen ermöglichen auch einzelne Trennungen. Eine Mikromethode wurde bisher nur für Thorium ausgearbeitet.[3]

Auch die einfach brom- bzw. iodsubstituierte Säure wurde mit Erfolg zu Mikrobestimmungen herangezogen.[3]

Reagens: 1. Darstellung.[4] Man gibt zu einer Lösung von 30 g Benzolsulfosäurechlorid in 150 ccm Äther 30 g Zinkstaub und 1 bis 2 ccm Wasser. Dann wird 1 bis 2 Stunden gekocht, bis die Masse breiig und grauweiß ist. Das ausgeschiedene Zn-Salz wird nach dem Erkalten abgesaugt und mit Wasser gewaschen. Der Rückstand wird mit einer Lösung von 30 g Na_2CO_3 in 150 ccm Wasser 10 Minuten lang erhitzt und dann filtriert. Die erkaltete Lösung wird angesäuert, abgesaugt und der Niederschlag in der berechneten Menge NaOH gelöst. Die Lösung des Natriumsalzes wird auf dem Wasserbad zur Trockne eingedampft und schließlich im Vacuumexsiccator getrocknet.

2. Darstellung.[5] Man leitet in ein Gemisch von 400 g Benzol und 200 g Aluminiumchlorid etwa 5 g trockenes Salzsäuregas und hierauf noch etwa 126 g trockenes Schwefeldioxyd ein. Nach 12stündigem Stehen gießt man das Reaktionsgemisch auf Eis, gibt eine Lösung von 260 g NaOH in 1000 ccm Wasser hinzu und erwärmt auf dem Wasserbad (Rückflußkühlung), bis alle gelben Teilchen verschwunden sind. Darauf destilliert man das überschüssige Benzol mit Wasserdampf ab, sättigt mit Kohlendioxyd und filtriert. Die Lösung wird dann so weit eingedampft, daß in der Kälte auf Zusatz von konz. Salzsäure die Benzolsulfinsäure ausfällt. Die Säure wird abfiltriert, in der berechneten Menge Natronlauge gelöst, die Lösung eingedampft und der Rückstand im Vacuumexsiccator getrocknet.

---

[1] 2,64 g im Liter entsprechen einer 0,01 n-Pikrolonsäurelösung.

[2] F. Feigl: Tüpfelreaktionen. S. 97.

[3] Unveröffentlichte Versuche von F. Feigl, F. Hecht und F. Korkisch (S. 214 und 215).

[4] F. Ullmann und G. Pasdermadjian: Ber. dtsch. chem. Ges. **34**, 1151 (1901).

[5] E. Knoevenagel und J. Kenner: Ber. dtsch. chem. Ges. **41**, 3318 (1908).

Man löst 2 g Reagens in 100 ccm Wasser, fügt 1 Tropfen (0,025 ccm) konz. Salzsäure hinzu und filtriert die leichte Trübung ab. Diese 2%ige (2 Wochen haltbare) Reagenslösung wird für die Fällungen verwendet.

4. *Nitron*,[1] Diphenyl-endanilo-dihydrotriazol, $C_{20}H_{16}N_4$, M. G.: 312,4.

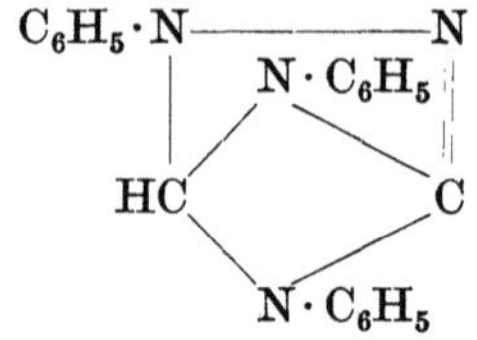

Diese Base gibt mit verschiedenen Säuren in schwach schwefelsaurer Lösung mehr oder minder schwer lösliche Salze, von denen die schwerst löslichen die mit Salpetersäure und Perrheniumsäure sind. Das „Nitron" wurde daher zur Bestimmung beider Anionen herangezogen. Die Zusammensetzung der genannten Verbindungen ist $C_{20}H_{16}N_4$, HNO_3 bzw. $C_{20}H_{16}N_4$, $HReO_4$. Beide Bestimmungsmethoden wurden sowohl für die Makro- als auch für die Mikroanalyse ausgearbeitet, doch hat sich die Mikrobestimmungsmethode für die Salpetersäure nicht bewährt.[2]

Reagens für die $HReO_4$-Bestimmung. 5 g Nitron und 3 ccm Eisessig werden mit Wasser auf 100 ccm verdünnt. Das Reagens wird kurz vor der Benutzung zur Entfernung der harzigen Bestandteile durch einen Filtertiegel filtriert.

5. *Rhodanin*, $C_3H_3ONS_2$, 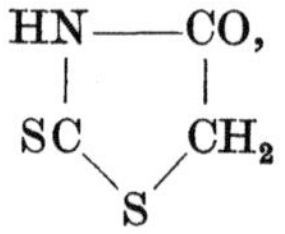 M. G.: 133,2.

Diese Verbindung liefert mit Silber- und Quecksilbersalzen in verdünnt salpetersaurer Lösung weißgelbe Niederschläge. Während das Silbersalz formelreines Silberrhodanin darstellt, in dem der Imidwasserstoff durch das Metallatom ersetzt wird, scheinen beim Quecksilber neben der reinen Salzbildung auch noch Sulfosalze zu entstehen.[3] In salpetersaurer Lösung stören nur Gold-, Platin-, Palladium- und Cuprosalze. Das in der qualitativen Analyse verwendete Silberreagens p-Dimethylaminobenzylidenrhodanin wurde bisher noch nicht zu quantitativen Bestimmungen herangezogen, wohl aber die Stammsubstanz Rhodanin, die eine mikrochemische Silberbestimmung ermöglicht.[4]

---

[1] M. Busch: Ber. dtsch. chem. Ges. **38**, 861 (1905) [HNO_3]. — Vgl. A. Gutbier: Z. angew. Chem. **18**, 494 (1905) [HNO_3]. — W. Geilmann und A. Voigt: Z. anorg. allg. Chem. **193**, 311 (1930) [$HReO_4$].

Mikroanalyse: E. Gartner: Mh. Chem. **41**, 489 (1920) [HNO_3]. — H. Häusler: Z. analyt. Chem. **64**, 371 (1924) [HNO_3]. — E. Schwarz-Bergkampf: Z. analyt. Chem. **69**, 341 (1926) [HNO_3]. — O. Michajlowa, S. Pevsner und N. Archipowa: Z. analyt. Chem. **91**, 25 (1933) [$HReO_4$].

[2] E. Schwarz-Bergkampf: a. a. O.

[3] F. Feigl: Tüpfelreaktionen. S. 91.

[4] F. Feigl und I. Pollak: Mikrochem. **4**, 185 (1926).

Reagens: Nach der Vorschrift von M. NENEKI[1] erhält man das Rhodanin, indem man 1 Mol Monochloressigsäure (1 : 2) und 3 · Mol Ammoniumrhodanid in einer geräumigen Schale auf dem Wasserbad erwärmt, worauf bei 70° unter heftiger Gasentwicklung die Umsetzung eintritt. Man läßt die Flüssigkeit durch Abkühlen zu einem Kristallbrei erstarren und kristallisiert das Produkt aus siedend heißem Wasser unter Zusatz von etwas Tierkohle um. Fp. = 168° bis 170°.

Von der umkristallisierten Substanz wird eine heiß gesättigte Lösung bereitet, die nach mehrstündigem Stehen in der Kälte von ausgeschiedenem Rhodanin abfiltriert wird.

6. *Dipikrylamin*, Hexanitrodiphenylamin,[2] $C_{12}H_5O_{12}N_7$, M. G.: 439,2.

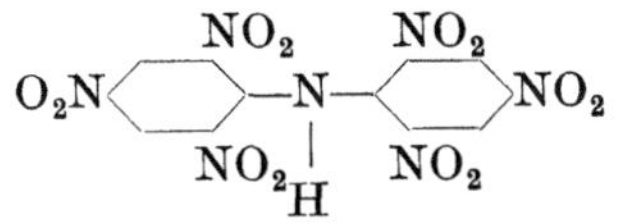

Diese Verbindung, die in Wasser praktisch unlöslich ist, reagiert als schwache Säure und bildet verschiedene kristalline, gefärbte Metallsalze, von denen das Kalium-, Ammonium-, Rubidium- und Cäsiumsalz in Wasser schwer löslich sind und orangerote bis rote Farbe besitzen. Das Kaliumsalz wurde zur gravimetrischen Makro- und Mikrobestimmung[2] angewendet. Die Metalle vertreten das Wasserstoffatom der NH-Gruppe.

Kristalline Niederschläge geben nach O. G. SHEĬNTZIS[3] auch Thallo-, Beryllium-, Zirkon-, Blei- und Mercurisalze. Einige andere Metalle bilden amorphe Niederschläge.

Reagens: a) nach R. DWORZAK und H. BALLCZO: siehe S. 230;
b) nach I. M. KOLTHOFF und G. H. BENDIX:

α) Magnesiumdipikrylaminat: 12 g Dipikrylamin[4] werden mit 5 g Magnesiumoxyd gemischt und mit 400 ccm Wasser in einen 500-ccm-Erlenmeyerkolben gebracht. Nach gründlichem Rühren läßt man 15 bis 20 Stunden stehen und filtriert dann. Die Konzentration des so bereiteten Reagens ist 3%ig oder 0,066 n mit Beziehung auf Magnesiumdipikrylaminat. Erwärmen ist bei der Bereitung der Reagenslösung zu vermeiden, da sich sonst beim Stehen später ein Niederschlag bildet. Falls sich das Reagens im Verlauf der Aufbewahrung trübt, muß es vor Gebrauch filtriert werden.

β) Natriumdipikrylaminat: Dipikrylamin wird mit einem geringen Überschuß von Natriumcarbonat vermischt und mit Wasser so verdünnt, daß eine 3%ige Natriumdipikrylaminatlösung entsteht.

---

[1] M. NENCKI: J. prakt. Chem. (2) **16**, 1 (1877).

[2] A. WINKEL und H. MAAS: Angew. Chem. **49**, 611, 827 (1936). — I. M. KOLTHOFF und G. H. BENDIX: Ind. Engng. Chem., Analyt. Edit. **11**, 94 (1939). — R. DWORZAK und H. BALLCZO: Mikrochem. **26**, 322 (1939).

Mikroanalyse: I. M. KOLTHOFF und G. H. BENDIX: a. a. O. — R. DWORZAK und H. BALLCZO: a. a. O.

[3] O. G. SHEĬNTZIS: Zavodskaya Lab. **4**, 1047 (1935).

[4] Herstellerfirma: Eastman Kodak Company, Rochester, N. Y.

Innerkomplexsalze.

1. *Dimethylglyoxim*,[1] $C_4H_8O_2N_2$, M. G.: 116,1.

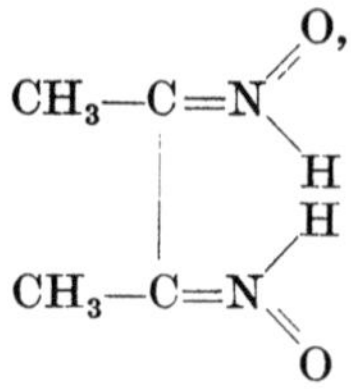

Dieses bekannte Reagens gibt mit Nickel und Palladium schwerlösliche Verbindungen. Die Konstitution des Ni-Dimethylglyoxims ist die folgende:

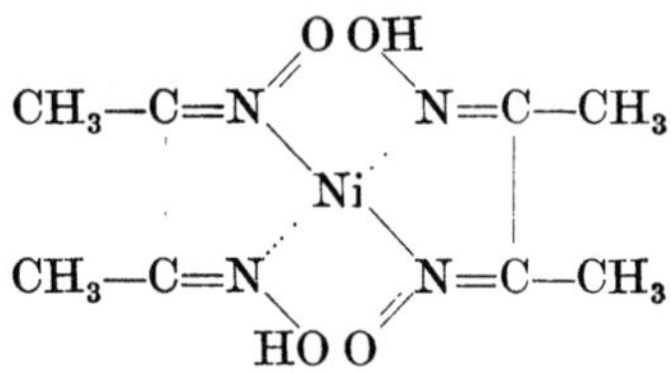

Die Fällung des Nickels kann aus essigsaurer oder ammoniakalischer Lösung, die des Palladiums aus schwach salzsaurer Lösung erfolgen. Bei letzterer Bestimmung muß der Niederschlag verglüht werden.

Die Nickelfällung kann auch für Trennungen herangezogen werden.[2]

Reagens: Für die Fällung des Nickels wird eine 1%ige alkoholische, für die mikroanalytische Bestimmung des Palladiums hingegen eine heiß gesättigte wäßrige Lösung verwendet.

2. *Methylbenzoylglyoxim*,[3] $C_{10}H_{10}O_3N_2$, M. G.: 206,2.

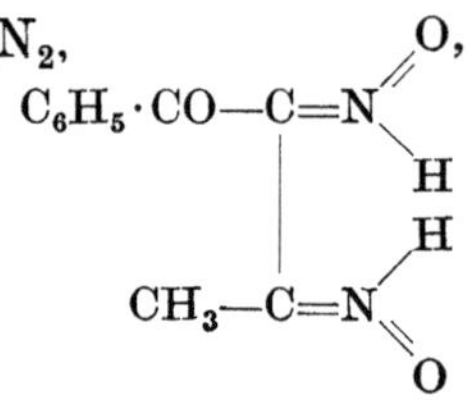

Dieses Reagens bildet in schwach salzsaurer Lösung mit Palladium(II)-salzen einen Niederschlag von der Zusammensetzung

$$Pd\,[O \cdot N : C(CO \cdot C_6H_5) \cdot C(CH_3) : N \cdot OH]_2.$$

[1] L. Tschugaeff: Ber. dtsch. chem. Ges. **38**, 2520 (1905) [Ni]. — O. Brunck: Z. angew. Chem. **20**, 834 (1907) [Ni]. — M. Wunder und V. Thüringer: Z. analyt. Chem. **52**, 101 (1913) [Pd].

Mikroanalyse: R. Strebinger: Österr. Chemiker-Ztg. **21**, 73 (1918) [Ni]. — E. Gartner: Mh. Chem. **41**, 489 (1920) [Ni]. — H. Häusler: Z. analyt. Chem. **64**, 370 (1924) [Ni]. — I. Pollak: Mikrochem. **2**, 17 (1924) [Ni]. — H. Holzer: Z. analyt. Chem. **95**, 392 (1933) [Pd]. — Eine vollständige Angabe der Literatur über die mikroanalytische Ni-Bestimmung mit Dimethylglyoxim ist wegen des äußerst großen Umfanges an dieser Stelle nicht möglich.

[2] Siehe S. 279 und 284.

[3] J. Hanuš, A. Jílek und J. Lukas: Chem. News **131**, 401 (1925). Mikroanalyse: H. Holzer: Z. analyt. Chem. **95**, 392 (1933).

Die Konstitution der Verbindung ist demnach analog der des Nickeldimethylglyoxims. Darauf gründet sich eine makroanalytische Methode zur Palladiumbestimmung. Sie wurde auch in mikroanalytischer Ausführungsform für die Trennung des Palladiums von Platin herangezogen. Etwa anwesendes Gold wird zum Teil mitgefällt.[1]

R e a g e n s : Für die mikroanalytische Palladiumbestimmung findet eine heiß gesättigte wäßrige Reagenslösung Anwendung.

3. *Benzoinoxim*,[2] $C_{14}H_{13}O_2N$, 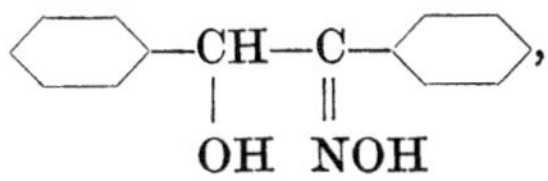

, M. G.: 227,3.

Das Benzoinoxim ist als Fällungsmittel für Kupfer und Molybdän in Gebrauch. Während Kupfer in ammoniakalischer Lösung gefällt wird, bildet das Benzoinoxim in mineralsaurer Lösung Niederschläge mit Mo, W, Cr(VI), V(V), Pd und Ta. Die Fällung von Chrom und Vanadin läßt sich durch Reduktion zum dreiwertigen Chrom und vierwertigen Vanadin verhindern.

Die Konstitution der Kupferverbindung dürfte die folgende sein:

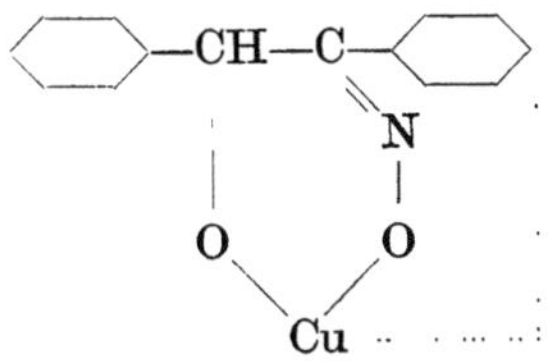

Daraus geht ihr Charakter als Innerkomplexsalz hervor.

Die Kupferbestimmung wurde mikroanalytisch ausgearbeitet.

R e a g e n s: Man verwendet eine 1%ige alkoholische Lösung von Benzoinoxim.

4. *Salicylaldoxim*,[3] $C_7H_7O_2N$, 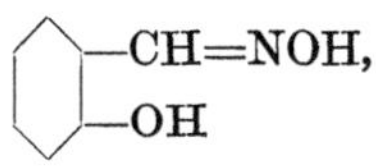

M.G.: 137,1.

Salicylaldoxim liefert mit einigen Metallen schwer lösliche Verbindungen, von denen diejenigen mit Cu, Pd und Pb analytisch ausgewertet

---

[1] H. Holzer: a. a. O.

[2] F. Feigl: Ber. dtsch. chem. Ges. **56**, 2083 (1923) [Cu]. — F. Feigl, G. Sicher und O. Singer: Ber. dtsch. chem. Ges. **58**, 2294 (1925) [Cu]. — H. A. Kar: Ind. Engng. Chem., Anal. Ed. **7**, 193 (1935) [Cu]. — H. B. Knowles: Bur. Standards J. Res. **9**, 1 (1932) [Mo].

Mikroanalyse: F. Feigl: Mikrochem. **1**, 75 (1923) [Cu]. — R. Strebinger: Mikrochem. **1**, 72 (1923) [Cu]. — R. Strebinger und J. Pollak: Mikrochem. **2**, 125 (1924) [Cu]. — F. Hecht und R. Reissner: Mikrochem. **17**, 130 (1935) [Cu].

[3] F. Ephraim: Ber. dtsch. chem. Ges. **63**, 1928 (1930); **64**, 1210, 1215 (1931) [Cu]. — F. Feigl und A. Bondi: Ebenda **64**, 2819 (1931) [Cu].

Mikroanalyse: W. Reif: Mikrochem. **9**, 424 (1931) [Cu]. — F. Hecht und R. Reissner: Mikrochem. **17**, 133 (1935) [Cu]. — H. Holzer: Z. analyt. Chem. **95**, 392 (1933) [Pd].

worden sind. Kupfer wird aus essigsaurer, Palladium aus schwach mineralsaurer und Blei aus ammoniakalischer Lösung abgeschieden. Die Konstitution der Komplexsalze entspricht dem Typus

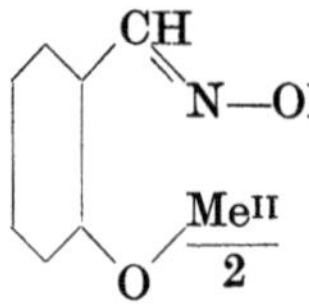

In der Mikroanalyse fand das Salicylaldoxim für die Bestimmung von Kupfer und Palladium Verwendung.

Reagens: Für die Kupferbestimmung wird 1 g Salicylaldoxim in 5 ccm Alkohol gelöst und diese Lösung mit Wasser auf 100 ccm verdünnt. Bei ihrer Herstellung darf man nicht höher als auf 80° erwärmen, da sie sonst durch Zersetzungsprodukte verunreinigt werden kann, die nur schwer aus dem Niederschlag auswaschbar sind und beim darauffolgenden Trocknen eine noch stärkere Zersetzung hervorrufen.

Für die mikroanalytische Palladiumbestimmung wird eine filtrierte, heiß gesättigte wäßrige Lösung verwendet.

5. *Pyrogallol*,[1] $C_6H_6O_3$, 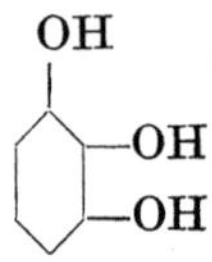 , M. G.: 126,1.

Pyrogallol bildet mit Antimon und Wismut schwer lösliche Komplexsalze, die eine quantitative Bestimmung von Antimon neben Arsen sowie von Wismut neben Blei gestatten. Beispielsweise kann für die Antimonverbindung folgende Konstitution angenommen werden:

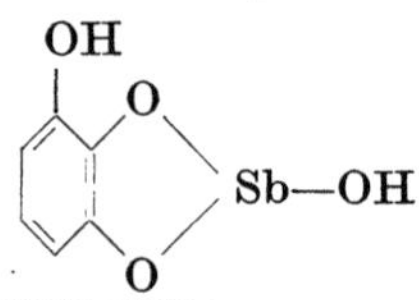

In der Mikroanalyse wurde das Reagens für die Bestimmung des Wismuts angewendet.

Reagens: Für mikroanalytische Zwecke wird das Reagens in fester Form zugesetzt, da sich seine Lösungen zu schnell zersetzen. Es sind nur die reinsten sublimierten „p. a.“-Präparate brauchbar. Außer der Kontrolle des Schmelzpunktes (131°) erhitzt man zweckmäßig 1 g Pyrogallol in einem Platin- oder Quarztiegel. Es darf kein wägbarer Rückstand übrigbleiben. Ferner soll auf Anwesenheit von Gallussäure geprüft

---

[1] F. Feigl: Z. analyt. Chem. **64**, 41 (1924) [Sb]. — F. Feigl und H. Ordelt: Ebenda **65**, 448 (1924/25) [Bi].

Mikroanalyse: R. Strebinger und E. Flaschner: Mikrochem. **5**, 12 (1927) [Bi].

werden, indem 2 g des Präparates in 5 ccm Äther ($D = 0{,}720$) gelöst werden. Bei Abwesenheit von Gallussäure muß sich das Pyrogallol klar darin lösen.

6. *Cupferron,*[1] Nitrosophenylhydroxylaminammonium, $C_6H_9O_2N_3$,

$$\begin{array}{c} C_6H_5\cdot \underset{\underset{\displaystyle O}{\|}}{N}{=}N{-}ONH_4 \end{array}$$

M. G.: 155,2.

Dieses Reagens liefert in mineralsaurer Lösung mit Ti, V, Fe(III), Cu, Zr, Nb, Ta, Sn, Th und U(IV) schwer lösliche, analytisch verwertbare Niederschläge, die jedoch in Äther mehr oder minder löslich sind. Verschiedene andere Elemente stören, falls anwesend, doch sind einige Trennungen möglich. Die Fällungen müssen, um Zersetzung des Reagens unter Bildung von Nitrosobenzol zu vermeiden, in der Kälte vorgenommen werden. Die Konstitution der Metallcupferronverbindungen ist die nachstehende:

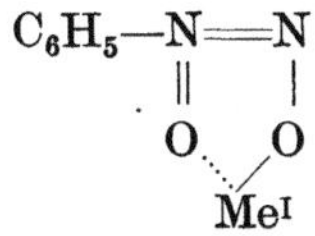

Die Niederschläge sind jedoch nicht formelrein und müssen infolgedessen zu Oxyden verglüht werden. In der Mikroanalyse fanden bisher die Fällungen von Fe(III), Ti und Sn Anwendung.

Reagens: Für mikroanalytische Zwecke stellt man sich durch Lösen in der Kälte und Filtrieren eine 1%ige (S. 219) oder eine 5%ige (S. 180 und 219) Lösung her. Sowohl das feste Präparat als auch die Lösung sind lichtgeschützt im Eisschrank aufzubewahren und schon bei Anzeichen geringer Zersetzung zu verwerfen.[2]

7. *α-Nitroso-β-naphthol,*[3] $C_{10}H_7O_2N$, M. G.: 173,2.

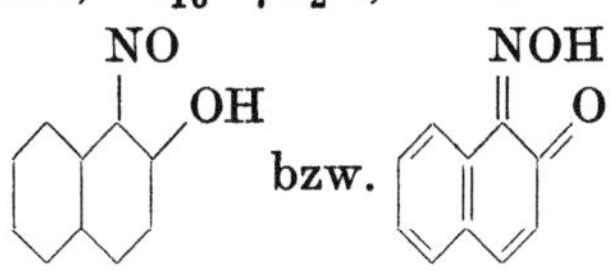

a b

---

[1] O. Baudisch: Chemiker-Ztg. **33**, 1298 (1909). — G. E. F. Lundell und H. B. Knowles: Ind. Engng. Chem. **12**, 344 (1920). — V. Auger: C. R. hebd. Séances Acad. Sci. **170**, 995 (1920). — W. F. Hillebrand und G. E. F. Lundell: Applied Inorganic Analysis. New York 1929. S. 109 bis 112 (daselbst ist weitere Literatur über Cupferronmethoden angeführt). — W. Prodinger: Fällungsmittel. S. 14 und 77 ff. (Literaturangaben).

Mikroanalyse: K. Schoklitsch: Mikrochem. **20**, 250 (1936) [Fe, Ti]. — F. Hecht: Mikrochim. Acta (Wien) **2**, 197 (1937) [Ti]. — M. v. Mack und F. Hecht: Mikrochim. Acta (Wien) **2**, 230 (1937) [Sn].

[2] Nach F. G. Germuth: The Chemist Analyst **17**, 3 (1928), soll die Stabilität von Cupferronlösungen durch Hinzufügen von 0,05 g Acetophenatidin ($C_6H_4OC_2H_5\cdot NH\cdot C_2H_3O$) zu je 100 ccm beträchtlich erhöht werden, so daß derartige Lösungen bis zu 20 Tagen haltbar bleiben.

[3] M. Ilinski: Ber. dtsch. chem. Ges. **17**, 2592 (1884) [Co]. — M. Ilinski und G. v. Knorre: Ebenda **18**, 699 (1885) [Co]. — C. Mayr und

Dieses Reagens fällt aus schwach saurer Lösung Ti, V, Cr, Fe, Co, Cu, Zr, Pd, Sn, W. Für analytisch auswertbar wurden die Fällungen des Co und des Pd befunden, die eine Trennung des Co von Al, Ni, Zn bzw. des Pd von Pt gestatten. Die Kobaltbestimmung wurde auch mikroanalytisch ausgearbeitet. Kobaltsalze geben nach vorhergehender Oxydation zur dreiwertigen Form mit dem Reagens in essigsaurer Lösung einen formelreinen Niederschlag von der Zusammensetzung $(C_{10}H_6ONO)_3Co \cdot 2\,H_2O$.[1] Das α-Nitroso-β-naphthol ist als erstes organisches Reagens in der quantitativen Analyse verwendet worden.

Der purpurrote Niederschlag leitet sich von der Chinonoximform b ab:

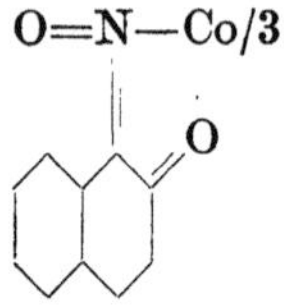

Da in stark saurer Lösung das Gleichgewicht zwischen den beiden tautomeren Formen des Reagens stärker zugunsten der Phenolform, in schwach saurem Medium dagegen zugunsten der Chinonoximform verschoben ist, gelingt die quantitative Kobaltbestimmung nur in schwach saurer Lösung.

R e a g e n s (für die mikroanalytische Kobaltbestimmung): Man stellt eine 2%ige Lösung von α-Nitroso-β-naphthol („p. a.") in 70%iger Essigsäure her, indem man 0,2 g des Präparates in der Kälte unter Umrühren in 7 g Eisessig löst, hierauf 3 ccm heißes Wasser zusetzt und filtriert. Die Lösung ist im Dunkeln aufzubewahren und nach längstens fünf Tagen frisch zu bereiten.

8. *8-Oxychinolin (o-Oxychinolin, Oxin)*,[2] C_9H_7ON, M. G.: 145,15.

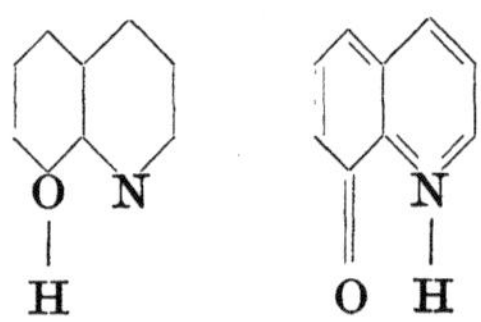

a b

Während das reine 8-Oxychinolin sich in wasserfreien organischen Lösungsmitteln nahezu farblos auflöst (Formel a), verursachen schon geringe Wassermengen einen Farbumschlag der Lösung nach Gelb hin,

---

F. FEIGL: Z. analyt. Chem. **90**, 15 (1932) [Co]. — W. SCHMIDT: Z. anorg. allg. Chem. **80**, 335 (1913) [Pd]. — F. KRAUSS und H. DENEKE: Z. analyt. Chem. **67**, 86 (1925/26) [Pd]. — C. MAYR: Z. analyt. Chem. **98**, 402 (1934) [Pd].

Mikroanalyse: F. HECHT und F. KORKISCH: Mikrochim. Acta (Wien) **3**, 313 (1938) [Co].

[1] C. MAYR und F. FEIGL: a. a. O.

[2] R. BERG: Das Oxin. In diesem Werk finden sich sämtliche bis 1938 ausgearbeiteten Methoden besprochen, weshalb hier von weiteren Literaturangaben abgesehen werden soll.

wobei jedenfalls eine Änderung der Konstitution entsprechend Formel b erfolgt. Das Oxin bildet mit zahlreichen Metallen kristalline, schwer lösliche Innerkomplexsalze, für deren Konstitution folgende zwei Möglichkeiten vorhanden sind:

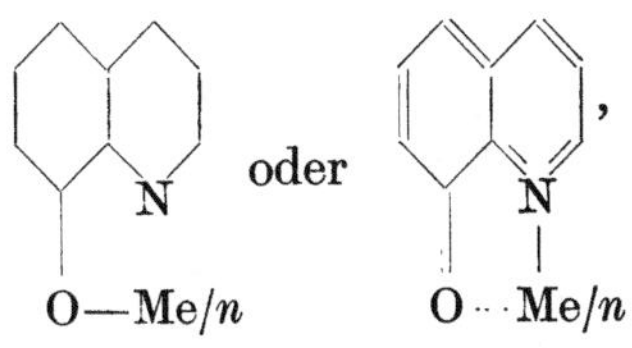

wobei $n = 1$ Äquivalent des Metalls bedeutet. Fast alle derartigen Metalloxinverbindungen enthalten chemisch gebundenes Wasser. Die Komplexe des Ti, Hg, Th und U entsprechen nicht der Formel $Me^{N}(C_9H_6ON)_n \cdot x\,H_2O$, sondern sind etwas abweichend zusammengesetzt: $Hg^{II}(C_9H_6ON) \cdot 2\,H_2O$, $TiO(C_9H_6ON)_2 \cdot 2\,H_2O$, $Th(C_9H_6ON)_4 \cdot (C_9H_7ON) \cdot x\,H_2O$, $UO_2(C_9H_6ON)_2 \cdot$ $\cdot (C_9H_7ON)$. Das Oxin wurde bisher mit großem Erfolg zur analytischen Bestimmung von über zwei Dutzend Metallen herangezogen. Eine ganze Reihe der Methoden wurde auch mikroanalytisch verwertet (siehe den analytisch-methodischen Teil). Die Metalloxinverbindungen zeichnen sich alle durch großes Molekulargewicht, ausgezeichnete Auswaschbarkeit und hohe Beständigkeit an der Luft aus und stellen daher vom Standpunkt der Mikroanalyse geradezu ideale Wägungsformen dar. Man darf heute wohl mit voller Berechtigung sagen, daß durch die Einführung der Oxinmethoden ein ganz außerordentlicher Fortschritt der Mikrogewichtsanalyse zustande gekommen ist.

Durch Einhaltung bestimmter H-Ionenkonzentrationen sind verschiedene Trennungen von Metallen bzw. Metallgruppen untereinander möglich. Die Fällungen werden zu diesem Zweck in essigsaurer acetatgepufferter, bzw. in ammoniakalischer tartrathaltiger oder natronalkalischer tartrathaltiger Lösung ausgeführt. Auch bei den Einzelbestimmungen darf nie die angegebene Maximalkonzentration an freier Essigsäure überschritten werden, worauf besonders bei den Mikrofällungen zu achten ist. Durch vorhergehende Neutralisation der Lösung, genaue Dosierung der Reagensmengen und richtige Abschätzung des Fällungsvolumens ist es ohne zu große Schwierigkeit möglich, der genannten Bedingung zu entsprechen.

Reagens: Dieses wird in verschiedenen Konzentrationen und Lösungsmitteln angewendet. Für die Mikroanalyse kommen in Betracht:

a) essigsaure Lösungen; 5%ig (4%ig): 5 g (4 g) Oxin („p. a.") werden in 12 g (8 g) Eisessig unter gelindem Erwärmen gelöst, worauf mit 83 g (88 g) warmem Wasser verdünnt wird; 2,5%ig: 100 g einer 4%igen (5%igen) Lösung werden mit 60 g (100 g) Wasser verdünnt;

b) alkoholische Lösungen. Von diesen sind 1- bis 3%ige Lösungen in reinem Äthylalkohol gebräuchlich, die öfters frisch hergestellt werden sollen (Haltbarkeit der vor Licht geschützten Lösungen 10 bis 14 Tage).

9. *5,7-Dibrom-8-oxychinolin (Dibromoxin)*,[1] $C_9H_5Br_2ON$, M. G.: 303,0.

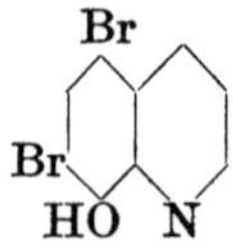

Dieses Reagens gibt mit Ti, V, Fe, Cu und Hg in schwach mineralsaurer Lösung schwerlösliche, kristalline Verbindungen von hoher Fällungsempfindlichkeit.[2] Dadurch sind auch Trennungen von anderen Metallen möglich. Durch Zusatz von Weinsäure, Malonsäure, Zitronensäure oder Oxalsäure lassen sich jedoch teilweise auch Trennungen der genannten Metalle untereinander ausführen. Analytisch ausgewertet wurden bisher nur die Fällungen des Ti, Fe und Cu, davon die des Ti und Cu auch mikroanalytisch. Weitere diesbezügliche Untersuchungen wären sehr wünschenswert. Während die Verbindungen des Eisens und Kupfers der Formel $(C_9H_4Br_2ON)_nMe^N$ entsprechen, liegt beim Titan die Titanylverbindung $(C_9H_4Br_2ON)_2 \cdot TiO$ vor.

Reagens: Durch Erkaltenlassen einer warmen Lösung wird eine kalt gesättigte (0,3%ige) Lösung des Reagens in reinstem Aceton hergestellt.[3]

10. *Chinaldinsäure*,[4] $C_{10}H_7O_2N$, 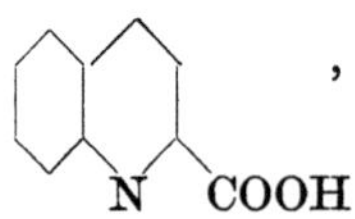, M. G.: 173,2.

Diese Säure gibt mit verschiedenen Metallen wie Mn, Fe (II), Co, Ni, Cu, Zn, Ag, Cd, Pb mehr oder minder schwer lösliche Innerkomplexsalze, hingegen mit Fe(III), U, Al, Cr, Be, Ti basische Salze. Die Struktur der Innerkomplexverbindungen ist höchstwahrscheinlich die nachstehende:

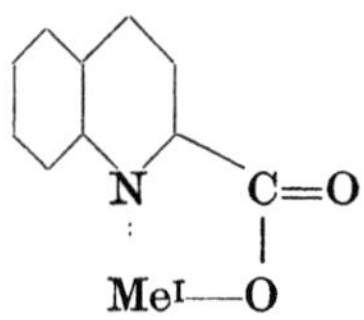

---

[1] R. BERG: Das Oxin. S. 103 ff. Dortselbst sind auch die übrigen zugehörigen Literaturstellen angeführt.

[2] Nur die Hg-Fällung ist weniger empfindlich.

[3] Aus Dibromoxin von Merck oder Kahlbaum.

[4] P. R. RÂY und M. K. BOSE: Z. analyt. Chem. **95**, 400 (1933) [Cu, Cd, Zn, U]. — P. R. RÂY und A. K. MAJUNDAR: Z. analyt. Chem. **100**, 324 (1935) sowie P. R. RÂY und N. K. DUTT: Z. analyt. Chem. **115**, 265 (1938/39). [Trennung des Zn von Begleitelementen].

Mikroanalyse: P. R. RÂY und M. K. BOSE: Mikrochem. **17**, 11 (1935) [Trennung des Zn von Begleitelementen]. — P. R. RÂY und J. GUPTA: Ebenda **17**, 14 (1935) [Trennung des Cu von Begleitelementen]. — P. R. RÂY und M. K. BOSE: Ebenda **18**, 89 (1935) [Trennung des Zn von Begleitelementen]. — P. R. RÂY und T. C. SARKAR: Ebenda **27**, 64 (1939) [Bestimmung von Zink bei Anwesenheit von Cu bzw. Ag und Hg].

Was die analytische Verwertung betrifft, so wird das Kupfersalz aus verdünnt schwefelsaurer Lösung gefällt, wodurch sich die Möglichkeit von Trennungen des Kupfers von verschiedenen anderen Metallen ergibt. Zink und Cadmium müssen dabei abwesend sein. Diese beiden Metalle werden aus essigsaurer Lösung gefällt. Auch dadurch sind Trennungen möglich, daß gewisse Begleitelemente durch Alkalitartrat in Lösung gehalten werden. Uran kann als basisches Salz ausgefällt und dieses zu U_3O_8 verglüht werden. Mikroanalytisch wurde die Bestimmung des Zn neben Mn, Mg, alkalischen Erden, H_3PO_4, Fe, Al, Be, Ti und U, ferner neben Cu, Ag, Hg, sowie die des Cu neben Cd, Pb, Mn, Co, Ni, H_3PO_4, H_3AsO_4 und H_3AsO_3 ausgearbeitet.

Reagens: Man läßt zu einer Mischung von 14 g Chinaldin, 50 g wasserfreiem Natriumacetat und 100 g Eisessig allmählich eine Lösung von 48 g Brom in 100 g Eisessig zutropfen. Wenn alles Brom eingetragen ist, wird noch kurz erhitzt. Das entstandene Tribromid wird aus Eisessig oder Alkohol umkristallisiert. Die Hydrolyse des Tribromids zur Chinaldinsäure erfolgt mittels siedender Schwefelsäure (1 : 10). Nun stellt man durch tropfenweisen Zusatz der wäßrigen Lösung der Säure zu einer siedenden angesäuerten Kupfersulfatlösung das Kupfersalz her, zersetzt es hierauf durch Schwefelwasserstoff und kristallisiert die Chinaldinsäure aus Eisessig um.

Als analytisches Reagens wird eine 1%ige Lösung der freien Säure oder der entsprechenden Menge des Natriumsalzes in Wasser verwendet.[1]

Zurückgewinnung des Reagens: Man kann es sowohl aus den Filtraten als auch aus den Niederschlägen wiedergewinnen. Aus den Filtraten fällt man das Kupfersalz, filtriert und wäscht es und zersetzt es dann durch längeres Behandeln mit Schwefelwasserstoff. Das entstandene Kupfersulfid wird abfiltriert, das Filtrat zur Trockne eingedampft und die Säure durch Umkristallisieren aus Eisessig gereinigt. Der Kupfer- und der Cadmiumniederschlag wird ebenfalls durch Behandeln mit Schwefelwasserstoff zersetzt. Der Zinkniederschlag hingegen wird in Schwefelsäure gelöst und die Lösung verdünnt, bis ein Niederschlag auftritt, worauf durch Zusatz von Kupfersulfat das Kupfersalz ausgefällt und, wie oben angegeben, weiter verarbeitet wird.

11. *Mercaptobenzthiazol*,[2] $C_7H_5NS_2$, 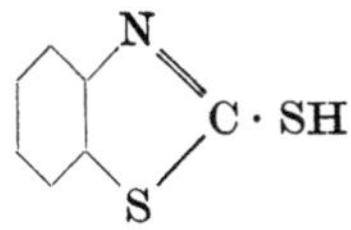 , M. G.: 167,2.

Dieses Reagens wurde zur makroanalytischen Bestimmung von Cu, Pb, Tl, Bi und Au sowie zur makro- und mikroanalytischen Bestimmung von Cd herangezogen. Da die Mikromethode zwar von theoretischem In-

[1] Freie Säure: bei der mikroanalytischen Kupferbestimmung; Natriumsalz: bei der Zinkbestimmung.

[2] G. SPACU und M. KURAŠ: Z. analyt. Chem. **102**, 24 (1935) [Cu]; **102**, 108 (1935) [Cd]; **104**, 88 (1936) [Pb, Tl, Bi, Au].

Mikroanalyse: Z. analyt. Chem. **102**, 108 (1935) [Cd].

teresse ist, jedoch kaum allgemeine praktische Bedeutung erlangen dürfte, sei von einer näheren Besprechung abgesehen.

Einlagerungsverbindungen.

1. *Pyridin,*[1] C_5H_5N, 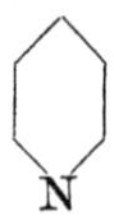, M. G.: 79,1.

Cu, Zn, Co, Ni, Cd bilden in wäßriger Lösung mit Pyridin komplexe Kationen, die mit Rhodan-Ionen wohldefinierte, unlösliche Komplexsalze geben, deren allgemeine Formel $[Me^{II}Py_2](SCN)_2$[2] ist. Darauf gründen sich makroanalytische Methoden zur Bestimmung dieser Metalle. Auch einige Trennungen sind möglich. Die Kupferbestimmung wurde auch für die Mikroanalyse ausgearbeitet, worauf hier nur kurz hingewiesen sei, da diese Mikromethode wohl nur in Sonderfällen zur praktischen Anwendung gelangen düfte.

2. *Benzidin,*[3] $C_{12}H_{12}N_2$, 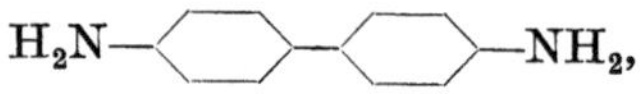, M. G.: 184,2.

Kupfersalze geben mit Ammoniumrhodanid und Benzidin einen Niederschlag von der Zusammensetzung $[Cu\,Bzd](SCN)_2$,[4] der zur makro- und mikroanalytischen Bestimmung des Kupfers herangezogen wurde. Der Niederschlag wird, da er nicht ganz formelrein ist, zu CuO verglüht, weshalb von einer näheren Beschreibung der Methode abgesehen werden soll.

3. *Äthylendiamin,*[5] $C_2H_8N_2$, NH_2 NH_2, M. G.: 60,1.
$$\begin{array}{cc} NH_2 & NH_2 \\ | & | \\ CH_2 & \!\!-\!\!\; CH_2 \end{array}$$

Äthylendiamin bildet mit Cu-Ion ein komplexes Kation, das sich mit den Anionen $[HgJ_4]''$ und $[CdJ_4]''$ zu unlöslichen Komplexsalzen vereinigt, die eine Bestimmung des Hg, Cd und Cu sowie eine Trennung des Cu vom Hg ermöglichen. Hg ist auch neben Pb und Bi sowie einigen Elementen der Ammoniumsulfidgruppe bestimmbar. Analog entsteht aus Wismutkaliumjodid $[BiJ_4]K$ und Kobaltäthylendiaminchlorid $[Co\,en_3]$

---

[1] G. SPACU und J. DICK: Z. analyt. Chem. **71**, 97 (1927) [Co]; **71**, 185 (1927) [Cu]; **71**, 442 (1927) [Ni]; **73**, 279 (1928) [Cd]; **73**, 356 (1928) [Zn]. Mikroanalyse: Dieselben, ebenda **78**, 241 (1929) [Cu].

[2] Py = Pyridinmolekül.

[3] Makro- und Mikroanalyse: G. SPACU und C. G. MACAROVICI: Z. analyt. Chem. **102**, 350 (1935).

[4] Bzd = Benzidinmolekül.

[5] G. SPACU und G. SUCIU: Z. analyt. Chem. **77**, 334 (1929) [Hg]. — M. STRAUMANIS und A. CIRULIS: Z. anorg. allg. Chem. **230**, 69 (1937) [Hg]. — G. SPACU und G. SUCIU: Z, analyt. Chem. **92**, 247 (1933) [Hg neben anderen Elementen der H_2S- und $(NH_4)_2S$-Gruppe]. — G. SPACU und G. SUCIU: Z. analyt. Chem. **77**, 340 (1929) [Cd]; **78**, 329 (1929) [Cu]; **79**, 196 (1930) [Bi]. — G. SPACU und P. SPACU: Z. analyt. Chem. **93**, 260 (1933) [Bi].

Mikroanalyse: Siehe die drei letzten Arbeiten [Cu, Bi]; ferner G. SPACU und G. SUCIU: Z. analyt. Chem. **78**, 244 (1929) [Hg].

$Cl_3 \cdot 3\,H_2O$ eine komplexe Wismutverbindung, die sich zur Bestimmung des Wismuts eignet. Die entsprechenden Verbindungen haben die Zusammensetzung $[HgJ_4][Cu\,en_2]$[1] bzw. $[CdJ_4][Cu\,en_2]$ und $[BiJ_4]_2[Co\,en_3]J$. Die Bestimmungen des Kupfers, Quecksilbers und Wismuts wurden auch mikroanalytisch ausgearbeitet. Während bei der Kupferbestimmung die von den Autoren mitgeteilten Beleganalysen sehr gute Ergebnisse erkennen lassen, zeigen die Mikrobestimmungen des Quecksilbers und des Wismuts zu große Abweichungen von den richtigen Werten, als daß die Methoden empfehlenswert erscheinen könnten.

Eine andere Bestimmungsform des Wismuts ist die als $[BiJ_4]$-$[Co\,en_2(SCN)_2]$, die nach den veröffentlichten Beleganalysen sowohl makro- als auch mikroanalytisch befriedigende Werte zu geben scheint.

Schließlich ist noch die mikroanalytische Bestimmung des Antimons mit „Chromiënchlorid" $[Cr\,en_3]Cl_3 \cdot 3^1/_2\,H_2O$ zu erwähnen.[2] Die Bestimmungsform ist $[SbS_4][Cr\,en_3] \cdot 2\,H_2O$.

Reagens für die Sb-Bestimmung (Chromiënchlorid):[3] 8 g feingepulverter, bei 100° vorsichtig getrockneter Chromalaun werden in einem mit Luftkühler versehenen Kölbchen mit 6 g Äthylendiaminmonohydrat versetzt. Das Gemisch erhitzt man einige Stunden auf dem Wasserbad und verreibt sodann den bei der Umsetzung gebildeten gelbroten Körper mit wenig Wasser zu einem Brei. Dabei geht das entstandene Luteosalz in Lösung, während die rote Verbindung $[Cr_4(OH)_6en_6]$-$(SO_4)_3$ zurückbleibt. Man filtriert und versetzt das Filtrat mit Ammoniumchlorid. Es scheidet sich dabei das Reagens $[Cr\,en_3]Cl_3 \cdot 3^1/_2\,H_2O$ aus, das durch zweimaliges Umkristallisieren aus Wasser ganz rein erhalten wird.

4. *Propylendiamin*,[4] $C_3H_{10}N_2$, $CH_3 \cdot CH(NH_2)$—CH_2—NH_2, M. G.: 98,1.

So wie das Äthylendiamin gibt auch das Propylendiamin mit Cu-Ion ein komplexes Kation, das mit den komplexen Anionen $[HgJ_4]$ bzw. $[AgJ_2]$ schwer lösliche Komplexsalze bildet, deren Zusammensetzung $[HgJ_4][Cu\,pn_2]$[5] und $[AgJ_2]_2[Cu\,pn_2]$ ist. Darauf basieren Bestimmungsmethoden für Hg und Ag, von denen die erstere auch bei Gegenwart von Cu anwendbar ist. Die Silberbestimmung eignet sich besonders für kleine Mengen und wurde daher auch als Mikromethode ausgearbeitet. Die von den Autoren veröffentlichten Beleganalysen lassen an Genauigkeit nichts zu wünschen übrig.

---

[1] „en" = Äthylendiamin.

[2] G. Spacu und A. Pop: Z. analyt. Chem. **111**, 254 (1937/38); Mikrochim. Acta (Wien) **3**, 27 (1938).

[3] P. Pfeiffer: Ber. dtsch. chem. Ges. **37**, 4277 (1994).

[4] G. Spacu und P. Spacu: Z. analyt. Chem. **89**, 187 (1932) [Hg]; **90**, 182 (1932) [Ag].
Mikroanalyse: Z. analyt. Chem. **90**, a. a. O. [Ag].

[5] „pn" = Propylendiamin.

Anlagerungsverbindungen.

1. *8-Oxychinolin*[1] (*Oxin*): Identisch mit Nr. 8 des Abschnittes Innerkomplexsalze.

Oxin liefert in salzsaurer Lösung mit Phosphormolybdänsäure eine schwer lösliche Anlagerungsverbindung von der Zusammensetzung $3\,(C_9H_7ON)\cdot H_7[P(Mo_2O_7)_6]\cdot 2\,H_2O$, die sich sehr gut zur makro- und mikroanalytischen Bestimmung der Phosphorsäure eignet.

Reagens: 5 g Oxin werden mit 5 ccm HCl ($D = 1{,}19$) versetzt; die Lösung wird mit Wasser auf 100 ccm aufgefüllt. Von dieser Lösung werden 16 ccm mit 42 ccm HCl ($D = 1{,}19$) und 42 ccm 10%iger Ammoniummolybdatlösung zum Reagens vermischt.

V. Geräte und Teiloperationen der Analyse.

1. Rückstandsbestimmungen.

Bei diesen wird eine Verbindung ohne Gefäßwechsel und ohne Filtration in eine andere einheitliche Verbindung übergeführt. Die wichtigsten Arten der Rückstandsbestimmung sind das Verglühen einer Substanz zu Oxyd und das Abrauchen mit Schwefelsäure mit darauffolgender Wägung des Sulfats.[2] In manchen Fällen stört die Flüchtigkeit der Substanz. Beispielsweise sind fast alle Metalloxychinolate wegen ihrer Flüchtigkeit nicht ohne vorhergehendes Überschichten mit sublimierter Oxalsäure verglühbar.

a) Organische Substanzen.

α) Im Mikrotiegel.

Handelt es sich darum, anorganische Bestandteile organischer Substanzen zu bestimmen, so verwendet man kleine Tiegel aus Berliner Porzellan oder weit besser solche aus Platin-Iridium-Legierung (vgl. S. 67). Sehr bewährt haben sich nach F. Pregl Tiegelchen von ungefähr 15 mm Höhe, einem oberen Durchmesser von 12 mm und einem unteren von 10 mm mit dazu passendem Deckel.

Rückstandsbestimmung durch Veraschen.

Beim Glühen der Platintiegel dient als Unterlage ein größerer Platintiegeldeckel (30 bis 40 mm Durchmesser), der auf ein Quarzdreieck gesetzt wird. Die Porzellantiegelchen werden in einem Schutztiegel aus Berliner Porzellan geglüht. Sehr vorteilhaft ist ein elektrischer Tiegelofen, in welchen man den großen Platintiegeldeckel (gegebenenfalls

---

[1] R. Berg: Z. angew. Chem. **41**, 611 (1928); Das Oxin. S. 91. — K. Scharrer: Biochem. Z. **261**, 444 (1933).

[2] F. Pregl-H. Roth: Mikroanalyse. S. 167 f.

nach Aufbiegen der Zunge) bzw. den Porzellanschutztiegel auf ein in dem Ofen befindliches Quarzdreieck stellt. Nach 5 bis 10 Minuten Erhitzen bei Dunkelrotglut bringt man den Mikrotiegel samt seinem Deckel mit Hilfe der Platinspitzenpinzette auf einen Kupferblock, läßt ihn auf diesem einige Minuten abkühlen und setzt ihn sodann auf einen neben der Waage befindlichen, staubgeschützten zweiten Kupferblock (vgl. S. 83). Nach insgesamt 10 Minuten (bei Platintiegeln) bzw. nach 20 Minuten (bei Porzellantiegeln) stellt man den Tiegel auf die eine Waagschale, während man auf die andere einen gleichartigen, gleich schweren Taratiegel mit Deckel bringt und mit dem Reiter und, wenn nötig, auch mit kleinen Gewichtsstücken austariert.[1] Nach 5, besser nach 10 Minuten kann die Einwaage ausgeführt werden.[2]

Nun stellt man den Mikrotiegel auf den Platintiegeldeckel bzw. in den Porzellanschutztiegel, der auf einem Quarzdreieck ruht, und erhitzt mit der entleuchteten Flamme eines Bunsenbrenners vorsichtig den Deckel des Mikrotiegels von *oben* her. Nach Verkohlen der Substanz wird das Heizen allmählich immer stärker von *unten* her fortgesetzt. Ist nach 5 Minuten noch Kohle im Tiegel zu beobachten, bringt man mit einem Glasfaden oder einer fein ausgezogenen Kapillarpipette einen Tropfen konz. Salpetersäure zu dem Rückstand und erhitzt den bedeckten Tiegel neuerlich vorsichtig. Unter Umständen ist die Zugabe von Salpetersäure mehrmals zu wiederholen. Hierauf läßt man den Mikrotiegel, wie vorher beschrieben, auf zwei Kupferblöcken auskühlen und wägt. Man überzeugt sich auf jeden Fall durch nochmaliges kurzes Glühen, gegebenenfalls nach Zusatz eines Tropfens Salpetersäure, von der Gewichtskonstanz.

Über Rückstandsbestimmungen chlorhaltiger organischer Gold- und Platinverbindungen vgl. F. PREGL-H. ROTH: Mikroanalyse. S. 169.[3]

Rückstandsbestimmung durch Abrauchen mit Schwefelsäure.

Auch diese Bestimmungsart ist im Sinne des oben Gesagten zu den Rückstandsbestimmungen zu rechnen. Die Substanz wird wie vorhin in den Mikrotiegel eingewogen und sodann aus einer 20 cm langen Kapillare von 1 bis 2 mm Durchmesser mit fein ausgezogener Spitze mit einem Tropfen Schwefelsäure (1 : 5) befeuchtet. Nun wird der Deckel aufgesetzt und von oben her durch sekundenlanges Berühren mit der entleuchteten Bunsenbrennerflamme erhitzt, wobei jedesmal geringe Schwaden von Schwefelsäuredämpfen auftreten. Nach völligem Abrauchen der Schwefel-

---

[1] Um Gewichtsstücke entbehrlich zu machen, gleicht man die Gewichte des Bestimmungs- und des Taratiegels zweckmäßig mit Hilfe von Platindrahtstückchen bzw. kleinen Porzellanscherben soweit wie möglich einander an.

[2] Hygroskopische organische Substanzen werden mit Hilfe des sog. „Stickstoffwägeröhrchens" nach H. LIEB und H. G. KRAINICK: Mikrochem. **9**, 381 (1931) eingewogen; Öle bringt man mit einem Glasfaden auf den Boden des Tiegels. Näheres darüber bei F. PREGL-H. ROTH: Mikroanalyse. S. 96, 168.

[3] Vgl. auch S. 183, 184 und 186ff.

säure wird der Tiegel 3 Minuten lang von unten mit kräftiger Flamme geglüht. Dies verfolgt den Zweck, die Bisulfate in Sulfate überzuführen. Ist noch etwas Kohle wahrzunehmen, wird nach Zugabe eines Tropfens konz. Salpetersäure nochmals geglüht. Hierauf erfolgt in der schon beschriebenen Weise die Wägung. Auch bei diesem Verfahren ist nach der ersten Wägung die Prüfung auf Gewichtskonstanz durch nochmaliges Abrauchen mit einem Tropfen Schwefelsäure und Glühen unerläßlich.

β) In der Mikromuffel.

Bei Verbindungen, die sich beim Abrauchen mit Schwefelsäure nicht allzu stark aufblähen, kann dies in der Mikromuffel nach F. PREGL[1] (Abb. 20) vorgenommen werden. Diese besteht aus einem waagrecht in einer Stativklammer eingespannten Supremaxrohr von 200 mm Länge und 10 mm Durchmesser. Über das eine Rohrende zieht man ein rechtwinkelig gebogenes Hartglasrohr von 12 bis 14 mm Innendurchmesser. Eine Zwischenlage von Asbestpapier gewährleistet gutes Aufsitzen des äußeren auf dem inneren Rohr. Der kürzere Schenkel des Hartglasrohres besitzt eine Länge von 50 mm, der längere (senkrechte) von 150 mm. Über den letzteren schiebt man eine zweifach gewickelte Drahtnetzrolle (80 mm lang), während über das waagrechte Supremaxrohr eine leicht verschiebbare, 50 mm lange ebensolche Rolle gezogen wird.

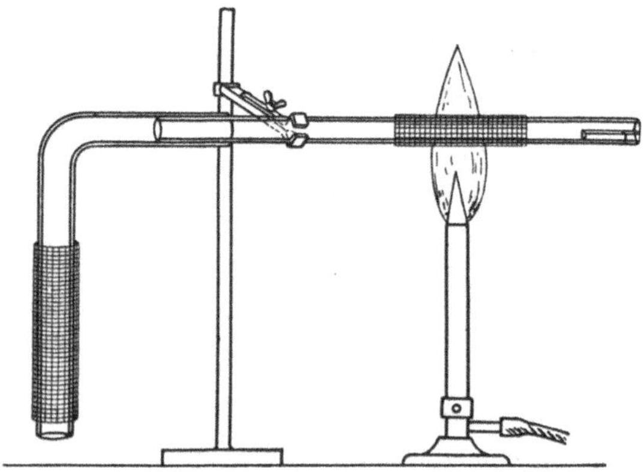

Abb. 20. Mikromuffel nach F. PREGL (1/3 der natürlichen Größe). [Aus Mikrochem. 2, 75 (1924).]

Während der Ausführung der Bestimmung wird die senkrechte Rolle (in der Abb. 20 links) dauernd mit einem schräg eingespannten Bunsenbrenner erhitzt, so daß durch das Innere des Hartglasrohres ein Luftstrom aufsteigt, der sodann in das verengte waagrechte Rohr eintritt und dadurch noch etwas an Geschwindigkeit gewinnt. Inzwischen hat man die Substanz in ein Platinschiffchen eingewogen und mit Hilfe einer feinen Kapillarpipette mit einem Tropfen Schwefelsäure (1 : 5) befeuchtet. Hierauf wird das Schiffchen mit einer Platinspitzenpinzette in die Mündung des waagrechten Rohres eingesetzt und die waagrechte Drahtnetzrolle in einem Abstand von 30 mm vom Schiffchen, wie dies in der Abb. 20 dargestellt ist, mit der Flamme eines Bunsenbrenners erhitzt. Nun schiebt man das Drahtnetz ebenso wie die Flamme allmählich näher an das Schiffchen heran, was sehr vorsichtig erfolgen muß, damit kein Über-

[1] F. PREGL-H. ROTH: Mikroanalyse. S. 170.

schäumen der Schwefelsäure eintritt. Bei richtiger Ausführung sind schwache aus der Rohrmündung austretende Schwefelsäuredämpfe wahrnehmbar. Gegen Ende der Bestimmung wird das Drahtnetz über das Schiffchen geschoben, wobei dauernd mit dem Brenner erhitzt wird. Sodann entfernt man die Rolle gänzlich, nicht jedoch den Brenner. Falls nach einer Minute Erhitzen mit voller Flamme noch Kohleteilchen im Schiffchen wahrzunehmen sind, wird es mit der Platinspitzenpinzette erfaßt und kurze Zeit unmittelbar in der rauschenden Flamme ausgeglüht. Das Auskühlen auf dem Kupferblock und Wägen erfolgt wie bei α.

Das Verfahren eignet sich wegen des zu Verlusten führenden Aufblähens mancher Substanzen nicht für jeden Fall. Aus diesem Grunde wurde von C. J. RODDEN[1] eine Mikromuffel angegeben, die statt der Drahtnetzrolle einen elektrischen Röhrenofen aufweist. Die dadurch zustande kommende gleichmäßige Erhitzung soll das unangenehme Spritzen der Substanzen verhindern.[2]

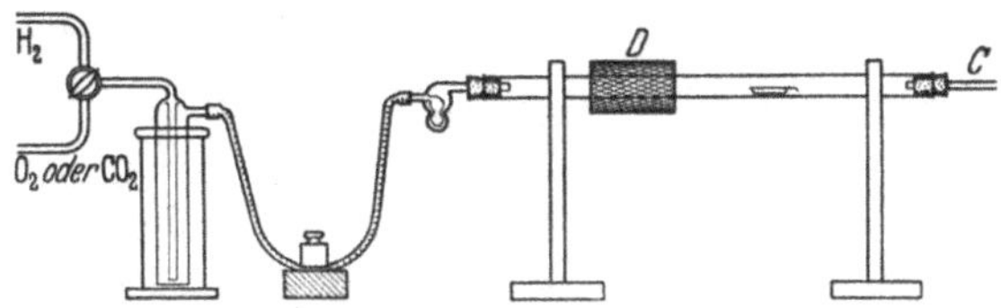

Abb. 21. Mikromuffel nach J. MEYER und K. HOEHNE. [Aus Mikrochemie **16**, 188 (1935).]

H. ALBER[3] entgeht der Möglichkeit von Substanzverlusten sehr zweckmäßig dadurch, daß er das Platinschiffchen im Innern des waagrechten Rohres in einen Zylinder aus Platinblech (0,04 mm Dicke) von 7,5 mm Durchmesser und 30 mm Länge stellt. An das eine Ende des Zylinders, der nur 0,5 g wiegt, ist ein Platindraht von 15 mm Länge und 0,1 mm Dicke angelötet, der 2 mm vor seinem Ende rechtwinkelig umgebogen ist und so einen Haken bildet, der dazu dient, den Zylinder in der richtigen Lage in das Rohr zu schieben. Der Platinzylinder wird vor und nach der Veraschung zusammen mit dem Platinschiffchen gegen ein gleichartiges zweiteiliges Gegengewicht gewogen. Das Verfahren hat den Vorteil, daß die benötigte Schwefelsäure zur Gänze auf einmal zugegeben werden kann und das Erhitzen etwas weniger vorsichtig ausgeführt werden muß, da verspritzte Substanz von dem Platinzylinder zurückgehalten wird.

Von J. MEYER und K. HOEHNE[4] wurde für die mikroanalytische Metallbestimmung in Komplexsalzen eine ähnliche Mikromuffel konstruiert (Abb. 21). Bei dieser fehlt das rechtwinkelig gebogene Rohr, da die Gase unmittelbar aus Bomben oder KIPPschen Apparaten entnommen werden und somit das Erzeugen der Strömung durch Erwärmung überflüssig ist. Das Supremaxrohr[5] besitzt einen Durchmesser von 1 cm, ist

---

[1] C. J. RODDEN: Mikrochem. **18**, 97 (1935).
[2] Vgl. auch H. J. COOMBS: Biochemic. J. **21**, 404 (1927).
[3] H. K. ALBER: Mikrochem. **18**, 95 (1935).
[4] J. MEYER und K. HOEHNE: Mikrochem. **16**, 187 (1935).
[5] Dieses ruht auf einem Eisengestell.

30 cm lang und auf der einen Seite durch ein Kapillarrohr *C* verschlossen, das beim Hindurchleiten von Wasserstoff die Bildung von Knallgas infolge des Eintrittes von Luft verhindern soll. Die Kupferdrahtnetzrolle *D* ist 6 cm lang. Die Gase passieren zur Einstellung gleichmäßiger Geschwindigkeit erst eine (in der Abbildung nicht dargestellte) MARIOTTEsche Flasche (vgl. S. 246, 262),[1] hierauf einen (ganz links gezeichneten) Druckregler,[2] der über einen Präzisionsquetschhahn[3] mit dem mit konz. Schwefelsäure beschickten Blasenzähler in Verbindung steht. Man läßt während der Bestimmung, deren Einzelheiten im analytisch-methodischen Teil bei den verschiedenen in dieser Art bestimmten Metallen beschrieben sind, abwechselnd Sauerstoff und Wasserstoff bzw. Kohlendioxyd durch die Apparatur streichen und glüht die im Schiffchen befindliche Substanz im Gasstrom.

b) Anorganische Substanzen.

Rückstandsbestimmungen haben in der anorganischen Mikrogewichtsanalyse, seitdem zahlreiche Fällungsmethoden für viele Elemente und Verbindungen zur Verfügung stehen, einigermaßen an Bedeutung eingebüßt, weil sie zu ungünstigen Wägungsformen, nämlich Metallen oder Metalloxyden, bestenfalls Sulfaten, führen. Bei ganz geringen Substanzmengen, etwa einigen Zehntelmilligramm, wird man sich ihrer allerdings auch heute noch bedienen, da infolge des Fortfallens komplizierterer Behandlung eigentlich nur die Wägefehler als Bestimmungsfehler in Betracht kommen, sofern durch sachgemäßes Vorgehen Substanzverluste durch Verspritzen oder Verstäuben vermieden werden. Rückstandsbestimmungen von anorganischen Stoffen sind im allgemeinen einfacher ausführbar als mit organischem Material, weil das Veraschen fortfällt, das leicht zu den bezeichneten Verlusten führen kann. Besonders eignet sich für Bestimmungen dieser Art neben Mikrotiegeln das Fällungsschälchen nach J. DONAU (S. 118). In einigen wenigen Fällen sind Rückstandsbestimmungen bisher noch durch keine anderen Verfahren ersetzbar, wie z. B. bei der Summenbestimmung der Alkalien (S. 234f.) oder bei der Berylliumbestimmung als Sulfat (S. 207). Auch die Bestimmung gewisser Metalle in anorganischen Komplexsalzen unterscheidet sich grundsätzlich nicht von der im vorangehenden geschilderten Bestimmung dieser Metalle in Komplexverbindungen mit organischen Bestandteilen.

Es soll auch nicht bestritten werden, daß derartige Rückstandsbestimmungen für den mikroanalytischen Anfänger von großem didaktischem Wert sind. Der erfahrenere Mikroanalytiker wird jedoch meist Bestimmungsmethoden bevorzugen, bei denen Fällungen und Filtrationen von Niederschlägen vorgenommen werden.

---

[1] F. PREGL-H. ROTH: Mikroanalyse. S. 38, 55.
[2] F. PREGL-H. ROTH: a. a. O., S. 23, 58.
[3] F. PREGL-H. ROTH: a. a. O., S. 25.

2. Fällen und Fällungsgeräte.

a) Fällungsgefäße.

α) Methodik nach F. Emich.

Die Fällungsgefäße können aus dem schwer schmelzbaren Jenaer Geräteglas,[1] Berliner Porzellan oder Geräteplatin (Platinlegierung mit 5% Iridiumzusatz) bestehen. Quarzgefäße haben sich wegen ihrer unzulänglichen Gewichtskonstanz nicht bewährt.[2]

Die Mikrobecher sind kleine Bechergläser von hoher Form und einem Rauminhalt von 2 bis 25 ccm (Abb. 22 a). Die kleinsten (2 ccm) besitzen einen Durchmesser von 12 mm und eine Höhe von 22 mm, während die größten einen Durchmesser von 28 mm und eine Höhe von 46 mm aufweisen. Sie sollen mit einem oder zwei Schnäbeln versehen sein, die dem Filterstäbchen (S. 74 ff.) Stütze gewähren. Man kann sich auch aus Glasröhren (Jenaer Geräteglas) durch Zuschmelzen auf einer Seite und Rundschmelzen des oberen Randes kleine Becher selbst anfertigen.

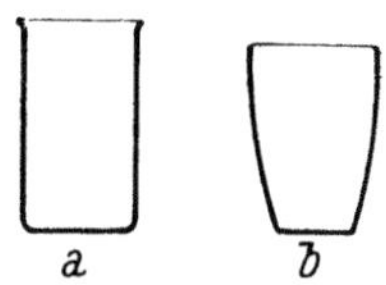

Abb. 22. Mikrobecher (*a*); Mikroporzellantiegel (*b*).

Die Berliner Porzellantiegel (Abb. 22 b) besitzen gleichfalls die hohe Form und haben ein Volumen von 1 ccm („C 5/0") bis 25 ccm („C 1"). Falls sie gewogen werden sollen, muß auch die Unterseite der Bodenfläche glasiert sein. Derartige Tiegel werden von der Berliner Porzellanmanufaktur auf Wunsch geliefert. Zum Glühen bei Temperaturen über 500 bis 600° sind sie allerdings nicht benutzbar, da sonst die Gefahr besteht, daß die glasierte Bodenfläche an der Unterlage anklebt. Für Glühtemperaturen über 800 bis 900° sind Porzellantiegel wegen der in diesem Fall schwer erreichbaren Gewichtskonstanz überhaupt wenig empfehlenswert. Ferner muß, wie erwähnt, bei den Temperaturen von 800 bis 900° auf den Vorteil der auch außen glasierten Bodenfläche verzichtet werden, so daß auf die Reinhaltung der rauhen Bodenfläche um so größere Sorgfalt zu verwenden ist. Bei richtiger Behandlung läßt sich jedoch ausreichende Gewichtskonstanz erreichen, wenn die genannte Höchsttemperatur nicht überschritten wird und die Tiegel schon einige Zeit in Verwendung stehen und braungebrannt sind.

Die Platintiegel von ähnlicher Form wie die Porzellantiegel werden für Fällungen, Eindampfen, Wiederauflösen sowie Glühen von Niederschlägen nach vorangegangener Filtration zweckmäßig in folgenden zwei Größen verwendet: 1. Unterer Durchmesser 17 mm, oberer Durchmesser 28 mm, Höhe 40 mm, Fassungsraum 20 ccm. 2. Unterer Durchmesser 15 mm, oberer Durchmesser 25 mm, Höhe 30 mm, Fassungsraum 12 ccm. Die Firma W. C. Heraeus in Hanau liefert sie auf Bestellung in dünnwandiger Ausführung, so daß selbst die größere der angeführten Typen nur 10 bis 11 g schwer ist. Im Wiener Analytischen Universitäts-

[1] Dieses hat sich als besonders widerstandsfähig erwiesen.

[2] F. Emich: Lehrbuch. S. 86 (Fußnote 153); Praktikum. S. 64.

laboratorium stehen derartige Tiegel seit fast zehn Jahren in dauernder Benutzung und haben sich ganz vorzüglich bewährt, obwohl viele Pyrosulfataufschlüsse in ihnen ausgeführt worden sind. Die dadurch im Laufe der Zeit eingetretene Gewichtsverminderung spielt nur eine geringe Rolle.[1] Voraussetzung der Eignung solcher Platintiegel für die Mikroanalyse ist selbstverständlich ihre Anfertigung aus erstklassigem Material (siehe oben), das unter anderem eisenfrei sein muß. Die Erzeugnisse der genannten Firma entsprachen diesen Bedingungen stets zur vollsten Zufriedenheit. Sie zeigen auch nach halbstündigem (und sogar längerem) Glühen bei 950 bis 980° keine merkliche Gewichtsabnahme. Hingegen sind Glühtemperaturen von 1100° bei zur Wägung bestimmten Platingeräten zu vermeiden, da sonst Gewichtsverluste unvermeidlich werden. Anderseits wird der Platinheizdraht des Elektrotiegelofens bei derart hoher Glühhitze allmählich zerstäubt, was insbesondere bei Porzellantiegeln zu Gewichtszunahmen führen kann. Wie jedoch bemerkt, ist derartig hohes Erhitzen grundsätzlich zu unterlassen. Der Elektrotiegelofen muß durch einen Widerstand regulierbar sein, der womöglich so gewickelt sein soll, daß die Temperaturänderungen zwischen 250 und 1000° linear proportional dem Abstand des Schiebers von der Nullstellung sind.

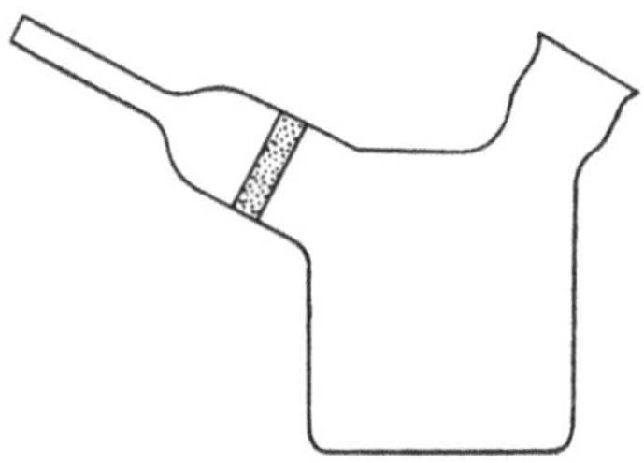

Abb. 23. Jenaer Mikrofilterbecher

Becher und Tiegel, die nicht in augenblicklicher Verwendung stehen, werden unter einer Glasglocke auf einer Glas- oder Porzellanunterlage bzw. in einem Handexsiccator aufbewahrt.

Im allgemeinen ist zu sagen, daß Porzellangeräte gegen chemische Agenzien widerstandsfähiger als Glasgefäße sind. Bei den in Wien ausgeführten Mineralanalysen wurden deshalb fast ausschließlich Platin- und Porzellangeräte angewendet, ausgenommen die anschließend besprochenen Filterbecher. Fällungen in stärker alkalischem Medium sind, wo nur irgend angängig, in Platintiegeln vorzunehmen.

Ein außerordentlich zweckmäßiges Fällungs- sowie Filtrationsgerät stellt der sog. Jenaer *Mikrofilterbecher* (Abb. 23) nach F. Emich und E. Schwarz-Bergkampf[2] dar, der aus dem Fällungs- und Filtergefäß nach E. Gartner[3] hervorgegangen ist. Er ist aus Jenaer Geräteglas angefertigt und besteht aus einem zylindrischen, oben geschlossenen Fällungsgefäß, das seitlich einen offenen „Einfüllstutzen" und einen „Filtrierstutzen" besitzt, in den eine Glasfilterplatte eingeschmolzen

[1] Es braucht wohl nicht betont zu werden, daß Differenzwägungen von Platingefäßen nach Aufschlüssen mit schmelzenden Alkalien oder Alkalipyrosulfat zwecklos sind. Solche Aufschlüsse dienen lediglich dazu, eine Substanz in lösliche Form überzuführen oder den Tiegel zu reinigen.

[2] E. Schwarz-Bergkampf: Z. analyt. Chem. **69**, 336 (1926). Der Filterbecher wird von der Firma Schott und Gen., Jena, erzeugt.

[3] E. Gartner: Mh. Chem. **41**, 480 (1920).

ist.[1] Oberhalb der Filterplatte verengt sich das Rohr zu einer dickwandigen Kapillare, deren äußerer Durchmesser 3,5 und deren innerer 2 mm beträgt. Der Durchmesser des Bechers beträgt 23 bis 24 mm, die Höhe 25 mm, der Durchmesser der Filterplatte 10 mm. Das durchschnittliche Innenvolumen der Filterbecher ist rund 10 ccm, doch kann es für die Fällungen nicht voll ausgenutzt werden. Man darf ein Fällungsendvolumen von 6 bis 7 ccm nicht überschreiten. Auf besondere Bestellung sind allerdings bei der Herstellerfirma auch größere Filterbecher erhältlich. Die Filterbecher normaler Größe haben ein Gewicht von 6 bis 7 g. Sie sind im Gebrauch beinahe unverwüstlich, gegen heiße verdünnte Säuren und kalten Ammoniak sehr gewichtsbeständig, bei Trockenschranktemperaturen sehr leicht zur Gewichtskonstanz zu bringen und stellen eines der vollkommensten mikroanalytischen Arbeitsgeräte dar. Das Prinzip ihrer Verwendung ist denkbar einfach: Der Filterbecher wird gewogen, worauf man die Probelösung einbringt und die Fällung des Niederschlages vornimmt. Nach dem Absetzen der Fällung wird der Filterbecher um 90° in seiner Lage verstellt und die Lösung durch die Filterplatte abgesaugt. Der Niederschlag bleibt auf der Filterplatte und an den Becherwänden verteilt zurück, worauf der Filterbecher bei der vorgeschriebenen Temperatur getrocknet und gewogen wird. Die Einzelheiten der hier nur kurz skizzierten Arbeitsweise sind im nächsten Abschnitt (Filtration und Filtergeräte) besprochen. Es sei noch darauf hingewiesen, daß die Filterbecher auch in einer Ausführung mit waagrecht angesetztem Filtrierstutzen erzeugt werden. Da bei dieser Type das ausnutzbare Fällungsvolumen vor allem wegen der Gefahr, beim Umschwenken die Lösung noch *vor* der quantitativen Fällung des Niederschlages mit der Filterplatte[2] in Berührung zu bringen, geringer als bei der anderen Ausführungsart ist, sollte hauptsächlich die erstbeschriebene in Verwendung kommen.

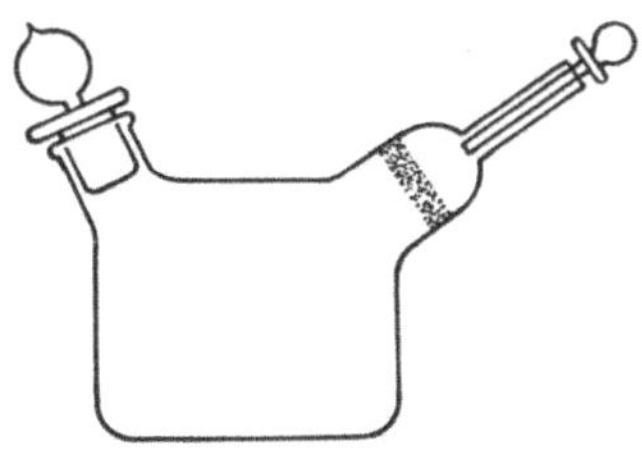

Abb. 24. Jenaer Mikrofilterbecher mit Glasverschlüssen für Einwaage von Flüssigkeiten.

Wenn es sich um die Gehaltsbestimmung einer Lösung handelt, so läßt sich der sog. Pipettenfehler vermeiden, indem man die Probelösung einwägt, statt sie einzupipettieren. Man muß in diesem Fall selbstverständlich ihr spezifisches Gewicht bestimmen. Zur Vermeidung der Verdunstung während des Wägens wird der Filterbecher mit Glasverschlüssen[3] versehen, wie sie aus Abb. 24 ersichtlich sind, die jedoch nicht strenge passen dürfen, sondern noch ganz leicht beweglich sein müssen. Man wägt den gewichtskonstant getrockneten Filterbecher ohne Ver-

[1] Katalogbezeichnung: 100 G 4.

[2] Dies würde zur Folge haben, daß die in die Filterplatte eingesaugte gelöste Substanz teilweise der Fällung entginge, da Teilchen des in der Platte gebildeten Niederschlages beim späteren Absaugen aus dem Filterbecher herausgeschwemmt würden.

[3] R. Dworzak und W. Reich-Rohrwig: Z. analyt. Chem. **86**, 108 (1931).

schlüsse auf der Mikrowaage[1] und beschickt ihn hierauf mit einigen Tropfen destillierten Wassers, um den Luftraum mit Wasserdampf zu sättigen. Nach einigen Minuten wägt man den nunmehr mit den Verschlüssen[2] versehenen Filterbecher auf der gewöhnlichen Analysenwaage (gegen Metallgewichte), entfernt den Verschluß des Einfüllstutzens, bringt die Probelösung ein, ohne den Rand des Stutzens zu benetzen, verschließt den Filterbecher und wägt ihn wiederum. Da es sich hier um eine schnell ausführbare Differenzwägung mit einer Genauigkeit von nur 0,1 mg handelt, kann von der Verwendung eines gleichartigen Taragefäßes (S. 17) abgesehen werden. Aus dem durch die Wägungen ermittelten Gewicht und der Dichte der Lösung ist auf einfache Weise ihr Volumen berechenbar. Bei Lösungen, die durch exaktes Verdünnen einer „Makrolösung" hergestellt worden sind (S. 34), unterscheidet sich das spezifische Gewicht von dem des Wassers nur wenig.

β) Methodik nach F. Pregl.

Bei diesem Verfahren wird die Fällung des Niederschlages in Fällungsreagensgläsern („Fällungsröhrchen") aus Jenaer Geräteglas von 10 bis 15 ccm Volumen vorgenommen. Die Filtration ist auf S. 94 bzw. 97 beschrieben.

b) Fällen.

Der Zusatz der Reagenzien erfolgt aus Mikropipetten (S. 73, Abb. 28). Man kann sich diese auch leicht durch Ausziehen einer Kapillare aus Jenaer Geräteglas anfertigen und so eine sehr geringe Tropfengröße erzielen. Die Fällungsreagenzien werden in der Regel[3] tropfenweise unter ausreichendem Umschwenken bzw. mäßiger, kreisender Bewegung des Fällungsgefäßes zugesetzt. Von der Verwendung von Mikrorührern sieht man — von Sonderfällen abgesehen — besser ab, da sie das Arbeiten nicht unwesentlich erschweren und entweder mitgewogen oder nach der Fällung abgespritzt werden müssen, was bei dünnen Glas- oder Platinfäden nicht ganz leicht mit nur wenig Spülflüssigkeit ausführbar ist.

Für das Arbeiten nach der Preglschen Methodik, bei der ein Fällungs- und ein Filterröhrchen verwendet werden, hat J. Pollak[4] eine bequeme Art der Durchmischung durch Einleiten von Luft angegeben, wozu das Heberrohr (S. 92, Abb. 43) benutzt wird. Die Luft wird dabei

---

[1] Dies ist deshalb erforderlich, weil der Filterbecher später — nach Beendigung der Filtration und Trocknung des Niederschlages — selbstverständlich wieder (ohne Verschlüsse) auf der Mikrowaage gewogen werden muß.

[2] Diese kann man in einfacher Weise aus Glasstäbchen selbst herstellen. Nach R. Dworzak und H. Ballczo: Mikrochem. **26**, 333 (1939), haben sich ähnliche Verschlüsse, die mit einem leicht abwischbaren Griff versehen waren, auch dann gut bewährt, wenn es sich um die Wägung getrockneter, jedoch leicht hygroskopischer Niederschläge in Filterbechern handelte. Die Wasseraufnahme dieser Niederschläge wurde ganz erheblich verzögert, so daß eine normale Wägung auf der Mikrowaage möglich war.

[3] Wenn nicht Zusatz in einem Guß vorgeschrieben ist.

[4] J. Pollak: Mikrochem. **2**, 189 (1924).

durch Watte filtriert und so von Staub befreit. Bei Halogenfällungen muß sie auch noch eine Füllung von mit Silbernitrat imprägnierter Asbestwolle passieren.

Wenn die Fällungen in der Wärme ausgeführt werden müssen, wird das Fällungsgefäß entweder in einem Wasserbadaufsatz (S. 108, Abb. 58) oder auf dem „Mikrowasserbad" nach W. REICH-ROHRWIG[1] (S. 109, Abb. 59) oder in einem Aluminiumblock (Abb. 25) mit entsprechenden Bohrungen für Mikrobecher, Tiegel, Filterbecher oder Fällungsröhrchen erwärmt. Der Aluminiumblock kann auf einem Stativ der PREGLschen Apparatur für die Mikroelektrolyse (S. 130, Abb. 69) der Höhe nach verschiebbar befestigt und mit einem Mikrobrenner geheizt werden. Ein schräg eingesetztes Thermometer dient zur Ablesung der Temperatur, die sich auf 1 bis 2° genau einstellen läßt. Der Aluminiumblock eignet sich auch vorzüglich dazu, Flüssigkeiten in Bechern usw. vor der Fällung zum gelinden Sieden zu bringen, ohne daß es zu Verlusten durch Spritzen kommt, da die Erhitzung gleichmäßig nicht nur vom Boden, sondern auch von den Seiten her erfolgt.

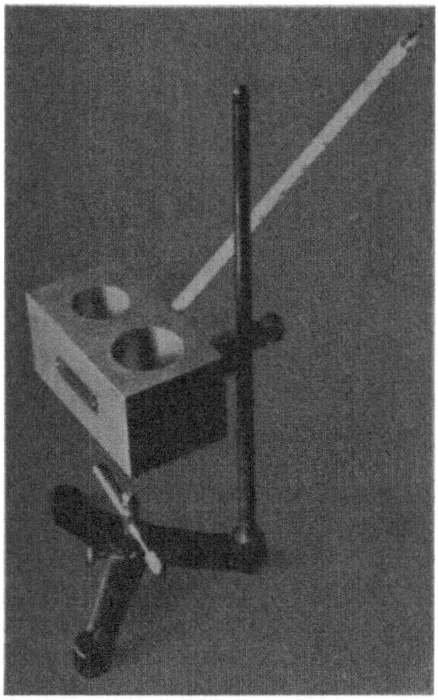

Abb. 25. Aluminiumblock zum Erhitzen der Fällungsgefäße.

Sind mehrere Fällungsröhrchen gleichzeitig zu erwärmen, so eignet sich dazu gut ein von J. POLLAK[2] angegebener Wasserbadeinsatz, der in ein Becherglas mit heißem Wasser eingehängt wird und sechs Fällungsröhrchen gleichzeitig aufnehmen kann.

c) Rühren.

Abb. 26 zeigt eine Rührvorrichtung,[3] die auch in solchen Fällen verwendbar ist, in denen gleichzeitig Kühlung bzw. Erwärmung erfolgen soll. Der Apparat besteht aus zwei Teilen, dem äußeren Mantel *M* und dem inneren tulpenförmigen Teil *T* mit angesetztem Flügelrad *R*. Im unteren Drittel des Mantels *M* mündet schräg in den Turbinenraum das Wasserzuleitungsrohr in Form einer verlängerten Düse. Es ist so gebaut, daß der austretende Wasserstrahl gerade das Turbinenrad *R* trifft. Das Wasser, das auf diese Weise den tulpenförmigen Teil *T*, in den der Tiegel

[1] W. REICH-ROHRWIG: Mikrochem. **12**, 189 (1933).

[2] J. POLLAK: a. a. O., 191.

[3] H. BALLCZO: Mikrochem. **26**, 248 (1939). — Herstellerfirma: P. Haack, Wien.

eingesetzt wird, in drehende Bewegung bringt, erfährt in dem geräumigen Mantel eine Verringerung seiner Geschwindigkeit und tritt endlich aus dem oberen Teil des Mantels aus der halsförmigen Verengung durch ein weites Heberrohr aus. An dessen höchstgelegener Stelle ist ein Loch angebracht, um das Niveau des Wassers auf dieser Höhe konstant zu halten. Am Grunde des Mantels befindet sich das Lager der Turbinenachse in Form einer kleinen ausgezogenen Vertiefung. Oberhalb des Flügelrades erweitert sich der innere Teil *T* blumenkelchartig und gewährt durch seitliche Löcher dem Wasser Zutritt in sein Inneres und somit auch zur Außenseite des Tiegels. Dieser wird mittels einer Gummimuffe *G* festgehalten. Die halsförmige Verengung des Mantels umschließt mit einem nur kleinen Spielraum den oberen Teil von *T*, so daß sich dieser eben noch leicht bewegen läßt. Das Wasser, das kapillar dazutritt, vermittelt eine gute Beweglichkeit des drehbaren Teiles *T* und vermindert so die Reibung. Das Heberrohr hat den Zweck, das Wasser höher steigen zu lassen und dadurch auch den Tiegel wirksamer zu kühlen.

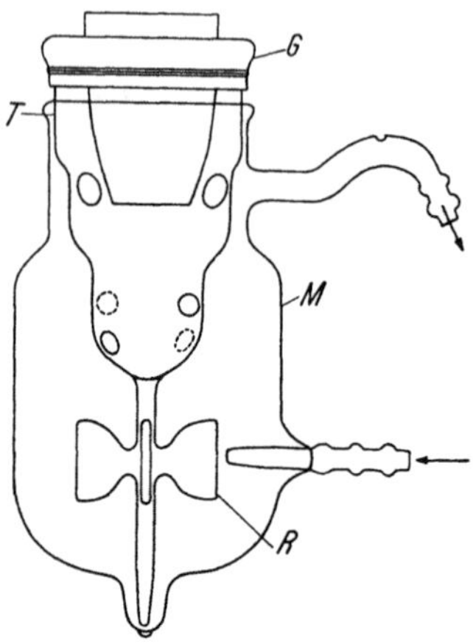

Abb. 26. Rührvorrichtung für Fällungen im Tiegel. [Aus Mikrochem. **26**, 248 (1939).]

Das einströmende Wasser treibt das Flügelrad und dreht infolgedessen den Tiegel. Bevor es wieder austritt, dringt es in das Innere von *T* ein und bewirkt auf diese Weise ausgiebige Kühlung des Tiegels. Ein mit einem Stativ fixierter dünner Glasstab, der in das Innere des rotierenden Tiegels reicht, rührt die Fällung durch.

T kann herausgehoben werden, was das Einsetzen des Tiegels erleichtert. Als Antriebsmittel können neben kaltem Wasser auch Preßluft oder Dampf dienen, wodurch es möglich wird, gegebenenfalls auch bei Dampfhitze zu rühren.

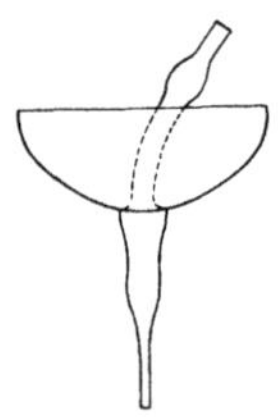

Abb. 27. Mikro-Gaseinleitungsrohr. [Aus Mikrochem. **12**, 288 (1933).]

d) Einleiten bzw. Überleiten von Gasen.

Abb. 27 zeigt ein halbkugelig gewölbtes Uhrglas[1] (aus Jenaer Geräteglas), durch dessen Mitte eine eingeschmolzene Kapillare führt, die an ihrem oberen Ende in eine Olive übergeht. Dieses „Mikro-Gaseinleitungsrohr" kann in verschiedenen Größen angefertigt werden und wird auf den die Flüssigkeit enthaltenden Mikrobecher oder Porzellantiegel aufgesetzt, in den das Gas (z. B. Schwefelwasserstoff) eingeleitet werden soll. Man kann das gewölbte Uhrglas auch mit kleinen Gewichten beschweren,

[1] F. Hecht und W. Reich-Rohrwig: Mikrochem. **12**, 288 (1933). — Erhältlich bei P. Haack, Wien.

doch ist dies entbehrlich. Die Länge der Kapillare muß so bemessen sein, daß sie etwa 0,5 cm über dem Boden des Bechers oder Tiegels endet.

Eine ähnliche Vorrichtung (S. 38, Abb. 14) mit etwas kürzerer Kapillare, deren untere Öffnung seitlich angebracht ist, dient zum Aufleiten von Gasen auf Flüssigkeiten. Mit ihrer Hilfe ist es z. B. möglich, carbonathaltige Lösungen durch Überleiten von Salzsäuregas verlustlos zu neutralisieren (vgl. S. 241, 258).

Das Einleiten von Schwefelwasserstoff in Filterbecher zum Zweck von Sulfidfällungen geschieht am besten mit Hilfe einer in den „Einfüllstutzen" eingeschliffenen Kapillare, die vor und nach der Bestimmung mitgewogen wird. Ein Beispiel dafür bietet die mikroanalytische Bestimmung des Antimons als Sb_2S_3 (S. 175, Abb. 85).

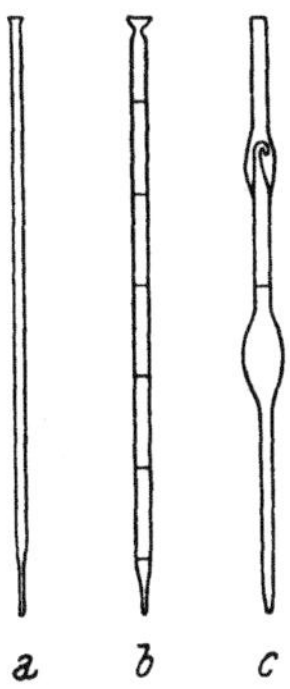

Abb. 28. Mikropipetten. [Abb. 28 c aus Mikrochem. 25, 242 (1938).]

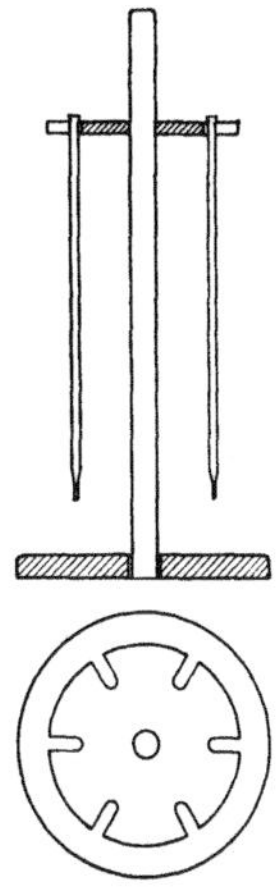

Abb. 29. Mikropipettenhalter. [Aus Mikrochem. 12, 291 (1933).]

e) Mikropipetten.

Die Reagenzien werden aus den Behältern mit Hilfe von Pipetten aus Jenaer Geräteglas entnommen, die man sich unter Umständen leicht durch Ausziehen einer Kapillare selbst anfertigen kann (Kapillarpipette: Abb. 28a). Sehr geeignet sind solche von 0,25 ccm und graduierte von 0,5 ccm Fassungsraum (Abb. 28b). Abb. 28c zeigt eine besonders brauchbare Form,[1] die die Verunreinigung der Reagenzien durch Speichel oder den Fingern anhaftendes Fett oder Schmutz verhindert.

Außer diesen einfachen Formen sind für besondere Zwecke viele Arten mehr oder minder komplizierter Mikropipetten konstruiert worden, deren Aufzählung und Beschreibung den Rahmen dieses Buches überschreiten würde.

In Abb. 29[2] ist ein gläserner Mikropipettenhalter in Auf- und Grundriß dargestellt.

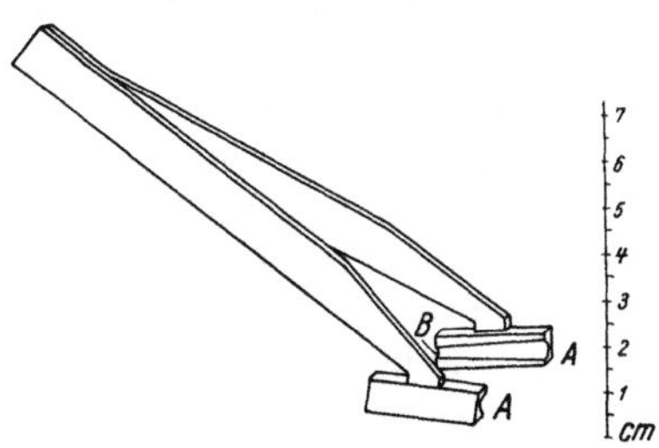

Abb. 30. Pinzette zum Anfassen von Filterstäbchen. [Aus Mikrochem. 18, 94 (1935).]

f) Pinzetten und Tiegelzangen.

Zum Anfassen der Mikrogeräte in gewogenem Zustand ist eine Pinzette aus rostfreiem Stahl mit angenieteten Platinspitzen (im folgenden stets als „Platinspitzenpinzette" bezeichnet) unentbehrlich. Auch eine Tiegelzange aus rostfreiem Stahl mit Platinschuhen ist für manche Zwecke gut brauchbar. Ferner muß eine gewöhnliche Tiegelzange, ebenfalls aus rost-

[1] P. KRUMHOLZ: Mikrochem. 25, 242 (1938). — Erhältlich bei P. Haack, Wien.

[2] F. HECHT und W. REICH-ROHRWIG: Mikrochem. 12, 291 (1933).

freiem Stahl, vorhanden sein, mit deren Hilfe Mikrogefäße in Chromschwefelsäure eingelegt bzw. aus dieser herausgenommen werden können. Zum Anfassen der unten (Abschnitt V, 3) besprochenen Filterstäbchen eignen sich besonders Pinzetten von der in Abb. 30 dargestellten Form[1] mit halbzylindrisch ausgehöhlten Schuhen, ähnlich wie sie in der Praxis der Atomgewichtsbestimmungen (O. HÖNIGSCHMID) seit langem in Gebrauch stehen.

3. Filtration, Filtergeräte, Auswaschen.

Die Filtration kann in der Mikroanalyse nach sechs verschiedenen Verfahren (einschließlich der Methode von J. DONAU) ausgeführt werden, denen auch sechs Typen von Filtergeräten entsprechen. Dementsprechend sollen die einzelnen Methoden getrennt besprochen werden.

a) Verfahren nach F. EMICH und seiner Schule.

α) Anwendung des Filterstäbchens (Methode der „umgekehrten Filtration").

Filterstäbchen.

Das Prinzip des Saug- oder Filterstäbchens ist die Filtration mit Hilfe einer von oben her in die Flüssigkeit eingetauchten kapillaren Röhre, deren unteres Ende durch eine Filterschicht gebildet wird („Tauchfilter"). Während diese letztere den Niederschlag im Fällungsgefäß zurückhält, wird die überstehende Lösung durch das Kapillarrohr in ein Auffanggefäß abgesaugt. Der größte Vorteil dieser Methode ist der, daß es sich völlig erübrigt, den Niederschlag aus dem Fällungsgefäß zu entfernen und quantitativ auf irgendein Filter zu bringen, da es keine Rolle spielt, wenn nicht der gesamte Niederschlag auf die Filterschicht gelangt, sondern ein Teil davon an den Wänden des Fällungsgefäßes haften bleibt. Das Filterstäbchen wird vor und nach der Bestimmung *stets zusammen mit dem Fällungsgefäß* gewogen. Man hat, ebenso wie bei den Rückstandsbestimmungen, auch für den Grundgedanken dieser Arbeitsweise die Bezeichnung „Methode der drei Wägungen" gebraucht. Unter diesen drei Wägungen werden verstanden: 1. die Leerwägung; 2. die Substanzeinwaage; 3. die Wägung der Bestimmungsform, die ohne Entfernen des Niederschlages aus dem ursprünglichen Fällungsgefäß unmittelbar in diesem ausgeführt wird. Die erwähnte Bezeichnung ist insofern nicht völlig wörtlich zu nehmen, als infolge der — bei exakter Arbeit unerläßlichen — Konstanzwägungen des Fällungsgefäßes ohne bzw. mit dem Niederschlag tatsächlich mehr als drei Wägungen erforderlich sind. In diesem Sinne verstanden gehören auch die Verfahren der Rückstandsbestimmung zu den „Methoden der drei Wägungen". Anderseits erfolgt bei der Analyse von Gemischen nur eine einzige Einwaage, während die Bestimmung der einzelnen Komponenten in Fällungsgefäßen vorgenommen wird, die nur vor und nach der Bestimmung zu wägen sind (also je zweimal, vermehrt um die Zahl der Konstanzwägungen).

---

[1] H. K. ALBER: Mikrochem. 18, 93 (1935).

Das Filterstäbchen besteht in seiner ursprünglichen Ausführungsform[1] aus einer Kapillare aus schwer schmelzbarem Jenaer Glas von 5 bis 9 cm Länge und 2 mm Außendurchmesser (Abb. 31a). Das untere Ende ist ausgebaucht. Diese Ausbauchung bildet den sog. „Kopf" des Stäbchens, der etwa 8 mm lang ist und einen größten Durchmesser von rund 6 mm besitzt. Die dem „Kopf" benachbarte Stelle der Kapillare wird durch Zusammenfallenlassen in der Flamme verengt. In die Verengungsstelle wird mittels eines Glasstabes ein Kügelchen zusammengeknüllter Platinfolie eingedrückt. Nun wird „chemisch reiner "Asbest, der sehr weiche lange Fasern besitzen muß und nicht spröde sein darf, ungeglüht in den Stäbchenkopf eingefüllt. Zu unterst kommt eine Schicht groben Asbests, auf die sodann fein zerzupfte Asbestfasern aufgebracht werden. Nun wird das Stäbchen mit einer Saugvorrichtung (siehe weiter unten) verbunden, worauf mehrmals bei stark aufgedrehter Pumpe destilliertes Wasser hindurchgesaugt wird. Sodann drückt man die Asbestschicht mit einem Glasstab leicht fest, saugt noch feinen, in wenig Wasser aufgeschlämmten Asbest auf die Schicht und wäscht neuerlich fünf- bis sechsmal mit Wasser. Die gesamte Dicke der Asbestschicht beträgt 2 bis 4 mm und wird der zu fällenden Niederschlagsmenge angepaßt. Vor der ersten Filtration eines Niederschlages wird das Stäbchen in einem Mikrobecher 5 Minuten lang im siedenden Wasserbad mit heißer Chromschwefelsäure erhitzt und hierauf mehrmals gründlich mit heißem Wasser durchgespült. Sodann folgt eine gleichartige Reinigung mit heißer Salpetersäure und heißem Wasser.

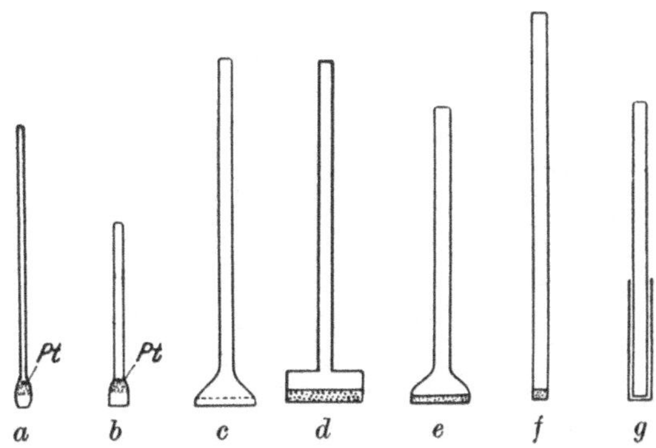

Abb. 31. Verschiedene Arten von Filterstäbchen. [Abb. 31 *a* und *b* aus F. Emich: Praktikum, S. 64; Abb. 31 *d* aus Österr. Chem.-Ztg. **40**, 243 (1937).]

Es ist leicht möglich, derartige Filterstäbchen aus Glas durch Ausziehen aus einem dickeren Glasrohr selbst herzustellen.[2] In den Anfängen der quantitativen Mikroanalyse wurden ausschließlich derartige asbestgefüllte, aus dem Glas von Jenaer Verbrennungsröhren angefertigte Stäbchen, aber auch solche aus Quarzglas[3] (Abb. 31b) verwendet. Sie erleiden auch beim Erhitzen auf Dunkelrotglut keine Deformation. Auf die Dauer konnten diese Stäbchen jedoch nicht befriedigen. Abgesehen von der nicht immer ganz leicht zu erzielenden Gewichtskonstanz, die auch von der Art des verwendeten Asbestes abhängt, besteht doch gelegentlich eine, wenn auch nicht sehr große, Gefahr von Asbestverlusten und die Anpassung der Dicke der Asbestschicht an den jeweils zu fällenden Niederschlag verlangt immerhin

[1] H. Häusler: Z. analyt. Chem. **64**, 362 (1924). — A. Benedetti-Pichler: Ebenda, 410.

[2] H. Häusler: a. a. O. — A. Benedetti-Pichler: a. a. O. — F. Emich: Praktikum. S. 63.

[3] H. Häusler: a. a. O., 363. — A. Benedetti-Pichler: a. a. O. — F. Emich: a. a. O., 64.

eine nicht unbeträchtliche Erfahrung. Ferner verstopft sich die Asbestschicht manchmal.[1] Aus all diesen Gründen erfand F. EMICH sehr bald Filterstäbchen aus Platin und, als die Filterplatten aus gesintertem Glas, Quarz und Porzellan bekannt wurden, auch Stäbchen aus diesen Materialien mit eingeschmolzener Filterplatte. Sie haben gegenwärtig die mit Asbest versehenen Filterstäbchen weitgehend verdrängt, so wie in der Makroanalyse der asbestgefüllte GOOCH-Tiegel durch den Glas- oder Porzellansintertiegel so gut wie vollkommen ersetzt worden ist.

Die Platinfilterstäbchen (Abb. 31c) bestehen aus Platin-Iridium-Legierung und haben eine Länge von insgesamt 5,5 cm. Der Außendurchmesser des Stieles ist 2 mm, der Durchmesser der Filterplatte, die aus einer festgepreßten Schicht von feinverteiltem Platin-Iridium (nach NEUBAUER) besteht, beträgt 10 mm. Der hohle, kegelförmige Kopf des Stäbchens geht unterhalb der Filterplatte in einen ringförmigen, 1 mm hohen Rand über. Die Stäbchen sind etwa 3,5 g schwer und können ohne Schaden jahrelang benutzt werden. Lediglich nach Ausführung vieler Aufschlüsse mit Pyrosulfat oder Soda kommt es vor, daß sich in der Filterfläche mit der Zeit Risse zeigen oder daß sie sich von dem erhöhten Rand abtrennt, so daß Undichtigkeiten entstehen. Das Stäbchen muß stets in der Schmelze langsam erkalten gelassen werden, damit die Zusammenziehung nicht zu rasch erfolgt. Schnelles Abkühlen ist unter allen Umständen zu unterlassen. Die Herstellerfirma W. C. Heraeus in Hanau erzeugt auf Bestellung auch kleinere Platinfilterstäbchen von 3,5 cm Länge und nur 1,5 g Gewicht. Zum Filtrieren mittels der Platinstäbchen genügt schon ein ganz geringer mit der Pumpe erzeugter Unterdruck, worauf besonders bei der Filtration feiner Niederschläge (z. B. Bariumsulfat) zu achten ist.

Ähnlich gebaute Porzellanfilterstäbchen (Abb. 31d) mit Filterplatte aus poröser Tonmasse werden von der staatlichen Porzellanmanufaktur in Berlin hergestellt.[2] Sie filtrieren sehr rasch, sind für jede Art von Niederschlag undurchlässig und sehr widerstandsfähig gegen verdünnte Säuren und auch gegen ziemlich konzentrierte Salz- und Salpetersäure. Verdünnter Ammoniak führt gleichfalls zu keinen wesentlichen Gewichtsverlusten. Hingegen werden die Stäbchen durch heiße konz. Schwefelsäure stark angegriffen. Auch kalte Chromschwefelsäure bedingt Gewichtsabnahmen. Das Gewicht der Stäbchen beträgt durchschnittlich 1,5 g. Bei Trockenschranktemperatur weisen sie sehr gute Gewichtskonstanz auf, für Glühhitze werden jedoch weit besser Platinstäbchen verwendet.

Von dem Glaswerk Schott und Gen. in Jena werden Quarzfilterstäbchen mit einer Filterplatte aus gesintertem Quarz hergestellt[3] (Abb. 31e). Ihre Filtrationsgeschwindigkeit ist geringer als die der Por-

[1] A. BENEDETTI-PICHLER: a. a. O., 419.

[2] Bezüglich der Überprüfung ihrer Brauchbarkeit vgl. E. SCHWARZ-BERGKAMPF: Z. analyt. Chem. 69, 327 (1926).

[3] Katalognummer 91 B 4 (91 bezeichnet Form und Größe des Gerätes; B = Bergkristall; 4 kennzeichnet die Korngröße der Filterplatte).

zellanstäbchen, auch eignen sie sich nicht sehr für die Filtration schleimiger Niederschläge.[1] Der Durchmesser der Filterplatte beträgt 9 mm, die Länge des Stäbchens 56 mm, das Gewicht 1 bis 2 g. Wegen der Gewichtsabnahme bei hohen Glühtemperaturen und der auch sonst weniger guten Gewichtskonstanz sind diese Stäbchen nicht sosehr für Bestimmungen von Niederschlägen als vielmehr zur Filtration solcher Fällungen verwendbar, die wieder aufgelöst werden.

Dieselbe Firma erzeugt auch ebenso gebaute Glasfilterstäbchen (Abb. 31 e) mit zwei verschiedenen Porengrößen der Filterplatte.[2] Die Gestalt und Größe ist die gleiche wie die der Quarzfilterstäbchen. Das Gewicht beträgt 2 bis 3 g. Selbstverständlich dürfen die Glasfilterstäbchen nicht geglüht werden, da sonst die Filterplatte verdorben wird. Die Gewichtskonstanz der Stäbchen nach der Trocknung bei Trockenschranktemperatur ist gut. Warme oder konzentrierte alkalisch reagierende Lösungen dürfen selbstverständlich nicht durch die Glasstäbchen gesaugt werden.

In letzter Zeit ist ein neues Filterstäbchen (Abb. 31 f) in den Handel[3] gekommen, das wegen der nur 3 mm im Durchmesser betragenden Filterplatte sich besonders für ganz kleine Mikrobecher eignet. Es wird mit sehr langem Kapillarrohr geliefert, das man in der gewünschten Länge abschneiden kann. Dementsprechend fällt auch das Gewicht des Stäbchens unter Umständen sehr gering aus. Die Porengröße der Sinterschicht „3" paßt für mittelfeine Niederschläge. Da beim Einschmelzen der kleinen Filterplatte leicht ein Anschmelzen des Randes erfolgen kann, filtrieren manche dieser Filterstäbchen nur recht langsam. Man wird daher solche mit größerer Filtrationsgeschwindigkeit auswählen.

Im allgemeinen läßt sich sagen, daß man, von Ausnahmefällen abgesehen (vgl. das Folgende), mit Platin- und Porzellanfilterstäbchen recht wohl das Auslangen findet, doch sind auch Glasfilterstäbchen in manchen Fällen empfehlenswert.

Zum Schluß seien noch zwei Filterstäbchen aus Jenaer Geräteglas beschrieben, bei denen die Filtration mit Hilfe von aschearmen Papierfiltern erfolgt. Das eine[4] wird wie das asbestgefüllte Stäbchen (S. 75, Abb. 31 a) durch Ausziehen aus einem dickeren Glasrohr hergestellt. Die nicht verengte Öffnung hat einen Durchmesser von nur 2 mm. Auf diese folgt die durch Zusammenfallen des Glases in der Flamme hergestellte Verengung. Aus einem weichen, aschefreien Filtrierpapierstreifen von 3 mm Breite und 10 bis 20 mm Länge stellt man mit frisch gewaschenen Fingern ein Röllchen her, das man in den „Kopf" des Filterstäbchens einsetzt und dann anfeuchtet. Das Röllchen muß

---

[1] E. SCHWARZ-BERGKAMPF: a. a. O., 334.

[2] Katalognummer 91 G 3 (für gröbere Niederschläge) und 91 G 4 (für feinere Niederschläge) (91 = Form; G = Geräteglas; 3 bzw. 4 = Korngröße der Filterschicht [Kennziffer]).

[3] Wird ebenfalls von Schott u. Gen., Jena, erzeugt.

[4] E. SCHWARZ-BERGKAMPF: Mikrochem., EMICH-Festschrift, 270 (1930).

ganz dicht zusammengerollt sein und sich gerade noch in die Öffnung des Filterstäbchens einsetzen lassen. Die Herstellung des Filters erfordert einige Erfahrung, wenn einerseits das Filtrieren nicht zu langsam erfolgen, anderseits der Niederschlag nicht durchlaufen soll. Nach dem Filtrieren des Niederschlages und Abspülen des Stäbchens wird das Röllchen mit Hilfe eines kleinen Stückchens Filtrierpapier aus dem Stäbchen herausgenommen, der Rand des Stäbchens abgewischt, das gesamte Filtrierpapier in den vorher gewogenen Tiegel gebracht und in diesem nach dem Trocknen verascht. Die Verwendung dieser Art Filterstäbchen ist auf diejenigen Fälle beschränkt, in denen ein Niederschlag bei der Bestimmung geglüht werden muß.

Eine zweite Ausführungsart des Glasfilterstäbchens mit Papierfilter ist die folgende:[1] Abb. 31g zeigt ein Stäbchen von 2 mm Innendurchmesser aus Jenaer Geräteglas, über dessen leerbleibenden „Kopf" eine zylindrische Hülse aus aschearmem Filtrierpapier[2] gestülpt wird. Diese ist nach dem Filtrieren und Auswaschen des Niederschlages vom Stäbchen mit Hilfe der Platinspitzenpinzette und eines kleinen Stückchens aschefreien Filtrierpapiers abzustreifen und zu veraschen. Das Stäbchen darf während des Filtrierens nur so tief in die Flüssigkeit eingetaucht werden, daß diese nicht den oberen Rand der Hülse erreicht. Dieser muß sich vielmehr mindestens 0,5 cm oberhalb des Flüssigkeitsniveaus befinden. Leider sind bisher im Handel noch keine Hülsen von zufriedenstellender Qualität erhältlich, die einen sehr geringen und ausreichend konstanten Aschengehalt besitzen. Es ist zu hoffen, daß weitere Versuche zum Erfolg führen werden. Man kann sich jedoch sehr leicht und schnell selbst einen Ersatz für derartige Hülsen herstellen, indem man aus einem Blaubandfilter (9 cm Durchmesser) ein kreisrundes Filter von 4,5 cm Durchmesser ausschneidet, dieses mit frisch gewaschenen Fingern nach Art eines Faltenfilters zusammen- und um das eine Ende der Glaskapillare herumlegt, fest anpreßt und schließlich noch mit einem schnurartig zusammengedrehten Streifen Filtrierpapier (Blauband)[3] am oberen Rand zusammenbindet. Die freistehenden Enden dieser „Papierschnur" und der obere Rand des Faltenfilters werden abgeschnitten. Der durchschnittliche Aschengehalt solcher Filter beträgt etwa 25 γ und ist innerhalb der Wägegenauigkeit völlig konstant. Er ist selbstverständlich von dem Gewicht des geglühten Niederschlages in Abzug zu bringen. Die Verwendung des beschriebenen Filters empfiehlt sich dann, wenn ein Niederschlag geglüht werden muß, dessen chemische Entfernung von der Filterplatte eines Platinstäbchens dieses schädigen würde (vgl. S. 179f.). Eine gewaltsame mechanische Entfernung von in feiner Schicht auf die Platinfilter-

[1] M. v. MACK und F. HECHT: Mikrochim. Acta (Wien) **2**, 228f. (1937).

[2] In der Gestalt ähnlich den bekannten Extraktionshülsen für SOXLETH-Apparate, jedoch weitaus kleiner.

[3] Dieser im ausgebreiteten Zustand 1 cm breite und 7 cm lange Streifen wird aus demselben 9-cm-Filter zurechtgeschnitten, aus dem das kreisförmige Filter gewonnen wurde.

platte aufgebrannten Niederschlägen ist unter allen Umständen zu unterlassen. Abspritzen mit einem scharfen Wasserstrahl führt auch nicht immer mit Sicherheit zum Ziel.

Zu erwähnen ist noch das Mikrofilter nach E. J. KING,[1] das aus einer Glaskapillare besteht, die mit Filtrierpapier leicht abgeschlossen und mit Filterfasern überdeckt wird. Das Ganze paßt in ein äußeres Glasrohr, durch das es zusammengehalten wird. Nach beendeter Filtration läßt man das Papier im Tiegel und wischt das Glas mit einem kleinen Stück aschefreien Filtrierpapieres aus, das dann ebenfalls in den Tiegel gelegt wird. Zum Schluß verascht man Niederschlag und Filter im Tiegel.

Absaugvorrichtungen.

Abb. 32 zeigt eine Absaugvorrichtung,[2] wie sie mit Vorteil beim Filtrieren mit Hilfe von Filterstäbchen oder Filterbechern (siehe später) Anwendung findet. Sie besteht aus einem unteren Teil, der die Gestalt eines dickwandigen, schnabellosen Becherglases von 9 cm Höhe und 5,5 cm Innendurchmesser hat und dessen waagrecht umgebogener oberer Rand auf der Oberseite einen Planschliff aufweist. Auf diesen ist eine an zwei exzentrischen Stellen kreisförmig durchbohrte Glasplatte aufgeschliffen. In der einen Bohrung sitzt ein Gummistopfen, durch den ein dreimal rechtwinkelig gebogenes Glasrohr von etwa 3 mm lichter Weite hindurchführt, das den Anschluß zur Wasserstrahlpumpe vermittelt. Der in der Abbildung dargestellte Hahn kann auch entfallen. In die zweite Bohrung wird ein kurzes Glasrohr (3 cm lang) von der aus der Abbildung ersichtlichen Gestalt, durch ein Schlauchstück abgedichtet, eingeschoben. In diesem Rohr sitzt wieder, gleichfalls durch ein Schlauchstück gedichtet, ein Tropfrohr, das unten kapillar ausläuft und gegen das Ende zu ein kleines Loch aufweist.[3] Dieses verhindert bei mäßigem Saugen das Auftreten von Luftblasen, welche die aus dem Kapillarrohr austretenden Tropfen leicht zum Platzen bringen können. Es ist auch möglich, das kurze Glasrohr wegzulassen und das Tropfrohr unmittelbar durch die in diesem Fall engere Bohrung der Glasplatte hindurchzuführen, doch verzichtet man dann auf den Vorteil, das Tropfrohr in der Weise höher oder tiefer einstellen zu können, daß seine untere Mündung der Höhe des Auffangtiegels oder -bechers angepaßt wird.

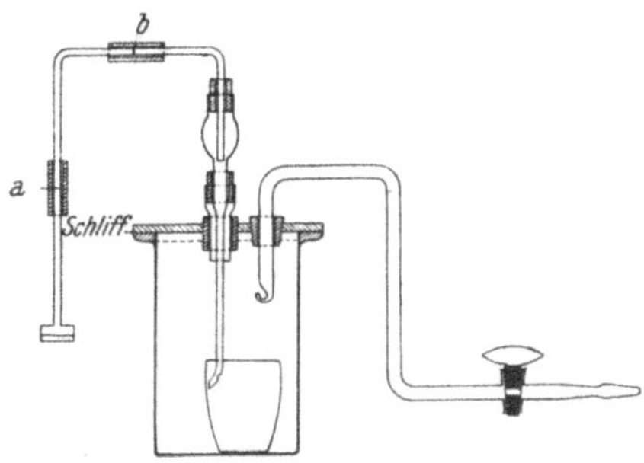

Abb. 32. Absaugvorrichtung (kleines Modell). [Aus Mikrochem. 12, 289 (1933).]

[1] E. J. KING: Analyst 58, 325 (1933). — Vgl. J. W. MATTHEWS: Österr. Chem.-Ztg. 41, 175 (1938).

[2] F. HECHT und W. REICH-ROHRWIG: Mikrochem. 12, 289 (1933).

[3] Es erscheint in der Abbildung als Kerbe.

Der obere Teil des Tropfrohres ist bauchig erweitert und nimmt ein rechtwinkelig gebogenes Kapillarrohr von 2 mm lichter Weite und 30 mm Länge des waagrechten und 40 mm Länge des senkrechten Schenkels auf. Aus diesem fallen beim Filtrieren die einzelnen Tropfen deutlich erkennbar in den verengten Teil des Tropfrohres. Eine zweite rechtwinkelig gebogene Kapillare ist mit der ersten bei *b* durch ein Schlauchstück, besser noch durch ein kurzes Stück Fahrradventilschlauch, drehbar verbunden. Bei *a* schließt ein (Porzellan-)Filterstäbchen an, das ebenfalls durch ein Stück Fahrradventilschlauch (1 cm lang) festgehalten wird, wobei der Schaft des Stäbchens selbstverständlich dicht an das rund geschmolzene Ende der Kapillare anpassen muß. Die Gummischlauchstücke, die mit dem kurzen Glasrohr in Berührung sind, müssen öfters als die übrigen ausgewechselt werden, da sie sonst „festwachsen" und das Einstellen des Tropfrohres auf verschiedene Höhe verhindern.

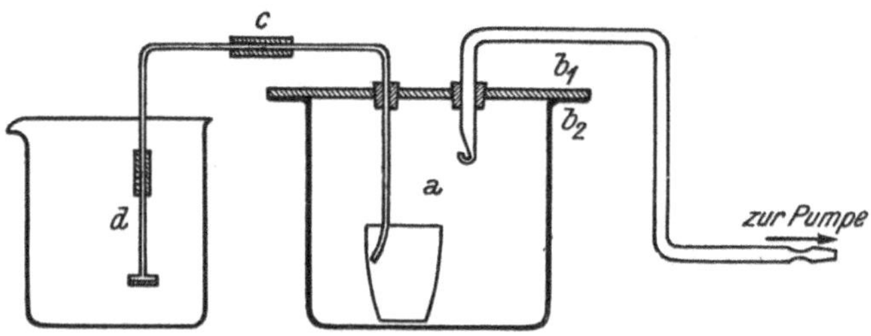

Abb. 33. Absaugvorrichtung (größeres Modell). [Aus Mikrochem. **27**, 167 (1939).]

In Abb. 33 ist eine ähnliche Absaugapparatur[1] dargestellt, welche infolge ihrer Größe auch die Verwendung kleiner Bechergläser (etwa von 100 ccm Inhalt) als Auffanggefäß gestattet. Der Durchmesser von *a* und die Höhe betragen je 10 cm. Diese Vorrichtung wird insbesondere beim Absaugen größerer Flüssigkeitsmengen von geringfügigen Niederschlägen verwendet (siehe bei den Analysenmethoden S. 336). Es genügt in diesem Falle die aus der Zeichnung ersichtliche unmittelbare Hindurchführung einer Tropfkapillare durch die Glasplatte, zumal das Austreten der einzelnen Tropfen aus der unteren Mündung der Kapillare bequem beobachtbar ist. Handelt es sich um das Übersaugen einer geringen Flüssigkeitsmenge, wie sie beim Auflösen des vorher filtrierten Niederschlages in wenig Säure zustande kommt, und Auffangen dieser Lösung in einem Mikrobecher oder -tiegel, so findet entweder die Apparatur laut Abb. 32 (S. 79) oder aber die eben besprochene Anwendung. In letzterem Falle dient dann eben dieser erwähnte Mikrobecher oder -tiegel als Auffanggefäß.[2] Im übrigen ist es nicht sehr wesentlich, ob das Tropfrohr nach Abb. 32 oder nach Abb. 33 gestaltet ist, da auch bei der zweitgenannten Apparatur anfänglich mäßiges Saugen das Austreten einzelner Tropfen aus der Kapillare durchaus verbürgt und dies durch die

---

[1] E. KROUPA: Mikrochem. **27**, 167 (1939).

[2] Dieser Fall ist in der Abbildung **33** dargestellt.

aufgeschliffene Glasplatte beobachtet werden kann. Vor der Filtration warmer Flüssigkeiten spült man das Innere von *a* sowie die Unterseite der Glasplatte mit warmem Wasser ab, um das lästige Beschlagen der Platte mit Kondenswasser, das die Durchsicht in das Innere beeinträchtigt, zu verhindern.

Die beschriebenen Apparaturen ermöglichen, falls infolge mangelnder Vorsicht etwas von dem Filtrat verspritzt, das Gefäß *a* auszuspülen und so die verspritzten Anteile des Filtrates wieder zu sammeln.

Vacuumregulierflasche.

Zwischen die Absaugvorrichtung und die Wasserstrahlpumpe ist eine Saugflasche mit doppelt durchbohrtem Gummistopfen eingeschaltet (Abb. 34), durch dessen eine Bohrung ein rechtwinkelig gebogenes Rohr als Verbindung zur Absaugapparatur führt, während in der anderen ein Glasrohr mit Hahn sitzt, dessen Spindel einseitig verlängert ist, um eine feinere Einstellung zu ermöglichen. Auf diese Weise läßt sich der bei der Filtration angewendete Unterdruck regulieren und stets ein ruhiges, gleichmäßiges Absaugen des Filtrates erzielen. Auch wird ein Zurücksteigen des Wassers aus der Wasserstrahlpumpe bei zu jähem Abdrehen vermieden.

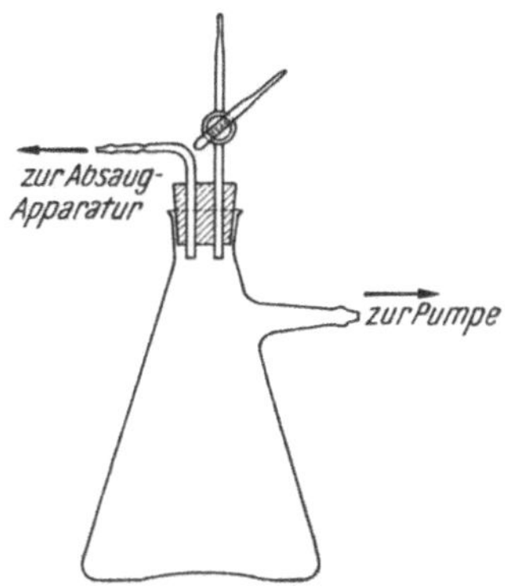

Abb. 34. Vacuumregulierflasche.

Trocknen und Wägen.

Die Filterstäbchen werden stets zusammen mit einem Mikrobecher oder -tiegel gewogen.

Nach Auflösen des endgültig gewogenen Niederschlages in Chromschwefelsäure, Salz- oder Salpetersäure, nötigenfalls Königswasser, wird das Stäbchen 10 Minuten lang in ein Becherglas mit destilliertem, gegebenenfalls heißem Wasser gelegt; sodann stellt man es in ein 25-ccm-Becherglas (hohe Form), füllt dieses mit heißem Wasser, spritzt das Filterstäbchen am oberen Schaftende mit Wasser ab, verbindet es mit der Absaugapparatur und saugt das Wasser vollständig hindurch (vgl. die weiter unten folgenden Ausführungen über Filtration). Das Wasser wird in dem Unterteil der Absaugapparatur aufgefangen und, bevor noch soviel darin enthalten ist, daß es das untere Ende des Tropfrohres erreicht, ausgegossen. In dieser Weise saugt man vier- bis sechsmal den gesamten Inhalt des Bechers an heißem Wasser durch das Stäbchen hindurch. Hierauf wird die Verbindung mit der Saugapparatur gelöst.

In einer Reagenspapierdose bewahrt man ständig einen feuchten Flanellappen von ungefähr 10 × 15 cm oder etwas größerer Fläche auf. Das Befeuchten erfolgt derart, daß das Flanellstück in einer Schale mit destilliertem Wasser naß gemacht, hierauf ausgewunden und sodann in ein reines trockenes Handtuch eingerollt wird. Durch Auspressen wird der größte Teil des Wassers entfernt. In einer zweiten Reagenspapierdose befindet sich ferner ein Rehlederlappen von gleichen oder etwas größeren Ausmaßen, der von Zeit zu Zeit eine Stunde lang in die Dose mit dem feuchten Flanellstück gebracht wird, um einen gewissen Feuchtigkeitsgehalt anzunehmen. Dieser verleiht dem Rehleder große Geschmeidigkeit und leichte Gleitfähigkeit über Metall- und Glasoberflächen. Das Rehleder kann jedoch auch sehr gut in einem Exsiccator über zerfließendem Chlorcalcium aufbewahrt werden. Dies empfiehlt sich insbesondere bei dauernder Benutzung. Diese Flanell- und Rehlederlappen dienen zum Abwischen und Reinigen der Oberflächen der Mikrogefäße. Man kann auch nach F. Pregl von jeder Gattung zwei Läppchen (6×10 cm) verwenden, von denen dann das eine zum Halten des Mikrogefäßes, das andere zum Abwischen dient. Wir fanden für das Abwischen der Fällungs- und Filtergeräte nach F. Emich den Gebrauch nur je eines Lappens von genügender Größe vollkommen ausreichend und zweckentsprechend.

Das Abwischen wird, wie folgt, ausgeführt: Der Schaft des Filterstäbchens wird zu zwei Drittel seiner Länge[1] erst mit dem feuchten (Flanell-), dann mit dem trockenen (Rehleder-)Lappen *ohne* starkes Reiben leicht abgewischt, bis man beim Rehleder das Gefühl des leichten Hinweggleitens über die Oberfläche hat. Man untersucht vorsichtshalber auch die Filterfläche des Filterstäbchens auf etwa anhaftende Fremdkörper, die mit der Platinspitzenpinzette entfernt werden.[2] Nun wird das Filterstäbchen in den Becher oder Tiegel gestellt und dieser in aufrechter Stellung an der äußeren Oberfläche erst feucht, dann trocken abgewischt, wobei ebenfalls starkes Reiben oder Drücken unterlassen wird. Stäbchen und Becher (Tiegel) dürfen von jetzt an vor der Wägung nicht mehr mit den Fingern berührt werden. Man stellt sie mit der Platinspitzenpinzette in einen Trockenschrank auf eine stets völlig rein zu haltende Glasplatte oder in einen sauberen Exsiccatoreinsatz. Besonders eignen sich dazu Einsätze, die so gestaltet sind, daß der Tiegel oder Becher darin etwas schief liegt. Die Trocknung erfolgt selbstverständlich bei derjenigen Temperatur, die für die Behandlung des später zu fällenden Niederschlages vorgeschrieben ist. Z. B. zeigen Platinfilterstäbchen, die im Trockenschrank getrocknet werden, bei der nachfolgenden Wägung ein etwas höheres Gewicht (bis zu 80 γ), als wenn sie im elektrischen Ofen bei 700 bis 900° geglüht worden sind.

Über Abkürzung der Trocknungszeiten durch Trocknen im Luftstrom siehe S. 93 und 103ff.

Sollen Tiegel und Stäbchen geglüht werden, bringt man sie mit der Platinspitzenpinzette nach 10 Minuten aus dem Trockenschrank in einen elektrischen Tiegelofen, der mit einem Berliner Porzellantiegeldeckel bedeckt wird, dessen Durchmesser nur um etwa 0,5 cm größer ist als die Öffnung des Elektroofens. Größere Tiegeldeckel springen beim

[1] Vgl. jedoch S. 102: Abwischen von Filterstäbchen nach Filtration von Niederschlägen.

[2] Dies ist natürlich bei mit Asbest präparierten Filterstäbchen kaum möglich.

Erhitzen des Ofens auf 900 bis 1000° leicht infolge ungleichmäßiger Erwärmung. Der Tiegel ruht im elektrischen Ofen auf einem kleinen Quarzdreieck. Die Temperatur des Ofens wird durch einen mittels Thermoelements geeichten Widerstand mit Spezialwicklung eingestellt. Diese ist so bemessen, daß die erreichte Temperatur annähernd proportional der Stellung des Schiebers ist (siehe S. 68).

Nach Beendigung des Trocknens oder Glühens wird der Tiegel (Becher) samt dem darin ruhenden Stäbchen mit der Platinspitzenpinzette unter eine Glasglocke auf einen Kupfer- oder Nickelblock gestellt. Während Platingeräte schon nach 2 Minuten sehr weitgehend abgekühlt sind, benötigen Porzellangeräte dazu länger. Das Abkühlen läßt sich beschleunigen, indem man Tiegel und Stäbchen nach einer Minute Stehen auf dem Block auf einen zweiten Metallblock neben die Waage stellt. Der Transport erfolgt in einem Handexsiccator,[1] in dessen Einsatz sich vier saubere Berliner Porzellantiegel von geeigneter Größe zur Aufnahme der Mikrobecher oder -tiegel befinden. Auch der Metallblock neben der Waage ruht unter einer Glasglocke. Platingeräte werden nach insgesamt 5 bis 10 Minuten, Glas- und Porzellangeräte nach 20 Minuten Auskühlen auf den beiden Metallblöcken auf die Waagschale der gelüfteten Waage gestellt und durch gleichartige Gegengewichte austariert (vgl. S. 17). Die Differenz wird durch kleine Gewichtstücke und den Reiter ausgeglichen. Nach 5, besser nach 10 Minuten wird die Waage geschlossen und nach einigen weiteren Minuten die Wägung ausgeführt. Das Auskühlen ist mit Sicherheit nach den genannten Zeiten beendet, doch können sie ohne irgendwelchen Nachteil auch etwas ausgedehnt werden, wenn man gelegentlich an ihrer Einhaltung verhindert ist.

Die reinen Tiegel, Becher und Filterstäbchen, die nicht unmittelbar zu baldiger Wägung bestimmt sind, bewahrt man am besten zusammen (Becher bzw. Tiegel mit je einem Filterstäbchen) in Exsiccatoren ohne Trockenmittel auf, indem man sie in größere Berliner Porzellantiegel stellt. Einzelne Filterstäbchen, die nicht gewogen werden, sondern zum Filtrieren von später wieder aufzulösenden Niederschlägen dienen sollen, legt man in Glasdosen auf eine Unterlage von Rehleder. Alles übrige im Augenblick nicht verwendete Gerät stellt bzw. legt man unter große Glasglocken.

Filtrieren und Auswaschen.

In Abb. 32 (S. 79) ist bei der Filtration das Filterstäbchen in einem Tiegel (Becher) befindlich zu denken, in dem sich nach Ausführung einer Fällung eine Lösung sowie ein Niederschlag befinden. Dieser Tiegel ruht in einem Exsiccatoreinsatz aus Porzellan mit vier verschieden großen Einsatzlöchern. Der Einsatz befindet sich seinerseits auf Holzunterlagscheiben, von denen ein ganzer Satz verschieden hoher Stücke vorhanden sein soll.[2] Man geht nun derart vor, daß der Kopf des Filterstäbchens etwas unter das Flüssigkeitsniveau im Tiegel

[1] Eine Füllung des Exsiccators mit einem Trockenmittel ist überflüssig.

[2] Derartige Sätze sind beispielsweise bei J. Pieniczka in Wien, IX., erhältlich.

eingetaucht und sodann bei voll geöffnetem Hahn der Vacuumregulierflasche die Wasserstrahlpumpe mäßig aufgedreht wird. Ganz allmählich dreht man jetzt den Hahn der Regulierflasche so weit, daß ein geringer Unterdruck entsteht und die Flüssigkeit durch die Sinterfläche des Filterstäbchens langsam in die Kapillare oberhalb *a* gesaugt wird und in dieser hochsteigt. Die Geschwindigkeit der Filtration darf nicht gesteigert werden, bevor Flüssigkeitstropfen in die bauchige Erweiterung des Tropfrohres zu fallen beginnen. Nach kurzer Zeit löst sich der erste Tropfen aus der unteren Mündung des Tropfrohres und fällt in das Auffanggefäß. Wie erwähnt, läßt sich die Bildung von Luftbläschen in den austretenden Tropfen nur bei mäßigem Unterdruck vermeiden. Es hat sich beim praktischen Gebrauch herausgestellt, daß das tropfenweise Austreten des Filtrats einem kontinuierlichen Ausfließenlassen unter Anlegen der Kapillarenmündung an die Wand des Auffanggefäßes vorzuziehen ist, da auf diese Weise etwaige Bläschenbildung sofort erkannt und beseitigt werden kann. Letzteres geschieht dadurch, daß mit Hilfe des Regulierhahnes der Unterdruck vermindert wird. Schnelleres Filtrieren *ohne Bläschenbildung* läßt sich vor allem durch stärkeres Aufdrehen der Wasserstrahlpumpe, jedoch nur in weit geringerem Maße durch Zudrehen des Regulierhahnes erreichen. Durch Einschieben geeigneter Holzunterlagscheiben oder durch Versetzen des Tiegels in engere Löcher des Exsiccatoreinsatzes wird er allmählich höher gestellt, so daß der Kopf des Filterstäbchens stets in die Flüssigkeit eingetaucht bleibt, bis die Sinterplatte schließlich den Tiegelboden erreicht. Es ist falsch, nunmehr die Flüssigkeit sofort durch starkes Aufdrehen der Pumpe oder Schließen des Regulierhahnes vollständig abzusaugen. Vielmehr *öffnet* man letzteren völlig (dies darf keinesfalls vergessen werden) und spritzt aus einer Mikrospritzflasche (siehe S. 86, Abb. 35) zuerst den Schaft, dann den Kopf des Filterstäbchens sowie die untere Innenwand des Tiegels mit ungefähr 0,5 bis 1 ccm Waschflüssigkeit ab. Durch langsames Drehen des Regulierhahnes erreicht man sodann, daß der in den Kapillaren oberhalb *a* und rechts von *b* befindliche Teil des Filtrates fast ohne Vermischung durch die Waschflüssigkeit verdrängt wird und tropfenweise in den Auffangbecher fällt. Vergißt man jedoch, den Hahn vorher gänzlich zu öffnen, so wird das Filtrat sehr rasch aus der Kapillare und durch das Tropfrohr gesaugt, da man gewöhnlich seit Beginn der Filtration die Wasserstrahlpumpe schon etwas stärker aufgedreht hat. Dies ist noch mehr beim späteren Auswaschen des Niederschlages der Fall. Ist wiederum die ganze Flüssigkeit aus dem Tiegel abgesaugt, wird das Abspülen von Stäbchen und unterer Tiegelwandung mit 0,5 ccm Waschflüssigkeit wiederholt. Sobald aus dem Tropfrohr unten kein Tropfen mehr austritt, schließt man langsam den Regulierhahn vollkommen. Wenn nach 2 bis 3 Minuten sich die Flüssigkeit innerhalb der Kapillaren nicht in Bewegung setzt, d. h. aus dem Tropfrohr kein Tropfen abfällt, wird die Wasserstrahlpumpe bis zur Höchstwirkung aufgedreht. Mit der rechten Hand erfaßt man sofort wieder den Regulierhahn und beobachtet scharf das Auftreten des ersten Tropfens. Ist dieser hinuntergefallen, so wird der Regulierhahn ziemlich schnell geöffnet, währenddessen in der Regel schon der zweite Tropfen aus dem Tropfrohr austritt. In diesem Augenblick muß auch schon der Hahn gänzlich oder zumindest fast ganz offen sein, da andernfalls die Flüssigkeit sofort vollständig aus der Kapillare gerissen wird. Mit der Hand am Hahn kann man hingegen das Austreten der Tropfen sehr leicht mit der richtigen Geschwindigkeit regeln. Der Niederschlag wird hierauf noch so oft mit Waschflüssigkeit gewaschen, als in der betreffenden Fällungsvorschrift angegeben ist. Zu diesem Zweck spült man mit möglichst wenig Waschflüssigkeit den oberen Tiegelrand im Kreis herum ab und trachtet dabei, die ganze Wand zu benetzen, was mit warmen oder alkoholischen Waschflüssigkeiten erheblich leichter als mit kalten wäßrigen gelingt. Die Flüssigkeit wird neuerlich in der schon beschriebenen Weise vollständig abgezogen und aus den Kapillaren herausgesaugt. Für gewöhnlich ist der Niederschlag nun noch ein- bis dreimal zu waschen. Dies führt man in folgender Weise aus: Man trachtet durch leichtes Schütteln zu erreichen, daß der Kopf des Filterstäbchens von obenauf haftender Flüssigkeit befreit wird, ergreift mit der linken Hand den Tiegel, schiebt mit der rechten die Unterlagscheiben und den Exsiccatoreinsatz beiseite, senkt zunächst den Tiegel mit der linken Hand und entfernt ihn vom Filterstäbchen. Nun faßt man mit der Rechten die Spritzflasche und spült möglichst rasch mit dünnem Strahl die Tiegelwände von oben her ab, wobei man sich im allgemeinen bemüht, mit 0,5 ccm Waschflüssigkeit auszukommen. Sodann dreht man den Tiegel mit beiden Händen in fast waagrechter Lage mehrmals im Kreis herum, wobei die Flüssigkeit soweit als möglich die ganze Tiegelwandung bis in 1 oder 1,5 cm Entfernung vom oberen Rand bespült haben muß. Dies ist nicht ganz leicht und erfordert geschicktes Manipulieren, um einzelne an bestimmten Stellen der Wand haftende Tropfen wieder zu vereinigen. Man erreicht auf diese Weise, daß man mit nur sehr wenig Waschflüssigkeit das Auslangen findet. Da während der ganzen Zeit die Pumpe läuft, fällt der Niederschlag nicht vom Filter ab. Die Waschflüssigkeit wird nunmehr wieder vollkommen durch das Stäbchen abgesaugt und in das Auffanggefäß übergeführt, wobei man den Tiegel frei in der linken Hand hält. Falls vorgeschrieben, wird noch ein oder mehrere Male in der beschriebenen Art gewaschen. Man spült dabei auch noch einmal den Schaft und den Kopf des Filterstäbchens ab. In Fällen, bei denen es sich um sehr schwer lösliche Niederschläge handelt (wie z. B. bei den Metalloxychinolaten) und auch eine etwas größere Menge des Filtrates nicht von Schaden ist, kann man auf diese etwas schwierige Art der Manipulation verzichten und den Tiegel während des ganzen Auswaschens im Exsiccatoreinsatz stehen lassen. Dies gilt auch für die Anwendung alkoholischer Waschflüssigkeiten, die, wie erwähnt, die Wandungen stets gut benetzen.

Gallertige oder voluminöse Niederschläge werden beim Auswaschen mit dem Filterstäbchen aufgerührt, mit einem scharfen Strahl der Waschflüssigkeit vom Kopf des Stäbchens abgespritzt und zum Schluß möglichst trockengesaugt.

Oftmals ist es empfehlenswert, den Niederschlag nicht sofort trockenzusaugen, sondern erst mehrmals durch „Dekantation“ zu waschen. Die Filterplatte des Stäbchens darf in diesem Falle den Boden des Tiegels während des Dekantierens, bevor die Flüssigkeit endgültig abgesaugt wird und das eigentliche Waschen beginnt, nicht berühren. Man hat in diesem Falle mit einem etwas größeren Volumen des Filtrates zu rechnen als bei der vorhin beschriebenen Arbeitsweise.

Soll heiß filtriert werden, setzt man die Mikrobecher oder -tiegel bzw. die Filterbecher in die passende Bohrung des auf entsprechende Temperatur erhitzten Aluminiumblockes (S. 71, Abb. 25).

Dem Anfänger kann nicht dringend genug angeraten werden, sich die Vorgangsweise beim Filtrieren durch mehrmalige Übung praktisch

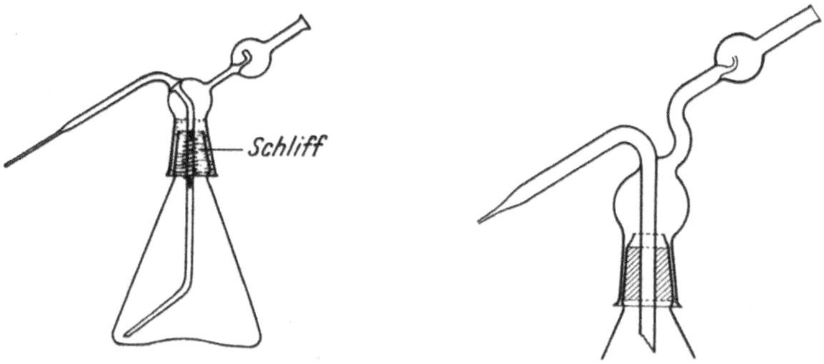

a b

Abb. 35. Mikrospritzflaschen. [Abb. 35 b aus Mikrochem. **24**, 275 (1938).]

zu eigen zu machen, bevor er an die Ausführung wirklicher Analysen schreitet. Erfahrungsgemäß beherrscht aber jeder angehende Mikroanalytiker diese Arbeitsweise sehr bald.

Zu beachten: Nach Beendigung jeder Filtration ist die Absaugapparatur aus einem Mikrobecher durch die Kapillaren, ohne daß bei *a* ein Filterstäbchen angeschlossen wird, mehrmals mit je 20 ccm heißem Wasser durchzuspülen. Hierauf spritzt man die Unterseite der aufgeschliffenen Glasplatte sowie das untere Ende des Tropfrohres mit heißem Wasser ab. Es ist völlig falsch, nach einer Filtration die Apparatur in benutztem Zustand stehen zu lassen, ohne sie sofort zu reinigen.

Mikrospritzflaschen.

Die Mikrospritzflaschen (Abb. 35a, b),[1, 2] deren Volumen 20 bis 30 ccm beträgt, besitzen einen *auf*geschliffenen Kappenteil, damit nicht durch abgeriebenen Glasstaub die Flüssigkeit verunreinigt wird. Besonders zweckmäßig hat sich eine Form erwiesen,[2] bei welcher der Kolbenhals entsprechend der Abb. 35b an seinem oberen Ende etwas eingezogen

[1] Vgl. F. EMICH: Praktikum. S. 14 und Abb. 54, S. 68.
[2] E. ABRAHAMCZIK und F. BLÜMEL: Mikrochem. **24**, 275 (1938).

und am Rande rund geschmolzen ist, so daß der Schliff nicht unmittelbar bis an diesen oberen Rand heranreicht. Der Rand des Kappenteiles ist unten etwas ausgeweitet. Dadurch wird ein Absplittern der Ränder, das sonst im Laufe der Zeit aufzutreten pflegt, vermieden.

Für jede der verschiedenen Waschflüssigkeiten soll stets nur ein und dieselbe Spritzflasche Verwendung finden, weshalb auch Aufschriften, die auf der Außenseite des Kolbenteiles aufgebrannt werden, sehr vorteilhaft sind. Es ist auch möglich, die Spritzflaschen in einem Stück herzustellen. In diesem Falle müssen sie durch Einsaugen der Flüssigkeit gefüllt werden. Das Spritzrohr ist kapillar (vgl. Fußnote 1 auf S. 302) und muß das Austreten eines so feinen Strahles gestatten, daß dieser in einer Entfernung von 2 cm von der Spitze zerstäubt.

Zu beachten: Beim Erwärmen der gefüllten Spritzflaschen ist selbstverständlich der Kappenteil abzunehmen. Spritzflaschen aus einem Stück müssen während des Erwärmens in kurzen Zwischenräumen geschüttelt werden, da sonst leicht Siedeverzug eintritt und zur Zersprengung der Spritzflasche führt, was böse Verletzungen des Analytikers zur Folge haben kann.

Über graduierte Mikrospritzflaschen siehe S. 88f. (Abb. 37).

β) Anwendung des Jenaer Mikrofilterbechers.

Der Filterbecher (S. 68, Abb. 23) ist bereits im vorhergehenden Abschnitt (Fällen und Fällungsgeräte) beschrieben worden. Auch er gehört zu den von F. EMICH und seinen Schülern erdachten Geräten.[1]

Trocknen und Wägen.

Nach dem Auflösen des zuletzt bestimmten Niederschlages in Chromschwefel-, Salz- oder Salpetersäure, nötigenfalls Königswasser, werden die Filterbecher viermal nacheinander mit heißem Wasser angefüllt[2] und jedesmal mittels der Absaugapparatur (S. 79, Abb. 32) leergesaugt. Die Kapillare des Filtrierstutzens ist dabei jedesmal zu entleeren. Hierauf wird die gesamte äußere Oberfläche der Filterbecher mit den beschriebenen Flanell- bzw. Rehlederlappen (S. 81f.) erst feucht, dann trocken abgewischt. Da die Filterbecher nun vor der Wägung nicht mehr mit den Fingern berührt werden dürfen, werden sie mit Hilfe einer Gabel aus Aluminiumdraht, die unter den beiden seitlichen Ansatzstutzen angreift, in einen Trockenschrank gestellt. Nach unseren Erfahrungen ist es auch ohne irgendeinen Nachteil möglich, vorsichtig das eine Ende der Platinspitzenpinzette in die Kapillare des Filtrierstutzens einzuschieben und die Filterbecher so zu fassen. Sollen die Filterbecher in kürzerer Zeit unter Luftdurchsaugen getrocknet werden, setzt man sie unter Anfassen mit dem trockenen Rehlederlappen in die dazu bestimmte Apparatur (S. 105, Abb. 57) ein. Mit eben diesem Rehleder werden sie nach dem Trocknen und etwaigem Abkühlen wieder aus der Apparatur

---

[1] E. SCHWARZ-BERGKAMPF: Z. analyt. Chem. **69**, 336 (1926).

[2] Mit Hilfe einer gewöhnlichen Spritzflasche.

herausgenommen. Das weitere Auskühlen erfolgt auf einem oder zwei Metallblöcken (siehe S. 83). Auch die Wägung wird, wie dort beschrieben, ausgeführt, wobei als Taragefäß ein anderer Filterbecher dient. Die Trocknung vor der Wägung erfolgt selbstverständlich bei derselben Temperatur, bei der später der Niederschlag getrocknet wird.

Reine Filterbecher, die nicht in unmittelbarer Verwendung stehen, werden in Exsiccatoren ohne Trockenmittel aufbewahrt, in deren Einsätzen sich passende Berliner Porzellantiegel befinden. Verfügt man über mehrere Filterbecher, so ist es ratsam, mit einem Diamant fortlaufende Nummern fein einzuritzen. Diese ganz zarten Vertiefungen geben zu keiner Ansammlung von Schmutz oder Staub Anlaß, da sie beim Abwischen ebenso gut wie die übrige Oberfläche gereinigt werden können.

Filtrieren mittels der Filterbecher; Auswaschen.

Das Filtrieren und Auswaschen erfolgt in ganz ähnlicher Weise, wie es für die Filterstäbchen beschrieben worden ist. Hier ist die Dreh-

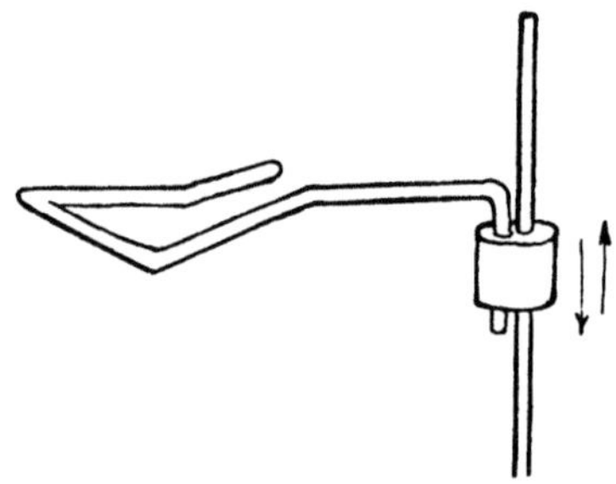

Abb. 36. Glasstativ zum Festhalten der Filterbecher während der Filtration. [Aus Mikrochem. **26**, 334 (1939).]

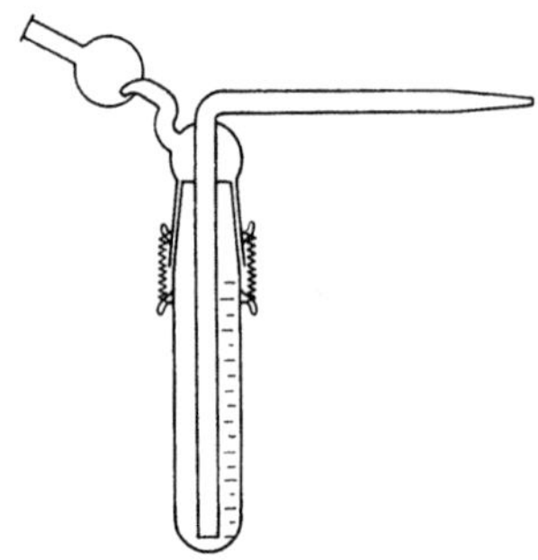

Abb. 37. Spritzflasche zum Auswaschen von Filterbechern. [Aus Z. analyt. Chem. **95**, 160 (1933).]

barkeit der Kapillare (zwischen *a* und *b* in Abb. 32, S. 79) von großem Vorteil. Sie wird um fast 180° gedreht, so daß der abwärts gebogene Schenkel nach aufwärts weist. Durch einen passenden Gummischlauch von 1 cm Länge ist sie mit dem Filtrierstutzen des Filterbechers verbunden. Der Filterbecher wird dabei zweckmäßig in eine Drahtgabel, wie sie bei einer gewöhnlichen Verbrennungsgarnitur zur Anwendung kommt, eingehängt und kann auf diese Weise entsprechend hoch gehängt und geneigt werden. Zu demselben Zweck kann man sich auch eines Glasstativs (Abb. 36)[1] bedienen, bei dem ein schwach glycerinierter Gummistopfen, der ein einseitig geöffnetes Glasdreieck festhält, entlang eines senkrechten Glasstabes verschiebbar ist. Der Filterbecher wird bei der Filtration in das Glasdreieck eingelegt.

Das Auswaschen erfolgt durch Abspülen der Innenwände mit einer Mikrospritzflasche und geeignetes Schwenken des Bechers, um die Innen-

[1] R. Dworzak und H. Ballczo: Mikrochem. **26**, 334 (1939).

wände mit der Waschflüssigkeit zu benetzen. Der Niederschlag wird bei den ersten zwei bis drei Malen beim Auswaschen möglichst nicht auf die Filterplatte gebracht, sondern die Flüssigkeit durch Saugen abdekantiert. Das völlige Absaugen des Filtrates aus den Kapillaren erfolgt erst nach dem zweiten bis dritten Waschen (vgl. S. 84 f.). Mit einiger Geschicklichkeit gelingt es ohne weiteres, bei jedem einzelnen Auswaschen, wenn nötig, mit nur 0,3 bis 0,5 ccm Waschflüssigkeit auszukommen.

Die Filtriergeschwindigkeit der Filterbecher soll tunlichst so beschaffen sein, daß das Leersaugen des vollen Gefäßes bei ganz aufgedrehter Wasserstrahlpumpe nicht länger als 120 Sekunden und nicht kürzer als 40 Sekunden währt.

Spritzflaschen.

Zum Auswaschen haben sich Spritzflaschen von der in Abb. 37 dargestellten Gestalt[1] sehr bewährt, die erforderlichenfalls graduiert werden. Der waagrechte Ansatz der Spritzkapillare gestattet leicht das Abspülen der Deckfläche des Filterbechers auf der Innenseite.

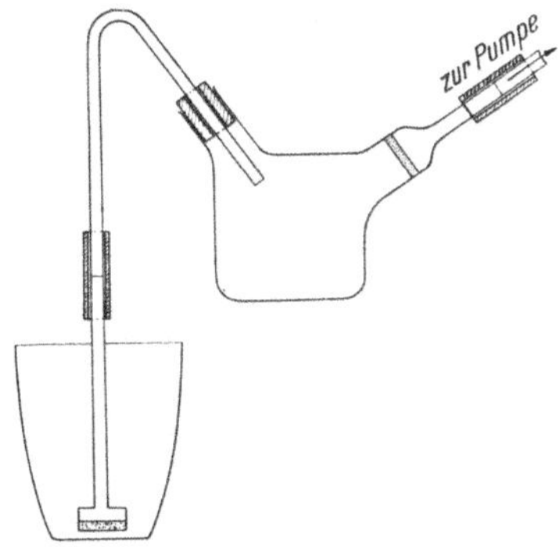

Abb. 38. Filtration mit Hilfe des Porzellanfilterstäbchens; Auffangen des Filtrates im Filterbecher. [Aus Mikrochem. **12**, 290 (1933).]

Filtrieren und Übersaugen von Lösungen in die Filterbecher.

Soll ein in einem Becher oder Tiegel befindlicher Niederschlag mittels eines Filterstäbchens filtriert und das Filtrat in einem Filterbecher aufgefangen werden, so verfährt man, wie es in Abb. 38 dargestellt ist. Eine spitzwinkelig gebogene Kapillare aus Jenaer Geräteglas wird dabei mit Hilfe eines (nicht spröden) Gummistopfens in den Einfüllstutzen des Filterbechers eingesetzt. In der gleichen Weise geht man vor, wenn es sich darum handelt, eine Lösung in einen Filterbecher überzusaugen, ohne daß ein Niederschlag vorliegt. Dieser Fall tritt ein, wenn ein größeres Flüssigkeitsvolumen zwar in einem Tiegel eingedampft worden ist, der Niederschlag jedoch in einem Filterbecher ausgefällt werden soll. Das Stäbchen ermöglicht dabei langsames und tropfenweises Übersaugen der Flüssigkeit in den Becher. Die „Übersaugkapillare" darf, wie aus der Abbildung hervorgeht, nirgends die innere Filterbecherwandung berühren, damit nicht etwa ein Teil der Lösung entlang der Wandung auf die Filterplatte gesaugt wird. Vermeidet man dies, so fällt Tropfen um Tropfen in das Innere des Bechers und es besteht nicht die mindeste Gefahr der erwähnten Art. Auch hier wird die Kapillare erst beim dritten Nachspülen leergesaugt, wozu stärkeres Saugen nötig ist. Dabei muß wiederum das Vacuum bzw. der bedeutende Unterdruck sofort mit Hilfe des Hahnes der Regulierflasche (S. 81, Abb. 34) aufgehoben werden, sobald der

[1] F. Hecht, W. Reich-Rohrwig und H. Brantner: Z. analyt. Chem. **95**, 160 (1933).

zweite Tropfen in das Innere des Filterbechers fällt. Bei einiger Übung wird es bald gelingen, beim Übersaugen mit sehr wenig Waschflüssigkeit (drei- bis viermaligem Nachspülen) auszukommen, da das Volumen der Lösung vor den meisten Fällungen wegen des beschränkten Fassungsraumes des Filterbechers (durchschnittlich 10 ccm) höchstens 4 oder sogar nur 3 ccm betragen darf.

Will man für das bloße Übersaugen von Lösungen in den Filterbecher die Anwendung eines Filterstäbchens unbedingt vermeiden, wovon jedoch abzuraten ist, so kann es auch mit Hilfe der Übersaugkapillare allein bewerkstelligt werden. Dabei darf aber das Ansaugen unter keinen Umständen mit der Pumpe, sondern nur mit dem Munde vorgenommen werden. Man zieht zu diesem Zweck über den Filtrierstutzen einen längeren Schlauch, an dessen Ende man leicht ansaugt.

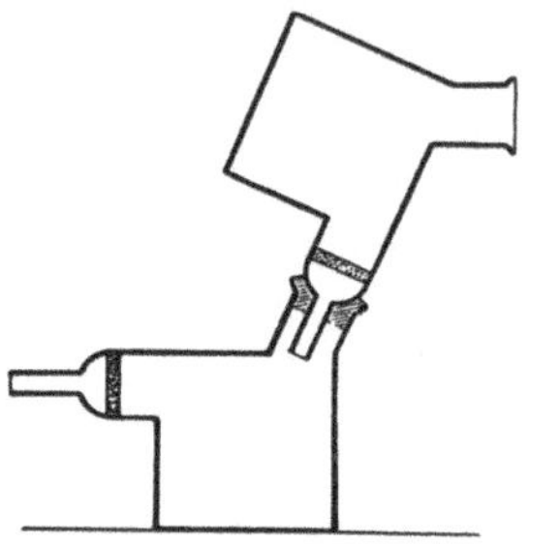

Abb. 39. Filtrieren aus einem Filterbecher in einen zweiten. [Aus Z. analyt. Chem. **69**, 337 (1926).]

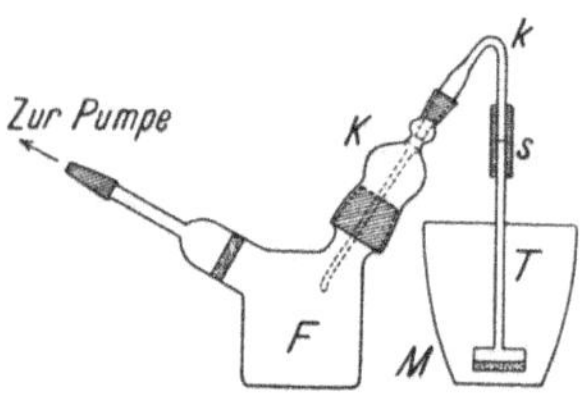

Abb. 40. Filterbecher mit Schliffstücken (Filtration aus einem Tiegel in den Filterbecher). [Aus Mikrochim. Acta (Wien) **1**, 284 (1937).]

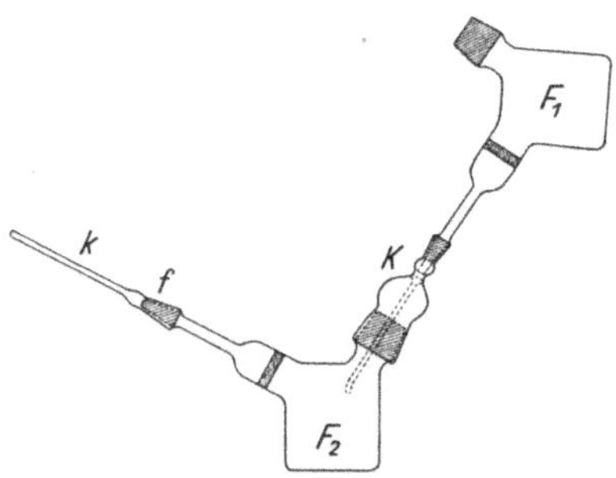

Abb. 41. Filtrieren aus einem Filterbecher in einen zweiten (mit einem Schliffverbindungsstück). [Aus Mikrochim. Acta (Wien) **1**, 285 (1937).]

Abb. 39 zeigt, wie aus einem Filterbecher in einen zweiten filtriert wird.[1]

Wenngleich die Gefahr keineswegs übertrieben werden soll, kann die Verwendung eines Gummistopfens zum Einpassen der Übersaugkapillare doch gelegentlich eine Verunreinigung der Lösung durch kleinste Gummiteilchen zur Folge haben. Man kann dies dadurch umgehen,[2] daß man (Abb. 40) einen Filterbecher F mit aufgeschliffener Kappe K aus Jenaer Geräteglas benutzt, durch die eine eingeschmolzene Kapillare zentral hindurchführt. Die Kappe K ist ihrerseits wieder mittels eines genau passenden Schliffes mit der spitzwinkelig gebogenen Kapillare k verbunden. Dieses Filtriersystem läßt sich aus seinen Bestandteilen mit Hilfe von zwei Handgriffen bequem und schnell zusammensetzen.

Aus Abb. 41[3] ist ersichtlich, wie vermittels der Schliffkappe K auch die Verbindung zwischen zwei Filterbechern F_1 und F_2 hergestellt werden

[1] E. Schwarz-Bergkampf: Z. analyt. Chem. **69**, 337 (1926).
[2] F. Hecht: Mikrochim. Acta (Wien) **1**, 284 (1937).
[3] F. Hecht: a. a. O., 285.

kann. In diesem Falle sind jedoch nur schnell filtrierende[1] Filterbecher verwendbar, da sonst infolge der zwei Sinterplatten die Filtration nur langsam vor sich geht. Die von der Firma P. Haack in Wien hergestellten Schliffe sind so vorzüglich, daß bloßes Ineinanderfügen ohne größere Drehung genügt, um einen genügend festen Zusammenhalt des Systems zu erreichen. Von einer merklichen und die Gewichtskonstanz beeinträchtigenden Abnutzung der Schliffflächen während *einer* Bestimmung kann infolgedessen nicht die Rede sein.

Filterbecher mit derartigen Schliffstücken finden bei der Mikrobestimmung des Antimons als Sb_2S_3 Anwendung (S. 175, Abb. 85).

b) Verfahren nach F. Pregl und seiner Schule.

α) Anwendung des Filterröhrchens.

Das Filterröhrchen.

Dieses wurde von F. Pregl für das Sammeln von Halogensilber- und Phosphorammoniummolybdat-Niederschlägen erfunden, die bei der Bestimmung der Halogene und des Phosphors in organischen Substanzen anfallen. Abb. 42 zeigt das jetzt ausschließlich verwendete Modell[2] mit eingeschmolzener Glassinterplatte.[3]

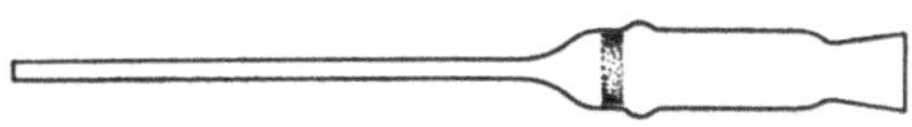

Abb. 42. Filterröhrchen. [Aus Mikrochem., Molisch-Festschrift, 298 (1936).]

Statt Einätzung der Nummer an der Außenseite, was Wägefehler zur Folge haben kann, werden die Filterröhrchen mit einer *innen* eingeätzten Nummer versehen. Bei einer Gesamtlänge des Filterröhrchens von 15 cm bzw. einer Länge des Schaftes von 10 cm sind die oberen 4,5 cm zu einem Glasrohr von 1 cm Innendurchmesser erweitert. Die Filterplatte ist 2 bis 3 mm stark und mißt 12 mm im Durchmesser. Die lichte Weite des Schaftes beträgt 3 mm. Das Gewicht soll 7 g nicht überschreiten. Vor der Verwendung des Filterröhrchens ist auf die Filterplatte (in der Abbildung punktiert dargestellt) eine dünne Asbestschicht aufzusaugen, was mittels der Absaugvorrichtung (siehe unten) ausgeführt wird. Um der Asbestschicht einen Halt zu geben, damit sie beim Gebrauch nicht von der Frittenplatte abgehoben wird, ist das Röhrchen knapp über der Glasfritte etwas gekröpft.[4] F. Canal[5] zieht statt der Kröpfung eine kleine Verengung des Innenraumes knapp ober der Fritte vor, wodurch auch dünne Asbestschichten gut haften.

[1] Dies ist bei Bestellung oder Kauf ausdrücklich anzugeben!

[2] Als die Glassinterplatten noch nicht bekannt waren, wurde in eine verjüngte Stelle beim Ansatz des Schaftes spiralig gedrehter Platindraht und auf diesen eine Asbestfüllung gebracht. Vgl. F. Pregl-H. Roth: Mikroanalyse. S. 117f.

[3] Katalogbezeichnung: 154 G 1. Das Filterröhrchen besteht demnach aus Geräteglas, während die Körnung der Filterplatte nur der Nummer 1 entspricht, also sehr grob ist.

[4] H. Lieb und A. Soltys: Mikrochem., Molisch-Festschrift, 298 (1936).

[5] F. Canal: Mikrochem. 22, 250 (1937).

Die Absaugvorrichtung (Abb. 43).

In eine Absaugflasche von 250 ccm Inhalt wird mittels eines Gummistopfens ein verschiebbares Glasrohr *Gr* eingesetzt, über dessen oberen Rand eine Gummimanschette *Gm* in Gestalt eines 20 mm langen Schlauchstückes gezogen ist, das 10 mm über den Rand von *Gr* hinausragt. Durch die Bohrung des Stopfens *S* wird der Schaft des Filterröhrchens *F* geführt, der oben durch einen weiteren Stopfen verschlossen ist. In dessen Bohrung wird ein Heberrohr *H* von 3 mm lichter Weite eingepaßt. Der lange vertikale Schenkel dieses Rohres hat eine Länge von 20 bis 25 cm, so daß mit seiner Hilfe das Halogensilber bequem aus einem Bombenrohr aufgesaugt werden kann. Öfters werden die Fällungen jedoch in einem weiten Reagensglas *R* vorgenommen.

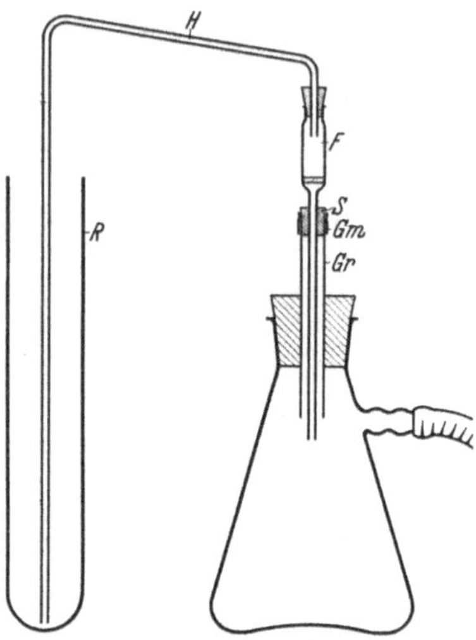

Abb. 43. Absaugvorrichtung für die Filtration mittels des Filterröhrchens (1/4 der natürl. Größe). [Aus F. PREGL-H. ROTH: Mikroanalyse. S. 119.]

Das Präparieren des Filterröhrchens mit Asbest.

In das von dem Heber samt Gummistopfen befreite Filterröhrchen bringt man bei mäßigem Saugen der Pumpe aufgeschlämmten, mittelfeinen Goochtiegelasbest und drückt ihn mit einem scharfkantigen Glasstab fest. Nach zweimaliger Wiederholung soll eine festgepreßte Asbestschicht von 1,5 bis 2 mm Höhe und ebener Oberfläche vorhanden sein. Man saugt viel Wasser, hierauf dreimal heiße Chromschwefelsäure und neuerlich viel Wasser hindurch. Zum Schluß wird noch der Reihe nach mit heißer Salpetersäure, Wasser und Alkohol gewaschen. Sodann trocknet man das Filterröhrchen unter Durchsaugen eines schwachen, staubfreien Luftstromes (vgl. S. 103ff.) bei 120° im Trocken- oder Regenerierungsblock (siehe das Folgende).

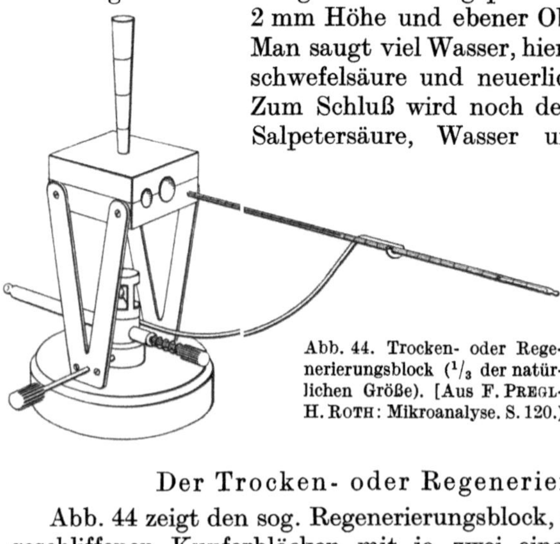

Abb. 44. Trocken- oder Regenerierungsblock (1/3 der natürlichen Größe). [Aus F. PREGL-H. ROTH: Mikroanalyse. S. 120.)

Der Trocken- oder Regenerierungsblock.[1]

Abb. 44 zeigt den sog. Regenerierungsblock, der aus zwei aufeinandergeschliffenen Kupferblöcken mit je zwei einander ergänzenden Halb-

[1] F. PREGL-H. ROTH: Mikroanalyse S. 119f.

rinnen besteht. Der eine der so entstehenden Kanäle mißt 12 mm im Durchmesser und dient zum Trocknen des erweiterten Teiles des Filterröhrchens, während der andere Kanal, dessen Durchmesser nur 8 mm beträgt, den Schaft aufnehmen kann, damit auch dieser getrocknet zu werden vermag. Das Erhitzen wird mit Hilfe eines Mikrobrenners ausgeführt, der die Temperatur auf 2 bis 3° genau einzustellen erlaubt. Ein waagrechtes Thermometer steckt, wie aus der Abbildung ersichtlich, in einer Bohrung des unteren Kupferblockes. Der obere Block trägt einen Handgriff.

Trocknen und Wägen.

Das in der Absaugeapparatur (S. 92, Abb. 43) mit salpetersäurehaltigem Wasser und hierauf mit Alkohol, wie vorhin beschrieben, gewaschene Filterröhrchen wird mit einem Luftfilter verschlossen und aus dem Gummistopfen *S* der Apparatur herausgezogen. Das Luftfilter besteht zweckmäßig aus einer kleinen Jenaer Glasnutsche,[1] deren zylindrischer Kopfteil oberhalb der Sinterplatte mit Watte gefüllt und deren Schaft durch einen Kork gesteckt wird. Der Kork wird in die Mündung des Filterröhrchens gesetzt. Man wischt dieses nun außen mit einem Tuch ab und verbindet den Schaft über ein Glaszwischenstück mit dem Vacuumschlauch der Wasserstrahlpumpe. Hierauf wird der erweiterte Kopfteil des Filterröhrchens unter schwachem Durchsaugen von Luft 5 Minuten lang in der weiten Bohrung des Regenerierungsblockes bei 120° erhitzt. Das gleiche erfolgt während weiterer 5 Minuten, indem der Schaft in die enge Bohrung des Blockes gelegt wird. Nach Entfernung des Filterröhrchens aus dem Trockenblock und Unterbrechung der Verbindung zur Pumpe entfernt man das Luftfilter und wischt das Filterröhrchen erst mit zwei feuchten Flanellappen und sodann mit zwei Paar Rehlederläppchen ab. Dies wird nach F. PREGL folgendermaßen ausgeführt: Die beiden Flanelläppchen von 6×10 cm werden nach S. 81 befeuchtet und in einer Glasdose aufbewahrt, in die auch die gleich großen Rehlederläppchen von Zeit zu Zeit für eine Stunde gelegt werden (vgl. das auf S. 82 über die Aufbewahrung der Rehlederläppchen Gesagte). Für gewöhnlich sind sie in zwei verschiedenen Glasdosen untergebracht. Man nimmt nun das eine Flanelläppchen in die linke Hand und ergreift damit das Filterröhrchen am einen Ende, wobei beachtet werden muß, daß die Mündung stets nach oben zu halten ist. Dies ist wichtig im Hinblick auf die spätere gleiche Behandlung des Röhrchens nach der Filtration von Niederschlägen, die bei anderer Haltung herausfallen könnten. Mit der rechten Hand faßt man das zweite Flanelläppchen und wischt nun mit diesem von der Mitte des Filterröhrchens, indem man es um seine Längsachse dreht, zweimal bis zum Ende. Nach Wenden des Röhrchens um 180° wird die zweite Hälfte in der gleichen Weise abgewischt. Dasselbe wird hierauf mit dem ersten und weiterhin mit dem zweiten Rehlederläppchenpaar ausgeführt. Das so abgewischte Filterröhrchen wird für 15 Minuten auf ein neben der Waage befindliches Gestell aus Draht[2]

[1] Katalogbezeichnung: 30a G 3.

[2] Hierzu eignet sich das Auflagegestell für die bei der Mikro-Elementar-

gelegt. Hierauf bringt man es mit einer waagrecht zu haltenden Drahtgabel auf die Haken des linken Waagegehänges, tariert es am besten gegen ein gleichartiges leeres Filterröhrchen aus und wägt nach 5 Minuten. Es ist ernstlich zu fordern, daß künftig die Waagegehänge der mikrochemischen Waagen vom KUHLMANN-Typus *beidseitig* mit derartigen Haken ausgerüstet werden.

Die Filtration.

Vor jeder Bestimmungsserie wird das Heberrohr *H* (S. 92, Abb. 43) mit warmer Chromschwefelsäure, Wasser und Alkohol gereinigt. Die Filtrierapparatur wird dann gemäß der Abb. 43 zusammengestellt. Das rechte Ende des Heberrohres muß 2 cm unter dem Stopfen enden, der in der Mündung des Filterröhrchens sitzt. Dieser Stopfen wird vor dem Einpassen mit einem Tropfen destillierten Wassers benetzt, damit die nötige Dichtigkeit gewährleistet ist. Das Abhebern erfolgt in der Weise, daß der lange Schenkel von *H* knapp über den Niederschlag in das Reagensglas *R* oder das Bombenrohr eingetaucht wird. Mit Hilfe einer Vacuumregulierflasche (S. 81, Abb. 34) regelt man den Unterdruck so, daß zwei Tropfen in der Sekunde aus dem kurzen Schenkel von *H* auf die Asbestschicht fallen. Ist fast alle Lösung abgesaugt, so spritzt man z. B. im Falle der Filtration von Halogensilber die innere Wand von *R* von oben her mit salpetersäurehaltigem Wasser ab, wirbelt den Niederschlag durch Umschütteln auf und hebert Niederschlag und Lösung vollkommen ab. An der Wand anhaftende Halogensilberteilchen werden mit der Spritzflasche (S. 86, Abb. 35) auf den Boden des Reagensglases gespült und von dort auf die Asbestschicht übergesaugt. Die letzten Spuren des Niederschlages bringt man mit Hilfe des feinen Strahles einer mit Alkohol gefüllten Spritzflasche von der Wand auf den Reagensglasboden. Man wiederholt hierauf noch zweimal das abwechselnde Abspülen mit salpetersäurehaltigem Wasser und Alkohol. Im Falle des Halogensilbers ist es auf die geschilderte Art fast stets möglich, den Niederschlag völlig von der Wandung des Fällungsgefäßes zu entfernen. Bei anderen Niederschlägen gelingt dies nicht immer. Man bedient sich dann eines „Federchens" (Abb. 45).[1]

Zu diesem Zweck schmelzt man ein 12 bis 15 cm langes Glasrohr von 2 bis 2,5 mm Außendurchmesser an dem einen Ende zu. In das

Abb. 45. „Federchen" ($^{2}/_{3}$ der natürlichen Größe). [Aus F. PREGL-H. ROTH: Mikroanalyse. S. 144.]

offene Ende des Glasröhrchens bringt man ein kleines Stückchen Glaskitt[2] und erwärmt es auf dem Regenerierungsblock zum beginnenden

---

analyse verwendeten Absorptionsapparate, das u. a. bei der Firma P. Haack, Wien, erhältlich ist.

[1] F. PREGL-H. ROTH: Mikroanalyse. S. 145.

[2] Der KRÖNIGsche Glaskitt wird durch Zusammenschmelzen von 1 Teil weißem Wachs mit 4 Teilen Kolophonium bereitet. Die weiche Schmelze

Schmelzen, worauf man in das dauernd warm gehaltene Glasrohr die Spule einer kleinen Schnepfenfeder einschiebt, die sich für den vorgesehenen Zweck ganz besonders eignet und auch nicht weiter zurechtgeschnitten werden muß. Den die Außenseite des Röhrchens verunreinigenden Kitt entfernt man mechanisch und wäscht das Federchen hierauf nacheinander kurz in Benzol, Alkohol und ammoniakalischem Seifenwasser unter gelindem Reiben zwischen den Fingern. Das so hergestellte „Federchen“ bewahrt man in einem mit einem Kork verschlossenen Glasrohr auf.

Nach Beendigung der Filtration nimmt man den Gummistopfen mit dem Heber aus der Mündung des Filterröhrchens und spritzt mit der Alkoholspritzflasche das innere Heberstück ab. Hierauf füllt man das Filterröhrchen bis zum oberen Rand mit Alkohol, saugt ihn ab und setzt das vorhin beschriebene Luftfilter (S. 93) auf. Die Trocknung, das Abwischen und die Wägung erfolgen in der gleichen Weise, wie vorhin angegeben.

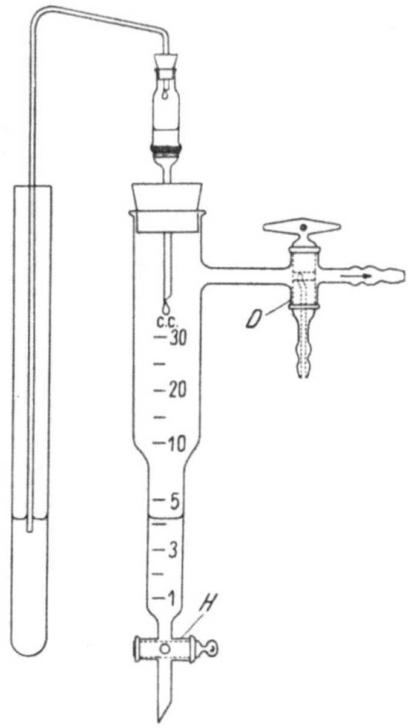

Abb. 46. Filtration mittels des Filterröhrchens: Volumsmessung des Filtrates. [Aus Mikrochem. **26**, 250 (1939).]

Abb. 46 zeigt einen Behelf,[1] der die Volumsmessung des Filtrates für den Fall ermöglicht, daß der Niederschlag mit dem Filtrat bzw. einer bestimmten Menge davon ausgewaschen werden muß.

Allgemeine Anwendung der beschriebenen Filtrationsmethode.

Diese Art der Filtration von in „Fällungsröhrchen“ nach F. Pregl gefällten Niederschlägen wurde besonders von R. Strebinger, Wien, und seinen Schülern für verschiedene Niederschläge angewendet und auch für Trennungen herangezogen, bei denen das Filtrat in einem zweiten Reagensglas aufgefangen wurde (Abb. 47).[2] Statt Alkohol wurden zum Überführen der letzten Niederschlagsreste in bestimmten Fällen auch andere organische Flüssigkeiten benutzt, so z. B. Benzol bei der Bestimmung des Wismuts als Pyrogallat (S. 165). Die verschiedene Oberflächenspannung von Wasser und Benzol verhindert das

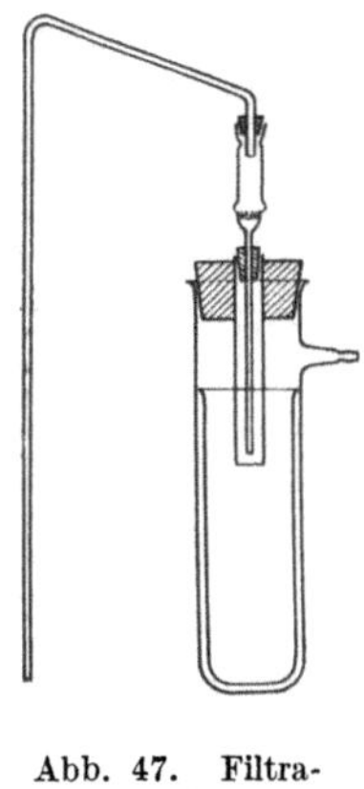

Abb. 47. Filtration mittels des Filterröhrchens: Auffangen des Filtrates in einem zweiten Reagensglas.

wird in zylindrische Formen gegossen (F. Pregl-H. Roth: Mikroanalyse. S. 43).

[1] H. Ballczo: Mikrochem. **26**, 250 (1939).

[2] R. Strebinger und J. Pollak: Mikrochem. **2**, 128 (1924).

Kriechen des Niederschlages. Filtrieren in der Wärme kann in dem auf S. 71 erwähnten Wasserbadeinsatz oder unter Einstellen des Fällungsröhrchens in die Bohrung eines Aluminiumblockes (S. 71) ausgeführt werden.

β) Anwendung des Mikro-Neubauer-Tiegels.

Mikro-Neubauer-Tiegel und Porzellanfiltertiegel.

Niederschläge, die geglüht werden müssen, können natürlich nicht unter Verwendung eines gläsernen Filterröhrchens filtriert werden. Man benutzt in diesem Falle kleine Mikro-Neubauer-Tiegel aus Platin, die bei W. C. Heraeus in Hanau erhältlich sind. Von der Berliner Porzellanmanufaktur werden ähnliche Porzellanfiltertiegel mit Sinterboden hergestellt, bei deren kleinster Type der Inhalt 1 ccm und das Gewicht 2 g beträgt. Bei diesen muß die äußere Glasur bis über die abgerundete untere Kante reichen, da sich sonst unerwünschte Wechselwirkungen mit der Gummimanschette der Absaugapparatur ergeben. Sie sollten jedoch weniger zum Glühen als hauptsächlich für solche Niederschläge verwendet werden, die bei Trockenschranktemperatur getrocknet werden. Der zum Glühen bestimmte Platin-Mikro-Neubauer-Tiegel wird mit einem Deckel und einer Bodenkappe geliefert. Seine Höhe beträgt 14 mm, der obere Durchmesser 12 mm, der untere 10 mm. Die Filterschicht ist ebenso wie bei den Emichschen Platinfilterstäbchen (S. 75, Abb. 31 c) aus festgepreßtem Platin-Iridium-Schwamm hergestellt. Da manche Tiegel zu langsam filtrieren, sind solche zu wählen, die beim Saugen mit dem Mund im Mittel 4 ccm Filtrat in der Minute hindurchlassen. Die meisten Niederschläge lassen sich mechanisch durch Auswischen mit einem auf einem Hölzchen[1] aufsitzenden Wattebausch unter dem Strahl der Wasserleitung entfernen. Selbstverständlich muß der Tiegel vor jeder Verwendung gründlich durchgewaschen werden, vor allem erst mit heißer Salzsäure (1 : 1), dann mehrfach mit heißem Wasser. Wird ein solcher Mikro-Neubauer-Tiegel ständig zur Bestimmung von Bariumsulfat herangezogen,[2] ist vor einer neuen Bestimmung das Bariumsulfat in der beschriebenen Art mechanisch zu entfernen. Erst nach längerem Gebrauch wird das im Innern der Filterschicht angesammelte Bariumsulfat mit heißer konz. Schwefelsäure gelöst. Nach einer derartigen Reinigung wird zur besseren Dichtung der Poren ein frisch bereiteter Bariumsulfatniederschlag filtriert und gründlich gewaschen.

Trocknen, Glühen und Wägen.

Der Platinfiltertiegel wird gut mit salzsäurehaltigem, destilliertem Wasser durchgewaschen. Hierauf setzt man die Bodenkappe und den Deckel auf und stellt das Ganze auf einen größeren Platintiegeldeckel, der auf einem Quarzdreieck ruht. Nach langsamem Anheizen mit kleiner

[1] Gerauhter Stahldraht ist zu vermeiden, da er leicht den Tiegel beschädigen kann.

[2] Für verschiedene Niederschläge ist jeweils stets ein bestimmter Sintertiegel zu verwenden.

Flamme, wobei es infolge Dampfbildung öfters zum „Hüpfen“ des Tiegelchens kommt, wird dieses nach Trocknung 3 Minuten lang mit starker Flamme auf Rotglut erhitzt und schließlich der mit der Platinspitzenpinzette gefaßte Deckel ausgeglüht. Nun stellt man den Tiegel samt Bodenkappe und Deckel mit der Platinspitzenpinzette für einige Minuten auf einen Kupfer- oder Nickelblock. Im Exsiccator (ohne Trockenmittel) wird das ganze Platingerät sodann zur Waage getragen (vgl. S. 83) und dort unter eine Glasglocke auf einen zweiten Metallblock gesetzt. Nach 10 Minuten werden Tiegel, Kappe und Deckel auf die Waagschale

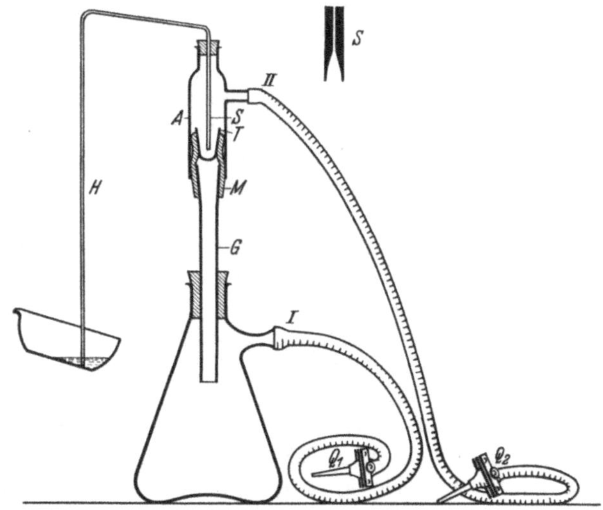

Abb. 48. Filtration mittels des Mikro-NEUBAUER-Tiegels. [Aus F. PREGL-H. ROTH: Mikroanalyse. S. 146.]

gestellt, gegen gleichartige Gegengewichte austariert und nach weiteren 5 Minuten gewogen. Man kann als Gegengewicht einen Mikro-NEUBAUER-Tiegel + Platinblech im annähernden Gesamtgewicht der zu wägenden Garnitur benutzen.

Die Porzellantiegel werden ähnlich wie die Filterröhrchen (S. 91, Abb. 42) vor dem Trocknen oder Glühen erst mit feuchtem Flanell und trockenem Rehleder außen abgewischt (nicht jedoch auf der rauhen Unterseite der Bodenfläche).

Absaugvorrichtung und Filtration.[1]

Die Absaugapparatur (Abb. 48) wurde von O. WINTERSTEINER[2] ursprünglich für die Filtration von Bariumsulfatniederschlägen konstruiert, die bei der Bestimmung des Schwefels in organischen Substanzen ausgefällt werden.

Während des Filtrierens bleiben Deckel und Bodenkappe im Handexsiccator. Den Tiegel *T* selbst setzt man in die mit Wasser befeuchtete

[1] F. PREGL-H. ROTH: Mikroanalyse. S. 146.

[2] O. WINTERSTEINER: Mikrochem. 2, 14 (1924).

Gummimanschette *M* der Absaugvorrichtung ein. Das im Absaugkolben steckende Glasrohr *G* ist 12,5 mm stark (äußerer Durchmesser). Der über die Manschette gestülpte Glasaufsatz *A* besitzt einen seitlichen Tubus, auf den der 50 cm lange Schlauch *II* gesteckt wird, der unten durch den Quetschhahn Q_2 verschlossen ist. In der oberen Mündung von *A* sitzt ein Stopfen, durch den der kürzere Vertikalschenkel des Heberrohres *H* hindurchführt. Dieser Schenkel weist ein erweitertes Ende *S* auf, um das Austreten größerer Tropfen zu ermöglichen, während das Lumen des gesamten Heberrohres, falls feine Niederschläge wie Bariumsulfat filtriert werden sollen, nur 0,8 mm beträgt. Die Mündung von *S* befindet sich etwa in halber Höhe des Tiegels *T*. Über den Saugtubus des Absaugkolbens wird ein Gummischlauch *I* gezogen, der am unteren Ende den Quetschhahn Q_1 trägt.

Zu Beginn des Filtrierens ist die Filterschicht des Tiegels *T* noch trocken, so daß durch Saugen bei *I* nach Öffnen von Q_1 die Filtration in Gang gesetzt werden kann. Sie erfolgt solange automatisch, als die Filterschicht des Filtertiegels von Flüssigkeit bedeckt ist. Sinkt jedoch der Unterdruck in *A*, so ist die Folge, daß nicht genügend Flüssigkeit in den Tiegel übergesaugt und dieser entleert wird. Die feuchte Filterschicht bietet ähnlich wie bei den EMICHschen Filterstäbchen (S. 75, Abb. 31) einen zu großen Widerstand, als daß der Unterdruck im Absaugkolben seine Wirksamkeit auf die in *A* befindliche Luft erstrecken könnte. Man verringert daher den Druck in *A* durch Öffnen des Quetschhahnes Q_2 und Ansaugen mit dem Mund, worauf die Filtration wieder in Gang kommt. Selbstverständlich darf nicht zu stark gesaugt werden, weil sonst zuviel Flüssigkeit aus dem Heberrohr in den Tiegel gelangen und über dessen Rand überfließen könnte. Wenn alle Flüssigkeit aus dem Schälchen (oder dem an dessen Stelle zu denkenden Reagensglas) übergesaugt ist, wird ohne Unterbrechung der Filtration mit Waschflüssigkeit nachgewaschen. Durch abwechselnde Anwendung von Wasser und einer bestimmten organischen Flüssigkeit von geeigneter Oberflächenspannung (z. B. Alkohol, Benzol, vgl. S. 95) lassen sich alle Niederschlagsreste aus dem Fällungsgefäß in den Filtertiegel überführen. Es dürfen natürlich nur solche organische Flüssigkeiten gewählt werden, in denen der Niederschlag nicht löslich ist. Zum Schlusse wird Q_2 geöffnet und der Aufsatz *A* abgezogen. Das Heberrohr wird samt dem Gummistopfen aus *A* herausgenommen und an seinem Ende über dem Tiegel mit der zuletzt benutzten organischen Waschflüssigkeit abgespült. Darauf wird der Tiegel trockengesaugt.

Nach der Filtration werden Deckel und Kappe auf bzw. unter den Filtertiegel gesetzt und das Glühen und Wägen in der vorhin beschriebenen Weise vorgenommen.

Allgemeine Anwendung der beschriebenen Filtrationsmethode.

Von verschiedenen Forschern, wie z. B. R. STREBINGER und seinen Schülern, wurde eine Reihe von Mikrobestimmungen unter Anwendung von Mikro-NEUBAUER-Tiegeln ausgearbeitet. G. SPACU verwendet für die Filtration und Wägung der zahlreichen von ihm entdeckten Komplexverbindungen mit organischen Komponenten ausschließlich Mikro-Porzellanfiltertiegel, da diese Verbindungen nur Trockenschranktemperaturen erfordern (vgl. S. 147, 168 und 178).

c) Filtration mittels der Zentrifuge.

Angesichts der häufigen Anwendung, die die Zentrifuge in der qualitativen Mikroanalyse als Hilfsmittel zur Trennung fester und flüssiger Phasen erfährt, fehlte es naturgemäß nicht an Versuchen, sich dieses Prinzips auch in der quantitativen Mikroanalyse zu bedienen und wägbare Zentrifugenröhrchen zu konstruieren, die eine Verwendbarkeit in der Mikrogewichtsanalyse gestatten. Im folgenden wird ein solches Zentrifugenröhrchen beschrieben,[1] das eine der geeignetsten Typen, die bis jetzt vorgeschlagen worden sind, darstellen dürfte.

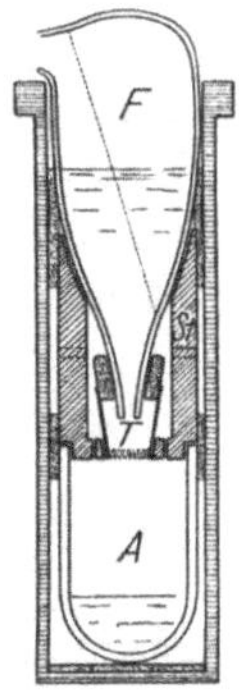

Abb. 49. Filtration mittels der Zentrifuge ($^1/_3$ der natürlichen Größe). [Aus Mikrochim. Acta (Wien) **3**, 250 (1938).]

Die Fällung des Niederschlages erfolgt in dem Fällungsgefäß *F* (Abb. 49), das oben mit Ausnahme einer seitlichen Öffnung geschlossen ist, während es unten kapillar zuläuft. Bei der Fällung wird es in eine solche Stellung gebracht, daß die Oberfläche der Flüssigkeit die in der Abbildung punktierte Lage einnimmt. Gegebenenfalls kann erwärmt werden. Auf einen Gummipfropfen, den man über das eng zulaufende untere Ende von *F* schiebt, wird ein Mikrofiltertiegel *T* aufgesetzt, und zwar so, daß dieses Ende von *F* in den Tiegel hineinragt. Beim Zentrifugieren entsteht dann ein Luftpolster, der ein Vollaufen des Tiegels mit Flüssigkeit verhindert.

Nach der Fällung und dem Absetzen des Niederschlages bringt man *F* in die in der Abbildung dargestellte senkrechte Lage und setzt die ganze Vorrichtung in den Ebonitständer *St*. Dieser ist so gebaut, daß *F* und *T* gut aufsitzen. Demnach erfordert jede Tiegelgröße einen eigenen Ständer. Um eine Deformation des Tiegels beim Zentrifugieren zu vermeiden, wird durch das Verschieben des erwähnten Gummipfropfens stets die gleiche Stellung des Tiegels *T* bewerkstelligt.

Das Filtrat und die Waschflüssigkeit werden in einem dickwandigen Gefäß *A* mit halbrundem Boden aufgefangen, dessen oberer Rand in eine außen am Boden des Ständers befindliche Nute paßt. Eine Marke am Fällungsgefäß *F* bezeichnet diejenige Flüssigkeitsmenge, die von *A* aufgenommen werden kann. *F* und *A* sind mit *St* durch zwei breitere, fest anliegende Gummiringe verbunden. Auf diese Weise bildet die ganze Vorrichtung *ein* Stück, das in die Metallhülse der Zentrifuge eingesetzt wird. Um beim Zentrifugieren ein Entweichen der Luft aus *A* zu ermöglichen, weist *St* einige Löcher auf.

[1] A. LANGER: Mikrochim. Acta (Wien) **3**, 247 (1938).

Die Dauer des Zentrifugierens beträgt nach den Angaben des Autors für Bariumsulfat bei Verwendung einer elektrisch betriebenen Zentrifuge mit 2000 bis 3000 Umdrehungen in der Minute nur einige Minuten. Beim Waschen des Niederschlages bedient man sich entweder eines unten gekrümmten Glasstäbchens mit Gummiring oder eines ,,Federchens" (vgl. S. 94, Abb. 45), das in diesem Fall an einem steifen Draht befestigt wird. Letzteres ist selbstverständlich nur dann möglich, wenn der Draht von der Waschflüssigkeit nicht chemisch angegriffen wird. Beim Waschen unterbricht man das Zentrifugieren und reibt die Wände mit dem Glasstäbchen oder Federchen ab. Die letzten Anteile des Niederschlages werden unter Nachwaschen mit Alkohol entfernt. Ein allzu starkes Haften des Niederschlages an den Wänden des Gefäßes *F* wird vermieden, wenn dieses vor der Verwendung gut mit Chromschwefelsäure gereinigt worden ist.

Das Fassungsvermögen des Apparates beträgt durchschnittlich 10 bis 12 ccm, kann jedoch je nach der vorhandenen Zentrifugenhülse vergrößert oder verkleinert werden.

Zur Einwaage fester Stoffe dient ein in Abb. 50 wiedergegebenes Einwaageschälchen mit einer oberen und einer seitlichen Öffnung.

Abb. 50. Einwaageschälchen für die Zentrifugenvorrichtung nach Abb. 49 (1/3 der natürl. Größe). [Aus Mikrochim. Acta (Wien) **3**, 251 (1938).]

Nach dem Einwägen wird die Substanz aus dem um 90° gedrehten Gefäß mit einer sehr geringen Menge Lösungsmittel in das Fällungsgefäß *F* gespült, wobei man sich zweckmäßig einer Spritzflasche bedient, der nur die für die Fällung vorgesehene Menge des Lösungsmittels entnommen werden kann.

Frühere Ausführungsformen wägbarer Zentrifugenröhrchen (die teilweise eine abnehmbare Kappe aufweisen, die für sich allein gewogen wird) beschreiben F. W. Rixon,[1] E. Gartner,[2] A. Friedrich,[3] S. D. Elek,[4] D. F. Houston und C. P. Saylor,[5] C. R. Johnson.[6]

4. Lösen und Umfällen von Niederschlägen.

Sehr oft müssen während einer Analyse Niederschläge, die sich in einem Mikrotiegel befinden und mittels eines Filterstäbchens filtriert worden sind, wieder aufgelöst werden, was meist durch verdünnte Salz- oder Salpetersäure, in Ausnahmefällen (z. B. bei Phosphorammoniummolybdat) durch verdünnten Ammoniak bewirkt wird. Zu diesem Zweck

[1] F. W. Rixon: J. Soc. chem. Ind. **37**, 255 (1919).
[2] E. Gartner: Mh. Chem. **41**, 490 (1920).
[3] A. Friedrich: Mikrochem., Pregl-Festschrift, 103 (1929).
[4] S. D. Elek: Mikrochem. **19**, 129 (1936).
[5] D. F. Houston und C. P. Saylor: Ind. Engng. Chem., Analyt. Edit. **8**, 302 (1936).
[6] C. R. Johnson: Chemist-Analyst **25**, 70 (1936).

setzt man aus einer Mikrospritzflasche die Säure tropfenweise zu und erwärmt hierauf im Wasserbad (vgl. S. 108ff.). Manchmal besteht dabei die Gefahr, daß es zum Verspritzen der Lösung kommt. Dies ist der Fall beim Lösen von Carbonaten oder Sulfiden in Salzsäure oder beim Auflösen gewisser Niederschläge (z. B. Molybdänsulfid) in Königswasser. Um Verluste zu vermeiden, setzt man entweder nur verdünnte Säure oder aber anfänglich bloß sehr wenig Königswasser zu und bedeckt den Tiegel oder den schnabellosen Becher mit einem Uhrglas (Jenaer Geräteglas), das in der Mitte ein kreisrundes Loch besitzt, in welches der Schaft des Filterstäbchens so genau hineinpaßt, daß der Zwischenraum nur wenige Zehntelmillimeter beträgt. Nur in Fällen ganz besonders stürmischer Reaktion, was aber sehr selten eintritt, ist es notwendig, den Tiegel außen gut mit heißem Wasser abzuspülen und in einen größeren Porzellantiegel („Übertiegel") zu stellen, der noch mit einem Uhrglas bedeckt werden kann. Dieser „Übertiegel" wird dann auf dem Wasserbad erwärmt und nach dem Herausnehmen und Abspritzen des inneren Tiegels gut ausgespült (vgl. S. 112). Das Spülwasser wird hierauf in den inneren Tiegel übergespült oder besser übergesaugt.

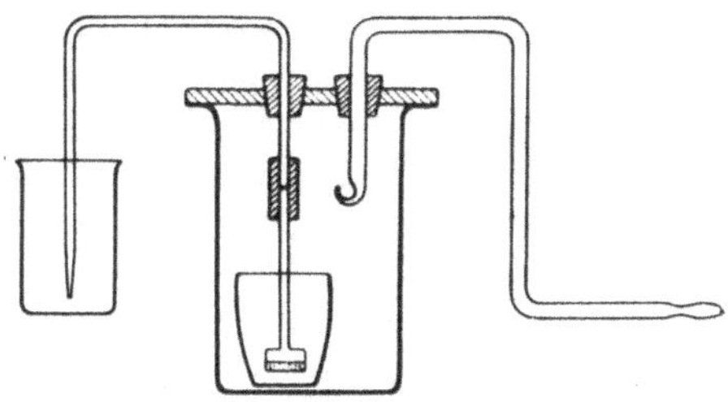

Abb. 51. Wiederauflösen von filtrierten Niederschlägen ($^1/_4$ der natürlichen Größe).

Nach dem Abspülen des den (inneren bzw. allein vorhandenen) Tiegel bedeckenden Uhrglases mit heißem Wasser wird die saure Lösung durch das Filterstäbchen mit Hilfe der Absaugapparatur (S. 79, Abb. 32) in einen anderen Tiegel übergesaugt und durch mehrmaliges Nachspülen mit heißer verdünnter Säure quantitativ in diesen gebracht. Nach dem zweiten Spülen wird die Flüssigkeit bei jedem weiteren Male gänzlich aus dem Tropfrohr abgesaugt. In der Regel wird nun die saure Lösung weitgehend oder zur Gänze eingedampft und dann eine neuerliche Fällung vorgenommen.

Das Überführen der Lösung in einen anderen Tiegel ist deshalb notwendig, weil sich ein Teil der Flüssigkeit nach Auflösen des Niederschlages in den Poren der Filterplatte und im Schaftinneren des Filterstäbchens ansammelt und infolgedessen einer zweiten Fällung entgehen würde.

Soll die Fällung jedoch im ursprünglichen Tiegel vorgenommen werden, so bedient man sich der in Abb. 51 dargestellten Apparatur.[1] Wie daraus ersichtlich, wird das Filterstäbchen nach dem Auflösen des Niederschlages mit einem 1 cm langen Gummischlauch an dem unteren Ende des Tropfrohres befestigt. Dann wird durch das fein ausgezogene Ende der Kapillare aus einem Mikrobecher verdünnte Säure in mehreren

[1] Diese Vorrichtung wurde von W. Reich-Rohrwig im Wiener Analytischen Universitätslaboratorium eingeführt.

Portionen verkehrt durch das Filterstäbchen gesaugt. Die Absaugapparatur ist dabei gegen Ende zweimal ein wenig zu öffnen und das Filterstäbchen mit etwas heißem Wasser oder heißer verdünnter Säure in den Auffangtiegel hinein abzuspülen. Die in diesem befindliche Lösung wird schließlich (nach Entfernen des Filterstäbchens) eingedampft und die Fällung wiederholt. Das Filterstäbchen kann unter Umständen nach gründlichem Hindurchsaugen von heißem Wasser wiederum für die Filtration des umgefällten Niederschlages benutzt werden.

In ähnlicher Weise ist es möglich, Niederschläge, die auf einem Filterröhrchen nach F. PREGL (S. 91, Abb. 42) gesammelt worden sind, in diesem mit heißer Säure zu lösen und die Lösung unter gründlichem Nachspülen in ein Auffanggefäß zu saugen (S. 95, Abb. 47).

Filterbecher werden stets nur für die *Bestimmung* von Niederschlägen, nicht aber für solche Fällungen in Gebrauch genommen, die wiederum aufgelöst werden müssen. Anders liegt der Fall, wenn z. B. ein Metalloxychinolatniederschlag nach dem Trocknen *und Wägen* in heißer konz. Essigsäure gelöst und die Lösung in einem Tiegel eingedampft werden soll, um nach Zerstörung der organischen Substanz zur weiteren Analyse in Oxyd übergeführt zu werden (vgl. S. 283). Der Filterbecher wird in diesem Falle mit 0,5 bis 1 ccm Eisessig in einem Wasserbadaufsatz erwärmt und von Zeit zu Zeit geneigt, so daß der Eisessig einige Augenblicke lang die Filterplatte bespülen kann. Mit Hilfe der Absaugapparatur (S. 79, Abb. 32) wird die Lösung in einen Auffangtiegel (in der Regel einen gewogenen Platintiegel) gesaugt und drei- bis viermal mit heißer Essigsäure (1 : 1) gründlich nachgespült. Beim dritten und vierten Spülen ist die Lösung jedesmal gänzlich abzusaugen. Falls sich der Niederschlag hartnäckigerweise nicht völlig löst oder die Filterplatte dunkel gefärbt bleibt, erwärmt man zwischendurch den Filterbecher noch einmal mit 0,5 bis 1 ccm Eisessig auf dem Wasserbad.

5. Trocknen der Niederschläge.

Vor dem Trocknen sind alle Mikrofiltergeräte in der gleichen Weise wie vor der Leerwägung feucht und trocken abzuwischen (S. 82, 93). Zu beachten ist, daß das Abwischen der Filterstäbchen nach Filtration eines Niederschlages nur am obersten Ende des Schaftes statthaben darf, damit nicht etwa anhaftende Niederschlagsanteile entfernt werden.

Trockenschrank.

Zum Trocknen der die Niederschläge enthaltenden Mikrofiltergeräte sind verschiedene Vorrichtungen im Gebrauch. Zunächst sei festgestellt, daß man in allen Fällen, in denen es nicht auf möglichst schnelles Trocknen ankommt, mit den gewöhnlichen in der Makroanalyse üblichen Trockenschränken in zufriedenstellender Weise arbeiten kann. Für gewöhnlich sind die Mikrogefäße, Filterstäbchen usw. innen noch feucht, weshalb man sie zunächst einige Zeit im geöffneten Schrank erhitzt. Erst wenn die Wassertropfen verdampft sind, wird die Türe des Trockenschrankes geschlossen. Es braucht wohl kaum betont zu werden, daß die Trockenschränke bei der Verwendung für mikroanalytische Arbeiten besonders sauber zu halten sind. Auch soll die Temperatur durch einen Regulator auf 1° konstant eingestellt werden können. Sehr geeignet sind die runden Elektrotrockenschränke der Firma W. C. Heraeus.

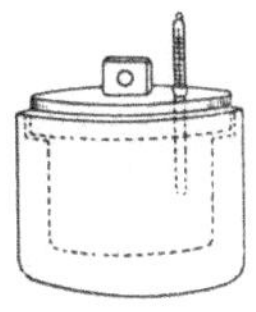

Abb. 52. STÄHLERscher Block (1/2 der natürlichen Größe). [Aus Mh. Chem. **36**, 386 (1915).]

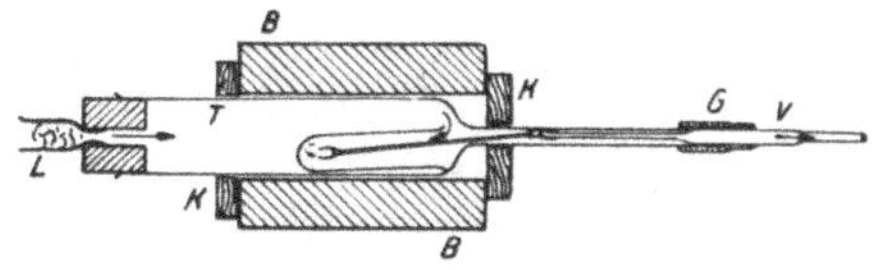

Abb. 53. Trockenvorrichtung für Filterstäbchen (1/6 der natürlichen Größe). [Aus Mikrochem., PREGL-Festschrift, 8 (1929).]

STÄHLERscher Block.

Becher, Filterbecher und Filtertiegel können auch in einem kleinen STÄHLERschen Block[1] aus Aluminium (Abb. 52) vorgetrocknet werden. In dessen Deckel ist ein sog. „kurzes Thermometer“[2] eingefügt, das eine Teilung von 5 zu 5° aufweist, nichtsdestoweniger aber bis 360° reicht. Die damit erzielbare Genauigkeit genügt für die meisten Zwecke durchaus.

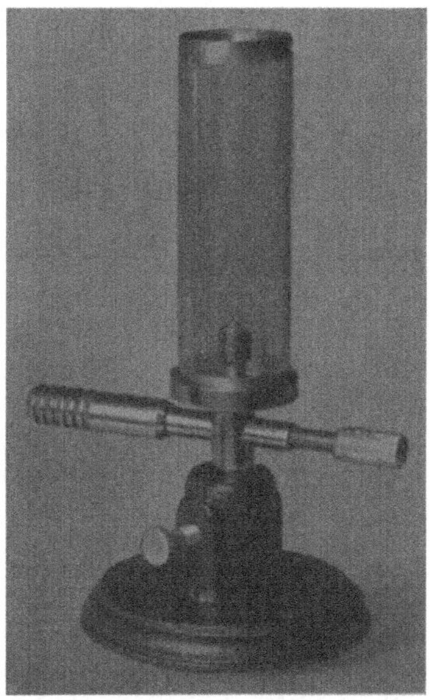

Abb. 54. Mikrobrenner (2/3 der nat. Größe).

Trockenvorrichtung nach A. BENEDETTI-PICHLER.

Von A. BENEDETTI-PICHLER[3] wurde eine Vorrichtung zum Trocknen der von ihm verwendeten Glasfilterstäbchen mit Asbestfüllung angegeben, deren Konstruktion aus Abb. 53 wohl eindeutig hervorgeht. *B* stellt einen zweiteiligen Aluminiumblock ähnlich dem PREGLschen „Regenerierungsblock“ (S. 92, Abb. 44) dar. Das gläserne Trockenrohr *T* wird durch die Korkscheiben *K* in seiner Lage gehalten. Der Mikrobecher hat die Gestalt einer kurzen Proberöhre. *L* ist ein Luftfilter. Dieses wird benötigt, weil die Trocknung im Luftstrom stattfindet, wodurch die dazu notwendige Zeit wesentlich abgekürzt wird. Den Weg des Luftstromes bezeichnen die Pfeile. Durch das Glasrohr *V* wird über ein Schlauchstück die Verbindung zur Pumpe hergestellt. Zum

[1] J. DONAU: Mh. Chem. **36**, 386 (1915).
[2] F. EMICH: Lehrbuch. S. 82; Praktikum. S. 59, 118.
[3] A. BENEDETTI-PICHLER: Mikrochem., PREGL-Festschrift, 6 (1929).

Erhitzen des Blockes dient ein Mikrobrenner. Ein Modell eines Mikrobrenners mit Glimmerschutzzylinder für die Flamme zeigt die Abb. 54. Die Temperatur kann an einem ähnlich wie beim „Regenerierungsblock" angebrachten Thermometer abgelesen werden.

Universalapparat nach F. HECHT.[1]

Abb. 55 zeigt einen Apparat, der außer zu anderen Zwecken auch zum Trocknen von Bechern und Tiegeln samt Filterstäbchen (und Niederschlägen) benutzt werden kann.

In einen Holzblock *H* von der Gestalt eines Pyramidenstumpfes ist ein unten offenes Gefäß *G* aus Jenaer Glas eingepaßt, dessen unterer Teil Zylinderform aufweist. An seinem oberen, schwach konisch verlaufenden Rand ist es umgefaltet und geht in einen tiegelförmigen Teil *T* über, der — zwischen der äußeren und der inneren Glaswand — von einem konischen Kupferblechmantel *M* in Gestalt eines Tiegels ohne Boden umschlossen ist. Dieser Kupferring wird durch einen elektrischen Widerstand von bestimmter Dimensionierung geheizt, dessen Windungen *W* sich innerhalb eines Nickelbleches *B* befinden. Die Stromzuführung *L* verläuft innerhalb des Glaskörpers *G* und des Holzblockes *H* nach außen zu den elektrischen Steckhülsen *St*. Drahtspiralen halten *G* in seiner Lage fest. Der leere Raum zwischen dem Glasmantel *G* und dem Nickelblech *B* bzw. unterhalb von *B* wird mit ausgeglühtem Asbest gefüllt, um eine gleichmäßige Verteilung der Wärme zu erzielen. Ein auf den oberen Teil von *G* aufgeschliffener Schutztrichter *Tr* aus Jenaer Geräteglas, an dessen einer Seite ein Staubfilter *F*[2] angeschmolzen ist, gestattet das Darüberleiten staubfreier Luft über die zu trocknenden Geräte. Die Schliffe sind in der Abb. 55 mit *Sch* bezeichnet. Zwischen die Wasserstrahlpumpe und den Apparat wird eine Vacuumregulierflasche (S. 81, Abb. 34) eingeschaltet, die durch Öffnen des Hahnes das Einströmen von Luft und somit Aufheben der Saugwirkung ermöglicht. Der Apparat wird durch ein Steckkabel mit der elektrischen Lichtleitung über einen

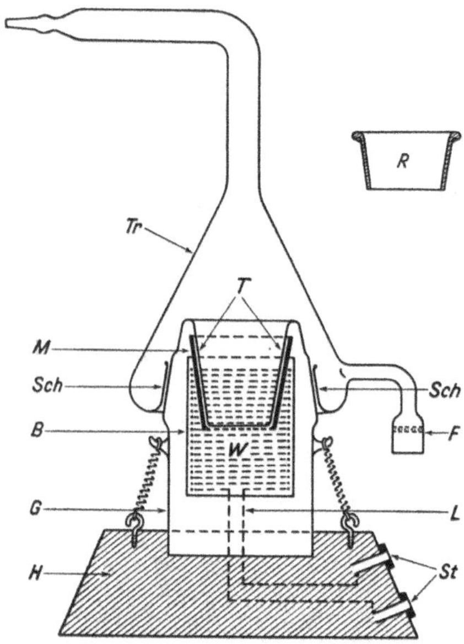

Abb. 55. Trockenvorrichtung: „Universalapparat" ($^1/_3$ der natürlichen Größe). [Aus Mikrochim. Acta (Wien) 3, 129 (1938).]

[1] F. HECHT: Mikrochim. Acta (Wien) 3, 129 (1938).

[2] Jenaer Glasnutsche 30a G 3, die zur Hintanhaltung allzu rascher Verschmutzung der Filterplatte in ihrem „Kopfteil" mit Watte gefüllt wird.

passenden Zusatzregulierwiderstand[1] verbunden. Dieser wird empirisch für verschiedene Temperaturen geeicht, so daß man bequem wechselnde Trockentemperaturen einstellen kann. Die Eichung kann in einfacher Weise mit Hilfe von „Kurzthermometern" (S. 103) erfolgen, die man in *T* einbringt. Das Erhitzen auf die gewünschte Temperatur führt man in der Weise aus, daß der Regulierwiderstand anfangs einige Minuten lang in die Stellung für die höchste erreichbare Temperatur gebracht und erst dann auf die der gewünschten Temperatur entsprechende Marke eingestellt wird. Der Trichter sitzt in der Wärme vollkommen dicht auf, läßt sich aber schon innerhalb weniger Minuten nach Abstellen der Heizung von dem unteren Teil des Apparates leicht abheben. Da die Mikrogeräte nur mit Glas und mit von Staub befreiter Luft in Berührung kommen, ist die Möglichkeit von Verunreinigungen irgendwelcher Art weitgehend ausgeschlossen.

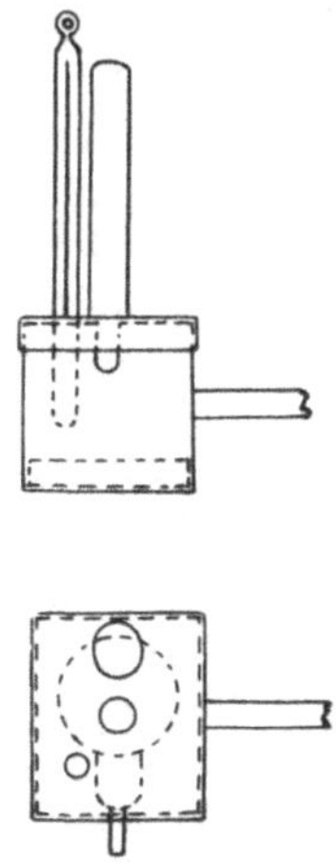

Abb. 56. Trocknungsvorrichtung für Filterbecher nach E. SCHWARZ-BERGKAMPF ($^1/_3$ der natürlichen Größe). [Aus Z. analyt. Chem. **69**, 338 (1926).]

Trocknungsvorrichtung für Filterbecher nach E. SCHWARZ-BERGKAMPF.[2]

Abb. 56 erläutert in Auf- und Grundriß einen kleinen Trockenschrank für Filterbecher, der aus einem durch einen Mikrobrenner heizbaren Kästchen aus Aluminiumblech mit den Innenmaßen 35 × 40 × 35 mm besteht. Er besitzt einen nicht zu stark übergreifenden Deckel, der in der Mitte eine mit einem Porzellanrohr überzogene Messingstange als wärmeisolierten Griff, ferner seitlich einen Stutzen für ein „kurzes Thermometer" (siehe S. 103) und rückwärts ein ovales Loch zur Aufnahme des Einfüllstutzens aufweist. 5 mm über dem Doppelboden des Kästchens befindet sich ein dritter Boden, auf dem der Filterbecher während der Trocknung ruht. Für den Filtrierstutzen ist auf der vorderen Schmalseite ein Schlitz angebracht. Durch eine seitliche Messingstange ist das Kästchen an einem Stativ zu befestigen. In den Einfüllstutzen des Filterbechers steckt man vermittels eines Korkes ein Luftfilter der früher (S. 93) beschriebenen Art.

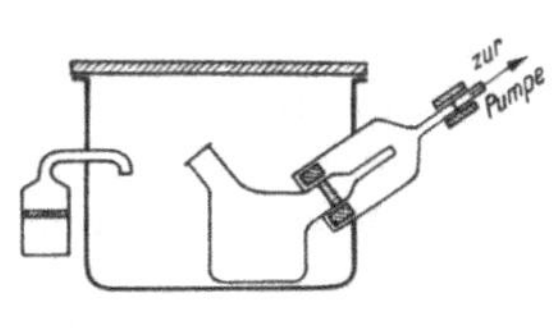

Abb. 57. Trocknungsvorrichtung für Filterbecher nach H. BRANTNER (etwa $^1/_4$ der natürlichen Größe).

Trocknungsvorrichtung für Filterbecher nach H. BRANTNER.[3]

Diese aus Jenaer Glas angefertigte Apparatur (Abb. 57) besteht aus einem zylindrischen Unter-

[1] Die Herstellerfirma P. Haack, Wien, liefert auch einen zu dem Apparat passenden Schiebewiderstand. Der Apparat wird für Netzspannungen von 110 oder 220 Volt hergestellt.

[2] E. SCHWARZ-BERGKAMPF: Z. analyt. Chem. **69**, 338 (1926).

[3] F. HECHT, W. REICH-ROHRWIG und H. BRANTNER: Z. analyt. Chem. **95**, 159f. (1933). (Diese Trocknungsvorrichtung wurde von H. BRANTNER eingeführt.)

teil mit umgebogenem, oben plangeschliffenem Rand, auf den eine Glasplatte aufgeschliffen ist. Seitlich ist einerseits ein Tubus, der vermittels eines Korkes den Filterbecher aufnimmt, anderseits ein Luftfilter[1] angeschmolzen, dessen Filterplatte mit einer Watteschicht bedeckt ist, damit sie selbst möglichst staubfrei bleibt (vgl. S. 93). Diese Schicht ist öfters zu erneuern. Die beschriebene Trocknungsvorrichtung hat den Vorteil, daß jede Verunreinigungsmöglichkeit des Filterbechers in seinem Inneren durch Gummi- oder Korkstückchen vollkommen ausgeschaltet ist. Zwecks Trocknung bei höherer Temperatur stellt man den Apparat in einen Trockenschrank mit außen in der Seitenwand befindlichem Tubus, in den ein Kork eingepaßt wird, durch den ein gebogenes Glasrohr hindurchführt. Dieses ist außerhalb des Trockenschrankes über eine Vacuumregulierflasche (S. 81, Abb. 34) mit der Wasserstrahlpumpe oder Saugleitung verbunden. Das im Innern des Schrankes befindliche, tiefer liegende Rohrende schließt über ein (in der Abbildung dargestelltes) Schlauchstück an den seitlichen Tubus der Trockenvorrichtung an.

Die Apparatur eignet sich auch ausgezeichnet zum Lufttrockensaugen von Niederschlägen ohne Erwärmung, also bei Zimmertemperatur. Zwecks etwaiger Trocknung des Luftstromes kann man in die Öffnung des Luftfilters einen Gummistopfen einsetzen, durch den das rechtwinkelig abgebogene Ansatzrohr eines mit einem Trockenmittel gefüllten Schutzröhrchens hindurchführt.

Regenerierungsblock.

Das Trocknen von PREGLschen Filterröhrchen samt Niederschlägen wird nach dem üblichen Abwischen im „Regenerierungsblock" (S. 92. Abb. 44) ausgeführt, wie bereits auf S. 93 auseinandergesetzt wurde.

Trockenblöcke nach F. FUHRMANN.[2]

Bei diesen handelt es sich um zylindrische Messingblöcke in drei verschiedenen Ausführungen, die an den Stäben eines gemeinsamen, sehr stabilen Eisenstativs mit Hilfe von Schraubenmuffen in der Höhe verschieb- und feststellbar sind und durch gleichfalls verschiebbare Mikrobrenner geheizt werden. Die Temperaturmessung ermöglichen kurze Stabthermometer, die von bis zur Mitte reichenden Bohrungen der Metallblöcke aufgenommen werden. Die gleichmäßige Erhitzung der Blöcke wird dadurch erleichtert, daß sie unten Rohrstutzen zum Auffangen der Wärme besitzen. Der eine Block kann mit einem aufgeschliffenen Deckel bedeckt werden, durch den ein fast bis zum Boden des Blockinneren reichendes Rohr führt, das zum Einleiten von kalter oder warmer Luft oder von indifferenten Gasen dient. Eine zweite Bohrung des Deckels gestattet den Austritt des Gases.

Diese Blöcke ermöglichen ein schnelles und gründliches Trocknen von Schälchen, Röhrchen und Mikrogefäßen verschiedener Art und weisen

[1] Jenaer Glasnutsche 30a G 3 mit abgebogenem Schaft.

[2] F. FUHRMANN: Mikrochem. **23**, 167ff. (Abb. 1 bis 4) (1938).

gute Temperaturkonstanz auf. Sie eignen sich natürlich auch zum raschen Eindampfen von Flüssigkeiten.

Betreffs Einzelheiten vgl. die Originalarbeit.

Wägen des getrockneten Filtergerätes und Niederschlages.

Um jede neuerliche Verunreinigung der schon vor dem Trocknen gesäuberten Gefäßoberflächen ganz sicher auszuschließen, empfiehlt es sich, die Filtergeräte nach dem Herausnehmen aus der jeweils benutzten Trockenapparatur nochmals leicht abzuwischen, zumindest mit dem trockenen Rehlederlappen. Die Filterstäbchen werden nicht mehr abgewischt, sondern nur die Becher oder Tiegel, mit denen zusammen sie gewogen werden.

Das Erkaltenlassen und Wägen der Filtergeräte erfolgt nach S. 83 bzw. 93.

Man unterlasse nie, durch nochmaliges 15 bis 20 Minuten langes Trocknen der gewogenen Geräte die Gewichtskonstanz zu prüfen. Eine weitere Abgabe von Feuchtigkeit findet dabei fast nie mehr statt,[1] jedoch wird einerseits der gewissenhafte Analytiker durch Bestätigung der vorangegangenen Wägung stets die wünschenswerte Sicherheit zu erlangen wünschen, anderseits kann bei Gewichtsdifferenzen, die den noch zulässigen Wägefehler[2] überschreiten, durch eine nochmalige kurze Trocknung und Wägung fast immer ein genügend enges Zusammenfallen von mindestens zweien der Wägeresultate erzielt und durch die Bildung des Mittels aus zwei oder mehr Wägungen der wahrscheinliche Wägefehler vermindert werden. Die nochmalige Trocknung verfolgt dabei vor allem den Zweck, die wiederholte Wägung des Filtergerätes unter Einhaltung stets genau gleicher Vorbehandlung auszuführen.

Es ist bedenklich, in der Mikroanalyse durch Unterlassung von Vorsichtsmaßnahmen, die in der Makroanalyse eine Selbstverständlichkeit bedeuten, eine weitere Abkürzung der Ausführungszeit bewirken zu wollen. Infolgedessen sollte, sofern es sich nicht um technische Schnellmethoden handelt, auch auf die Angabe der für eine Bestimmung erforderlichen Zeit kein übertriebenes Gewicht gelegt werden. Die auf Konstanzwägungen aufgewendete Mühe findet ihren Lohn in dem für jeden Analytiker unerläßlichen Bewußtsein einwandfreier Arbeitsweise.

6. Glühen der Niederschläge.

Über das Glühen von Tiegeln (mit und ohne Filterstäbchen) bzw. von Filtertiegeln oder Schiffchen ist schon wiederholt gesprochen worden (S. 62ff., 67f., 82f., 96ff.). Andere als die genannten Geräte (und die Schälchen nach J. Donau [S. 115ff.]) kommen für Glühtemperaturen nicht ernstlich in Betracht.

---

[1] Hingegen verringern Metalloxychinolate, die überschüssiges Oxychinolin eingeschlossen enthalten, bei Trockenschranktemperaturen stundenlang ihr Gewicht (vgl. S. 283).

[2] $\pm 10\,\gamma$; bei Niederschlägen mit sehr kleinem Umrechnungsfaktor unter Umständen $\pm 15\,\gamma$.

Tiegel mit Filterstäbchen werden nach der Filtration eines Niederschlages in einem Wasserbadaufsatz (Abb. 58 bzw. 59b) 10 Minuten lang vorgetrocknet, worauf sie nach S. 82 bzw. 102 feucht und trocken abgewischt und 10 Minuten lang bei 120 bis 130° in einen Trockenschrank gestellt werden (siehe S. 82). Aus diesem bringt man sie in einen elektrischen Tiegelofen, der mit einem passenden Berliner Porzellantiegeldeckel bedeckt wird (siehe S. 82). Bei manchen Niederschlägen darf die Temperatur nur allmählich bis zur Glühhitze gesteigert werden, was mit dem regulierbaren Widerstand bewirkt wird.

Filtertiegel werden nicht auf dem Wasserbad, sondern nur im Trockenschrank bei anfänglich geöffneter Türe vorgetrocknet. Platingeräte können mit Hilfe der Platinspitzenpinzette dem Ofen ohne weiteres noch in schwachglühendem Zustand entnommen werden. Nach einer Viertelminute Auskühlen an der Luft werden sie in der schon beschriebenen Weise (S. 83) auf zwei Metallblöcken erkalten gelassen und zur Waage gebracht. Steht nur *ein* Metallblock zur Verfügung, so dauert das Erkalten einige Minuten länger. Ein neuerliches Abwischen der Filtergeräte nach ihrer Entnahme aus dem elektrischen Ofen ist nicht erforderlich. Selbstverständlich muß der Glühraum des elektrischen Ofens von Zeit zu Zeit mit einem feinen Pinsel gereinigt werden.

Wägung der geglühten Filtergeräte.

Diese wird nach S. 83 bzw. S. 97 ausgeführt. Auch hier gilt das auf S. 107 Gesagte über die Wiederholung der Wägungen bis zur Gewichtskonstanz nach jedesmaligem neuerlichem, kurzem Glühen.

7. Abdampfen.

a) Geräte.

Gewöhnliches Wasserbad mit Glasaufsätzen.

Abb. 58 zeigt einen Aufsatz aus Jenaer Glas, der einen Tiegel hält, dessen Inhalt eingedampft werden soll. Solche Aufsätze, die man einfach auf die Porzellanringe eines gewöhnlichen Wasserbades stellt, können in beliebiger Größe für verschiedene Tiegel angefertigt werden. Wichtig ist dabei, daß sich der Tiegel oder Becher bis etwa 5 oder 6 mm unterhalb seines oberen Randes innerhalb des Aufsatzes befindet und daß dieser sich nach oben verjüngt, damit der Tiegel allseits von heißen Wasserdämpfen umspült wird. Derartige Glasaufsätze sind seit langem in der Makroanalyse, insbesondere für Platintiegel, üblich. Auch Filterbecher können darin vor und während der Fällungen erhitzt werden.

Abb. 58. Einfacher Wasserbadaufsatz ($^1/_5$ der natürl. Größe).

Statt eines kupfernen läßt sich mit Vorteil das neue, ganz aus Glas hergestellte Wasserbad der Firma Schott und Gen., Jena, verwenden. Es fällt dadurch die Gefahr fort, daß die einzudampfenden Lösungen durch Spuren Kupfer verunreinigt werden.

Das Eindampfen wird weitgehend beschleunigt, wenn man einen Strom filtrierter Luft mit Hilfe einer gebogenen Glaskapillare auf die

Flüssigkeitsoberfläche leitet. Die Mündung der Kapillare muß 1 bis 2 cm oberhalb der Flüssigkeit enden. Es ist darauf zu achten, daß die Luft nicht etwa durch Öldämpfe (aus der Pumpe) verunreinigt ist, was zu grobem Verschmutzen der einzudampfenden Lösung führen würde.[1] Diese Gefahr ist bei Anwendung einer Wasserstrahlgebläsepumpe vermieden.[2] Als Staubfilter benutzt man am besten ein an einer Stelle kugelförmig aufgeblasenes Glasrohr. In die kugelförmige Erweiterung ist ein Wattepfropfen eingebracht. Nach dem Filter wird gegebenenfalls eine Waschflasche mit Wasser eingeschaltet. Trotzdem ist im Auge zu behalten, daß die Laboratoriumsluft unter Umständen gasförmige Verunreinigungen enthalten kann, die in der einzudampfenden Lösung unbeabsichtigte Fällungen hervorrufen (Schwefelbestimmung in gasbeheizten Räumen oder unter Anwendung gasgeheizter Wasserbäder [vgl. S. 259]; Halogenbestimmung bei Anwesenheit von Salzsäuredämpfen).[3] Für die weitaus meisten Bestimmungen kommt jedoch eine derartige Gefahr nicht in Betracht.

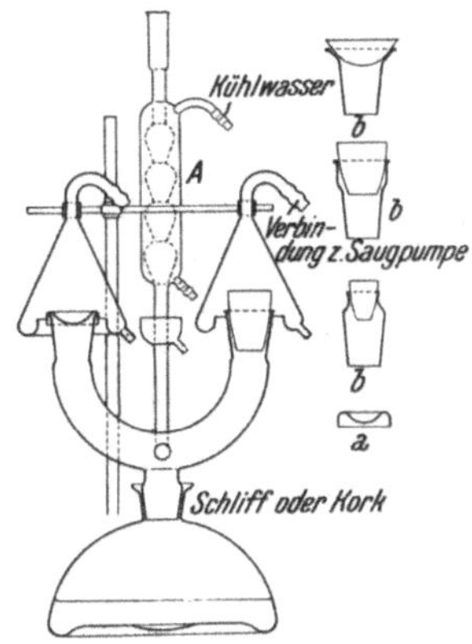

Abb. 59. Mikroanalytisches Wasserbad (etwa $^1/_7$ der natürlichen Größe). [Aus Mikrochem. **12**, 190 (1933).]

Mikroanalytisches Wasserbad nach W. Reich-Rohrwig.[4]

Verunreinigungen einzudampfender Lösungen durch Metallteilchen oder durch Verbrennungsprodukte des Leuchtgases sind bei der Verwendung dieses mit Hilfe einer elektrischen Heizplatte erhitzten Wasserbades (Abb. 59) ausgeschlossen. Es besteht aus einem Kolben von Jenaer Glas, der mit destilliertem Wasser zum Teil gefüllt wird. In seinen Hals ist eine Röhre eingeschliffen,[5] die sich in zwei Arme gabelt. Die Mündungen dieser beiden Arme, bzw. verschieden gestaltete Glaseinsätze (Abb. 59, *b*), die in die Mündungen passen, nehmen die Mikrogefäße (Becher, Tiegel, Schalen) mit den einzudampfenden Flüssigkeiten auf. Der überschüssige Wasserdampf wird in einem kleinen Birnenkühler kondensiert, der von der zweiarmigen Aufsatzröhre abzweigt. Über den beiden Öffnungen des Wasserbades sind gläserne Schutztrichter an einem Stativ waagrecht und senkrecht verstellbar eingespannt, deren unterer Rand nach innen umgebogen und mit einem Ablaufröhrchen für Kondens-

[1] Vgl. A. Benedetti-Pichler und F. Schneider: Mikrochem., Emich-Festschrift, 7 (1930).

[2] H. Thurnwald und A. A. Benedetti-Pichler: Mikrochem. **11**, 206 (1932).

[3] Dem kann unter Umständen durch geeignete Absorptionsmittel begegnet werden: J. Pollak: Mikrochem. **2**, 190 (1924).

[4] W. Reich-Rohrwig: Mikrochem. **12**, 189 (1933). Herstellerfirma P. Haack, Wien.

[5] Die Schliffverbindung ist einer Korkdichtung vorzuziehen und hat bei jahrelangem Gebrauch nie zu Klagen Anlaß gegeben.

wasser versehen ist. Durch Anschluß dieser Trichter an eine Wasserstrahlpumpe können die beim Eindampfen entstehenden Dämpfe bequem abgesaugt werden, wodurch es möglich wird, selbst konzentrierte Säuren oder Ammoniak in einem Raum ohne Abzug zu verdampfen. Sogar wenn die Mikrowaage im selben Raum aufgestellt ist, erleidet sie auch im Laufe von Jahren keinen Schaden durch schädliche Dämpfe. Wird eine der beiden Öffnungen des Wasserbades nicht benutzt, so ist sie mit einer Glaskappe (Abb. 59, *a*) zu verschließen. Das destillierte Wasser muß verhältnismäßig selten nachgefüllt werden. Sein Gebrauch bewirkt auch, daß die Außenseite der Mikrogefäße stets rein bleibt.

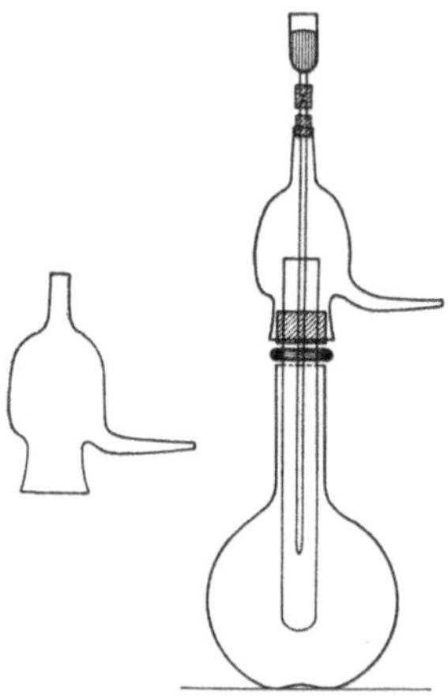

Abb. 60. Vorrichtung für das Eindampfen im Fällungsröhrchen (1/5 der natürlichen Größe). [Aus Mikrochem. **5**, 173 (1927).]

Universalapparat nach F. Hecht.[1]

Dieselbe Vorrichtung, die zum Trocknen von Mikrobechern oder -tiegeln samt Filterstäbchen dient (S. 104, Abb. 55), ermöglicht auch das Eindampfen von Flüssigkeiten in den genannten Mikrogefäßen. Die Abbildung zeigt einen Glasring *R*, der in die Öffnung der Heizvorrichtung eingesetzt wird und je nach seinem Innendurchmesser verschieden große Tiegel oder Becher aufnehmen kann. Die Temperatureinstellung erfolgt mittels eines geeichten Widerstandes. Infolge der gleichmäßigen Erwärmung gestattet dieser Apparat auch, Flüssigkeiten in Mikrogefäßen zum gelinden Sieden zu erhitzen. Der über die Oberfläche der Flüssigkeit streichende Luftstrom beschleunigt die Verdampfung sehr, die des weiteren auch dadurch gefördert wird, daß z. B. wäßrige Lösungen ohne weiteres auf 95° erhitzt werden können. Bei dem oben beschriebenen Wasserbad wird in Porzellantiegeln eine so hohe Temperatur einzudampfender wäßriger Flüssigkeiten nicht erreicht. Außerdem hat die Apparatur den Vorteil, daß jede Möglichkeit einer Verunreinigung durch Staub mit Sicherheit vermieden ist.

Eindampfen im Filterbecher.

Dies erfolgt in der im Trockenschrank erhitzten, auf der Seite des Saugstutzens hochgestellten Apparatur nach H. Brantner (S. 105f.)

Eindampfen im Fällungsröhrchen.

Für diesen Zweck haben R. Strebinger und W. Zins[2] eine Vorrichtung angegeben (Abb. 60), die aus einem als Wasserbad dienenden Kolben, ferner einem glockenförmigen Glasaufsatz mit Luftfilter und seitlichem Absaugrohr sowie einem Glasrohr zum Luftaufblasen besteht.

[1] F. Hecht: Mikrochim. Acta (Wien) **3**, 129 (1938).

[2] R. Strebinger und W. Zins: Mikrochem. **5**, 173 (1927).

Das Fällungsröhrchen (ein Jenaer Reagensglas) trägt nahe seinem oberen Rand einen Kautschukschlauch aufgesteckt, auf den der glockenförmige Aufsatz paßt. Zwischen dem Kautschukring und dem Rande des Kolbenhalses befindet sich ein Glasring, der jedoch nicht vollkommen geschlossen ist, sondern an einer Stelle eine Unterbrechung aufweist, um dem Wasserdampf den Austritt zu gestatten. Den Kolben füllt man etwa zur Hälfte mit destilliertem Wasser, das zu schwachem Sieden erhitzt wird. Die Spitze des mit dem Luftfilter[1] versehenen Glasrohres ist von der Flüssigkeitsoberfläche in dem Fällungsröhrchen etwa 1 cm weit entfernt. Man saugt in dem Maße Luft ein, daß an der Oberfläche der Flüssigkeit eine schwache Einbuchtung entsteht.

Trockenblöcke nach F. Fuhrmann.[2]

Zum Abdampfen von Flüssigkeiten in den verschiedensten Mikrogefäßen unter Luftaufblasen eignen sich auch gut die auf S. 106 erwähnten Trockenblöcke.

b) Methodisches.

Als wichtige Regel hat zu gelten, daß *länger dauerndes* Eindampfen in Gefäßen, die vor einer Bestimmung leer gewogen worden sind, wenn möglich zu vermeiden ist (Platingefäße sind ausgenommen).[3] In solchen Fällen wird die Lösung vorher in einem anderen Mikrogefäß eingeengt und erst dann in das für die Fällung bestimmte, gewogene Gefäß übergesaugt, oder aber das Gefäß mit der einzudampfenden Lösung wird in einen größeren Porzellantiegel gestellt.

Abb. 61. Glaskugel mit Dornansatz (1/2 der natürl. Größe). [Aus Americ. Journ. Sci. (V) 27, 324 (1934).]

Vorsichtsmaßnahmen gegen Spritzen.

Beim Eindampfen mancher Lösungen besteht die Gefahr beträchtlicher Verluste infolge Verspritzens. Dies ist beispielsweise der Fall beim Erwärmen von mit Schwefelwasserstoff gesättigten Lösungen, beim Abrauchen von Eindampfrückständen mit Königswasser (vgl. S. 292) und ähnlichen Operationen. Man schützt sich davor in der Weise, daß rechtzeitig eine Glaskugel mit „Dornansatz", wie sie die Abb. 61 wiedergibt, auf den die Lösung enthaltenden Tiegel aufgesetzt wird. Es sind infolgedessen für derartige Arbeiten Porzellantiegel auszuwählen, die einen möglichst kreisrunden Querschnitt aufweisen. Tiegel mit ovalem Querschnitt sind für diesen Zweck unbrauchbar. Im methodisch-analytischen Teil ist in den einzelnen Fällen, bei denen es zum Verspritzen

[1] Jenaer Glasnutsche (Katalognummer: 30a G 3), im „Kopfteil" mit Watte gefüllt (siehe Fußnote 2 auf S. 104).

[2] F. Fuhrmann: Mikrochem. **23**, 167ff. (Abb. 1 bis 4) (1938).

[3] Dies kann besonders bei Glasgefäßen zu geringen Gewichtsverlusten führen, da Glas durch heiße Wasserdämpfe etwas angegriffen wird. In Mikrofilterbechern läßt sich ein Eindampfen bei manchen Bestimmungen nicht umgehen, doch hat dies nach unseren Beobachtungen nie zu nennenswerten Fehlern geführt.

von Flüssigkeit kommt, darauf hingewiesen. Die oben offenen Glaskugeln können auch mit kaltem Wasser gefüllt werden, um die Kondensation der Dämpfe zu erleichtern. Dieses Kühlwasser muß aber sehr oft durch Absaugen und Neueinfüllen ausgewechselt werden, weil es ziemlich schnell heiß wird.

Bei starker Gasentwicklung einer Lösung, z. B. beim Zerstören von Hydroxylamin (vgl. S. 317f.) oder beim Abrauchen großer Mengen von Ammoniumsalzen mit Königswasser, ist ein doppelter Schutz gegen Verluste durch Spritzen vorzuziehen. Dieser besteht darin, daß der mit einer Glaskugel bedeckte Tiegel mittels einer gewöhnlichen Spritzflasche außen mit heißem Wasser abgespült und hierauf in einen größeren „Übertiegel" (vgl. S. 317) aus Berliner Porzellan gestellt wird, der ebenfalls die hohe Form aufweist und deshalb den inneren Tiegel auch der Höhe nach überragt. Nach Beendigung der Reaktion wird die Glaskugel auf der den Dämpfen ausgesetzten Unterseite mittels der Mikrospritzflasche mit heißem Wasser in den inneren Tiegel hinein abgespült. Sodann faßt man diesen mit der Platinspitzenpinzette, hebt ihn 1 cm über die Bodenfläche des äußeren Tiegels und spült seine äußere Oberfläche, vor allem seinen oberen Rand, gründlich mit dem dünnen Strahl der Mikrospritzflasche ab. Der Tiegel wird dabei mit der von der linken Hand gehaltenen Pinzette ganz fest gefaßt, um ein Abgleiten zu verhindern, und langsam um seine Achse gedreht, wozu einmalige Aushilfe mit der rechten Hand notwendig ist. Sodann wird er in einen Wasserbadaufsatz gestellt und die Lösung weitgehend eingedampft. Dann kann das in einem Übertiegel befindliche Spülwasser zu der im kleineren Tiegel befindlichen Hauptlösung hinzugesaugt werden (Nachspülen!).

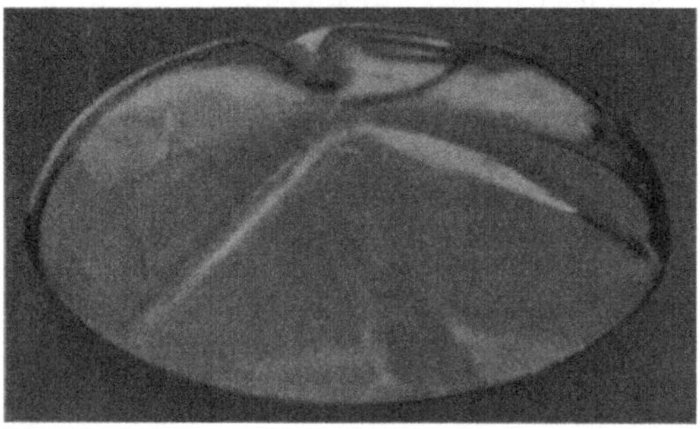

Abb. 62. Uhrglas mit Rillen ($^5/_4$ der natürlichen Größe).

Bei nicht allzu heftiger Reaktion, wie z. B. bei der Zerstörung des Cupferrons mit Wasserstoffsuperoxyd in ammoniakalischer Lösung (siehe S. 276), bewährt sich das in Abb. 62 dargestellte, aus Jenaer Geräteglas geblasene Uhrglas mit drei symmetrischen, nicht sehr tief eingeschnittenen radialen Rillen sehr gut.[1] Bei gewöhnlichen Uhrgläsern bildet sich nämlich zwischen oberem Tiegelrand und Uhrglas ein Ring kondensierter Flüssigkeit aus, der infolge des Überdruckes der sich im Tiegel entwickelnden Gase zum Überfließen über den Tiegelrand neigt. Die mit Rillen versehenen Uhrgläser gestatten ein Entweichen der Gase und Dämpfe, ohne daß es zur Ausbildung eines geschlossenen Flüssigkeitsringes kommt.

[1] Erhältlich bei P. Haack, Wien.

Eindampfen ammoniakalischer Lösungen.

Das Eindampfen ammoniakalischer Lösungen soll, wenn nur irgend möglich, in Platingefäßen vorgenommen werden. Wenn jedoch nicht anders angängig, benutzt man dazu Tiegel aus Berliner Porzellan, doch dürfen die Lösungen dann *nicht sehr stark* ammoniakalisch sein. Glasgefäße sind auf jeden Fall zu vermeiden. Manchmal läßt sich das Eindampfen *ammoniakalischer* Filtrate durch vorheriges Ansäuern umgehen, wobei aber darauf zu achten ist, daß unter Umständen sich Königswasser bilden kann, das bei starkem Einengen zum Verspritzen führt. In diesem Fall ist rechtzeitig eine Glaskugel aufzusetzen, bis die Gasblasenbildung aufgehört hat. Nach Abspritzen der Kugel wird weiter eingedampft. Dabei kann es manchmal zu neuerlichem Auftreten von Gasblasen kommen, worauf die Glaskugel neuerlich aufzusetzen und noch Säure zuzufügen ist (vgl. S. 114). In solchen Fällen muß das Eindampfen unter steter Beobachtung erfolgen.

8. Abrauchen.

Das Abrauchen von Nitraten mit *Salzsäure* zwecks Überführung in Chloride erfolgt durch Aufnehmen des Eindampfrückstandes in einem Glasbecher oder besser Porzellantiegel mit 2 ccm Salzsäure (1 : 1) und Verdampfen auf dem Wasserbad bis auf etwa 0,5 ccm. Hierauf fügt man neuerlich 1 ccm Salzsäure (1 : 1) zu und verdampft nunmehr ohne weitere Schwierigkeit bis zur Trockne, es sei denn, daß der Abdampfrückstand verhältnismäßig sehr groß ist. In diesem Fall engt man neuerlich auf 0,5 ccm ein, gibt wiederum 1 ccm Salzsäure (1 : 1) zu und verdampft erst jetzt zur Trockne. Der nunmehr vorliegende Rückstand wird zweimal mit je 0,75 ccm konz. Salzsäure + 0,25 ccm Wasser abgedampft. Konz. Salzsäure ($D = 1{,}19$) darf nie unverdünnt eingedampft werden, da dies zu Spritzen infolge Freiwerdens von Chlorwasserstoffgas Anlaß gibt, oder aber man bedeckt das Mikrogefäß anfänglich mit einem Uhrglas oder einer Glaskugel mit Dornansatz (S. 111, Abb. 61).

Ganz analog wird das Abrauchen von Chloriden mit *Salpetersäure* zwecks Überführung in Nitrate ausgeführt, nur daß die Salpetersäure nach dem ersten Eindampfen zur Trockne nicht verdünnt zu werden braucht und insgesamt ein- bis zweimal öfter Salpetersäure neuerlich zugesetzt und abgeraucht werden muß.

Über das Abrauchen mit *Flußsäure*, das selbstverständlich in Platingefäßen vorzunehmen ist, braucht an dieser Stelle nichts weiter gesagt zu werden, zumal es bei der Bestimmung der Kieselsäure (S. 242) beschrieben ist.

Abrauchen von *Schwefelsäure* in Glas- oder Porzellangefäßen ist zu unterlassen. Es sollen dazu, wenn irgend angängig, nur Platingefäße benutzt werden, wenn es sich nicht um Rückstandsbestimmungen handelt (vgl. S. 76). Nachdem das Wasser soweit als möglich auf dem Wasserbad abgedampft worden ist, wird der Platintiegel unbedeckt in einen Aluminiumblock (S. 71, Abb. 25) gestellt und dort ganz allmählich bis zum

Auftreten von Schwefelsäuredämpfen erhitzt. Das Abrauchen wird auch im Aluminiumblock zu Ende geführt.

Noch besser und besonders bequem kann bei sonst gleichem Vorgehen Schwefelsäure in dem auf S. 104 beschriebenen Universalapparat (Abb. 55) abgeraucht werden. Platintiegel werden in einen passenden Glasring eingesetzt, so daß das Abrauchen gewissermaßen in einem Luftbad erfolgt.

Verfügt man weder über einen Aluminiumblock noch über den Universalapparat, so stellt man den Platintiegel mit der Schwefelsäure auf ein sauberes Tondreieck und nimmt nun das Abrauchen mit fächelnder Flamme eines Bunsenbrenners vor. Falls der Tiegel sehr viel feste Substanz (wie z. B. beim Aufschluß von Monaziten) und verhältnismäßig wenig Schwefelsäure enthält, empfiehlt es sich, ein Uhrglas mit 1,5 mm weitem Loch in der Mitte aufzusetzen, das selbstverständlich aus Jenaer Geräteglas angefertigt sein muß (S. 101).[1]

Vgl. ferner unter Rückstandsbestimmungen (S. 63 ff.).

Abrauchen von Ammoniumsalzen.

Mit Ausnahme des Abrauchens der Ammoniumsalze bei Bestimmung der Alkalimetalle (S. 236) werden Eindampfrückstände in der Mikroanalyse so gut wie nie durch unmittelbares Erhitzen abgeraucht. Vielmehr dampft man die ammoniumsalzhaltige Lösung in einem Porzellantiegel soweit als möglich ein, d. h. bis zum Entstehen einer Kruste, die weiteres Eindampfen behindert. Dann wird der Tiegelinhalt mit 0,5 bis 1,0 ccm kaltem Königswasser versetzt, worauf der Tiegel sofort mit einer Glaskugel mit Dornansatz (S. 111, Abb. 61) bedeckt und bei Anwesenheit von sehr viel Ammoniumsalzen auch in einen „Übertiegel" (siehe S. 112) gestellt wird. Der Tiegel bzw. der Übertiegel mit dem kleineren Tiegel wird nun auf einem Wasserbad erwärmt. Sobald die heftige Reaktion beendet ist, fügt man weiteres Königswasser zu. Nach dem Aufhören der Reaktion wird die Glaskugel, gegebenenfalls auch der Innentiegel, außen abgespült und das Spülwasser aus dem Übertiegel mit der Hauptmenge der Lösung vereinigt (vgl. S. 291 und 318). Die Flüssigkeit wird sodann eingedampft. Nur in wenigen Ausnahmefällen, wenn noch nicht genug Königswasser zugegeben worden ist, bildet sich nochmals eine Kruste und muß die Operation wiederholt werden.

9. Methodik nach J. DONAU.

Die im folgenden beschriebenen Arbeitsmethoden sind vor allem auf den Grundsatz aufgebaut, die Fällungen in *möglichst kleinen* Gefäßen auszuführen und die Filtration so zu gestalten, daß das Filtrat auf *kürzestem* Weg in das Auffanggefäß gelangt. Infolge der geringen Oberfläche der Gefäße wird der Niederschlag rasch unter Anwendung von verhältnismäßig wenig Waschflüssigkeit filtriert, während das Filtrat ein Mini-

[1] F. HECHT: Amer. J. Sci. (V) **27**, 331 (1934). — F. HECHT und E. KROUPA: Z. analyt. Chem. **102**, 85 (1935).

mum an Volumen aufweist, bevor es zu weiteren Bestimmungen verwendet wird. Beim Gebrauch von Fällungsgefäßen mit verhältnismäßig großer Benetzungsfläche sind besonders bei der Bestimmung sehr geringer Stoffmengen Löslichkeitsverluste zu befürchten, was auch die Verwendbarkeit des Filtrates für weitere Bestimmungen beeinträchtigt.

Als Filter werden kleine Platinblechschälchen, die nach Art der NEUBAUER-Tiegel mit Platinschwamm als Filtermasse beschickt sind, verwendet, während zur Fällung gleichfalls sehr flache Platinschälchen oder in besonderen Fällen eine Art Hahnröhrchen dienen. Die Fällungsschälchen sind so gebaut, daß sie bequem im Filter Platz finden; sie sind so niedrig, daß ihre Entleerung nach dem Überlaufenlassen *selbsttätig* erfolgt. Da sie vor der Bestimmung zusammen mit dem Filter und einem passenden Deckel austariert werden, liegt auch diesem Verfahren das Prinzip der „drei Wägungen" (S. 74) zugrunde. Dieser Umstand ist besonders wichtig, wenn es sich um die Bestimmung minimaler Stoffmengen handelt, wo tunlichst alle Fehlerquellen ausgeschaltet werden sollen. Falls man es mit nur wenigen Tropfen zu tun hat, kommen ganz kleine Fällungsschälchen in Betracht, die infolge der Oberflächenspannung immerhin bis zu 0,5 ccm fassen.

Die *Hahnröhrchen* (siehe unten) dienen als Fällungsgefäße beim Vorliegen größerer Flüssigkeitsmengen oder dann, wenn beim Lösen der Probe Verluste durch Verspritzen infolge Gasentwicklung zu befürchten sind, sowie wegen derselben Gefahr auch bei Anwendung gasförmiger Fällungsmittel. Hierbei sind zwar geringe Verluste durch nicht ganz vollständige Entfernung des Niederschlages aus dem Fällungsgefäß und durch die notwendige Verwendung von mehr Waschflüssigkeit nicht völlig ausgeschlossen, doch fallen sie weit weniger ins Gewicht als bei Gefäßen, deren ganze Innenfläche zur Benetzung gelangt.

a) Apparate.

Apparatur:

α) Filterschälchen.
β) Fällungsschälchen.
γ) Hahnröhrchen als Fällungsgefäß.
δ) Filtertrichter.
ε) Auffanggefäße, Räuchergläschen, Trocknungsblock, Heizplatte.

α) Filterschälchen.

Diese wurden ursprünglich aus dünner Platinfolie hergestellt und hatten ein Gewicht von bloß 0,3 g; da sie jedoch wenig formbeständig waren, wurden sie durch Schälchen aus dünnem Platinblech ersetzt, die wesentlich haltbarer und handlicher im Gebrauch sind.

Obgleich die besten Filterschälchen im Handel erhältlich sind,[1] sei im folgenden näher auf ihre Selbstanfertigung eingegangen.

---

[1] Die Platinschmelze W. C. Heraeus (Hanau a. M.) liefert auf Bestellung ausgezeichnet verwendbare Platinfilter samt Fällungsschälchen. Es sei der

Das Filter besteht aus zwei ineinandergepreßten dünnen Platinschälchen mit Siebboden und einer Zwischenlage von Platinschwamm als Filtermasse. Die Größe der Gefäße kann nach Bedarf verschieden gewählt werden, doch haben sich im allgemeinen die unten angegebenen Größenverhältnisse als zweckmäßig erwiesen.

Zur Herstellung des äußeren Schälchens wird mittels eines sog. Locheisens ein Platinscheibchen von 22 mm Durchmesser ausgestanzt. Das hierzu verwendete Blech hat eine Stärke von 0,05 bis 0,06 mm. Das Ausstanzen wird zur Schonung des Materials zwischen glattem Papier auf der ebenen Stirnseite eines Hartholzklotzes vorgenommen. Es ist zweckmäßig, das Blech vorher auszuglühen.

Für das innere Schälchen, das über den Platinschwamm zu liegen kommt, wird gleichfalls ein Scheibchen, jedoch aus etwa 0,005 bis 0,01 mm starker Platinfolie, ausgestanzt. Das Vorhandensein feiner Poren, wie sie bei solchem Material meist beobachtet werden, ist belanglos. Der Durchmesser der Folienscheibchen soll um 1 bis 2 mm kleiner sein als bei den Blechscheibchen.

Das siebartige Perforieren der beiden Scheibchen bis auf einen lochfreien Rand von etwa 2,5 mm Breite kann auf verschiedene Art erfolgen: entweder mit der Hand durch Einstechen mit einer dünnen, kurzgefaßten Nadel, oder aber mittels einer Vorrichtung, die aus mehreren hundert in einer einseitig geschlossenen Röhre fixierten, gleich großen, sehr dünnen Nähnadeln besteht; an der Röhre ist ein verschiebbarer Ring angebracht, der dem Durchmesser des Scheibchens entspricht. Um mit diesem Apparat das Scheibchen zu lochen, legt man es nach starkem Ausglühen auf eine etwa 3 mm dicke, nicht zu weiche Gummiplatte zwischen zwei gleich große Papierscheibchen und setzt den Lochapparat so auf, daß der herabgeschobene Ring die Scheibchen gut deckt. Die Lochung wird durch einen kräftigen Hammerschlag auf das obere Ende der Röhre bewirkt. Das Abnehmen des Scheibchens erfolgt durch vorsichtiges Loslösen unter Zuhilfenahme einer Pinzette. Mangels des beschriebenen Lochungsapparates nimmt man die Operation mit der Nähnadel derart vor, daß man das zwischen zwei dicke Filterpapierscheibchen gelegte Platinscheibchen auf eine ebene Glasplatte bringt. Um den Rand in Form einer etwa 2,5 mm breiten ringförmigen Zone zu schützen, wird ein Kartonring aufgelegt. Sodann locht man mit der kurzgefaßten Nadel den innerhalb des Schutzringes befindlichen Raum möglichst gleichmäßig. Diese Arbeitsweise ist natürlich zeitraubend und mühselig.

Zur Formung des perforierten Blechscheibchens bedient man sich eines eigens angefertigten Preßapparates. Dieser besteht aus einem Stahlstempel mit einem Durchmesser von 18 mm und einem Stahlblock mit einer glatt polierten Bohrung, deren Durchmesser um die Dicke des Blechscheibchens größer ist als der Durchmesser des Stempels. Zur leichteren zentralen Einstellung befindet sich rings um die Bohrung eine seichte Ausnehmung, in die sich das Scheibchen einlegen läßt. Vor dem Auflegen des Scheibchens wird der in eine vertikale Führung eingespannte, stark geölte Stempel bis zur Berührung mit dem Block gebracht, gut eingestellt und sodann das ausgeglühte und ebenfalls geölte Blech in die Ausnehmung eingelegt. Hierauf wird mit einem raschen Ruck der Stempel in die genau zentrierte Bohrung eingedrückt. Besonders zu beachten ist, daß das Scheibchen mit den *scharfen* Lochungsrändern nach *oben* gepreßt werden muß. Um das gepreßte Schälchen samt dem

---

Firma auch an dieser Stelle für ihr großes Entgegenkommen bei den vorbereitenden Versuchen zur Herstellung wärmstens gedankt.

Stempel aus der Bohrung zu entfernen, wird letzterer von der Gegenseite der Bohrung her mittels eines zweiten Stempels herausgetrieben, worauf sich das Schälchen unschwer vom Stempel abziehen läßt. Der zackige Schälchenrand muß sorgfältig beschnitten werden.

Nun schweißt man an zwei gegenüberliegenden Stellen des Schälchens die Enden eines Platindrahtes von etwa 0,1 mm Dicke und 4,5 cm Länge an. Dieser Draht dient als Henkel zum Transport und Aufhängen des Schälchens. Das Anschweißen nimmt man z. B. in der Weise vor, daß man das betreffende Drahtende an das Scheibchen durch Berührung beider in der rauschenden Flamme eines Brenners zunächst oberflächlich anklebt. Hierauf wird es auf einem schmalen kleinen Amboß mit polierter Bahn in einer feinen, auf die Schlagstelle gerichteten Stichflamme mit kurzen schwachen Schlägen eines kleinen Hammers angeschweißt.

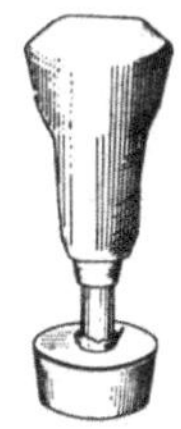

Abb. 63. Preßapparat zur Formung der Schälchen aus Platinfolie ($^1/_{10}$ der natürl. Größe).

Zur Formung des zweiten, bereits perforierten Scheibchens aus Folie wird es nach vorherigem Ausglühen mit den *scharfen* Lochungsrändern nach *unten* auf eine weiche Gummiplatte gelegt und durch Eindrücken mit einem Metallstempel, dessen Durchmesser gleich der inneren Weite des Blechscheibchens sein soll, zum Schälchen geformt (Abb. 63). Die hierbei entstehenden Falten beeinträchtigen die Brauchbarkeit des Filters in keiner Weise.

Der Boden des mit einem Drahtbügel versehenen Blechschälchens wird nun mit einer Schicht von äußerst feinpulverigem Ammoniumplatinchlorid (Platinsalmiak)[1] bedeckt, dessen Menge sich nach der beabsichtigten Dichte des Filters richtet. In der Regel benötigt man für die angegebene Filtergröße ungefähr 0,25 g des Platinsalzes. Sobald die Schicht mittels eines am unteren Ende eben polierten Glasstabes gut ausgeglichen ist, wird das zweite aus Folie gepreßte Schälchen mit dem zugehörigen Stempel zunächst durch Eindrücken in die Gummiplatte aufgenommen und sodann in das gleichfalls auf den Gummi gelegte Blechschälchen kräftig eingedrückt. Um den Stempel in das Außenschälchen leichter einführen zu können, gestaltet man ihn zweckmäßigerweise ganz schwach konisch und benetzt ihn vor dem Aufnehmen des Folienschälchens ein wenig mit Wasser.

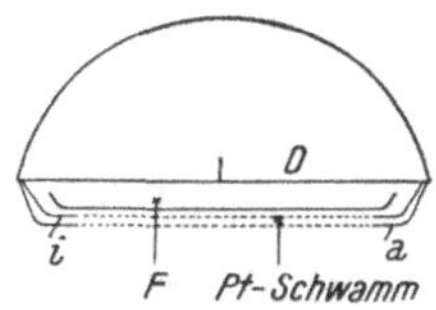

Abb. 64. Filterschälchen (ungef. natürliche Größe). [Aus Mh. Chem. **60**, 131 (1932).]

Die beiden ineinandergedrückten Schälchen werden zwecks Umwandlung des Platinsalzes in Platinschwamm auf eine geeignete Unterlage, z. B. ein ebenes Porzellan- oder Quarzscheibchen, gebracht und zunächst ganz allmählich erwärmt. Erst nach der vollständigen Zersetzung des Ammoniumplatinchlorids wird stärker erhitzt und schließlich schwach geglüht.

Um Filterschälchen von fast gleichem Gewicht zu erhalten, verwendet man bei der Herstellung stets die gleiche Menge des Platinsalzes.

Die fertigen Filterschälchen werden schließlich auf die Filterplatte (S. 119, Abb. 66) gebracht und bis zur Gewichtskonstanz mit heißem Wasser gewaschen.

Die Abb. 64 zeigt das Filterschälchen in schematischer Darstellung.

---

[1] Bezugsquelle: Platinschmelze W. C. Heraeus, Hanau a. M. Man verlange ausdrücklich feinst pulveriges Salz.

Die Filter sind bei sachgemäßer Behandlung unbegrenzt haltbar. Auf keinen Fall dürfen sie jedoch in der offenen Flamme ohne Unterlage geglüht werden. Dadurch würde die Filtermasse rissig und undicht werden. Ebensowenig darf man ein Filterschälchen, das Carbonate enthält, mit starken Säuren behandeln, da das stürmisch entweichende Kohlendioxyd den Filterboden ebenfalls aufreißen kann. Bei der Reinigung der Filter ist auch stets darauf zu achten, daß hierbei keine platinangreifenden Agenzien zur Anwendung gelangen. Wenn durch irgendeinen Umstand ein Filter undicht geworden ist, können mittels einer Pinzette die beiden Schälchen vorsichtig auseinandergenommen und gegebenenfalls neuerlich mit Ammoniumplatinchlorid beschickt werden.

Man beschafft sich zweckmäßig Filter von verschiedener Dichte und bedient sich ihrer je nach der Art der zu filtrierenden Niederschläge. Für die Filtration von Bariumsulfat und ähnlichen Stoffen müssen die Filter mit besonderer Sorgfalt behandelt werden. Man versieht sie für diesen Zweck mit einer dickeren Platinschicht als die gewöhnlichen Schälchen und macht sie dadurch noch dichter, daß man den Filterboden mittels eines am unteren Ende ebenpolierten Glasstabes feststampft.

β) Fällungsschälchen.

Dies sind aus Platinfolie oder dünnem Platinblech gepreßte Gefäße, die eine Höhe von annähernd 0,3 mm besitzen und je nach Bedarf von verschiedenem Durchmesser sind. Für die oben angegebenen Dimensionen der Filterschälchen sind im allgemeinen Schälchen mit einem Durchmesser von etwa 12 mm zu empfehlen. Eine Überschreitung der angegebenen Höhe der Fällungsschälchen ist unzweckmäßig, da sich das im Filter befindliche Schälchen beim Überlaufenlassen (vgl. unten) nicht selbsttätig entleeren würde.

An Stelle von Platin können in besonderen Fällen die Schälchen aus widerstandsfähigem Glas, Porzellan oder Quarz angefertigt werden.

Bei der Selbstherstellung der Fällungsschälchen wird in ähnlicher Weise vorgegangen, wie dies bei den Filterschälchen beschrieben worden ist. Bei Folienschälchen ist auf möglichst vollständige Porenfreiheit des verwendeten Materials zu achten. Mangels porenfreier Folie kann man sich dadurch helfen, daß man zwei möglichst porenarme Scheibchen übereinanderlegt und auf die angegebene Weise zusammenschweißt. Zwecks Prüfung der Schälchen auf Dichte werden sie auf rotes Lackmuspapier gelegt und bis zum Rand mit verdünnter Lauge gefüllt, wobei selbst nach längerer Zeit keine Blaufärbung des Papiers eintreten darf.

An die fertigen Schälchen wird nach dem eventuellen Beschneiden des bei der Preßoperation entstandenen ungleichen Randes seitlich ein kurzer schmaler Platinstreifen angeschweißt, der zum Anfassen mittels der Pinzette dient.

Um die Schälchen gegebenenfalls bedecken zu können, verwendet man ein entsprechend großes Folienscheibchen, an das zum leichteren Anfassen gleichfalls ein kurzes Folienstreifchen angeschweißt wird. Etwa im Deckel vorhandene Poren sind ohne Belang.

γ) Hahnröhrchen.

Die seinerzeit beschriebenen Fällungsröhrchen mit Kugelaufsatz[1] wiesen einige Mängel auf, die eine allgemeinere Verwendung in Frage stellten. Das Arbeiten mit ihnen erforderte eine gewisse Geschicklichkeit und besondere Vorsicht bei der Verwendung gasförmiger Fällungsmittel, die einen geringen Überdruck im Rohr erzeugten und das Filtrieren daher erschwerten.

Die neuen Fällungsröhrchen[2] bestehen aus einem nach unten verjüngten Rohr mit Hahnverschluß (Abb. 65). Die Ausmaße entsprechen den in Betracht kommenden Flüssigkeitsmengen. Man kann daher solche Hahngefäße nicht nur für mikroanalytische Zwecke, sondern bei entsprechender Dimensionierung auch für Arbeiten mit größeren Mengen benutzen.

Abb. 65. Hahnröhrchen (etwa 1/3 der natürlichen Größe).

Der Abflußhahn muß sorgsam eingeschliffen und die tunlichst große Bohrung glattpoliert sein, damit daran kein Niederschlag haften bleibt. Sicherheitshalber wird der Hahn beiderseits der Bohrung schwach eingefettet.

Um das Gefäß leicht in verschiedene Stellungen zu bringen, wird es in einem Stativ mit Kugelgelenk festgehalten. Die Hahnröhrchen werden vor allem in den Fällen angewendet, wo eine größere Flüssigkeitsmenge das Arbeiten mit den vorhin beschriebenen Fällungsschälchen unmöglich macht, ebenso auch dann, wenn beim Auflösen Gasentwicklung eintritt oder beim Fällen mit gasförmigen Reagenzien Verluste durch Verspritzen zu befürchten sind.

Um gegebenenfalls das Rohr auch als Auffanggefäß für ein zu weiteren Bestimmungen benötigtes Filtrat verwenden zu können, benutzt man einen kleinen Ständer aus Aluminium (nicht abgebildet), mit dem es unter die Filtriervorrichtung gestellt wird (vgl. unten). Um den im Hahnrohr erzeugten Niederschlag praktisch quantitativ auf das Platinfilter bringen zu können, bedient man sich zu Ende der Filtration eines Federfähnchens (S. 94, Abb. 45), mit dem das Gefäß unter gleichzeitigem Zutropfenlassen von Waschflüssigkeit innen gereinigt wird. Die Federfahne muß so beschaffen sein, daß sie durch die Hahnbohrung hindurch bis an das Ende des Rohres eingeführt werden kann.

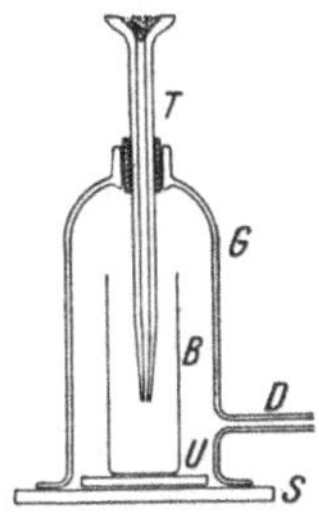

Abb. 66. Filtriervorrichtung für die Fällungs- und Filterschälchen (1/6 der natürlichen Größe). [Aus Mh. Chem. **60**, 134 (1932).]

δ) Filtertrichter.

Die Filtriervorrichtung (Abb. 66) besteht aus einer auf die Mattglasscheibe *S* aufgeschliffenen Glasglocke *G*, die oben eine Öffnung besitzt, in die der Glasfrittentrichter *T* eingesetzt werden kann. Seitlich an der Glocke befindet sich ein Ansatzrohr *D* zur Anbringung eines Absaugschlauches. Im Innern der Glocke werden die erforderlichen Auffanggefäße *B* aufgestellt.

[1] J. DONAU: Mh. Chem. **36**, 383 (1915).

[2] Siehe Fußnote 1 auf Seite 120.

Der Glasfrittentrichter T^1 ist ein nach unten etwas verjüngtes Glasrohr von ungefähr 1,5 mm innerer Weite, das oben trichterförmig erweitert und daselbst mit gesinterter Glasmasse von der Porengröße 3 ausgefüllt ist. Die Filtermasse muß imstande sein, Flüssigkeiten sehr rasch hindurchzulassen.

ε) Filtratgefäße, Räuchergläschen, Trocknungsblock, Heizplatte.

Filtrate, die zu keiner weiteren Bestimmung verwendet werden, fängt man in kleinen Zylinderchen auf, die zur Beurteilung der Flüssigkeitsmenge in Kubikzentimeter eingeteilt sind.

Bei *Trennungen* werden die Filtrate in besonderen Gefäßen[2] aufgefangen. In diese kann ein eingeschliffenes Röhrchen eingesetzt werden, das sich bis zum Boden erstreckt. Das Rohr reicht über den Hals des Auffanggefäßes noch einige Zentimeter hinaus und ist oben durch einen Hohlstöpsel, der ebenfalls gut eingeschliffen sein muß, verschließbar. Der Stöpsel weist seitlich eine Bohrung auf, so daß nach entsprechender Drehung durch Vermittlung einer zweiten am Röhrchen angebrachten Öffnung eine Verbindung mit der Außenluft erreicht werden kann (Abb. 67). Das Fläschchen wird verschlossen austariert und nach Entfernung des eingeschliffenen Röhrchens in die Glocke gestellt. Der Gefäßboden soll, damit selbst noch die letzten Tropfen des Filtrats verwendet werden können, nicht eben sein, sondern gegen die Mitte zu konisch verlaufen. Zur stabilen Aufstellung des Gefäßes dient ein Aluminiumblechscheibchen mit seitlich aufgebogenen federnden Streifen, die das eingestellte Gefäß genügend festhalten. Beim Filtrieren ist durch entsprechendes Verstellen des Trichters zu vermeiden, daß dessen unteres Ende in das Filtrat eintaucht oder anderseits zu weit von der Oberfläche des Filtrats absteht, was ein Verspritzen zur Folge hätte. Nach erfolgter Filtration wird das verschlossene Gefäß abermals gewogen und so die Menge des Filtrats ermittelt. Daraus können nun die erforderlichen Einwaagen für die weiteren Bestimmungen entnommen werden.

Abb. 67. Wägefläschchen für Flüssigkeiten (1/3 der natürlichen Größe).

Zur etwaigen Weiterbehandlung von filtrierten und gewaschenen Niederschlägen, wie z. B. zur Oxydation, bedient man sich sog. „*Räuchergläschen*[2]“. Dies sind gewöhnliche Wägegläser, an deren Deckel innen ein Glashaken angeschmolzen ist, an den die Schälchen angehängt werden können. Am Boden des Gefäßes werden die zur Räucherung dienenden Substanzen, wie Salzsäure, Ammoniak, Salpetersäure usw. untergebracht, die nötigenfalls durch Erwärmen verdampft werden.

Zur *Trocknung* der Niederschläge kann man kleine hohle Aluminiumblöcke verwenden, deren Boden eine Bohrung zur Aufnahme eines kleinen Thermometers besitzt. Diese Kurzthermometer sind von 5 zu 5°

[1] Herstellerfirma: Glaswerke Schott u. Gen., Jena. Auch dieser Firma sei für ihr großes Entgegenkommen wärmstens gedankt.

[2] Bezugsquelle z. B. Firma P. Haack, Wien.

geteilt und gestatten Ablesungen bis etwa 360° (siehe S. 103). Die Blöcke (S. 103, Abb. 52) besitzen nach Art der STÄHLERschen Blöcke auch noch eine zweite Bohrung (z. B. durch den Aluminiumdeckel hindurch), durch die Gase eingeleitet werden können, so daß Trocknung in einer bestimmten Atmosphäre ermöglicht wird. In der Abb. 52 (S. 103) ist das Thermometer in die Deckelbohrung eingesetzt. Um sich von der Beendigung der Trocknung zu überzeugen, legt man von Zeit zu Zeit ein kaltes Uhrglas als Deckel auf, das sich sogleich mit einer dünnen, leicht erkennbaren Kondensatschicht beschlägt, falls noch immer Dämpfe entweichen.

Nach dem Trocknen bzw. Glühen der Niederschläge werden die Schälchen sogleich in einen gewöhnlichen Exsiccator auf eine geeignete Unterlage gestellt, wo sie nach wenigen Minuten die Temperatur der Umgebung annehmen, worauf sie sofort gewogen werden können.

Um Flüssigkeiten, die sich im Hahnröhrchen befinden, erwärmen und insbesondere *einengen* zu können, kann man sich mit Vorteil der in Abb. 68 dargestellten Vorrichtung bedienen. Sie besteht aus einer dicken Aluminiumplatte, die mit einem etwa kleinfingerdicken Aluminiumstab durch Nieten verbunden ist und auf einem Stativ auf- und abwärts bewegt werden kann. Die Platte enthält eine oder mehrere konische Bohrungen, in welche die Hahnröhrchen so eingestellt werden, daß sie mit ihrem bauchigen Teil in der konischen Vertiefung gut aufliegen. Ferner ist in die Platte ein schräges Loch gebohrt, das zur Aufnahme eines kleinen Thermometers dient (in der Abbildung weggelassen). Um die Platte zu heizen, wird der Aluminiumstab mittels eines Bunsenbrenners entsprechend erhitzt.

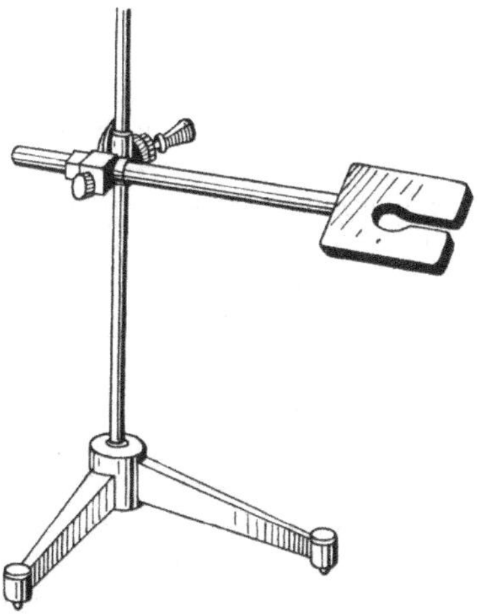

Abb. 68. Vorrichtung zum Erwärmen und Einengen von Flüssigkeiten in Hahnröhrchen ($^1/_5$ der natürlichen Größe).

Hat man in engen Gefäßen befindliche Flüssigkeiten rasch einzuengen oder abzudampfen, so wird von oben her mittels eines gebogenen Glasrohres ein schwacher Luftstrom aufgeblasen. Die eingeblasene, durch entsprechende Vorkehrungen staubfrei gemachte, gegebenenfalls erwärmte Luft erzeugt auf der Flüssigkeit eine kreisende Bewegung, wodurch ein Aufwallen vermieden wird. Die Verdunstung geht durch die rasche Entfernung der Dämpfe aus dem Gefäß schnell vor sich, ohne daß sich viel Kondensatflüssigkeit an den Wänden bildet. Die Heizplatte ist an den lochfreien Stellen natürlich auch zum Erhitzen der Schälchen und Fläschchen geeignet.

b) Arbeitsweise.

Die wesentlichen bei gewichtsanalytischen Arbeiten auszuführenden Operationen sind bekanntlich folgende:

α) Substanzeinwaage.
β) Wasserbestimmung.
γ) Lösen.
δ) Überführung der zu bestimmenden Stoffe in wägbare Niederschlagsformen (Fällen, Filtrieren, Trocknen bzw. Glühen, Wägen).

Nachstehend soll an der Hand dieser Übersicht das Arbeiten mittels der Fällungs- und Filterschälchen sowie der Hahnröhrchen mit der nötigen Ausführlichkeit geschildert werden, so daß es auch dem Ungeübten und Anfänger nach einigen Versuchen unschwer gelingen dürfte, praktisch brauchbare Ergebnisse zu erzielen.

α) Substanzeinwaage.

Bei inhomogenen Substanzen handelt es sich darum, gute Durchschnittsproben zu erlangen. Dies erreicht man u. a. durch Auflösen einer genügenden Substanzmenge und Auswägung eines aliquoten Teiles der Flüssigkeit.

Zum Abwägen von Mengen über 50 mg kann man sich meist einer gewöhnlichen Analysenwaage bedienen. In allen anderen Fällen ist eine Mikrowaage erforderlich. Bei Substanzmengen von etwa 3 mg und darüber ist jede Mikrowaage brauchbar, die noch 0,003 bis 0,005 mg anzeigt, während bei Wägungen von Mengen im Gewicht von 1 mg und darunter der hierbei mögliche Fehler bereits 0,5% und mehr ausmachen kann. Von den eingangs beschriebenen Mikrowaagen ist z. B. die Nernst-Donausche (S. 20, Abb. 7 und 8) durch Verstellung der am oberen Balkenende angebrachten Schraube leicht auf hohe Empfindlichkeit zu bringen. Einer allzu empfindlichen Einstellung stellt sich der Einfluß von Luft- und Wärmeströmungen entgegen, dem sich jedoch durch entsprechende Abschirmung einigermaßen begegnen läßt.

Beim Abwägen von Flüssigkeiten, rasch verwitternden oder hygroskopischen Stoffen muß Sorge getragen werden, daß während der Wägung keine Gewichtsänderungen durch Verdunsten bzw. Wasseraufnahme stattfinden. Soll die Wägung im Schälchen vorgenommen werden, so stellt man dieses unter eine kleine, auf ein Mattglasscheibchen gut aufgeschliffene Glasglocke (z. B. den Deckel eines Wägegläschens) und tariert das Ganze auf der gewöhnlichen Analysenwaage, gegebenenfalls auf einer Mikrowaage aus. Nach dem Abheben der Glocke mittels einer Pinzette mit Elfenbeinspitzen (zur Vermeidung von Erwärmung) wird die betreffende Substanz in das Schälchen gebracht und gewogen.

Zur Auswägung von Flüssigkeiten läßt sich auch das schon beschriebene Filtrat-Auffanggefäß (S. 120, Abb. 67) verwenden, indem man es mit der Flüssigkeit austariert und nach der Probeentnahme wieder zurückwägt.

Die eingewogene feste Substanz kann, ehe man die Analyse beginnt, durch Trocknung bis zur Gewichtskonstanz von aller Feuchtigkeit befreit werden. Hierunter ist bekanntlich das adsorbierte oder mechanisch eingeschlossene Wasser zu verstehen. Die Trocknung geschieht in der gleichen Art, wie dies in der Makroanalyse üblich ist, und richtet sich darnach, ob der betreffende Stoff schon in Berührung mit der Luft sein *gebundenes* Wasser verliert, wie beispielsweise Glaubersalz, ob er bei 100° oder erst bei höherer Temperatur seine Feuchtigkeit abgibt usw.

Zur Trocknung bei gewöhnlicher Temperatur über Schwefelsäure oder Natronkalk kann man den gewöhnlichen Exsiccator verwenden. Zum Trocknen bei höherer Temperatur, gegebenenfalls auch in einer bestimmten Atmosphäre, dient der bereits erwähnte Aluminiumblock (S. 103, Abb. 52). Das Trocknen kann selbstverständlich auch in einem mit Thermoregulator versehenen Trockenschrank vorgenommen werden. Aus dem Trockengerät kommt das Schälchen mit der Substanz noch warm in den Exsiccator. Nach dem Erkalten, das höchstens einige Minuten in Anspruch nimmt, kann es sogleich in die Waage gebracht und anschließend gewogen werden. Erst nach Feststellung der Gewichtskonstanz darf die Trocknung als beendet betrachtet werden.

Stoffe, die bei mäßigem Glühen keine Veränderung erleiden, z. B. Bariumsulfat, Kaliumcarbonat u. a., sind natürlich am leichtesten von Feuchtigkeit zu befreien. Man erhitzt zu diesem Zwecke die Schälchen mit der Probe auf einer geeigneten Unterlage, am besten auf einem dünnen Quarzscheibchen, und bringt sie noch heiß in den Exsiccator. Das Glühen auf einem Platinblech als Unterlage ist nicht rätlich, da hierbei leicht Ankleben eintritt.

Beim Einwägen einer festen Substanz in das Hahnröhrchen bringt man das in ein Stativ eingespannte Gefäß in schräge Stellung und führt mittels eines kleinen Löffels, der mit dem Vorratsgefäß austariert worden ist, die Probe ein. Das Löffelchen wird hierbei mit einer Pinzette gefaßt, vorsichtig in das Röhrchen eingeführt und sodann durch Drehung entleert. Handelt es sich um das Einwägen einer Flüssigkeit, so wird das Röhrchen bei geschlossenem Hahn senkrecht gestellt und die benötigte Probemenge aus dem Wägefläschchen eingewogen. Zur direkten Einwaage einer Probe in das Hahnrohr wird dieses in einem kleinen Gestell auf der Waage austariert und die Substanz mittels eines Tropfröhrchens eingebracht. Zur Vermeidung von Verlusten durch Verdunstung wird das Fällungsgefäß mit einem Scheibchen, das natürlich mitaustariert werden muß, bedeckt. Anstatt durch Einwägen kann die Probenahme auch mittels einer geeichten Mikrobürette erfolgen.

β) Bestimmung des Wassergehaltes.

Enthält der zu untersuchende feste Körper, der in der vorhin beschriebenen Weise von anhaftender Feuchtigkeit befreit worden ist, gebundenes Wasser, so wird gewöhnlich die Analyse mit der Bestimmung des letzteren begonnen. Diese Operation ist nicht immer sehr einfach und ist davon abhängig, ob die betreffende Substanz ihr gebundenes Wasser leicht abgibt oder nicht, ob sie Glühhitze verträgt, ohne Zersetzung zu erleiden, oder ob sie bereits bei gelindem Erhitzen außer dem Wasser noch andere flüchtige Bestandteile verliert. Die Berücksichtigung aller dieser Umstände ist beim Arbeiten mit kleinen Substanzmengen eine noch weit wichtigere Angelegenheit, als dies in der Makroanalyse der Fall ist. Der Wassergehalt ergibt sich entweder aus dem Gewichtsverlust oder aber durch direktes Wägen des Wassers. Die erste Bestimmungsart wird ihrer Einfachheit halber am häufigsten angewendet, ist aber nicht immer die zuverlässigste (siehe das oben Gesagte). Der günstigste Fall ist der, daß die wasserhaltige Substanz geglüht werden kann, ohne dabei andere Bestandteile zu verlieren oder andere Stoffe aufzunehmen.

Kristallwasserbestimmung in Gips.

Gewicht in Skalenteilen[1] vor der Entwässerung	Gewicht in Skalenteilen[1] nach der Entwässerung	Gefunden: % Wasser (berechnet 20,93 %)	Körnung
81,05	64,15	20,85	grob
86,94	68,80	20,87	
92,96	73,05	20,80	
60,70	48,30	20,43	feinst
228,38	181,80	20,40	
52,68	41,93	20,41	
106,10	84,00	20,83	feinst, gelagert
169,48	134,06	20,90	
246,32	194,96	20,87	

Die Bestimmung kann am besten im bedeckten Fällungsschälchen ausgeführt werden. Dieses wird mit der eingewogenen Substanz aus dem Filterschälchen herausgenommen und auf einer geeigneten Unterlage (vgl. oben) mehr oder weniger stark bis zur Gewichtskonstanz geglüht. So läßt sich z. B. der Kristallwassergehalt des Gipses bei Einhaltung bestimmter Bedingungen sehr genau feststellen, wenn man bis zur schwachen Rotglut erhitzt. Aus obenstehender Tabelle ist ersichtlich, daß der Wassergehalt eines und desselben Materials (Gips aus Thüringen) je nach der Art des Zerkleinerungszustandes bestimmte Schwankungen erleiden kann. Die erste Versuchsreihe wurde mit einer grobgepulverten, die zweite mit einer feinstgepulverten Probe des Gipses unternommen, während eine dritte Versuchsreihe sich auf die feinstgepulverte Substanz nach dreiwöchigem Liegen an der Luft bezieht. Auf Grund der beiden ersten Versuchsreihen zeigt sich, daß der Gips durch feinstes Pulverisieren etwas Wasser verliert, während aus der letzten Reihe hervorgeht, daß das abgegebene Wasser an der Luft mit der Zeit wieder aufgenommen wird.

Bei Wasserbestimmungen von Substanzen, die sich beim Erhitzen stark aufblähen, zum Spritzen neigen oder dekrepitieren, muß besondere Vorsicht geübt werden.

Bei Stoffen, die beim Erhitzen noch andere Bestandteile verlieren, treten größere Schwierigkeiten auf. Man wird sich hierbei, wenn möglich, an das Vorbild makrochemischer Methoden halten und diese den gegebenen Verhältnissen anpassen.

[1] Wägungen auf der Nernst-Donau-Waage (S. 20, Abb. 7 und 8) vorgenommen.

Das gleiche gilt für Substanzen, die auf verschiedene Weise gebundenes und demnach bei verschiedenen Temperaturen entweichendes Wasser enthalten. In solchen Fällen wird in der Regel zunächst der Wasserverlust bei Zimmertemperatur über konz. Schwefelsäure im luftleeren Raum, sodann etwa bei 100°, 150°, 200° usw. festgestellt.

Hat man es mit Stoffen zu tun, die beim Erwärmen Sauerstoff aufnehmen, so wird das Wasser am besten direkt bestimmt. Diese Methode wird man auch dann wählen müssen, wenn die Substanz beim Glühen einen anderen Bestandteil, z. B. Kohlensäure, Sauerstoff, verliert. Das Wasser wird hierbei durch Glühen ausgetrieben, in geeigneten Absorptionsapparaten aufgefangen und gewogen (vgl. S. 260).

γ) Das Lösen.

Das Auflösen der eingewogenen festen Substanz wird in der üblichen Weise vollzogen. Der einfachste Fall ist der, daß der Stoff durch direktes Behandeln mit dem geeigneten Lösungsmittel gelöst werden kann. Umständlicher liegt der Fall, wenn erst vorheriges Aufschließen nötig ist (siehe unten). Bei einem Gemisch von Substanzen, deren Bestandteile zu Lösungsmitteln ein ganz verschiedenes Verhalten zeigen, wird man auch bei der Mikroanalyse deren Trennung durch verschiedene Lösungsmittel der Auflösung des ganzen Gemisches vorziehen. Die Probe wird in diesem Falle nicht in das Fällungsschälchen, sondern in das Filterschälchen eingewogen. Das Herauslösen der einzelnen Bestandteile wird natürlich bis zur Gewichtskonstanz des jeweiligen Rückstandes fortgesetzt.

Sehr wichtig sind die Form und das Material der Gefäße, in denen die Auflösung bewirkt werden soll. Falls Verluste durch Verspritzen entstehen können, wird das Auflösen entweder im schräggestellten Hahnröhrchen vorgenommen, oder aber im Wägefläschchen und darous aliquote Anteile ins Fällungsschälchen gebracht. Bei der Anwendung von Lösungsmitteln, die das betreffende Gefäß angreifen könnten, ist besondere Vorsicht geboten. So wird man gegebenenfalls die Platinfällungsschälchen durch solche aus Glas oder Porzellan ersetzen. Quarzschälchen sind wegen der bekannten Flüchtigkeit des Quarzes bei starkem Glühen nicht immer empfehlenswert (vgl. S. 67).

Um bei der Auflösung von Carbonaten Verluste durch Verspritzen zu vermeiden, führt man sie durch starkes Erhitzen zunächst in Oxyde über, oder beläßt sie längere Zeit in dem oben beschriebenen Räuchergefäß in einer Salz- oder Salpetersäureatmosphäre, wodurch die vorher angefeuchteten Carbonate gleichfalls bald zersetzt werden.

Substanzen, die durch die üblichen Lösungsmittel nur unvollständig oder gar nicht gelöst werden, müssen für die Analyse *aufgeschlossen* werden. Das Aufschließen erfolgt am besten im Platinfällungsschälchen. Verwendet man z. B. Borsäureanhydrid als Aufschlußmittel, so wird das Schmelzen im bedeckten, auf eine entsprechende Unterlage gestellten Fällungsschälchen vorgenommen. Die Schmelze wird sodann im Filterschälchen mittels Salzsäure gelöst und die Flüssigkeit quantitativ in ein austariertes Wägefläschchen gebracht. Die weitere Behandlung (Vertreibung des Bors als Borsäuremethylester, Eindampfen usw.) wird dann mit neuen Einwaagen aus dem gewogenen Filtrat in einem Fällungsschälchen vorgenommen, worin schließlich die endgültige Bestimmung erfolgt.

Wählt man ein anderes Aufschlußmittel, wie Alkalipyrosulfat oder -carbonat, so wird man insbesondere im letzteren Fall Maßnahmen treffen müssen, um Verluste beim Lösen hintanzuhalten. So kann man beispielsweise das Lösen in einem schiefgestellten Wägegläschen, das vorher samt dem zur Aufschließung verwendeten Schälchen austariert worden ist, vornehmen und nach der Wägung aliquote Teile der Lösung entnehmen.

δ) Überführung der aufgelösten Stoffe in wägbare Formen.

Zwei Operationen dienen dazu, einen Stoff aus seiner Lösung in eine zur Gewichtsbestimmung geeignete Form zu bringen: das *Abdampfen* bzw. *Abrauchen* und *Glühen* (Rückstandsbestimmungen) oder die *Fällung*.

Das Abdampfen bzw. Glühen kann naturgemäß nur dann angewendet werden, wenn der Körper, dessen Gewicht man bestimmen will, bereits in der zur Gewichtsbestimmung geeigneten Form in Lösung ist oder aber durch das Abdampfen mit einem bestimmten Reagens oder Glühen in diesen Zustand übergeführt werden kann. Selbstverständlich muß sich der betreffende Stoff allein oder nur mit solchen Substanzen zusammen in der Lösung befinden, die bei den genannten Operationen flüchtig sind. In der Mehrzahl der Fälle wird man sich der *Fällung* zur Abscheidung der Wägungsformen bedienen.

Das *Abdampfen* wird im Fällungsschälchen vorgenommen. Gegebenenfalls muß dieses mit einem Deckel aus dünner porenhaltiger Platinfolie bedeckt werden. Die Fällungsschälchen werden samt den mitaustarierten Filterschälchen auf die bereits erwähnte Art erwärmt. Das Aufblasen eines mäßig starken Luftstromes kann in diesem Falle beschleunigend wirken.

Was nun die *Fällung* und *Filtration* der Niederschläge betrifft, so kommt es darauf an, ob man sich hierbei der Fällungsschälchen oder der Hahnröhrchen bedient.

Beim Arbeiten mit dem *Fällungsschälchen* wird die Fällung so vorgenommen, daß man z. B. mittels eines gewöhnlichen Tropfröhrchens zunächst einen Tropfen des betreffenden Fällungsmittels[1] einfallen läßt. Nach dem teilweisen Absetzen des entstandenen Niederschlages wird ein weiterer Tropfen hinzugefügt und dabei beobachtet, ob noch eine Fällung erfolgt oder nicht. Die Fällung ist als beendet zu betrachten, wenn keine Niederschlagsbildung mehr zu beobachten ist.

Wenn die Fällung in heißem Zustande vorgenommen werden soll, so kann die zu fällende Flüssigkeit auf die schon beschriebene Art (S. 123) erhitzt werden. Gegebenenfalls muß auch das Fällungsmittel in heißem Zustande verwendet werden.

---

[1] Bezüglich der Reinhaltung der Reagenzien vgl. S. 41.

Um den Niederschlag zu filtrieren, bringt man die Schälchen vorsichtig auf den in die Glasglocke eingesetzten Frittentrichter, dessen Oberfläche glatt und fettfrei sein muß. Da das Platin nach längerem Stehen bekanntlich von Wasser nur schwer benetzt wird, ist es vorteilhaft, das Filterschälchen vor dem Gebrauch schwach zu glühen. Man kann auch zur Erleichterung der Filtration die Oberfläche des Trichters vor dem Aufsetzen der Schälchen mittels eines Wassertropfens benetzen.

Zum Einleiten der Filtration wird das Fällungsschälchen durch Zutropfenlassen von Wasser allmählich zum Überfließen gebracht. Falls die abzufiltrierende Flüssigkeit nicht gleich ins Filterrohr dringt, genügt es, mittels eines am Glasfortsatz der Glocke angesteckten Schlauches mit dem Munde schwach zu saugen. Die Verwendung einer besonderen Saugvorrichtung ist unnötig, da der Zug der im Filterrohr befindlichen Flüssigkeit stark genug ist, um die Filtration fortzusetzen.

Nach der selbsttätigen Entleerung des Fällungsschälchens infolge seiner geringen Höhe muß der zurückgebliebene Niederschlag vorschriftsmäßig *gewaschen* werden. Hierbei ist zu beachten, daß man aus den schon erwähnten Gründen (S. 114 f.) mit möglichst wenig Waschflüssigkeit das Auslangen finden muß. Zu diesem Zwecke wird die Flüssigkeit im Fällungsschälchen neuerlich zum Überfließen gebracht und weitere Waschflüssigkeit hinzugetropft, ehe sich noch das Schälchen ganz entleert hat. Um sich von der Vollständigkeit des Auswaschens zu überzeugen, prüft man einen Tropfen des aus dem Trichter tretenden Filtrats.

Mitunter lassen sich vom Niederschlag bei der Fällung eingeschlossene Salze selbst nach langem Waschen nicht vollständig beseitigen. Diese bekannte Erscheinung zeigt sich besonders bei der Bestimmung der Schwefelsäure als Sulfat. Es wurde schon seinerzeit[1] darauf hingewiesen, daß die bei der Fällung von Bariumsulfat mitgerissenen Salze mit nur wenig Waschflüssigkeit entfernt werden können, wenn das einmal gewaschene und getrocknete Bariumsulfat vorher geglüht wird. Anscheinend geht der Niederschlag durch das Glühen in eine kristalline Form über, die kein oder nur ein geringes Adsorptionsvermögen besitzt.

Nach Beendigung der Filtration wird mit dem Mund etwas stärker abgesaugt, um sowohl den größten Teil der vom Filterboden noch zurückgehaltenen Flüssigkeitsreste als auch das im Filterrohr befindliche Filtrat ins Sammelgefäß zu bringen. Hierbei ist besonders darauf zu achten, daß beim plötzlichen Absaugen kein Verlust durch Verspritzen entsteht. Da während des Filtrierens das Schälchen auf der Filterplatte fest anliegt, kann der zur Seite gebogene Drahthenkel leicht wieder aufgerichtet werden. Um das Schälchen beim Abheben nicht zu deformieren, wird es vorher mittels einer Pinzette od. dgl. gelockert und gegen den Rand zu verschoben, bis es sich leicht abheben läßt.

Nach erfolgter Trocknung und etwaigem Glühen werden die Gefäße rasch in einen Exsiccator gestellt. Es sei bemerkt, daß nur bereits trockene

[1] J. DONAU: Mh. Chem. **34**, 559 (1913).

Schälchen der Glühtemperatur ausgesetzt werden dürfen, da nasse Gefäße infolge der plötzlichen Dampfbildung erheblichen Schaden erleiden können.

Das Abkühlen im Exsiccator beansprucht kaum mehr als eine Minute, worauf die Schälchen *sofort* gewogen werden können. Das bei anderen Methoden nötige Stehenlassen *vor* und *in* der Waage ist bei diesen kleinen Objekten überflüssig.

In manchen Fällen müssen die gewaschenen, noch nassen Niederschläge vor dem Trocknen oder Glühen mit verschiedenen Reagenzien weiterbehandelt werden. Zu diesem Zwecke werden die Schälchen in die oben beschriebenen Räuchergefäße gebracht. Auf diese Weise läßt sich z. B. der gewaschene Niederschlag von Antimonsulfid durch Einhängen in eine Atmosphäre von Salpetersäure und nachheriges Glühen leicht in das antimonsaure Antimonoxyd (Sb_2O_4) verwandeln.

Bei dem hier geschilderten Verfahren kommt es ab und zu vor, daß eine Auflockerung des Niederschlages oder von Salzkrusten im Fällungsgefäß (z. B. bei der Kaliumbestimmung) vorgenommen werden soll. Hierzu bedient man sich am besten eines 1 bis 2 cm langen Platindrahtes von etwa 0,1 mm Dicke, der in einen Nadelhalter eingespannt wird. Um dabei Verluste zu vermeiden, ist es zweckmäßig, das betreffende Drähtchen schon *vor* der Bestimmung mit den beiden Schälchen auszutarieren und zum Schlusse wieder mitzuwägen.

Wenn aus den schon angeführten Gründen die Anwendung der Fällungsschälchen nicht ratsam ist, kann man sich der bereits auf S. 119 beschriebenen *Hahnröhrchen* bedienen. Diese unterscheiden sich von den anderen Fällungsgefäßen dadurch, daß die Entleerung nicht über den Rand, sondern nach unten erfolgt, wodurch an Benetzungsfläche und somit auch an Waschflüssigkeit gespart wird. Das Arbeiten mit diesen Gefäßen gestaltet sich folgendermaßen:

Das Röhrchen wird zunächst in ein kleines Stativ eingespannt, dessen Klammern mit einem Kugelgelenk versehen sind, damit es leicht in verschiedene Stellungen gebracht werden kann. Der seitliche Arm des Stativs soll so lang sein, daß man das Röhrchen vor Beginn der Filtration oberhalb des Filterschälchens aufstellen kann.

Über das Einwägen und Auflösen der Substanz sowie das Erwärmen bzw. Eindampfen der Lösung ist bereits weiter oben berichtet worden.

Das Fällungsmittel wird mittels eines Tropfröhrchens eingebracht. Unter Umständen ist es besser, das Reagens in das schräg eingestellte Röhrchen mittels einer Hakenpipette eintropfen zu lassen. Soll die Fällung durch ein gasförmiges Fällungsmittel, z. B. Schwefelwasserstoff, erfolgen, so läßt sich dies in folgender Weise bewerkstelligen: Ein entsprechend eingespanntes, am Ende hakenförmig nach abwärts gebogenes, dünnes Rohr wird in das schräg gestellte Fällungsröhrchen so eingeführt, daß dessen Wandungen nicht berührt werden und nur das abwärts gebogene kurze Ende des Einleitungsröhrchens in die Flüssigkeit eintaucht. Nach erfolgter Fällung wird das Röhrchen vorsichtig herausgezogen, wobei aber der Gasstrom nicht unterbrochen werden darf, da sonst Flüssigkeit und Niederschlag in die Röhre eindringen würden. Die am Zuleitungsrohr noch anhaftenden Anteile von Lösung und Niederschlag müssen durch Abspülen mit einigen Tropfen Wasser wieder ins Fällungsgefäß zurückgebracht werden. Um dabei Verluste zu vermeiden, wird das Fällungsgefäß senkrecht gestellt. Ein Verspritzen der Lösung während des Gaseinleitens ist nicht zu befürchten, da im schief gestellten Gefäß die durch den Gasstrom mitgerissenen Teilchen sich an der gegenüberliegenden Wand ansetzen.

Soll die Flüssigkeit im Hahnröhrchen erwärmt werden, wird es entweder auf die oben (S. 121, Abb. 68) beschriebene Heizplatte, deren Bohrungen seitliche Ausnehmungen besitzen, gebracht oder mittels einer kleinen Flamme vorsichtig „umspült". Zwecks Erwärmung oder längeren Verweilens in der Wärme kann man die Gefäße ebenso auch in einen Trockenschrank einstellen.

Bei der Filtration des Niederschlages wird das Hahnröhrchen mittels des Kugelgelenkstativs so gestellt, daß das untere Ende sich etwa 1 cm oberhalb des schon beschriebenen Platinfilterschälchens befindet. Das in diesem Falle nicht benötigte Fällungsschälchen wird inzwischen im Exsiccator aufbewahrt. Nun läßt man durch teilweises Öffnen des Hahnes die Flüssigkeit langsam abtropfen, wodurch auch der größte Teil des Niederschlages auf das Filter gelangt. Um den noch im Rohr befindlichen Rest zu entfernen, wird nach dem völligen Öffnen des Hahnes durch Zutropfenlassen von Waschflüssigkeit und Zuhilfenahme eines Federfähnchens (siehe S. 119) das Gefäß so lange durchgespült, bis die auf das Filter abfließenden Tropfen vollkommen klar erscheinen und auch an den Wandungen des Röhrchens keine Niederschlagsspuren mehr zu beobachten sind. Durch entsprechende Handhabung des Federfähnchens gelingt es auf diese Weise leicht, den Niederschlag praktisch quantitativ aufs Filter zu bringen.[1]

Obgleich das vorstehend beschriebene Verfahren nicht so genaue Ergebnisse liefert wie die Methode der Fällungsschälchen, so wird es dieser stets dann vorzuziehen sein, wenn größere Flüssigkeitsmengen in Betracht kommen oder beim Lösen der Substanz oder beim Einleiten von Gasen Verluste zu befürchten sind.

10. Elektrolyse.[2]

Nach den im Abschnitt II gemachten Bemerkungen ist es klar, daß die unmittelbare Wägung mikroelektrolytisch abgeschiedener Metallniederschläge vom Standpunkt der Wägegenauigkeit eigentlich die

---

[1] Nach neuen Versuchen des einen der Verfasser (J. DONAU) lassen sich an Stelle der Hahnröhrchen ähnliche Gefäße *ohne* Hahn verwenden, wobei der Verschluß lediglich dadurch bewirkt wird, daß man das untere Ende des Röhrchens durch einen kapillar eingesaugten Wassertropfen verschließt; die Filtration wird sodann mittels des Federfähnchens eingeleitet.

[2] Ein großer Teil der einschlägigen Literatur bis 1926 findet sich zitiert bei F. EMICH: Lehrbuch. S. 107.

ungünstigste Bestimmungsform darstellt, da der Umrechnungsfaktor = = 1[1] ist.

Der Hauptwert elektrolytischer Abscheidungsmethoden liegt demnach in der Möglichkeit von Trennungen und in der Gewinnung *intermediärer Abscheidungsformen*. Man wird in jedem einzelnen Fall im Hinblick auf den Zweck der Analyse überlegen müssen, ob der Vorteil unmittelbarer Wägung des abgeschiedenen Metalles den Zeitverlust durch Überführung in eine günstige, womöglich organische Wägungsform sowie den Nachteil eines durch die neuerliche Operation hinzutretenden möglichen Analysenfehlers aufwiegt. Die Entscheidung wird wesentlich auch davon beeinflußt werden, ob für eine solche Bestimmung überhaupt Methoden von hoher Genauigkeit zur Verfügung stehen. Bei den bisher ausgearbeiteten mikroelektrolytischen Methoden begnügten sich die Autoren in der Regel mit der unmittelbaren Wägung der dabei anfallenden Niederschläge.[2]

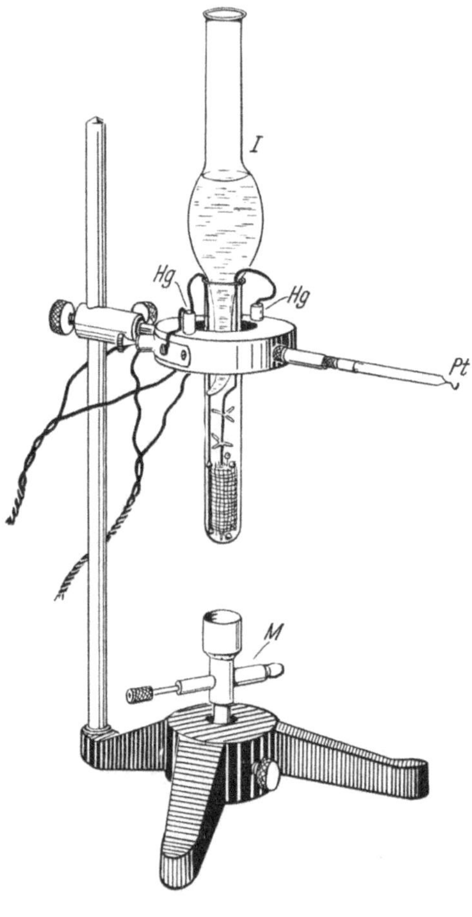

Abb. 69. Mikoelektrolysenapparat nach F. PREGL ($^1/_3$ der natürlichen Größe). [Aus F. PREGL-H. ROTH: Mikroanalyse. S. 174.]

Eine besondere Rolle spielt die Elektrolyse mittels geeigneter Vorrichtungen bei der quantitativen Ermittlung von Spuren und Verunreinigungen.

Im folgenden werden die wichtigsten Typen der Mikroelektrolysenapparaturen besprochen.

1. Mikroelektrolysenapparat nach F. PREGL (Abb. 69).[3]

Bei diesem erfolgt die Rührung nicht mechanisch, sondern

[1] Die elektrolytische Abscheidung von PbO_2 bildet keinen Gegenbeweis, da diese Abscheidungsform auf Grund eingehender Untersuchungen (vgl. S. 154) sich keinesfalls als Wägungsform eignet.

[2] Vgl. dagegen die mikroelektrolytische Bestimmung des Bleies nach H. BRANTNER und F. HECHT: Mikrochem. **14**, 30 (1934), bei der die Überführung des anodisch abgeschiedenen PbO_2 in $PbSO_4$ erfolgt.

[3] F. PREGL-H. ROTH: Mikroanalyse. S. 173ff.

dadurch, daß die Flüssigkeit während der Elektrolyse in gelindem Sieden erhalten wird.

Als Elektrolysengefäß dient ein Reagensglas von 105 mm Länge und 16 mm äußerem Durchmesser. Drei Metallfedern halten es in einem Hartgummiring fest, gewährleisten aber gleichzeitig eine gewisse Verschiebbarkeit. Auch dieser Ring selbst ist durch eine Klemme mit Schraube an einem Stativ verschiebbar befestigt.[1] Ein Mikrobrenner *M* gestattet, die Elektrolysenflüssigkeit zum Sieden zu erhitzen. Zum Schutz vor Verlusten durch Spritzen sowie zur Konstanterhaltung des Flüssigkeitsvolumens dient ein Glasgefäß *I*, das, mit Wasser gefüllt, als Kühler wirkt. Eine schnabelartige Verlängerung nach unten ermöglicht das Abfließen der kondensierten Flüssigkeitstropfen längs der Reagensglaswand. Aus Abb. 70 ist die Form der beiden Elektroden zu entnehmen. Die Kathode *K* ist eine Platinnetzelektrode von 30 mm Höhe und 10 mm Durchmesser, an die ein starker Platindraht angeschweißt ist, der über das obere Ende des Netzes um 100 mm (Gesamtlänge!) emporragt. Am oberen und unteren Rande des zylindrischen Netzes sind je drei Hartglastropfen angeschmolzen, die ein Berühren der Reagensglaswandung beim Herausziehen der Elektroden verhindern. Sogenanntes „Schmelzglas" ist ungeeignet, da es beim Kochen während der Elektrolyse Gewichtsabnahmen erfährt. Die Anode (Abb. 70, A) ist ein 130 mm langer Platindraht von der aus der Zeichnung hervorgehenden Gestalt, der zwei Y-förmige Glasausläufer trägt, welche die Lage der Anode innerhalb des Elektrolysengefäßes festlegen, so daß beim Herausziehen keine Berührung der beiden Elektroden untereinander zustande kommt. Abb. 69 läßt erkennen, wie die beiden Elektroden in zwei Quecksilbernäpfchen *Hg* eingehängt werden, die die Stromzuführung vermitteln. Ein an dem Hartgummiring angebrachter waagrechter Glasstab mit eingeschmolzenem Platinhäkchen *Pt* gestattet das Aufhängen der Kathode zum Zweck des Auskühlens.

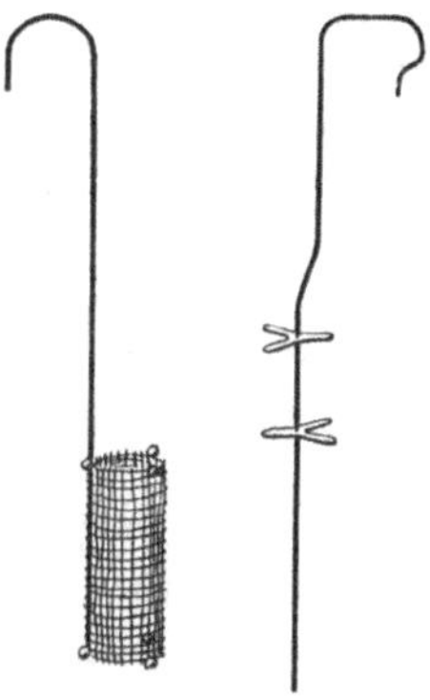

Abb. 70. Platinelektroden der PREGLschen Apparatur ($^2/_5$ der natürlichen Größe). [Aus F. PREGL-H. ROTH: Mikroanalyse S. 174.]

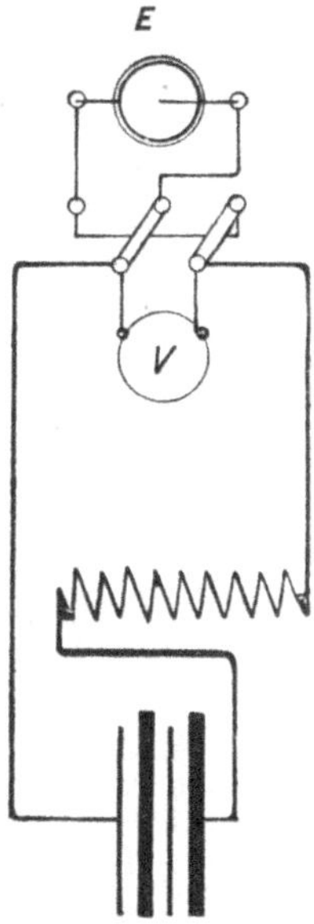

Abb. 71. Schaltschema für die PREGLsche Mikroelektrolysenapparatur. [Aus F. PREGL-H. ROTH: Mikroanalyse S. 175.]

Das Schaltschema (Abb. 71) erläutert die Anordnung bei der Elektrolyse. Die Stromquelle sind zwei hintereinandergeschaltete 2-Volt-Akkumulatoren, *V* ist ein Voltmeter (bis 10 Volt), *E* bedeutet das Elektro-

[1] Das gleiche Stativ findet auch für den Aluminiumblock (S. 71, Abb. 25) Anwendung.

lysengefäß. Des weiteren sind noch ein Stromwender und ein Schiebewiderstand von 6 Ohm vorhanden.

Vor Beginn der Elektrolyse wird die Kathode der Reihe nach in heiße konz. Salpetersäure, in Wasser, dann in Alkohol und schließlich in reinen Äther getaucht und über der Flamme eines Bunsenbrenners getrocknet. Sie wird hierauf auf das Platinhäkchen *Pt* gehängt und kann nach 10 Minuten aufrecht auf die Waagschale gestellt werden. Inzwischen wird das Elektrolysengefäß innen und der Kühler außen mit Chromschwefelsäure gereinigt und mit Wasser abgespült. Die Elektrolytflüssigkeit darf das Elektrolysengefäß nur bis zur Höhe von 35 bis 40 mm vom Boden aus füllen. Nach dem Wägen der Kathode wird die Apparatur in der aus Abb. 69 ersichtlichen Weise zusammengesetzt, der Strom geschlossen, auf die vorgeschriebene Spannung einreguliert und die Flüssigkeit mit der Flamme des Mikrobrenners allmählich erhitzt. Durch ein in der Höhe des Flüssigkeitsspiegels über das Elektrolysengefäß geschobenes, passend durchlochtes Glimmerblatt wird eine Erhitzung der höher gelegenen Teile vermieden.

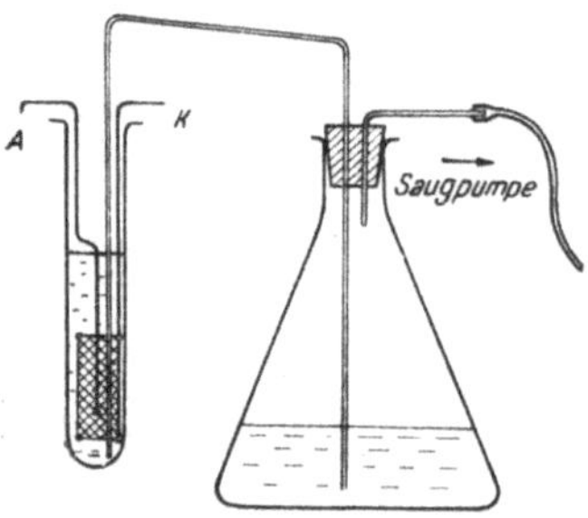

Abb. 72. Vorrichtung zum Abhebern der Elektrolytflüssigkeit ohne Stromunterbrechung (etwa $^1/_5$ der natürlichen Größe). [Aus Mikrochem. 3, 57 (1925).]

Bei Beendigung der Elektrolyse taucht man das Elektrolysengefäß nacheinander in zwei Bechergläser mit kaltem Wasser und erzielt so eine rasche Abkühlung der Lösung. Dann wird der Kühler entfernt. Hierauf zieht man, entweder mit entfetteten Rehlederhandschuhen[1] oder unter Benutzung einer Platinspitzenpinzette und einer platinbeschuhten Tiegelzange, zuerst mit einer Hand die Anode und sofort darauf mit der anderen Hand die Kathode aus dem Gefäß heraus. (Dies gilt natürlich nicht für Elektrolysen, bei denen ohne Stromunterbrechung gewaschen werden muß.) Die Kathode wird der Reihe nach in destilliertes Wasser, Alkohol und Äther getaucht, an dem mit Quecksilber in Berührung gewesenen Ende ausgeglüht, hoch über der kleinen Flamme eines Brenners getrocknet, auf dem Platinhäkchen aufgehängt und abkühlen gelassen. Sodann wird sie gewogen (vgl. S. 83).

Eine einfache Vorrichtung zum Abhebern der Elektrolytflüssigkeit ohne Stromunterbrechung beim Auswaschen ist in Abb. 72 dargestellt.[2] Es bedarf allerdings großer Vorsicht, zwischen den gewöhnlichen PREGLschen Elektroden das Heberrohr senkrecht hindurchzuschieben, ohne die Elektroden aus ihrer Stellung zu bringen.

Wegen dieser und anderer Schwierigkeiten empfehlen FR. HERNLER und R. PFENINGBERGER[3] eine etwas abgeänderte Apparatur mit kleinerer Netzelektrode (10 mm Durchmesser, 12 mm Höhe) und kürzerem Stiel (50 mm), deren Gewicht nur etwa 1 g beträgt. Als Anode wird ein Platin-

[1] F. HERNLER und R. PFENINGBERGER: Mikrochem. 21, 122 (1937).
[2] R. STREBINGER und J. POLLAK: Mikrochem. 3, 57 (1925).
[3] F. HERNLER und R. PFENINGBERGER: Mikrochem. 21, 117 (1937).

draht benutzt, der an dem einen Ende zu einer 11 mm langen und 3 mm weiten Spirale zusammengedreht ist. Zur Vermeidung einer Verunreinigung der Elektrodenenden durch Quecksilber und des infolge dieser Gefahr notwendigen Ausglühens wenden die Autoren einen Elektrodenhalter an, den Abb. 73 in Auf- und Grundriß wiedergibt. Mit einer kleinen Stativmuffe, die auf das PREGLsche Stativ montiert wird, sind zwei Klemmen durch Glasstäbe verbunden. Diese Muffe erlaubt ein seitliches Ausschwenken der beiden Klemmen, so daß die Elektroden sowohl der Seite als auch der Höhe nach ohne Stromunterbrechung verschiebbar sind. Eine isolierende Schicht schützt die einander zugekehrten Flächen der beiden Klemmen gegen Kurzschlüsse bei etwaiger Berührung. Die Höhe des Elektrolysiergefäßes beträgt 40 mm, der Durchmesser 12 mm. Das Auswaschen nimmt man mit Hilfe einer besonderen Vorrichtung (Abb. 74) ohne Stromunterbrechung vor, indem aus einer Bürette die Waschflüssigkeit in einen Trichter läuft, dessen Stiel kapillar ausgezogen und mit einem Hahn ausgestattet ist. Der untere Teil des Stieles führt ebenso wie ein gemäß der Zeichnung gebogenes Heberrohr durch die Bohrungen eines Korkes. Dieser wird an der Innenseite einer Klemme des Elektrodenhalters befestigt. Das Ende der Trichterkapillare liegt an dem Heberrohr an. Ihre Mündung weist ebenso wie die untere Öffnung des Heberrohres einen Innendurchmesser von 0,5 bis 0,8 mm auf. Über das andere Ende des Hebers wird ein Stück Gummischlauch gezogen, das man mit einem Quetschhahn verschließt, so daß der Heber mit Flüssigkeit gefüllt aufbewahrt werden kann.

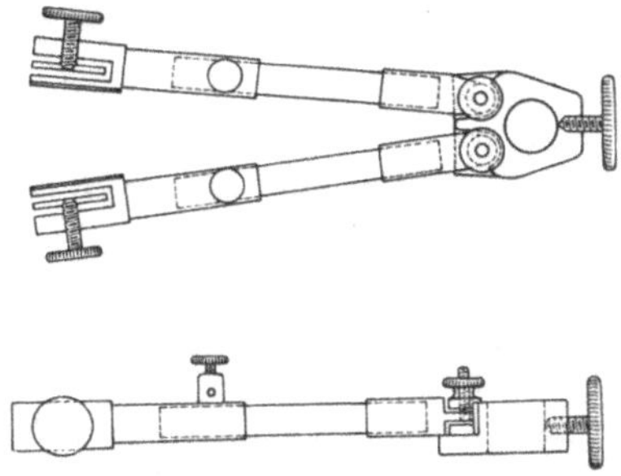

Abb. 73. Elektrodenhalter für die Mikroelektrolysenapparatur nach F. HERNLER und R. PFENINGBERGER (1/2 der natürlichen Größe). [Aus Mikrochem. 21, 118 (1937).]

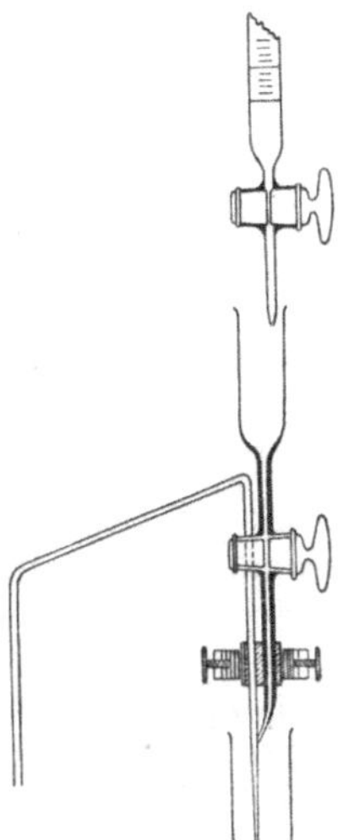

Abb. 74. Waschvorrichtung für die Mikroelektrolysenapparatur nach F. HERNLER und R. PFENINGBERGER (1/4 der natürlichen Größe). [Aus Mikrochem. 21, 119 (1937).]

2. Modifizierter PREGLscher Mikroelektrolysenapparat nach A. OKÁČ.[1]

Die Apparatur (Abb. 75) zeichnet sich vor der ursprünglichen PREGLschen durch einige Verbesserungen aus, die ihr eine allgemeinere Verwendbarkeit erteilen. Als ein Mangel der PREGLschen Apparatur[2] wird viel-

[1] A. OKÁČ: Z. analyt. Chem. 88, 109 (1932); Mikrochem. 12, 205 (1933).

[2] Man darf nicht übersehen, daß diese Apparatur speziell für die mikroelektrolytische Bestimmung des Kupfers in saurer Lösung konstruiert worden ist und für diesen Zweck (z. B. bei der Bestimmung von Kupferspuren in Gemüsekonserven) gut geeignet

fach empfunden, daß sie eine Rührung der Elektrolytflüssigkeit nicht gestattet. Das Verfahren, an Stelle der Rührung die Elektrolyse in siedender Lösung vorzunehmen, ist nicht bei allen Bestimmungen möglich und auch bei der Kupferelektrolyse Einwänden ausgesetzt.[1]

An ein Reagensglas (Geräteglas) von 8 cm Höhe und 1,5 bis 1,8 cm Durchmesser ist seitlich ein Röhrchen *B* angeschmolzen, das durch einen Gummischlauch mit dem 6 cm langen Abflußrohr *C* in Verbindung steht. Die Kathode *K* ist die von F. PREGL angegebene, während die Anode *A* aus einem Platindraht von 0,5 mm Stärke besteht, der zwischen 3 und 2 in ein Glasrohr *R* von 5 bis 6 mm lichter Weite eingeschmolzen ist. Zwischen 2 und 1 hingegen verläuft er an der Oberfläche von *R*. Dieses Rohr ist unten zu einer 4 bis 5 cm langen Kapillare von 1,5 bis

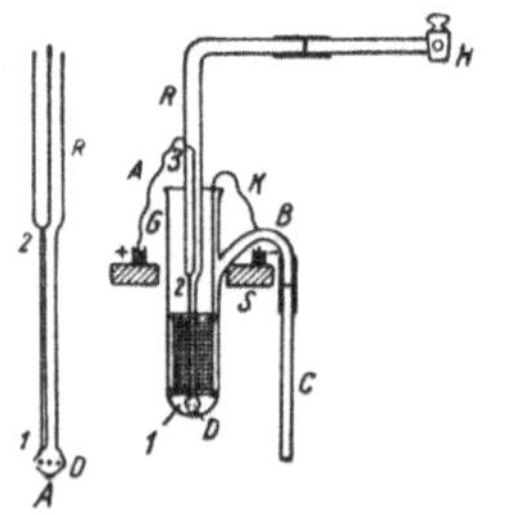

Abb. 75. Mikroelektrolysenapparatur nach A. OKÁČ (1/5 der natürlichen Größe). [Aus Z. analyt. Chem. 88, 109 (1932).]

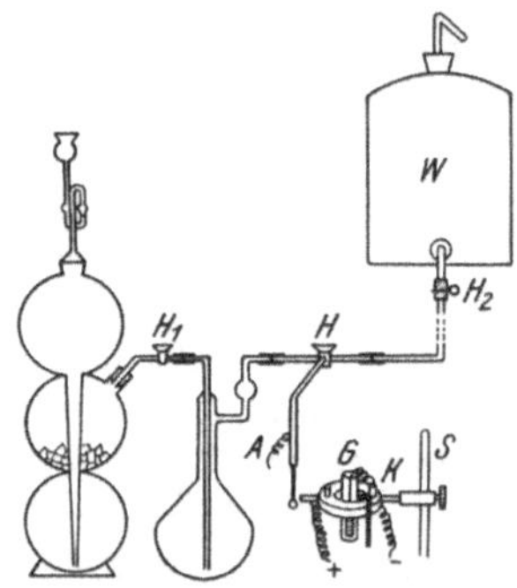

Abb. 76. Mikroelektrolysenapparatur nach A. OKÁČ: Gaseinleitungs- und Waschsystem. [Aus Z. analyt. Chem. 88, 110 (1932).]

2 mm lichter Weite verengt und am Ende birnenförmig (*D*) erweitert. Diese Erweiterung besitzt in der waagrechten Ebene sechs feine Öffnungen und eine weitere an ihrem tiefsten Punkt. *R* schließt an ein Glasrohr mit einem Dreiweghahn *H* an. Dieser vermittelt (Abb. 76) die Verbindung mit einem KIPPschen Apparat und mit einer Flasche *W*, die destilliertes Wasser enthält. Der Glashahn H_1 sowie der Quetschhahn H_2 ermöglichen die Unterbrechung dieser Leitungen. *H* wird durch die Klemme eines Hilfsstativs in fixierter Lage gehalten. Das Elektrolysengefäß *G*, das sich in einem PREGLschen Stativ *S* befindet, wird von unten her emporgehoben, bis die Anode die aus der Abb. 75 ersichtliche Lage einnimmt. Es empfiehlt sich sehr, das Ende der Kathode nicht, wie in der Zeichnung dargestellt, unmittelbar in das Quecksilbernäpfchen zu senken, sondern diese Verbindung über einen Schraubenkontakt herzustellen, so daß die unmittelbare Berührung der zu wägenden Elektrode mit dem Quecksilber fortfällt.[2]

---

war. PREGL behauptete nicht, daß sie auch für sämtliche anderen mikroelektrolytischen Bestimmungen die bestmögliche Form darstelle.

[1] F. HERNLER und R. PFENINGBERGER: Mikrochem. 21, 123 (1937).

[2] A. OKÁČ: Mikrochem., a. a. O., 207 f.

Aus dem KIPPschen Apparat wird während der Elektrolyse ein indifferentes Gas (z. B. Kohlendioxyd) durch das Rohr *R* geleitet und tritt aus den feinen Öffnungen von *D* aus, wodurch eine Durchmischung der Elektrolysenflüssigkeit zustandekommt. Die Geschwindigkeit wird selbstverständlich nach vorherigem Ausprobieren eingestellt.

Wenige Minuten vor Beendigung der Elektrolyse spült man die Gefäßwände mit einem dünnen Wasserstrahl ab und läßt durch entsprechende Stellung des Hahnes *H* und Lockern von H_2 Wasser zufließen. Die Waschflüssigkeit wird in einem unter das Abflußrohr *C* gestellten Becherglas aufgefangen. Während des Auswaschens werden die Gefäßwände nochmals mit einem Wasserstrahl abgespritzt. Das Auswaschen ist nach Durchfließen von 150 bis höchstens 250 ccm Wasser beendet. (Ein Milliamperemeter muß ein Sinken der Stromstärke bis zu einem konstanten Minimum anzeigen.) Nach Schließen des Quetschhahnes H_2 senkt man das Elektrolysengefäß und nimmt mit einer Platinspitzenpinzette die Kathode heraus, reinigt sie durch Eintauchen in Alkohol und Äther, trocknet sie auf einem Platindraht hängend über einer Flamme und wägt sie hierauf in der üblichen Art (vgl. S. 13).

Das beschriebene Verfahren der Rührung bewirkt eine wesentliche Abkürzung der Elektrolysendauer.

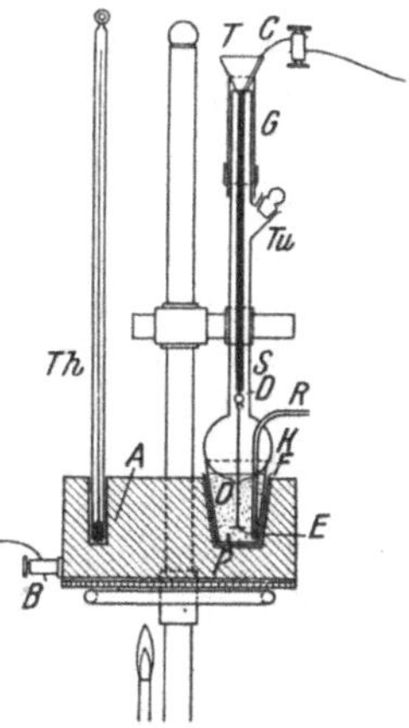

Abb. 77. Mikroelektrolysenapparatur nach H. BRANTNER (1/6 der natürlichen Größe). [Aus Mikrochem. **14**, 28 (1934).]

3. Mikroelektrolysenapparat nach H. BRANTNER[1].

Dieser Apparat (Abb. 77) wurde vorerst für die mikroelektrolytische Abscheidung des Bleies als Bleisuperoxyd herangezogen.[2] Er dürfte sich aber wohl auch für andere mikroelektrolytische Abscheidungen oder Bestimmungen eignen.[3]

Auf dem Ring eines Metallstativs ruht, durch eine Asbestplatte isoliert, ein Aluminiumblock (110 : 70 : 48 mm) mit zwei Bohrungen für das Thermometer *Th* und die Tiegelelektrode *P*. Diese ist ein auf der Innenseite bis zur bezeichneten Höhe mattierter, dünnwandiger Platintiegel von 40 mm Höhe, 28 mm oberem, 17 mm unterem Durchmesser und ungefähr 20 ccm Fassungsraum. Das Gewicht beträgt etwa 11 g.[4] Durch die Platinfolie *F* ist der Tiegel gegen Verunreinigung der Außenfläche geschützt und durch die Glaskugel *K* verschlossen, die mit der Öffnung *O* und dem eingeschmolzenen Knierohr *R* versehen ist. *K* setzt sich oben in dem seitlich tubulierten Rohr *S* fort. Über dieses ist mittels eines Gummischlauches das kurze Glasrohr *G* gezogen, auf dem der langstielige Trichter *T* sitzt, dessen untere Öffnung zugeschmolzen und dessen Rohr mit Quecksilber gefüllt ist. Von seinem unteren Ende ragt in das

[1] H. BRANTNER und F. HECHT: Mikrochem. **14**, 27 (1934).
[2] H. BRANTNER und F. HECHT: a. a. O., 30.
[3] Die Apparatur ist bei P. Haack, Wien, erhältlich.
[4] Die Platinelektroden wurden von W. C. Heraeus in Hanau hergestellt.

Quecksilber der eingeschmolzene, außen zur Öse gebogene Platindraht *D*, der die Scheibenelektrode *E* trägt, deren oberes Ende hakenförmig gebogen ist. Dieser möglichst enge Haken paßt streng federnd auf die Öse des Platindrahtes *D*, so daß ständig guter Kontakt gewährleistet ist. Die Verbindung mit der Stromquelle bildet einerseits der mit einer Klemmschraube versehene Kupferdraht *C*, der durch das obere Trichterende in das Quecksilber eintaucht, anderseits die in den Aluminiumblock eingelassene Klemmschraube *B*. Der Metallblock wird mittels eines Mikrobrenners auf die gewünschte Temperatur gebracht. Das Volumen des Elektrolyten kann ohne Schwierigkeit zwischen 2 und 12 ccm variiert werden, wobei die Einstellung des entsprechenden Abstandes der Scheibenelektrode vom Tiegelboden durch Verschieben des Rohres *G* erreicht wird. Die Waschflüssigkeit wird unter gleichzeitigem Abhebern des Elektrolyten durch *R* durch den seitlichen Tubus *Tu* eingegossen. Das Abhebern kann derart erfolgen, daß *R* an die früher beschriebene Absaugapparatur (S. 80, Abb. 33) angeschlossen und die Flüssigkeit in einem Auffanggefäß gesammelt wird. Das Thermometer *Th* kann auch in eine waagrechte Bohrung des Aluminiumblockes eingesetzt werden (gegebenenfalls als „Kurzthermometer"; siehe S. 103). Der Brenner wird möglichst gleich weit vom Thermometer und der Tiegelelektrode entfernt eingestellt, doch muß die Temperaturanzeige des Thermometers im Vergleich zur Temperatur wäßriger Flüssigkeiten im Tiegel kontrolliert werden. Gewöhnlich ergibt sich dabei eine gewisse konstante Differenz, die man zu berücksichtigen hat.

Die beschriebene Apparatur gewährleistet während der Elektrolyse weitgehende Temperaturkonstanz. Auch kann der Aluminiumblock zur Trocknung der abgeschiedenen Metalle oder Metalloxydüberzüge in der Tiegelelektrode bei einer bestimmten Temperatur verwendet werden. Durch die aufgesetzte Glaskugel wird ein Verdampfen der Elektrolytflüssigkeit während der Elektrolyse verhindert. Der seitliche Tubus ermöglicht während der Elektrolyse einen etwaigen Zusatz von Flüssigkeiten und nach ihrer Beendigung ein gründliches Waschen der Elektroden ohne Stromunterbrechung. Das eingeschmolzene Knierohr hingegen gestattet eine verlustlose Überführung der Elektrolytlösung in ein anderes Gefäß. Während der Dauer der Elektrolyse kann außerdem durch das Rohr ein Gasstrom zwecks Rührung eingeleitet werden. Als Vorteil kann auch gelten, daß die Elektroden ganz aus Platin ohne Glasansatz angefertigt sind und ausschließlich mit Platin in Berührung kommen. Durch Höher- oder Tieferstellen der Scheibenkathode läßt sich das Elektrolytvolumen in verhältnismäßig großem Bereich variieren. Die Tiegelelektrode kann jedenfalls in der Mikroanalyse die bekannte, in der Makroanalyse gern angewendete mattierte CLASSENsche Schalenelektrode ersetzen. Es ist unter Umständen möglich, die Überführung des abgeschiedenen Metall- oder Metalloxydüberzuges in eine andere Bestimmungsform unmittelbar in der Tiegelelektrode vorzunehmen.[1] Falls

[1] H. BRANTNER und F. HECHT: a. a. O., 32.

keine Rückstandsbestimmung in Anwendung kommt, kann auch ein Platinfilterstäbchen vorher mitgewogen werden, das nunmehr zur Filtration des ausgefällten Niederschlages dient.

4. Elektrolysenapparaturen nach J. DONAU zur Abscheidung von Metallen in kleinen Flüssigkeitsmengen.

a) Elektrolyse im Platinschälchen (Kathodenscheibchen).

Die bisher beschriebenen Methoden zur elektrolytischen Bestimmung kleiner Stoffmengen setzen das Vorhandensein verhältnismäßig großer Flüssigkeitsproben voraus. Um nun auch mit geringeren Flüssigkeitsmengen, gegebenenfalls sogar in einem einzigen Tropfen, eine Bestimmung ausführen zu können, bringt J. DONAU[1] unter Weglassung jeglicher Gefäße einfach die betreffende Lösung auf das Kathodenscheibchen und senkt die Anode in den Tropfen ein.

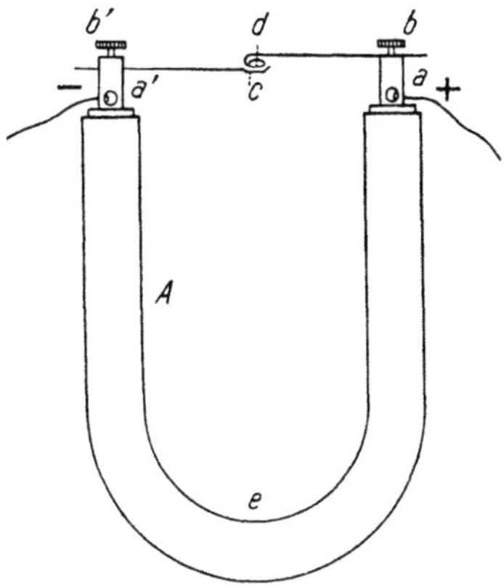

Abb. 78. Mikroelektrolysenapparatur nach J. DONAU (1/2 der natürlichen Größe). [Aus Mikrochem. 27, 15 (1939).]

Die Apparatur besteht aus einem halbkreisförmig gebogenen Hartgummistab *A*, an dessen Enden je eine Doppelklemme drehbar eingeschraubt ist (Abb. 78). Die Stromverbindung wird durch die unteren Klemmen *a* und *a'* bewirkt, während in die oberen Klemmen *b* und *b'* die Anode bzw. die Kathode eingespannt wird. Die Kathode ist ein ungefähr 3 cm langer, etwa 0,5 mm dicker Platindraht, an dessen Ende ein Platinscheibchen *c* angeschweißt ist. Der Durchmesser des Scheibchens, das mittels eines Locheisens aus einem ungefähr 0,1 mm dicken Platinblech ausgestanzt wird, richtet sich nach der verfügbaren Flüssigkeitsmenge. Es ist daher vorteilhaft, mehrere Kathoden mit verschieden großen Scheibchen vorrätig zu halten. Die Scheibchen erhalten durch das Stanzen einen leicht aufgebogenen Rand, wodurch sie das Aussehen sehr flacher Schälchen annehmen. Die Kathode wird waagrecht mit der Konkavseite des Scheibchens nach oben eingespannt. Als Anode dient ein ungefähr gleich langer, etwas dünnerer Platindraht, der am Ende eine kleine Öse *d* besitzt. Der Hartgummistab ist mit seinem mittleren Teil in ein passendes Stativ drehbar eingespannt.

Als Stromquelle verwendet man am besten zwei Akkumulatoren, in deren Stromkreis außer einem Schiebewiderstand ein Milliamperemeter und ein Stromwender eingeschaltet werden.

Hat man es mit einer *flüssigen* Probe zu tun, so wird sie entweder aus einer Mikrobürette auf die waagrecht eingespannte, austarierte Kathode gebracht oder aus einem Wägefläschchen (S. 120, Abb. 67) ausgewogen. Soll

[1] J. DONAU: Mikrochem. 27, 14 (1939).

die Probe unmittelbar auf der Kathode eingewogen werden, so müssen während der Wägung Verluste durch Verdunstung vermieden werden. Zu diesem Zwecke wird die Kathode z. B. unter einem auf die Unterlage (Glasplatte) gut aufgeschliffenen Deckelchen gewogen. Beim Wiedereinspannen der Elektrode muß dann mit entsprechender Vorsicht vorgegangen werden. Liegt eine *feste* Substanzprobe vor, so kann diese nur dann ohne weiteres auf die Kathode gebracht werden, wenn weder das anzuwendende Lösungsmittel das Platin angreift, noch Verluste durch Verspritzen infolge Gasentwicklung beim Lösen zu befürchten sind. Das Lösungsmittel wird mittels eines Tropfröhrchens hinzugefügt und das Auflösen gegebenenfalls durch vorsichtige Annäherung eines Flämmchens bewirkt. Auf diese Weise läßt sich die Lösung auch einengen oder, falls erforderlich, zur Trockne eindampfen.

Nun wird die bei *b* waagrecht eingespannte Anode so gestellt, daß die Öse *d* die Flüssigkeit eben berührt. Hierauf stellt man die Stromverbindung her und bringt die Stromstärke mittels des Schiebewiderstandes auf 2 bis 3 mA. Bei dieser geringen Stromwirkung ist ein Verlust durch die aufsteigenden kleinen Gasblasen kaum zu befürchten. Der Strom soll während des Versuches annähernd bei der genannten Stärke erhalten werden. Gegebenenfalls kann die Flüssigkeit durch eine kleine Flamme von unten her vorsichtig erwärmt werden, wobei man von Zeit zu Zeit ein bis zwei Tropfen Wasser hinzufügt, um ein völliges Eintrocknen zu verhüten.

Wenn nach 10 bis 30 Minuten (je nach der niederzuschlagenden Metallmenge) die Elektrolyse beendet ist, wird der senkrecht eingespannte Gummistab um etwa 45° nach vorne gedreht, worauf die beiden Elektroden unter Stromdurchgang mittels einer Mikrospritzflasche oder eines Tropfröhrchens so lange abgespült werden, bis das Amperemeter keinen Strom mehr anzeigt.

Nach Ausschaltung des Stromes wird sodann die Kathode samt der in den Hartgummistab drehbar eingeschraubten Doppelklemme seitwärts gedreht und die anhängende Flüssigkeit durch Anlegen von Filtrierpapier größtenteils abgesaugt. Die noch feuchte Kathode bringt man nach Loslösen aus der Klemme zwecks Trocknung in einen hohlen, auf etwa 110° erhitzten Aluminiumblock von ungefähr 3 cm innerem Durchmesser. Das Blöckchen, das eine seitliche Bohrung zur Aufnahme eines Thermometers besitzt, wird zweckmäßig mit einem gewöhnlichen Uhrglas bedeckt. Um sich von der erfolgten völligen Trocknung zu überzeugen, hat man nur das Uhrglas gegen ein anderes, kaltes zu vertauschen, das sich bei noch vorhandener Feuchtigkeit sogleich mit einer leicht wahrnehmbaren Kondenswasserschicht bedeckt.

Die trockene Kathode wird zur Abkühlung in einen Exsiccator gestellt und kann nach Ablauf von 2 bis 3 Minuten bereits auf der Mikrowaage gewogen werden.

In manchen Fällen ist es geboten, den Niederschlag an der Kathode durch Umkehrung des Stromes wieder in Lösung zu bringen und neuerlich zu fällen. Man spannt zu diesem Zweck die gewaschene Kathode wieder in die entsprechende Klemme am Hartgummistab ein, tropft mittels eines Röhrchens eine geringe Menge schwach mit Schwefelsäure angesäuerten Wassers darauf, bringt die Flüssigkeit mit der Anode in Berührung und sendet unter Benutzung des schon erwähnten Stromwenders den Strom in entgegengesetzter Richtung durch. Nach völliger Auflösung des Metallniederschlages an der Kathode wird der Strom abermals gewendet, wodurch der vorher von Verunreinigungen nicht völlig freie Metallniederschlag in befriedigender Reinheit wiedergewonnen wird.

Die Vorteile des vorstehend beschriebenen Verfahrens liegen besonders in der Möglichkeit, die Bestimmungen in sehr kleinen Flüssigkeitsmengen, ja selbst in kleinen Tropfen, durchführen zu können. Ferner wird durch die einfache Abspülungsweise der Elektroden während des Stromdurchganges den Verlusten vorgebeugt, die dadurch entstehen könnten, daß beim Herausziehen der Kathode aus dem Elektrolysengefäß die noch anhaftende saure Flüssigkeit Anteile des gefällten Metalls wieder lösen würde. Das Trocknen der Kathode im geschlossenen Block bietet den Vorteil, daß keine Flammengase auf das ausgeschiedene Metall einwirken können.

Die Anwendungsmöglichkeit des Verfahrens ist überall dort gegeben, wo die in Betracht kommende Flüssigkeitsmenge jene Grenze nicht überschreitet, die durch das Fassungsvermögen der Kathode bezeichnet ist.

b) Elektrolyse im Hahnröhrchen.

Um aber auch beim Arbeiten mit beliebig großen Flüssigkeitsmengen die Elektroden *während des Stromdurchganges* waschen zu können, kann man sich nach J. Donau[1] in einfacher Weise eines *Hahnrohres* bedienen, durch das man die Flüssigkeit nach beendeter Elektrolyse abfließen läßt, während die Elektroden von oben her mittels einer Spritzflasche abgespült werden. Man verwendet hierzu das an anderer Stelle (S. 119, Abb. 65) beschriebene, zu Fällungszwecken dienende Röhrchen. Dessen Ausmaße sind den in Betracht kommenden Flüssigkeitsmengen angepaßt (S. 119). Die Proben werden in festem oder flüssigem Zustand eingewogen. Feste Substanzen werden in das schief eingespannte Rohr eingebracht und gegebenenfalls unter Erwärmen durch Annähern eines Flämmchens gelöst. Bei entsprechender Vorsicht läßt sich die Lösung beliebig einengen oder auch zur Trockne verdampfen. Anstatt des Erwärmens mit der Flamme kann man das in ein kleines Stativ eingespannte Rohr auch in einen geheizten Trockenschrank stellen. Zur Erwärmung der Lösung, besonders während der elektrolytischen Bestimmung, hat sich die bereits erwähnte Heizvorrichtung (S. 121, Abb. 68) bewährt.

Als Kathode benutzt man eine dünne Platinspirale, als Anode einen ungefähr 0,1 mm dicken Platindraht, der bis an den Boden des Hahnrohres reicht. Man kann entweder beide Elektroden, die in ein Elektrolysiergestell eingespannt sind, in das senkrecht gestellte Rohr einsenken

[1] J. Donau: a. a. O., 17.

oder man schmelzt die Anode für dauernd in das Gefäß ein, so daß nur die Kathode eingesenkt zu werden braucht.

Die Stromstärke wird mittels eines Widerstandes (siehe S. 137) auf 4 bis 5 mA erhalten und die Lösung gegebenenfalls auf der vorhin beschriebenen Heizplatte fast zum Sieden erhitzt. Bei der angegebenen geringen Stromstärke ist ein Verspritzen der Flüssigkeit kaum zu befürchten. Von Zeit zu Zeit werden sowohl die aus der Lösung herausragenden Elektrodenteile als auch die Glaswand mit heißem Wasser abgespült.

Nach Beendigung der Elektrolyse, die je nach der Menge des abzuscheidenden Metalles bis zu einer Stunde währt, wird während des Stromdurchganges der Hahn langsam geöffnet, worauf man noch vor dem gänzlichen Abfließen der Flüssigkeit mit Wasser so lange nachspült, bis das Amperemeter keinen Strom mehr anzeigt. Hierauf wird die Kathode abgenommen, durch Anlegen eines Filtrierpapieres zunächst von den anhängenden Tropfen befreit, im Aluminiumblöckchen getrocknet und nach dem Abkühlen im Exsiccator auf der Mikrowaage gewogen.

Zur Reinigung wird die Kathode in ein mit warmer, mäßig konzentrierter Salpetersäure beschicktes Röhrchen gestellt, nach dem Auflösen des Metallniederschlages gut abgespült und nach Glühen und Abkühlen im Exsiccator auf der Waage austariert.

Auch bei diesem Verfahren kann wie bei dem vorhergehend beschriebenen durch Stromwendung der Metallniederschlag gelöst und neuerlich gefällt werden.

5. Elektrolysenapparaturen zur Abscheidung kleiner Metallmengen aus großem Flüssigkeitsvolumen.

a) Nach F. Hernler und R. Pfeningberger.[1]

Der Grundgedanke dieser Apparatur (Abb. 79) ist der, daß aus einer sehr großen Flüssigkeitsmenge auch sehr geringe Quantitäten eines Metalls quantitativ durch Elektrolyse abgeschieden werden können, wenn die Elektrolytflüssigkeit zwei hintereinandergeschaltete Elektrolysierzellen durchströmt. Diese Zellen werden von zwei je 10 mm weiten und 55 mm langen Glasröhren gebildet, deren oberer Teil in einer Länge von etwa 20 mm auf einen Durchmesser von etwa 14 mm erweitert ist. In einer im unteren Drittel angebrachten Einschnürung auf 8 mm Weite sitzen die beiden Platinnetzelektroden von 22 mm Höhe und 9 mm Durchmesser, deren jede innen der ganzen Höhe nach mit einem 0,4 mm starken Platindraht sternförmig verflochten ist. Die an den Netzen angeschweißten Platindrähte sind oben in stromführende Klemmen eingespannt. Das zweimal rechtwinkelig gebogene Verbindungsrohr beider Elektrolysierzellen weist 2 mm Innendurchmesser auf. An die eine Zelle ist unten ein Heberrohr angeschmolzen, dessen Höhe 30 bis 40 cm und dessen Innendurchmesser 2 mm beträgt. Das Heberrohr ist mit einem Glashahn mit verlängertem

[1] F. Hernler und R. Pfeningberger: Mikrochem., Molisch-Festschrift, 218 (1936).

Griff versehen, in dessen Spindel mit dem Glasmesser seichte Rillen eingeritzt werden, die von beiden Enden der Bohrungen ungefähr 4 mm weit senkrecht zur Achse in die Peripherie hineinreichen.[1] Außerdem besitzt die Spindel eine Gummisicherung. Das Heberrohr vermittelt den Zufluß der Elektrolytflüssigkeit aus einem Becherglas. Die Strömungsgeschwindigkeit wird dabei mit dem erwähnten Hahn geregelt. An die zweite Elektrolysierzelle ist im oberen Teil ein etwas nach abwärts verlaufendes Abflußrohr von 2 mm lichter Weite angeschmolzen, aus dem die Flüssigkeit nach der Elektrolyse in ein Auffanggefäß austritt. Drahtnetzröllchen, die über die beiden Zuleitungsrohre zu den Elektrolysierzellen gezogen sind, gestatten ein Erhitzen dieser Stellen mit Mikrobrennern, falls die Elektrolyse in der Wärme durchgeführt werden soll. Selbstverständlich wird dann die Elektrolytflüssigkeit bereits im Becherglas vorgewärmt. Die beiden Anoden sind 0,5 mm starke Platindrähte, die zu Scheiben zusammengedreht und durch Korke von unten in die Zellen eingebracht werden. Diese dicht sitzenden Korke bewirken gleichzeitig den Abschluß der Zellen nach unten.

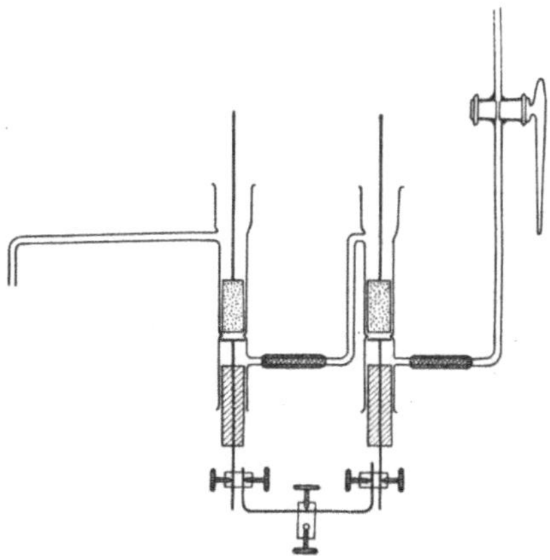

Abb. 79. Elektrolysenvorrichtung für große Flüssigkeitsmengen (nach F. HERNLER und R. PFENINGBERGER; $^1/_4$ der natürlichen Größe). [Aus Mikrochem., MOLISCH-Festschrift, 220 (1936).]

Die beiden Kathoden werden stets zusammen gewogen, um nicht dem doppelten Wägefehler ausgesetzt zu sein.

Vor Beginn der Elektrolyse wird der Apparat mit verdünnter Schwefelsäure gefüllt, indem das Heberrohr in die Säure eingetaucht und bei beiden Elektrolysierzellen die obere Öffnung verschlossen wird, während man am Abflußrohr mittels eines Schlauches saugt. Nach Schließen des Hahnes mit dem verlängerten Griff spannt man den Apparat in ein geeignetes Stativ ein. Hierauf wird das Becherglas mit der Elektrolytflüssigkeit unter das Heberrohr (in der Abb. 79 nicht vollständig gezeichnet) gestellt, dessen Ende den Boden des Becherglases erreichen muß. Nach Einsetzen der gewogenen Kathoden wird der Strom eingeschaltet und durch entsprechende Drehung des Hahnes die gewünschte Strömungsgeschwindigkeit eingestellt.[2] Nun reguliert man die Spannung und heizt mit Mikrobrennern, wenn man in der Wärme zu elektrolysieren wünscht. Bevor die gesamte Elektrolysenflüssigkeit aus dem Becherglas ausgelaufen ist,

[1] F. PREGL-H. ROTH: Mikroanalyse. S. 95.

[2] Wenn in der Minute 22 bis 24 Tropfen aus der Abflußröhre fallen, benötigt ein Liter Flüssigkeit etwa 5 bis 6 Stunden zum Passieren des Apparates.

spült man seine Wandungen erst mit verdünnter Säure, dann mehrmals mit destilliertem Wasser ab, bis die Stromstärke praktisch auf Null gesunken ist. Die Kathoden werden sodann unter Nachspülen mit Wasser aus den Zellen herausgehoben, in Alkohol und Äther getaucht und in bekannter Weise hoch über einer kleinen Flamme getrocknet.

Die beschriebene Apparatur wurde nach den bisherigen Veröffentlichungen zwar nur zur Bestimmung von Kupfer verwendet (vgl. die Originalarbeit), dürfte sich jedoch ohne Zweifel auch für die Abscheidung anderer Metalle eignen.

b) Nach B. L. Clarke und H. W. Hermance.[1]

Diese Apparatur ist in Abb. 80 dargestellt. In das Becherglas,[2] das die Elektrolytflüssigkeit enthält, taucht ein mehrteiliges Glasgefäß von der aus der Zeichnung ersichtlichen Form. In der Elektrolysierzelle (links) sitzt auf einer kreisförmigen Öffnung die innere Platindrahtnetzelektrode von zylindrischer Gestalt. Auf vier in gleichen Abständen ringsum verteilte aufrechte Glaszinken wird die ringförmige äußere Elektrode aus perforiertem Platinblech aufgeschoben, wodurch eine Berührung mit der inneren Elektrode zuverlässig vermieden wird. Die angeschweißten Anschlußdrähte verlaufen ein Stück weit in Glasstäbe eingeschmolzen, um unbeabsichtigte Berührungen untereinander sowie einen Kontakt mit der Lösung zu vermeiden. Durch Einblasen von Luft mittels einer Pumpe durch das enge, innerste Rohr in der Mitte der Apparatur steigt innerhalb des weiteren Rohres die Flüssigkeit hoch und fließt schließlich über den oberen Rand. Dadurch tritt die gewünschte Heberwirkung ein: die Elektrolytflüssigkeit fließt durch das spitzwinkelig gebogene Glasrohr und hierauf durch die Maschen der inneren, durch eine massive Glaskugel bedeckten Elektrode in die Elektrolysenzelle und steigt dort, da durch das Lufteinblasen dauernd neue Flüssigkeit nachgeliefert wird, so hoch, daß sie schließlich durch die kleinen Löcher in der Nähe des oberen Randes der Elektrolysierzelle in das Becherglas zurückfließt. Rechts oben an dem mittleren bauchigen Glasgefäß ist eine Art Steigrohr angeschmolzen. Im Verlaufe von mehreren Stunden

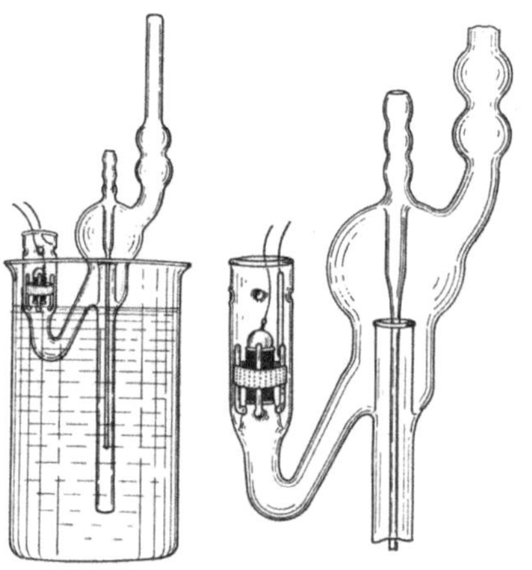

Abb. 80. Elektrolysenvorrichtung für große Flüssigkeitsmengen (nach B. L. Clarke und H. W. Hermance). [Aus Mikrochem. **20**, 127 (1936).]

[1] B. L. Clarke und H. W. Hermance: Mikrochem. **20**, 126 (1936).

[2] An Stelle des Becherglases kann selbstverständlich auch ein anders gestaltetes Gefäß verwendet werden.

wird so die gegebenenfalls erwärmte Elektrolytflüssigkeit oftmals durch die Elektrolysierzelle hindurchgeführt. Um die Elektrolyse zu beenden, stellt man die Pumpe ab, entfernt die Glaskugel von der inneren Elektrode und führt ein geeignetes Glasrohr von oben her durch die Zelle bis in das darunter befindliche Knie ein. Nun bläst man durch dieses Rohr Wasser ein und überflutet so die Zelle einige Zeit lang mit destilliertem Wasser, bis die Stromintensität praktisch auf Null gesunken ist, worauf die innere Elektrode herausgezogen wird. Diese dient gewöhnlich als Kathode.

Der Metall- oder Metalloxydüberzug, der meist nicht ganz rein ist, wird zweckmäßig mit Säure von der Elektrode gelöst und in einer Apparatur für Mikroelektrolyse (kleinerer Flüssigkeitsmengen)[1] auf einer gewogenen Elektrode neuerlich, diesmal in reiner Form, abgeschieden.

Mit Hilfe dieser Apparatur wurden von den Autoren[2] sehr kleine Mengen (0,1 bis 1 mg) Kupfer, Zink und Blei in je 2 Liter Natriumsulfatlösung, verdünnter Schwefelsäure bzw. Natronlauge bestimmt.

11. Dichtebestimmung von Flüssigkeiten.

Infolge der Entdeckung der Wasserstoffisotopen ergab sich das Bedürfnis, die Dichte von Flüssigkeiten in Mikroproben zu ermitteln. Von den für diesen Zweck ausgearbeiteten Verfahren sollen im Rahmen des vorliegenden Buches lediglich zwei besprochen werden, die sich der Waage bedienen.

Abb. 81 stellt das Mikropyknometer nach G. R. Clemo und A. McQuillen[3] dar. Es weist beiderseits haarfeine Bohrungen (Durchmesser 4 μ) auf, die sich in der Mitte zu einer Kapillare von 0,4 mm Durchmesser erweitern. Die Autoren benutzten das Pyknometer zur Dichtebestimmung von Hexadeuterobenzol. Die Füllung erfolgt durch bloßes Eintauchen in die Flüssigkeit, die vorher um 0,2° unter die Temperatur des Waagraumes abgekühlt worden ist. Der gefüllte Apparat wird äußerlich abgewischt, mit einem Kamelhaarpinsel von gegebenenfalls anhaftendem Staub gereinigt und auf die Schale einer *mikrochemischen Waage* gebracht. Nach 5 Minuten ist die Temperaturangleichung der Flüssigkeit erreicht. Die geringe dabei austretende Flüssigkeitsmenge verdunstet sofort, hingegen verdampft aus den feinen Kapillaren praktisch innerhalb einer halben Stunde keine weitere Flüssigkeit, wie von den Autoren durch Mikrowägung festgestellt werden konnte. Zum Anfassen des Apparates benutzt man eine Pinzette mit Elfenbeinspitzen. Vor

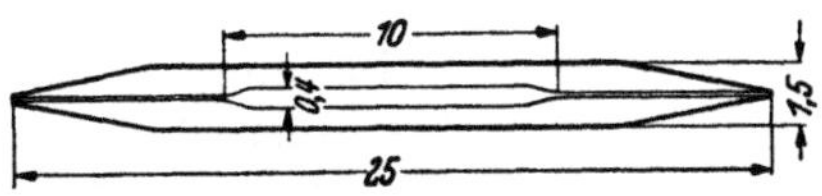

Abb. 81. Mikropyknometer nach G. R. Clemo und A. McQuillen (zweifache natürl. Größe). [Aus J. Chem. Soc. (London) **1935**, 1220.]

[1] B. L. Clarke und H. W. Hermance: J. Amer. chem. Soc. **54**, 877 (1932).
[2] B. L. Clarke und H. W. Hermance: Mikrochem., a. a. O.
[3] G. R. Clemo und A. McQuillen: J. Chem. Soc. (London) **1935**, 1220.

der Wägung läßt man das Pyknometer 15 Minuten auf der Waagschale stehen; als Tara dient ein dem Pyknometer ganz ähnliches Gefäß.

Das Instrument wird erst leer und sodann — bei der Dichtebestimmung von Hexadeuterobenzol — mit gewöhnlichem Benzol gefüllt gewogen. Die Flüssigkeitsmenge wiegt etwa 2 mg. Hierauf wird das Pyknometer durch Zentrifugieren entleert und bei 80° 2 Stunden in einem trockenen Luftstrom getrocknet. Nun wiederholt man den Versuch mit Hexadeuterobenzol und hierauf mit destilliertem Wasser, schaltet jedoch zweckmäßig nach beiden Bestimmungen jedesmal einen Versuch mit gewöhnlichem Benzol ein zur Kontrolle dafür, daß der an der äußeren Oberfläche des Apparates anhaftende Film keine Änderung seines Gewichtes erfahren hat. Die Wägungen des mit gewöhnlichem Benzol gefüllten Instrumentes müssen jedesmal untereinander innerhalb enger Grenzen übereinstimmen.

Das beschriebene Pyknometer gestattet die Bestimmung der Dichte auf drei Dezimalstellen.

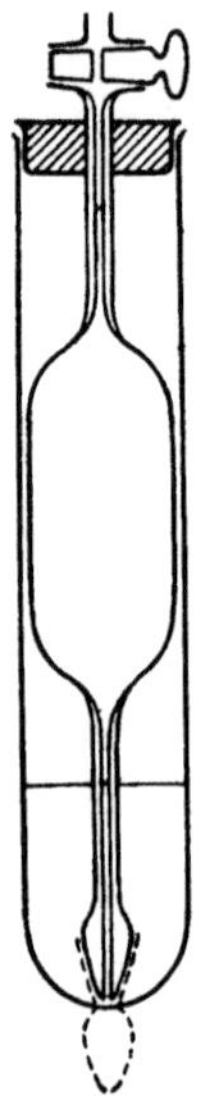

Abb. 82. Mikropyknometer nach S. T. YUSTER und L. H. REYERSON. [Aus Ind. Engng. Chem., Anal. Ed., 8, 62 (1936).]

Abb. 82 zeigt das Mikropyknometer nach S. T. YUSTER und L. H. REYERSON.[1] Die Gesamtlänge beträgt 16,25 cm, der äußere Durchmesser der beiden Kapillarrohre 4 mm, der innere Durchmesser 0,75 mm. Die Größe des mittleren erweiterten, zur Aufnahme der Probeflüssigkeit bestimmten Raumes ist begrenzt durch die Menge der verfügbaren Probe bzw. durch die gewünschte Genauigkeit. Das Pyknometer kann für Flüssigkeitsmengen von 0,1 bis 25 ccm hergestellt werden.

Das untere Kapillarrohr des Pyknometers wird durch eine aufgeschliffene Kappe (in der Abbildung gestrichelt dargestellt) verschlossen. Als „Flüssigkeitsreservoir" dient eine Proberöhre, die so lang ist, daß das Pyknometer nach Entfernen der unteren Kappe den Boden der Proberöhre berührt, während oberhalb des den Verschluß bildenden Gummistopfens soviel Spielraum bleibt, daß man den aus der Abbildung ersichtlichen Hahn ohne Schwierigkeit umdrehen kann. Der Gummistopfen weist einen von der Mitte bis zum äußeren Rand reichenden Schlitz und außerdem ein enges Loch auf, das den Hindurchtritt von Luft gestattet, falls der Schlitz zu stark zusammengepreßt wird. Nach Reinigen des Pyknometers mit Chromschwefelsäure und Wasser wird der Hahn nur soweit gefettet, daß kein Austreten von Hahnfett nach außen möglich ist. Die Proberöhre füllt man mit nur wenig mehr Probeflüssigkeit, als das Pyknometer aufnehmen kann. Zu diesem Zweck ist an dem unteren Teil der Proberöhre eine Marke angebracht.

[1] S. T. YUSTER und L. H. REYERSON: Ind. Engng. Chem., Anal. Ed., 8, 61 (1936).

Die Dichtebestimmung der Probeflüssigkeit geht folgendermaßen vor sich: Die Flüssigkeit wird in der Proberöhre bis zu der erwähnten Marke aufgefüllt und das Pyknometer samt dem Gummistopfen (jedoch ohne die untere Verschlußkappe) eingesetzt. Der ganze Apparat wird nun in einen Thermostaten mit Glaswänden gebracht, und zwar so, daß der obere Rand der Proberöhre nur wenig von der Oberfläche des Thermostatenwassers entfernt ist. Nach etwa einer Stunde ist der Temperaturausgleich erreicht. Der Hahn des Pyknometers wird mit einem Gummischlauch verbunden, der zu einem Dreiweghahn führt. Dieser stellt einerseits die Verbindung mit der Außenluft her, anderseits ist er über ein Gefäß von 100 ccm Rauminhalt mit einem Niveaugefäß verbunden, das mit Wasser gefüllt ist. Nun öffnet man den Pyknometerhahn und stellt den Dreiweghahn so ein, daß die zu untersuchende Flüssigkeit aus der Proberöhre — durch Senken des Niveaugefäßes — von unten in das Pyknometer eingesaugt wird. Sobald es die obere Kapillare fast erreicht hat, wird die Schluß-Feineinstellung vorgenommen. Diese ist nicht ganz ohne Schwierigkeit auszuführen, da die enge Kapillare an und für sich ein Aufsteigen des Probewassers bewirkt. Als Behelf für die Feineinstellung dient eine feine Schraube zur Verstellung der Höhe des Niveaugefäßes. Die größte Genauigkeit wird erzielt, wenn der Meniskus der aufsteigenden Probeflüssigkeit genau auf die Marke der Pyknometerkapillare eingestellt und der Pyknometerhahn sofort geschlossen wird. Weniger genau fällt die Einstellung aus, wenn man die Flüssigkeit über die Marke steigen läßt und sie hierauf wieder bis zur Marke hinunterzudrücken versucht. Das in der beschriebenen Weise gefüllte Pyknometer wird aus der Proberöhre entfernt, der Stopfen abgenommen, das Kapillarrohr rasch an der Ansatzstelle des Stopfens abgewischt und die untere Schliffkappe aufgesetzt. Erst jetzt wischt man die übrige Oberfläche des Pyknometers ab. Mit Hilfe eines austarierten Bügels, der um den Hahn greift, hängt man sodann den Apparat in senkrechter Stellung in die *analytische Waage* und wägt nach einer festgelegten Zeit.

Unter sorgfältig überprüften Bedingungen und bei Benutzung einer guten Waage sollen die Wägungen bei Parallelbestimmungen auf 0,1 mg übereinstimmen.

Das beschriebene Pyknometer weist den Nachteil auf, daß bei einer Flüssigkeit, die bei Zimmertemperatur einen hohen Dampfdruck besitzt, der Zeitraum zwischen Füllung und Wägung kurz sein muß, da der Druck der verdampfenden Flüssigkeit diese langsam aus dem Pyknometer hinauszutreiben bestrebt ist. Zur Überwindung dieser Schwierigkeit muß die feine Öffnung der Schliffkappe in größerer Nähe des Schliffes angebracht werden, während die austretende Flüssigkeit in der Kappe aufgefangen wird.

Analysenmethoden.

I. Einzelbestimmungen.

1. Kationen der Schwefelwasserstoffgruppe.

Silber.

1. Bestimmung als Silberchlorid.[1]

Silber wird aus schwach salpetersaurer Lösung mit Natriumchlorid als Silberchlorid $AgCl$ gefällt. Das Silberchlorid wird bei 120° getrocknet. Umrechnungsfaktor F für Ag: 0,7526; log F: 0,87658—1.

Fällungs- und Filtergeräte: Becher und Filterstäbchen; Filterbecher; Fällungs- und Filterröhrchen.

Ausführung: Die Silbersalzlösung wird in einem Volumen von 1 bis 2 ccm mit einem Tropfen Salpetersäure (1 : 4) versetzt und auf dem Wasserbad erwärmt. Hierauf fügt man 5%ige Natriumchloridlösung tropfenweise zu, bis keine Fällung mehr auftritt. Man läßt noch 15 Minuten auf dem Wasserbad absitzen, kühlt hierauf durch Einstellen des Bechers (bzw. des Fällungsröhrchens) in kaltes Wasser ab und filtriert nach weiteren 15 Minuten. Der Niederschlag wird vier- bis fünfmal mit je 0,5 ccm kalter 1%iger Salpetersäure gewaschen. Das Trocknen erfolgt bei 120°.

Die Bestimmung gelingt auch bei Gegenwart von Kupfer.

Reinigung der Filtergeräte: Diese wird bei Porzellanfilterstäbchen mittels Ammoniaks oder besser mit Natriumthiosulfatlösung vorgenommen. Filterstäbchen mit Asbestschicht sind jedesmal neu zu füllen.

2. Bestimmung mit Rhodanin.[2]

Silber wird aus schwach salpetersaurer Lösung durch Rhodanin als kristalliner gelblichweißer Niederschlag von Silberrhodanin $AgC_3H_2ONS_2$ gefällt. Trocknungstemperatur 70 bis 75°. Umrechnungsfaktor F für Ag: 0,4494; log F: 0,65263—1.

Fällungs- und Filtergeräte: Fällungs- und Filterröhrchen; Becher und Filterstäbchen; Filterbecher.

---

[1] A. BENEDETTI-PICHLER: Z. analyt. Chem. **64**, 418 (1924).

[2] F. FEIGL und J. POLLAK: Mikrochem. **4**, 185 (1926).

Ausführung: Die Lösung, deren Volumen nicht mehr als 3 bis 4 ccm betragen soll, wird mit 1 bis 3 Tropfen Salpetersäure (1 : 10) und hierauf mit einem Überschuß an Rhodaninreagens (S. 51) versetzt. Es scheidet sich sofort ein kristalliner gelblichweißer Niederschlag ab. Eine zuweilen auftretende schwache Verfärbung ins Bräunliche beeinträchtigt die Ergebnisse nicht. Nach kurzem Stehen wird filtriert und mehrmals mit ein wenig schwach salpetersäurehaltigem Wasser[1] und mit Alkohol gewaschen. Das Auswaschen wird unter mehrmaligem Nachspülen mit Alkohol und zuletzt mit Äther beendet. Das Trocknen erfolgt unter Durchsaugen trockener Luft bei 70 bis 75°.

Die Methode wurde an Silbermengen von 0,1 bis 2 mg erprobt. Die Ergebnisse der Beleganalysen waren sehr zufriedenstellend. Nach dieser Methode ließ sich Silber auch in Gegenwart von Kupfer bestimmen.

Reinigung der Filtergeräte: Diese wird mit Chromschwefelsäure vorgenommen.

3. Bestimmung mit Kupferdipropylendiaminsulfat.[2]

Silber wird aus neutraler oder schwach ammoniakalischerLösung mit Kaliumjodid und Kupferdipropylendiaminsulfat $[Cu\,pn_2]\,(SO_4)$[3] als blaßvioletter kristalliner Niederschlag $[AgJ_2]_2\,[Cu\,pn_2]$ gefällt, der nach Waschen mit Alkohol und Äther im Vacuumexsiccator getrocknet wird. Umrechnungsfaktor F für Ag: 0,2307; log F: 0,36307—1.

Fällungs- und Filtergeräte: Bechergläschen und Porzellanfiltertiegel.

Ausführung: Reagens:[4] Dieses wird kurz vor Verwendung frisch hergestellt, indem man eine wässerige Lösung von Kupfersulfat mit Propylendiaminhydrat[5] im Verhältnis $1\,CuSO_4 \cdot 5\,H_2O : 2$ Propylendiaminhydrat mischt. Ein größerer Überschuß an Propylendiamin ist zu vermeiden, da er eine zu große Löslichkeit des Silberkomplexes bewirkt. Das Reagens ist in festem Zustand nicht herstellbar.

Die neutrale oder schwach ammoniakalische Silbernitratlösung, die nicht allzu viele Ammoniumsalze enthalten darf, wird in einem Volumen von 50 ccm in einem kleinen Becherglas mit überschüssigem Kaliumjodid bis zur vollständigen Auflösung des Silberjodids versetzt und zum Sieden erhitzt. Hierauf fügt man die frisch bereitete, konzentrierte heiße Lösung von $[Cu\,pn_2]\,(SO_4)$ (siehe oben) zu und läßt erkalten. Es scheiden sich die blaßvioletten Kristalle von $[AgJ_2]_2\,[Cu\,pn_2]$ aus. Nun wird der Niederschlag in der üblichen Weise (S. 97, Abb. 48, oder S. 173, Abb. 84) filtriert und mit 1%iger Kaliumjodidlösung gewaschen, der 0,5% $[Cu\,pn_2]\,(SO_4)$ zugesetzt worden sind. Zum Schluß wäscht man noch einige Male mit Alkohol und hierauf mit Äther. Nach dem Trocknen im Vacuumexsiccator (10 Minuten) wird gewogen.

Beleganalysen: 1,7 mg Silber.

Reinigung des Filtertiegels: Diese erfolgt mit Chromschwefelsäure.

---

[1] 1 ccm konz. Salpetersäure auf 100 ccm Wasser.

[2] G. Spacu und P. Spacu: Z. analyt. Chem. **90**, 182 (1932).

[3] pn = Propylendiamin.

[4] G. Spacu und P. Spacu: Z. analyt. Chem. **89**, 190 (1932).

[5] $$\begin{matrix} CH_3 \cdot CH \cdot NH_2 \\ \cdot \\ CH_2 \cdot NH_2 \end{matrix} \cdot H_2O.$$

4. Elektrolyse.

a) In schwefelsaurer Lösung.

Nach A. Friedrich und S. Rapoport.[1]

Die Silbernitrat- oder -sulfatlösung wird im Elektrolysengefäß der Preglschen Apparatur (S. 130, Abb. 69) nach Zusatz von einigen Tropfen konz. Schwefelsäure und 1 ccm einer 20%igen Weinsäurelösung[2] unter Erwärmen mit kleiner Flamme[3] elektrolysiert (Gesamtvolumen 5 bis 6 ccm). Die Spannung wird während der ersten Viertelstunde auf 1,3 bis 1,4 Volt, während der nächsten halben Stunde auf 1,8 Volt eingestellt. Bei Beendigung der Elektrolyse wird der Brenner abgedreht und die Elektrolysenflüssigkeit durch Einspritzen von Wasser und Abhebern allmählich ausgetauscht.[4] Der Vorgang des Wasserzusetzens und Abheberns wird viermal wiederholt. Die Kathode wird mit destilliertem Wasser, Alkohol und Äther gewaschen, getrocknet, nach der Wägung durch Eintauchen in konz. Salpetersäure vom Silberbelag befreit und nach nochmaligem Trocknen neuerlich gewogen. Falls ihr Gewicht nunmehr niedriger als bei der ursprünglichen Leerwägung ist, wird als richtiger Analysenwert die Gewichtsdifferenz angenommen, die sich bei Zugrundelegung der *nachträglichen* Leerwägung ergibt.

Beleganalysen: 0,9 bis 3,6 mg; auch bei Silbermengen von 0,15 mg erzielten die Autoren noch gute Werte.

Nach F. Hernler und R. Pfeningberger.[5]

Dieses Verfahren eignet sich besonders für Silbermengen unter 1 mg. Man bedient sich dabei zweckmäßig der von den beiden Autoren angegebenen Apparatur (S. 132, 133) und Auswaschvorrichtung (S. 133, Abb. 74). Vor Beginn der Elektrolyse setzt man der Lösung je nach der Silbermenge höchstens 2 Tropfen konz. Schwefelsäure und etwas Weinsäure oder Alkohol[2] zu und verdünnt hierauf mit Wasser so weit, daß der obere Rand des Kathodennetzes eben mit Flüssigkeit gut bedeckt ist. Man stellt eine Spannung von 1,3 Volt ein und erwärmt rasch auf etwa 80 bis 90°. Kurz vor Beendigung der Elektrolyse kühlt man durch Einhängen des Elektrolysengefäßes in kaltes Wasser und steigert die Spannung auf 1,7 Volt. Mit Hilfe der Auswaschvorrichtung wird sodann die Elektrolysenlösung völlig durch Wasser ersetzt. Nach Senken des Elektrolysengefäßes wäscht man die Kathode mit Wasser, Alkohol und

---

[1] A. Friedrich und S. Rapoport: Mikrochem. **18**, 227 (1935).

[2] Zwecks Vermeidung anodischer Abscheidung von Silbersuperoxyd.

[3] Der Abstand der Brennerdüse vom Boden des Elektrolysengefäßes soll 7 cm betragen.

[4] Die Autoren bedienen sich zum Abhebern eines zweimal rechtwinkelig gebogenen Glasrohres mit einem kürzeren und einem längeren Schenkel. Vgl. S. 132, Abb. 72.

[5] F. Hernler und R. Pfeningberger: Mikrochem. **25**, 210 (1938).

Äther. Die Elektroden sind vor jeder neuen Analyse durch Einstellen in starke Salpetersäure zu reinigen. Elektrolysendauer: 15 bis 20 Minuten.

Beleganalysen: 0,05 bis 0,6 mg.

b) In salpetersaurer Lösung.[1]

Unter Benutzung der von F. HERNLER und R. PFENINGBERGER[1] angegebenen Apparatur (S. 132, 133) und Auswaschvorrichtung (S. 133, Abb. 74) erwärmt man die mit 1 bis 3 Tropfen (je nach der Silbermenge) konz. Salpetersäure und einigen Tropfen Alkohol versetzte[2] Lösung und hält die Spannung zwischen 1,3 und 1,4 Volt, die Temperatur zwischen 40 und 50°. Vor Beendigung der Elektrolyse kühlt man das Elektrolysengefäß durch Einhängen in kaltes Wasser, ersetzt die Elektrolysenflüssigkeit mit Hilfe der Auswaschvorrichtung vollständig durch Wasser, senkt nun das Gefäß und wäscht die Kathode durch Eintauchen in Wasser, Alkohol und Äther. Elektrolysendauer: 10 bis 20 Minuten.

Beleganalysen: 0,05 bis 0,6 mg. Die Abweichungen fallen meist positiv aus.

c) In ammoniakalischer Lösung.

Nach A. OKÁČ.[3]

Unter Benutzung der von diesem Autor beschriebenen Apparatur (S. 134, Abb. 75 und 76) gelingt es, Silber aus ammoniakalischer Lösung unter Einleiten von Kohlendioxyd in Form eines kristallinen weißen Niederschlages abzuscheiden. Die Lösung wird nach Zusatz von 0,5 ccm konz. Ammoniak auf 5 bis 6 ccm verdünnt und 10 Minuten bei Zimmertemperatur elektrolysiert. Die Spannung beträgt 1,3 Volt, die Stromstärke bewegt sich zwischen 10 und 0,1 mA (50 bis 0,5 mA/qdm). Die Kathode wird nach Auswaschen mit Wasser ohne Stromunterbrechung nacheinander in Alkohol und Äther getaucht und hierauf bei 80° getrocknet.

Beleganalysen: 0,5 bis 5 mg. Bei mehr als 2 mg Silber waren die Abweichungen dem absoluten Betrag nach nicht unbeträchtlich (bis zu 0,03 mg).

Es gelang dem Autor auch, Silber auf diese Weise bei Anwesenheit von Kupfer und Zink zu bestimmen. Brauchbare Werte wurden ferner bei Lösungen erzielt, die 2 bis 10 mg Silber enthielten, das ursprünglich als Chlorid vorgelegen hatte und in konz. Ammoniak gelöst worden war. Zur Elektrolyse waren dabei insgesamt 1 bis 2 ccm konz. Ammoniak erforderlich. In diesem Falle mußte einerseits also die Ammoniakmenge größer als sonst gewählt, anderseits auch die Spannung auf 1,5 Volt erhöht und die Dauer der Elektrolyse auf 15 bis 20 Minuten verlängert werden.

Nach F. HERNLER und R. PFENINGBERGER.[4]

Kleine Silbermengen können in der von den genannten Autoren angegebenen Elektrolysenapparatur (S. 132, 133) bestimmt werden.

[1] F. HERNLER und R. PFENINGBERGER: Mikrochem. 25, 208 (1938).
[2] Zwecks Vermeidung anodischer Abscheidung von Silbersuperoxyd.
[3] A. OKÁČ: Z. analyt. Chem. 89, 107 (1932).
[4] F. HERNLER und R. PFENINGBERGER: Mikrochem. 25, 215 (1938).

Der Zusatz an 25%igem Ammoniak beträgt für Silbermengen von 0,05 bis 0,2 mg 0,3 ccm und erhöht sich für Mengen von 0,4 bis 0,6 mg Silber auf 0,5 ccm. Die Elektrolysenflüssigkeit wird schwach erwärmt, um eben noch eine Durchmischung aufrechtzuerhalten. Die Spannung beträgt 1,3 Volt und wird auch gegen Schluß der Elektrolyse nicht weiter als höchstens auf 1,4 Volt gesteigert. Zur Beendigung der Elektrolyse wird das Elektrolysengefäß durch Einhängen in kaltes Wasser gekühlt und der Elektrolyt mit Hilfe der von den Autoren beschriebenen Auswaschvorrichtung (S. 133, Abb. 74) vollständig durch kaltes Wasser ersetzt. Die Kathode wird mit Wasser, Alkohol und Äther gewaschen. Elektrolysendauer: 12 bis 20 Minuten.

Beleganalysen: 0,05 bis 0,6 mg.

d) In cyankalischer Lösung.[1]

F. Hernler und R. Pfeningberger[1] geben eine elektrolytische Bestimmungsmethode des Silbers in cyankalischer Lösung an, doch sind nach ihrem Befund die Ergebnisse nicht so sicher wie bei der Elektrolyse in salpetersaurer, schwefelsaurer oder ammoniakalischer Lösung, weshalb hier von einer näheren Beschreibung abgesehen wird.

Blei.

1. Bestimmung als Bleisulfat.[2]

a) Rückstandsbestimmung.

Die Bleisalzlösung wird mit Schwefelsäure abgeraucht und der bei 600° geglühte Rückstand als Bleisulfat $PbSO_4$ gewogen. Umrechnungsfaktor F für Pb: $0{,}6832_5$; log F: 0,83458—1.

Gerät: Platintiegel.

Ausführung: Die in einem Platintiegel befindliche Lösung des Bleisalzes (am günstigsten ist Nitrat) wird mit 0,05 bis 0,15 ccm Schwefelsäure versetzt und auf dem Wasserbad oder im Metallblock (S. 71, Abb. 25) unter Aufblasen trockener Luft soweit wie möglich eingedampft. Hierauf wird im Metallblock unter allmählicher Steigerung der Temperatur bis etwa 180° die Schwefelsäure völlig abgeraucht. Der Platintiegel wird sodann im elektrischen Ofen während 20 bis 30 Minuten bei 600° geglüht und nach dem Erkalten gewogen. Die Auswaage entspricht dem Bleisulfat.

b) Fällungsverfahren.[3]

Die Bleisalzlösung wird mit Schwefelsäure abgeraucht, der Rückstand mit verdünnter Schwefelsäure digeriert und sodann mit dem gleichen Volumen Alkohol aufgenommen. Der Niederschlag wird filtriert, bei 600° geglüht und als Bleisulfat $PbSO_4$ gewogen.

Fällungs- und Filtergeräte: Tiegel und Filterstäbchen (Platin).

---

[1] F. Hernler und R. Pfeningberger: Mikrochem. **25**, 212 (1938).

[2] F. Hecht und H. Krafft-Ebing: Mikrochem. **15**, 39 (1934). Siehe auch die folgende Fußnote.

[3] Siehe auch A. Benedetti-Pichler: Z. analyt. Chem. **70**, 295 (1927).

Ausführung: Das Eindampfen der Lösung und Abrauchen mit Schwefelsäure erfolgt, wie unter a angegeben, in einem Platintiegel. Es ist jedoch überflüssig, die Schwefelsäure ganz zu vertreiben,[1] vielmehr fügt man nach dem Abkühlen des Tiegels 2 ccm Wasser hinzu und digeriert 5 Minuten lang auf dem siedenden Wasserbad. Nach dem Erkalten der Flüssigkeit wird mit dem gleichen Volumen reinsten Alkohols verdünnt, ein Uhrglas aufgesetzt und über den Tiegel ein Becherglas ohne Schnabel gestülpt. Am nächsten Tag wird mittels des vorher mitgewogenen Platinfilterstäbchens filtriert, drei- bis viermal mit je 0,5 ccm der üblichen Waschflüssigkeit (je 100 Raumteile Wasser und Alkohol, 4 Raumteile Schwefelsäure) und schließlich zweimal mit je 0,5 ccm Alkohol gewaschen. Nach dem Vortrocknen auf dem Wasserbad werden Tiegel und Filterstäbchen im elektrischen Ofen während 20 bis 30 Minuten bei 600° geglüht. Die Ergebnisse lassen nichts zu wünschen übrig. Das Verfahren ist der Rückstandsbestimmung nach a vorzuziehen.

Reinigung der Geräte: Diese wird am besten durch längeres Erwärmen mit Salpetersäure (1 : 1) und mehrmaliges Hindurchsaugen der Säure sowie heißen Wassers durch das Filterstäbchen bewirkt.

2. Bestimmung als Bleipikrolonat.[2]

Die gegen Lackmus neutral reagierende, keine oder nur möglichst wenig Alkali- und Ammoniumsalze[3] enthaltende Bleinitratlösung gibt in der Siedehitze mit Pikrolonsäure einen hellgrüngelben kristallinen Niederschlag[4] der Zusammensetzung $Pb(C_{10}H_7O_5N_4)_2 \cdot 1^1/_2H_2O$, der bei 130 bis 140° getrocknet wird. Umrechnungsfaktor F für Pb: 0,2724; log F: 0,43524—1.

Fällungs- und Filtergerät: Filterbecher.[5]

Ausführung: Die Bleinitratlösung wird in einen Mikrofilterbecher gebracht und nötigenfalls zwecks Entfernung freier Säure darin zur Trockne verdampft. Der Rückstand wird in 0,5 bis 1 ccm Wasser gelöst und die Lösung bis zum beginnenden Sieden erhitzt. Hierauf setzt man den Filterbecher auf ein siedendes Wasserbad und fügt tropfenweise[6] Pikrolonsäurelösung (S. 48) zu, wobei nach Zusatz von je 5 Tropfen vorsichtig umgeschüttelt wird. Wichtig ist dabei, daß von dem Reagens nichts an der Innenwand der Eingußöffnung des Filterbechers eintrocknet.

---

[1] Dies hat nur dann zu erfolgen, wenn beim Abrauchen infolge Anwesenheit reduzierender Substanzen die Möglichkeit einer Reduktion des Bleisulfates vorgelegen hat. In diesem Fall wird der Rückstand nochmals mit je 2 Tropfen Salpetersäure und Schwefelsäure abgeraucht und erst jetzt mit 2 Tropfen Schwefelsäure und 1,5 bis 2 ccm Wasser digeriert.

[2] F. Hecht, W. Reich-Rohrwig und H. Brantner: Z. analyt. Chem. **95**, 152 (1933). — Vgl. W. Prodinger: Fällungsmittel. S. 44.

[3] Wegen der Schwerlöslichkeit der Pikrolonate der Alkalien und des Ammoniums.

[4] Das Bleipikrolonat kristallisiert in Form feiner Nadeln.

[5] Becher (Tiegel) und Filterstäbchen eignen sich deshalb weniger gut, weil es im Fall ihrer Anwendung kaum möglich ist, mit der vorgeschriebenen sehr geringen Menge an Waschwasser auszukommen.

[6] 1 Tropfen aus der Kapillarpipette = 0,025 ccm.

Sobald für je 1 mg Blei 30 Tropfen des Fällungsmittels zugesetzt worden sind, gibt man noch für je 1 mg Blei 15 Tropfen Reagens auf einmal hinzu, erwärmt den Filterbecher 5 Minuten lang unter mehrmaligem Umschütteln auf dem Wasserbad und läßt hierauf während 20 bis 30 Minuten im Eisschrank erkalten. Meist setzt sich der Niederschlag nicht völlig klar ab, doch ist die geringe verbleibende Trübung einwandfrei filtrierbar. Der Niederschlag wird für je 1 mg Blei mit insgesamt 1,5 ccm eiskaltem Wasser ausgewaschen, die man in 2 bis 4 Portionen aus einer graduierten Mikrospritzflasche (S. 88, Abb. 37) entnimmt, doch soll auch bei Bleimengen unter 1 mg das Waschwasser nicht den Betrag von 1,5 ccm unterschreiten, damit mit Sicherheit eine ausreichende Abspülung der Innenflächen des Filterbechers erzielt werden kann. Die Trocknungstemperatur ist 130 bis 140°.

Reinigung des Filterbechers: Hierzu eignet sich Behandlung erst mit Chromschwefelsäure und hierauf mit heißer Salpetersäure (1 : 1). Zum Schluß wird selbstverständlich heißes Wasser durch das Filter gesaugt.

3. Bestimmung als Bleiphosphat.[1]

Die mit Sulfosalicylsäure versetzte Bleinitratlösung wird schwach ammoniakalisch gemacht und mit Diammoniumphosphat gefällt. Der Niederschlag von Bleiphosphat wird bei 150° getrocknet und als $Pb_3(PO_4)_2$ gewogen. Umrechnungsfaktor F für Pb: 0,7659; log F: 0,88419—1.

Fällungs- und Filtergeräte: Fällungs- und Filterröhrchen; Becher (Tiegel) und Filterstäbchen.

Ausführung: Die Bleinitratlösung wird mit 2 ccm Sulfosalicylsäurelösung (1 : 2) versetzt und mit einigen Tropfen Ammoniak schwach ammoniakalisch gemacht. Nach Erwärmen auf dem siedenden Wasserbad werden unter Umschütteln tropfenweise 2 ccm einer 10%igen Lösung von $(NH_4)_2HPO_4$ hinzugesetzt. Den weißen Niederschlag von Bleiphosphat läßt man während 5 Minuten auf dem Wasserbad und hierauf noch $^1/_2$ Stunde lang in der Kälte sich absetzen. Bei der Filtration wird der Niederschlag zunächst mehrmals mit schwach ammoniakalischem, etwas Ammoniumnitrat enthaltendem Wasser und hierauf mit 50%igem Alkohol gewaschen. Das Waschen wird zweckmäßig mit absolutem Alkohol beendet. Die Trocknungstemperatur ist 150°.[2]

Reinigung der Filtergeräte: Diese erfolgt mit heißer Salpetersäure (1 : 1) und schließlich mit heißem Wasser.

4. Elektrolyse.

Nach H. Töpelmann.[3]

Dieser Autor verwendet zwei, der gewöhnlichen Netz- und der Perkin-Elektrode[4] nachgebildete Elektroden, die jedoch entsprechend kleiner

[1] L. Moser und W. Reif: Mikrochem., Emich-Festschrift, 216 (1930). — Das Mikroverfahren geht auf die makroanalytischen Methoden von G. Vortmann und A. Bader: Z. analyt. Chem. **56**, 577 (1917), bzw. von L. Moser und A. Brukl: Mh. Chem. **47**, 714 (1926), zurück.

[2] Bei Anwendung des Preglschen Filterröhrchens erfolgt die Trocknung im Regenerierungsblock (S. 92, Abb. 44) zuerst in der weiten, dann in der engen Bohrung.

[3] H. Töpelmann: J. prakt. Chem. **121**, 315 (1929).

[4] F. M. Perkin: Practical Methods of Electrochemistry. London 1905. —

als die normalen sind, so daß die Oberfläche der Netzelektrode beispielsweise nur 23 qcm beträgt. Die Kathode wird als Rührer benutzt. Die Abscheidung nimmt man bei Zimmertemperatur in einem Volumen von 50 bis 60 ccm vor. Als Depolarisator dient ein Kupferzusatz von rund 20 mg. Ferner setzt man der Elektrolytlösung 3 ccm Salpetersäure ($D = 1{,}40$) in Form verdünnter Säure zu, die mit Sicherheit frei von Blei, salpetriger Säure und Salzsäure ist. Nach kräftigem Rühren wird während 20 Minuten mit einer Stromstärke von 0,3 A, hierauf noch weitere 10 Minuten mit 0,5 A elektrolysiert. Das Auswaschen erfolgt in der üblichen Weise ohne Stromunterbrechung (vgl. S. 132) mit destilliertem Wasser.

Die Trocknung führt der Autor in der Weise aus, daß der Stiel der Elektrode mit einer Klemmschraube an einem Kupferdraht befestigt wird, der in einem Stativ vertikal beweglich angebracht ist. Dadurch ergibt sich die Möglichkeit, die Elektrode senkrecht in die passende Bohrung eines mit einem Thermometer versehenen Heizblockes aus Elektronmetall hinabzulassen. Der Bleidioxydniederschlag wird zweckmäßig in einem geeigneten Mikrogefäß in einem Gemisch von Salpetersäure und Wasserstoffsuperoxyd gelöst und in Bleisulfat übergeführt[1,2] (vgl. frühere [S. 150] sowie die nachfolgenden Ausführungen).

Nach H. Brantner und F. Hecht.[3]

Die Bestimmung wird mit Hilfe der von den Autoren[3] angegebenen Apparatur (S. 135, Abb. 77) ausgeführt.

Das Elektrolytvolumen wird so gewählt, daß die bedeckte innere Tiegeloberfläche rund 20 qcm beträgt. Die Salpetersäurekonzentration von 13%[4] hat sich am besten bewährt; die Elektrolysendauer wird zwischen 45 und 55 Minuten gehalten. Man stellt zunächst eine Stromstärke von 0,3 A ein, steigert diese jedoch während der letzten 10 Minuten auf 0,5 A. Die Temperatur wird während der ganzen Elektrolysendauer unverändert mit etwa 70° beibehalten und darf nicht ansteigen, jedoch auch nicht unter 60° sinken. Ein Harnstoffzusatz ist bei dieser Mikroelektrolyse überflüssig und eher schädlich. Die Beendigung der Elektrolyse und das Auswaschen ohne Stromunterbrechung führt man nach S. 136 aus, worauf das abgeschiedene Bleidioxyd in der dort angegebenen Weise getrocknet und sodann in der bedeckten Tiegelelektrode in verdünnter Salpetersäure und einigen Tropfen 3%igem Wasserstoffsuperoxyd gelöst wird. Zur Zerstörung des Wasserstoffsuperoxyds erwärmt man die Lösung im bedeckten Tiegel einige Zeit auf dem Wasserbad und saugt sie dann in einen zusammen mit einem Platinfilterstäbchen gewogenen

---

Eine verbesserte Form der Elektrode wurde von H. Wölbling: Chemiker-Ztg. **33**, 564 (1909), angegeben.

[1] Der Autor erhielt auf Grund zahlreicher Versuche für den Umrechnungsfaktor Pb/PbO_2 die Werte 0,8627 bis 0,8629 (nach zweistündigem Erhitzen des Bleidioxydniederschlages bei 260°).

[2] Die Bleibestimmung kann auch jodometrisch erfolgen.

[3] H. Brantner und F. Hecht: Mikrochem. **14**, 30 (1933).

[4] Vol.-% an konz. Salpetersäure ($D = 1{,}40$).

Platintiegel über. In diesem wird die Bestimmung des Bleies als Bleisulfat vorgenommen (S. 150, 1 b). Es ist auch möglich, vor der Elektrolyse beide Elektroden und das Platinfilterstäbchen zusammen zu wägen, die Fällung des Bleisulfats in der Tiegelelektrode vorzunehmen, den Niederschlag mittels des Filterstäbchens zu filtrieren und nun abermals Tiegelanode, Scheibchenkathode und Filterstäbchen gemeinsam zu wägen. Dadurch wird ein allfälliger Fehler, der durch Platinwanderung von der Anode zur Kathode entstehen könnte, kompensiert. Die Mattierung der Tiegelelektrode leidet bei dieser Bestimmung nicht merklich. Eine unmittelbare Wägung des getrockneten Bleidioxyds hat sich als unbefriedigend erwiesen.

Die Methode wurde an Bleimengen von 0,5 bis 5 mg überprüft. Die angegebenen Bedingungen sind strengstens einzuhalten.

5. Mikroelektrolytische Bestimmung geringer, als Verunreinigung vorliegender Bleimengen (Spuren von Blei neben Zink bzw. Nickel).

B. L. Clarke und H. W. Hermance[1] trennten in einer besonderen Apparatur (vgl. jedoch die vereinfachte Form, S. 142, Abb. 80) 0,1 bis 0,5 mg Blei von je 10 g Zink (als Sulfat vorliegend) bei Anwesenheit von Kupfersulfat als Depolarisator (Gesamtvolumen 250 ccm).

Arbeitsbedingungen: Temperatur 60 bis 70°, Spannung 2,8 Volt, Säurekonzentration 2% Salpetersäure, Kupfersulfatzusatz 25 mg, Dauer 3 Stunden.

Die Endbestimmung des Bleies erfolgte jodometrisch.[2]

In ganz ähnlicher Weise wurden die gleichen Bleimengen von je 5 g Nickel (als Nitrat anwesend) getrennt.

Cadmium.

1. Bestimmung als Cadmiumoxychinolat.[3]

Cadmium liefert in schwach essigsaurer, alkaliacetathaltiger Lösung mit Oxin eine gelbe Fällung der Zusammensetzung $Cd(C_9H_6ON)_2 \cdot 2\,H_2O$.[4] Die Verbindung gibt bei 130° die beiden Moleküle Wasser ab. Umrechnungsfaktor F für Cd: 0,2805; log F: 0,44799—1.

Fällungs- und Filtergeräte: Becher und Filterstäbchen; Filterbecher.

Ausführung: Die neutrale oder höchstens schwach saure, 1 bis 3 mg Cadmium enthaltende Lösung wird in einem Volumen von 2 ccm mit einem Tropfen des Universalindikators von Merck und hierauf mit einem Tropfen 3%iger Natriumcarbonatlösung versetzt. Die dabei entstehende Trübung bzw. Fällung wird in 2 bis 3 Tropfen 3%iger Essigsäure gelöst.

---

[1] B. L. Clarke und H. W. Hermance: J. Amer. chem. Soc. **54**, 882 (1932). Vgl. auch Mikrochem. **20**, 128 (1936).

[2] Nach R. Lucas und F. Grassner: Mikrochem., Emich-Festschrift, 203 (1930).

[3] P. Wenger, Ch. Cimerman und M. Wyszewianska: Mikrochem. **18**, 182 (1935).

[4] R. Berg: Das Oxin. S. 45; Z. analyt. Chem. **71**, 321 (1927).

6 bis 10 Tropfen 40%iger Natriumacetatlösung reichen in der Regel aus, daß der Indikator das $p_H = 6$ bis 7 anzeigt. Bei 80 bis 90° wird das Dreifache der rechnungsmäßig erforderlichen Menge an 2%iger alkoholischer Oxinlösung (S. 57) tropfenweise hinzugefügt und die Flüssigkeit sodann unter Umschwenken bis zum beginnenden Sieden erhitzt. Nach einer Viertelstunde filtriert man den Niederschlag unter schwachem Saugen mit der Pumpe und wäscht ihn zweimal mit warmem und weitere zweimal mit kaltem Wasser (je 1 ccm). Er wird hierauf bei 130° getrocknet und als wasserfreies Cadmiumoxychinolat $Cd(C_9H_6ON)_2$ gewogen.

Die Methode wurde von den Autoren[1] an Cadmiummengen von 1 bis 3 mg erprobt.

Reinigung der Filtergeräte: Der Niederschlag läßt sich leicht durch verdünnte heiße Salzsäure entfernen.

2. Elektrolyse.[2]

Eine mikroelektrolytische Bestimmung von Cadmium gibt A. Okáč[2] an, der hierzu die von ihm konstruierte Abart (S. 134, Abb. 75 u. 76) der Preglschen Apparatur benutzt.

Die ungefähr 1 bis 3 mg Cadmium sowie 1,5 ccm konz. Ammoniak enthaltende Sulfatlösung wird in einem Gesamtvolumen von 6 ccm 10 Minuten lang bei einer Anfangsspannung von 3 Volt und bei 20 bis 30 mA (0,1 bis 0,15 A/qdm) elektrolysiert. Während der Elektrolyse leitet man in die Lösung Kohlendioxyd ein. Das Cadmium scheidet sich als dichter, grau gefärbter Überzug ab. Die Konzentration an Metall soll nicht weniger als 1 mg Cadmium in 5 bis 6 ccm Lösungsvolumen betragen, da das Metall sonst einen gelben Hauch aufweist und die Werte zu hoch ausfallen.

Beleganalysen: 1 bis 3 mg.

Kupfer.

1. Bestimmung mit Benzoinoxim.[3]

Kupfer wird aus schwach ammoniakalischer Lösung durch Benzoinoxim als grünlicher Niederschlag gefällt, der bei 105 bis 110° getrocknet und als Verbindung von der Zusammensetzung $Cu(C_{14}H_{11}O_2N)$ gewogen wird. Ammoniumsalze verursachen eine geringe Löslichkeit des Niederschlages. Umrechnungsfaktor F für Cu: 0,2201; log F: 0,34264—1.

Fällungs- und Filtergeräte: Tiegel (Becher) und Filterstäbchen (Porzellan).

Ausführung: Die Kupfersalzlösung wird in einem Mikrobecher oder Porzellantiegel, der zusammen mit einem Porzellanfilterstäbchen ge-

---

[1] Siehe Fußnote 3 auf S. 154.

[2] A. Okáč: Z. analyt. Chem. **89**, 109 (1932).

[3] R. Strebinger: Mikrochem. **1**, 72 (1923). — F. Hecht und R. Reissner: Ebenda **17**, 130 (1935). Das Mikroverfahren fußt auf der makroanalytischen Methode von F. Feigl: Ber. dtsch. chem. Ges. **56**, 2083 (1923). — Vgl. W. Prodinger: Fällungsmittel. S. 70.

wogen worden ist, eingedampft und der Rückstand mit 3 Tropfen Salpetersäure (1 : 10) und 2 ccm Wasser aufgenommen. Dann versetzt man die Lösung in der Kälte mit 10%igem Ammoniak bis zur Blaufärbung und Klärung, wonach man für je 0,5 mg Kupfer 1 ccm 1%ige alkoholische Benzoinoximlösung (S. 53) unter Umschwenken des Bechers zutropfen läßt. Sodann erwärmt man 10 Minuten lang auf einem schwach siedenden Wasserbad. Dabei klärt sich die überstehende Flüssigkeit vollständig. Von Zeit zu Zeit ersetzt man den verdampften Alkohol annähernd. Hierauf wird der Niederschlag noch heiß filtriert und zweimal mit je 1 ccm 1%igem warmem Ammoniak, zweimal mit heißem Wasser und einmal mit warmem Alkohol ausgewaschen. Der Niederschlag wird bei 105 bis 110° getrocknet. Sodann bringt man in den Becher oder Tiegel 1 bis 2 ccm warmen 96%igen Alkohol und zerreibt den Niederschlag mit dem Porzellanfilterstäbchen[1] möglichst fein, erwärmt während 5 Minuten auf schwach siedendem Wasserbad und filtriert noch warm, wobei man noch einmal mit heißem Wasser nachwäscht. Nach neuerlichem Trocknen bei 105 bis 110° wird endgültig gewogen.

Die untere Grenze der nach dieser Methode bestimmbaren Kupfermenge ist nach R. STREBINGER 0,1 mg.

Reinigung des Filterstäbchens: Diese wird mit Chromschwefelsäure vorgenommen.

2. Bestimmung als Kupferdibromoxychinolat.[2]

Kupfer wird aus sehr schwach mineralsaurer Lösung durch Dibromoxychinolin als grünlichgelbes Kupferdibromoxychinolat gefällt. Der bei 110 bis 115° (oder bei 145°) getrocknete Niederschlag weist die Zusammensetzung $Cu(C_9H_4Br_2ON)_2$ auf. Umrechnungsfaktor F für Cu: 0,0952; log F: 0,97880—2.

a) Nach F. HECHT und R. REISSNER[2] für Mengen von 0,1 bis 0,6 mg Kupfer.

Fällungs- und Filtergerät: Filterbecher.

Ausführung: Die neutrale Kupfernitratlösung, deren Volumen 1 bis 2 ccm betragen darf, wird mit 0,1 bis 0,2 ccm Salpetersäure (1 : 10) angesäuert, mit 1 ccm Aceton versetzt und auf einem nur schwach siedenden Wasserbad auf etwa 50° erwärmt. Nun fügt man unter Umschwenken tropfenweise eine gesättigte Lösung von Dibromoxin in

[1] Aus diesem Grunde sind für diese Bestimmungsmethode die Jenaer Mikrofilterbecher nicht geeignet, da bei ihnen kein Filterstäbchen zur Anwendung kommt, mit dem der Niederschlag zerrieben werden könnte.

[2] R. BERG und H. KÜSTENMACHER: Mikrochem., EMICH-Festschrift, 26 (1930). — F. HECHT und R. REISSNER: Mikrochem. **17**, 128 (1935). — Das Mikroverfahren fußt auf der makroanalytischen Methode von R. BERG: Z. anorg. allg. Chem. **204**, 208 (1932), sowie R. BERG und H. KÜSTENMACHER: Ebenda **204**, 215 (1932). — Vgl. L. W. HAASE: Z. analyt. Chem. **78**, 113 (1929), sowie R. BERG: Das Oxin. S. 105.

Aceton (S. 58) hinzu, und zwar für je 0,1 mg Kupfer 1,2 ccm, was der drei- bis vierfachen rechnungsmäßig erforderlichen Menge entspricht. Man erwärmt weitere 10 Minuten auf etwa 50° und filtriert den Niederschlag noch warm. Nach drei- bis viermaligem Auswaschen mit Waschflüssigkeit[1] wird zunächst bei 110 bis 115° vorgetrocknet, worauf die Temperatur auf 145° gesteigert wird.[2]

Reinigung des Filterbechers: Diese wird mit Chromschwefelsäure vorgenommen.

b) Nach R. Berg und H. Küstenmacher[3] für Mengen unter 0,1 mg Kupfer.

Fällungs- und Filtergerät: Filterbecher.[4]

Ausführung: Die in einem Mikrobecher befindliche Kupferchlorid- oder -nitratlösung, deren Säuregehalt einer 0,025 bis 0,02 n-Konzentration und deren Acetongehalt rund 30% entspricht, wird bei 50° tropfenweise unter Umschwenken mit der Reagenslösung versetzt. Für Kupfermengen unter 0,1 mg sind 5 ccm einer 0,1%igen acetonischen Dibromoxinlösung anzuwenden. Nach 3 bis 5 Minuten langem Erwärmen bis fast zum Sieden wird der Niederschlag filtriert und einige Male mit kleinen Mengen warmer Waschflüssigkeit gewaschen, deren Säure- und Acetongehalt den bei den Fällungsbedingungen angegebenen Konzentrationen entspricht. Die Trocknungstemperatur ist 110 bis 120°.

Reinigung des Filterbechers: Wie unter a angegeben.

3. Bestimmung mit Salicylaldoxim.[5]

Kupfer wird aus schwach essigsaurer, alkaliacetathaltiger Lösung durch Salicylaldoxim als grünlichweißer Niederschlag gefällt und nach dem Trocknen bei 105° als Kupfersalicylaldoxim $Cu(C_7H_6O_2N)_2$ gewogen. Umrechnungsfaktor F für Cu: 0,1893; log F: 0,27714—1.

a) Nach W. Reif.[5]

Fällungs- und Filtergeräte: Fällungs- und Filterröhrchen.

Ausführung: Die Kupfersalzlösung, deren Volumen 2 bis 5 ccm betragen soll, wird mit verdünntem Ammoniak bis zur Blaufärbung versetzt. Hierauf gibt man tropfenweise etwa 2 n-Ammoniumacetatlösung[6]

---

[1] 0,4 ccm auf das Zehnfache verdünnter Salpetersäure (konz.) + 15 ccm Aceton werden mit Wasser auf 20 ccm ergänzt.

[2] L. W. Haase: a. a. O.

[3] R. Berg und H. Küstenmacher: Mikrochem., a. a. O.

[4] In der Originalvorschrift werden Mikro-Glasfiltertiegel (G 3) empfohlen (Methodik nach F. Pregl).

[5] W. Reif: Mikrochem. **9**, 424 (1931). — F. Hecht und R. Reissner: Ebenda **17**, 133 (1935). — Das Mikroverfahren fußt auf der makroanalytischen Bestimmungsmethode von F. Ephraim: Ber. dtsch. chem. Ges. **63**, 1928 (1930). — Vgl. W. Prodinger: Fällungsmittel. S. 72.

[6] Diese wird aus dem im Handel gebräuchlichen sauren Salz $CH_3COONH_4 \cdot CH_3COOH$ hergestellt.

bis zum Verschwinden der Blaufärbung zu und fällt das Kupfer bei Zimmertemperatur mit frisch bereitetem, 1%igem alkoholischem Salicylaldoximreagens (S. 54) im Überschuß. Durch Schütteln des Fällungsröhrchens bringt man den Niederschlag zum Zusammenballen, prüft durch weiteren Zusatz von Reagens auf Vollständigkeit der Fällung, läßt den Niederschlag 10 bis 20 Minuten sich absetzen und saugt ihn in ein Filterröhrchen über (S. 92, Abb. 43, bzw. S. 95, Abb. 47). Man wäscht anfänglich mit kaltem Wasser und spült dann die letzten Niederschlagsreste abwechselnd mit kaltem Wasser und Alkohol und schließlich mit Alkohol allein aus dem Fällungsröhrchen. Die Trocknungstemperatur beträgt 105°.

Die Bestimmung wird durch Anwesenheit auch sehr großer Ammoniumsalzmengen nicht beeinflußt.

Die von dem Autor angeführten Beleganalysen umfassen Mengen von 0,07 bis 1,3 mg Kupfer.

Die Fällungsvorschrift läßt sich leicht der EMICHschen Methodik (Becher und Filterstäbchen) anpassen.

Reinigung des Filterstäbchens: Diese wird mit Chromschwefelsäure vorgenommen.

b) Nach F. HECHT und R. REISSNER.[1]

Fällungs- und Filtergeräte: Filterbecher; Becher (Tiegel) und Filterstäbchen.

Ausführung: Der Rückstand der eingedampften Kupfersalzlösung wird mit 3 Tropfen (0,075 ccm) verdünnter Salpetersäure[2] und 1 ccm Wasser aufgenommen und die Lösung mit einen Filterbecher übergesaugt. Das Volumen beträgt nun etwa 3 ccm. Falls in einem gewöhnlichen Mikrobecher oder Porzellantiegel gearbeitet wird, kann die Lösung in diesem selbst eingedampft werden (vgl. S. 111), so daß ein Übersaugen vermieden wird. Man versetzt nun die Lösung in der Kälte so lange mit 1- bis 2%iger Natronlauge, bis eine bleibende Trübung von Kupferhydroxyd entsteht, die man mit Essigsäure (1 : 4) wieder zum Verschwinden bringt. Sodann setzt man in der Kälte einen kleinen Überschuß an 1%igem alkoholischem Salicylaldoximreagens (S. 54) zu und bringt den entstandenen Niederschlag durch Umschwenken zum Zusammenballen. Nach 5 bis 10 Minuten währendem Absitzen wird er filtriert und so oft mit kaltem Wasser gewaschen, bis das Filtrat mit Ferrichlorid keine Violettfärbung mehr zeigt. Zwei- bis dreimaliges Waschen genügt dazu in der Regel. Der Niederschlag wird bei 105° getrocknet.

Reinigung der Filtergeräte: Wie unter 3a angegeben.

4. Bestimmung als Kupferchinaldinat.[3]

Kupfer wird aus schwach schwefelsaurer Lösung als schwerer, kristalliner grüner Niederschlag gefällt. Dieser wird bei 125° getrocknet und als Kom-

[1] F. HECHT und R. REISSNER: a. a. O.

[2] Konz. Salpetersäure ($D = 1{,}40$) mit Wasser auf das Zehnfache verdünnt.

[3] P. R. RÂY und J. GUPTA: Mikrochem. 17, 14 (1935). — Das Mikro-

plexverbindung der Zusammensetzung $(C_{10}H_6O_2N)_2Cu \cdot H_2O$ gewogen. Nach Angabe der Autoren[1] gestattet diese Methode auch die mikroanalytische Trennung des Kupfers von Cd, Pb, Mn, Ni, Co, H_3PO_4, H_3AsO_4 und H_3AsO_3. Umrechnungsfaktor F für Cu: 0,1493; log F: 0,17394—1.

Fällungs- und Filtergeräte: Becher (Tiegel) und Filterstäbchen.

Ausführung: Die neutrale Kupfersulfatlösung, deren Volumen 1 bis 2 ccm beträgt, wird mit 1 Tropfen 0,7 n-Schwefelsäure angesäuert. Der Becher wird auf dem Wasserbad erwärmt und die heiße Lösung tropfenweise mit dem Reagens (S. 59) versetzt. Man schwenkt nach Zusatz jedes einzelnen Reagenstropfens leicht um und fügt den nächsten Tropfen erst dann zu, wenn sich der entstandene Niederschlag zu Boden gesetzt hat. Nach Beendigung der Fällung gibt man noch 0,1 ccm des Reagens im Überschuß zu (unabhängig von der Menge des anwesenden Kupfers). Unter weiterem Erwärmen auf dem Wasserbad läßt man den Niederschlag 5 bis 10 Minuten sich absetzen. Hierauf wird die überstehende Flüssigkeit durch das Filterstäbchen abgesaugt und der Niederschlag sechsmal durch Dekantieren mit heißem Wasser gewaschen, ohne daß der Becher vom Wasserbad entfernt wird. Besser läßt sich die Filtration in der Wärme durch Anwendung eines Aluminiumblockes (S. 71, Abb. 25) bewerkstelligen. Man trägt Sorge, daß vor Beendigung des Auswaschens so wenig wie möglich von dem feinen Niederschlag auf das Filterstäbchen gelangt, da dieses sonst leicht verstopft und die Filtration verzögert wird. Schließlich saugt man die Flüssigkeit völlig ab und trocknet Becher und Filterstäbchen bei 125° unter Luftdurchsaugen in der Trockenvorrichtung nach A. Benedetti-Pichler (S. 103, Abb. 53) oder auch in dem auf S. 104 beschriebenen Universalapparat (Abb. 55).

Die angeführten Beleganalysen beziehen sich auf Kupfermengen von 0,1 bis 1 mg. Die erzielte Genauigkeit scheint recht gut. Größere Mengen als 1 mg lassen sich auf diese Weise nicht mehr bequem bestimmen, da der reichlich entstehende Niederschlag schlecht filtrierbar ist.

Die Trennung von Cd, Pb, Mn, Ni, Co, H_3PO_4, H_3AsO_4 und H_3AsO_3 ist nach den Angaben der Autoren in analoger Weise wie bei der makroanalytischen Ausführung möglich, wenn die bei den einzelnen Trennungen vorgeschriebenen Waschflüssigkeiten zur Anwendung gelangen.[2]

Reinigung des Filterstäbchens: Diese erfolgt mit Chromschwefelsäure.

5. Elektrolyse.

a) In schwefelsaurer Lösung.

Nach F. Pregl[3] (vgl. S. 130, Abb. 69).

Man elektrolysiert die mäßig schwefelsaure Lösung in der Siedehitze bei einer Spannung von 2 Volt, die bei im Verlaufe der Bestimmung eintretenden Änderungen nachreguliert wird. Die Abscheidung ist nach 10 bis 20 Minuten beendet.

---

verfahren fußt auf der makroanalytischen Methode von P. R. Rây und M. K. Bose: Z. analyt. Chem. 95, 400 (1933). — Vgl. W. Prodinger: Fällungsmittel. S. 59.

[1] Siehe Fußnote 3 auf S. 158.

[2] P. R. Rây und M. K. Bose: a. a. O.

[3] F. Pregl-H. Roth: Mikroanalyse. S. 173.

Nach F. Hernler und R. Pfeningberger.[1]

Unter Benutzung der von diesen Autoren angegebenen Abart (S. 132, 133) der Preglschen Apparatur erhitzt man die mäßig schwefelsaure Lösung fast bis zum Sieden und wendet eine Spannung von 2 bis 2,2 Volt an. Bei Kupfermengen unter 0,5 mg beträgt die Elektrolysendauer 5 bis 10 Minuten, bei Mengen über 0,5 mg 15 bis 20 Minuten. Während der letzten Minuten vor dem Abschalten wird das Elektrolysengefäß durch Einstellen in kaltes Wasser ausreichend gekühlt.

Beleganalysen: 0,05 bis 1 mg.

b) In salpetersaurer Lösung.

Nach A. Benedetti-Pichler[2] (Preglsche Apparatur).

Falls die Salpetersäurekonzentration sehr hoch ist, setzt man einen weizenkorngroßen Kaliumsulfatkristall zu. Reicht dies nicht aus, so wird bei angelegter Spannung Ammoniak zugetropft, bis die elektrolytische Kupferabscheidung beginnt. Die Spannung muß 2,7 bis 3,1 Volt betragen. Zur Vermeidung des Sprühens infolge von Gasentwicklung an der Anode setzt man vor Beginn der Elektrolyse einen Tropfen Alkohol zu. Zu Anfang der Bestimmung ragt die Kathode 3 bis 4 mm weit über die Flüssigkeit hinaus. Nach 5 Minuten werden die Wände des Elektrolysengefäßes mit 1%iger Salpetersäure abgespritzt. Die Flüssigkeit wird zu Beginn zum Sieden erhitzt, jedoch bis zum Ende der Elektrolyse völlig erkalten gelassen, so daß sich die Benutzung des Kühleraufsatzes erübrigt. Die Gesamtdauer der Elektrolyse beträgt etwa 25 Minuten.

Nachdem zuerst die Anode aus dem Elektrolysengefäß herausgezogen und zur Entfernung von Bleidioxyd, wenn Bleisalz in der Lösung vorhanden war, in ein Reagensglas mit oxalsäurehaltiger Salpetersäure gestellt worden ist, wird auch die Kathode herausgenommen und mit destilliertem Wasser abgespült. Alkohol als Waschflüssigkeit ist, falls sich der Kupferniederschlag schwammig abgeschieden hat, zu vermeiden, da sich dieser sonst leicht von der Elektrodenoberfläche ablöst. Man trocknet die Elektrode in den Flammengasen eines Bunsenbrenners und wägt sie erkaltet nach 5 Minuten.

Diese Art der Bestimmung hat sich auch bei Analysen von Legierungen[3] bewährt. Wenn genug Analysenmaterial vorliegt, bringt man es mit Salpetersäure in Lösung, verdünnt in einem größeren Meßkolben bis zur Marke und verwendet den 100. bis 500. Teil zur Analyse.

Nach F. Hernler und R. Pfeningberger.[4]

Die Autoren verwenden die von ihnen abgeänderte Form (S. 132, 133) der Preglschen Apparatur. Zur Hintanhaltung von Nitritbildung

---

[1] F. Hernler und R. Pfeningberger: Mikrochem. **21**, 122 (1937).

[2] A. Benedetti-Pichler: Z. analyt. Chem. **62**, 321 (1923).

[3] Bei Messingspänen, Stahlbronzen, Rotgußspänen, Messingkollergangkrätze, Bronzespänen und Kugelmühlenstaub.

[4] F. Hernler und R. Pfeningberger: Mikrochem. **21**, 124 (1937).

vermeiden sie das Erwärmen während der Elektrolyse, deren Dauer sich auf 15 bis 20 Minuten erstreckt.[1] Als zweckmäßig hat sich eine Salpetersäurekonzentration von 1 Vol.-% und eine Spannung von 3 bis 3,3 Volt erwiesen. Vor Elektrolysenbeginn werden 2 Tropfen Alkohol zugesetzt (vgl. die vorhergehende Arbeitsvorschrift nach A. BENEDETTI-PICHLER, S. 160). Die Werte fallen in der Regel etwas zu hoch aus, was die Autoren mit einer vermutlichen Platinwanderung während der Elektrolyse erklären.[2]

Beleganalysen: 0,06 bis 0,4 mg.

c) In ammoniakalischer Lösung.
Nach A. OKÁČ.[3]

Diese Methode hat den Vorteil, daß es nicht notwendig ist, die Kupfersalze in Sulfat bzw. Nitrat überzuführen, vielmehr kann die elektrolytische Abscheidung auch bei Anwesenheit von Chloriden,[4] Bromiden, Carbonaten, Phosphaten, Acetaten, Cyanaten sowie einiger organischer Basen, wie z. B. Pyridin, Äthylendiamin, Anilin, vorgenommen werden. Man benutzt dazu die auf S. 134 beschriebene Apparatur (Abb. 75 und 76). Zu diesem Zweck wird die Substanzeinwaage, die 0,2 bis 5 mg Kupfer enthält, im Elektrolysengefäß in 0,5 ccm konz. Ammoniak gelöst.[5] Nach Abspülen der Wände des Gefäßes mit Wasser legt man die Kathode hinein und füllt es durch weiteres Abspülen bis zum oberen Rande der Kathode auf (6 bis 7 ccm). Falls bei Ausführung von Serienanalysen in der anodischen Röhre noch etwas Wasser von der letzten Analyse her enthalten ist, treibt man dieses nach entsprechender Drehung des Hahnes H (S. 134, Abb. 76) durch einen Kohlendioxydstrom in ein daruntergestelltes Becherglas und bringt sodann den Hahn wieder in die ursprüngliche Lage (bei geschlossenem Quetschhahn H_2). Nunmehr schiebt man das Gefäß mit der Kathode auf einem PREGLschen Stativ (S. 130, Abb. 69) zentrisch unter die Anode und hebt es empor, bis das Anodenrohr mit den Öffnungen D bis auf den Boden des Gefäßes reicht. Nach Herstellen der elektrischen Anschlüsse der Elektroden leitet man durch Drehen von H bei geöffnetem Hahn H_1 einen mäßigen Kohlendioxydstrom, der in einer Waschflasche mit Wasser gereinigt wird, in das Elektrolysengefäß und schaltet den Strom ein. Die Elektrolyse wird bei Zimmertemperatur und 2 Volt Spannung vorgenommen (Stromstärke

[1] Auch für kleine Kupfermengen unter 0,5 mg.

[2] Falls in der Tat eine solche vorliegt, dürfte unseres Erachtens ihr Einfluß durch Zusammenwägen von Kathode und Anode sowohl vor als auch nach der Elektrolyse weitgehend ausschaltbar sein.

[3] A. OKÁČ: Z. analyt. Chem. 88, 108 (1932).

[4] Auch von Cuprochlorid.

[5] Sollte sich die Substanz in Ammoniak nur schwer auflösen, verwendet man dazu 1 Tropfen Säure und fügt hierauf 1 ccm konz. Ammoniak hinzu. Bei einer *größeren* Ammoniakmenge als 1 ccm in 6 bis 7 ccm Gesamtvolumen scheidet sich das Kupfer nicht hellrot, sondern dunkel ab und die Ergebnisse werden unbrauchbar.

etwa 20 mA). Als zweckmäßig hat sich eine Strömungsgeschwindigkeit des Kohlendioxyds von 5 bis 6 Blasen in der Sekunde erwiesen. Das entstehende Ammoniumcarbonat genügt als Leiter der elektrolytischen Kupferabscheidung, so daß sich die Zugabe eines anderen Elektrolyten erübrigt.[1] Die Abscheidung des Kupfers ist nach 8 Minuten praktisch quantitativ, so daß man als Gesamtdauer der Elektrolyse 10 Minuten wählt.[2] 2 bis 3 Minuten vor Beendigung der Elektrolyse spült man die Gefäßwände mit einem dünnen Wasserstrahl ab und wäscht, wie auf S. 135 beschrieben, ohne Stromunterbrechung. Die Reinigung und Wägung der Kathode erfolgt in der dort angegebenen Weise.

Bei Serienanalysen läßt man das Wasser in der anodischen Röhre bis zur folgenden Analyse stehen, um ein Entweichen von Kohlendioxyd aus der Apparatur zu verhindern. Dadurch erspart man auch das Entfernen von Luft vor der neuen Analyse.

In solchen Fällen, in denen an der Reinheit des abgeschiedenen Kupfers zu zweifeln ist, z. B. bei Ausscheidung von Trübungen,[3] kann sogleich eine Reinigung erzielt werden. Das Elektrolysengefäß ist nach dem Waschen bis zum Seitenröhrchen mit Wasser gefüllt, weshalb man das Wasser mit einer Pipette bis zum oberen Kathodenrand absaugt, 0,5 ccm konz. Ammoniak zugibt und das Kupfer durch Umschalten des Stromes während einiger Minuten löst. Neuerliches Wechseln der Stromrichtung gestattet abermalige kathodische Abscheidung des nunmehr reinen Kupfers.

Reinigung der Kathode: Zu diesem Zweck wird die Kathode in konz. Salpetersäure eingetaucht, hierauf mit Wasser, Alkohol und Äther gewaschen und getrocknet.

Nach F. Hernler und R. Pfeningberger.[4]

Die Autoren verwenden die von ihnen angegebene Abart (S. 132 und 133) der Preglschen Apparatur und die dazu passende Auswaschvorrichtung (S. 133, Abb. 74). Der Kupfersulfatlösung werden 0,5 ccm konz. Ammoniak und 10 Tropfen einer 1 n-Ammoniumcarbonatlösung zugesetzt. Die Elektrolyse findet in der Hitze bei 2 Volt Spannung statt. Die Dauer beträgt für die von den Autoren angewendeten geringen Kupfermengen 10 Minuten. Nach dieser Zeit wäscht man mit Hilfe der erwähnten Auswaschvorrichtung so lange mit kaltem Wasser, bis das Amperemeter keinen Ausschlag mehr anzeigt.

Beleganalysen: 0,05 bis 0,3 mg.

---

[1] Man kann auch statt Kohlendioxyd einen Wasserstoffstrom einleiten. In diesem Fall muß der Elektrolysenlösung 1 ccm einer Ammoniumsulfatlösung [50 g $(NH_4)_2SO_4$ in 150 ccm Wasser gelöst] hinzugefügt werden.

[2] Bei Anwendung von Wasserstoff als Rührgas und Ammoniumsulfat als Elektrolyt (vgl. die vorangehende Fußnote) erweist sich nach den Angaben des Autors die Elektrolyse erst nach ungefähr 32 Minuten als beendet.

[3] Bei Elektrolyse von Calcium-Kupferacetat scheidet sich unlösliches Calciumcarbonat aus.

[4] F. Hernler und R. Pfeningberger: Mikrochem. **21**, 125 (1937).

d) In cyankalischer Lösung.

F. Hernler und R. Pfeningberger[1] bestimmen in der Preglschen Apparatur sehr kleine Kupfermengen in cyankalischer Lösung. Zur Kupfersulfatlösung wird so viel einer 3%igen Kaliumcyanidlösung zugesetzt, daß der entstehende Niederschlag eben wieder in Lösung geht. Nach weiterer Zugabe von 10 Tropfen einer 1 n-Ammoniumsulfatlösung erwärmt man ganz schwach und elektrolysiert 10 Minuten lang. Vor Beendigung der Elektrolyse wird das Elektrolysengefäß durch Einstellen in kaltes Wasser gekühlt.

Beleganalysen: 0,05 bis 0,2 mg.

e) Mikroelektrolytische Bestimmung kleiner, als Verunreinigung vorliegender Kupfermengen (Spuren von Kupfer neben Nickel bzw. Zink).

B. L. Clarke und H. W. Hermance[2] trennten in einer besonderen Apparatur (vgl. jedoch die vereinfachte Form, S. 142, Abb. 80) 0,1 bis 1 mg Kupfer von je 5 g Nickel (als Nitrat vorliegend).

Arbeitsbedingungen: Temperatur 60 bis 70°, Spannung 3,0 Volt, Säurekonzentration 1% Salpetersäure + 2% Schwefelsäure, Dauer 4 Stunden.

In ähnlicher Weise wurden Spuren Kupfer in Zinksalzlösungen bestimmt.

Wismut.

1. Bestimmung als Wismutoxychinolat.[3]

Wismut wird aus essigsaurer, alkaliacetathaltiger Lösung durch Oxin als orangegelbe kristalline Komplexverbindung $Bi(C_9H_6ON)_3 \cdot H_2O$ gefällt, die bei längerem Erhitzen auf 140° ihr Kristallwasser verliert und darnach die Zusammensetzung $Bi(C_9H_6ON)_3$ besitzt.[4] Umrechnungsfaktor F des lufttrockenen, kristallwasserhaltigen Niederschlages für Bi: 0,3169; log F: 0,50097—1.

Fällungs- und Filtergeräte: Filterbecher; Becher (Tiegel) und Filterstäbchen.

Ausführung:[5] Die Wismutsalzlösung (Nitrat oder Sulfat), deren Volumen höchstens 2,5 ccm betragen soll,[6] wird in einen lufttrocken gewogenen Filterbecher gebracht, unter Luftdurchsaugen in der auf

[1] F. Hernler und R. Pfeningberger: Mikrochem. **21**, 125 (1937).

[2] B. L. Clarke und H. W. Hermance: J. Amer. chem. Soc. **54**, 883 (1932). Vgl. auch Mikrochem. **20**, 128 (1936).

[3] F. Hecht und R. Reissner: Z. analyt. Chem. **103**, 261 (1935).

[4] R. Berg: Z. analyt. Chem. **72**, 177 (1927). — R. Berg: Das Oxin. S. 69.

[5] Hier wird die Fällungsvorschrift für den Fall der Benutzung des Jenaer Mikrofilterbechers angegeben. Sie läßt sich leicht der Verwendung eines Mikrobechers (-tiegels) und Filterstäbchens anpassen.

[6] Das Volumen der Lösung nach Zusatz sämtlicher Reagenzien darf 3 bis 4 ccm nicht überschreiten, da sonst bei dem beschränkten Fassungsvermögen des Filterbechers (durchschnittlich 10 ccm) ein wirksames Umschwenken unmöglich wird.

S. 105 (Abb. 57) angegebenen Vorrichtung bei 80 bis 85° ein wenig eingedampft, für je 1 mg Wismut mit 0,3 bis 0,35 ccm 50%iger Weinsäurelösung versetzt und durch Umschütteln gut gemischt. Dann fügt man noch je einen Tropfen Phenolphthalein- und Methylrotlösung hinzu. Hierauf neutralisiert man mit 10%igem Ammoniak bis zur beginnenden Rotfärbung. Ist dieser Punkt erreicht, so wird tropfenweise 10%ige Essigsäure bis zur Entfärbung des Phenolphthaleins zugefügt. Die Lösung ist nun durch das Methylrot gelb gefärbt. Nunmehr gibt man tropfenweise weiter 10%ige Essigsäure bis zum Umschlagpunkt des Methylrots von Gelb nach Rosa zu und über diesen Punkt hinaus noch auf 3 ccm „Endvolumen" der Lösung[1] (siehe unten) weitere 0,15 ccm der 10%igen Essigsäure im Überschuß. Dann setzt man auf 3 ccm „Endvolumen" 0,1 ccm 50%iger Ammoniumacetatlösung (S. 43) und noch soviel Wasser zu, daß unter Einrechnung des Volumens der Oxinacetatlösung, die in entsprechender Menge zuletzt zugesetzt wird (also nach Zugabe sämtlicher Lösungen), das „Endvolumen" ungefähr 3 ccm oder höchstens das 1,5fache davon beträgt. Auf dieses „Endvolumen" bezogen, enthält nun die Lösung rund 0,5% freie Essigsäure und 2 bis 3% Ammoniumacetat. Es ist dabei *keine größere Genauigkeit* erforderlich, als sie durch *Abschätzen* des Flüssigkeitsvolumens im Filterbecher nach dem Augenmaß erreichbar ist, wenn man den Rauminhalt des Filterbechers kennt. Sodann wird der Filterbecher auf ein lebhaft siedendes Wasserbad oder in die Bohrung eines Aluminiumblockes (S. 71, Abb. 25) gebracht und sein Inhalt auf annähernd 70° erwärmt. Hierauf nimmt man ihn vom Wasserbad und setzt tropfenweise unter beständigem Umschütteln für je 1 mg Wismut 0,5 ccm 4%ige Oxinacetatlösung (S. 57) zu, worauf der Becher abermals auf dem Wasserbad oder im Metallblock 1 Minute erwärmt und dann zum Abkühlen beiseitegestellt wird. Hat die Lösung Zimmertemperatur angenommen, so wird filtriert und der Niederschlag drei- bis viermal mit wenig heißem Wasser gewaschen. Nach dem Auswaschen wird er in der Trocknungsapparatur (S. 105, Abb. 57) lufttrocken gesaugt.

Reinigung der Geräte: Hierzu eignet sich am besten Chromschwefelsäure.

2. Bestimmung als Wismutpyrogallat.[2]

Wismut wird aus ganz schwach salpetersaurer Lösung durch Pyrogallol als gelbes kristallines Wismutpyrogallat von der Zusammensetzung $(C_6H_3O_3)Bi$ gefällt, getrocknet und in dieser Form gewogen. Umrechnungsfaktor F für Bi: 0,6294; log F: 0,79890—1.

Fällungs- und Filtergeräte: Fällungs- und Filterröhrchen.[3]

[1] Für ein größeres „Endvolumen" werden die Reagenszusätze entsprechend erhöht.

[2] R. STREBINGER und E. FLASCHNER: Mikrochem. 5, 12 (1927). — Das Mikroverfahren fußt auf der makroanalytischen Methode von F. FEIGL und H. ORDELT: Z. analyt. Chem. **65**, 448 (1925). — Vgl. W. PRODINGER: Fällungsmittel. S. 119.

[3] Die Ausführung läßt sich zweifellos auch der Methodik der Filterbecher anpassen. Becher und Filterstäbchen dürften sich nicht eignen, da der Niederschlag an den Wänden emporkriecht.

Ausführung: Für das Gelingen der Analyse ist die genaue Einhaltung der Säurekonzentration wesentlich. Zu diesem Zweck versetzt man die schwach salpetersaure Wismutlösung tropfenweise mit 0,5 n-Ammoniaklösung, bis 1 Tropfen eine ganz schwache Trübung bewirkt. Hierauf bringt man die Trübung durch tropfenweises Zufügen von 0,1 n-Salpetersäure wieder in Lösung.[1] Nun wird mit Wasser auf 3 ccm verdünnt und *festes* Pyrogallol[2] (Präparat: „p. a. für mikroanalytische Zwecke") zugesetzt. Die Fällung wird 10 bis 15 Minuten im Wasserbad erwärmt, sodann ein wenig abkühlen gelassen und filtriert. Da der Niederschlag an den Wänden des Fällungsgefäßes emporkriecht, wäscht man abwechselnd mit Benzol und heißem Wasser, wodurch es gelingt, ihn quantitativ in das Filterröhrchen überzuführen. Nach dem Waschen saugt man kurze Zeit staubfreie (filtrierte) Luft durch das Filterröhrchen und trocknet es schließlich im Regenerierungsblock (S. 92, Abb. 44).

Die von den Autoren angegebenen Beleganalysen wurden an Wismutmengen von 0,5 bis 2 mg ausgeführt und wiesen recht gute Ergebnisse auf.

Reinigung des Filterröhrchens: Diese erfolgt mit warmer Chromschwefelsäure.

Quecksilber.

1. Elektrolyse.

Nach A. VERDINO.[3]

Die Bestimmung wird in der PREGLschen Apparatur (S. 130, Abb. 69) ausgeführt, doch muß die Netzelektrode vorher vergoldet werden. Zu diesem Zweck löst man 50 mg reines Goldblech in Königswasser auf und dampft die Lösung auf dem Wasserbad nach wiederholtem Hinzufügen von destilliertem Wasser zur Trockne ein. Der Rückstand wird in 5 ccm Wasser gelöst und mit 0,65 g reinem Kaliumcyanid versetzt. Hierauf elektrolysiert man 2 Stunden lang bei 3,5 Volt und einer Temperatur von 55°.

Falls der Quecksilbergehalt organischer Substanzen bestimmt werden soll, werden 3 bis 8 mg Substanz mit Hilfe des „Stickstoffwägeröhrchens mit langem Stiel"[4] in ein Bombenrohr[5] gebracht (vgl. S. 300, Abb. 95). Nach Hinzufügen von 10 Tropfen konz. Salpetersäure ($D = 1{,}41$) erhitzt man die zugeschmolzene Bombe 2 Stunden bei 270 bis 280° im Bombenofen[6] (vgl. S. 300, Abb. 96 und 97). Nach dem Erkalten wird die Bombe in der üblichen Weise geöffnet.[7] Sodann spült man über dem Elektrolysengefäß

---

[1] Unter Anwendung ein und derselben, fein ausgezogenen Kapillarpipette bestimmt man vorher, wieviel Tröpfchen der Salpetersäure einem Tröpfchen der Ammoniaklösung entsprechen. Dadurch wird es möglich, den Überschuß an Salpetersäure auf ein Minimum zu beschränken, indem man höchstens nur 1 Tröpfchen der 0,1 n-Salpetersäure mehr zusetzt, als zur Neutralisation des zuletzt im Überschuß zugefügten Ammoniaktropfens notwendig ist.

[2] Eine *Lösung* von Pyrogallol ist zu wenig haltbar.

[3] A. VERDINO: Mikrochem. **6**, 5 (1928). — F. PREGL-H. ROTH: Mikroanalyse. S. 178.

[4] F. PREGL-H. ROTH: Mikroanalyse. S. 96, Abb. 24b.

[5] F. PREGL-H. ROTH: Mikroanalyse. S. 128.

[6] F. PREGL-H. ROTH: Ebenda.

[7] F. PREGL-H. ROTH: Mikroanalyse. S. 130, 131.

zuerst die abgesprengte Spitze aus und führt den Inhalt der Bombe quantitativ in dieses Gefäß über. Die Flüssigkeitsmenge beträgt nunmehr etwa 5 ccm. Hierauf elektrolysiert man 40 Minuten bei 3,5 Volt, wobei das Elektrolysengefäß in ein mit Wasser gefülltes Becherglas eintaucht, dessen Temperatur auf 40° gehalten wird. Zur Beendigung der Elektrolyse kühlt man das Elektrolysengefäß in einem mit kaltem Wasser gefüllten Becherglas und entfernt nach 5 Minuten bei Stromdurchgang die beiden Elektroden aus der Elektrolysenflüssigkeit. Die Netzkathode wird der Reihe nach in destilliertes Wasser, Alkohol und Äther getaucht und *ohne Erwärmen* durch Schwenken an der Luft getrocknet. Zum Schluß wird der umgebogene Griff zweimal kurz durch eine Flamme gezogen. Nach 5 Minuten kann gewogen werden.

Reinigung der Netzelektrode: Das auf der Elektrode abgeschiedene Quecksilber wird durch schwaches Ausglühen entfernt. Eintauchen in konz. Salpetersäure bewirkt keine vollkommene Reinigung.

Nach A. Okáč.[1]

Die Bestimmung wird in der auf S. 134 (Abb. 75 und 76) wiedergegebenen Abart der Preglschen Apparatur ausgeführt. Man füllt die Quecksilberchlorid- oder -nitratlösung nach Zugabe von 1 ccm konz. Ammoniak im Elektrolysengefäß mit Wasser bis zur Bedeckung der Kathode auf (d. i. auf ein Volumen von 5 bis 6 ccm) und leitet einen mäßigen Strom von Kohlendioxyd ein. Der entstandene Niederschlag löst sich bald. Erst dann wird der Strom eingeschaltet und die Elektrolyse bei einer Spannung von 2,4 bis 2,5 Volt und einer Stromstärke von 20 bis 100 mA (0,1 bis 0,5 A/qdm) ausgeführt.[2] Nach der Abscheidung des Quecksilbers sinkt die Stromstärke auf 0,1 bis 0,5 mA (0,5 bis 2,5 mA/qdm). Die Dauer der Elektrolyse beträgt 10 Minuten. Das Quecksilber scheidet sich an der Kathode als glänzender Überzug ab. Man wäscht in der auf S. 135 beschriebenen Weise ohne Stromunterbrechung mit Wasser aus und trocknet die Kathode nach Ausglühen des oberen Endes an der Luft mit Alkohol und Äther. Zum Schluß wird die Kathode noch 1 Stunde in einen mit Calciumchlorid beschickten Exsiccator gestellt, in dem sich auch ein Schälchen mit Quecksilber[3] befindet, und hierauf gewogen.

Beleganalysen: 0,5 bis 14 mg Quecksilber.

Reinigung der Kathode: Das Quecksilber wird von der Kathode durch gelindes Ausglühen quantitativ entfernt.

Nach F. Patat.[4]

Der Autor verwendet für die Elektrolyse des Quecksilbers eine Apparatur (Abb. 83), die nach dem Vorbild der Anordnung von A. Stock

[1] A. Okáč: Z. analyt. Chem. 89, 108 (1932).

[2] Je nach der Konzentration des Quecksilbers in der Lösung (0,5 bis 15 mg Quecksilber in 6 ccm Lösung).

[3] Zwecks Sättigung der Atmosphäre mit Quecksilberdämpfen.

[4] F. Patat: Mikrochem. 11, 16 (1932).

(siehe S. 169) gestaltet ist. Das Elektrolysengefäß ist ein möglichst schmales und hohes Bechergläschen, dessen Größe sich nach der Menge der Elektrolytflüssigkeit (8 bis 20 ccm) richtet. Als Kathode dient ein 6 bis 8 cm langer, 0,3 mm starker Golddraht (Gewicht 0,1 bis 0,15 g), der 5 bis 6 cm in den Elektrolyten eintaucht. Ein zu einer schmalen Spirale gedrehter Platindraht stellt die Anode dar. Diese Anordnung gestattet die kathodische Abscheidung von bis zu 0,9 mg Quecksilber. Liegen größere Mengen zur Elektrolyse vor, so benutzt man einen längeren, zu einer Spirale gedrehten Golddraht. Die Drähte sind knapp über dem Elektrolysengefäß abgebogen und werden erst in einiger Entfernung davon zwischen Messingplättchen geklemmt, um eine Benetzung der Klemmen zu vermeiden. Auf das Elektrolysengefäß wird ein Uhrgläschen aufgelegt.

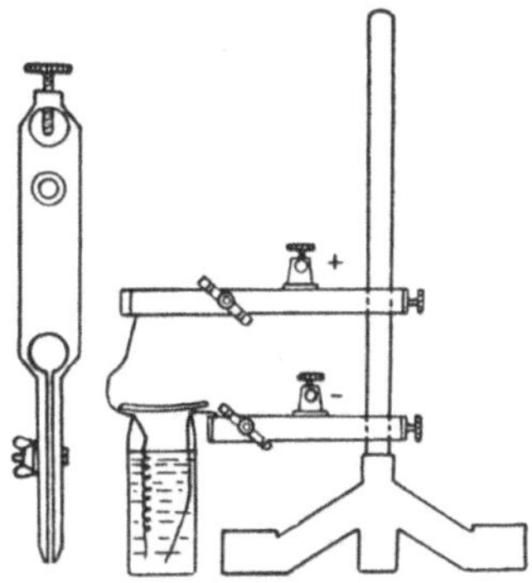

Abb. 83. Vorrichtung zur Mikroelektrolyse von Quecksilber nach F. PATAT (etwa $^1/_5$ der natürlichen Größe). [Aus Mikrochem. **11**, 18 (1932).]

Die Elektrolytlösung darf nur schwach sauer sein (0,1 n).[1] Die Klemmenspannung beträgt 3 Volt, die Stromstärke 15 bis 18 mA (je nach der Säurekonzentration des Elektrolyten). Die Gasentwicklung bewirkt in dem schmalen Bechergläschen eine ausreichende Rührung. Bei Zimmertemperatur und einer Stromstärke von rund 25 mA dauert die Elektrolyse mindestens 15 Stunden, zumal besonders gegen Ende die Abscheidung nur langsam erfolgt. Bei größeren Quecksilbermengen (über 0,35 mg) ist ein großes Volumen der Elektrolytflüssigkeit zweckmäßig (bis zu 20 ccm). Auch die Dauer der Elektrolyse ist in diesem Fall eine längere, nämlich bis zu 20 Stunden.

Nach Beendigung der Elektrolyse wird der Golddraht unter Spannung aus der Flüssigkeit entfernt, durch Eintauchen in destilliertes Wasser gewaschen[2] und hierauf 3 Stunden über Phosphorpentoxyd oder auch 24 Stunden über Asbest getrocknet, der mit konz. Schwefelsäure getränkt ist.

Nach dieser Methode kann das Quecksilber in der schwach salpetersauren Lösung mancher Quecksilbersalze bestimmt werden, doch stören die meisten organischen Säuren.

Beleganalysen: 0,2 bis 0,9 mg Quecksilber.

Reinigung der Kathode: Der Golddraht wird durch die Spitze einer kleinen, nicht zu heißen Flamme gezogen, wobei er nur schwach geglüht werden darf, da er sonst leicht abschmilzt.

---

[1] Die Abscheidung gelingt auch noch aus 2 n-saurer Lösung, doch ist in diesem Fall der Quecksilberbeschlag dunkler und poröser.

[2] Das Quecksilber haftet sehr fest.

2. Sonstige Bestimmungsmethoden.

Die Zahl der Veröffentlichungen über die Bestimmung kleiner Quecksilbermengen, auch in biologischen Substanzen, ist außerordentlich groß. Einige davon seien nachstehend kurz angeführt.

Als Sulfid wurde Quecksilber von J. DONAU,[1] E. GARTNER[1] und F. HÄUSLER[1] bestimmt. Eine genaue Fällungsvorschrift aus jüngster Zeit liegt nicht vor.

Als Wägungsform für die Bestimmung des Quecksilbers in Luft wird von W. A. PJANKOW[2] das Jodid herangezogen. Die Quecksilber enthaltende Luft wird durch eine Spirale hindurchgesaugt, die kleine Jodkriställchen als Absorptionsmittel enthält. Dabei setzt sich das Quecksilber als HgJ_2 an den Wänden ab. Dieses wird in wenigen Kubikzentimetern Äther gelöst, die Lösung nach dem Filtrieren bis fast zur Trockne eingedunstet und in einen auf 40° erwärmten Trockenschrank gebracht. Das getrocknete HgJ_2 wird gewogen.

Die Komplexverbindung $[HgJ_4]$ $(Cu\,en_2)$ benutzen G. SPACU und G. SUCIU[3] als Bestimmungsform (siehe S. 61). Als Fällungsreagens dient dabei „Cupraënnitrat" $[Cu\,en_2](NO_3)_2 \cdot 2\,H_2O$ oder „Cupraënsulfat" $[Cu\,en_2]\,SO_4$.

Äthanolamin $NH_2 \cdot CH_2 \cdot CH_2OH$ gestattet nach W. H. RAUSCHER[4] nicht nur die makro-, sondern auch die mikroanalytische Bestimmung des Quecksilbers, das mit Hilfe des genannten Reagens in anorganischen und organischen Verbindungen zu Metall reduziert werden kann. Das Quecksilberkügelchen wird durch Filtration vom Äthanolamin getrennt und in einem Filterröhrchen nach Trocknen gewogen.

Eine Bestimmung von Quecksilber (0,7 bis 7 mg) durch „innere Elektrolyse" in Gegenwart größerer Mengen Kupfer und Zink gibt J. G. FIFE[5] an. Er bedient sich dabei einer an anderer Stelle[6] beschriebenen Apparatur.

Eine große Anzahl von Verfahren hat die mikroelektrolytische Abscheidung des Quecksilbers auf einem Kupfer- oder Golddraht zum Gegenstand. Das Quecksilber wird von diesem Draht in einigen Fällen durch Glühen entfernt, was Anlaß zu Fehlern geben kann, meist aber abdestilliert und hierauf in verschiedener Weise bestimmt. F. H. GOLDMAN[7] bestimmt Quecksilber in Pelzen, die damit behandelt worden sind. Auf einer Goldkathode werden Quecksilber und Kupfer gemeinsam niedergeschlagen. Nach dem Wägen der Kathode wird das Quecksilber durch Erhitzen im Wasserstoffstrom verdampft und die Gewichtsdifferenz ermittelt. Die elektrolytische Abscheidung des Quecksilbers auf einem Golddraht anläßlich der Quecksilberbestimmung in Harn, Fäkalien und tierischen Organen beschreiben u. a.

---

[1] J. DONAU: Mh. Chem. **32**, 1115 (1911); **34**, 553 (1913). — E. GARTNER: Mh. Chem. **41**, 477 (1920). — F. HÄUSLER: Z. analyt. Chem. **64**, 361 (1924).

[2] W. A. PJANKOW: Chem. J. Ser. B., J. angew. Chem. (russ.) **9**, 580 (1936); durch Chem. Zbl. **37** I, 3523.

[3] G. SPACU und G. SUCIU: Z. analyt. Chem. **78**, 244 (1929); Bul. Soc. Ştiinţe Cluj, România' **4**, 512 (1930); Z. analyt. Chem. **92**, 247 (1933).

[4] W. H. RAUSCHER: Ind. Engng. Chem., Analyt. Edit. **10**, 331 (1938).

[5] J. G. FIFE: Analyst **63**, 650 (1938).

[6] J. G. FIFE: Analyst **61**, 681 (1936).

[7] F. H. GOLDMAN: Publ. Health Rep. **52**, 221 (1937); durch Chem. Zbl. **37 II**, 2720.

E. JÄNECKE[1], S. LOMHOLT und J. A. CHRISTIANSEN,[2] H. HÜSGEN[3] und K. O. MØLLER.[4]

Sehr wichtige und interessante Methoden zur Bestimmung kleinster Quecksilbermengen (bis zu Hunderttausendstelmilligramm herab) wurden von J. BODNÁR und E. SZÉP,[5] A. STOCK und Mitarbeitern[6] sowie V. MAJER[7] ausgearbeitet. Das elektrolytisch auf einem Kupferdraht[8] abgeschiedene Quecksilber wird in eine Kapillare abdestilliert und zu einer Kugel vereinigt, mit Hilfe deren mikrometrischer Ausmessung ihr Gewicht ermittelt werden kann. Auf diese Weise ist die Bestimmung kleinster Quecksilbermengen in organischem Material möglich. Da es sich hierbei strenggenommen um keine rein mikrogewichtsanalytischen Methoden[9] handelt, unterbleibt im Rahmen dieses Buches eine nähere Besprechung.

In organischen Substanzen wird Quecksilber von A. MEIXNER und F. KRÖCKER[10] unter Verwendung eines Mikroverbrennungsrohres bestimmt, das eine Schicht Calciumoxyd enthält. Die organische Substanz wird im Luftstrom verbrannt; die Calciumoxydschicht hält Chlor und Schwefeloxyde zurück. Der Quecksilberdampf kondensiert sich erst am kalten Ende des Rohres vor dem Schnabel und wird von dort mit einer kleinen Flamme in ein gewogenes, mit feinstem Golddraht gefülltes Glasröhrchen übergetrieben, das über den Schnabel des Verbrennungsrohres gestülpt ist. Die Gewichtszunahme des Röhrchens entspricht der festgehaltenen Quecksilbermenge. F. HERNLER[11] bestimmt in organischen Substanzen gleichzeitig Stickstoff und Quecksilber. Bei der Stickstoffbestimmung nach F. PREGL (DUMAS)[12] sammelt sich das Quecksilber quantitativ in dem kalten (herausragenden) Teil des Verbrennungsrohres an. Nach Entfernen des Azotometers wird das Quecksilber in einem schwachen Kohlendioxydstrom nach A. MEIXNER und F. KRÖCKER (siehe das vorstehend angeführte Verfahren) in ein über den Schnabel des Rohres gestülptes, gewogenes Supremaxglasröhrchen überdestilliert, das mit Feingolddraht gefüllt ist. Die beiden zuletzt genannten Methoden sind ausführlich in dem Lehrbuch von F. PREGL-H. ROTH (a. a. O.) besprochen. M. BOËTIUS[13] gibt ein Verfahren an, mit dessen Hilfe Quecksilber

[1] E. JÄNECKE: Z. analyt. Chem. **43**, 547 (1904).

[2] S. LOMHOLT und J. A. CHRISTIANSEN: Biochem. Z. **55**, 216 (1913); **81**, 356 (1917).

[3] H. HÜSGEN: Biochem. Z. **112**, 1 (1920).

[4] K. O. MØLLER: Biochem. Z. **223**, 379 (1930).

[5] J. BODNÁR und E. SZÉP: Biochem. Z. **205**, 219 (1929).

[6] A. STOCK und N. NEUENSCHWANDER-LEMMER: Ber. dtsch. chem. Ges. **71**, 550 (1938): XXVII. Mitteilung über Wirkung und Verbreitung des Quecksilbers. (In dieser Arbeit sind alle vorangehenden [26] Mitteilungen zu diesem Thema angeführt.)

[7] V. MAJER: Mikrochem. **11**, 21 (1932); Z. Elektrochem. **38**, 439 (1933).

[8] J. BODNÁR und E. SZÉP verwenden einen Eisendraht.

[9] Gelegentlich wird allerdings auch die unmittelbare Wägung des auf dem Golddraht abgeschiedenen Quecksilbers vorgenommen (A. STOCK und R. HELLER: Z. angew. Chem. **39**, 466 [1926]).

[10] A. MEIXNER und F. KRÖCKER: Mikrochem. **5**, 131 (1927); F. PREGL-H. ROTH: Mikroanalyse. S. 179.

[11] F. HERNLER: Mikrochem., PREGL-Festschrift, 154 (1929). — F. PREGL-H. ROTH: Mikroanalyse. S. 180.

[12] F. PREGL-H. ROTH: Mikroanalyse. S. 84.

[13] M. BOËTIUS: J. prakt. Chem. **151** (N. F.], 279 (1938).

in organischen und anorganischen Substanzen bei gleichzeitiger Anwesenheit von Chlor, Brom, Jod, Stickstoff und Schwefel bestimmt werden kann. Es wird eine Verbrennungsapparatur ähnlich wie bei der organischen Mikroelementaranalyse verwendet und nach Absorption der Halogene, des Schwefels und des Stickstoffes durch verschiedene Absorbentien das Quecksilber in ein Absorptionsröhrchen übergetrieben, das mit in feine Streifen geschnittener Goldfolie[1] gefüllt ist und dessen Gewichtszunahme im Laufe der Bestimmung dem Quecksilber entspricht. Verbrennungen stickstofffreier Verbindungen werden im Sauerstoffstrom ausgeführt; als absorbierende Substanz für die Halogene und den Schwefel dient Bleioxyd, während die letzten Spuren von Chlor und Brom, vor allem aber das Jod, durch „Silbertonscherben“[2] zurückgehalten werden. Stickstoffhaltige Substanzen werden im Kohlendioxydstrom verbrannt, wobei als oxydierende Rohrfüllung Bleichromat dient. Die Stickoxyde werden durch glühendes metallisches Kupfer, die Halogene und der Schwefel durch Silbertonscherben absorbiert. Von einer eingehenderen Beschreibung dieser zweifellos sehr eleganten Methode im Rahmen dieses Buches wird abgesehen, da ihre Handhabung die Kenntnis der organischen Mikroelementaranalyse und der dabei gebräuchlichen Apparaturen voraussetzt.

Zum Schlusse sei noch auf das ausführliche Sammelreferat von F. CUCUEL[3] hingewiesen, das die Mikrobestimmungsmethoden des Quecksilbers zum Gegenstand hat.

Rhenium.

Bestimmung als Nitronperrhenat nach Trennung von Molybdän.[4]

Aus Alkalimolybdat- und -perrhenatlösung werden Molybdän und Rhenium durch Schwefelwasserstoff als Sulfide abgeschieden. Diese werden bei Anwesenheit von Natronlauge mit Perhydrol oxydiert, die Lösung wird mit Schwefelsäure neutralisiert und Molybdän in essigsaurem, mit Ammoniumacetat gepuffertem Medium mit Oxin gefällt. Nach Filtration des Niederschlages wird Rhenium mit Nitronacetat als Nitronperrhenat gefällt. Der Niederschlag wird bei 110° getrocknet und als Verbindung $C_{20}H_{16}N_4HReO_4$ gewogen. Umrechnungsfaktor F für Re: 0,3305; log F: 0,51920—1.

Fällungs- und Filtergeräte: Becher und zwei Filterstäbchen (Asbestfüllung) sowie ein Fällungsröhrchen und ein Mikrofiltertiegel (aus Porzellan).

Ausführung: Die Methode wurde von den Autoren[4] für die Trennung von wenigen Milligramm Rhenium und Molybdän ausgearbeitet. Die nachstehende Vorschrift gilt für 1 mg Rhenium und 1 bis 2 mg Molybdän.

Ein Mikrobecher von 10 ccm Inhalt wird zusammen mit zwei Filterstäbchen aus Glas mit Asbestfüllung bei 110° getrocknet und dann gewogen. In diesen Becher wird nun die Lösung gebracht, die das Molybdän und Rhenium als Alkali- oder Ammoniummolybdat bzw. -perrhenat enthält und ein Volumen von 4 ccm einnehmen soll. Sie wird hierauf mit 1,8 ccm konz. Salzsäure versetzt. Sodann erhitzt man den Becherinhalt auf dem Wasserbad auf

---

[1] Es kann auch feiner Golddraht oder vergoldetes Tressensilber benutzt werden.

[2] Tontellerscherben werden mit Silbernitrat getränkt und hierauf geglüht.

[3] F. CUCUEL: Mikrochem. **13**, 334 (1933).

[4] O. MICHAJLOWA, S. PEVSNER und N. ARCHIPOWA: Z. analyt. Chem. **91**, 25 (1933). — Das Mikroverfahren fußt auf der makroanalytischen Methode von W. GEILMANN und A. VOIGT: Z. anorg. allg. Chem. **193**, 311 (1930). — Siehe auch W. GEILMANN und F. WEIBKE: Z. anorg. allg. Chem. **195**, 289 (1931); **199**, 347 (1931).

90 bis 95°, beendet nun das Erwärmen und leitet während des allmählichen Erkaltens eine Stunde lang Schwefelwasserstoff in die Flüssigkeit ein. Nach völligem Absetzen wird der Niederschlag mittels des einen Filterstäbchens (das zweite ist vorderhand beiseitegestellt worden) filtriert und dreimal mit 5 Vol.-% Salzsäure enthaltendem Schwefelwasserstoffwasser ausgewaschen. Hierauf schiebt man mit Hilfe eines zugeschmolzenen Kapillarröhrchens den Asbest aus dem Filterstäbchen in den Becher und oxydiert den Sulfidniederschlag des Molybdäns und Rheniums bei Gegenwart von 1 ccm 5%iger Natronlauge mit 0,5 ccm Perhydrol. Sobald die Lösung und der Asbest entfärbt sind, wird auf dem Wasserbad bis zur Zerstörung des Perhydrolüberschusses erwärmt. Nun neutralisiert man nach Zusatz eines Tropfens Methylrot vorsichtig mit 4 n-Schwefelsäure und fügt noch 1 Tropfen im Überschuß hinzu. Nach Zugabe von 1 ccm 2 n-Ammoniumacetatlösung[1] und 1 ccm 4 n-Essigsäure wird die Lösung zum Sieden erhitzt und mit 0,2 ccm einer 5%igen Oxinacetatlösung (S. 57) versetzt. Man erwärmt noch 2 Minuten lang unter Umrühren mit dem Filterstäbchen und filtriert dann mit Hilfe des zweiten, früher gleichfalls mitgewogenen Stäbchens.[2] Nach ausreichendem Waschen mit warmem Wasser wird das in einem Fällungsröhrchen aufgefangene Filtrat bei 80° mit 0,8 ccm 5%iger Nitronacetatlösung (S. 50) versetzt und nach dem Abkühlen auf Zimmertemperatur $1^1/_2$ Stunden lang in eiskaltem Wasser gekühlt. Hierauf bringt man den Niederschlag mit Hilfe der automatischen Absaugvorrichtung nach O. Wintersteiner (S. 97, Abb. 48) in einen Mikro-Porzellanfiltertiegel[3] von 5 ccm Inhalt und wäscht zunächst mit dem auf 0° abgekühlten Filtrat. Dann wird dreimal mit je 1 ccm Eiswasser nachgespült und schließlich 2 Stunden lang bei 110° getrocknet.

Bei 1 mg Rhenium (neben 1 bis 2 mg Molybdän) ergab sich eine Genauigkeit von 0,4 bis 3%.

Reinigung der Geräte: Diese erfolgt am besten mit Chromschwefelsäure. Sollte sich das Molybdänoxychinolat darin zu langsam lösen, so erwärmt man einige Zeit mit Königswasser auf dem Wasserbad.

Arsen.

1. Bestimmung als Magnesiumammoniumarseniat.[4]

Arsen wird aus der Lösung des Arseniats durch „Magnesiamixtur" als Magnesiumammoniumarseniat $MgNH_4AsO_4 \cdot 6\,H_2O$ gefällt. Der Niederschlag wird mit verdünntem Ammoniak, hierauf mit Alkohol und Äther gewaschen, durch Hindurchsaugen von Luft getrocknet und gewogen. Umrechnungsfaktor F für As: 0,2589; log F: 0,41309—1.

Fällungs- und Filtergeräte: Filterbecher; Becher (Tiegel) und Filterstäbchen.

Ausführung: Die folgende Fällungsvorschrift eignet sich bei Ausführung der Bestimmung im Filterbecher für Arsenmengen von 0,1 bis

---

[1] 1 Liter enthält 154 g Ammoniumacetat gelöst.

[2] Dieses kann auch ein Porzellanfilterstäbchen sein.

[3] Die Fällung ließe sich zweifellos auch in einem zweiten Becher ausführen und der Niederschlag vermittels eines Filterstäbchens filtrieren.

[4] F. Hecht und M. v. Mack: Mikrochim. Acta (Wien) **2**, 218 (1937). — Das Mikroverfahren fußt auf der makroanalytischen Methode von J. Dick: Z. analyt. Chem. **93**, 429 (1933).

5 mg. Bei Anwendung noch größerer Arsenmengen sind Becher (Tiegel) und Filterstäbchen zu verwenden und Lösungsvolumina sowie Reagensmengen sinngemäß zu erhöhen.

Die Arseniatlösung, deren Volumen 2 bis 3 ccm (bei Arsenmengen unter 0,5 mg nur 1 ccm) betragen soll, wird mit 30 mg festem Ammoniumchlorid und 0,2 bis 0,3 ccm (bzw. für Arsenmengen unter 1,5 mg nur mit 0,1 ccm) Magnesiamixtur[1] versetzt. Der Niederschlag fällt sogleich aus, nur bei Mengen unter 0,2 mg Arsen dauert die Bildung des (in diesem Falle sofort kristallin ausfallenden) Niederschlages gewöhnlich einige Minuten. Nunmehr wird tropfenweise konz. Salzsäure bis zur Lösung des Niederschlages hinzugefügt (Umschwenken). Nach Zugabe eines Tropfens alkoholischer Phenolphthaleinlösung wird 2,5%iger Ammoniak bis zur bleibenden Rötung zugegeben.[2] Bei der beschriebenen Arbeitsweise scheidet sich das Magnesiumammoniumarseniat schnell kristallin ab. Sobald die Lösung deutlich rot gefärbt ist, wird noch ein Drittel des Gesamtvolumens an konzentriertem Ammoniak zufließen gelassen. Man stellt hierauf das Fällungsgefäß, gegen Verunreinigung geschützt, mindestens 2 bis 4 Stunden, noch besser aber über Nacht in den Eisschrank. Bei der Filtration wird viermal mit je 1 ccm 2,5%igem eiskaltem Ammoniak, hierauf zweimal mit je 0,5 ccm annähernd absolutem Alkohol und zweimal mit ebensoviel reinem Äther gewaschen. Bei den kleinen Arsenmengen (unter 0,2 mg) wird nach dem Lösen des anfänglich ausgefallenen Niederschlages in Salzsäure statt des verdünnten sofort konz. Ammoniak bis zur Rotfärbung des Indikators und dann noch annähernd das gleiche Volumen an konz. Ammoniak zugegeben. Auch ist bei diesen kleinen Mengen unbedingt Stehenlassen des Niederschlages im Eisschrank über Nacht erforderlich, da andernfalls die Werte zu tief ausfallen. Es wird auch nur dreimal mit je 0,5 ccm des verdünnten Ammoniaks gewaschen, hingegen erfolgt das Nachwaschen mit Alkohol und Äther wie sonst. Der Niederschlag wird getrocknet, indem man trockene, staubfreie Luft hindurch- bzw. darübersaugt, und dann in der üblichen Weise gewogen.

Reinigung der Filtergeräte: Diese erfolgt mit heißer Salzsäure (1:1).

2. Bestimmung als Magnesiumpyroarseniat.

Man fällt das Arsen aus der Lösung des Arseniats mit „Magnesiamixtur" als Magnesiumammoniumarseniat und verglüht den Niederschlag zu Magnesiumpyroarseniat $Mg_2As_2O_7$. Umrechnungsfaktor F für As: 0,4826; log F: 0,68357—1.

---

[1] Die nach F. P. TREADWELL: Lehrbuch II, S. 168, Fußnote 1, bereitete Magnesiamixtur besitzt folgende Zusammensetzung: 5,5 g kristallisiertes Magnesiumchlorid und 7 g Ammoniumchlorid werden in 65 ccm Wasser gelöst und mit 10%igem Ammoniak auf 100 ccm verdünnt.

[2] Nur durch tropfenweisen Zusatz des Ammoniaks unter Umschwenken gelingt es, das Ausfallen eines amorphen Niederschlages zu verhindern.

Nach vorangehender Fällung gemäß der Vorschrift von F. Hecht und M. v. Mack[1] (siehe die vorstehende Bestimmungsmethode).

Fällungs- und Filtergeräte: Tiegel und Filterstäbchen (Platin).

Ausführung: Der Niederschlag von $MgNH_4AsO_4 \cdot 6\,H_2O$ wird in einem Platintiegel ausgefällt, mittels eines Platinfilterstäbchens filtriert und wie unter 1 beschrieben gewaschen. Tiegel und Stäbchen werden hierauf im elektrischen Ofen nach allmählichem Steigern der Temperatur schließlich 5 Minuten lang bei 800 bis 900° geglüht. Betreffs der Entfernung eingeschlossener Magnesiumsalze siehe die nachstehende Vorschrift.

Nach H. Lieb.[2]

Fällungs- und Filtergeräte: Glasschale und Mikro-Neubauer-Tiegel.

Ausführung: Diese Ausführungsart beruht auf der Preglschen Methodik (S. 96ff.) und wurde für die Bestimmung des Arsens in organischen Substanzen empfohlen.

Nach Aufschluß der organischen Substanz im Mikrobombenrohr (vgl. S. 300, Abb. 95)[3] oder Mikro-Kjeldahl-Kölbchen[4] wird die Lösung in eine Glasschale von 30 bis 40 ccm Inhalt gespült und darin auf dem Wasserbad zur Trockne eingedampft. Der Rückstand wird in 3 bis 4 ccm 2n-Ammoniak gelöst. Hierauf fügt man 1 ccm Magnesiamixtur[5] hinzu und läßt den zunächst amorphen Niederschlag 6 bis 12 Stunden lang stehen. Nach dieser Zeit ist er kristallin geworden und wird nach Zusatz einiger Tropfen Ammoniak mit Hilfe des sog. „Federchens" (S. 94, Abb. 45) und der in Abb. 84 dargestellten Vorrichtung in einen Mikro-Neubauer-Tiegel (S. 96) gebracht.

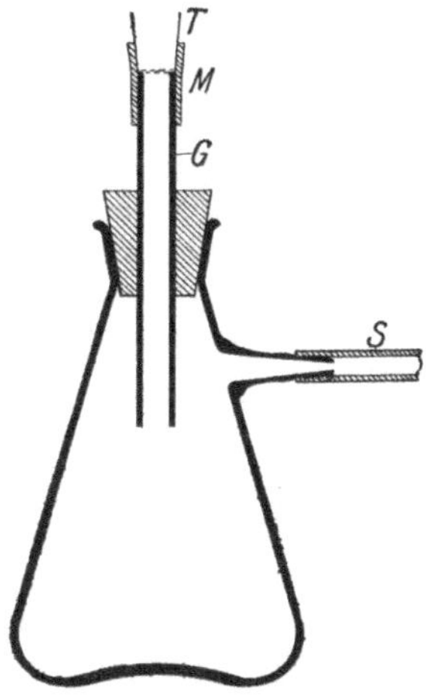

Abb. 84. Filtration mit Hilfe des Mikrofiltertiegels (1/2 der natürlichen Größe). [Aus F. Pregl-H. Roth: Mikroanalyse. S. 145.]

Als Waschflüssigkeit dient 2n-Ammoniak. Die letzten Reste des Niederschlages bringt man durch abwechselndes Abspritzen mit der 2n-Ammoniaklösung und Alkohol in den Tiegel. Empfehlenswerter ist jedoch die Filtration mittels der automatischen Absaugvorrichtung nach O. Wintersteiner[6] (S. 97, Abb. 48). Der den Niederschlag enthaltende

---

[1] F. Hecht und M. v. Mack: Mikrochim. Acta (Wien) **2**, 218 (1937).

[2] H. Lieb in E. Abderhalden: Handbuch der biochemischen Arbeitsmethoden Bd. 1, **3**, S. 388. Berlin und Wien 1921. — H. Lieb und O. Wintersteiner: Mikrochem. **2**, 80 (1924). — F. Pregl-H. Roth: Mikroanalyse. S. 163.

[3] F. Pregl-H. Roth: Mikroanalyse. S. 128.

[4] F. Pregl-H. Roth: Mikroanalyse. S. 109.

[5] 5,5 g kristallisiertes Magnesiumchlorid und 10,5 g Ammoniumchlorid werden in 100 ccm Wasser gelöst.

[6] O. Wintersteiner: Mikrochem. **2**, 14 (1924). — F. Pregl-H. Roth: Mikroanalyse. S. 146. — Das Heberrohr soll ein Lumen von etwa 2 mm und eine Länge von 150 mm besitzen, damit das Volumen des voll gefüllten

Tiegel wird mit Deckel und Schutzkappe versehen und mit der rauschenden Flamme des Brenners auf einem Platintiegeldeckel geglüht. Da das so gebildete Magnesiumpyroarseniat noch Magnesiumsalze eingeschlossen zu enthalten pflegt, wäscht man nochmals mit ganz schwach ammoniakalischem Wasser aus und glüht neuerlich. Die Gewichtsabnahme gegenüber der ersten Wägung beträgt meist nur 0,01 mg.

Reinigung der Filtergeräte: Diese erfolgt mit heißer Salzsäure (1 : 1).

3. Bestimmung als Sulfid.[1]

Arsen wird aus salzsaurer Lösung durch Schwefelwasserstoff als Trisulfid As_2S_3 gefällt. Trocknungstemperatur: 110°. Umrechnungsfaktor F für As: 0,6090; log F: 0,78463—1.

Fällungs- und Filtergerät: Filterbecher.

E. Schwarz-Bergkampf[1] bestimmte auf diese Weise das Arsen in Arsentrioxyd. Die Einwaage (1 bis 3 mg As_2O_3) wird zu diesem Zweck in 1 Tropfen 20%iger Kalilauge gelöst und die Lösung mit 2 bis 3 Tropfen heißem Wasser versetzt. Falls ungelöste Substanz an der Oberfläche schwimmt, wird noch etwas erwärmt. Nach Verdünnen mit kaltem Wasser auf 2 ccm werden 3 Tropfen konz. Salzsäure zugegeben, der Filtrierstutzen mit einem Gummischlauch und Glasstab verschlossen und die Luft im Filterbecher durch Schwefelwasserstoff vertrieben (mit Hilfe einer dickwandigen Einleitungskapillare). Schließlich wird durch einen Schlauchring ein gasdichter Verschluß mit der Einleitungskapillare hergestellt und der Filterbecher mit der Lösung 10 Minuten lang unter Schwefelwasserstoffdruck stehen gelassen. Hierauf bringt man den Niederschlag durch kurzes Erwärmen zum Zusammenballen. Nach kurzer Zeit kann filtriert werden. Der zum Kriechen neigende Niederschlag wird einmal mit heißem Wasser und zwei- bis dreimal mit 40%igem Alkohol gewaschen, einige Minuten bei 110° getrocknet, zweimal mit frisch destilliertem Schwefelkohlenstoff gewaschen und wieder kurz getrocknet. Nach dem Auskühlen wird gewogen.

Die gefundenen Werte[1] stimmten sehr gut mit den berechneten überein.

Für diese Methode würde sich wohl der bei der Bestimmung des Antimons beschriebene Filterbecher (S. 175, Abb. 85) mit eingeschliffener Einleitungskapillare, die mitgewogen wird, gut eignen.

Reinigung des Filterbechers: Der Filterbecher wird mit heißem Königswasser behandelt.

Antimon.

1. Bestimmung als Antimontrisulfid.[2]

Antimon wird in schwach saurem Medium sowohl aus der Lösung des Antimonits als auch aus der des Antimoniats durch Schwefelwasserstoff

---

Rohres nicht größer ist als der Raum zwischen dem Boden des Mikro-Neubauer-Tiegels und der Mündung des Heberrohres, deren Entfernung voneinander 4 bis 5 mm beträgt. Dadurch wird verhindert, daß sich der Tiegel etwa plötzlich so weit mit Flüssigkeit füllt, daß die Mündung des Heberrohres in die Flüssigkeit eintaucht und durch die nachgesaugte Luft Flüssigkeitsteilchen verspritzt werden.

[1] E. Schwarz-Bergkampf: Z. analyt. Chem. **69**, 341 (1926).

[2] F. Hecht und M. v. Mack: Mikrochim. Acta (Wien) **2**, 221 (1937). — Das Mikroverfahren fußt auf der bekannten makroanalytischen Methode von

als Sulfid gefällt. Dieses wird durch Erhitzen bei 290° im Kohlendioxydstrom in Antimontrisulfid übergeführt, wobei der überschüssige Schwefel absublimiert, und als Sb_2S_3 gewogen. Umrechnungsfaktor F für Sb: 0,7169; log F = 0,85544—1.

Apparatur: Ein Jenaer Mikrofilterbecher *F* wird, wie es die Abb. 85 zeigt, umgestaltet. Durch Anbringung eines Einsatzstückes *k* (aus Jenaer Geräteglas) mit Schliff, durch das eine eingeschmolzene Glaskapillare hindurchführt, ist es möglich, in die im Filterbecher befindliche Lösung Schwefelwasserstoff einzuleiten und so das Antimonsulfid auszufällen und dann zu filtrieren. Die Einleitungskapillare besitzt einen Innendurchmesser von 1,5 mm. Während des Einleitens des Schwefelwasserstoffes muß sie ein Stückchen aus dem Filterbecher *F* herausgezogen werden. Versäumt man dies, so treten zwei Schwierigkeiten auf: einerseits überwindet der Gasdruck des Entwicklungsapparates nur sehr schwer den Widerstand, den die Sinterplatte *s* des Filterbechers dem Durchgang des Schwefelwasserstoffgases entgegensetzt, anderseits hat der im Filterbecher entstehende Überdruck zur Folge, daß beim nachfolgenden Einleiten in der Hitze die Lösung in die Einleitungskapillare zurücksteigt und aus ihr herausgedrückt wird. Zum Trocknen und Absublimieren des Schwefels wird der Filterbecher in einen zweiteiligen Aluminiumblock gestellt,[1] in dem ein Thermometer in einer horizontalen Bohrung steckt. Die innere und äußere Form des Aluminiumblocks geht aus Abb. 86 hervor. Das Kohlendioxyd wird einer Bombe entnommen. Es passiert zu-

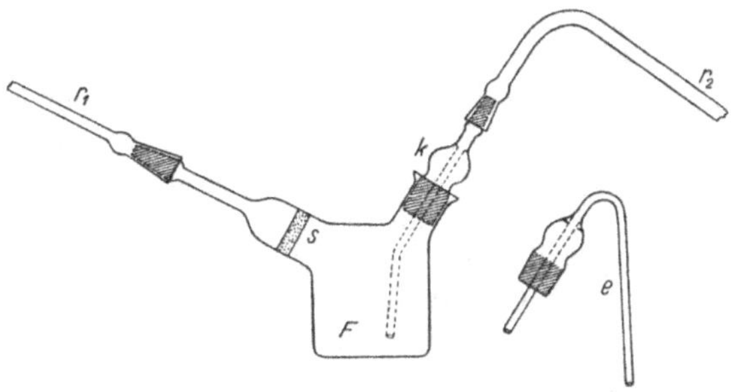

Abb. 85. Filterbecher für die Bestimmung des Antimons als Sb_2S_3 (1/2 der natürlichen Größe). [Aus Mikrochim. Acta (Wien) 2, 221 (1937).]

Abb. 86. Aluminiumblock für die Bestimmung des Antimons als Sb_2S_3 (1/4 der natürlichen Größe). [Aus Mikrochim. Acta (Wien) 2, 221 (1937).]

F. Henz: Z. anorg. allg. Chem. **37**, 18 (1903). — Siehe auch F. P. Treadwell: Lehrbuch II, S. 179.

[1] Der Aluminiumblock wird nach einem Holzmodell gegossen. Er ist bei der Firma P. Haack, Wien, erhältlich.

erst ein elektrisch zur Dunkelrotglut erhitztes Quarzrohr mit eingelegter Kupferdrahtnetzspirale, wodurch es von Sauerstoffspuren befreit wird, und hierauf einen Glasperlenturm mit Schwefelsäure. Der Gasstrom wird sodann durch ein aufgeschliffenes Rohr r_1 aus Jenaer Geräteglas von der Seite der Sinterplatte her in den Filterbecher geleitet, den er durch die Gaseinleitungskapillare von *k* wieder verläßt. Zum Ableiten des absublimierenden Schwefels und des Kohlendioxydstromes dient ein anderes Rohr r_2 aus Jenaer Geräteglas, das dem einen Ende der Gaseinleitungskapillare *k* aufgeschliffen ist (Abb. 85). Dieses Rohr ist rechtwinkelig abgebogen, um ein Zurückfließen von Kondenswasser beim Erhitzen im Aluminiumblock hintanzuhalten. Zum Übersaugen der Lösungen in den Becher *F* dient die statt *k* einsetzbare Kapillare *e*, an deren rechtes Ende ein Filterstäbchen mittels Schlauches anzuschließen ist.

Ausführung: Die etwa 2 n-salzsaure Antimonlösung wird unter Verwendung eines Porzellanfilterstäbchens und des erwähnten Einsatzstückes *e* in den Filterbecher übergesaugt, wobei zwei- bis dreimal mit möglichst wenig 2 n-Salzsäure nachgespült wird. Das nunmehrige Volumen der Lösung darf 2 bis 3 ccm nicht überschreiten. Dann stellt man den Filterbecher in einen gläsernen Wasserbadaufsatz (S. 108, Abb. 58), damit der Filtrierstutzen des Bechers gegenüber der Eingußöffnung etwas erhöht liegt und ein Verspritzen der eingesaugten Lösung auf die Sinterplatte vermieden wird. Das Einsatzstück *k* wird (siehe S. 175) etwas herausgezogen, so daß der Schliff keinen dichten Verschluß bildet. Die Kapillare von *k* wird derart gedreht, daß ihr unteres abgebogenes Ende gegen eine der Seitenwände des Filterbechers weist, wodurch die Gefahr des Verspritzens der Lösung auf die Sinterplatte weiter verringert wird. Im übrigen hat man es durch Regulieren des Gasstromes durchaus in der Hand, derartige Verluste mit Sicherheit zu vermeiden. Man leitet zunächst 5 Minuten in der Kälte Schwefelwasserstoff ein, verdünnt sodann mit Wasser auf das Eineinhalb- bis Zweifache, wodurch sich ein Volumen von 4 bis 5 ccm ergibt, und leitet weitere 10 Minuten lang Schwefelwasserstoff ein. Sodann erhitzt man unter dauerndem Gaseinleiten das Wasserbad zum Sieden, entfernt nunmehr den Brenner und setzt das Einleiten auf dem mit den Ringen zugedeckten Wasserbad noch 15 bis 20 Minuten fort. Hierauf bereitet man die Waschflüssigkeit, indem man 0,5 ccm Eisessig mit 10 ccm Wasser verdünnt und dann mit Schwefelwasserstoff sättigt. Man spült mit möglichst wenig von dieser Lösung (aus einer Mikrospritzflasche) die Kapillare durch, worauf *k* einstweilen verkehrt in die passende Bohrung eines Holzblockes gesteckt wird. Nunmehr wird filtriert, drei- bis viermal mit je 1 ccm der heißen Waschflüssigkeit und zum Schluß noch zwei- bis dreimal mit je 0,5 bis 0,75 ccm heißem Wasser gewaschen und zuletzt *k* wieder in den Filterbecher eingesetzt. Nach dem üblichen Abwischen der äußeren Oberfläche (einschließlich der äußeren Schliffe) mit feuchten und hierauf mit trockenen Lappen (S. 82) wird die übrige Glasapparatur gemäß Abb. 85 zusammengefügt und in den Aluminiumblock gestellt. Dann wird von der Seite der Sinterplatte her Kohlendioxyd in mäßig raschem Strom eingeleitet und auf der anderen Seite mit einer Wasserstrahlpumpe stark abgesaugt. Nach kurzer Zeit beginnt der Kohlendioxydstrom durch die Sinterplatte hindurchzutreten, weil diese durch das Absaugen der Hauptmenge des anhaftenden Wassers gasdurchlässig geworden ist.[1] Nach 5 Minuten beginnt man zu erhitzen. Dabei stellt man den schwach aufgedrehten Teclubrenner nicht unter die Mitte des Aluminiumblockes, sondern etwas gegen die Seite des Ableitungsrohres (zur Wasserstrahlpumpe) verschoben. Dieses wird dadurch rascher erhitzt als der Filterbecher, so daß in diesem Rohr keine Kondensation von Wasser erfolgt. Das gegenteilige Vorgehen (starkes anfängliches Erhitzen unterhalb des Filterbechers selbst) kann zur Folge haben, daß sich in der Gaseinleitungskapillare von *k* Wasser kondensiert, das zwar teilweise durch den Kohlendioxydstrom mitgerissen wird, dabei aber etwas Antimonsulfid aus der Kapillare herausschwemmen könnte. Sobald die Temperatur 80 bis 90° erreicht hat, beginnt die Sinterplatte so weit trocken zu werden, daß sie dem Kohlendioxydstrom nur mehr wenig Widerstand entgegensetzt. Man muß daher das Absaugen mit der Pumpe anfänglich mäßigen und schließlich gänzlich beenden. Der Kohlendioxydstrom wird nun so eingestellt, daß etwa zwei Blasen in der Sekunde durch die Waschflasche hindurchtreten. Während der nächsten 5 Minuten wird auf 120 bis 130° erhitzt, sodann der Brenner unter die Mitte des Aluminiumblockes gestellt, die Temperatur auf 290° erhöht und während einer Stunde so belassen. Hierauf wird der Brenner abgedreht; sobald die Temperatur auf 200° gesunken ist, wird der Aluminiumblock geöffnet und entfernt. Unter fortwährendem Durchleiten von Kohlendioxyd läßt man den Filterbecher auf einer geeigneten Unterlage auskühlen, was ungefähr 15 Minuten beansprucht. Bei vorsichtiger Handhabung ist nicht zu befürchten, daß sich die Schliffe etwa von selbst lösen. Das Ableitungsrohr, in dem sich der absublimierte Schwefel befindet, darf nun entfernt werden. Nach dem vollkommenen Erkalten wird das Kohlendioxyd verdrängt, indem man während 10 Minuten einen raschen, mit Schwefelsäure getrockneten Luftstrom durchleitet. Der Filterbecher, in dem das Einsatzstück *k* mit der Einleitungskapillare sitzt, wird außen (auch an den endständigen Schliffen) feucht und trocken abgewischt und während einer Viertelstunde neben der Waage, dann eine weitere Viertelstunde in der Waage stehen gelassen. Es empfiehlt sich, während der letzten 10 Minuten den Filterbecher auf die Waagschale zu stellen und mit dem Gegengewicht auszutarieren. Verfügt man über keinen entsprechenden Becher mit Einsatzstück, so kann als Gegengewicht auch ein gewöhnlicher Filterbecher verwendet werden, in dessen Inneres man so viel Glasperlen aus Jenaer Geräteglas bringt, daß sein Gewicht dem des Filterbechers *F* samt dem Einsatzstück *k* möglichst gleich wird.

Nach dieser Methode wurden Antimonmengen von 0,16 mg bis 4 mg mit sehr guten Ergebnissen bestimmt.

---

[1] Um den Gasstrom regelmäßig hindurchtreten zu lassen, ist einerseits ein dauernder Kohlendioxydüberdruck, anderseits kräftiges Absaugen zwecks rascher Trocknung der Sinterplatte nötig.

Reinigung der Glasapparatur: Diese erfolgt mittels warmen Königswassers. Hierauf wird durch den Filterbecher dreimal heißes Wasser gesaugt und die Apparatur im Trockenschrank getrocknet.

2. Bestimmung mit Chromiënchlorid[1].

Antimon (III)- und Antimon (V)-Verbindungen lassen sich nach Überführung in Natriumsulfoantimoniat $Na_3[SbS_4]$ mit „Chromiënchlorid" $[Cr\,en_3]Cl_3 \cdot 3^1/_2\,H_2O$ als Komplexverbindung $[Cr\,en_3][SbS_4] \cdot 2\,H_2O$ fällen. Der Niederschlag wird mit Alkohol und mit Äther gewaschen und die Trocknung schließlich im Vacuumexsiccator zu Ende geführt. Umrechnungsfaktor F für Sb: 0,2349; log F: 0,37090—1.

Fällungs- und Filtergeräte: Fällungsröhrchen und Mikrofiltertiegel; Mikrobecher (Porzellantiegel) und Porzellanfilterstäbchen.

Ausführung: Das Antimon wird zunächst als Sulfid gefällt (ähnlich wie unter 1 beschrieben, jedoch zweckmäßig unter Verwendung eines Porzellantiegels und Porzellanfilterstäbchens). Der filtrierte und gewaschene Niederschlag wird durch Digerieren mit heißer verdünnter Natriumsulfidlösung[2] in Lösung gebracht und die Flüssigkeit durch das Filterstäbchen in ein Fällungsröhrchen bzw. in einen Mikrobecher oder -tiegel übergesaugt (nachspülen!), sodann mit einem Tropfen gelber Natriumpolysulfidlösung versetzt und 5 Minuten gekocht, damit sich quantitativ $[SbS_4]'''$-Ion bildet. Nach Abkühlenlassen der Lösung, deren Volumen nun höchstens 20 bis 25 ccm betragen soll, auf 70 bis 80° setzt man einige Kristalle „Chromiënchlorid" (S. 61) zu. Während des Erkaltens auf Zimmertemperatur scheiden sich schöne, seidenglänzende, goldgelbe Kristalle aus, die nach $1^1/_2$ bis 2 Stunden mittels der auf S. 97 (Abb. 48) dargestellten Vorrichtung in einen Mikrofiltertiegel übergesaugt, bzw. mit Hilfe des mit dem Mikrobecher oder -tiegel mitgewogenen Porzellanfilterstäbchens filtriert werden. Man wäscht zuerst gut mit kaltem, schwach ammoniakalischem Wasser, hierauf sechs- bis siebenmal mit je 2 ccm 96%igem Alkohol und schließlich noch vier- bis fünfmal mit je 2 ccm Äther. Nach 20 bis 25 Minuten langem Verweilen im Vacuumexsiccator wird gewogen.

Beleganalysen: 1 bis 2 mg Antimon.

Reinigung der Filtergeräte: Diese erfolgt mit Königswasser.

Zinn.

Bestimmung als Zinndioxyd.[3]

a) Nach Fällung mit Ammoniak.

Die Stannichloridlösung wird mit Ammoniak gegen Methyorange bis zum Umschlag nach Gelb neutralisiert, mit Ammoniumnitrat versetzt und einige Zeit auf dem siedenden Wasserbad erhitzt. Der Niederschlag wird nach reichlichem Auswaschen zu Zinndioxyd SnO_2 verglüht. Umrechnungsfaktor F für Sn: 0,7877; log F: 0,89634—1.

Fällungs- und Filtergeräte: Porzellantiegel und Glasfilterstäbchen mit Papierfilter (S. 78).

---

[1] G. Spacu und A. Pop: Z. analyt. Chem. **111**, 254 (1937/38); Bul. Soc. Ştiinţe Cluj, România, **8**, 621 (1937). — Mikroanalyse: G. Spacu und A. Pop: Mikrochim. Acta (Wien) **3**, 27 (1938).

[2] Ein Überschuß an Natriumsulfidlösung ist dabei zu vermeiden.

[3] M. v. Mack und F. Hecht: Mikrochim. Acta (Wien) **2**, 229 (1937).

Ausführung: Die in einem Porzellantiegel befindliche Zinnchloridlösung wird in einem Volumen von 1 bis 5 ccm (je nach der angewendeten Zinnmenge) in der Kälte nach Zusatz eines Tropfens Methylorange sehr sorgfältig mit Ammoniak bis zur Gelbfärbung versetzt. Hierauf fügt man etwa 30 mg Ammoniumnitrat hinzu, erhitzt auf dem stark siedenden Wasserbad 5 bis 10 Minuten lang, verdünnt sodann mit siedendem Wasser derart, daß auf je 1 mg Zinn 2,5 bis 3 ccm Flüssigkeit kommen, und läßt den Niederschlag sich absetzen. Nun wird mit Hilfe eines gläsernen Filterstäbchens mit Papierfilter filtriert und, falls Alkalien anwesend sind, mit je 1 ccm heißer 5%iger Ammoniumnitratlösung mindestens fünfzehnmal gewaschen. Bei den ersten fünf Malen läßt man das Filter mit dem Niederschlag während einiger Minuten durch die Waschflüssigkeit auf dem Wasserbad auslaugen. Angesichts der Schwerlöslichkeit des Niederschlages besteht keine Gefahr, daß durch das oftmalige Auswaschen Zinn in Lösung geht. Es gilt für diese Zinnbestimmung der Grundsatz, daß man nicht leicht zuviel, sondern eher zuwenig gründlich auswäscht. Auch bei sehr kleinen Zinnmengen wie 0,5 mg ist zehn- bis zwölfmaliges Waschen nötig. Weniger oftmaliges Waschen bedingt bei Anwesenheit von nicht flüchtigen Fremdionen zu hohe Resultate. Hingegen gibt auch öfteres Auswaschen noch durchaus richtige Werte. Nach Vortrocknen wird bei 900° geglüht.

Nach dieser Methode wurden 0,5 bis 7 mg Zinn bestimmt. Größere Mengen als 7 mg können in den Berliner Porzellantiegeln der Type C 1, welche die für die Mikroanalyse eben noch verwendbare Maximalgröße darstellen, nicht mehr gut bestimmt werden.

Reinigung des Tiegels: Der Porzellantiegel wird durch einen scharfen Wasserstrahl vom größten Teil der Zinndioxydmenge befreit. Gegebenenfalls haften bleibende Niederschlagspuren, die auch mit Hilfe eines kleinen Rehlederlappens nicht entfernbar sind, stören weitere Zinnbestimmungen nicht im geringsten.

b) Nach Fällung mit Cupferron.[1]

Vierwertiges Zinn wird aus schwach saurer Lösung durch Cupferron als Komplexverbindung gefällt. Diese wird durch Glühen bei 800 bis 900° in Zinndioxyd SnO_2 übergeführt.

Fällungs- und Filtergeräte: Porzellantiegel und Glasfilterstäbchen mit Papierfilter (S. 78).

Ausführung: Die Fällung kann in zwei Ausführungsformen erfolgen, von denen die erste bei reinen Stannisalzlösungen, die zweite bei Trennungen vorzuziehen ist.

A. Fällung aus neutraler Lösung, die erst nach Zusatz des Reagens angesäuert wird.

Die salzsaure Stannichloridlösung (2 bis 4 ccm) wird in einem gewogenen Porzellantiegel nach Zusatz eines Tropfens Methylorange mit

[1] M. v. Mack und F. Hecht: Mikrochim. Acta (Wien) **2**, 230 (1937). — Das Mikroverfahren fußt auf der makroanalytischen Methode von N. H. Furman: Ind. Engng. Chem. **15**, 1071 (1923).

verdünntem Ammoniak bis zur Gelbfärbung neutralisiert. Sodann fügt man etwa die Hälfte der zur vollständigen Fällung nötigen Menge 5%iger Cupferronlösung (S. 55) zu. Für je 1 mg Zinn sind *insgesamt* 0,3 bis 0,4 ccm Cupferronlösung anzuwenden. Unter Umschwenken wird nunmehr langsam Salzsäure (1 : 4) zugetropft. Bei einer bestimmten Acidität erfolgt die deutlich erkennbare Umwandlung des Hydroxyds in den schwer löslichen Zinncupferronniederschlag. Nun wird noch etwas Salzsäure bis zur deutlichen Rotfärbung des Indikators und hierauf die restliche Menge des Fällungsmittels hinzugegeben. Der Niederschlag wird auf diese Weise in grobkörniger Form erhalten, die leichter filtrierbar ist als bei Fällung aus stärker saurer Lösung (siehe unter B). Nach 20 bis 30 Minuten Stehen bei niedriger Temperatur (etwa 5°) wäscht man drei- bis viermal mit je 1 ccm einer 0,5%igen Cupferronlösung.

B. Fällung aus schwach saurer Lösung.

Die Stannichloridlösung wird wie oben (siehe unter A) mit verdünntem Ammoniak neutralisiert, jedoch ohne Zusatz eines Indikators nur bis zur ersten Trübung. Diese bringt man mit der Salzsäure eben wieder in Lösung.

Sodann wird mit einem etwas größeren Cupferronüberschuß, als unter A angeführt, gefällt, und zwar mit 0,6 bis 0,7 ccm für je 1 mg Zinn. Nach 20 bis 30 Minuten Stehen bei niedriger Temperatur filtriert man und wäscht vier- bis fünfmal mit der unter A angegebenen Waschflüssigkeit.

Bei sehr kleinen Zinnmengen (unter 1 mg) verringert man die Menge an Fällungsreagens nicht proportional, sondern wendet einen größeren Überschuß an. Z. B. werden 0,8 mg Zinn mit 1 ccm Cupferronreagens, 0,5 mg mit 0,8 ccm Reagens gefällt. Eine gegebenenfalls eintretende geringe Verharzung stört nicht, falls es sich nicht um eine Trennung, sondern nur um eine Endbestimmung von Zinn handelt.

Hat man die Fällung und Filtration nach A oder B vorgenommen, so streift man das Filter mit dem Niederschlag in den Porzellantiegel ab und trocknet weitgehend auf dem Wasserbad. Über den auf dem Tiegelboden befindlichen Niederschlag legt man das Papierfilter, damit beim späteren Erhitzen ein Verspritzen des anfänglich schmelzenden Niederschlages vermieden wird. Nach weiterem Trocknen im Trockenschrank bei 180° wird der Niederschlag im elektrischen Ofen unter sehr allmählichem Steigern der Temperatur verascht, bis schließlich eine Temperatur von 800 bis 900° erreicht ist, die man während einer Viertelstunde konstant hält. Nach dieser Methode konnten Zinnmengen von 0,5 bis 4,2 mg sehr genau bestimmt werden.

Reinigung des Tiegels: Wie unter a (S. 179) angegeben.

Molybdän.

Bestimmung als Molybdäntrioxyd.[1]

Die molybdänhaltige organische oder anorganische Substanz, die außer Molybdänverbindungen keine unverbrennlichen oder nichtflüchtigen Bestandteile aufweist, wird mit Hilfe von Salpetersäure in der Mikro-

[1] J. B. Niederl und E. P. Silbert: J. Amer. chem. Soc. 51, 376 (1929).

muffel nach F. PREGL (S. 64, Abb. 20) verbrannt und das zurückbleibende Molybdäntrioxyd MoO_3 gewogen. Umrechnungsfaktor F für Mo: 0,6665; log F: 0,82383—1.

Apparatur: Mikromuffel nach F. PREGL.

Ausführung: 3 bis 5 mg der organischen oder anorganischen Substanz werden in ein Mikroporzellanschiffchen[1] eingewogen und mit einem Tropfen konz. Salpetersäure versetzt. Das Schiffchen wird in das Verbrennungsrohr der Mikromuffel gebracht und das Drahtnetz in einer Entfernung von etwa 30 mm vom Schiffchen mit einem Bunsenbrenner erhitzt. Nach einigen Minuten sind die Salpetersäure und die Stickoxyde vertrieben und das Drahtnetz wird nun unmittelbar unter dem Schiffchen erhitzt. Nach weiteren 5 Minuten entfernt man das Drahtnetz gänzlich und setzt das Erhitzen unter dem Schiffchen noch genau 5 Minuten fort. Da das Molybdäntrioxyd bei Temperaturen über 450° flüchtig ist, ist mit nicht leuchtender, ruhiger Flamme zu erhitzen, die einen äußeren Kegel von ungefähr 7 cm und einen inneren von etwa 3 cm Höhe aufweist.

Die Substanz im Schiffchen muß jetzt in der Hitze gelb und in der Kälte weißgrau erscheinen. Ist dies der Fall, so wird das Erhitzen beendet. Das Schiffchen mit dem Molybdäntrioxyd wird nach dem Erkalten auf dem Kupferblock gewogen.

Beleganalysen liegen vor für Molybdänsäure, Ammoniummolybdat und Histaminmolybdat. Die Auswaagen an Molybdäntrioxyd bewegten sich zwischen 1,9 und 4,6 mg. Die gefundenen Werte zeigten befriedigende Übereinstimmung mit den theoretisch zu erwartenden Prozentgehalten.

Reinigung des Schiffchens: Das Molybdäntrioxyd läßt sich mit Ammoniak entfernen.

Selen.

Bestimmung in organischen Substanzen als elementares Selen.[2]

Nach Zersetzung der selenhaltigen organischen Substanz in der Mikrobombe mittels rauchender Salpetersäure wird in die ausreichend mit Salzsäure versetzte Lösung Schwefeldioxyd eingeleitet. Dadurch wird die Salpetersäure zerstört[3] und das Selen in elementarer Form ausgeschieden. Es wird hierauf bei 110° getrocknet und gewogen.

Geräte: Mikrobombenrohr, Fällungs- und Filterröhrchen.

Ausführung: 5 bis 20 mg der organischen Substanz (entsprechend 3 bis 5 mg Selen) werden im CARIUS-Mikrobombenrohr[4] (s. a. S. 299) mit 0,3 ccm rauchender Salpetersäure ($D = 1{,}50$) bei 250° zersetzt. Nach

[1] Platin kann wegen der Möglichkeit teilweiser Reduktion des entstehenden MoO_3 nicht verwendet werden.

[2] H. D. K. DREW und C. R. PORTER: J. chem. Soc. (London) **1929**, 2091. Ein ähnliches Verfahren zur Selenbestimmung in organischen Substanzen nach deren Zerstörung im „Perlenrohr“ (F. PREGL-H. ROTH: Mikroanalyse. S. 115) geben H. K. ALBER und J. HARAND: J. Franklin Inst. **228**, 243 (1939), an.

[3] Durch Eindampfen der Lösung treten Verluste an seleniger Säure ein.

[4] F. PREGL-H. ROTH: Mikroanalyse. S. 128.

dem Öffnen wird der Inhalt der Bombe abwechselnd mit Wasser und konz. Salzsäure in ein Fällungsröhrchen gespült und in die ungefähr 10 ccm betragende Flüssigkeit auf einem siedenden Wasserbad Schwefeldioxyd eingeleitet. Nach ungefähr 20 Minuten hat sich das ganze Selen in der schwarzen Modifikation abgeschieden. Man läßt erkalten und bringt den Niederschlag mit Hilfe der Absaugvorrichtung (S. 92, Abb. 43) in ein Filterröhrchen (Abb. 87) mit Asbestfüllung;[1] es ist durch einen eingeschliffenen hohlen Stopfen verschlossen, der infolge Anbringung eines engen Loches im Boden und einer kapillaren Verengung im Stiel (siehe die Abbildung) geeignet ist, den Feuchtigkeitsgehalt des Asbests zu stabilisieren.[2] Man wäscht mehrmals gründlich mit Wasser und hierauf mit Alkohol nach und trocknet das Filterröhrchen während 10 Minuten in der üblichen Weise (S. 93) bei 110°.

Abb. 87. Filterröhrchen für die Selenbestimmung (etwa $^2/_5$ der nat. Größe). [Aus J. chem. Soc. (London) **1929**, 2092.]

Wegen des Einflusses der Luftfeuchtigkeit soll die Auswaage an Selen womöglich nicht weniger als 2,5 mg betragen, damit der durch die Feuchtigkeit der Luft bedingte Fehler nicht allzu sehr ins Gewicht fällt. Das Filterröhrchen braucht für die nächsten Bestimmungen nicht gereinigt werden, doch soll es, falls die weitere Benutzung nicht noch am selben Tag erfolgt, vor einer neuen Bestimmung mehrmals mit Wasser und Alkohol gewaschen, getrocknet und gewogen werden.

Beleganalysen: 2 bis 8,5 mg Selen.

Reinigung des Filterröhrchens: Nach Entfernen der Asbestschicht werden die zurückgebliebenen Selenreste in warmem Königswasser gelöst.

Tellur.

Bestimmung in organischen Substanzen als elementares Tellur.[3]

Nach Zersetzung der organischen Substanz in der Mikrobombe oder im Mikro-Kjeldahl-Kölbchen mittels rauchender Salpetersäure wird die Flüssigkeit eingedampft, mit Salzsäure abgeraucht und das Tellur in der Wärme durch schweflige Säure und Hydrazinchlorhydrat elementar ausgefällt. Der Niederschlag wird bei 110° getrocknet und gewogen.

Geräte: Mikrobombenrohr oder Mikro-Kjeldahl-Kölbchen, Porzellanschale und Filterröhrchen.

Ausführung: 10 bis 15 mg der organischen Substanz werden im Carius-Mikrobombenrohr[4] (s. a. S. 299) mit 0,3 ccm rauchender Salpetersäure ($D = 1{,}50$) zersetzt. Der Aufschluß kann jedoch bei den meisten nichtaromatischen Tellurverbindungen in einem Mikro-Kjeldahl-Kölbchen[5]

[1] Durch Glassintermasse wird das Selen nach Angabe der Autoren unvollständig zurückgehalten.

[2] Vgl. F. Pregl-H. Roth: Mikroanalyse. S. 34, 35, 40.

[3] H. D. K. Drew und C. R. Porter: J. chem. Soc. (London) **1929**, 2091.

[4] F. Pregl-H. Roth: Mikroanalyse. S. 128.

[5] F. Pregl-H. Roth: Mikroanalyse. S. 109.

unter Anwendung von 3 bis 4 ccm rauchender Salpetersäure erfolgen. Die Flüssigkeit wird mit Wasser in eine kleine Porzellanschale gespült und auf dem Wasserbad zur Trockne verdampft, da hierbei keine Verluste an Tellur zu befürchten sind. Der Eindampfrückstand wird in 3 ccm 10%iger Salzsäure gelöst und die Lösung neuerlich auf dem Wasserbad eingedampft (bis zur Syrupkonsistenz). Die Schale wird mit einem kleinen Uhrglas bedeckt. Nun fügt man nacheinander 3 ccm 10%ige Salzsäure, 3 ccm einer frisch bereiteten, gesättigten wäßrigen Lösung von schwefliger Säure und 2 ccm 15%ige wäßrige Hydrazinchlorhydratlösung hinzu. Sodann erwärmt man während 10 Minuten auf dem Wasserbad unter allmählicher Erneuerung der schwefligen Säure (bis zu 2 ccm), filtriert das Tellur, wie bei Selen (S. 182) beschrieben, mit Hilfe eines Filterröhrchens (S. 182, Abb. 87) und wäscht mit heißem Wasser und Alkohol. Da das Tellur jedoch besser filtrierbar ist als das Selen, kann im vorliegenden Fall auch ein Filterröhrchen mit Glassinterplatte (S. 91, Abb. 42) verwendet werden. Das Filterröhrchen wird 10 Minuten lang in der üblichen Weise (S. 93) bei 110° getrocknet. Es kann ohne Entfernung des Niederschlages oder der Asbestschicht wiederholt für weitere Bestimmungen benutzt werden, auch nach einem Zeitraum von mehreren Tagen.

Die von den Autoren[1] angeführten Beleganalysen erstrecken sich auf Tellurmengen von 3 bis 6,4 mg.

Reinigung des Filterröhrchens: Das elementare Tellur ist in warmem Königswasser löslich.

Gold.[2]

Bestimmung in komplexen Verbindungen als Metall.[3]

Gewisse komplexe Goldsalze hinterlassen beim Glühen im Wasserstoffstrom in der Mikromuffel metallisches Gold, das ausgewogen wird.

---

[1] Siehe Fußnote 3 auf S. 182.

[2] S. O. Thompson, F. E. Beamish und M. Scott: Ind. Engng. Chem., Analyt. Edit. **9**, 420 (1937), geben eine wohl als Centigrammverfahren anwendbare Methode der Goldbestimmung an, nach der Gold in salzsaurer Lösung mit Dimethylglyoxim gefällt und der Niederschlag zu Metall verglüht wird. Platin fällt unter den gleichen Bedingungen aus, jedoch nicht völlig quantitativ.

Zu einer richtigen Mikromethode ließe sich vermutlich auch das Verfahren von F. E. Beamish, J. J. Russel und J. Seath: Ind. Engng. Chem., Analyt. Edit. **9**, 174 (1937), ausgestalten, wonach Gold aus salzsaurer Lösung mit Hydrochinon gefällt und als Metall bestimmt wird. Auf diese Weise ist auch eine Trennung des Goldes von Platin und Palladium möglich, vorausgesetzt, daß das Verhältnis der beiden letzteren Metalle zum Gold nicht größer als 2:1 ist. Auch neben Kupfer, Nickel und Zink konnte Gold bestimmt werden. Eine Reihe anderer organischer Reduktionsmittel wurde ebenfalls als brauchbar befunden. — Nach J. Seath und F. E. Beamish: Ind. Engng. Chem., Analyt. Edit. **9**, 373 (1937), ermöglicht das Verfahren auch eine Trennung des Goldes von Selen und Tellur.

[3] J. Meyer und K. Hoehne: Mikrochem. **19**, 70 (1936).

Apparatur: Mikromuffel nach J. MEYER und K. HOEHNE[1] (S. 65, Abb. 21).

Ausführung: Die Bestimmung erfolgt in ähnlicher Weise, wie dies für die analoge Kobaltbestimmung (S. 196) in Komplexverbindungen angegeben ist. Kleine Verluste infolge der Flüchtigkeit der Goldhalogenide sind nicht völlig vermeidbar, jedoch nach Angabe der Autoren bei vorsichtigem Arbeiten verschwindend gering.

Analysiert wurde mit gutem Ergebnis die Verbindung Trimethylpyridintetrachloroaureat $(C_8H_{11}NH)[AuCl_4]$. Die Auswaagen an Gold betrugen dabei 6,6 bis 7,5 mg.

Reinigung des Porzellanschiffchens: Diese erfolgt, wie bei Kobalt (S. 197) angegeben.

Palladium.

1. Bestimmung als Metall.

a) Rückstandsbestimmung in Komplexverbindungen (siehe unter „Platinmetalle", S. 187).

b) Nach vorangehender Fällung mit Dimethylglyoxim.[2]

Palladium wird aus schwach salzsaurer Lösung durch Dimethylglyoxim gefällt. Der Niederschlag wird durch Erhitzen mit Ammoniumformiat zersetzt und durch Glühen im Wasserstoffstrom in Metall übergeführt.

Fällungs- und Filtergeräte: Fällungsröhrchen und Mikro-NEUBAUER-Tiegel.[3]

Ausführung: Die schwach salzsaure Palladium-(IV)-salzlösung wird bei Wasserbadtemperatur mit heiß gesättigter wäßriger Dimethylglyoximlösung in geringem Überschuß versetzt, indem das frisch gelöste Reagens unmittelbar in die Palladiumlösung filtriert wird. Hierauf kühlt man das Fällungsgefäß, weil der Niederschlag in der Wärme merkbar löslich ist, mit kaltem Wasser und bringt den Niederschlag nach halbstündigem Absetzen in der Kälte in einen Mikro-NEUBAUER-Tiegel. Das Waschen und Überspülen des Niederschlages in diesen Tiegel wird mit Hilfe von kaltem Wasser und 30%igem Alkohol vorgenommen, die gegen Schluß abwechselnd angewendet werden, um die letzten Niederschlagsanteile in den Tiegel zu bringen (vgl. S. 98). Dieser wird sodann bei 110° in einem passenden Trockenblock aus Aluminium getrocknet und hierauf nach Überschichten des Niederschlages mit rückstandfreiem Ammoniumformiat[4] in einen ROSE-Tiegel gestellt. Man erwärmt diesen vorsichtig mit einem Mikrobrenner, bis der Niederschlag völlig zersetzt ist, glüht das zurückbleibende Metall im Wasserstoffstrom, läßt im Kohlendioxydstrom erkalten und wägt schließlich. Unmittelbare Wägung des getrockneten Palladiumdimethylglyoxims führt nicht zum Ziel, da das in Wasser nur schwer lösliche Reagens aus dem Niederschlag nicht völlig ausgewaschen werden kann.

---

[1] J. MEYER und K. HOEHNE: Mikrochem. **16**, 188 (1935).

[2] H. HOLZER: Z. analyt. Chem. **95**, 392 (1933).

[3] Eine Anpassung des Verfahrens an die Methodik der Filterstäbchen dürfte möglich sein.

[4] Dieses wird wegen einer gewissen, wenngleich geringen Flüchtigkeit der Palladiumverbindung über 130° sowie wegen des Verpuffens des Niederschlages beim Erhitzen verwendet, da es schon bei verhältnismäßig niedriger Temperatur schmilzt, dabei den Niederschlag umhüllt und — abgesehen von der erwünschten reduzierenden Wirkung — die Komplexverbindung zersetzt.

Die Beleganalysen des Autors[1] erstrecken sich auf Palladiummengen von 1 bis 4 mg und zeigen sehr gute Ergebnisse. Eine Trennung des Palladiums von Platin scheint auf diese Weise möglich zu sein.

Reinigung des Filtertiegels: Diese muß mechanisch erfolgen, falls ein Platinfiltertiegel verwendet worden ist. Porzellanfiltertiegel können mit Hilfe von heißem Königswasser gereinigt werden.

2. Bestimmung mit Methylbenzoylglyoxim.[2]

Palladium wird aus schwach salzsaurer Lösung durch Methylbenzoylglyoxim als ockergelbe Oximverbindung $Pd[O \cdot N : C(CO \cdot C_6H_5) \cdot C(CH_3) : N \cdot \cdot OH]_2$ gefällt. Trocknungstemperatur 110°; Umrechnungsfaktor F für Pd: 0,2064; log F: 0,31461—1.

Fällungs- und Filtergeräte: Fällungsröhrchen und Mikro-NEUBAUER-Tiegel.[3]

Ausführung: Die schwach salzsaure, ammoniumsalzfreie[4] Palladium-(IV)-salzlösung wird mit filtrierter,[5] heiß gesättigter wäßriger Methylbenzoylglyoximlösung im Überschuß versetzt. Durch vorsichtiges Schütteln des Fällungsröhrchens beschleunigt man das Zusammenballen des entstehenden ockergelben flockigen Niederschlages, dessen Volumen kleiner als das des vorangehend besprochenen Palladiumdimethylglyoxims ist. Das Reagensglas wird mit kaltem Wasser gekühlt, der Niederschlag eine halbe Stunde absetzen gelassen und schließlich mit Hilfe eines Mikro-NEUBAUER-Tiegels filtriert. Man wäscht den Niederschlag erst gut mit kaltem Wasser aus, zum Schluß abwechselnd mit kaltem Wasser und 30%igem Alkohol,[6] wodurch auch die letzten Niederschlagsanteile in den Tiegel gebracht werden können. Nach kurzem Luftdurchsaugen trocknet man Tiegel und Niederschlag in einem passenden Aluminiumblock 10 Minuten lang bei 110°.

Es empfiehlt sich, den Niederschlag zur Kontrolle nach dem Wägen mit Ammoniumformiat zu überschichten und, wie auf S. 184 beschrieben, zu zersetzen. Der Grund der Anwendung von Ammoniumformiat ist derselbe wie beim Palladiumdimethylglyoximkomplex (S. 184, Fußnote 4). Das Metall wird schließlich im Wasserstoffstrom geglüht und im Kohlendioxydstrom erkalten gelassen, worauf man wiederum wägt.[7]

Die Beleganalysen des Autors[2] erstrecken sich auf Palladiummengen von

---

[1] Siehe Fußnote 2 auf S. 184.

[2] H. HOLZER: Z. analyt. Chem. **95**, 392 (1933).

[3] Die Ausführung der Bestimmung kann zweifellos der Methodik der Filterstäbchen angepaßt werden.

[4] Der Niederschlag weist bei Gegenwart von Ammoniumsalzen eine gewisse, wenngleich geringe Löslichkeit auf.

[5] Das Reagens wird zweckmäßig unmittelbar in die Palladiumsalzlösung hineinfiltriert.

[6] Der Waschalkohol darf höchstens 30%ig sein und nur in möglichst geringer Menge angewendet werden, da der Niederschlag in 96%igem Alkohol zum Teil löslich ist.

[7] Nach unserer Ansicht ist es notwendig, das Leergewicht des Mikro-NEUBAUER-Tiegels sowohl nach dem Trocknen bei 110° als auch nach dem darauffolgenden Glühen zu bestimmen, da sich dabei Gewichtsdifferenzen ergeben können, die nicht vernachlässigt werden dürfen (siehe S. 82).

1 bis 4 mg (Ergebnisse sehr gut). Auch diese Methode scheint eine Trennung des Palladiums von Platin zu ermöglichen.

Reinigung des Filtertiegels: Siehe S. 185.

3. Bestimmung mit Salicylaldoxim.[1]

Aus schwach saurer Lösung wird Palladium durch Salicylaldoxim als eigelbe Komplexverbindung $Pd(C_7H_6O_2N)_2$ gefällt. Von den Edelmetallen darf Gold nicht anwesend sein. Trocknungstemperatur: 110°; Umrechnungsfaktor F für Pd: 0,2816; log F: 0,44958—1.

Fällungs- und Filtergeräte: Fällungsröhrchen und Mikro-Neubauer-Tiegel.[2]

Ausführung: Die schwach mineralsaure Palladium-(IV)-salzlösung wird mit einer filtrierten,[3] heiß gesättigten wäßrigen Lösung von Salicylaldoxim versetzt, wobei sich ein eigelber Niederschlag bildet, den man durch vorsichtiges Schütteln des Reagensgefäßes zum Zusammenballen bringt. Das Fällungsgefäß wird in Wasser gekühlt und der Niederschlag nach einer halben Stunde mit Hilfe eines Mikro-Neubauer-Tiegels filtriert. Dabei spült man das Fällungsröhrchen nach Waschen mit kaltem Wasser abwechselnd mit diesem und mit 30%igem Alkohol aus, um die letzten Anteile des Niederschlages in den Tiegel überzuführen. Tiegel und Niederschlag werden in einem passenden Aluminiumblock bei 110° getrocknet. Zur Kontrolle zersetzt man den Niederschlag zweckmäßig unter Überschichten mit Ammoniumformiat[4] durch Verglühen, wie auf S. 184 ausgeführt ist. Durch Glühen im Wasserstoffstrom und Erkaltenlassen im Kohlendioxydstrom erhält man schließlich wieder wie bei den beiden vorhergehenden Verfahren das Metall und wägt neuerlich.[5]

Die Beleganalysen des Autors[1] für 1 bis 4 mg Palladium weisen sehr gute Ergebnisse auf. Auch nach diesem Verfahren scheint eine Trennung des Palladiums von Platin möglich zu sein.

Reinigung des Filtertiegels: Siehe S. 185.

Platinmetalle.

Rückstandsbestimmung in Komplexsalzen in Form der Metalle.[6]

Gewisse Komplexsalze der Platinmetalle werden je nach ihrem besonderen Verhalten (bzw. dem des Metalls) im Sauerstoff- oder im Wasserstoffstrom geglüht. Die so erhaltenen reinen Platinmetalle werden nach dem Erkalten im Wasserstoff- bzw. im Kohlendioxydstrom gewogen.

Apparatur: Mikromuffel nach J. Meyer und K. Hoehne[7] (S. 65, Abb. 21).

---

[1] H. Holzer: Z. analyt. Chem. **95**, 392 (1933). — Vgl. W. Prodinger: Fällungsmittel. S. 74.

[2] Die Ausführungsweise der Bestimmung kann zweifellos der Methodik der Filterstäbchen angepaßt werden.

[3] Das Reagens wird zweckmäßig unmittelbar in die Palladiumsalzlösung hineinfiltriert.

[4] Der Grund dafür ist derselbe wie beim Palladiumdimethylglyoxim und Palladiummethylbenzoylglyoxim (S. 184, Fußnote 4).

[5] Siehe Fußnote 7 auf S. 185.

[6] J. Meyer und K. Hoehne: Mikrochem. **19**, 64 (1935).

[7] J. Meyer und K. Hoehne: Mikrochem. **16**, 188 (1935).

Ausführung:

I. Rhodium. Rhodiumsalze hinterlassen beim Glühen im Luftstrom in der Muffel teilweise Oxyde, weshalb es notwendig ist, in Sauerstoff zu verbrennen, diesen dann durch Kohlendioxyd zu verdrängen und hierauf die Substanz noch im Wasserstoffstrom zu glühen.

Komplexverbindungen, die Äthylendiamin enthalten, erhitzt man, um Aufblähen zu vermeiden, im Wasserstoffstrom sehr vorsichtig von oben her mit der Sparflamme eines Bunsenbrenners, bis die Substanz verkohlt ist, worauf man den Wasserstoff durch Kohlendioxyd ersetzt und schließlich die kohligen Bestandteile im Sauerstoffstrom fortglüht. Nach Verdrängen des Sauerstoffes durch Kohlendioxyd reduziert man dann das Metall im Wasserstoffstrom und läßt es schließlich im Kohlendioxydstrom erkalten.

Rhodiumsalze, die NO_2- oder NO_3-Gruppen enthalten, dürfen ebenfalls zu Beginn weder im Luft- noch im Kohlendioxydstrom erhitzt werden, da sie in diesem Falle unter Verpuffen verstäuben. Hingegen gelingt die Analyse, wenn man anfänglich im Wasserstoffstrom erhitzt und dann weiter wie oben beschrieben verfährt.

Diese Methode fand Anwendung bei der Analyse folgender Salze: $\left[Rh\begin{pmatrix}CH_2—NH_3Cl\\ |\\ CH_2—NH_3Cl\end{pmatrix}_2 Cl_2\right]Cl$ und $[Rh(NH_3)_5Cl]\cdot(NO_3)_2$. Die Auswaagen an Rhodiummetall bewegten sich zwischen 3 und 11,5 mg. Die Ergebnisse stimmten vorzüglich mit den theoretisch zu erwartenden Werten überein.

II. Ruthenium. Auch beim Glühen von Rutheniumsalzen im Luftstrom wird das Metall oxydiert. Es ist demnach auch in diesem Falle Glühen im Wasserstoffstrom und Abkühlen im Kohlendioxydstrom erforderlich. Sowohl bei Ruthenium als auch bei Rhodium und Iridium sind die bei Abkühlen im Wasserstoffstrom erhaltenen Werte gegenüber den bei Abkühlen im Kohlendioxydstrom gefundenen nur unwesentlich höher. Die Absorption von Wasserstoff durch die geglühten Metalle spielt also nur eine sehr geringe Rolle.

Es wurden Rutheniumtrichlorid und das Salz $(NH_4)_2[RuCl_5(H_2O)]$ analysiert, wobei sehr gute Werte erzielt wurden. Die Auswaage an Rutheniummetall betrug 4,8 bis 23,6 mg.

III. Palladium. Palladiumsalze werden ebenfalls im Wasserstoffstrom geglüht. Da das fein verteilte Palladium sehr stark Wasserstoff absorbiert, ist in diesem Falle Abkühlen im Kohlendioxydstrom unerläßlich. Analysiert wurden $PdCl_2$, $(NH_4)_2[PdCl_4]$ und $(NH_4)_2[PdCl_6]$. Die gefundenen Werte fielen durchwegs sehr befriedigend aus. Die Auswaagen an Palladiummetall beliefen sich auf 1,6 bis 56,3 mg.

IV. Osmium. Das Verfahren erlaubt nur die Analyse solcher Osmiumsalze, die außer Osmium keine anderen Metalle enthalten. Erhitzen im Luft- oder Sauerstoffstrom ist wegen der Flüchtigkeit des Osmiumtetroxydes unmöglich. Die Osmiumsalze müssen daher im Wasserstoffstrom geglüht werden. Der Analyse wurden die Verbindungen $OsCl_3\cdot 2\,H_2O$[1] und $(NH_4)_2[OsCl_6]$ unterworfen. Die Ergebnisse waren gut. Die Auswaagen an Osmiummetall beliefen sich auf 16,8 bis 23,8 mg.

V. Iridium. Da auch Iridium sich beim Glühen an der Luft teilweise oxydiert, muß die Bestimmung ähnlich wie die des Rhodiums im Wasserstoffstrom erfolgen.

---

[1] Dieses Salz ist stark hygroskopisch und wurde daher im verschlossenen Wägegläschen eingewogen.

Es wurden Iridiumchlorid und das Salz $(NH_4)_2[IrCl_6]$ analysiert. Die Ergebnisse waren gut, die Auswaagen an Iridiummetall betrugen 1,8 bis 30,7 mg.

VI. Platin. Bei den Komplexsalzen des Platins hat sich das Verglühen der Substanz in der Mikromuffel nach F. PREGL (S. 64, Abb. 20) als empfehlenswert erwiesen. Die nach Angabe PREGLs infolge Verflüchtigung von Platinhalogenidspuren auftretenden kleinen Verluste scheinen nach J. MEYER und K. HOEHNE (a. a. O.) nur dann einzutreten, wenn das Molekül nicht genügend Wasserstoff enthält, um das Halogen bei der thermischen Zersetzung als Halogenwasserstoff zu entfernen.

Bei Anwesenheit von Nitrogruppen muß jedoch das Erhitzen in der Mikromuffel nach J. MEYER und K. HOEHNE im Wasserstoffstrom vorgenommen werden, da beim Erhitzen in Luft meist plötzliches Verpuffen und Verstäuben zu beobachten ist.

Zur Analyse lagen die Verbindungen α-Phenyl-pyridin-hexachloroplateat $(C_{11}H_{10}N)_2[PtCl_6]\cdot 2\,H_2O$ und β-Äthyl-pyridin-hexachloroplateat $(C_7H_{10}N)_2\cdot$ $\cdot[PtCl_6]$ vor. Die Ergebnisse stimmten ausgezeichnet mit den theoretisch zu erwartenden überein. Die ausgewogenen Platinmengen betrugen 4,4 bis 8,7 mg.

Reinigung des Porzellanschiffchens: Diese erfolgt wie bei Kobalt (S. 197) angegeben. Selbstverständlich werden die Lösungen der Platinmetalle in Königswasser für die Rückgewinnung aufbewahrt.

2. Kationen der Ammoniumsulfidgruppe.

Eisen.

1. Bestimmung als Eisenoxychinolat.[1]

Aus essigsaurer, ammoniumacetathaltiger Lösung wird Eisen in der Ferriform durch Oxin als grünschwarzer wasserfreier Ferrikomplex $Fe(C_9H_6ON)_3$ gefällt. Der Niederschlag wird bei 120 bis 130° getrocknet. Umrechnungsfaktor F für Fe: 0,1144; log F: 0,05834—1.

Fällungs- und Filtergeräte: Becher (Tiegel) und Filterstäbchen; Filterbecher.

Ausführung: Die Ferrichlorid- oder -sulfatlösung[2] wird mit verdünntem Ammoniak neutralisiert[3] und der Niederschlag durch einen Tropfen verdünnte Salzsäure bzw. Schwefelsäure wieder in Lösung gebracht. Nun wird die Lösung, deren Volumen 1 bis 5 ccm (je nach der Eisenmenge) betragen soll, auf dem Wasserbad auf etwa 60 bis 70° erwärmt und hierauf

[1] F. HECHT und H. KRAFFT-EBING: Mikrochem. **15**, 44 (1934). — Siehe auch R. TREJE und H. ALBER: Jernkontorets Annaler **1933**, 461. — Vgl. A. BENEDETTI-PICHLER: Mikrochem., PREGL-Festschrift, 13 (1929). — A. BENEDETTI-PICHLER und F. SCHNEIDER: Mikrochem., EMICH-Festschrift, 4 (1930).

[2] Ferrosalzlösungen sind vor der Fällung mit 1 Tropfen Wasserstoffsuperoxyd (3%ig) zu oxydieren.

[3] Größere Säuremengen werden durch Eindampfen entfernt. Dies muß insbesondere bei Anwesenheit von Salpetersäure auf jeden Fall erfolgen. Unter dieser Bedingung kann die Oxinfällung auch in Ferrinitratlösungen ausgeführt werden.

tropfenweise das Zwei- bis Zweieinhalbfache der rechnungsmäßig erforderlichen Oxinmenge als 4%iges essigsaures Reagens (S. 57) unter Umschwenken zugefügt. Nach weiterem Erwärmen auf dem Wasserbad setzt man tropfenweise 0,7 bis 1 ccm 50%ige Ammoniumacetatlösung (S. 43) zu.[1] Man erwärmt nochmals während 10 Minuten auf dem Wasserbad, läßt 5 Minuten lang abkühlen und filtriert hierauf den Niederschlag, wobei man vier- bis fünfmal mit je 0,5 ccm heißem Wasser wäscht. Das ablaufende Waschwasser muß farblos sein. Die Trocknungstemperatur ist 120 bis 130°.

Nach dieser Methode lassen sich Eisenmengen von 0,1 mg bis zu 5 mg und mehr gut bestimmen. Falls die Filtration im Jenaer Filterbecher oder mit Hilfe von Porzellanfilterstäbchen vorgenommen wird, besteht bei Ausfällung gemäß obiger Vorschrift keine Gefahr, daß der Niederschlag durch das Filter läuft.

Reinigung der Filtergeräte: Diese erfolgt am besten mittels Chromschwefelsäure.

2. Bestimmung als Eisenoxyd.[2]

Nach dem Vorbild der makroanalytischen Fällung wird das Ferrieisen aus seinen Lösungen mit Ammoniak gefällt und der Niederschlag zu Fe_2O_3 geglüht. Umrechnungsfaktor F für Fe: 0,6994; log F: 0,84475—1.

Fällungs- und Filtergeräte: Tiegel und Filterstäbchen (Platin).

Ausführung: Die Ferrisalzlösung wird in einem Volumen von 1 bis 3 ccm (je nach der Eisenmenge) mit 25 bis 50 mg Ammoniumsalz versetzt,[3] auf dem Wasserbad erwärmt und unter Umschwenken durch tropfenweisen Zusatz von 10%igem Ammoniak schwach ammoniakalisch gemacht. Nach kurzem Absetzenlassen auf dem Wasserbad wird der Niederschlag mittels des Platinfilterstäbchens filtriert und mit heißem Wasser gründlich gewaschen, ähnlich wie dies bei der makroanalytischen Bestimmung auszuführen ist. Tiegel und Filterstäbchen werden auf dem Wasserbad vorgetrocknet, in der üblichen Weise abgewischt und im elektrischen Ofen bei 950° 10 Minuten lang geglüht.

Reinigung der Geräte: Tiegel und Stäbchen werden durch einen Kaliumpyrosulfataufschluß (S. 40) von dem anhaftenden Eisenoxyd befreit.

3. Bestimmung in komplexen Verbindungen als Eisenoxyd.[4]

Gewisse komplexe Eisensalze werden in einer Mikromuffel im Sauerstoffstrom geglüht und in Eisenoxyd Fe_2O_3 übergeführt.

Apparatur: Mikromuffel nach J. Meyer und K. Hoehne[4] (S. 65, Abb. 21).

Ausführung: Die Bestimmung erfolgt in ähnlicher Weise, wie dies für die analoge Kobaltbestimmung (S. 196) in komplexen Verbindungen

[1] Bei mehr als 2 mg Eisen sind 1 bis 1,5 ccm der Ammoniumacetatlösung anzuwenden.

[2] F. Hecht und H. Krafft-Ebing: Mikrochem. **15**, 44 (1934).

[3] Falls nicht durch Neutralisation der sauren Lösung mit Ammoniak genug Ammoniumsalz gebildet worden ist.

[4] J. Meyer und K. Hoehne: Mikrochem. **16**, 187 bzw. 188 (1935).

angegeben ist. Man erhitzt zuerst sehr vorsichtig mit kleiner Flamme im Luftstrom, um ein Verstäuben der Substanz aus dem Schiffchen zu vermeiden, und glüht zum Schluß 10 bis 15 Minuten im Sauerstoffstrom. Die Auswaage entspricht Fe_2O_3.

Die Autoren[1] erhielten nach diesem Verfahren bei der Bestimmung des Eisens in den Verbindungen $H_4[Fe(CN)_6]$ und $(CH_3)_4[Fe(CN)_6]$ Ergebnisse, die in guter Übereinstimmung mit den theoretisch zu erwartenden Eisenwerten standen (Auswaagen 2,0 bis 4,2 mg Eisenoxyd).

Reinigung des Porzellanschiffchens: Diese erfolgt wie bei Kobalt (S. 197) angegeben.

Nickel.

1. Bestimmung als Nickel-Dimethylglyoxim.[2]

Nickel wird aus ammoniakalischer Lösung durch Dimethylglyoxim als roter Niederschlag gefällt. Dieser wird bei 110° getrocknet und als Nickeldimethylglyoxim $Ni(C_8H_{14}O_4N_4)$ gewogen. Umrechnungsfaktor F für Ni: 0,2031; log F: 0,30779—1.

Fällungs- und Filtergeräte: Filterbecher; Becher (Tiegel) und Filterstäbchen.[3]

Ausführung: Die schwach saure Nickelsalzlösung, deren Volumen einige Kubikzentimeter beträgt, wird tropfenweise mit einem geringen Überschuß des 1%igen alkoholischen Fällungsreagens (S. 52) versetzt,[4] ganz schwach ammoniakalisch gemacht (nach dem Geruch festzustellen), auf 70° erwärmt und abkühlen gelassen. Hierauf wird der Niederschlag filtriert und drei- bis viermal mit 20%igem Alkohol gewaschen, wodurch einerseits die infolge Verdunstens von Alkohol am Rande des Fällungsgefäßes ausgeschiedene Kruste von Dimethylglyoxim gelöst, anderseits das Kriechen des Niederschlages etwas eingeschränkt wird. Das Trocknen erfolgt bei 110°.

Reinigung der Filtergeräte: Diese wird mit heißer Salzsäure (1 : 1) vorgenommen.

2. Bestimmung in Komplexsalzen als metallisches Nickel.[5]

Gewisse komplexe Nickelsalze werden durch Glühen in einer Mikromuffel im Sauerstoffstrom in Nickeloxyd und hierauf im Wasserstoffstrom in metallisches Nickel übergeführt; dieses wird ausgewogen.

Apparatur: Mikromuffel nach J. Meyer und K. Hoehne[5] (S. 65, Abb. 21).

Ausführung: Die Bestimmung erfolgt in ähnlicher Weise, wie dies für die

[1] Siehe Fußnote 4 auf Seite 189.

[2] E. Schwarz-Bergkampf: Z. analyt. Chem. **69**, 340 (1926). — Vgl. a. S. 284.

[3] Bei Anwendung von Fällungsröhrchen bereitet der Niederschlag durch Emporkriechen an den Wänden gewisse Schwierigkeiten.

[4] Die Lösung darf bekanntlich wegen der Löslichkeit des Niederschlages in Alkohol nach der Fällung höchstens ein Drittel des Gesamtvolumens an Alkohol enthalten.

[5] J. Meyer und K. Hoehne: Mikrochem. **16**, 187 bzw. 188 (1935).

analoge Bestimmung des Kobalts in Komplexverbindungen (S. 196) angegeben ist.

Bei ammoniakreichen Amminsalzen erhitzt man jedoch zuerst einige Minuten im Luftstrom zwecks Vertreibung der Hauptmenge des Ammoniaks. Sodann wird 10 bis 20 Minuten lang im Sauerstoffstrom und endlich noch 15 Minuten lang im Wasserstoffstrom geglüht.

Die Autoren[1] erhielten nach diesem Verfahren bei der Bestimmung von 2,8 bis 5,3 mg Nickel in der Verbindung $[Ni(NH_3)_6]Br_2$ befriedigende Ergebnisse.

Reinigung des Porzellanschiffchens: Diese wird in der bei Kobalt (S. 197) angegebenen Weise vorgenommen.

3. Elektrolyse.[2]

Eine mikroelektrolytische Bestimmung von Nickel gibt A. Okáč[2] an, der hierzu die von ihm abgeänderte Form (S. 134, Abb. 75 und 76) der Preglschen Apparatur benutzt.

Die ungefähr 0,3 bis 3 mg Nickelchlorid oder -sulfat enthaltende Lösung wird bei Zimmertemperatur im Elektrolysengefäß mit 1 ccm konz. Ammoniak versetzt. Das anfänglich ausfallende Nickelhydroxyd geht dabei wieder in Lösung (Komplexsalz). Nach Einbringen der Kathode wird mit Wasser auf 6 ccm aufgefüllt, so daß sie ganz in die Flüssigkeit eintaucht. Das Zusammenschalten der Apparatur erfolgt nach S. 134, worauf zwecks Rührens ein Kohlendioxydstrom eingeleitet wird; nun schaltet man den elektrischen Strom ein. Die Anfangsspannung beträgt 4 Volt, sinkt jedoch bald ein wenig, um dann wieder auf etwa 3,5 Volt zu steigen. Man elektrolysiert mit 0,1 bis 0,2 A (Stromdichte 0,5 bis 1 A/qdm). Während der Elektrolyse steigt die Temperatur der Lösung um etwa 20° oder mehr an.

Nach 10 bis 15 Minuten ist das Nickel quantitativ in einer metallisch glänzenden, gut haftenden Form abgeschieden, worauf das Wascben und Abschalten nach S. 135 erfolgt. Die Kathode wird am besten in einem Trockenschrank 10 Minuten lang bei 70 bis 80° getrocknet und nach weiteren 5 Minuten gewogen.

Reinigung der Kathode: Diese wird nach der Elektrolyse durch Erwärmen mit Salpetersäure (1 : 1) vom anhaftenden Nickel befreit, wobei Gewichtsverluste bis 0,01 mg feststellbar sind.

4. Mikroelektrolytische Nickelbestimmung in organischen Substanzen.[3]

Ähnlich wie Kupfer (S. 161) und Kobalt (S. 197) läßt sich nach A. Okáč[3] auch Nickel aus organischen Substanzen in ammoniakalischer Lösung mit Hilfe der von diesem Autor angegebenen Apparatur (S. 134, Abb. 75 und 76) mikroelektrolytisch abscheiden.

Nach dem Auswaschen wird mit einer Pipette ohne Unterbrechung des Stromes das Wasser so weit abgezogen, daß es nur mehr den oberen Kathoden-

---

[1] Siehe Fußnote 5 auf S. 190.
[2] A. Okáč: Z. analyt. Chem. 88, 189 (1932).
[3] A. Okáč: Z. analyt. Chem. 89, 110 (1932).

rand bedeckt, und neuerlich 1 ccm konz. Ammoniak hinzugefügt. Durch Umkehren der Stromrichtung wird das Metall unter Einleiten von Kohlendioxyd von der Kathode gelöst. Hierauf elektrolysiert man unter neuerlichem Umschalten des Stromes zum zweitenmal. Die erhaltenen Werte sind zwar (vermutlich durch eine geringe Beimengung von Kohlenstoff) etwas zu hoch, jedoch durchaus brauchbar. Übrigens ist Ablösen des Metalls von der Kathode und Überführen in eine andere Bestimmungsform möglich.

5. Nickelbestimmung in Stahl.[1]

Eine Probe von 5 mg Stahl wird in einem Mikrobecher in einigen Tropfen verdünnter Salzsäure gelöst, die Lösung mit einem Tropfen Salpetersäure versetzt und mit Wasser verdünnt. Nach Zusatz von 0,5 ccm Ammoniumtartratlösung[2] wird schwach ammoniakalisch gemacht, mit 1 bis 2 ccm (je nach dem Nickelgehalt) 1%iger alkoholischer Dimethylglyoximlösung versetzt und kurze Zeit erwärmt. Nun wird der Niederschlag mittels eines vorher gemeinsam mit dem Becher gewogenen Filterstäbchens filtriert, einige Male mit 20%igem Alkohol gewaschen und bei 110° getrocknet.

Für diese Bestimmung sind auch Mikrofilterbecher vorzüglich geeignet.

Kobalt.

1. Bestimmung als Kobaltpyrophosphat.[3]

Kobalt wird aus neutraler Lösung mit Diammoniumphosphat gefällt und der Niederschlag durch Glühen bei Rotglut in Kobaltpyrophosphat $Co_2P_2O_7$ umgewandelt. Umrechnungsfaktor F für Co: 0,4039; log F: 0,60629—1.

Fällungs- und Filtergeräte: Fällungsröhrchen und Mikro-NEUBAUER-Tiegel; Tiegel und Filterstäbchen (Platin oder Porzellan).

Ausführung: Die neutrale Kobaltsalzlösung wird in einem Volumen von 2 bis 3 ccm bei Wasserbadtemperatur tropfenweise mit 1 bis 2 ccm einer heißen 5%igen Diammoniumphosphatlösung versetzt. Gleichzeitig wird ein langsamer Luftstrom durchgeleitet.[4] Nur auf diese Weise erhält man die rote Modifikation des Niederschlages in grob kristalliner Form. Nach 10 Minuten langem Erwärmen läßt man abkühlen und filtriert sodann. Als Waschflüssigkeit dienen abwechselnd[5] kleine Mengen heißer 1%iger Ammoniumnitratlösung und 50%igen Alkohols. Die Bestimmung gelingt nur, wenn die rote kristalline Modifikation vorliegt. Ist der Niederschlag hingegen violett oder flockig, so ist die Bestimmung zu verwerfen. Das Erhitzen im elektrischen Ofen bis zur Rotglut hat sehr langsam zu erfolgen, da sonst durch Abschleudern der Kristalle im Tiegel Verluste eintreten.

---

[1] J. KASSLER: Mikrochem., EMICH-Festschrift, 173 (1930).

[2] Zusammensetzung: 10 g Weinsäure + 20 ccm Wasser + 10 ccm konz. Ammoniak.

[3] R. STREBINGER und J. POLLAK: Mikrochem. 4, 17 (1926).

[4] J. POLLAK: Mikrochem. 2, 190 (1924).

[5] Diese Art abwechselnden Waschens ist der Filterröhrchenmethodik nach F. PREGL angepaßt. Bei dem EMICHschen Filterstäbchenverfahren ist aufeinanderfolgendes Auswaschen zuerst mit Ammoniumnitratlösung und sodann gegebenenfalls mit etwas Alkohol zweckmäßiger.

Die Methode wurde von den Autoren[1] für Kobaltmengen von 0,25 bis 0,6 mg Kobalt erprobt. Bei Mengen, die 2 mg übersteigen, fallen die Werte meist etwas zu hoch aus. Der Niederschlag muß dann nach dem ersten Glühen noch einige Male mit heißer 1%iger Ammoniumnitratlösung nachgewaschen und hierauf nochmals geglüht werden.

Reinigung der Filtergeräte: Das Kobaltpyrophosphat läßt sich mit heißer konz. Salzsäure entfernen.

2. Bestimmung als Kobaltanthranilat.[2]

Kobaltlösungen geben in der Hitze bei sehr geringer Säurekonzentration[3] mit Natriumanthranilat einen kristallinen, rosa gefärbten Niederschlag von der Formel $Co(C_7H_6O_2N)_2$. Trocknungstemperatur 120 bis 130°. Umrechnungsfaktor F für Co: 0,1780; log F: 0,25033—1.

Fällungs- und Filtergeräte: Filterbecher; Becher und Filterstäbchen; Fällungs- und Filterröhrchen.

Ausführung: Die Kobaltsalzlösung wird, falls stark sauer, zur Trockne verdampft und der Rückstand mit 1 Tropfen Wasser sowie 1 Tropfen Salzsäure (1 : 200) aufgenommen. Ist die Acidität an sich nur gering, so fügt man tropfenweise 1%ige Natriumcarbonatlösung bis zum Entstehen einer Trübung hinzu, die man mit 1 bis 3 Tropfen der verdünnten Salzsäure (1 : 200) wieder in Lösung bringt. Acetate, Nitrate und Tartrate stören, indem die Kobaltwerte zu tief ausfallen. Geringe Mengen Ammoniumchlorid und etwas größere Mengen Natriumchlorid[4] üben keinen schädlichen Einfluß aus. Größere Kaliumchloridmengen[5] verursachen eine Erhöhung der Werte. Natriumsulfat stört erst, wenn seine Menge das 40fache des Kobalts überschreitet; Kaliumsulfat beeinflußt die Bestimmung nicht.

a) Bei Anwendung von Filterbechern. Man bringt in den Filterbecher 2 ccm der neutralen oder ganz schwach sauren Kobaltsalzlösung (siehe das Vorhergehende), die zwischen 0,1 und 4 mg Kobalt enthalten darf, erhitzt bis zum Sieden und fügt nun tropfenweise einen Überschuß an 2%igem Fällungsreagens (Natriumanthranilat, S. 48) hinzu, und zwar:

für Kobaltmengen zwischen 1 und 4 mg einen Überschuß von 90 bis 130% (d. h. 0,5 ccm Reagens für je 1 mg Kobalt);

für Kobaltmengen zwischen 0,2 und 1 mg einen Überschuß von 330 bis 335% (d. h. 0,1 ccm Reagens für je 0,1 mg Kobalt);

---

[1] Siehe Fußnote 3 auf Seite 192.

[2] P. Wenger, Ch. Cimerman und A. Corbaz: Mikrochim. Acta (Wien) **2**, 314 (1937); Mikrochem. **27**, 85 (1939). — Vgl. auch W. Prodinger: Fällungsmittel. S. 35. — Das Mikroverfahren fußt auf der makroanalytischen Methode von H. Funk und M. Ditt: Z. analyt. Chem. **93**, 241 (1933).

[3] Nach H. Gôto: J. Chem. Soc. Japan **55**, 1156 (1934), ist die Kobaltfällung bei einem $p_H = 4{,}41$ quantitativ.

[4] 40 bis 270 mg Ammoniumchlorid störten bei der Bestimmung von 4 mg Kobalt nicht, ebensowenig Natriumchloridmengen zwischen 1,5 und 600 mg bei Bestimmung von 2 bzw. 4 mg Kobalt.

[5] 200 bis 340 mg Kaliumchlorid neben 4 mg Kobalt.

für Kobaltmengen unter 0,2 mg einen Überschuß von 600 bis 770% (d. h. 0,16 bis 0,2 ccm Reagens für je 0,1 mg Kobalt).

Unter Umschwenken erhitzt man neuerlich bis zum beginnenden Sieden und läßt hierauf den Niederschlag 10 Minuten lang sich absetzen. Sodann wird filtriert und einmal mit 2 ccm 0,2%iger Natriumanthranilatlösung, sodann zweimal mit je 1 ccm Alkohol gewaschen. Nach 15 Minuten Trocknen bei 120 bis 130° unter langsamem Luftdurchsaugen wird der Filterbecher abkühlen gelassen, in der üblichen Weise abgewischt und gewogen.

Die von den Autoren angegebenen Beleganalysen zeigen beste Übereinstimmung mit den durch Makroelektrolyse der Testlösung erhaltenen Werten. Sie erstreckten sich auf Kobaltmengen von 0,1 bis 4 mg.

b) Bei Anwendung von Becher und Filterstäbchen. 2 ccm der neutralen oder schwach sauren, jedoch nicht essig- oder salpetersauren (vgl. oben) Lösung, 1 bis 4 mg Kobalt entsprechend, werden in einem Mikrobecher aus Jenaer Glas (siehe S. 67)[1] in einem Metallblock (vgl. S. 71), der auf einer Temperatur von 170° gehalten wird, zum Sieden erhitzt. Sodann setzt man die 2%ige Reagenslösung tropfenweise in einem Überschuß von etwa 115% zu, was einer Reagensmenge von 0,5 ccm für jedes Milligramm Kobalt entspricht. Nach Umschwenken erhitzt man neuerlich zum beginnenden Sieden und läßt 15 Minuten abkühlen (die letzten 5 Minuten in kaltem Wasser). Die Lösung wird mittels eines Porzellanfilterstäbchens bei mäßigem Unterdruck abgesaugt und der Niederschlag erst zweimal mit je 1 ccm 0,2%iger Natriumanthranilatlösung, sodann noch zweimal mit je 1 ccm Alkohol gewaschen. Becher und Stäbchen werden hierauf eine halbe Stunde bei 125° (Temperatur im Inneren des Rohres) getrocknet,[2] worauf man die Wägung in der üblichen Weise ausführt.

Die von den Autoren erzielten Resultate sind ausgezeichnet. Die Beleganalysen erstreckten sich auf Kobaltmengen von 1 bis 4 mg.

c) Bei Anwendung von Fällungs- und Filterröhrchen. Die Autoren empfehlen die Benutzung von Fällungsröhrchen von 10 bis 15 cm Höhe und 37 mm Durchmesser. Die Kobaltsalzlösung soll ein Volumen von 5 ccm einnehmen und 2 bis 6 mg Kobalt enthalten. Das Fällungsröhrchen wird vorsichtig unter Vermeidung von Überhitzung über einem Drahtnetz eben bis zum Sieden der Flüssigkeit erhitzt, worauf man für eine Menge von 2 mg Kobalt tropfenweise einen Überschuß von 115 bis 200% an Fällungsreagens hinzufügt, was ungefähr 0,5 bis 0,69 ccm 2%igem Reagens für je 1 mg Kobalt entspricht.[3] Für 6 mg Kobalt ist unbedingt ein Reagensüberschuß von 200% anzuwenden. Nach Um-

[1] Die Autoren empfehlen einen solchen von 55 mm Höhe und 18 mm Durchmesser.

[2] Die Autoren benutzen hierzu den Trockenblock nach A. Benedetti-Pichler (S. 103, Abb. 53), dessen Thermometer etwa 135° anzeigen soll.

[3] Das Anfangsvolumen der Lösung darf bis zu 10 ccm betragen, jedoch ist in diesem Fall der Reagensüberschuß auf 300% zu erhöhen (d. h. auf 0,92 bis 1 ccm Reagens für jedes Milligramm Kobalt).

schütteln erhitzt man abermals bis zum beginnenden Sieden der Lösung und läßt sie dann 15 Minuten lang abkühlen (die letzten 5 Minuten in kaltem Wasser). Der Niederschlag wird in ein SCHOTTsches Filterröhrchen (G 3 oder G 4, S. 91, Abb. 42) übergeführt. Man wäscht erst einmal mit 1 bis 2 ccm 0,2%iger Natriumanthranilatlösung, hierauf zweimal mit je 1 ccm Alkohol. Der Niederschlag wird mit Hilfe des „Federchens" (S. 94, Abb. 45) unter siebenmaligem Waschen mit je 1 ccm Alkohol von den Wänden des Fällungsgefäßes entfernt. Sobald sich der gesamte Niederschlag im Filterrohr befindet, wird noch zweimal mit Alkohol gewaschen, bis die Menge an Waschalkohol insgesamt etwa 12 ccm erreicht. Das Filterrohr wird hierauf unter Hindurchsaugen eines filtrierten Luftstromes im Regenerierungsblock (S. 92, Abb. 44) bei 125° getrocknet, indem zuerst 10 Minuten lang der erweiterte Teil mit dem Niederschlag und sodann während 5 Minuten der Schaft erhitzt wird. Die abgelesene Temperatur wird zweckmäßig auf 130 bis 135° eingestellt, damit im Inneren des Filterrohres tatsächlich 125° erreicht werden. Das Abwischen und Wägen des Filterröhrchens wird in der üblichen Weise vorgenommen.

Die von den Autoren ausgeführten Beleganalysen (2 bis 6 mg Kobalt) zeigen befriedigende Ergebnisse.

Für Kobaltmengen von 0,1 bis 4 mg sind die Filterbecher besonders empfehlenswert, während die Stäbchenmethode sich vor allem für Mengen von 1 bis 4 mg gut eignet. Fällungs- und Filterröhrchen werden zweckmäßig für mehr als 4 mg Kobalt benutzt, weil diese Technik eher dem Arbeiten mit größeren Niederschlagsmengen angepaßt ist.

Reinigung der Filtergeräte: Das Kobaltanthranilat löst sich gut in heißer verdünnter Salzsäure.

3. Bestimmung mit α-Nitroso-β-naphthol.[1]

Kobalt (als Chlorid) wird in alkalischem Medium mit Perhydrol zur dreiwertigen Form oxydiert und der entstandene Niederschlag von Kobaltihydroxyd in Eisessig gelöst. Bei Zusatz von α-Nitroso-β-naphthol fällt das formelreine Kobaltinitroso-β-naphthol $[C_{10}H_6O(NO)]_3Co \cdot 2\,H_2O$ aus. Trocknungstemperatur: 130°. Umrechnungsfaktor F für Co: 0,09639; log F: 0,98405—2.

Fällungs- und Filtergeräte: Porzellantiegel und -filterstäbchen.

Ausführung: Die Kobaltchloridlösung wird in einem samt Porzellanfilterstäbchen gewogenen Porzellantiegel zur Trockne eingedampft und der Rückstand in einigen Tropfen Wasser aufgenommen. Man fügt sodann 2 Tropfen (0,05 ccm) Perhydrol und weiterhin 1 Tropfen 1 n-Natronlauge zu, bedeckt sofort mit einem Uhrglas, bis die heftige Reaktion (Sauerstoffentwicklung) vorüber ist, und versetzt hierauf mit einer bestimmten Menge Eisessig, die sich annähernd nach der Menge des vor-

[1] F. HECHT und F. KORKISCH: Mikrochim. Acta (Wien) **3**, 313 (1938). — Das Mikroverfahren fußt auf dem Vorbild der makroanalytischen Methode von C. MAYR und F. FEIGL: Z. analyt. Chem. **90**, 15 (1932).

handenen Kobalts richtet. Für 0,1 bis 0,5 mg Kobalt sind 1,5 ccm Eisessig, für Kobaltmengen zwischen 0,5 und 3 mg 3 ccm Eisessig zuzugeben. Größere Mengen sind in den Porzellantiegeln der Form C 1 nicht mehr gut fällbar. Das entstandene Kobaltihydroxyd löst sich im Eisessig; bei größeren Mengen ist gelindes Erwärmen bis zu einigen Minuten erforderlich. Nun verdünnt man mit heißem Wasser: bei 0,1 bis 0,5 mg Kobalt sind 2 bis 2,5 ccm Wasser, bei 0,5 bis 3 mg Kobalt jedoch 4 bis 5 ccm Wasser anzuwenden. Nach dem Abspülen des Uhrglases mit heißem Wasser fällt man mit einer 2%igen Lösung von α-Nitroso-β-naphthol in 70%iger Essigsäure (S. 56), indem man den Porzellantiegel während des Reagenszusatzes zu wiederholten Malen mäßig umschwenkt. Für jedes Milligramm Kobalt ist 1 ccm Reagens zuzusetzen. Hierauf stellt man den Porzellantiegel in die passende Bohrung eines mit einem Thermometer versehenen Aluminiumblockes (S. 71, Abb. 25) und erhitzt letzteren auf 125 bis 130°, bei welcher Temperatur die Flüssigkeit in gelindes Sieden kommt. Man beläßt den mit einem Uhrglas bedeckten Tiegel 5 bis 7 Minuten bei dieser Temperatur und läßt sodann die Fällung abkühlen. Der Niederschlag ballt sich gut zusammen, die Flüssigkeit erscheint klar. Man filtriert nun den Niederschlag mit Hilfe des früher mitgewogenen Porzellanfilterstäbchens, wäscht dreimal mit je 0,5 ccm 30%iger Essigsäure und hierauf noch viermal mit der gleichen Menge heißem Wasser. Die Trocknung erfolgt bei 130° und nimmt bei den größeren Mengen einige Stunden in Anspruch.

Das Verfahren erwies sich für Kobaltmengen von 0,15 bis 3 mg als gut brauchbar.

Reinigung der Geräte: Die Reinigung wird mit heißer Chromschwefelsäure vorgenommen.

4. Bestimmung in Komplexsalzen als metallisches Kobalt.[1]

Gewisse komplexe Kobaltsalze werden durch Glühen in einer Mikromuffel im Sauerstoffstrom in Kobaltoxyd und hierauf im Wasserstoffstrom in metallisches Kobalt übergeführt und in dieser Form gewogen.

Apparatur: Mikromuffel nach J. Meyer und K. Hoehne[1] (S. 65, Abb. 21).

Ausführung: Einige Milligramm der zu analysierenden Substanz werden in ein Porzellanschiffchen eingewogen, das bis fast zur Mitte in das Supremaxrohr der Apparatur eingeführt wird. Hierauf leitet man Sauerstoff mit einer Geschwindigkeit von 1 bis 2 Blasen in der Sekunde hindurch. Dann wird die bisher noch seitwärts gelegene Kupferdrahtnetzrolle *D* unter Erwärmen mit kleiner Flamme allmählich über das Schiffchen geschoben.

Komplexe Substanzen mit mehreren Nitrogruppen im Kern neigen beim Erhitzen zu explosionsartigem Verstäuben, weshalb sie zuerst im Kohlendioxydstrom erhitzt werden, bis die Nitrogruppen zerstört sind. Hierauf verbrennt man die Substanz im Sauerstoffstrom und glüht so noch 5 bis 10 Minuten mit voller Flamme zwecks Zerstörung etwaiger kohliger Rückstände, wie sie meist beim Erhitzen von äthylendiaminhaltigen Komplexen entstehen. Nach Entfernen der Flamme wird der Sauerstoff durch Kohlen-

[1] J. Meyer und K. Hoehne: Mikrochem. **16**, 187 bzw. 188 (1935).

dioxyd verdrängt und dann Wasserstoff hindurchgeleitet, wobei man mit voller Flamme erhitzt. Dadurch wird das Kobaltoxyd in 5 bis 10 Minuten zu metallischem Kobalt reduziert, worauf man das Schiffchen im Wasserstoffstrom abkühlen läßt. Sobald dies erreicht ist, stellt man das Schiffchen in einen mit Wasserstoff gefüllten Behälter auf einen Kupferblock und wägt nach einer halben Stunde.

Falls die Substanz beim Verglühen aus dem Schiffchen kriecht, was vor allem bei Komplexen, die Äthylendiamin enthalten, der Fall ist, erhitzt man das im Rohr befindliche Schiffchen zunächst von oben her und verglüht dann die Substanz wie vorhin beschrieben.

Die Methode lieferte nach Angabe der Autoren[1] Werte, die nur um 0,1 bis 0,2% vom theoretisch zu erwartenden Kobaltgehalt abwichen. Die analysierten Substanzen waren: $[Co\ en_3]Cl_3 \cdot 3H_2O$, $[Co(NH_3)_4CO_3]HCO_3 \cdot H_2O$, $[Co(NH_3)_5Cl]Cl_2$, $[Co\ en(NH_3)(NO_2)_3]$, $[Co\ en_2(NO_2)_2]NO_2$.[2]

Reinigung des Porzellanschiffchens: Das Schiffchen wird mit Königswasser behandelt, mit Wasser gründlich abgespült und im Wasserstoffstrom geglüht. Nachdem es eine halbe Stunde in dem erwähnten wasserstoffgefüllten Behälter gestanden ist, kann es bereits wieder gewogen werden.

5. Elektrolyse.[3]

A. Okáč[3] gibt eine mikroelektrolytische Bestimmung von Kobalt an, die am besten in der von ihm abgeänderten Form (S. 134, Abb. 75 und 76) der Preglschen Apparatur ausgeführt wird.

Die 6 ccm einnehmende Lösung darf 0,1 bis 1,5 mg Kobalt enthalten, jedoch keinesfalls eine Konzentration von 2 mg in diesem Volumen übersteigen, da sonst die Abscheidung nicht quantitativ erfolgt. Die Bestimmung wird in der gleichen Weise wie beim Nickel durchgeführt (siehe S. 191). In allen Fällen ist eine Analysendauer von 15 Minuten einzuhalten, da die Abscheidung des Kobalts gegen Ende der Elektrolyse langsamer erfolgt als die des Nickels. Das an der Kathode abgeschiedene Metall ist glänzend, gut haftend und zeigt eine ein wenig dunkler schattierte Farbe als das Platin.

Reinigung der Kathode: Die Kathode wird nach der Elektrolyse durch Erwärmen mit Salpetersäure (1 : 1) vom anhaftenden Kobalt befreit.

6. Mikroelektrolytische Kobaltbestimmung in organischen Substanzen.[4]

Dieses Verfahren wird in der gleichen Weise wie die analoge mikroelektrolytische Nickelbestimmung (S. 191) ausgeführt.

7. Mikroelektrolytische Bestimmung der Summe Kobalt + Nickel.[5]

A. Okáč[5] scheidet aus einer Lösung der Chloride oder Sulfate 1 bis 2 mg Kobalt + Nickel gemeinsam in der von ihm abgeänderten Form (S. 134,

[1] Siehe Fußnote 1 auf S. 196.
[2] „en" = Äthylendiamin.
[3] A. Okáč: Z. analyt. Chem. **88**, 192 (1932). — Vgl. a. O. Tomíček und K. Komárek: Z. analyt. Chem. **91**, 94 (1933).
[4] A. Okáč: Z. analyt. Chem. **89**, 110 (1932.)
[5] A. Okáč: Z. analyt. Chem. **88**, 193, 431 (1932).

Abb. 75 und 76) der PREGLschen Apparatur kathodisch ab. Zu diesem Zweck elektrolysiert man nach Zusatz von 1 ccm konz. Ammoniak 10 bis 15 Minuten lang in einem Gesamtvolumen von 5 bis 6 ccm unter Rühren mit Hilfe eines Kohlendioxydstromes bei einer Anfangsspannung von 4 Volt. Die Stromstärke hält sich zwischen 0,1 und 0,2 A (0,5 bis 1 A/qdm). Die Metalle scheiden sich in glänzender, gut haftender Form ab. Die so erhaltenen Werte fallen, wie aus den Beleganalysen zu ersehen ist, befriedigend aus.

Zink.

1. Bestimmung als Zinkoxychinolat.[1]

Zink wird aus essigsaurer, alkaliacetathaltiger Lösung durch Oxin als grünlichgelbe Komplexverbindung abgeschieden. Die Zusammensetzung des bei 105° getrockneten Niederschlages entspricht der Formel $Zn(C_9H_6ON)_2 \cdot 1^1/_2\, H_2O$. Nach dem Trocknen bei 155 bis 158° liegt die wasserfreie Verbindung $Zn(C_9H_6ON)_2$ vor. Umrechnungsfaktor F der letzteren für Zn: 0,1849; log F: 0,26684—1.

Fällungs- und Filtergeräte: Becher (Tiegel) und Filterstäbchen; Filterbecher.

Ausführung: Die neutrale oder schwach saure Zinksalzlösung, die in einem Volumen von 1,5 ccm 1 bis 3 mg Zink enthält, wird in einen Mikrobecher aus Jenaer Glas[2] gebracht und mit einem Tropfen des Universalindikators von Merck, 2 Tropfen 10%iger Essigsäure und einigen Tropfen 40%iger Natriumacetatlösung versetzt, bis der Indikator das $p_H = 5$ bis 6 anzeigt. Man erhitzt die Lösung bis zum beginnenden Sieden und fügt tropfenweise von einer frisch bereiteten, 1%igen alkoholischen Oxinlösung (S. 57) 0,62 bis 0,89 ccm für je 1 mg Zink hinzu. Nach Umschwenken stellt man den Becher 1 bis 2 Minuten auf ein siedendes Wasserbad und läßt dann den Niederschlag 10 Minuten sich absetzen. Hierauf wird er mittels eines Porzellanfilterstäbchens filtriert und fünfmal mit je 1 bis 2 ccm heißem Wasser gewaschen. Sodann trocknet man bei 155 bis 158°[3] mindestens 30 Minuten lang.

Die Methode läßt sich auch leicht der Benutzung von Filterbechern anpassen.

Die von den Autoren[1] angeführten Beleganalysen zeigen vorzügliche Ergebnisse.

Reinigung der Filtergeräte: Das Zinkoxychinolat läßt sich leicht durch Erwärmen bzw. kurzes Kochen mit verdünnter Salzsäure in Lösung bringen.

---

[1] CH. CIMERMAN und P. WENGER: Mikrochem. **24**, 148, 153, 162 (1938); **27**, 76 (1939). — S. a. CH. CIMERMAN, D. FRANK und P. WENGER: C. R. Séances Soc. Physique Hist. natur. Genève **53**, 57, 116 (1936); **54**, 98 (1937).

[2] Die Autoren empfehlen einen solchen von 55 mm Höhe und 18 mm Durchmesser.

[3] Die Autoren verwenden dazu den Trockenblock nach A. BENEDETTI-PICHLER (S. 103, Abb. 53), dessen Thermometer um 10° zuviel anzeigen soll, damit es die im Innern des Glasrohres herrschende Temperatur angibt.

Bemerkung: Die Autoren[1] beschreiben eine Reihe von Trennungen des Zinks von NH_4, Li, Na, K, Mg, Ca, Sr, Ba, Al, Cr (III), Fe (III), Mn (II), Pb, Hg (II), Bi, As (III), As (V), Sb (III) und Sb (V), die teils in essigsaurer, teils in natronalkalischer Lösung vorgenommen werden, doch hat diese Methode eine volumetrische Zinkbestimmung durch bromometrische Titration des Oxinrestes[2] zur Grundlage, so daß ihre Aufnahme in das vorliegende Werk dessen Rahmen überschreiten würde. Es ist aber sehr wahrscheinlich, daß die genannten Zinkbestimmungen bzw. -Trennungen mit geringen Abänderungen der angegebenen Arbeitsweise auch gravimetrisch ausgeführt werden könnten, zumindest bei denen, die in essigsaurem Medium erfolgen.

2. Bestimmung als Zinkanthranilat.[3]

Zink wird aus neutraler oder schwach saurer Lösung durch Natriumanthranilat als weißer kristalliner Niederschlag von der Formel $Zn(C_7H_6O_2N)_2$ gefällt. Trocknungstemperatur 110 bis 115°. Umrechnungsfaktor F für Zn: 0,1936; log F: 0,28700—1.

Fällungs- und Filtergeräte: Becher und Filterstäbchen; Fällungs- und Filterröhrchen.

Ausführung: Die Autoren[3] geben das Verfahren gesondert sowohl für die Arbeitstechnik nach F. EMICH (a) als auch für die nach F. PREGL (b) an.

a) Bei Verwendung von Becher und Filterstäbchen. Die neutrale oder schwach essigsaure[4] Zinksalzlösung, die 1 bis 3 mg Zink enthält und deren Volumen 2 ccm betragen soll, wird tropfenweise mit einer frisch bereiteten 1%igen Natriumanthranilatlösung (S. 47) versetzt, wobei ein Überschuß des Fällungsreagens von 0,3 ccm angewendet wird. Man schwenkt um und läßt den Niederschlag 15 Minuten lang sich absetzen. Hierauf wird mittels eines Porzellanfilterstäbchens unter schwachem Saugen mit der Pumpe filtriert und einmal mit 1 bis 2 ccm 0,1%iger Natriumanthranilatlösung sowie fünfmal mit je 1 ccm Alkohol gewaschen. Becher und Filterstäbchen werden bei 110 bis 115° getrocknet.

Der Reagensüberschuß von 0,3 ccm darf nicht überschritten werden, da sonst die Resultate um 1% zu hoch ausfallen.[5] Man hat also die vorhandene Zinkmenge durch einen vorläufigen Versuch festzustellen und für die genaue Bestimmung dann jene, um 0,3 ccm vermehrte Reagens-

---

[1] Siehe Fußnote 1 auf S. 198.

[2] R. BERG: Das Oxin. S. 18, 22, 23.

[3] CH. CIMERMAN und P. WENGER: Mikrochem. **18**, 53 (1935). — Vgl. a. W. PRODINGER: Fällungsmittel. S. 33. — Das Mikroverfahren fußt auf der makroanalytischen Methode von H. FUNK und M. DITT: Z. analyt. Chem. **91**, 332 (1933).

[4] p_H = 5,5 bis 7.

[5] Eben diese Abweichung um +1% wurde von W. PRODINGER (Fällungsmittel. S. 32) sowie von F. HECHT (unveröffentlichte Versuche) beobachtet. W. PRODINGER fand diesen Fehler auch bei der makroanalytischen Ausführung.

menge anzuwenden, die der Auswaage an Zinkanthranilat bei dem Vorversuch entspricht (unter Berücksichtigung der erwähnten Korrektur von 1% des Zinkwertes). Die theoretische Menge der 1%igen Reagenslösung beträgt für 1 mg Zink 0,46 ccm.

b) Bei Verwendung von Fällungs- und Filterröhrchen. Die Autoren empfehlen die Benutzung von Fällungsröhrchen von 10 cm Höhe und 37 mm Durchmesser.[1] Die Zinksalzlösung soll ein Volumen von 5 ccm besitzen und der Reagensüberschuß über die theoretisch erforderliche Menge 0,33 ccm betragen. Als Filterröhrchen wird ein solches von Schott u. Gen., Jena, mit der Bezeichnung N 154 G 1 verwendet, das mit Asbestwolle versehen ist. Das Waschen erfolgt mit den gleichen Mengen Waschflüssigkeit wie beim Verfahren nach a, doch wird der Niederschlag, sobald er völlig auf das Filterröhrchen gebracht worden ist, noch vier- bis fünfmal mit Alkohol gewaschen. Im ganzen werden 10 ccm Waschalkohol angewendet. Das Filterröhrchen wird unter Hindurchsaugen filtrierter Luft bei 110 bis 115° im Regenerierungsblock (S. 92, Abb. 44) getrocknet.

Reinigung der Filtergeräte: Hierzu eignet sich Salz- oder Chromschwefelsäure.

3. Bestimmung als Zinkchinaldinat.[2]

Zink wird aus schwach essigsaurer Lösung durch Natriumchinaldinat als weißer körniger Niederschlag abgeschieden, bei 125° getrocknet und als chinaldinsaures Zink $(C_{10}H_6O_2N)_2Zn \cdot H_2O$ gewogen. Umrechnungsfaktor F für Zn: 0,1529; log F: 0,18429—1.

Fällungs- und Filtergeräte: Becher (Tiegel) und Filterstäbchen.

Ausführung: Die neutrale Zinksalzlösung wird in einem Volumen von 1 bis 1,5 ccm mit 0,02 bis 0,04 ccm Eisessig angesäuert. Das Fällungsgefäß mit der Lösung wird eine Minute auf dem siedenden Wasserbad erwärmt und hierauf unter Umschwenken das Zink durch tropfenweisen Zusatz einer Lösung von Natriumchinaldinat (entsprechend 1 g Chinaldinsäure in 100 ccm; vgl. jedoch S. 59) gefällt. Man fügt hierauf noch einen Überschuß von 0,2 bis 0,25 ccm Reagens über die theoretisch erforderliche Menge hinaus zu. Das Fällungsgefäß wird abermals eine Minute auf dem Wasserbad erwärmt und sodann der Niederschlag absitzen gelassen. Beim Filtrieren wird die Flüssigkeit möglichst vollkommen abgesaugt und der Niederschlag fünf- bis sechsmal mit je 0,5 bis 1 ccm heißem Wasser gewaschen. Bei Anwendung der Emichschen Methode werden Becher und Filterstäbchen samt dem Niederschlag auf dem Wasserbad vorgetrocknet und schließlich bei 125° zur Gewichtskonstanz gebracht.

Die Autoren[2] bestimmten nach dieser Methode Zinkmengen von 0,09 bis 1 mg, die 0,1 bis 1 ccm Reagenslösung erforderten, abgesehen von dem auf

---

[1] Die an der Originalliteraturstelle angegebene Zahl für den Durchmesser (17 mm) ist auf einen Druckfehler zurückzuführen.

[2] P. R. Rây und M. K. Bose: Mikrochem. 17, 11 (1935). — Das Mikroverfahren fußt auf der makroanalytischen Methode derselben Autoren [Z. analyt. Chem. 95, 400 (1933)]; siehe auch W. Prodinger: Fällungsmittel. S. 61.

jeden Fall hinzuzufügenden Überschuß, durch den eine gleich große Reagenskonzentration in der Lösung nach Beendigung der Fällung bewirkt wird.

Bezüglich Trennungen siehe S. 287 und 288.

Reinigung des Filterstäbchens: Das Zinkchinaldinat läßt sich durch Chromschwefelsäure entfernen.

4. Bestimmung als Zinkpyrophosphat.[1]

Zink wird aus neutraler Lösung bei Gegenwart von Ammoniumsalzen mit Ammoniumphosphat als Zinkammoniumphosphat gefällt und durch Glühen bei 900° in Zinkpyrophosphat $Zn_2P_2O_7$ umgewandelt. Umrechnungsfaktor F für Zn: 0,4291; log F: 0,63258—1.

Fällungs- und Filtergeräte: Fällungsröhrchen und Mikro-NEUBAUER-Tiegel; Tiegel und Filterstäbchen (Porzellan).

Ausführung: Die schwach ammoniakalische Zinksalzlösung wird in einem Volumen von 3 bis 4 ccm mit 1 bis 2 ccm 5%iger Diammoniumphosphatlösung und einem Tropfen einer sehr verdünnten neutralen Lackmuslösung versetzt. Man läßt hierauf unter Umschwenken oder langsamem Lufteinleiten[2] 0,02 n-Salzsäure zufließen, bis der Farbumschlag in Violett eintritt. Hierauf wird auf dem Wasserbad eine halbe Stunde lang erwärmt, wobei der anfänglich flockige Niederschlag kristallin wird. Sodann läßt man den Niederschlag eine weitere halbe Stunde sich absetzen, filtriert und wäscht abwechselnd mit kleinen Mengen 1%iger Ammoniumnitratlösung und 50%igem Alkohol.[3] Durch allmähliches Erhitzen im elektrischen Ofen bis 900°, welche Temperatur man 5 Minuten beibehält, wird der Niederschlag in Zinkpyrophosphat umgewandelt.

Die Methode wurde von den Autoren[1] für Zinkmengen von 0,6 bis 2,3 mg erprobt, ohne daß jedoch der höhere Wert die Grenze nach oben darstellen dürfte.

Reinigung der Filtergeräte: Das Zinkpyrophosphat läßt sich durch heiße Salzsäure (1 : 1) entfernen.

5. Bestimmung als Zinkammoniumphosphat.[4]

Zink wird aus ganz schwach salzsaurer Lösung bei Gegenwart von Ammoniumchlorid durch einen großen Überschuß von Diammoniumphosphat als kristallines Zinkammoniumphosphat $ZnNH_4PO_4$ gefällt. Trocknungstemperatur: 100 bis 105°. Umrechnungsfaktor F für Zn: 0,3665; log F: 0,56405—1.

Fällungs- und Filtergerät: Filterbecher.

Ausführung: Die schwach saure Zinkchloridlösung wird unter gelindem Umschwenken tropfenweise mit Ammoniak (1 : 1) bis zum Auftreten einer Trübung versetzt, die mit Salzsäure (1 : 1) wieder in Lösung gebracht wird, wozu ein einziger Tropfen genügt. Nach Zusatz von 0,1 g

---

[1] R. STREBINGER und J. POLLAK: Mikrochem. **4**, 17 (1926).

[2] J. POLLAK: Mikrochem. **2**, 190 (1924).

[3] Diese Art abwechselnden Waschens ist der Filterröhrchenmethodik nach F. PREGL angepaßt. Bei dem EMICHschen Filterstäbchenverfahren ist aufeinanderfolgendes Auswaschen zuerst mit Ammoniumnitratlösung und sodann gegebenenfalls mit etwas Alkohol zweckmäßiger.

[4] E. KROUPA: Mikrochem. **27**, 4 (1939).

Ammoniumchlorid (gelöst in 0,5 ccm Wasser) wird der Filterbecher mit der Flüssigkeit in dem Glaseinsatz eines siedenden Mikrowasserbades (S. 109, Abb. 59) erwärmt und mit der 20fachen Menge Diammoniumphosphat, bezogen auf die Zinkmenge, versetzt. Da eine 10%ige Lösung von Diammoniumphosphat angewendet wird, sind auf je 1 mg Zink 0,2 ccm Reagens erforderlich. Der anfangs flockige Niederschlag wird beim Erwärmen auf dem Wasserbad nach ungefähr einer Viertelstunde kristallin. Man erwärmt noch eine weitere Viertelstunde, läßt einige Minuten abkühlen, filtriert und wäscht viermal mit je 1 ccm heißer 1%iger Diammoniumphosphatlösung und hierauf noch viermal mit je 1 ccm kaltem Wasser. Nach ein- bis zweistündigem Trocknen bei 100 bis 105° ist der Niederschlag in der Regel gewichtskonstant.

Reinigung des Filterbechers: Diese erfolgt mit heißer Salzsäure (1 : 1).

6. Elektrolyse.[1]

Die neutrale oder schwach saure Zinksulfatlösung, die in einem Volumen von 2 bis 3 ccm 0,5 bis 3 mg Zink enthält, wird im Elektrolysengefäß der PREGLschen Apparatur (S. 130, Abb. 69) tropfenweise mit 10%iger Natronlauge versetzt, bis sich der entstehende Zinkhydroxydniederschlag wieder löst. Hierauf verdünnt man mit Wasser, bis die Flüssigkeitsoberfläche den oberen Rand der verkupferten Netzkathode (siehe unten) erreicht. Man elektrolysiert bei Zimmertemperatur 20 Minuten lang bei einer Spannung von 5 bis 6 Volt (Stromstärke 0,2 bis 0,8 A). Die Lösung erwärmt sich während der Elektrolyse. Nach den ersten 10 Minuten spült man die Wände des Elektrolysengefäßes und den unteren Teil des gläsernen Kühlaufsatzes mit ein wenig Wasser ab, bis das Flüssigkeitsniveau den oberen Rand der Kathode 2 bis 3 mm übersteigt. Während der letzten 5 Minuten kühlt man das Elektrolysengefäß durch Einstellen in ein mit kaltem Wasser gefülltes Becherglas. Nach Beendigung der Elektrolyse wäscht man die Kathode in der üblichen Weise mit Wasser, Alkohol und Äther, glüht das Stielende aus und trocknet über der Flamme eines Bunsenbrenners.

Verkupferung der Kathode: Man füllt in das Elektrolysengefäß der PREGLschen Apparatur 4 ccm Kupfersulfatlösung,[2] 2 Tropfen konz. Schwefelsäure, 2 Tropfen konz. Salpetersäure und soviel Wasser, daß die Flüssigkeitsoberfläche 2 bis 3 mm höher liegt als die der nachher zu elektrolysierenden Zinksalzlösung.[3] Man elektrolysiert 2 bis 3 Minuten in der Wärme bei 3 bis 4 Volt. Die Kathode wird wie vorhin beschrieben getrocknet.

---

[1] P. WENGER, CH. CIMERMAN und G. TSCHANUN: Mikrochim. Acta (Wien) 1, 51 (1937).

[2] 4 g $CuSO_4 \cdot 5\,H_2O$ in 1 Liter gelöst.

[3] Das Niveau der letzteren wird, wie erwähnt, durch Auffüllen mit Wasser eingestellt, läßt sich also bei gegebener Stellung der Kathode leicht der genannten Bedingung anpassen.

Beleganalysen: Die Autoren fanden bei Zinkmengen von 0,5 bis 3 mg ausgezeichnete Werte.

Reinigung der Kathode: Zur Reinigung dient heiße Salpetersäure (1:1).

7. Elektrolytische Abscheidung kleiner Zinkmengen neben viel Aluminium aus großem Flüssigkeitsvolumen.[1]

In einer von B. L. CLARKE und H. W. HERMANCE[1] beschriebenen Apparatur (vgl. jedoch die neuerdings vereinfachte Form S. 142, Abb. 80) gelang es diesen, 0,1 bis 1,0 mg Zink in etwa 5%iger Kalilauge[2] quantitativ von 5 g Aluminium (beide Metalle als Sulfate anwesend) zu trennen. Spannung: 3,5 Volt; Zimmertemperatur; Elektrolysendauer: 4 Stunden. Da der Zinkniederschlag durch Eisen verunreinigt war, wurde er aufgelöst, das Eisen bei einem $p_H = 4$ bis 5 als Hydroxyd ausgefällt und filtriert. Aus dem Filtrat wurde Zink auf einer verkupferten Elektrode in einer Mikroelektrolysenapparatur (a. a. O.) rein abgeschieden. Die Methode dürfte sich für die Bestimmung von Zinkspuren in gewissen Aluminiumlegierungen eignen.

Mangan.

1. Bestimmung als Manganpyrophosphat.[3]

Aus der mit Ammoniak neutralisierten Manganosalzlösung wird das Mangan in der Wärme mit Diammoniumphosphat als Manganammoniumphosphat gefällt. Der Niederschlag wird durch Erhitzen bei Rotglut in Manganpyrophosphat $Mn_2P_2O_7$ umgewandelt. Umrechnungsfaktor F für Mn: 0,3871; log F: 0,58780—1.

Fällungs- und Filtergeräte: Fällungsröhrchen und Mikro-NEUBAUER-Tiegel; Tiegel und Filterstäbchen (Porzellan).

Ausführung: Die Manganosalzlösung wird, falls sauer, mit Ammoniak neutralisiert und in einem Volumen von 1 bis 2 ccm bei etwa 80° mit 2 ccm 5%iger Diammoniumphosphatlösung versetzt. Es ist zweckmäßig, während 10 Minuten einen langsamen Luftstrom durch die Lösung hindurchzuleiten.[4] Nach dieser Zeit ist der Niederschlag grob kristallin geworden und wird nach dem Erkalten der Lösung filtriert. Als Waschflüssigkeiten verwendet man abwechselnd 1%ige Ammoniumnitratlösung und Alkohol.[5] Das Auswaschen wird mit Alkohol beendet. Nach dem Vortrocknen des Niederschlages erhitzt man im elektrischen Ofen allmählich bis auf Rotglut.

Die Fällungsvorschrift bewährt sich nach Angabe der Autoren[3] am besten für Mengen von 0,3 bis 1,5 mg Mangan.

---

[1] B. L. CLARKE und H. W. HERMANCE: J. Amer. chem. Soc. **54**, 878ff. (1932).

[2] Berechnet in bezug auf den Überschuß nach der Auflösung des $Al(OH)_3$ in KOH.

[3] R. STREBINGER und J. POLLAK: Mikrochem. **4**, 16 (1926).

[4] J. POLLAK: Mikrochem. **2**, 190 (1924).

[5] Diese Art abwechselnden Waschens ist der Filterröhrchenmethodik nach F. PREGL angepaßt. Bei dem EMICHschen Filterstäbchenverfahren ist aufeinanderfolgendes Auswaschen zuerst mit Ammoniumnitratlösung und sodann gegebenenfalls mit etwas Alkohol zweckmäßiger.

Reinigung der Filtergeräte: Das Manganpyrophosphat wird mit heißer Salzsäure (1 : 1) in Lösung gebracht.

2. Bestimmung als Mn_3O_4.[1]

Die schwach saure oder neutrale Manganosalzlösung wird mit Bromwasser bis zur starken Braunfärbung und hierauf mit Ammoniak bis zur alkalischen Reaktion versetzt und bis fast zum Sieden erhitzt. Der braune Niederschlag von Manganomanganit wird durch Glühen bei 900° in das Oxyd Mn_3O_4 übergeführt. Umrechnungsfaktor F für Mn: 0,7203; log F 0,85749—1.

Fällungs- und Filtergeräte: Tiegel und Filterstäbchen (Porzellan oder Platin).

Ausführung: Die Manganosalzlösung wird in einem Volumen von 1 bis 3 ccm (je nach der Manganmenge) mit Bromwasser bis zur kräftigen Färbung versetzt und hierauf stark ammoniakalisch gemacht. Der Tiegel wird mit einem Uhrglas bedeckt und auf dem Wasserbad während 15 bis 20 Minuten erwärmt. Hierauf spült man das Uhrglas mit heißem Wasser ab und fügt noch einige Tropfen Ammoniak hinzu. Sodann wird filtriert und der Niederschlag vier- bis fünfmal mit je 0,3 bis 0,5 ccm heißem Wasser gewaschen. Nach dem Vortrocknen auf dem Wasserbad glüht man Tiegel und Filterstäbchen 10 Minuten lang im elektrischen Ofen bei 900°.

Der Niederschlag tritt gelegentlich kolloidal auf, anscheinend besonders in Platingefäßen, weshalb bei dieser Bestimmung Porzellantiegel und Porzellanfilterstäbchen ausnahmsweise den Platingeräten vorzuziehen sind. Mit Rücksicht auf die schlechtere Gewichtskonstanz der Porzellangeräte sind höhere Glühtemperaturen als 900° zu vermeiden.

In den meisten Fällen ist die *mikrocolorimetrische Manganbestimmung* derjenigen als Mn_3O_4 *vorzuziehen.*

Reinigung der Geräte: Tiegel und Stäbchen werden in Salzsäure (1 : 1) gekocht.

Vanadin.

Bestimmung in Komplexsalzen als Vanadinpentoxyd.[2]

Gewisse komplexe Vanadinsalze werden durch Glühen im Sauerstoffstrom in einer Mikromuffel in Vanadinpentoxyd V_2O_5 übergeführt. Umrechnungsfaktor F für V: 0,5602; log F: 0,74834—1.

Apparatur: Mikromuffel nach J. MEYER und K. HOEHNE[2] (S. 65, Abb. 21).

Ausführung: Die Bestimmung erfolgt in ähnlicher Weise wie die analoge Bestimmung des Kobalts in komplexen Verbindungen (S. 196). Man erhitzt zuerst vorsichtig mit kleiner Flamme im Luftstrom und glüht zum Schluß 10 Minuten lang im Sauerstoffstrom. Ein weiteres Erhitzen in Wasserstoff und die Reduktion zu Metall fällt hier fort. Die Auswaage ist V_2O_5.

Die Autoren[2] erhielten nach diesem Verfahren bei der Bestimmung des Vanadins in der Verbindung $VCl[C_6H_3(OH)(OCH_3)]_2$ Ergebnisse, die maximal um 0,3% vom theoretischen Wert abwichen.

Reinigung des Porzellanschiffchens: Diese wird mechanisch, gegebenenfalls mit Hilfe von Ätzalkalien vorgenommen.

[1] F. HECHT und E. KROUPA: Z. analyt. Chem. **102**, 96 (1935). — F. HECHT: Ebenda **110**, 391 (1937); Mikrochim. Acta (Wien) **2**, 198 (1937). — Das Mikroverfahren fußt auf der entsprechenden makroanalytischen Methode: F. P. TREADWELL: Lehrbuch II. S. 105.

[2] J. MEYER und K. HOEHNE: Mikrochem. **16**, 187 bzw. 188 (1935).

Uran.

1. Bestimmung als Uranoxychinolat (Uranyloxychinolat).[1]

Uran wird aus essigsaurer, ammoniumacetathaltiger[2] Lösung durch Oxin in der Wärme als dunkelroter kristalliner Niederschlag gefällt, der bei 135 bis 140° getrocknet wird und die Zusammensetzung $UO_2(C_9H_6ON)_2 \cdot C_9H_7ON$ aufweist. Umrechnungsfaktor F für U: 0,3384; log F: 0,52944—1.

Fällungs- und Filtergeräte: Filterbecher;[3] Becher (Tiegel) und Filterstäbchen.

Ausführung: Die saure Uranylnitratlösung (1 bis 3 ccm) wird mit kohlensäurefreiem Ammoniak unter Umschwenken tropfenweise bis zum Ausfallen des gelben Ammoniumuranatniederschlages versetzt, der mit einem Tropfen Eisessig wieder in Lösung gebracht wird. Nach Zusatz von 0,5 bis 1 ccm[4] 50%iger Ammoniumacetatlösung (S. 43) erwärmt man 5 Minuten auf dem siedenden Wasserbad. Nun fügt man tropfenweise unter abwechselndem Umschwenken und neuerlichem Erwärmen auf dem Wasserbad ungefähr die doppelte rechnungsmäßig zur Fällung des vorhandenen Urans erforderliche Menge 4%ige Oxinacetatlösung (S. 57) zu. Der entstehende rote Niederschlag wird rasch kristallin. Die Volumsverhältnisse sind der Tatsache anzupassen, daß die nach Beendigung der Fällung vorhandene Menge an freier Essigsäure keine höhere Konzentration als 1 bis 2% aufweisen darf. Es ist also, wenn nötig, nach der Ausfällung des Niederschlages mit heißem Wasser entsprechend zu verdünnen. Zum Schluß setzt man auf je 0,5 ccm Oxinreagens zur teilweisen Neutralisation der Essigsäure noch 2 Tropfen Ammoniak (1 : 1) hinzu, jedoch nicht mehr, da sonst Oxin gefällt wird. Bei einiger Übung bereitet es keine Schwierigkeiten, auf die beschriebene Weise den Essigsäuregehalt der Lösung innerhalb der gestatteten Grenzen einzustellen, zumal das Volumen der Lösung in den Filterbechern leicht dem Augenmaß nach abschätzbar ist. Man läßt dann den Niederschlag 10 Minuten auf kaum siedendem Wasserbad sich absetzen, hierauf die Fällung noch eine Viertelstunde abkühlen und filtriert anschließend.[5] Als Waschflüssigkeit dient heißes Wasser, das in Anteilen von je 0,5 ccm

[1] F. Hecht und W. Reich-Rohrwig: Mh. Chem. **53/54**, Wegscheider-Festschrift, 596 (1929).

[2] Natriumacetat ist wegen der Bildung des in verdünnter Essigsäure schwer löslichen Natriumuranylacetats zu vermeiden. Auch Tartrate dürfen nicht zugegen sein, weil sie auf den Uranyloxychinolatniederschlag lösend einwirken.

[3] Im Filterbecher der üblichen Größe (10 ccm Fassungsraum) lassen sich Uranmengen bis zu 20 mg bestimmen.

[4] Dies richtet sich nach der Menge des vorhandenen Urans und somit auch nach der Oxinreagensmenge, durch welche die Konzentration der anwesenden freien Essigsäure beeinflußt wird, die nicht mehr als 1 bis 2% betragen darf. Bei Uranmengen von mehr als 5 mg ist 1 ccm der Ammoniumacetatlösung anzuwenden.

[5] Sollten sich jedoch Nadeln von Oxin ausgeschieden haben, was bei unzweckmäßigem Arbeiten eintreten kann, so erwärmt man vor der Filtration

angewendet wird. Nach vier- bis fünfmaligem Nachspülen ist das Auswaschen beendet. Der Niederschlag wird bei 135 bis 140° getrocknet.

Reinigung der Filtergeräte: Das Uranyloxychinolat löst sich in heißer Salzsäure (1 : 1), noch besser aber in Chromschwefelsäure.

2. Bestimmung als Oxyd U_3O_8.[1]

Ein der Makroanalyse analoges Verfahren, Uran mit kohlensäurefreiem Ammoniak als Ammoniumuranat auszufällen und dieses zu U_3O_8 zu verglühen, führt in der Mikroanalyse nicht zum Ziel, weil es kaum möglich ist, die Aufnahme von Kohlendioxyd aus der Luft völlig zu verhindern, so daß die Fällung nicht quantitativ verläuft. Hingegen kann der mit Oxin gefällte Niederschlag von Uranyloxychinolat (siehe die vorhergehende Bestimmungsmethode) entweder unmittelbar oder aber nach Lösen in heißem Eisessig und Eindampfen dieser Lösung zur Trockne zu U_3O_8 verglüht werden. Umrechnungsfaktor F für U: 0,8480; log F: 0,92840—1.

Gerät: Platintiegel.

Ausführung: Das — in der Regel getrocknete und gewogene — Uranyloxychinolat wird auf dem Wasserbad in 1 bis 1,5 ccm Eisessig gelöst. Die braunrote Flüssigkeit saugt man in einen Platintiegel, wobei zwei- bis dreimal mit je einigen Zehntelkubikzentimetern warmem Eisessig nachgespült wird. Gegebenenfalls wird zwischendurch nochmals mit Eisessig auf dem Wasserbad kurz erwärmt, um die Sinterplatte des Filters gründlich auszulaugen. Die Lösung dampft man nun im Platintiegel vollkommen ein und erwärmt den Rückstand noch eine weitere halbe Stunde lang auf dem Wasserbad, worauf man ihn mit fächelnder Flamme eines Brenners allmählich vorsichtig verascht. Ein Überschichten mit wasserfreier Oxalsäure, wie es sonst beim Verglühen von Metalloxychinolaten wegen ihrer teilweisen Flüchtigkeit in der Hitze nötig ist, erübrigt sich bei der Uranbestimmung. Zum Schluß glüht man den Tiegel mit dem Rückstand noch eine halbe Stunde im elektrischen Ofen bei 950°.

Wurde das Uranyloxychinolat in einem Platintiegel gefällt und mit Hilfe eines Platinfilterstäbchens filtriert, so ist das Lösen des Niederschlages in Eisessig natürlich überflüssig. Vielmehr wird das Veraschen unmittelbar durch vorsichtiges Erhitzen mit der Flamme des Brenners vorgenommen. Selbstverständlich müssen in diesem Falle vor der Ausführung der Bestimmung der Platintiegel und das Platinfilterstäbchen sowohl bei 135° als bei 950° zur Gewichtskonstanz gebracht werden (S. 82).

Reinigung des Tiegels: Das beim Glühen entstandene U_3O_8 löst sich in heißer Salpetersäure (1 : 1). Wenn der Verdacht besteht, daß das Uranyloxychinolat nicht völlig rein war, also etwa Eisen- oder Aluminium-

---

nochmals, um sie wieder in Lösung zu bringen. Bei Uranmengen unter 1 mg läßt man den Niederschlag zur Erzielung quantitativer Fällung über Nacht stehen, da gegebenenfalls eine zu hohe Konzentration an Ammoniumacetat die Ausfällung verzögern kann.

[1] E. Kroupa und F. Hecht: Z. anorg. allg. Chem. **236**, 190 (1938).

oxychinolat beigemengt enthielt, muß der Behandlung mit Salpetersäure noch ein Pyrosulfataufschluß folgen (S. 40) bzw. von vornherein angewendet werden.

Beryllium.

Bestimmung als wasserfreies Sulfat.[1]

Die Berylliumsalzlösung wird mit Schwefelsäure abgeraucht und der bis 320° erhitzte Rückstand als Berylliumsulfat $BeSO_4$ gewogen. Umrechnungsfaktor F für Be: 0,08584; log F: 0,93369—2.

Geräte: Mikrobecher (Pyrex-Glas); Platintiegel (Volumen zweckmäßig nur wenige Kubikzentimeter, hohe Form).

Ausführung: Der gewogene Becher (Tiegel) mit der schwach schwefelsauren Berylliumsulfatlösung wird zum Eindampfen der Lösung in einen Metallblock (S. 71, Abb. 25) gebracht. Nachdem das Wasser unter Luftaufblasen soweit wie möglich verdampft worden ist, wird die Temperatur allmählich auf 130° erhöht, so daß auch das restliche Wasser entfernt wird. Nunmehr beendet man das Luftaufblasen und erwärmt erst langsam auf 180° und hierauf schnell auf 280 oder 300°, um die Schwefelsäure zu vertreiben. Nach dem Abkühlen des Bechers (Tiegels) unter einer Glasglocke wird der weiße Rückstand mit einem Tropfen Schwefelsäure befeuchtet und die Säure wie zuvor abgeraucht. Dies wird noch einmal wiederholt, wobei zum Schluß während 15 Minuten die Temperatur auf 320° gesteigert wird. Nun stellt man den Becher (Tiegel) in einen sauberen Porzellantiegel und samt diesem in einen Exsiccator, der mit Kaliumhydroxyd und Calciumoxyd gefüllt ist. Nach 20 Minuten bringt man den Becher (Tiegel) mit dem Berylliumsulfatrückstand mit Hilfe einer Pinzette in ein Wägegläschen von entsprechenden Abmessungen, verschließt dieses sofort und wägt nach 5 Minuten langem Stehen in der offenen Waage. Das Wägegläschen muß schon früher in der üblichen Weise abgewischt worden sein und darf beim Hineinstellen des Bechers nur mehr mit dem Rehlederlappen angegriffen werden. Es verbleibt zweckmäßig im Waaggehäuse, solange es für solche Bestimmungen in Verwendung steht. Der leere Becher (Tiegel) ist selbstverständlich vor der Bestimmung in der gleichen Weise für die Wägung vorzubereiten und zusammen mit dem Wägegläschen zu wägen.

Die beschriebene Ausführung der Bestimmung verhindert die Bildung basischer Sulfate von unbestimmter Zusammensetzung.

Reinigung der Geräte: Hierzu eignet sich heiße Salzsäure (1 : 1).

Aluminium.

Bestimmung als Aluminiumoxychinolat.

Aus essigsaurer, alkaliacetathaltiger Lösung wird Aluminium durch Oxin als gelbe kristalline Komplexverbindung gefällt. Der bei 140°

[1] H. Thurnwald und A. A. Benedetti-Pichler: Mikrochem. 11, 205 (1932). — Siehe auch A. Benedetti-Pichler und F. Schneider: Mikrochem., Emich-Festschrift, 5 (1930).

getrocknete Niederschlag hat die Zusammensetzung $Al(C_9H_6ON)_3$. Umrechnungsfaktor F für Al: 0,05871; log F: 0,76868—2.

Fällungs- und Filtergeräte: Becher (Tiegel) und Filterstäbchen; Filterbecher.

Ausführung:

a) Nach A. BENEDETTI-PICHLER.[1]

Die nur ganz schwach saure Lösung des Sulfats, Nitrats[2] oder Chlorids wird auf ein Volumen von etwa 1 ccm für je 1 mg Aluminium gebracht und mit 0,3 ccm einer 5%igen Oxinacetatlösung (S. 57) versetzt. Sodann wird das Fällungsgefäß auf ein siedendes Wasserbad gestellt und 2 n-Ammoniumacetatlösung[3] tropfenweise bis zur ersten bleibenden Trübung hinzugefügt. Man unterbricht die Fällung während einer Minute, innerhalb deren die Trübung kristallin zu werden pflegt. Hierauf werden noch 0,5 ccm der Ammoniumacetatlösung zugesetzt. Bei Anwesenheit von mehr als 1 mg Aluminium sind die Volums- und Reagensmengen sinngemäß zu erhöhen. Nach beendeter Fällung läßt man den Niederschlag 10 Minuten auf dem siedenden Wasserbad sich absetzen, wobei er in eine grobkristalline Form übergeht. Nunmehr wird noch heiß filtriert und vier- bis fünfmal mit je 0,25 bis 0,5 ccm heißem Wasser gewaschen. Das ablaufende Waschwasser muß farblos sein. Die Trocknungstemperatur ist 140°.

b) Nach F. HECHT und H. KRAFFT-EBING.[4]

Die Fällung erfolgt in ähnlicher Weise wie unter a angegeben, doch wird die 4%ige Oxinacetatlösung (S. 57) benutzt, zu deren Herstellung weniger Eisessig als für die 5%ige Lösung benötigt wird,[5] da das Aluminiumoxychinolat hinsichtlich der Löslichkeit gegen freie Essigsäure sehr empfindlich ist, deren Konzentration höchstens 2% betragen darf. Ferner wird eine etwa 50%ige Ammoniumacetatlösung benutzt (S. 43). Zur Fällung wird das Zwei- bis Dreifache der rechnungsmäßig erforderlichen Oxinmenge angewendet. Zum Abpuffern der freien Säure dienen 0,7 ccm, bzw. bei Mengen von mehr als 2 mg Aluminium 1 ccm der Ammoniumacetatlösung. Nach der Fällung wird unter Umschwenken tropfenweise verdünnter Ammoniak (1 : 2) zugesetzt, bis eine weißlichgelbe Trübung von zunächst ausfallendem Oxin nur mehr langsam verschwindet, worauf die Lösung mit einem Tropfen Eisessig wieder angesäuert wird. Nimmt man die Fällung im Filterbecher vor, dessen Gesamtfassungsraum etwa 10 ccm beträgt, so darf das Endvolumen bei der Fällung nur 6 bis höchstens 7 ccm betragen.

---

[1] A. BENEDETTI-PICHLER: Mikrochem., PREGL-Festschrift, 9 (1929). — Das Mikroverfahren fußt auf der makroanalytischen Methode von R. BERG: Z. analyt. Chem. **71**, 369 (1927); vgl. Derselbe: Das Oxin. S. 49.

[2] Überschüssige (freie) Salpetersäure ist zu vermeiden.

[3] 1 Liter enthält 154 g Ammoniumacetat gelöst.

[4] F. HECHT und H. KRAFFT-EBING: Mikrochem. **15**, 45 (1934).

[5] 8% Eisessig gegenüber 12% bei dem 5%igen Oxinreagens.

Reinigung der Filtergeräte: Der getrocknete Niederschlag löst sich in heißer Salzsäure (1 : 1), der allenfalls ein wenig Alkohol zugesetzt wird. Auch Chromschwefelsäure ist ein ausgezeichnetes Lösungsmittel.

Chrom.

Bestimmung in Komplexsalzen als Chromsesquioxyd.[1]

Gewisse komplexe Chromisalze werden durch Glühen in einer Mikromuffel im Sauerstoffstrom in Chromsesquioxyd Cr_2O_3 übergeführt. Umrechnungsfaktor F für Cr: 0,6842; log F: 0,83521—1.

Apparatur: Mikromuffel nach J. MEYER und K. HOEHNE[1] (S. 65, Abb. 21).

Ausführung: Die Bestimmung erfolgt in analoger Weise wie bei der ähnlichen Kobaltbestimmung in komplexen Verbindungen (S. 196) beschrieben. Man erhitzt zuerst vorsichtig mit kleiner Flamme im Luftstrom und glüht zum Schluß 10 Minuten lang im Sauerstoffstrom. Ein weiteres Erhitzen in Wasserstoff und Reduktion zu Metall fallen hier fort. Die Auswaage entspricht Cr_2O_3.

Die Autoren[1] erhielten nach diesem Verfahren bei der Bestimmung von 3,5 bis 8 mg Cr_2O_3 in der Verbindung $[Cr(NH_3)_5Cl]Cl_2$ Ergebnisse, die ausgezeichnet mit dem theoretisch zu erwartenden Wert übereinstimmten.

Reinigung des Porzellanschiffchens: Diese erfolgt am besten mechanisch, gegebenenfalls durch Soda-Salpeterschmelze.

Thallium.

Bestimmung als Thallochromat.[2]

Thallosulfat gibt in ammoniakalischer Lösung mit Alkalichromat eine gelbe Fällung von Thallochromat Tl_2CrO_4. Bei Anwesenheit von Ammoniumsalzen, welche die Löslichkeit des Niederschlages erhöhen, setzt man Alkohol zu, wodurch sie vermindert wird. Trocknungstemperatur: 120°. Umrechnungsfaktor F für Tl: 0,7790; log F: 0,89151—1.

Fällungs- und Filtergeräte: Fällungs- und Filterröhrchen; Becher (Tiegel) und Filterstäbchen.

Ausführung: Die möglichst neutrale Thallosulfatlösung wird in einem Volumen von höchstens 6 bis 8 ccm mit einigen Tropfen Ammoniak versetzt und auf dem siedenden Wasserbad erwärmt, worauf so viel Kaliumchromatlösung zugesetzt wird, daß eine etwa 2%ige Lösung von K_2CrO_4 entsteht. Bei Anwesenheit von Ammoniumsalzen fügt man nach dem Erkalten der Lösung noch einige Kubikzentimeter 50%igen Alkohol zu. Nach halbstündigem Stehen in der Kälte wird der Niederschlag filtriert und zuerst mit 1%iger Kaliumchromatlösung, dann mit 50%igem Alkohol in kleinen Portionen so lange gewaschen, bis die ablaufende Flüssigkeit nicht mehr gelb gefärbt erscheint. Zum Schluß wäscht man noch mit etwas absolutem Alkohol nach und saugt den Niederschlag möglichst trocken. Die Trocknungstemperatur ist 120°. Bei Anwendung des Filter-

[1] J. MEYER und K. HOEHNE: Mikrochem. **16**, 187 bzw. 188 (1935).

[2] L. MOSER und W. REIF: Mikrochem., EMICH-Festschrift, 215 (1930). — Das Mikroverfahren fußt auf der makroanalytischen Methode von L. MOSER und A. BRUKL: Mh. Chem. **47**, 709 (1926).

röhrchens wird in der üblichen Weise im Regenerierungsblock (S. 92, Abb. 44) unter Durchsaugen von Luft getrocknet.

Reinigung der Filtergeräte: Hierzu eignet sich heiße Salpetersäure (1 : 1).

Thorium.

1. Bestimmung als Oxyd.

a) Nach Fällung mit Ammoniak.[1]

Die Bestimmung erfolgt in genau der gleichen Weise wie für die seltenen Erden unter a (S. 215 f.) angegeben.

b) Nach Fällung als Oxalat.[2]

Thorium wird aus mineralsaurer Lösung durch einen großen Überschuß von Oxalsäure quantitativ als Oxalat ausgefällt. Ammoniumsalze dürfen nicht zugegen sein. Der Oxalatniederschlag wird zu Thoriumoxyd ThO_2 geglüht. Umrechnungsfaktor für Th: 0,8789; log F: 0,94392—1.

Fällungs- und Filtergeräte: Tiegel und Filterstäbchen (Platin).

Ausführung: Die Thoriumnitratlösung wird in einem Volumen von 1 bis 5 ccm mit so viel Salpetersäure versetzt, daß deren Konzentration, auf das „Endvolumen" der Fällung berechnet, etwa 5 Vol.-% beträgt. Hierauf fügt man bei Wasserbadtemperatur tropfenweise unter Umschwenken einen großen Überschuß von bei 20° gesättigter Oxalsäurelösung (etwa 9%ig) hinzu. Für 10 mg Thorium sind 3 ccm Reagens ausreichend. Man dampft nun die Flüssigkeit auf dem Wasserbad wenn nötig auf etwa 5 ccm ein und erwärmt dann den mit einem Uhrglas bedeckten Tiegel noch weiter, bis die Gesamtdauer des Erhitzens 2 bis 3 Stunden beträgt. Hierauf fügt man noch 0,2 ccm der Oxalsäurelösung hinzu und läßt die Fällung über Nacht stehen. Am nächsten Tag wird der Niederschlag mittels des Platinfilterstäbchens filtriert und vier- bis fünfmal mit je 0,5 ccm heißer Waschflüssigkeit gewaschen, die durch Verdünnen von bei 20° gesättigter Oxalsäurelösung mit der doppelten Menge siedenden Wassers bereitet worden ist.[3] Nach gründlichem Absaugen der Flüssigkeit werden Tiegel, Filterstäbchen und Niederschlag auf dem Wasserbad eine halbe Stunde lang vorgetrocknet und hierauf im elektrischen Ofen ganz allmählich erhitzt. Zum Schluß wird 30 Minuten bei 950° geglüht.

Reinigung der Geräte: Hierzu ist ein Pyrosulfataufschluß unbedingt notwendig (S. 40).

c) Nach Fällung als Peroxydhydrat.

Diese Fällung ist gleichzeitig eine Trennungsmethode des Thoriums von den seltenen Erden (nicht aber von Zirkonium). Sie ist deshalb gesondert beschrieben (S. 289).

[1] Unveröffentlichte Versuche von EDITH KROUPA und F. HECHT.

[2] F. HECHT und H. KRAFFT-EBING: Mikrochem. **15**, **43** (**1934**).

[3] Enthält etwa 3,0 g kristallisierte Oxalsäure in 100 ccm.

2. Bestimmung als Thoriumoxychinolat.[1]

Thorium wird aus essigsaurer, alkaliacetathaltiger Lösung durch Oxin als gelbe amorphe Komplexverbindung gefällt, geht jedoch bei 80 bis 90° unter Wasserverlust und Änderung der Farbe nach orangerot in eine körnig kristalline Form über.[2] Dieser Niederschlag hat die Zusammensetzung $Th(C_9H_6ON)_4 \cdot C_9H_7ON$, enthält also auffallenderweise auf je 1 Thoriumatom 5 Oxinmoleküle. Bei allmählicher Steigerung der Temperatur auf 150 bis 160° wird unter Verflüchtigung des fünften Oxinmoleküls Gewichtskonstanz erreicht. Da diese Verflüchtigung schwierig und zeitraubend ist, wird der 5 Oxinmoleküle enthaltende Komplex in lufttrockenem Zustand gewogen. Umrechnungsfaktor F für Th: 0,2434; log F: 0,38624—1.

Fällungs- und Filtergeräte: Filterbecher; Becher (Tiegel) und Filterstäbchen.

Ausführung: Im nachfolgenden wird die Fällungsvorschrift für den Fall der Benutzung des Jenaer Mikrofilterbechers angegeben. Sie läßt sich jedoch leicht der Verwendung von Mikrobechern und Filterstäbchen anpassen.

Die Thoriumnitratlösung, deren Volumen 2 bis 3 ccm beträgt, wird mit verd. Ammoniak (1:2) unter Umschwenken bis zum beginnenden Ausfallen eines Hydroxydniederschlages versetzt. Dieser wird durch tropfenweisen Zusatz verdünnter Salpetersäure (1 : 10) eben wieder in Lösung gebracht. Hierauf fügt man mit einer graduierten Mikropipette (S. 73, Abb. 28 b) so viel Eisessig hinzu, daß das beabsichtigte „Endvolumen" der Fällung ungefähr 2,5% freie Essigsäure enthält. Sodann wird auf der Heizplatte oder im Metallblock bis eben zum beginnenden Sieden erhitzt (S. 71) und die *Hälfte* der zur Fällung praktisch erforderlichen Menge an 2,5%iger Oxinacetatlösung[3] tropfenweise zugesetzt. Für je 1 mg Thorium ist *im ganzen* 1 ccm Reagens anzuwenden. Wenn sich kein dauernder Niederschlag bildet, genügt dazu der Zusatz weniger Tropfen 50%iger Ammoniumacetatlösung (S. 43). Nun wird in der Siedehitze tropfenweise der Rest der Oxinlösung und schließlich noch 1 ccm Ammoniumacetatlösung zugefügt. Nach dem Erkalten filtriert man und wäscht mit je 0,5 ccm warmem, gegebenenfalls heißem Wasser drei- bis viermal. Der Niederschlag wird lufttrockengesaugt.

Die Methode eignet sich sowohl zur Bestimmung ganz geringer (0,04 mg) wie auch größerer Thoriummengen. Für die Verwendung der üblichen Filterbecher (10 ccm Fassungsraum) stellen 5 bis 6 mg Thorium die obere Grenze dar.

Reinigung der Filtergeräte: Hierzu wird am besten Chromschwefelsäure verwendet.

---

[1] F. Hecht und W. Ehrmann: Z. analyt. Chem. **100**, 98 (1935).

[2] Vgl. F. Hecht und W. Reich-Rohrwig: Mh. Chem. **53/54**, Wegscheider-Festschrift, 601 (1929). — F. J. Frere: J. Amer. chem. Soc. **55**, 4362 (1933). — R. Berg: Das Oxin. S. 65.

[3] 10 g 4%ige Oxinacetatlösung werden mit 6 ccm Wasser verdünnt.

3. Bestimmung als Thoriumpikrolonat.[1]

Thorium gibt in schwach essigsaurer Lösung mit Pikrolonsäure einen gelben kristallinen Niederschlag von Thoriumpikrolonat $Th(C_{10}H_7O_5N_4)_4 \cdot H_2O$. Ammonium- oder Alkalisalze dürfen nicht vorhanden sein. Während die Alkalien schwer lösliche Pikrolonate bilden, verhindern Ammoniumsalze die Fällung des Thoriums.[2] Der Niederschlag wird durch Hindurchsaugen trockener Luft von der Feuchtigkeit befreit und gewogen. Umrechnungsfaktor F für Th: 0,1782; log F: 0,25082—1.

Fällungs- und Filtergerät: Filterbecher.

Ausführung: Die Thoriumnitratlösung wird in einem durch Hindurchsaugen staubfreier Luft getrockneten und gewogenen Filterbecher bei 85° eingedampft (siehe S. 105 und 110). Der Rückstand wird in etwa 1 ccm heißem Wasser gelöst und mit Hilfe einer in Zehntelkubikzentimeter eingeteilten Mikropipette (S. 73, Abb. 28b) mit so viel Eisessig versetzt, daß die Konzentration an Essigsäure, auf das endgültige Volumen nach beendeter Fällung berechnet, etwa 3% beträgt (siehe unten). Der Zusatz von Essigsäure ist sowohl zur Vermeidung der Hydrolyse als auch zur Erzielung guter Kristallisation erforderlich. Der Filterbecher wird nunmehr auf eine elektrische Heizplatte oder in einen Metallblock (S. 71, Abb. 25) gestellt und der Inhalt zum beginnenden Sieden erhitzt. Man setzt, indem man die Flüssigkeit im Sieden erhält, tropfenweise allmählich 0,5 ccm Pikrolonsäurereagens (S. 48) hinzu. Nach jedem Zusatz wird der Filterbecher umgeschwenkt und sein Inhalt wieder vorsichtig zum beginnenden Sieden erhitzt. Nachdem ungefähr 1,5 bis 2,0 ccm Pikrolonsäure (bei Thoriummengen von mehr als 1 mg 2,5 ccm Pikrolonsäure) zugesetzt worden sind, wird so lange im Sieden erhalten, bis ein schön kristalliner Niederschlag entstanden ist, der sich rasch absetzt, und die überstehende Flüssigkeit ganz klar erscheint. Nunmehr wird der Rest der erforderlichen Reagensmenge (siehe unten) zugesetzt. Beträgt das so erreichte Volumen mehr als 4 bis 4,5 ccm, so wird der weitere Zusatz unterbrochen. Die bei der Fällung zugesetzte Gesamtmenge an Reagens soll insgesamt etwa dem Zweieinhalbfachen der theoretischen Menge entsprechen. Der verhältnismäßig geringe Fassungsraum der Filterbecher (etwa 10 ccm) macht es daher erforderlich, nunmehr von der Lösung 2 bis 3 ccm bei 85° abzudampfen und dann erst den Rest des Reagens zuzusetzen, wobei die an den Innenwänden des Bechers abgeschiedenen Krusten von Pikrolonsäure durch Erwärmen über einem siedenden Wasserbad wieder in Lösung zu bringen sind.

Der Zweck dieses — scheinbar komplizierten — Vorganges ist der, ein Lösungsvolumen zu erzielen, das zu etwas mehr als der Hälfte (rund 55%) aus 0,01 n-Pikrolonsäurelösung besteht. Sobald man sich jedoch über die zu erwartende Thoriummenge durch eine Rohbestim-

---

[1] F. HECHT und W. EHRMANN: Z. analyt. Chem. **100**, 94 (1935). — Siehe auch W. PRODINGER: Fällungsmittel. S. 47.

[2] Dies steht in Analogie zum Verhalten des Thoriumoxalats gegen Ammoniumoxalat.

mung (entweder als Pikrolonat oder als Oxyd) orientiert hat, kann die nächste Bestimmung bereits einen sehr genauen Wert ergeben, wenn man überlegt, daß 1 ccm 0,01 n-Pikrolonsäurelösung etwa 2,5 mg Pikrolonsäure enthält und diese Menge zur Fällung von ungefähr 0,5 mg Thorium (etwa einem Fünftel des Gewichtes der Pikrolonsäure) ausreicht. Da man ferner das Volumen der im Filterbecher befindlichen Lösung leicht abschätzen kann (vgl. S. 164), läßt sich beurteilen, wieviel Pikrolonsäurelösung überhaupt zur Fällung nötig ist und wieviel Wasser abgedampft werden muß, um nach Abzug des durch die Fällung bedingten Verbrauches eine Konzentration von etwas mehr als 50% Pikrolonsäure zu erzielen. Eine größere Genauigkeit, als sie durch solche Schätzungen erreicht werden kann, ist unnötig. Die Höchstgrenze an Thorium, die nach dieser Methode mit Hilfe der handelsüblichen Filterbecher bestimmt werden kann, ist 1,5 mg Thorium. Man hat in diesem Falle mit 5 bis 5,5 ccm „Endvolumen“ zu rechnen. Unter Berücksichtigung des vorhin Gesagten ergibt sich beispielsweise für diese Menge folgendes: 1,5 mg Thorium erfordern das fünffache Gewicht, d. i. etwa 8 mg, an Pikrolonsäure, entsprechend fast 3,5 ccm der 0,01 n-Lösung des Reagens. Wenn das „Endvolumen“ 5,5 ccm beträgt, so sollen darin noch etwa 3 ccm überschüssiges Reagens vorhanden sein. Man kann also vor der Fällung zu der auf 1 ccm gebrachten Thoriumsalzlösung 0,16 bis 0,17 ccm Eisessig (3% von 5,5 ccm), dann allmählich etwa 3,5 ccm Reagens zusetzen, hierauf etwa 2 bis 2,5 ccm fortdampfen und nunmehr noch 3 ccm Reagens zufügen. Die anzustellenden Überlegungen sind demnach keineswegs schwierig und zeitraubend, wenn nur die betreffende Thoriummenge annähernd bekannt ist.

Bei ganz kleinen Thoriummengen (einigen Zehntelmilligramm) ist es möglich, ohne Fortdampfen eines Teiles der Flüssigkeit nach der Fällung auszukommen. Als Beispiel diene die Bestimmung von 0,4 mg Thorium: Die Lösung wird im Filterbecher zur Trockne verdampft und der Rückstand in 1 ccm Wasser und 0,12 ccm Eisessig in der Wärme gelöst, worauf zunächst allmählich 2 ccm Pikrolonsäurereagens unter fortwährendem gelindem Sieden der Lösung zugesetzt werden. Nunmehr wird durch einige Minuten währendes Sieden die Kristallisation des Thoriumpikrolonats herbeigeführt.[1] Sodann fügt man noch 1 ccm Pikrolonsäurereagens zu. Da nicht ganz 1 ccm Reagens zur Fällung der vorhandenen Thoriummenge notwendig ist, enthält das „Endvolumen“ von 4 ccm etwas mehr als 2 ccm 0,01 n-Pikrolonsäurelösung. Bei größeren Thoriummengen als höchstens 0,5 mg ist jedoch teilweises Konzentrieren der ursprünglichen Lösung in der beschriebenen Weise nicht zu umgehen.

Reinigung des Filterbechers: Diese nimmt man zweckmäßig mit Chromschwefelsäure vor.

---

[1] Will man die Kristallisation erst später „erzwingen“, so läuft man Gefahr, daß keine richtige Ausbildung der Kristalle mehr eintritt, sondern der Niederschlag in einer nahezu amorphen Form ausfällt, welche nicht die der Formel $Th(C_{10}H_7O_5N_4)_4 \cdot H_2O$ entsprechende Zusammensetzung hat.

4. Bestimmung als Thoriumbenzolsulfinat.[1]

Thorium gibt in schwach salzsaurer Lösung mit Natriumbenzolsulfinat einen weißen kristallinen Niederschlag von Thoriumbenzolsulfinat $(C_6H_5 \cdot SO_2)_4Th$. Trocknungstemperatur: 120°. Umrechnungsfaktor F für Th: 0,2913; log F: 0,46439—1.

Fällungs- und Filtergerät: Filterbecher.

Ausführung: Die Thoriumchloridlösung wird in einem Tiegel oder Mikrobecher zur Trockne eingedampft, der Rückstand mit 1 Tropfen Salzsäure (1:1) und 2 ccm heißem Wasser aufgenommen und die Lösung in einen Filterbecher übergesaugt, wobei dreimal mit je 0,5 ccm heißem Wasser nachgespült wird. Das Volumen vor der Fällung darf bis zu 4 ccm betragen. Man fällt hierauf unter Umschwenken des Filterbechers tropfenweise mit dem Zweieinhalbfachen der theoretisch berechneten Reagensmenge (Natriumbenzolsulfinat, S. 50). Der Reagenszusatz wird dabei mehrmals unterbrochen und der Filterbecher dazwischen jedesmal auf dem Wasserbad erwärmt. Nach Beendigung der Fällung erwärmt man eine weitere halbe Stunde auf dem Wasserbad. Der kristalline Niederschlag wird am nächsten Tag filtriert, zweimal mit je 0,5 ccm Waschflüssigkeit,[2] dreimal mit je 0,5 ccm kaltem Wasser gewaschen und bei 120° getrocknet.

Die Methode eignet sich für Thoriummengen von 1 bis 4 mg. Bei Mengen unter 1 mg und über 4 mg versagt sie. Auch müssen die obigen Vorschriften betreffs Menge des Fällungsreagens und der Waschflüssigkeiten genau eingehalten werden. Demgemäß ist der ungefähre Thoriumwert vor der eigentlichen Bestimmung durch eine Rohbestimmung zu ermitteln.

Reinigung des Filterbechers: Zur Reinigung eignet sich Chromschwefelsäure.

5. Bestimmung als Thoriumbrombenzolsulfinat.[1]

Thorium gibt in schwach salzsaurer Lösung mit p-Brombenzolsulfinsäure einen weißen kristallinen Niederschlag von Thoriumbrombenzolsulfinat $(C_6H_4Br \cdot SO_2)_4Th$. Trocknungstemperatur: 110 bis 120°. Umrechnungsfaktor F für Th: 0,2087; log F: 0,31946—1.

Fällungs- und Filtergerät: Filterbecher.

Ausführung: Die Thoriumchlorid- oder -nitratlösung wird in einem Tiegel oder Mikrobecher zur Trockne eingedampft, der Rückstand mit 1 Tropfen Salzsäure (1:3) und 1,5 ccm heißem Wasser aufgenommen und die Lösung in einen Filterbecher übergesaugt. Man spült einige Male mit je 0,5 ccm heißem Wasser nach. Das Fällungsvolumen darf höchstens 4 ccm betragen. Man fällt hierauf unter Umschwenken des Filterbechers tropfenweise mit dem Vierfachen der theoretisch berechneten Reagensmenge (p-Brombenzolsulfinsäure, siehe unten). Der Reagenszusatz wird dabei mehrmals unterbrochen und der Filterbecher dazwischen jedesmal auf dem Wasserbad erwärmt. Auf diese Weise wird ein kristalliner Niederschlag erhalten. Man erwärmt noch weitere 10 Minuten auf dem Wasserbad, fügt 0,25 ccm Alkohol als Ersatz für die abgedunstete Menge zu und läßt die Fällung 2 Stunden lang sich absetzen. Hierauf wird der Niederschlag filtriert und dreimal mit je 0,5 ccm Wasser von 30 bis 40° gewaschen. Der Niederschlag wird bei 110 bis 120° getrocknet.

---

[1] Nach unveröffentlichten Versuchen von F. Feigl, F. Hecht und F. Korkisch.

[2] Das Fällungsreagens wird mit Wasser auf das Dreifache verdünnt.

Die Methode eignet sich für Thoriummengen von 1 bis 4 mg. Bei Mengen unter 1 mg und über 4 mg versagt sie. Eine höhere als die nach der obigen Fällungsvorschrift erreichte Alkoholkonzentration ist schädlich, weil sonst der Niederschlag teilweise gelöst wird. Eine wäßrige Lösung des Reagens ist wegen seiner Schwerlöslichkeit in Wasser nicht anwendbar, da die dabei erreichbare Reagenshöchstkonzentration nur 0,5% beträgt.

Reagens: 2 g p-Brombenzolsulfinsäure werden in 100 ccm 10%igem Alkohol gelöst. Die Lösung wird filtriert.

Reinigung des Filterbechers: Zur Reinigung eignet sich Chromschwefelsäure.

6. Bestimmung als Thoriumjodbenzolsulfinat.[1]

Thorium gibt in schwach salzsaurer Lösung mit p-Jodbenzolsulfinsäure einen weißen kristallinen Niederschlag von Thoriumjodbenzolsulfinat $(C_6H_4J \cdot SO_2)_4Th$. Trocknungstemperatur: 110°. Umrechnungsfaktor F für Th: 0,1785; log F: 0,25164—1.

Fällungs- und Filtergerät: Filterbecher.

Ausführung: Die Thoriumchlorid- oder -nitratlösung wird in einem Tiegel oder Mikrobecher zur Trockne eingedampft, der Rückstand mit 1 Tropfen Salzsäure (1:1) und 1 ccm heißem Wasser aufgenommen und die Lösung in einen Filterbecher übergesaugt. Man spült einige Male mit je 0,5 ccm heißem Wasser nach. Hierauf wird die Lösung auf etwa 1 ccm eingedampft (S. 110). Nach kurzem Erwärmen auf dem Wasserbad wird mit 2 ccm Reagens (p-Jodbenzolsulfinsäure, siehe unten) gefällt. Nach halbstündigem Erwärmen auf dem Wasserbad läßt man die Fällung 2 Stunden lang sich absetzen und filtriert sodann, wobei man mit ein wenig Waschflüssigkeit[2] und weiters noch drei- bis viermal mit je 0,5 ccm kaltem Wasser wäscht. Der Niederschlag wird bei 110° getrocknet.

Die Methode eignet sich wegen der geringen Löslichkeit des Reagens in Wasser ausschließlich für Thoriummengen unter 1 mg, liefert aber unter dieser Bedingung sehr gute Ergebnisse. Für Thoriummengen unter 0,5 mg genügt ein etwas geringerer Reagenszusatz als 2 ccm.

Reagens: Ein Überschuß an p-Jodbenzolsulfinsäure wird mit heißem Wasser digeriert. Nach dem Erkalten filtriert man und bewahrt die (höchstens 0,5%ige) Lösung im Dunklen auf.

Reinigung des Filterbechers: Zur Reinigung eignet sich Chromschwefelsäure.

Seltene Erden.

Bestimmung als Oxyde.[3]

a) Nach Fällung mit Ammoniak.

Die seltenen Erden werden aus der Lösung ihrer Salze (am besten der Nitrate) bei Gegenwart von Ammoniumsalzen in stark ammoniakalischer Lösung als Hydroxyde gefällt. Der Niederschlag wird vorsichtig bei 950° zu Oxyden geglüht.

---

[1] Nach unveröffentlichten Versuchen von F. Feigl, F. Hecht und F. Korkisch.

[2] Das Fällungsreagens wird mit Wasser auf das Dreifache verdünnt.

[3] F. Hecht und H. Krafft-Ebing: Mikrochem. **15**, 42 (1934).

Eine Trennung der seltenen Erden von den anderen durch Ammoniak fällbaren Elementen ist auf diese Weise selbstverständlich nicht möglich.

Fällungs- und Filtergeräte: Tiegel und Filterstäbchen (Platin).

Ausführung: Die Nitratlösung der seltenen Erden wird bei Wasserbadtemperatur in einem Volumen von 1 bis 5 ccm (je nach der anwesenden Menge der seltenen Erden und der etwa gleichzeitig anwesenden Alkalisalze) und bei Gegenwart von Ammoniumnitrat[1] tropfenweise unter Umschwenken mit 10%igem, kohlensäurefreiem Ammoniak versetzt, bis die Lösung sehr deutlich Ammoniakgeruch aufweist. Man erhitzt den entstehenden Hydroxydniederschlag der seltenen Erden während 15 bis 20 Minuten auf dem Wasserbad, fügt hierauf noch einige Tropfen Ammoniak hinzu und filtriert mit Hilfe des Platinfilterstäbchens. Der Niederschlag wird vier- bis fünfmal mit je 0,5 bis 1 ccm warmer Ammoniumnitratlösung (5- bis 10%ig) gewaschen, die ungefähr 2% Ammoniak enthält. Nach dem Vortrocknen auf dem Wasserbad wird der Tiegel mit Stäbchen und Niederschlag 20 bis 30 Minuten lang bei 950° geglüht.

b) Nach Fällung als Oxalate.

Die seltenen Erden werden aus der schwach sauren Lösung der Chloride oder Nitrate mit Oxalsäure und Ammoniumoxalat als Oxalate gefällt, die beim Glühen in Oxyde übergehen. Auf diese Weise ist eine Trennung von fast allen anderen Metallen erzielbar, ausgenommen vor allem von Thorium und Calcium.

Fällungs- und Filtergeräte: Wie unter a angegeben.

Ausführung: Die Nitratlösung der seltenen Erden wird in einem Volumen von 2 bis 5 ccm (je nach der Menge) mit so viel Salpetersäure versetzt, daß deren Konzentration etwa 5 Vol.-% beträgt. Hierauf fügt man bei Wasserbadtemperatur allmählich 1 ccm bei 20° gesättigte Oxalsäurelösung (9%ig) und 0,5 bis 0,75 ccm bei 20° gesättigte Ammoniumoxalatlösung (4%ig) hinzu. Man erwärmt im bedeckten Tiegel 2 Stunden lang auf dem siedenden Wasserbad und ergänzt hierauf die Oxalsäure, die sich während des Erwärmens der salpetersauren Lösung teilweise zersetzt hat, durch Zufügen von 0,2 ccm der kalt gesättigten Oxalsäurelösung. Nach mindestens 24stündigem Stehen wird der Niederschlag mit Hilfe des Platinfilterstäbchens filtriert. Man wäscht drei- bis fünfmal (je nach der Menge) mit je 0,3 bis 0,5 ccm heißer Waschflüssigkeit, die durch Verdünnen einer Mischung gleicher Teile kalt gesättigter Oxalsäure- und Ammoniumoxalatlösung mit heißem Wasser auf das Dreifache hergestellt worden ist. Nach gutem Absaugen der Flüssigkeit werden Tiegel, Filterstäbchen und Niederschlag auf dem Wasserbad eine halbe Stunde lang vorgetrocknet und hierauf im elektrischen Ofen ganz allmählich erhitzt. Zum Schlusse wird 25 Minuten lang bei 950° geglüht.

Nach diesem Verfahren werden die seltenen Erden zwar zum größten Teil, jedoch nicht ganz quantitativ ausgefällt. Die Vollständigkeit der Fällung hängt übrigens sehr von der Zusammensetzung des Gemisches

[1] Eine Konzentration von 5 bis 10% ist ausreichend.

der seltenen Erden ab. Um eine quantitative Fällung zu erreichen, ist es nötig, sie in zwei bis drei Fraktionen bei abnehmender Acidität auszuführen, wie es bei der Mikroanalyse der Uranpechblenden bzw. Uraninite (S. 319 f.) beschrieben ist.

Reinigung der Geräte: Obzwar die Oxyde der seltenen Erden, wenn kein Thorium zugegen ist, beim Digerieren mit heißer Salpetersäure (1 : 1) zum allergrößten Teil oder sogar ganz löslich sind, wird eine sichere Reinigung der Geräte doch nur durch einen Aufschluß mit Kalium- oder Natriumpyrosulfat verbürgt.

Zirkonium.

Bestimmung als Oxyd.[1]

Zirkonium wird aus salpetersaurer Lösung bei Anwesenheit von Ammoniumnitrat in ammoniakalischer Lösung als Hydroxyd gefällt. Der Niederschlag wird bei 950° zu Zirkoniumoxyd ZrO_2 geglüht. Umrechnungsfaktor F für Zr: 0,7403; log F: 0,86941—1.

Fällungs- und Filtergeräte: Tiegel und Filterstäbchen (Platin).

Ausführung: Die Fällung und Bestimmung erfolgt in der gleichen Weise wie für die seltenen Erden (S. 215 f.) beschrieben.

Reinigung der Geräte: Platintiegel und Platinfilterstäbchen werden durch Pyrosulfataufschluß gereinigt.

Titan.

1. Bestimmung als Titandibromoxychinolat.[2]

In schwach mineralsaurer Lösung wird Titan durch Dibromoxin (in Aceton gelöst) als Titanylverbindung $(C_9H_4Br_2ON)_2 \cdot TiO$ gefällt. Trocknungstemperatur 140 bis 150°; Umrechnungsfaktor F für Ti: 0,07173; log F: 0,85568—2.

Fällungs- und Filtergeräte: Filterbecher; Fällungsröhrchen und Mikrofiltertiegel.[3]

Ausführung: Die besten Werte werden in Lösungen erzielt, die, auf die Säure bezogen, etwa 0,025 bis 0,02 n sind und rund 30% Aceton enthalten. Da das gesättigte acetonische Dibromoxinreagens (S. 58) nur eine Konzentration von etwa 0,3% aufweist, sind verhältnismäßig große Reagensmengen erforderlich. Für 1 mg Titan werden nach der Fällungsvorschrift 5 ccm Reagens benötigt (nebst einem kleinen, vom Fällungsvolumen abhängigen Überschuß). Daraus ergibt sich, daß im Filterbecher nicht mehr als 0,5 mg Titan bestimmt werden können, wenn die optimale Konzentration von rund 30% Aceton erreicht werden soll.

---

[1] Unveröffentlichte Versuche von F. HECHT.

[2] R. BERG und H. KÜSTENMACHER: Mikrochem., EMICH-Festschrift, 26 (1930). — R. BERG: Das Oxin. S. 106.

[3] Mikrobecher oder Tiegel sind kaum geeignet, weil das acetonische Reagens beim Erwärmen leicht an den Wänden emporkriecht.

Man gibt zur schwach salz- oder salpetersauren[1] Titansalzlösung nach Erwärmen auf etwa 50° unter Umschütteln tropfenweise 2,8 ccm des Reagens hinzu, verdünnt mit warmem Wasser auf 8 ccm und erwärmt 3 bis 5 Minuten auf dem Wasserbad, wobei jedoch darauf zu achten ist, daß nicht durch Aufwallen der Flüssigkeit Verluste eintreten. Man filtriert sodann noch heiß und wäscht mehrmals mit heißer Waschflüssigkeit, die an Säure ungefähr 0,04 n ist und einen Acetongehalt von 10 bis 20% besitzt. Beim Abkühlen scheidet sich in dem mehr oder weniger schwach gelbgrünen Filtrat das überschüssige Reagens in feinen farblosen Nadeln ab. Der Niederschlag wird zuletzt mit reinem heißem Wasser nachgewaschen. Nach Vortrocknen bei 105° wird die Trocknungstemperatur auf 140 bis 150° gesteigert. Die richtige Ausführung der Bestimmung nach dieser Methode erfordert große Übung und Vertrautheit mit dem Arbeiten mit organischen Reagenzien.

Bei Anwendung eines genügend großen Fällungsröhrchens, aus dem man den Niederschlag mit Hilfe der Filtrationsvorrichtung nach O. WINTERSTEINER (S. 97, Abb. 48) in einen Mikrofiltertiegel überführt, ist es möglich, etwas größere Titanmengen als im Filterbecher zu bestimmen. Es gelingt auch leichter, die Lösung nach der Ausfällung des Titanniederschlages durch Erwärmen zu leichtem Aufwallen zu bringen, ohne daß Verluste zu befürchten sind.

Reinigung der Filtergeräte: Das Titandibromoxychinolat läßt sich mittels Chromschwefelsäure gut entfernen.

2. Bestimmung als Oxychinolat.[2]

Titan wird in essigsaurer, alkaliacetathaltiger Lösung durch Oxin als orangegelber kristalliner Niederschlag von der Zusammensetzung $TiO(C_9H_6ON)_2 \cdot 2\,H_2O$ ausgefällt, der bei 110° in die wasserfreie Verbindung $TiO(C_9H_6ON)_2$ übergeht. Die Fällung erfolgt auch in ammoniakalischer tartrathaltiger Lösung. Umrechnungsfaktor F (der wasserfreien Verbindung) für Ti: 0,1360; log F: 0,13356—1.

Fällungs- und Filtergeräte: Becher (Tiegel) und Filterstäbchen; Filterbecher; Fällungs- und Filterröhrchen.

Ausführung: Die makroanalytische Arbeitsvorschrift von R. BERG und M. TEITELBAUM[2] kann zwar auch auf kleine Mengen Titan (1 bis 5 mg) angewendet werden, doch ist bisher für die Fällung des Titans allein aus essigsaurer Lösung noch keine der besonderen mikroanalytischen Arbeitstechnik angepaßte Ausführungsweise angegeben worden. Aus den Untersuchungen von K. SCHOKLITSCH[3] und F. HECHT[4] über die gemeinsame Fällung von Titan und Eisen bzw. auch Aluminium mit essigsaurem Oxinreagens in essigsaurer, ammoniumacetathaltiger Lösung geht jedoch hervor, daß das Titan ganz ähnlich wie das Aluminium

[1] 0,025 n.

[2] Vgl. R. BERG und M. TEITELBAUM: Z. analyt. Chem. **81**, 1 (1930). — R. BERG: Das Oxin. S. 62.

[3] K. SCHOKLITSCH: Mikrochem. **20**, 250f. (1936).

[4] F. HECHT: Mikrochim. Acta (Wien) **2**, 194 (1937).

(S. 208) gefällt werden kann,[1] mit dem Unterschied, daß die Fällung zunächst in der Kälte zu erfolgen hat und erst nachträglich der bereits entstandene Niederschlag auf dem Wasserbad erwärmt und absitzen gelassen wird. Die Löslichkeit des Titanoxychinolats in Essigsäure bei Gegenwart von Alkaliacetat ist größer als die des Eisenoxychinolats und etwa so groß wie diejenige des Aluminiumoxychinolats.

Bezüglich der mikroanalytischen Fällung des Titans (zusammen mit Aluminium) aus ammoniakalischer Lösung vgl. die Angaben über die Trennung von Eisen, Aluminium und Titan[2] (S. 282 f., 289 f.).

Reinigung der Filtergeräte: Diese wird am besten mit Chromschwefelsäure vorgenommen.

3. Bestimmung durch Fällung mit Cupferron und Verglühen des Niederschlages zu Titandioxyd.[3]

Titan wird aus schwefelsaurer Lösung durch Cupferron als Titancupferron von der annähernden Zusammensetzung $Ti(C_6H_5O_2N_2)_4$ gefällt, das beim Verglühen in Titandioxyd TiO_2 übergeht. Umrechnungsfaktor F (des Titandioxyds) für Ti: 0,5995; log F: 0,77779—1.

Fällungs- und Filtergeräte: Tiegel und Filterstäbchen (mit Papierfilter nach S. 78).

Ausführung: Die schwefelsaure Titansalzlösung (3 bis 5 ccm), die 10 Vol.-% freie Schwefelsäure und 5% Weinsäure enthält, wird bei ungefähr 10° unter Umschütteln mit kalter 5%iger Cupferronlösung (S. 55) versetzt, bis kein weiterer Niederschlag mehr ausfällt. Nach halbstündigem Absetzen unter Kühlung mit Eiswasser filtriert man den Niederschlag und wäscht ihn vier- bis fünfmal mit je 0,5 ccm kalter 5(vol.-)%iger Schwefelsäure, die 0,5% Cupferron enthält. Der Niederschlag wird auf dem Wasserbad vorgetrocknet, wobei unter Schmelzen Zersetzung eintritt, und hierauf im Trockenschrank bei 110° weitergetrocknet; dann wird er im elektrischen Ofen unter langsamer Steigerung der Temperatur bis ungefähr 950° verglüht. Nach 5 Minuten Erhitzen bei der Höchsttemperatur wird das Glühen beendet.

Reinigung des Tiegels: Hierzu ist ein Pyrosulfataufschluß und nachfolgendes Lösen der Schmelze in warmer Salzsäure (1 : 1) nötig.

Fällung in salzsaurer Lösung nach K. SCHOKLITSCH.[4]

Aus der kalten, 10 Vol.-% Salzsäure enthaltenden Lösung (3 bis 5 ccm) wird Titan mit 1%iger Cupferronlösung (S. 55) im Überschuß gefällt. Nach 45 Minuten währendem Absetzen filtriert man den Nieder-

[1] Die Fällung ist nach K. SCHOKLITSCH (a. a. O.) aus der mit 1 Tropfen Salzsäure angesäuerten Titansalzlösung vorzunehmen, da bei Verwendung von Schwefelsäure die Gefahr bestünde, daß sich unlösliche Metatitansäure abscheidet. Die Salzsäure wird nach Zugabe des Oxins mit Ammoniumacetat abgestumpft.

[2] F. HECHT: Mikrochim. Acta (Wien) 2, 195 f. (1937).

[3] F. HECHT: Mikrochim. Acta (Wien) 2, 197 (1937).

[4] K. SCHOKLITSCH: Mikrochem. 20, 250 (1936).

schlag und wäscht ihn mit einigen Kubikzentimetern kalten Wassers (in mehrere Portionen verteilt).

Die Endbestimmung wird von K. SCHOKLITSCH auf colorimetrischem Weg ausgeführt.

3. Erdalkalien.

Magnesium.

1. Bestimmung als Magnesiumoxychinolat.[1]

Magnesium wird in ammoniakalischer ammoniumsalzhaltiger Lösung durch alkoholisches Oxinreagens als grünlichgelbe kristalline Verbindung gefällt, die nach dem Trocknen bei 100 bis 105° die Zusammensetzung $Mg(C_9H_6ON)_2 \cdot 2\,H_2O$ aufweist. Umrechnungsfaktor F für Mg: 0,06976; log F: 0,84358—2.

Fällungs- und Filtergeräte: Filterbecher; Fällungs- und Filterröhrchen.

Ausführung: Die Lösung des Magnesiumsalzes (am besten Magnesiumchlorid) wird in einem Volumen von 1 bis 3 ccm (je nach der Magnesiummenge) mit 50 mg Ammoniumchlorid und 3 Tropfen konz. Ammoniak versetzt und auf dem Wasserbad auf ungefähr 70° erwärmt. Hierauf wird das Magnesium mit einem Überschuß von 1%iger[2] alkoholischer Oxinlösung (S. 57) tropfenweise gefällt. Das Erreichen des Überschusses ist an der Gelbfärbung der überstehenden Flüssigkeit infolge Bildung des stark gefärbten Ammoniumoxychinolats feststellbar. Man läßt den Niederschlag, der bei kleinen Mengen erst nach einiger Zeit entsteht, 20 bis 30 Minuten lang sich absetzen und filtriert sodann, wobei abwechselnd mit je 0,5 ccm warmem, schwach ammoniakalischem Wasser bzw. mit Alkohol gewaschen wird.[3] Nach fünf- bis sechsmaligem Waschen wäscht man schließlich noch ein letztes Mal mit Alkohol nach und saugt den Niederschlag möglichst trocken. Die Trocknungstemperatur beträgt 100 bis 105°. Viel höher darf der Niederschlag nicht erhitzt werden, da sonst Verlust von 1 Molekül Kristallwasser auftritt.

Reinigung der Filtergeräte: Hierzu eignet sich heiße Salzsäure (1 : 1) oder Chromschwefelsäure.

2. Bestimmung als Magnesiumammoniumphosphat.[4]

Aus ammoniakalischer ammoniumchloridhaltiger Magnesiumchloridlösung wird das Magnesium mit Natriumphosphat gefällt. Der

[1] R. STREBINGER und W. REIF: Mikrochem., PREGL-Festschrift, 319 (1929). — Siehe auch R. BERG: Das Oxin. S. 33.

[2] Nach unseren Erfahrungen ist die 3%ige alkoholische Oxinlösung haltbarer als die 1%ige.

[3] Diese Art abwechselnden Waschens ist dem Fällungsröhrchenverfahren nach F. PREGL angepaßt. Bei der EMICHschen Filterstäbchenmethodik bzw. bei der Anwendung von Filterbechern ist aufeinanderfolgendes Auswaschen zunächst mit ammoniakalischem Wasser und sodann erst mit Alkohol zweckmäßiger.

[4] A. A. BENEDETTI-PICHLER und F. SCHNEIDER: Mikrochem., EMICH-

Niederschlag wird bei Zimmertemperatur lufttrocken gesaugt und als Magnesiumammoniumphosphat $MgNH_4PO_4 \cdot 6\,H_2O$ ausgewogen. Umrechnungsfaktor F für Mg: 0,09909; log F: 0,99603—2.

Fällungs- und Filtergeräte: Becher (Tiegel) und Filterstäbchen; Filterbecher.

Ausführung: Die im folgenden angegebenen Reagensmengen beziehen sich auf ungefähr 0,5 mg Magnesium. Bei anderen Magnesiumgehalten der zu untersuchenden Probe sind die Reagensmengen bzw. Volumina entsprechend abzuändern.

Die neutrale Magnesiumchloridlösung wird in einem Volumen von etwa 1 ccm mit 0,2 ccm 15%iger Ammoniumchloridlösung versetzt, auf dem siedenden Wasserbad erwärmt und mit 0,1 ccm einer 10%igen Ammoniaklösung ammoniakalisch gemacht. Hierauf fügt man 0,2 ccm 10%ige Dinatriumphosphatlösung hinzu, worauf sich der Niederschlag ausscheidet, der im Verlauf einer halben Stunde grobkörnig wird. Bei der nun folgenden Filtration wird zweimal mit je 2 ccm 10%igem Ammoniak und zweimal mit je 1 ccm Methylalkohol gewaschen. Der Alkohol wird nur ganz langsam durch das Filter gesaugt, damit er die wäßrige Flüssigkeit möglichst gründlich verdrängen kann. Die Trocknung des Niederschlages erfolgt bei Zimmertemperatur mit Hilfe eines Luftstromes, der ein Chlorcalciumrohr passiert hat. Abb. 88 zeigt die entsprechende Anordnung bei Verwendung der Trockenvorrichtung nach A. BENEDETTI-PICHLER (S. 103, Abb. 53).

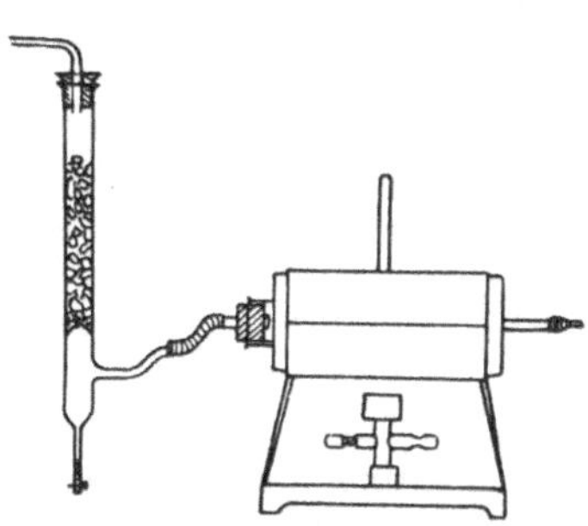

Abb. 88. Trocknung von Bechern und Filterstäbchen mittels eines trockenen Luftstromes (1/7 der natürlichen Größe). [Aus Mikrochem., EMICH-Festschrift, 10 (1930).]

Reinigung der Filtergeräte: Hierzu wird heiße Salzsäure (1 : 1) verwendet.

Calcium.

1. Bestimmung als Calciumpikrolonat.[1]

Calcium wird aus neutraler Lösung bei 50° durch Pikrolonsäurereagens als gelber kristalliner Niederschlag von Calciumpikrolonat gefällt, der lufttrocken gewogen wird und in diesem Zustand die Zusammensetzung $Ca(C_{10}H_7O_5N_4)_2 \cdot 8\,H_2O$ aufweist. Umrechnungsfaktor F für Ca: 0,05640; log F: 0,75131—2.

Fällungs- und Filtergerät: Filterbecher.

Ausführung: Die alkali- und ammoniumsalzfreie Calciumchloridlösung, (Volumen höchstens 2 ccm) wird im Filterbecher auf etwa 50° erwärmt (auf dem Wasserbad oder im Aluminiumblock [S. 71, Abb. 25]) und hierauf unter Umschwenken tropfenweise mit Pikrolonsäurereagens (S. 48)

Festschrift, 8 (1930). — Das Mikroverfahren fußt auf der makroanalytischen Methode von L. W. WINKLER: Z. angew. Chem. **31**, 211 (1918).

[1] R. DWORZAK und W. REICH-ROHRWIG: Z. analyt. Chem. **86**, 98 (1931). — Siehe auch W. PRODINGER: Fällungsmittel. S. 41.

versetzt, bis ein Niederschlag ausfällt. Man unterbricht den weiteren Reagenszusatz, bis nach Erwärmen und Umschwenken die Umwandlung des Niederschlages in die grobkristalline Form erfolgt ist. Es müssen schwere, stark lichtbrechende Kristalle entstehen.[1] Falls weiterhin durch zu schnellen Reagenszusatz wieder eine flockige Fällung entsteht, unterbricht man neuerlich und wartet unter Schütteln und andauerndem Erwärmen auf 50° die Umwandlung in die schweren Kristalle ab. Sobald auch nach dem Abkühlen der Lösung bei neuerlichem Zufügen von Reagens keine weitere Abscheidung mehr erfolgt, wird ein größerer Überschuß an Pikrolonsäurelösung, und zwar mindestens halb soviel, wie das Volumen der Lösung beträgt, zugegeben. Man bringt hierauf den Becher mit dem Niederschlag für mehrere Stunden in einen kühlen Raum. Dann filtriert man und spült zweimal mit je 0,2 ccm eisgekühltem Wasser die Wandungen des Bechers ab.[2] Bei einiger Übung ist ohne weiteres mit diesen geringen Mengen Waschflüssigkeit das Auslangen zu finden. Der Filterbecher mit dem Niederschlag wird in der auf S. 105, Abb. 57, beschriebenen Apparatur lufttrocken gesaugt und nach dem üblichen Abwischen gewogen.

Falls die Bestimmungen genau nach der Vorschrift ausgeführt werden, sind die Ergebnisse, auch nach unseren Erfahrungen, ganz vorzüglich. Es wurden Mengen von 0,035 bis 0,8 mg Calcium bestimmt. Letztere Menge stellt die obere Grenze dar, bei der noch die Bestimmung im Filterbecher der handelsüblichen Größe möglich ist. Die Methode ist demnach für sehr kleine Calciummengen besonders geeignet.

Reinigung des Filterbechers: Diese erfolgt mit Chromschwefelsäure.

2. Bestimmung als Calciumoxalat.[3]

Die schwach salzsaure Calciumchloridlösung wird nach Zusatz von Oxalsäurelösung mit Ammoniak gegen Methylrot fast ganz neutralisiert (die Indikatorfarbe muß rot bleiben) und in der Siedehitze mit Ammoniak bis zum Umschlag des Indikators nach Gelb versetzt. Das Calciumoxalat wird bei 105 bis 110° getrocknet und als $CaC_2O_4 \cdot H_2O$ gewogen. Umrechnungsfaktor F für Ca: 0,2743; log F: 0,43823—1.

Fällungs- und Filtergeräte: Becher und Filterstäbchen; Filterbecher.

Ausführung: Die schwach salzsaure Calciumchloridlösung wird in einem Volumen von 1 bis 2 ccm auf dem Wasserbad erwärmt oder mit Hilfe eines Metallblockes (S. 71, Abb. 25) bis fast zum Sieden erhitzt. Hierauf fügt man 0,5 ccm 3%ige Oxalsäurelösung zu und versetzt tropfenweise unter Umschwenken mit 10%igem Ammoniak, bis eben eine schwache Trübung bestehen bleibt oder aber sich gerade noch auflöst. Nun wird ein Tropfen kalt gesättigter alkoholischer Methylrotlösung zugegeben,

---

[1] Bei sehr kleinen Calciummengen treten diese Kristalle erst nach einiger Zeit, wenn die Lösung erkaltet ist, auf.

[2] 100 ccm Wasser lösen bei 0° 0,4 mg Calcium als Pikrolonat, hingegen bei 11° schon 0,9 mg Calcium.

[3] A. Benedetti-Pichler: Z. analyt. Chem. **64**, 420 (1924).

worauf sich die Lösung rot färben muß. Falls etwa Gelbfärbung eintritt, ist tropfenweise Salzsäure bis zum Umschlag nach Rot zuzufügen. Man erwärmt hierauf im Aluminiumblock bis nahe zum Sieden. Die gegebenenfalls auftretende Trübung muß dabei in Lösung gehen, was nötigenfalls durch einen Tropfen Salzsäure bewirkt wird. Sodann wird die Lösung bei Anwesenheit von Magnesium ungefähr auf das Doppelte verdünnt, neuerlich eben bis zum Sieden erhitzt und durch tropfenweisen Zusatz von 1%igem Ammoniak unter jedesmaligem Umschwenken und kurzem Erwärmen ammoniakalisch gemacht (bis zum Umschlag des Indikators nach Hellgelb). Bei Anwesenheit sehr geringer Calciummengen tritt der Niederschlag erst nach dem Farbumschlag in Gelb auf. Man läßt bei Anwesenheit von Magnesium nicht länger als eine Stunde absetzen.[1] Sodann wird filtriert und fünfmal mit je 0,5 ccm kaltem Wasser gewaschen. Es ist jedoch empfehlenswerter, drei- bis viermal mit je 0,5 ccm kalter 0,4%iger Ammoniumoxalatlösung[2] und erst dann zweimal mit einigen Zehntelkubikzentimetern kaltem Wasser zu waschen. Die Trocknungstemperatur ist 105 bis 110°.

Nach dieser Methode lassen sich Calciummengen bis zu 5 mg und mehr bestimmen. Das angegebene Fällungsvolumen gilt für Mengen bis etwa 1,5 mg. Für größere Mengen ist es entsprechend zu erhöhen. Mengen über 3 mg sollten nicht mehr im Filterbecher, sondern in einem entsprechend geräumigen Mikrobecher bestimmt werden.

Reinigung der Filtergeräte: Diese wird mit heißer Salzsäure (1 : 1) vorgenommen.

Strontium.

Bestimmung als Strontiumsulfat.[3]

Strontium wird in schwach schwefelsaurer Lösung bei Gegenwart von Alkohol als Strontiumsulfat $SrSO_4$ gefällt; dieses wird nach Trocknen bei 170 bis 180° gewogen. Umrechnungsfaktor F für Sr: 0,4770; log F: 0,67856—1.

Fällungs- und Filtergeräte: Fällungs- und Filterröhrchen; Tiegel und Filterstäbchen (Platin).

Ausführung: Die neutrale Strontiumsalzlösung, deren Volumen 5 ccm nicht überschreiten soll, wird bei 50 bis 60° mit 1 ccm 2 n-Schwefelsäure und hierauf unter Umschwenken mit dem der ganzen Flüssigkeitsmenge gleichen Volumen an 96%igem Alkohol versetzt. Wird das Fällungsröhrchen benutzt, so darf die Flüssigkeit nach der Fällung nicht mehr als die Hälfte seines Rauminhaltes einnehmen. Besser ist es, die Strontiumsalzlösung zunächst im Platintiegel auf dem Wasserbad einzuengen und dann mit 1 ccm 2 n-Schwefelsäure zu versetzen. Sobald die Fällung beendet ist, erwärmt man das bedeckte Fällungsgefäß mit der Lösung

[1] Bei Abwesenheit von Magnesium kann man länger absetzen lassen, doch ist dies überflüssig.

[2] Bei 20° gesättigte Ammoniumoxalatlösung wird mit Wasser auf das Zehnfache verdünnt.

[3] R. STREBINGER und J. MANDL: Mikrochem. 4, 168 (1926).

noch während einer Stunde bei 50 bis 60° weiter,[1] wodurch der Niederschlag grobkörniger wird. Nach dem Erkalten wird mit Hilfe eines vorher mitgewogenen Platinfilterstäbchens bzw. mittels der auf S. 92 beschriebenen Absaugapparatur (Abb. 43) und eines Filterröhrchens filtriert, wobei zwei- bis dreimal mit 50%igem Alkohol, der mit Schwefelsäure ganz schwach angesäuert worden ist, und hierauf noch zwei- bis dreimal mit 96%igem Alkohol gewaschen wird. Die Trocknung erfolgt bei 170 bis 180°.

Nach diesem Verfahren wurden Strontiummengen von 0,3 bis 5 mg bestimmt.[2]

Reinigung der Geräte: Aus den Filterröhrchen wird die Hauptmenge des Strontiumsulfats mechanisch entfernt. Der Rest wird in heißer Salpetersäure (1 : 1) gelöst. In besonderen Fällen hilft bei Platinfilterstäbchen ein Sodaaufschluß, darauffolgendes Auslaugen mit heißem Wasser (vgl. S. 258) und hierauf Durchwaschen erst mit heißer Salzsäure (1 : 1), dann mit heißem Wasser.

Barium.

Bestimmung als Bariumsulfat.[3]

Barium wird aus schwach salzsaurer Lösung in der Hitze mit verdünnter Schwefelsäure gefällt und als Bariumsulfat $BaSO_4$ gewogen. Umrechnungsfaktor F für Ba: 0,5885; log F: 0,76972—1.

Fällungs- und Filtergeräte: Tiegel und Filterstäbchen (Porzellan oder Platin[4]).

Ausführung: Die Lösung, deren Volumen einige Kubikzentimeter (je nach der vorhandenen Bariummenge) beträgt, wird mit einem Tropfen 10%iger Salzsäure versetzt und heiß[5] mit 1 bis 2 Tropfen 20%iger Schwefelsäure gefällt. Man erwärmt noch 5 Minuten, läßt dann 10 Minuten abkühlen, filtriert und wäscht dreimal mit ein wenig heißem Wasser. Tiegel und Filterstäbchen werden auf dem Wasserbad vorgetrocknet und hierauf bei 800° geglüht.

Reinigung des Filterstäbchens: Porzellanfilterstäbchen werden durch mechanisches Entfernen der Bariumsulfatschicht oder durch Abspritzen der Filterfläche unter der Wasserleitung, nötigenfalls durch Erhitzen mit heißer konz. Schwefelsäure gereinigt (Durchsaugen). Platinfilterstäbchen werden abgespritzt und dann mit heißer konz. Schwefelsäure durchgespült. Dies erfolgt am besten mittels einer Absaugapparatur (S. 79, Abb. 32), die man ausschließlich zu diesem Zweck verwendet, um nicht die Schläuche allzu oft auswechseln zu müssen.

[1] Hierzu eignet sich ein Aluminiumblock (vgl. S. 71, Abb. 25).

[2] R. STREBINGER und J. MANDL: Mikrochem. **4**, 168 (1926).

[3] E. SCHWARZ-BERGKAMPF: Z. analyt. Chem. **69**, 330 (1926).

[4] Tiegel und Filterstäbchen aus Platin sind wegen der besseren Gewichtskonstanz und leichteren Reinigungsmöglichkeit mittels heißer konz. Schwefelsäure (die die Porzellanfilterstäbchen etwas angreift) den gleichen Geräten aus Porzellan entschieden vorzuziehen.

[5] Der Tiegel wird im Aluminiumblock (S. 71, Abb. 25) oder auf dem siedenden Wasserbad erhitzt.

4. Alkalimetalle.

Natrium.

1. Bestimmung als Natrium-Magnesium-Uranylacetat.[1]

Natrium wird aus neutraler Chlorid- oder Sulfatlösung, die eine bestimmte Konzentration aufweisen muß, durch alkoholisches Magnesium-Uranylacetatreagens ausgefällt. Die bei verhältnismäßig großer Verdünnung langsam erfolgende Kristallisation des Niederschlages bedingt, daß fremde Bestandteile innerhalb gewisser Grenzen nicht miteingeschlossen werden (siehe weiter unten). Der Niederschlag wird nach 16stündigem Stehen filtriert, bei 110° getrocknet und als $NaMg(UO_2)_3(C_2H_3O_2)_9 \cdot 8H_2O$[2] gewogen. Umrechnungsfaktor F für Na: 0,01500; log F: 0,17612—2.

Fällungs- und Filtergeräte: Becher (Tiegel) und Filterstäbchen; Filterbecher.

Ausführung:

Reagens: Man löst 3,2 g kristallisiertes Uranylacetat und 10 g Magnesiumacetat unter Zusatz von 2 ccm Essigsäure in einem Gemisch von 50 ccm Alkohol und 30 ccm Wasser auf dem Wasserbad und läßt erkalten. Hierauf füllt man die Lösung mit Wasser auf 100 ccm auf und filtriert sie nach 48 Stunden. Das Reagens ist im Dunklen aufzubewahren, da es sich im Sonnenlicht unter Reduktion des Uranylsalzes zu grünem Uranosalz zersetzt. Ein derart grün gefärbtes Reagens ist nicht mehr brauchbar. Der nach einiger Zeit entstehende Bodensatz von Natrium-Magnesium-Uranylacetat wird nicht filtriert, da das Reagens Sättigung an Natriumtripelsalz aufweisen soll. Für die Fällung werden die benötigten Mengen ohne Aufrühren des Bodensatzes abpipettiert und nur, wenn nötig, durch ein Papierfilter oder aber mit Hilfe eines Porzellanfilterstäbchens filtriert (siehe S. 230, Abb. 89).

Fällungsvorschrift: Die Fällung erfolgt in der neutralen Natriumchlorid- oder Natriumsulfatlösung. Die Natriumkonzentration soll sich zwischen 0,025 mg und 0,3 mg Natrium in 1 ccm bewegen, was, wenn nötig, durch Eindampfen bzw. Verdünnen leicht erreichbar ist. Zur vollständigen Ausfällung des Natriums ist das Sieben- bis Achtfache derjenigen Reagensmenge anzuwenden, die rechnungsmäßig erforderlich wäre,[3] also rund 12 ccm Reagens für 1 mg Natrium. Mindestens ist jedoch von dem Reagens das doppelte Volumen der Lösung, aus der die Fällung erfolgt, zuzusetzen. Beträgt beispielsweise die Natriumkonzentration 0,17 mg Natrium im Kubikzentimeter, so werden die beiden Forderungen identisch, d. h. man benötigt 2 ccm Reagens für jeden Kubikzentimeter der Natriumsalzlösung.[4] Falls die vorhandene Natriummenge nicht bekannt ist, be-

[1] R. Dworzak und A. Friedrich-Liebenberg: Mikrochim. Acta (Wien) **1**, 177 (1937).

[2] Nach E. Kahane: Bull. Soc. chim. France (4) **47**, 382 (1930); **53**, 555 (1933).

[3] 1 mg Natrium benötigt zur Fällung theoretisch 1,588 ccm Reagens.

[4] Einerseits soll das Reagensvolumen das Doppelte der Natriumsalzlösung in Kubikzentimetern betragen, anderseits genügen 2 ccm Reagens zur Fällung von $^1/_6$ mg = 0,17 mg Natrium.

stimmt man sie entweder durch einen Vorversuch annähernd, oder man fällt den Niederschlag um, indem man ihn in verdünnter Salzsäure löst, die Lösung zur Trockne verdampft und nach Aufnehmen mit Wasser nunmehr mit derjenigen Reagensmenge fällt, die der zuvor erhaltenen Auswaage entspricht.[1] Bei Natriumkonzentrationen, die sich sehr der unteren, vorhin angegebenen Grenze von 0,025 mg Natrium im Kubikzentimeter nähern oder diese unterschreiten, ist mehr Reagens hinzuzufügen, als dem doppelten Lösungsvolumen entspricht. Bei dieser Methode stört ein etwas größerer Reagensüberschuß nicht.

Nach Zusatz des Reagens läßt man die Fällung rund 16 Stunden oder länger im Dunklen sich absetzen, da sich das Reagens, wie erwähnt, im Licht zersetzt. Man filtriert dann, wäscht zweimal mit je 0,5 ccm Reagens und hierauf vier- bis fünfmal in kleinen Anteilen mit insgesamt 3 ccm Alkohol, trocknet bei 110° und wägt in der üblichen Weise.

Die Höchstmenge Natrium, die in einem Becher oder Tiegel von 25 ccm Fassungsraum noch ohne Schwierigkeit bestimmt werden kann, ist etwa 1,2 mg. Man benötigt dafür ein Lösungsvolumen von mindestens 4 ccm sowie 14,5 ccm Reagens. In den Filterbechern der handelsüblichen Größe (10 ccm Fassungsraum) sind noch 0,4 mg Natrium bestimmbar (1,5 ccm Lösung, 5 ccm Reagens).

Bei Einhaltung der angeführten Konzentrationen und Volumina kann Natrium — z. B. in Mineralwässern — nicht nur aus reinen Natriumchlorid- und -sulfatlösungen, sondern auch bei Gegenwart folgender Ionen bestimmt werden:

K	bis	Na : K = 1 : 2[2]
Li	„	Na : Li = 1 : 0,25[3]
Ca	„	Na : Ca = 1 : 11
Ba	„	Na : Ba = 1 : 11
Fe	„	Na : Fe = 1 : 1
Phosphorsäure	„	Na : P_2O_5 = 1 : 0,1
Kieselsäure	„	Na : SiO_2 = 1 : 8,5.

Der dabei auftretende Fehler der Natriumbestimmung beläuft sich auf wesentlich weniger als 1%.

Reinigung der Filtergeräte: Diese erfolgt in heißer Salzsäure (1 : 1).

2. Natriumbestimmung in Mineralwässern.[4]

Da in Mineralwässern von den Beimengungen die unter 1 angeführten Verhältniszahlen nur selten überschritten werden, ist die beschriebene

[1] Dies setzt natürlich die Vollständigkeit der ersten Natriumfällung, d. h. also den Zusatz eines ausreichenden Reagensüberschusses voraus.

[2] Es ist bei diesem Verhältnis notwendig, eine zu hohe Konzentration der beiden Alkalimetalle zu vermeiden. Mitfällung von Kalium verrät sich durch die orangerote Färbung des Niederschlages nach dem Trocknen.

[3] Bei nicht zu hohen Genauigkeitsansprüchen kann das Verhältnis Na : Li = = 1 : 1 sein (R. Dworzak und A. Friedrich-Liebenberg: a. a. O., S. 186).

[4] R. Dworzak und A. Friedrich-Liebenberg: Mikrochim. Acta (Wien) 1, 190 (1937).

Methode der Natriumbestimmung auf die meisten natürlich vorkommenden Mineralwässer anwendbar. Die Gefahr, daß bei zu hohem Gipsgehalt des Wassers durch Zusatz des alkoholischen Reagens Calciumsulfat ausgefällt wird, läßt sich in der Regel durch entsprechendes Verdünnen des Wassers verhindern. Gegebenenfalls ist das Sulfat mit Bariumchlorid zu entfernen. Der Überschuß an Bariumchlorid darf dabei nicht zu hoch bemessen werden, damit die Natriumbestimmung unmittelbar aus dem Filtrat vorgenommen werden kann. Auch Phosphorsäure kann, wenn nötig, mit Bariumchlorid und Ammoniak abgetrennt werden. Die Ammoniumsalze sind vor der Natriumbestimmung durch Glühen zu zerstören. In manchen Mineralwässern ist die Natriumkonzentration so hoch, daß das Originalwasser entsprechend verdünnt werden muß, um die für die Bestimmung zulässige Höchstgrenze von 0,3 mg Natrium im Kubikzentimeter zu erreichen.

Kalium.

1. Bestimmung als Kaliumchloroplatinat.[1]

a) Bei Abwesenheit von Natrium.

Die weitgehend eingeengte neutrale Kaliumchloridlösung wird mit Platinchloridchlorwasserstoffsäure bei höchstens 80° zur Trockne verdampft. Nach Verdünnen mit absolutem Alkohol wird das Kaliumchloroplatinat K_2PtCl_6 filtriert, mit absolutem Alkohol gewaschen und bei 160° getrocknet. Empirischer Umrechnungsfaktor F für K: 0,1603; log F: 0,20486—1.

Fällungs- und Filtergeräte: Becher und Filterstäbchen (letzteres aus Porzellan oder aus Glas mit Glasfritte).[2]

Ausführung: Die in einem Mikrobecher befindliche neutrale Kaliumchloridlösung wird auf dem siedenden Wasserbad sehr weitgehend eingedampft, abgekühlt und mit dem Doppelten des theoretisch berechneten Volumens einer 10%igen wäßrigen Lösung von Platinchloridchlorwasserstoff versetzt. Hierauf setzt man das Eindampfen in einem Aluminiumblock (S. 71, Abb. 25) fort, ohne die Temperatur von 75 bis 80° zu überschreiten. Wenn die Lösung beinahe zur Trockne verdampft ist, kühlt man ab und nimmt mit 0,5 ccm absolutem Alkohol auf. Hierauf wird der Niederschlag unter schwachem Saugen mit der Pumpe filtriert und dreimal mit je 0,5 ccm absolutem Alkohol ausgewaschen. Becher und Filterstäbchen werden nun in der Trockenvorrichtung nach A. A. BENEDETTI-PICHLER (S. 103, Abb. 53) 5 Minuten lang bei 160° unter Hindurchleiten eines langsamen Luftstromes getrocknet. Dann wird in der üblichen Weise gewogen.

Die mit 0,5 mg Kalium ausgeführten Beleganalysen[1] weisen sehr gute Ergebnisse auf.

[1] P. WENGER, CH. CIMERMAN und C. J. RZYMOWSKA: Mikrochem. **20**, 1 (1936).

[2] Das PREGLsche Filterröhrchen bewährte sich nicht, da der getrocknete Kaliumchloroplatinat-Niederschlag beim Trocknen im heißen Luftstrom leicht verstäubt.

Reinigung des Filterstäbchens: Das Stäbchen wird zwei- bis dreimal mit jedesmal erneuertem Wasser ausgekocht, worauf zuerst heißes Wasser und zum Schluß 95%iger Alkohol hindurchgesaugt wird. Nach Ausführung einiger Bestimmungen ist das Stäbchen gelegentlich auch mit heißem Königswasser, das mit dem gleichen Volumen heißen Wassers verdünnt wird, auszukochen. Selbstverständlich muß auch in diesem Falle nachher wieder heißes Wasser in ausreichender Menge und schließlich 95%iger Alkohol durch das Filterstäbchen hindurchgesaugt werden.

b) Bei Anwesenheit von Natrium.

Die Bestimmung erfolgt ähnlich wie nach A, doch wird wegen der Anwesenheit von Natrium entsprechend mehr Platinchloridchlorwasserstofflösung zugesetzt, um auch alles Natrium in das Chloroplatinat überzuführen. Der Waschalkohol wird etwas verdünnter als im Fall A angewendet (90- bis 95%ig).

Fällungs- und Filtergeräte: Wie unter a angegeben.

Ausführung: Das Eindampfen und die Zugabe der Platinchloridchlorwasserstoffsäure erfolgen wie nach a, doch wendet man von dem Reagens doppelt soviel an, als erforderlich wäre, wenn die Gesamtmenge der anwesenden Alkalien als Natriumchlorid vorläge. Das Eindampfen wird im Aluminiumblock bei 75 bis 80° fortgesetzt. Diese Temperatur darf nicht überschritten werden, da sich sonst entwässertes Na_2PtCl_6 bildet, das in Alkohol sehr wenig löslich ist.[1] Der beinahe zur Trockne eingedampfte Rückstand wird mit 1 ccm absolutem Alkohol aufgenommen. Die Filtration erfolgt wie nach a. Man wäscht mit je 0,5 ccm 90- bis 95%igem Alkohol[2] bis zur völligen Entfernung des Natriumchloroplatinats und der überschüssigen Chloroplatinsäure, wozu gewöhnlich 5 ccm Alkohol benötigt werden. Bei Anwesenheit von insgesamt 4 bis 5 mg Alkalisalzen oder mehr ist die Menge des Waschalkohols etwas zu erhöhen. Die ablaufende Flüssigkeit muß farblos sein. Trocknung und Wägung werden genau wie unter a angegeben ausgeführt.

Die Beleganalysen[3] wurden mit je 0,5 mg Kalium bei Gegenwart von Natriummengen ausgeführt, die bis zum Zehnfachen des anwesenden Kaliums anstiegen (5 mg). Doch wurden auch noch bei einem Verhältnis K : Na = 1 : 50 Werte erhalten, die zwar etwas zu hoch (im Mittel um 14 γ), aber immerhin nicht unbrauchbar waren.

Reinigung des Filterstäbchens: Wie unter a angegeben.

---

[1] Auch besteht die Gefahr, daß die Chloroplatinsäure selbst Produkte bildet, die in Alkohol unlöslich sind.

[2] Die Anwendung von absolutem Alkohol als Waschflüssigkeit führt nur dann zu richtigen Resultaten, wenn die Natriummenge nicht mehr als das Vierfache des anwesenden Kaliums beträgt. Andernfalls findet man zu hohe Werte.

[3] P. WENGER, CH. CIMERMAN und C. J. RZYMOWSKA: a. a. O., 6.

2. Bestimmung als Kaliumchloroplatinat nach vorhergehender Umwandlung in Perchlorat (Trennung von Natrium).[1]

Die Chloride von Natrium und Kalium werden erst in Perchlorate umgewandelt. Nach völliger Entfernung der überschüssigen Perchlorsäure durch Abrauchen führt man die Alkalien mit Platinchloridchlorwasserstoff in Chloroplatinate über, nimmt mit 95%igem Alkohol auf, filtriert und wäscht den Niederschlag von Kaliumchloroplatinat K_2PtCl_6 mit Alkohol aus. Umrechnungsfaktor F für K sowie log F siehe unter 1a.

Fällungs- und Filtergeräte: Wie unter 1a angegeben.

Ausführung: Die neutrale Lösung von Kalium- und Natriumchlorid wird im Mikrobecher mit dem Doppelten derjenigen Menge Perchlorsäure ($D = 1{,}67$) versetzt, die rechnungsmäßig zur Umwandlung der Chloride in Perchlorate ausreicht. Man dampft im Aluminiumblock (S. 71, Abb. 25) ein und steigert schließlich die Temperatur auf 110 bis 120°. Sobald alles zur Trockne verdampft ist, wird die Temperatur noch erhöht, bis keine weißen Dämpfe mehr entweichen. Unter Umständen kann man den Becher noch auf ein Kupferblech stellen und ein wenig mit freier Flamme erhitzen. Nach dem Erkalten wird der Rückstand mit einigen Tropfen Wasser aufgenommen und nach neuerlichem Eindampfen zur Trockne nochmals in der beschriebenen Weise erhitzt, um gegebenenfalls noch vorhandene Spuren von Perchlorsäure völlig zu vertreiben. Dies ist unbedingt nötig, da sonst ein Teil des Kaliums später als in Alkohol unlösliches Kaliumperchlorat zurückbleiben und wegen des geringeren Molekulargewichtes (im Vergleich zu Kaliumplatinchlorid) zu niedrige Werte verursachen würde. Der erkaltete Rückstand wird in wenigen Tropfen Wasser gelöst und mit dem Zwei- bis Dreifachen der zur Fällung des anwesenden Kaliums rechnungsmäßig notwendigen Menge an Platinchloridchlorwasserstofflösung (10%ig) versetzt. Nun wird die Lösung im Aluminiumblock bei 75 bis 80° eingedampft. Der erkaltete Rückstand wird mit 0,5 ccm 95%igem Alkohol aufgenommen, filtriert und achtmal mit je 0,5 ccm 95%igem Alkohol gewaschen. Zum Schluß wäscht man noch zweimal mit je 0,5 ccm absolutem Alkohol. Nach 5 Minuten langem Trocknen unter Luftdurchleiten in der Trockenvorrichtung nach A. A. BENEDETTI-PICHLER (S. 103, Abb. 53) bei 120 bis 130° erhitzt man Tiegel und Filterstäbchen noch eine Viertelstunde im elektrischen Ofen bei 345 bis 350°. Das Abwischen, Trocknen und Wägen wird in der üblichen Weise vorgenommen.

Die Methode wurde für 0,5 mg Kalium bei Anwesenheit von Natriummengen, die bis zum 50fachen des Kaliums betrugen, erprobt. Die Beleganalysen der Autoren[1] weisen vorzügliche Ergebnisse auf.

Reinigung des Filterstäbchens: Wie unter 1a angegeben.

---

[1] P. WENGER, CH. CIMERMAN und C. J. RZYMOWSKA: Mikrochem. **20**, 6 (1936). — Das Mikroverfahren geht auf die makroanalytische Methode von F. G. SMITH und J. L. GRING: J. Amer. chem. Soc. **55**, 3957 (1933), zurück.

3. Bestimmung als Kaliumdipikrylaminat.[1]

Kalium wird aus der neutralen Lösung des Chlorids durch Dipikrylaminmagnesium oder -natrium als rote kristalline Verbindung $KC_{12}H_4O_{12}N_7$ gefällt. Trocknungstemperatur: 85 bis 95° (bzw. 110°). Umrechnungsfaktor F für K: 0,08191; log F: 0,91335—2.

Fällungs- und Filtergeräte: Porzellantiegel und -filterstäbchen.

Ausführung:

a) Milligrammverfahren nach R. Dworzak und H. Ballczo: zugleich Trennung von Natrium (vgl. S. 228, 229).

Reagens: Von der rund 0,25 n-Lösung von Dipikrylaminmagnesium (Kahlbaum) werden 19,6 ccm mit 2 ccm einer Lösung, die 1 mg Kaliumchlorid im Kubikzentimeter enthält, versetzt und bis zum Ausfallen von Kristallen stehen gelassen (d. i. etwa 4 Stunden). Hierauf verdünnt man mit 50 ccm destilliertem Wasser. Am folgenden Tag ist die Lösung gebrauchsfertig. Sie enthält eine geringe Menge Kaliumdipikrylaminat als Bodenkörper. Abb. 89 zeigt eine einfache Anordnung für die Aufbewahrung und Entnahme der Reagenslösung. Aus einem 100-ccm-Erlenmeyerkölbchen, das als Vorratsflasche dient und durch ein Staubfilter *S* gegen Verunreinigung geschützt ist, wird die erforderliche Menge der Lösung jeweils vor Verwendung durch ein Glasfrittenfilter in eine graduierte 10-ccm-Mikrospritzflasche gesaugt, die in einem Glaszylinder aufrecht stehend erhalten wird. Nach dem Abschalten der Spritzflasche verschließt man die freien Enden der Apparatur in bekannter Weise mit Schlauchstücken und kurzen Glasstäbchen.

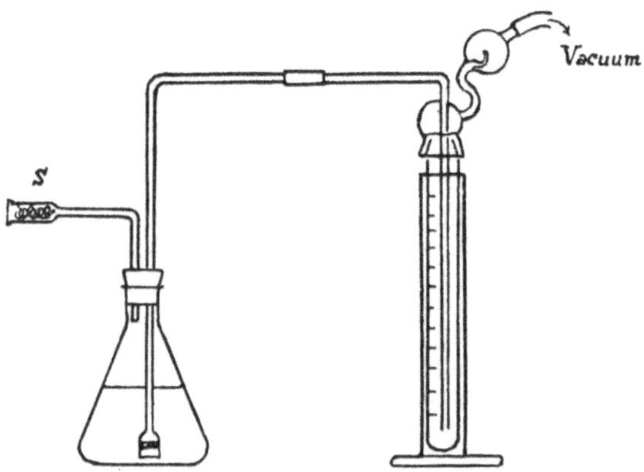

Abb. 89. Anordnung zur Aufbewahrung und Entnahme von Dipikrylaminmagnesium-Reagens (1/5 der natürl. Größe). [Aus Mikrochem. **26**, 336 (1939).]

Fällungsvorschrift: Falls die Probe (Kalium- + Natriumchlorid) nicht fest, sondern als Lösung vorliegt, wird diese in einem Berliner Porzellantiegel mit außen glasierter Bodenfläche (siehe S. 67), der vorher zusammen mit einem Porzellanfilterstäbchen gewogen worden ist, zur Trockne verdampft. Cäsium und Rubidium dürfen nicht zugegen sein, während Lithium nicht stört. Der Eindampfrückstand wird in so viel der oben angegebenen Reagenslösung gelöst, daß die Konzentration an

[1] R. Dworzak und H. Ballczo: Mikrochem. **26**, 322 (1939). — I. M. Kolthoff und G. H. Bendix: Ind. Engng. Chem., Analyt. Edit. **11**, 94 (1939).

Natrium 8 mg im Kubikzentimeter nicht übersteigt, wähiond die Kaliumkonzentration nicht höher als 400 γ im Kubikzentimeter sein darf. Als Näherungsformel diene: ccm Reagenslösung = mg $\frac{\text{NaCl} + \text{KCl}}{\text{g}}$ (Gültigkeitsbereich K : Na von 1 : 10 bis 1 : 100; 40 bis 400 γ K/ccm und maximal 8000 γ Na/ccm).

Der zu Beginn auftretende Niederschlag von Kaliumdipikrylaminat wird so lange auf dem Wasserbad erwärmt, bis er sich fast vollständig gelöst hat, was gegebenenfalls durch weiteren Reagenszusatz bewirkt werden muß. Man bedient sich dabei der auf S. 39 (Abb. 15) beschriebenen Kühlvorrichtung, die eine Krustenbildung infolge Verdampfens von Lösungsmittel verhindert. Sodann wird der Tiegel 7 Stunden lang unter Kühlung mit fließendem Wasser in der auf S. 72 (Abb. 26) dargestellten Vorrichtung um seine Achse rotieren gelassen. Nach dieser Wasserkühlung ist noch ein langes Stehen der Fällung bei Zimmertemperatur erforderlich. Bei dreitägigem Stehen werden gute Ergebnisse erzielt. Um ein Verdunsten des Lösungsmittels zu vermeiden, stellt man den Tiegel in eine verschlossene Glasdose neben ein mit Reagenslösung gefülltes kleines Becherglas.

Nach dem dreitägigen Stehen wird mit Hilfe des vorher mitgewogenen Porzellanfilterstäbchens filtriert, das ähnlich wie ein Platinfilterstäbchen (siehe S. 75, Abb. 31 c) gestaltet ist,[1] um ein Haftenbleiben von Filtratanteilen auf dem stufenförmigen Absatz des gewöhnlichen Modells (S. 75, Abb. 31 d) und ein dadurch bewirktes Verdünnen des später anzuwendenden Waschäthers mit Wasser zu vermeiden.[2] Man saugt langsam vollständig ab und wäscht hierauf mit 3 ccm Reagenslösung in vier Anteilen, indem man damit tropfenweise die Wandung des Tiegels und den Stiel des Filterstäbchens abspült. Nach völligem Absaugen wäscht man mit reinem, trockenem Äther so lange, bis er farblos abfließt.

Man saugt den Äther jedesmal möglichst rasch ab und gibt immer nur ganz wenig davon zu, so daß er kein Wasser aufzunehmen und daher nichts von dem Niederschlag zu lösen vermag. Nachdem auf diese Weise alle wäßrige Flüssigkeit aus Tiegel und Filterstäbchen entfernt worden ist, bringt man etwa 3 ccm trockenen Äther in den Tiegel und beginnt nun, das Absaugen kurz unterbrechend, mit dem Filterstäbchen die Wandung des Tiegels von dem festhaftenden Magnesiumsalz durch wiederholtes Auf- und Abziehen zu reinigen. Hierauf wäscht man noch dreimal mit Äther nach, vermeidet aber dabei jedesmal völliges Absaugen. Andernfalls verdampft nämlich aller Äther sehr rasch, feuchte Luft wird nachgesaugt, die Tiegelwandung kühlt sich schnell ab und das Innere des Tiegels beschlägt sich mit Wasser aus der Luft, wodurch sehr leicht etwas Niederschlag in Lösung gehen kann. Die ätherische Flüssigkeit wird deshalb nur langsam und in stetem Strom abgesaugt, so daß kein unerwartet rasches Trockensaugen zu befürchten ist.

---

[1] Bei der Berliner Porzellanmanufaktur auf Bestellung erhältlich.

[2] Der Kaliumdipikrylaminat-Niederschlag ist in *feuchtem* Äther merklich löslich. Magnesiumdipikrylaminat (d. i. das Reagens) löst sich jedoch auch in *trockenem* Äther leicht.

Der Tiegel mit Filterstäbchen und Niederschlag wird bei 85 bis 95° getrocknet, da das Kaliumdipikrylaminat bei höherer Temperatur als 100° sich dunkler färbt und sich zu zersetzen beginnt. Um möglichst rasch wägen zu können, beläßt man den Tiegel zum Auskühlen eine Viertelstunde auf einem Metallblock (S. 83) und hierauf eine weitere Viertelstunde im Inneren des Waagkastens, bzw. zum Schluß auf der Waagschale. Innerhalb dieser 30 Minuten nimmt der Niederschlag praktisch keine Feuchtigkeit auf.

Die Autoren[1] erzielten noch bei einem Verhältnis von Kalium : Natrium = 1 : 100 durchaus befriedigende Ergebnisse. Die Beleganalysen erstreckten sich auf Kaliummengen von 0,25 bis 0,9 mg.

b) Milligramm- und Centigrammverfahren nach I. M. KOLTHOFF und G. H. BENDIX.

Reagens: α) 3%ige Magnesiumdipikrylaminatlösung (siehe S. 51);
β) 3%ige Natriumdipikrylaminatlösung (siehe S. 51).

Das Natriumdipikrylaminat Reagens wird bei Anwesenheit solcher Anionen angewendet, die mit Magnesium einen Niederschlag bilden.

Waschflüssigkeiten: 1. 50 ccm auf 0° abgekühltes, destilliertes Wasser werden in einem 100-ccm-Erlenmeyerkölbchen in ein Eisbad gestellt.

2. Eine wäßrige, bei 0° gesättigte Lösung von Kaliumdipikrylaminat wird bereitet, indem bei Zimmertemperatur das Kaliumsalz im Überschuß in ein Becherglas gebracht wird. Dieses kühlt man hierauf in Eiswasser ab und zieht nach mehrstündigem Stehen die Lösung durch ein Filterstäbchen oder mittels einer Pipette ab.

Fällungsvorschrift: Ein 30 ccm fassender Porzellantiegel wird zusammen mit einem dünnen Glasstäbchen und einem Porzellanfilterstäbchen gewogen. Nun wird die Probelösung, deren Konzentration etwa 2 mg Kalium im Kubikzentimeter entsprechen soll, in den Tiegel gebracht und, falls sie sauer reagiert, mit Natriumhydroxyd bis zur neutralen Reaktion gegen Thymolblau versetzt. Ist sie jedoch alkalisch, so neutralisiert man mit Salzsäure gegen denselben Indikator. Unter dauerndem Rühren mit dem Glasstäbchen werden 50 bis 100% Überschuß an 3%igem Magnesiumreagens tropfenweise zugefügt, wobei für je 1 mg Kalium insgesamt 0,7 ccm Reagens verwendet werden. Bei kleinen Kaliummengen erhöht man den Reagensüberschuß. Hierauf kühlt man mindestens 15 Minuten lang in Eiswasser ab und stellt den Tiegel sodann in eine mit Eiswasser gefüllte Schale. Nun wird die überstehende Flüssigkeit durch das Filterstäbchen abgezogen und der Niederschlag soweit als möglich trockengesaugt. Man wäscht ihn mit 1 ccm der Waschflüssigkeit 1 (um eine Fällung von Kaliumsalz aus der darauffolgend anzuwendenden Waschflüssigkeit 2 durch das anfänglich noch im Niederschlag befindliche Dipikrylamin zu verhindern). Hierauf wird dreibis viermal mit je 1 ccm der Waschflüssigkeit 2 und schließlich nochmals mit 0,5 ccm der Waschflüssigkeit 1 gewaschen. Der Tiegel wird zu-

[1] R. DWORZAK und H. BALLCZO: a. a. O., 340.

sammen mit dem Filterstäbchen und dem zum Rühren benutzten Glasstab 1 Stunde bei 110° [1] getrocknet und gewogen.

Die Autoren[2] erhielten bei Kaliummengen von 1 bis 20 mg befriedigende (bei den größeren Mengen sehr gute) Werte.

Einfluß von Fremdionen: *Ammoniumsalze*, die ein schwer lösliches Ammoniumdipikrylaminat geben, werden entfernt, indem man die Lösung mit einem geringen Überschuß von Magnesiumoxyd kocht, bis die Dämpfe die Farbe von empfindlichem Lackmuspapier nicht mehr ändern. Die Lösung wird filtriert, der Niederschlag gewaschen und das Filtrat auf das zur Fällung erforderliche Volumen eingedampft. Der Kaliumgehalt des Magnesiumoxyds ist zu bestimmen und von dem erhaltenen Kaliumwert in Abzug zu bringen.

Bei Anwesenheit von *Natriumsalz* ist eine Umfällung des Kaliumdipikrylaminat-Niederschlages notwendig. Zu diesem Zweck wird der Niederschlag nach dem Absaugen des überschüssigen Reagens nicht gewaschen, sondern in 3 ccm Aceton gelöst. Die acetonische Lösung wird hierauf mit 5 ccm Wasser und sodann mit 3 ccm Reagenslösung versetzt (diese Angaben beziehen sich auf eine Kaliummenge von etwa 10 mg). Man erwärmt auf dem Wasserbad, bis kein Geruch nach Aceton mehr wahrnehmbar ist, kühlt ab und behandelt weiter in der oben beschriebenen Weise. Auf diese Art können 10 mg Kalium neben 250 mg Natrium (als Chlorid, Nitrat oder Sulfat) mit gutem Erfolg bestimmt werden, doch ist in diesem Fall das Lösungsvolumen auf das Dreifache zu vergrößern und mehr Reagens anzuwenden. (Bei nur einmaliger Fällung gelingt die Bestimmung von 10 mg Kalium noch neben 100 mg Natrium.) Das Verfahren versagt bei der Bestimmung von Spuren Kalium in Natriumsalzen.

Gute Ergebnisse werden auch bei Gegenwart verhältnismäßig großer Mengen *Lithium, Magnesium* und *Calcium* erzielt. 10 mg Kalium und weniger können neben 100 mg Calcium bestimmt werden. Hingegen stört *Barium.*

Metalle, die in alkalischer Lösung einen Niederschlag bilden, stören die Kaliumbestimmung. Sie werden mittels Magnesiumoxyds entfernt. Zu diesem Zweck verdünnt man die Lösung der Chloride in einem 150 ccm fassenden Becherglas auf etwa 50 ccm. Je nachdem die Menge der einzelnen Fremdmetalle der Größenordnung nach je 10 oder 100 mg beträgt, werden 0,2 bis 2 g Magnesiumoxyd zugefügt. Nach 10 Minuten währendem gelindem Kochen und Abkühlen wird die Suspension filtriert und der Niederschlag gewaschen. Filtrat und Waschwasser dampft man auf etwa 10 ccm ein. Diese Lösung wird in einen 30 ccm fassenden Porzellantiegel gebracht und darin auf ungefähr 5 ccm eingedampft. Das Kalium wird hierauf in der weiter oben beschriebenen Weise gefällt. Falls sehr wenig Kalium neben sehr viel

---

[1] Vergleiche jedoch die Angaben über die Zersetzlichkeit des Niederschlages bei dieser Temperatur (S. 232).

[2] J. M. Kolthoff und G. H. Bendix: a. a. O., 95.

Fremdmetallen vorliegt, macht sich die Absorption von Kaliumsalz durch den Niederschlag der Hydroxyde störend bemerkbar. Dieser Fehler kann durch Zugabe von Magnesiumsulfat etwas vermindert werden, doch fallen dann die Kaliumwerte stets ein wenig zu hoch aus. Die Autoren geben an, daß vermutlich eine Umfällung des Kaliumdipikrylaminat-Niederschlages zu besseren Werten führen würde, daß sie jedoch nicht alle Fälle, die möglicherweise vorkommen können, untersucht haben.

Im Falle der Anwesenheit von *Phosphat* wird die 3%ige Natriumdipikrylaminatlösung verwendet, da das Phosphat mit Magnesium-Ion reagieren würde. 10 mg Kalium sind neben 90 mg Dinatriumphosphat gut bestimmbar.

Reinigung des Filterstäbchens: Diese wird mit Hilfe von Aceton oder Chromschwefelsäure vorgenommen.

Lithium, Natrium, Kalium (Summe).

1. Bestimmung als Chloride.[1]

Es ist verschiedentlich versucht worden, ähnlich wie in der Makroanalyse durch Fällung des Magnesiums, Eisens, Aluminiums usw. mit Barytwasser, darauffolgende Abscheidung des im Filtrat befindlichen überschüssigen Bariums mit Ammoniumcarbonat und schwaches Glühen zwecks Vertreibung der Ammoniumsalze schließlich eine Lösung zu erhalten, in der nur mehr die Alkalimetallchloride vorhanden sind. Diese wurden dann nach schwachem Glühen gewogen. Die Mehrzahl dieser Versuche ist aber, soweit bekanntgeworden ist, nicht mit solcher Gründlichkeit und unter so sorgfältiger Prüfung aller Umstände durchgeführt worden, daß die Methode mit Sicherheit für die Mikroanalyse empfohlen werden könnte. Was die Temperaturempfindlichkeit der Chloride von Lithium, Natrium und Kalium anbelangt, konnte auf Grund der makroanalytischen Versuche von R. Dworzak und A. Friedrich-Liebenberg[1] festgestellt werden, daß Natriumchlorid und Kaliumchlorid bei Temperaturen von 150 und 200° völlig gewichtskonstant und nicht hygroskopisch sind. Auch Lithiumchlorid ist bei 150 und 200° vollkommen beständig, muß jedoch im Exsiccator abkühlen gelassen werden, da es hygroskopisch ist. Für die Mikroanalyse sind daher zwar Natriumchlorid und Kaliumchlorid nach Trocknung bei 150 bis 200° als Wägungsform brauchbar, hingegen eignet sich Lithiumchlorid nicht als solche.

2. Bestimmung als Sulfate.[2]

Diesbezüglich liegen sehr genaue Angaben vor.[2] Sowohl Lithium- als auch Natrium- und Kaliumsulfat sind bei 700° als makro- und ebenso als mikroanalytische Wägungsform ausgezeichnet geeignet. Bei

---

[1] R. Dworzak und A. Friedrich-Liebenberg: Mikrochim. Acta (Wien) **1**, 168 (1937).

[2] R. Dworzak und A. Friedrich-Liebenberg: Ebenda, 171.

dieser Temperatur ist keines der genannten Alkalisulfate merklich flüchtig oder hygroskopisch und außerdem ist die rasche und gleichmäßige Überführung in die neutralen Sulfate gewährleistet. Die Anwendung von Ammoniumcarbonat, die vielfach empfohlen wird, ist überflüssig.

Gerät: Platintiegel.

Ausführung: Die wäßrige Lösung der drei Alkalimetalle, die keine anderen Metalle enthalten darf,[1] dampft man nach Zugabe von 1 bis 2 Tropfen konz. Schwefelsäure im Wasserbad soweit als möglich ein und raucht hierauf im Aluminiumblock die Schwefelsäure ab. Nach Wiederholung des Abrauchens mit einem Tropfen konz. Schwefelsäure glüht man den Platintiegel mit dem Rückstand 30 bis 45 Minuten bei 700° im elektrischen Ofen und wägt nach dem Erkalten.

Reinigung des Platintiegels: Dieser wird mit heißem Wasser, gegebenenfalls mit heißer Salzsäure (1 : 1) behandelt.

3. Alkalibestimmung in Mineralwässern als Summe der Sulfate.[2]

In wenigen Kubikzentimetern des Mineralwassers wird zuerst durch Abrauchen mit Salzsäure die Kieselsäure abgeschieden. Hierauf werden alle anderen Ionen durch Kochen mit Calciumhydroxyd abgetrennt, das im Filtrat befindliche Calcium als Carbonat (und zur Vollständigkeit als Oxalat) ausgefällt und nach Verglühen der Ammoniumsalze die Alkalien durch Abrauchen mit Schwefelsäure und Glühen bei 700° in die Sulfate übergeführt.

Bei diesen Analysen ist die Verwendung von doppelt oder sogar dreifach destilliertem Wasser unumgänglich notwendig.

Geräte: Mehrere Platintiegel und Platinfilterstäbchen.

Ausführung: Man pipettiert 5 ccm Mineralwasser in einen Platintiegel ein und scheidet die Kieselsäure durch Abrauchen mit konz. Salzsäure ab. In der Zwischenzeit hat man etwa 0,14 bis 0,15 g von im elektrischen Ofen frisch geglühtem Calciumoxyd[3] in einer Platinschale von ungefähr 8 cm Durchmesser mit 10 ccm Wasser zu Kalkmilch angerührt. Der kieselsäurehaltige Abdampfrückstand wird mit 3 bis 4 ccm heißem Wasser aufgenommen und die Lösung mittels eines Platinfilterstäbchens in die Kalkmilch filtriert (mit Hilfe der in Abb. 33, S. 80, dargestellten Apparatur). Nun wird die calciumhydroxydhaltige Lösung binnen 20 bis 30 Minuten auf ein Drittel oder Viertel der ursprünglich vorhandenen Flüssigkeitsmenge eingeengt. Die Lösung muß ein annähernd gesättigtes Kalkwasser darstellen. Man filtriert sie nun mittels eines Platinfilterstäbchens in eine zweite Platinschale und fällt darin das Calcium mit Ammoniumcarbonat[4] heiß in ammoniakalischer Lösung. Das

---

[1] Ammoniumsalze müssen, falls vorhanden, nach dem Eindampfen vorsichtig abgeraucht werden.

[2] R. Dworzak und A. Friedrich-Liebenberg: a. a. O., 175.

[3] Aus „Calcium carbonicum praec. p. a. nach Lawrence-Smith“ bereitet.

[4] Man bereitet in einem Platintiegel eine frische Lösung aus Ammoniumcarbonat „p. a.“ und doppelt destilliertem Wasser.

Calciumcarbonat wird neuerlich mit Hilfe eines Platinfilters filtriert, mit heißem Wasser gewaschen und das in einem Platintiegel (25 ccm Fassungsraum) aufgefangene Filtrat zunächst nach Bedecken des Tiegels mit einem Platindeckel bis zum Aufhören der Gasentwicklung auf dem Wasserbad erwärmt. Sodann wird der Deckel auf der Unterseite mit heißem Wasser abgespült und die Lösung völlig eingedampft. Durch vorsichtiges schwaches Glühen werden die Ammoniumsalze entfernt. Der Deckel wird dabei so aufgesetzt, daß er einen kleinen Spalt offen läßt, aus dem die Dämpfe entweichen können. Man spült den Deckel mit heißem Wasser in den Tiegel ab und fällt aus der Lösung den letzten Rest von Calcium durch Zusatz von 1 ccm (in einem Platintiegel frisch bereiteter) 1%iger Ammoniumoxalatlösung. Der Niederschlag wird nach 1 bis 2 Stunden mittels eines Platinfilterstäbchens filtriert und mit 0,4%iger Ammoniumoxalatlösung gewaschen.[1] Das in einem Platintiegel aufgefangene Filtrat dampft man ein und entfernt die Ammoniumsalze von neuem. Nach Lösen des Rückstandes in 1 ccm Wasser wird die Lösung durch ein Platinfilter in einen (nicht gewogenen) Platintiegel abgesaugt, wobei natürlich einige Male mit heißem Wasser nachgespült wird. Man setzt einen Tropfen konz. Schwefelsäure zu, dampft ein und raucht die Schwefelsäure ab (S. 235). Die Alkalisulfate werden bei 700° geglüht, dann in 1 ccm Wasser gelöst und diese Lösung durch ein Platinfilterstäbchen in einen *gewogenen* Platintiegel übergesaugt (Nachspülen mit Wasser). Nach dem Eindampfen wird bei 700° geglüht und schließlich gewogen. Von dem erhaltenen Gewicht des $Na_2SO_4 + K_2SO_4$ ist die in einer oder besser in zwei Blindproben bestimmte, aus dem verwendeten Calciumcarbonatpräparat stammende Alkalisulfatmenge abzuziehen.

Diese *Blindprobe* wird folgendermaßen ausgeführt: Eine ausreichende Menge des Calciumcarbonatpräparats wird im elektrischen Ofen bei 1000° genügend lange geglüht. Von dem so entstandenen Calciumoxyd rührt man 10 bis 15 g in einer großen Platinschale[2] mit 500 ccm Wasser zu Kalkmilch an und filtriert die Lösung nach einer halben Stunde. Das Filtrat wird in einer Platinschale auf dem Wasserbad eingeengt, das darin enthaltene Calcium mit Ammoniumcarbonat in ammoniakalischer Lösung ausgefällt und der Niederschlag abfiltriert. Dieses Filtrat dampft man in einer Platinschale auf wenige Kubikzentimeter ein und fällt das restliche Calcium mit Ammoniumoxalat aus. Nach dem Filtrieren, Eindampfen und Abrauchen der Ammoniumsalze in einer Platinschale wird der Rückstand mit wenig Wasser aufgenommen und nochmals etwas Ammoniumoxalat zugesetzt. Man wiederholt das Filtrieren des Niederschlages, Eindampfen der Lösung und Abrauchen der Ammoniumsalze, löst den Rückstand in Wasser, filtriert die Lösung in einen Platintiegel, dampft nach Zusatz

---

[1] Bei Zimmertemperatur (20°) gesättigte (etwa 4%ige) Ammoniumoxalatlösung wird mit doppelt destilliertem Wasser auf das Zehnfache verdünnt.

[2] Falls man über keine ausreichend große Platinschale verfügt, ist entsprechend weniger Calciumoxyd einzuwägen.

einiger Tropfen Schwefelsäure ein, raucht völlig ab, glüht bei 700°, löst den Glührückstand in Wasser und filtriert vom Ungelösten in einen auf der Mikrowaage gewogenen Platintiegel ab, dampft zur Trockne ein, glüht abermals bei 700° und wägt auf der Mikrowaage. Aus dieser Auswaage an Alkalisulfaten berechnet sich die jeweils bei den Bestimmungen der Alkaliensumme anzuwendende Korrektur.

Reinigung der Geräte: Diese werden kurze Zeit in Salzsäure (1: 1) gekocht und dann mit heißem Wasser gewaschen.

Rubidium.

Bestimmung in organischen Substanzen als Rubidiumsulfat.[1]

Das organische Rubidiumsalz wird in einem Mikroplatintiegel durch Abrauchen mit Schwefelsäure zerstört und der Rückstand bei heller Rotglut in Rubidiumsulfat Rb_2SO_4 übergeführt. Umrechnungsfaktor F für Rb: 0,6403; log F: 0,80636—1.

Geräte: Mikroplatintiegel mit Deckel.

Ausführung: Einige Milligramm der Substanz werden in einen Mikroplatintiegel (S. 62) eingewogen. Dieser wird auf einen größeren Platindeckel gestellt und die Substanz mit einem kleinen Tropfen konz. Schwefelsäure derart befeuchtet, daß die Wände des Tiegels nicht benetzt werden. Hierauf bedeckt man den Mikrotiegel mit einem dazu passenden Deckel und erhitzt diesen mit der entleuchteten Flamme eines Bunsenbrenners schräg von oben her derart, daß der Deckel nur ganz schwach zum Glühen kommt. Die Flamme darf nicht entfernt werden, solange Schwefelsäuredämpfe entweichen, was einige Minuten währt. Andernfalls würde die Schwefelsäure nach dem erkaltenden Deckel zu kriechen. Sobald sich keine Schwefelsäuredämpfe mehr zeigen, wird der Tiegel von unten her mit der rauschenden Flamme des Bunsenbrenners 12 Minuten lang auf helle Rotglut erhitzt, bei welcher Temperatur formelreines Rb_2SO_4 entsteht. Nach dem Wägen erhitzt man neuerlich 3 Minuten in der gleichen Weise und prüft die Gewichtskonstanz.

Die Methode wurde unter Verwendung von Rubidiummonotartrat und Rubidiumacetat ausgearbeitet, wobei sich Auswaagen von 2,1 bis 4,3 mg Rb_2SO_4 ergaben.

Reinigung der Geräte: Das Rubidiumsulfat wird mit Wasser aus dem Tiegel gelöst. Hierauf kocht man zur Sicherheit Tiegel und Deckel einige Minuten in Salzsäure (1 : 1).

Caesium.

Bestimmung in organischen Substanzen als Caesiumsulfat.[1]

Das organische Caesiumsalz wird in einem Mikroplatintiegel durch Abrauchen mit Schwefelsäure zerstört und der Rückstand bei heller

[1] H. Roth: Mikrochem. 21, 227 (1937).

Rotglut in Caesiumsulfat Cs_2SO_4 übergeführt. Umrechnungsfaktor F für Cs: 0,7345; log F: 0,86601—1.

Geräte: Mikroplatintiegel mit Deckel.

Ausführung: Diese erfolgt in der gleichen Weise wie für Rubidium beschrieben (S. 237).

Die Methode wurde für Caesiummonotartrat ausgearbeitet, wobei sich Auswaagen von 2,3 bis 3,6 mg Cs_2SO_4 ergaben.

Reinigung des Platintiegels: Das Caesiumsulfat wird mit Wasser aus dem Tiegel herausgelöst und dieser (samt Deckel) nachher in Salzsäure (1 : 1) kurz gekocht.

5. Anionen.

Halogene.

1. Chlorbestimmung als Silberchlorid in Alkali- (Erdalkali-) Chloriden oder Salzsäure.[1]

Chlorid-Ion wird aus schwach salpetersaurer Lösung mit Silbernitrat als Silberchlorid AgCl ausgefällt. Dieses wird nach Trocknen bei 130 bis 140° gewogen. Umrechnungsfaktor F für Cl: 0,2474; log F: 0,39334—1.

Fällungs- und Filtergeräte: Filterbecher; Becher (Tiegel) und Filterstäbchen.

Ausführung: Die Chloridlösung wird in einem Volumen von etwa 2 ccm mit 2 bis 3 Tropfen einer 10%igen Silbernitratlösung, die 5 Vol.-% Salpetersäure enthält, versetzt, dann unter öfterem Umschwenken allmählich bis zum Zusammenballen des Niederschlages erwärmt, abkühlen gelassen und filtriert. Man wäscht zweimal mit je 0,5 ccm schwach salpetersaurem Wasser und hierauf noch zweimal mit je 0,5 ccm heißem Wasser. Die Trocknung erfolgt bei 140°.

Reinigung der Filtergeräte: Diese wird mit Natriumthiosulfatlösung vorgenommen.

2. Brom- (Jod-) Bestimmung als Silberbromid(jodid) in Alkali- oder Erdalkalibromiden(jodiden).[2]

Diese Bestimmungen erfolgen in der gleichen Weise wie die unter 1 beschriebene Chloridbestimmung.

AgBr: Umrechnungsfaktor F für Br: 0,4255; log F: 0,62894—1.

AgJ: Umrechnungsfaktor F für J: 0,5405; log F: 0,73281—1.

Die Jodbestimmung wird jedoch in der Regel nicht auf gravimetrischem, sondern auf titrimetrischem oder colorimetrischem Wege ausgeführt.

---

[1] E. SCHWARZ-BERGKAMPF: Z. analyt. Chem. **69**, 332, 340 (1926). — Vgl. auch F. EMICH: Lehrbuch. S. 186.

[2] Vgl. F. EMICH: Lehrbuch. S. 186.

3. Halogenbestimmung in organischen Substanzen als Halogensilber nach F. PREGL.[1]

Die organischen Substanzen werden entweder im Spiral- bzw. im Perlenrohr[2] oder nach dem Prinzip von CARIUS in der Mikrobombe[3] verbrannt. Die beiden Verfahren werden heute wohl nur mehr für Chlor und Brom angewendet, während Jod wegen des ungünstigen Umrechnungsfaktors des Silberjodids in der Regel mikromaßanalytisch oder mikrocolorimetrisch bestimmt wird.[4]

Das Spiral- oder Perlenrohr ist ein Verbrennungsrohr aus Jenaer Hartglas, das zu etwa einem Drittel seiner Länge mit Perlen aus Jenaer Geräteglas gefüllt ist oder aber eine Glasspirale enthält. Dieser Teil des Rohres wird mit natriumbisulfithaltiger Sodalösung befeuchtet, die das bei der Verbrennung freigewordene Halogen festhält. Etwa entstandene Halogenate oder Hypohalogenite werden durch das Natriumbisulfit reduziert. Die Verbrennung wird im Sauerstoffstrom mit Hilfe glühender Platinkontaktsterne bewirkt, die sich ebenso wie das Schiffchen mit der Substanz in dem leeren Teil des Verbrennungsrohres befinden. Nach Beendigung der Verbrennung spült man das Perlen- oder Spiralrohr gut mit Wasser durch, fängt die gesamte Flüssigkeit in einem Fällungsröhrchen auf, oxydiert das Sulfit mit Perhydrol zu Sulfat und fällt das Halogensilber in der Hitze durch Zusatz von Salpetersäure und Silbernitratlösung. Der Niederschlag wird unter abwechselndem Spülen mit salpetersäurehaltigem Wasser und Alkohol (siehe S. 94f.) in ein Filterröhrchen (S. 91, Abb. 42) übergeführt. Die Trocknung erfolgt im Regenerierungsblock (S. 92, Abb. 44) bei 120°.

Das Prinzip der CARIUS-Methode kann als allgemein bekannt vorausgesetzt werden. Sie bedient sich in der mikroanalytischen Ausführungsform eines Mikrobombenrohres und eines Mikrobombenofens.

Sowohl das Spiral- (Perlen-) Rohrverfahren als auch die Mikrobombenmethode nach PREGL-CARIUS sind in dem Lehrbuch von F. PREGL-H. ROTH[1, 2, 3] eingehend besprochen, so daß hier von einer näheren Beschreibung abgesehen werden kann. Eine auf J. DONAU zurückgehende Ausführungsform der Mikro-CARIUS-Methode ist auf S. 299ff. des vorliegenden Buches angegeben.

4. Halogenbestimmung in organischen Substanzen als Halogensilber nach C. WEYGAND und A. WERNER.[5]

Die organischen Substanzen werden in alkoholischem Kali mit katalytisch aus Hydrazin und Palladium entwickeltem Wasserstoff behandelt und das entstandene Halogen-Ion als Silberhalogenid bestimmt.

Fällungs- und Filtergeräte: Fällungs- und Filterröhrchen.

---

[1] F. PREGL-H. ROTH: Mikroanalyse. S. 114.

[2] F. PREGL-H. ROTH: Mikroanalyse. S. 116, Abb. 29.

[3] F. PREGL-H. ROTH: Mikroanalyse. S. 128.

[4] Vgl. dazu die folgenden ausführlichen Sammelreferate: TH. LEIPERT: Mikrochim. Acta (Wien) **3**, 73 (1938) (Jod); **3**, 147 (1938) (Brom). — F. HERNLER und R. PFENINGBERGER: Mikrochem. **25**, 293 (1938) (Chlor).

[5] C. WEYGAND und A. WERNER: Mikrochem. **26**, 177 (1939). — Das Mikroverfahren fußt auf der makroanalytischen Methode von M. BUSCH: Angew. Chem. **38**, 519 (1925); **47**, 536 (1934).

Ausführung:

Reagenzien: Äthylalkoholisches Kali; Hydrazinhydrat; Palladium katalysator; halogenfreie Salpetersäure ($D = 1{,}2$); 5%ige wäßrige Silbernitratlösung.

Äthylalkoholisches Kali: Absoluter Alkohol wird nach A. W. STOUT und H. A. SCHUETTE[1] aldehydfrei gemacht. Man gibt zu 1 Liter Äthanol 5 bis 10 g Zinkgranalien sowie 8 bis 10 g Kaliumhydroxyd, erhitzt eine Stunde am Rückflußkühler und destilliert. Statt Zink kann auch Aluminium verwendet werden. Die angegebene Dauer des Erhitzens gilt für einen Aldehydgehalt von 0,2% und ist bei anderen Gehalten entsprechend zu ändern.

In 60 ccm aldehydfreiem Alkohol werden sodann 5 g Kaliumhydroxyd „p. a." unter Erhitzen am Rückflußkühler gelöst.

Palladiumkatalysator: a) Palladiniertes Calciumcarbonat: Aus einer Lösung von 11,8 g Calciumnitrat (Tetrahydrat) wird mit 5,3 g Natriumcarbonat das Calciumcarbonat gefällt und nach Auswaschen in Wasser aufgeschlämmt. Hierauf tropft man eine wäßrige Lösung von 0,1 g Palladium (II)-nitrat ein, erwärmt unter öfterem Umschütteln gelinde auf dem Wasserbad, bis die überstehende Lösung vollkommen farblos geworden ist, wäscht den hellbräunlich gefärbten Bodensatz auf dem Filter gründlich aus und trocknet über Schwefelsäure.

b) Palladiniertes Bariumsulfat: Eine wäßrige Lösung von 56 g Bariumnitrat wird in der Hitze mit einer Lösung von 85 g Glaubersalz $Na_2SO_4 \cdot 10\,H_2O$ gefällt. Man gibt zu der noch heißen Suspension von Bariumsulfat zwei bis drei Plätzchen Kaliumhydroxyd und fügt unter dauerndem Umrühren tropfenweise eine Lösung von 1 g Palladium(II)-nitrat sowie 10 Tropfen einer Lösung von einigen Gramm Hydrazinhydrat in 5 ccm Wasser zu. Nach mehrstündigem Stehen dekantiert man mehrmals mit Wasser, wäscht auf dem Filter gründlich aus und trocknet im Exsiccator.

Fällungsvorschrift: 3 bis 5 mg Probesubstanz werden in einem Wägeröhrchen mit langem Stiel in ein 25-ccm-Erlenmeyerkölbchen eingewogen, das an einen Rückflußkühler angeschliffen ist, bzw. einen passenden Normalschliff trägt. Nach Zugabe von 5 ccm Alkohol, 0,3 g Palladium-Calciumcarbonat-Katalysator, 1 ccm äthylalkoholischem Kali und 2 Tropfen Hydrazinhydratlösung wird das Gemisch 10 Minuten auf dem Wasserbad am Rückflußkühler erhitzt. Nach Entfernen des Kühlers dampft man den größten Teil des Alkohols fort, ergänzt mit Wasser auf 20 ccm und filtriert erst jetzt durch ein gewöhnliches Papierfilter, auf dem man die unlöslichen Anteile auswäscht. Nach starkem Ansäuern mit halogenfreier Salpetersäure fügt man 2 ccm Silbernitratlösung zu, erwärmt 10 Minuten in einem siedenden Wasserbad, kühlt ab und filtriert den Niederschlag nach weiteren 10 Minuten.

Falls erst beim Ansäuern der alkoholischen Lösung mit dem Auftreten von Niederschlägen zu rechnen ist,[2] verwendet man 0,3 g Palladium-

[1] A. W. STOUT und H. A. SCHUETTE: Ind. Engng. Chem., Analyt. Edit. **5**, 100 (1933).

[2] Dies könnte bei Halogencarbonsäuren vorkommen.

Bariumsulfat-Katalysator, verfährt im übrigen wie oben und filtriert erst nach dem Ansäuern (gehärtetes Filter!).

Der Blindwert[1] wird durch in der beschriebenen Weise ausgeführte Analysen einer oder mehrerer Testsubstanzen ermittelt. Bei Verwendung reiner Reagenzien beträgt er nach C. WEYGAND und A. WERNER etwa 350 γ und bleibt für einen einmal vorbereiteten Reagenziensatz mindestens einen Monat konstant. Die stattfindenden Änderungen im Halogengehalt sind darauf zurückzuführen, daß das äthylalkoholische Kali aus der Laboratoriumsluft Halogenwasserstoffdämpfe absorbiert.

Manche organische Substanzen bereiten bei Anwendung des beschriebenen Verfahrens Schwierigkeiten. So liefern Polynitroverbindungen wie Bromdinitrobenzol regelmäßig zu hohe Werte.

Reinigung des Filterröhrchens: Das Silberhalogenid wird am besten mit Zink und verdünnter Schwefelsäure zu metallischem Silber reduziert, das dann leicht entfernt werden kann.

Kieselsäure.

1. Bestimmung in unlöslichen Silikaten.[2]

Das feingepulverte Silikat wird in einem Platintiegel mit Soda aufgeschlossen. Die erkaltete Schmelze wird mit Wasser überschichtet und darüber Salzsäuregas geleitet. Sobald die Lösung sauer ist, wird eingedampft und die Kieselsäure durch mehrmaliges Abrauchen mit Salzsäure abgeschieden. Nach dem Filtrieren wird geglüht und gewogen. Abrauchen mit Flußsäure und Schwefelsäure ergibt reines SiO_2.

Fällungs- und Filtergeräte: Je zwei Tiegel und Filterstäbchen (Platin).

Ausführung: Man wägt nicht mehr als höchstens 10 mg des Mineralpulvers in einen Platintiegel (S. 67) ein und überschichtet mit 0,2 g reinster wasserfreier Soda. Der Aufschluß erfolgt durch allmähliches Erhitzen des mit einem Platindeckel bedeckten Tiegels im elektrischen Ofen bis etwa 1000°. Die angegebene Sodamenge ist notwendig, damit die Schmelze die gesamte Bodenfläche des Platintiegels genügend hoch bedeckt. Sobald die Schmelze erkaltet ist, nimmt man den Tiegel aus dem elektrischen Ofen, spült den Deckel mit heißem Wasser in den Tiegel hinein ab und fügt noch bis zu einem Drittel der Tiegelhöhe Wasser zu. Nun setzt man ein stark gewölbtes Uhrglas mit eingeschmolzener Kapillare (S. 38, Abb. 14) auf und leitet durch diese während einer Stunde aus einem Entwicklungsapparat Chlorwasserstoff. Das Ende der Kapillare darf dabei nicht in die Flüssigkeit eintauchen. Der Chlorwasserstoff wird aus reinstem geschmolzenem Natrium- oder besser Ammoniumchlorid und konz. Schwefelsäure „p. a." entwickelt. Nach einer Stunde mäßig raschen Überleitens von Chlorwasserstoff ist fast immer die Lösung im Platintiegel salzsauer, ohne daß infolge stürmischen Freiwerdens von Kohlendioxyd Verluste durch Spritzen eintreten. Hierauf wird der Glasdeckel auf der Unterseite mit heißem Wasser abgespült und auch durch das Innere der Kapillare

[1] Alkali und Hydrazin sind nicht halogenfrei.

[2] F. HECHT: Mikrochim. Acta (Wien) **2**, 191 (1937).

heißes Wasser fließen gelassen. Das Spülwasser fängt man in dem Platintiegel auf, der sodann mit einem gewöhnlichen Uhrglas bedeckt und eine halbe Stunde auf dem Wasserbad erwärmt wird.

Da nunmehr die Gefahr heftigen Entgasens (Kohlendioxyd) geschwunden ist, wird das Uhrglas abgenommen und mit heißem Wasser abgespritzt. Die Lösung wird vollkommen eingedampft und noch zweimal mit je 1 ccm konz. Salzsäure[1] abgeraucht. Der Eindampfrückstand wird mit 4 bis 5 ccm Salzsäure (1 : 3) aufgenommen, kurz auf dem Wasserbad erwärmt, bis alles außer der Kieselsäure gelöst ist, die Lösung durch ein Platinfilterstäbchen in einen zweiten Platintiegel übergesaugt und die Kieselsäure erst dreimal mit je 0,5 ccm heißer Salzsäure (1 : 3), dann mit heißem Wasser in Anteilen von je etwa 0,5 ccm so lange gewaschen, bis das Waschwasser nur mehr minimale Chloridreaktion aufweist. Darnach trocknet man den Tiegel samt dem Filterstäbchen und dem Niederschlag zunächst auf dem Wasserbad, hierauf 10 Minuten im Trockenschrank oder in der passenden Bohrung eines Aluminiumblockes (S. 71, Abb. 25), und raucht sodann mit 3 Tropfen Schwefelsäure im Block ab. Zum Schluß wird im elektrischen Ofen während 3 bis 4 Stunden bei 950 bis 1000° geglüht. Diese lange Glühdauer dient dazu, um etwa eingeschlossene Alkalien soweit als möglich zu verflüchtigen.[2] Nach dem Wägen werden Tiegel und Filterstäbchen nochmals eine Stunde lang bei 950° geglüht und abermals gewogen, wobei in der Regel bereits Gewichtskonstanz erreicht ist. Sodann bringt man in den Tiegel 0,5 ccm Salpetersäure und 4 bis 5 ccm Flußsäure und raucht auf dem Wasserbad völlig ab, worauf dies nochmals mit ein wenig Flußsäure wiederholt wird, der 0,1 ccm konz. Schwefelsäure beigefügt werden. Nachdem die Flußsäure praktisch fortgedampft ist, wird die Schwefelsäure durch Erhitzen des Platintiegels (samt Filterstäbchen) im Aluminiumblock abgeraucht. Hierauf wird im elektrischen Ofen bei 700° bis zur Gewichtskonstanz geglüht.[3] Der Grund, weshalb die Einwaage 10 mg nicht überschreiten soll, ist der, daß bei der Ausarbeitung der Methode mehrmals zu hohe Kieselsäurewerte erhalten wurden, wenn Einwaagen von etwa 20 mg verwendet wurden. Dies war sehr wahrscheinlich darauf zurückzuführen, daß in den nur 20 ccm fassenden Platintiegeln solche verhältnismäßig große Kieselsäuremengen (die 70 bis 80% des Minerals erreichten) nicht völlig alkalifrei gewaschen werden konnten. Trotzdem schließlich beim Glühen Gewichtskonstanz erzielt wurde, waren sicherlich die Alkalien aus der geglühten Kieselsäure

---

[1] Dieser wird ein wenig Wasser zugesetzt, damit beim darauffolgenden Erwärmen kein heftiges Entweichen von Chlorwasserstoff eintreten kann.

[2] Eine etwaige Abnahme des Gewichtes der Platintiegel bei dieser langen Glühdauer ist ohne Belang, weil nicht die sog. „Gangart", d. i. die unreine Kieselsäure, sondern das reine SiO_2 bestimmt wird (durch das später erfolgende Abrauchen mit Flußsäure und Schwefelsäure).

[3] Nach den Feststellungen von R. Dworzak und A. Friedrich-Liebenberg: Mikrochim. Acta (Wien) 1, 168 (1937), sind Natrium- und Kaliumsulfat bei 700° glühbeständig und formelrichtig zusammengesetzt (s. a. S. 234 des vorliegenden Buches).

noch immer nicht gänzlich entfernt. Nach dem Vertreiben der Kieselsäure mit Flußsäure konnten hingegen die noch anwesenden Alkalien bei höherer Temperatur als 700° leicht verflüchtigt werden, so daß die Gewichtsdifferenz zwischen den Wägungen vor und nach dem Vertreiben der Kieselsäure größer ausfiel, als dem wahren Betrag der Kieselsäure entsprach.

In dem oben erwähnten zweiten Platintiegel werden das Filtrat der ersten Kieselsäureabscheidung und das Waschwasser völlig eingedampft und die restliche Kieselsäure in gleicher Weise wie die Hauptmenge bestimmt.[1] Sie beträgt 0,1 bis höchstens 0,2 mg. Bei diesen kleinen Kieselsäuremengen ist natürlich weniger oftmaliges Auswaschen und eine Glühzeit von höchstens einer halben Stunde ausreichend. Man stellt auch hier wieder den Reinheitsgrad der Kieselsäure durch Abrauchen mit den entsprechenden Mengen Flußsäure und Schwefelsäure fest. Es wird also in beiden Fällen nur die reine Kieselsäure (SiO_2) bestimmt, deren Wert sich durch das Abrauchen mit Flußsäure ergibt. Eine Bestimmung der Gangart, also der unreinen Kieselsäure, ist nicht möglich, weil beim Eindampfen der Lösung des Silikataufschlusses in Gegenwart von Salzsäure sich Ferrichlorid bildet, das den Platintiegel angreift, also sein ursprüngliches Gewicht vermindert. Es hat deshalb keinen Zweck, Platintiegel und Platinfilter schon *vor* der Abscheidung der Kieselsäure mittels Salzsäure zu wägen.

Reinigung der Geräte: Diese führt man am besten durch einen Aufschluß mit Kaliumpyrosulfat und nachheriges Erwärmen von Tiegel und Stäbchen mit Salzsäure (1 : 1) aus. In besonderen Fällen ist zunächst ein Sodaaufschluß und nachfolgendes Auslaugen mit heißem Wasser, hierauf ein Aufschluß mit ein wenig Kaliumpyrosulfat nötig, um die Platingeräte völlig zu säubern.

2. Bestimmung in säurelöslichen Mineralen.

Manche Minerale erfordern keinen Aufschluß, sondern sind durch Salzsäure oder Salpetersäure zersetzlich. Durch mehrmaliges Abrauchen mit Säure wird die Kieselsäure unlöslich gemacht und filtriert. Die Reinheitsprüfung wird, wie unter 1 angegeben, ausgeführt.

Fällungs- und Filtergeräte: Je zwei Tiegel und Filterstäbchen (Platin).[2]

Ausführung: Die Zersetzung des Minerals mit Salpetersäure ist, falls durchführbar, derjenigen mit Salzsäure vorzuziehen, weil die Bildung von Ferrichlorid und das damit verbundene Auflösen verhältnismäßig beträchtlicher Platinmengen fortfällt. Das Filtrat der (zweiten) Kieselsäure kann in der Regel für die Bestimmung der Kationen weiter verwendet werden, was beim Sodaaufschluß (nach 1) wegen der Belastung der Lösung mit Alkalisalzen besser vermieden wird.

---

[1] Jedoch wird der Tiegel nach der Abscheidung der Restkieselsäure eine halbe Stunde im Trockenschrank oder Aluminiumblock bei 110° erhitzt.

[2] Man kann sich auch eines Glasfilterstäbchens mit Papierfilter nach E. Schwarz-Bergkampf (S. 77) oder nach M. v. Mack und F. Hecht (S. 78) bedienen.

Ein Beispiel für die Kieselsäurebestimmung in einem salpetersäurelöslichen Mineral ist bei der Mikroanalyse der Pechblenden (S. 314), ein weiteres bei der Mikroanalyse des Minerals „Kolbeckit" (S. 323f.) angeführt.

Reinigung der Geräte: Falls beim Abrauchen mit Flußsäure ein Rückstand entsteht, der nicht völlig in Salz- oder Salpetersäure löslich ist, nimmt man die endgültige Reinigung so vor, wie unter 1 angegeben. Völlige Sicherheit gewährt jedoch an und für sich nur die Reinigung mittels Aufschluß.

3. Bestimmung als Pyramidonsilikomolybdat.[1]

In schwach mineralsaurer Lösung verbindet sich 1 SiO_2 mit 12 MoO_3 zu Silikomolybdänsäure. Diese bildet mit der organischen Base Pyramidon eine unlösliche, voluminöse gelbe Verbindung, in der 1 Molekül Silikomolybdänsäure mit 3 Molekülen Pyramidon zusammentritt. Bei einigem Stehen färbt sie sich blaugrün. Die vermutliche Zusammensetzung dieser Verbindung ist $(C_{13}H_{17}N_3O)_3 \cdot H_8Si(Mo_2O_7)_6 \cdot x\,H_2O$ (x = wahrscheinlich 6). Trocknungstemperatur: 60 bis 70°. (Empirischer) Umrechnungsfaktor F für SiO_2: 0,0224; log F: 0,35025—2.

Die Methode ist zwar nicht sehr genau, genügt jedoch in solchen Fällen, in denen die vorhandene Kieselsäuremenge zu gering ist, um die Bestimmung nach einer der sonst üblichen mikrogravimetrischen Methoden zu gestatten. Besonders eignet sie sich zur Feststellung des Kieselsäuregehaltes menschlicher und tierischer Gewebe.

Filtergerät: Filterröhrchen.

Ausführung: Die Gewebe werden bei 110° getrocknet und dann in einem Stahlmörser zu feinem Pulver zerrieben. Eine Gewebeprobe (etwa 100 mg) wird in einem Platintiegel mit 0,25 g Natriumcarbonat geschmolzen. Dabei wird auch die organische Substanz zerstört. Die Schmelze wird nach dem Erkalten in Wasser gelöst und mit 1 n-Schwefelsäure gegen Methylorange neutralisiert.

Falls Phosphorsäure vorhanden ist, muß sie an dieser Stelle des Analysenganges entfernt werden. Zu diesem Zweck wird die Lösung in einen 100-ccm-Kolben gebracht, mit je 10 ccm einer 1%igen Ferrichloridlösung in 0,02 n-Salzsäure und einer 1,5%igen Natriumacetatlösung in 0,028 n-Natronlauge versetzt und mit Wasser aufgefüllt. Die Lösung wird in einen konischen Kolben von 500 ccm Inhalt gespült und durch Schwenken über offener Flamme rasch zum Kochen gebracht. Nach Filtration des entstehenden Niederschlages, der auch die Phosphorsäure enthält, liegt eine wasserklare Lösung vor, die alles Silikat, jedoch kein Phosphat und kein Eisen enthält.

Das Filtrat bzw. ein gemessener Teil davon wird mit 5 ccm einer 5%igen Ammoniummolybdatlösung sowie 2,5 ccm 10 n-Schwefelsäure versetzt.[2] Nach 5 Minuten Erwärmen auf dem Wasserbad wird die Silikomolybdänsäure durch Zugabe von 3 ccm einer 0,1 m-Pyramidonlösung (ausreichend zur Fällung von 6 mg SiO_2) gefällt. Der Niederschlag wird mittels eines Filterröhrchens, über

[1] E. J. King und J. L. Watson: Mikrochem. **20**, 49 (1936).

[2] Bei Abwesenheit von Phosphat ist natürlich die Ausfällung des basischen Ferriacetats überflüssig. Man bringt in diesem Falle die wie oben neutralisierte Lösung mit Wasser auf ein Volumen von 100 ccm und behandelt sie unmittelbar mit Molybdatreagens weiter.

dessen Sinterfläche ein Papierfilter gelegt ist, filtriert, einige Male mit eiskalter 0,1 n-Salzsäure gewaschen, bei 60 bis 70° 45 Minuten lang getrocknet und dann gewogen. Es ist überflüssig, den Niederschlag genauer als auf ein Zehntelmilligramm zu wägen, so daß eine gute analytische Waage genügt.

Die Methode ist auch für die Bestimmung der Kieselsäure in Urin verwendbar. Es werden in diesem Falle 10 ccm Urin mit je 15 ccm der erwähnten Ferrichlorid- und Natriumacetatlösung sowie mit Wasser auf 100 ccm verdünnt.

Reinigung des Filterröhrchens: Man entfernt den Niederschlag mit Hilfe von Chromschwefelsäure.

Kohlensäure.

Bestimmung durch unmittelbare Wägung des absorbierten Kohlendioxyds.[1]

Das Kohlendioxyd wird nach dem Vorbild der makroanalytischen Methode von FRESENIUS-CLASSEN[2] durch Salzsäure aus den Carbonaten

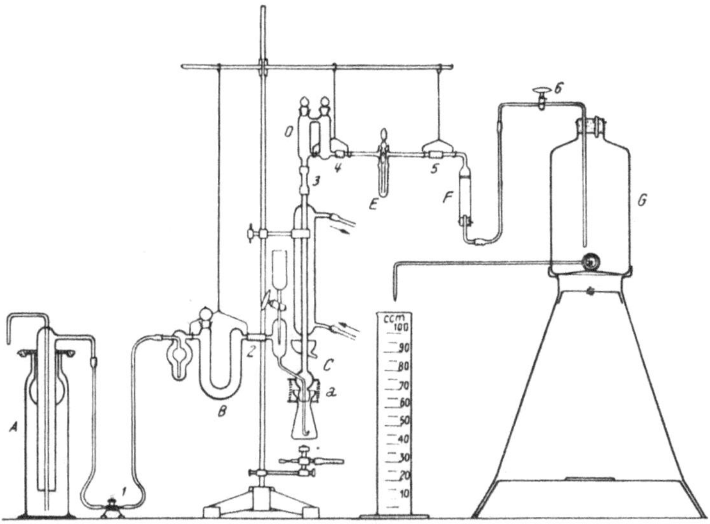

Abb. 90. Apparatur zur Bestimmung der Kohlensäure ($^1/_{10}$ der natürlichen Größe).

ausgetrieben und durch einen Luftstrom in ein geeignetes Absorptionsgefäß übergeführt, dessen Gewichtszunahme die absorbierte Menge CO_2 angibt.

Apparatur (Abb. 90): Die Substanz, deren Carbonatgehalt bestimmt werden soll, wird in ein Zersetzungsgefäß in Gestalt eines Erlenmeyerkölbchens (7 ccm Rauminhalt) gebracht, das aus Jenaer Geräteglas verfertigt und mittels eines Schliffes *a* mit einem Rückflußkühler verbunden ist. Dem Zersetzungsgefäß sind ein Druckregler *A*, wie er bei der organi-

[1] W. REICH-ROHRWIG: Z. analyt. Chem. **95**, 315 (1933).
[2] F. P. TREADWELL: Lehrbuch, II. S. 326.

schen Mikroelementaranalyse[1] verwendet wird, und ein U-Rohr *B* mit Blasenzähler vorgeschaltet. An den Kühler *C* ist das Reinigungs- und Trockensystem *D* angeschlossen, an welches das Absorptionsrohr *E* angefügt ist. Dahinter befindet sich ein Schutzrohr *F*, das mit der MARIOTTEschen Flasche[2] *G* verbunden ist.

Der zur Durchführung der Bestimmung benötigte Luftstrom wird einer Druckluftleitung oder einem Gasometer entnommen. Mittels des Druckreglers *A* wird der gewünschte geringe Überdruck eingestellt. Gleichzeitig wird durch die MARIOTTEsche Flasche *G* am Ende des Apparates ein kleiner Unterdruck bewirkt und dadurch eine gewisse Saugwirkung erzielt. Das aus der MARIOTTEschen Flasche abfließende Wasser wird in einer Mensur aufgefangen und ermöglicht so die Messung der durch den Apparat geleiteten Luftmenge. Die Geschwindigkeit des Luftstromes ist sowohl mit Hilfe des Präzisionsquetschhahnes[3] *1* als auch durch Höher- oder Tieferstellen des Schenkelrohres der MARIOTTEschen Flasche einstellbar. Der Druckregler *A* wird mit verdünnter Kalilauge beschickt, während das U-Rohr *B* mit Natronasbest und der Blasenzähler mit 50%iger Kalilauge gefüllt werden. Auf diese Weise gelingt es, den Luftstrom von Kohlendioxyd zu befreien, bevor er in die eigentliche Apparatur eintritt. Das Reinigungs- und Trockensystem *D* besteht aus zwei Rohren. Das erste, etwas größere (in der Abb. 90 links) ist mit einem Kupfersulfat-Bimsstein-Gemisch[4] gefüllt, während das zweite, kleinere wasserfreies Magnesiumperchlorat[5] als Absorptionsmittel für Wasser enthält. *E* ist das eigentliche Absorptionsrohr in der von A. FRIEDRICH[6] angegebenen Form (Abb. 91).

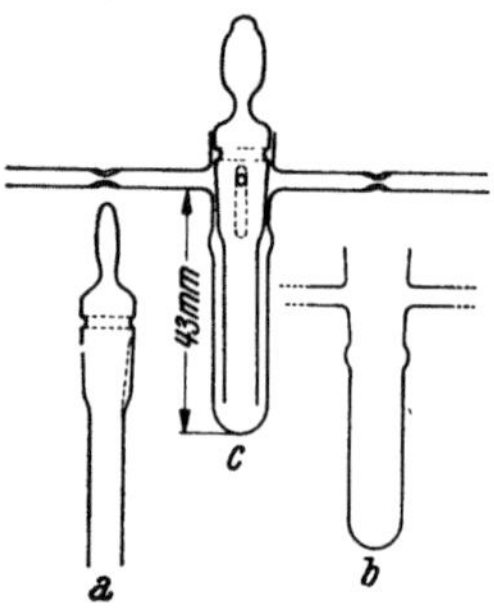

Abb. 91. Absorptionsrohr für die Kohlensäurebestimmung ($^1/_3$ der natürlichen Größe). [Aus Mikrochem. **19**, 29 (1936).]

Dieses Absorptionsgefäß besteht aus zwei Teilen, dem Einsatzrohr *a*, welches das Absorptionsmittel enthält, und der Hülse *b*, an die die Ab- und Zuleitungsröhrchen angeschmolzen sind. Sowohl *a* als *b* sind an ihrem oberen Ende mit Schliffen versehen, so daß vollständiger Verschluß des Apparates gegen die Außenluft erreicht wird, sobald das Einsatzrohr *a* in die Hülse *b* eingeführt worden ist. Eine aus der Abb. 91 ersichtliche waagrechte Schutzrille am Einsatzrohr *a* verhindert den Austritt von Hahnfett über diese hinaus. Eine Bohrung unterhalb der Rille vermittelt

---

[1] F. PREGL-H. ROTH: Mikroanalyse. S. 23.

[2] F. PREGL-H. ROTH: Mikroanalyse. S. 38, 55.

[3] F. PREGL-H. ROTH: Mikroanalyse. S. 25, Abb. 8.

[4] Durch Eindampfen von Bimssteinmehl in einer gesättigten Kupfersulfatlösung und Trocknen des Rückstandes bei 150° hergestellt (Absorptionsmittel für gegebenenfalls anwesenden Schwefelwasserstoff).

[5] Dieses Präparat wird unter dem Namen „Anhydrone" von der Firma J. S. Baker, Chemical Co., Phillipsburg, New-Jersey, USA., hergestellt. Es kann auch durch die Fa. P. Haack, Wien, bezogen werden.

[6] A. FRIEDRICH: Mikrochem. **19**, 23 (1936).

den Gaseintritt, während eine auf der gegenüberliegenden Außenseite senkrecht verlaufende Rille den Austritt des Gases ermöglicht. Bei der Analyse stellt man den Hahn so ein, daß das Zuleitungsröhrchen mit der Bohrung im Schliff in Verbindung steht, so daß der Gasstrom seinen Weg durch das Einsatzrohr (mithin durch das Absorptionsmittel), sodann durch den Hohlraum zwischen *a* und dem Mantel *b* und hierauf durch die senkrechte Rille nimmt, von der aus er durch das Ableitungsröhrchen den Apparat wieder verläßt. Durch Drehung des Hahnes um 90° wird der Apparat verschlossen. Die Verengerungen der Ansatzröhrchen, die sich 1 cm vor dem Schliff befinden, verhindern, daß man beim Auswischen der Röhrchen bis zum gefetteten Schliff vorstößt. Um spätere Gewichtsabnahmen beim Abwischen zu vermeiden, wird der Absorptionsapparat vor dem ersten Gebrauch in einem kleinen Becherglas mit heißer verdünnter Salzsäure 1 bis 2 Stunden lang auf dem siedenden Wasserbad erhitzt. Der Apparat wird nach dieser Vorbehandlung in folgender Weise gebrauchsfertig gemacht: Man führt das Einsatzröhrchen *a* entweder unmittelbar in die Vorratsflasche ein und füllt es durch schöpfende Bewegung oder man bringt das Absorptionsmittel mit Hilfe eines kleinen, seitlich aufgebogenen Spatels in das Röhrchen. Nachdem dieses zu fast zwei Drittel seines Volumens mit Natronasbest gefüllt worden ist, bringt man in das restliche Drittel des Rohres bis knapp unter den Rand „Anhydrone“. Eine Zwischenschicht aus Glaswolle ist unnötig, jedoch darf das „Anhydrone“ selbstverständlich nicht durch „Schöpfen“ unmittelbar dem Vorratsgefäß entnommen werden. Sodann schließt man das Röhrchen *a* mit einem kleinen Wattebausch ab. Nun fettet man den Schliff — nur unterhalb der Rille — schwach, jedoch gleichmäßig mit einem eigens zubereiteten Hahnfett[1] ein. Dabei bedient man sich eines auf einen gerauhten Draht aufgewickelten Wattebäuschchens. Sobald das Einfetten beendet ist, steckt man das Einsatzrohr *a* mit einem schnellen Stoß in die Hülse *b* und dreht es einige Male um, bis der Schliff unterhalb der Rille glasklar, oberhalb der Rille hingegen matt erscheint. Sollten jedoch Rille und Bohrung durch zuviel Fett verlegt sein oder im gefetteten Teil quer verlaufende Streifen auftreten, so ist das Einsatzrohr rasch herauszureißen und das Hahnfett aus Rille und Bohrung zu entfernen, bzw. der gefettete Schliff mit mehr Hahnfett zu versehen, und schließlich das Einsatzröhrchen abermals mit raschem Stoß in die Hülse zu stecken. In schwierigen Fällen entfernt man das Hahnfett mittels eines mit Alkohol oder Benzol getränkten Wattebausches, wischt mit einem trockenen Bausch ab und fettet von neuem. Das Füllen des Absorptionsrohres hat selbstverständlich möglichst rasch zu erfolgen, damit die Absorptionsmittel nicht an der Luft zuviel Wasser und Kohlendioxyd anziehen. Das Absorptionsrohr kann so lange zu Analysen verwendet werden, bis der Natronasbest weiß geworden ist. Als Regel diene, daß man nach einer Gewichtszunahme von 120 mg, die zwar noch nicht die äußerste Grenze des Absorptionsvermögens darstellt, dennoch den Apparat frisch füllen

[1] Hergestellt durch Zusammenschmelzen von drei Teilen Vaseline und einem Teil Bienenwachs.

soll. Sollten kleinere Natronasbeststücke in unmittelbarer Nähe der Schliffbohrung nach Aufnahme von Kohlendioxyd derart aneinanderbacken, daß sie den Gasdurchgang verhindern, wird das Einsatzrohr herausgezogen und mit einer heißen Nadel in den Natronasbest ein Kanal gestochen.

Das beschriebene neue Modell ist gegenüber den früher und teilweise auch noch heute in der organischen Mikroelementaranalyse üblichen stabförmigen Absorptionsgefäßen zweifellos als großer Fortschritt zu werten. Ein Hauptnachteil dieser letzteren war die mechanische Beanspruchung der Hähne beim An- und Abschalten, die nur teilweise durch Verwendung zäheren Hahnfettes ausgeglichen werden konnte. Ferner wird durch den Einhahnverschluß des neuen Modells das Gewicht des ganzen Apparates wesentlich verringert, was für Mikrowägungen von großem Vorteil ist. Nicht unerwähnt darf bleiben, daß das neue Absorptionsröhrchen sehr leicht abwischbar und, wie längere Erfahrungen bewiesen haben, nicht leicht zerbrechlich ist. Hat man längere Serien von Kohlensäurebestimmungen auszuführen, so ist das neuere Modell des Absorptionsapparates nach A. FRIEDRICH und H. STERNBERG[1] in Gebrauch zu nehmen, welches die Aufnahme größerer Mengen Absorptionsmittel gestattet und daher länger ohne Erneuerung der Füllung verwendet werden kann.

Bei den Wägungen dient als Taragefäß ein völlig gleichartiger und in gleicher Weise gefüllter Absorptionsapparat, der anfangs etwas schwerer als das eigentliche Absorptionsgefäß sein soll.[2] Ist letzteres nach einer Anzahl von Bestimmungen schwerer als das Taragefäß geworden, so werden beide einfach auf den Waagschalen vertauscht. Der leichtere Apparat muß sich stets auf der rechten Waagschale befinden. *Vor* dem erwähnten Vertauschen ist selbstverständlich die durch die Absorption im Verlauf der Analyse erfolgende Gewichtsänderung des eigentlichen Absorptionsapparates rechnungsmäßig negativ (vgl. S. 17). Nach einer Gewichtszunahme von 120 mg kann man vor Neufüllung des Apparates zunächst das bisherige Taragefäß an Stelle des eigentlichen Absorptionsrohres (und umgekehrt) verwenden.

Ausführung der Bestimmung: Zu Beginn einer Bestimmung lüftet man die Mikrowaage zwecks Temperaturausgleiches, indem man sie etwa eine halbe Stunde lang offen stehen läßt. Inzwischen reinigt man den Absorptionsapparat durch Abwischen mit einem feuchten Flanell- und einem trockenen Lederlappen (siehe S. 93) und legt ihn dann 5 bis 10 Minuten auf das neben der Waage stehende Drahtgestell.[3] Hierauf öffnet man zum Zweck des Druckausgleiches sowohl bei dem Absorptionsgefäß als auch bei dem Taragefäß, das sich für gewöhnlich in dem er-

[1] A. FRIEDRICH und H. STERNBERG: Mikrochem., MOLISCH-Festschrift, 118 (1936). — Eine andere zweckmäßige Weiterbildung des Apparates wurde von E. ABRAHAMCZIK: Mikrochem. **22**, 227 (1937), angegeben.

[2] Die geringe Differenz ist durch Gewichtsstücke oder Aluminiumdraht auszugleichen.

[3] F. PREGL-H. ROTH: Mikroanalyse. S. 52.

wähnten Drahtgestell befindet, den Hahn für je 10 Sekunden. Dann nimmt man die Einwaage in das Wägeschälchen (Abb. 92) vor, wobei man die Substanzmenge (mindestens 10, womöglich 20 mg[1]) mittels eines Metallspatels einfüllt. Sollten kleine Substanzmengen nahe dem Rand des Schälchens haften, so entfernt man sie durch wiederholtes hartes Aufsetzen auf die Unterlage. Das gewogene Schälchen bringt man vorsichtig in das trockene Zersetzungskölbchen und schaltet dieses nach Befeuchten des Schliffes *a* mit einem Tropfen Wasser an den Apparat an. Falls es sich um wasserlösliche Carbonate handelt, muß die Substanz während des nun folgenden Durchleitens trockener, kohlensäurefreier Luft unbedingt trocken bleiben, da sonst infolge des Dampfdruckes des in Wasser gelösten Kohlendioxyds — z. B. bei Kaliumbicarbonat — beträchtliche Mengen davon von dem Luftstrom mitgeführt werden und der Bestimmung entgehen. Der erwähnte Luftstrom soll eine Geschwindigkeit von ungefähr 5 ccm je Minute besitzen. Inzwischen wägt man das Absorptionsrohr gegen das Taragefäß. Sodann wird der Säurezuflußtrichter mit 4 ccm Salzsäure (1 : 3) beschickt und nach Schließen des an der MARIOTTEschen Flasche angebrachten Hahnes *6* und Abnehmen des an das Trockensystem angeschlossenen Schutzrohres *F* das gewogene Absorptionsrohr *E* mittels zweier je 15 mm langer, imprägnierter Vacuumschlauchstücke[2] bei *4* und *5* in die Apparatur eingefügt. Nun wird der Hahn von *E* durch Drehen um 90° geöffnet[3] und dann der Luftstrom durch Öffnen von *6* in Gang gebracht. Es ist wesentlich, während des nunmehr beginnenden Zutropfenlassens der Säure den aus dem Gasometer kommenden Luftstrom ein klein wenig zu drosseln,[4] hingegen mit Hilfe der MARIOTTEschen Flasche (durch geringes Senken des Schenkelrohres) etwas stärker zu saugen. Dadurch wird verhindert, daß etwa nach dem nunmehr erfolgenden Öffnen des Tropftrichterhahnes die Luft in Blasen durch die Säure nach außen entweicht, anstatt ihren Weg durch den Zersetzungskolben zu nehmen.[5] Nachdem fast die gesamte Säuremenge zugesetzt worden ist,[6] bringt man den Präzisionsquetschhahn *1*

Abb. 92. Einwägeschälchen für die Kohlensäurebestimmung (natürliche Größe).

[1] Es ist zu bedenken, daß das Kohlendioxyd unmittelbar, also ohne vergrößernden Umrechnungsfaktor, ausgewogen wird, weshalb die Einwaage nicht zu klein gewählt werden darf.

[2] Die nach der Vorschrift von F. PREGL für die organische Elementaranalyse mit Paraffin imprägnierten Vacuumschläuche sind bei der Fa. P. Haack, Wien, erhältlich. Vgl. jedoch die Ausführungen von J. LINDNER: Mikro-maßanalytische Bestimmung des Kohlenstoffes und Wasserstoffes, Berlin 1935, S. 41, über das sog. „Schlauchgas“.

[3] Es ist darauf zu achten, daß der Luftstrom durch die *Bohrung* im Schliff und nicht etwa durch die *Rille* in den Absorptionsapparat eintritt!

[4] Dies erfolgt durch geringfügige Drehung der Schraube des Präzisionsquetschhahnes *1*.

[5] Diese Wirkung kann eintreten, wenn einerseits der Luftstrom zu rasch, anderseits der Unterdruck am Ende der Apparatur zu gering ist.

[6] Man läßt die Säure einige Millimeter oberhalb des Hahnes im Trichter stehen.

und das Schenkelrohr der MARIOTTEschen Flasche wieder in die ursprüngliche Stellung und erhitzt mit Hilfe des Mikrobrenners die im Zersetzungskolben befindliche Flüssigkeit zum Sieden. Die Geschwindigkeit des Luftstromes wird während der ganzen Zeit durch die Menge des in die Mensur ausfließenden Wassers überprüft. Unter ständigem Kochen[1] werden 120 ccm Luft, gerechnet vom Augenblick der Beendigung des Säurezusatzes, mit einer Geschwindigkeit von 4 bis 5 ccm je Minute durch den Apparat geschickt. Man hat während dieser Zeit nur gelegentlich die Schnelligkeit des Luftstromes zu kontrollieren und benutzt diesen Zeitraum bei Serienbestimmungen zweckmäßig zur Vornahme einer neuen Einwaage sowie zur Wägung eines anderen Absorptionsgefäßes für eine anschließende Bestimmung. Das Abschalten des Absorptionsrohres erfolgt in nachstehender Reihenfolge: Erst nach Zudrehen des Hahnes bei *6* wird der Hahn des Absorptionsgefäßes *E* geschlossen, damit in diesem durch Stauung ein geringfügiger Überdruck entstehen kann. Sodann wird das Schutzrohr *F* bei *5* vorsichtig entfernt, ohne die Schlauchverbindung zur MARIOTTEschen Flasche zu lösen, und zweckmäßig über die waagrechte, metallene Aufhängestange gehängt. Nun wird *E* bei *4* von der Apparatur abgenommen, wobei das Schlauchstück an *D* verbleibt. Dann schaltet man sofort das Schutzrohr *F* bei *4* an die Apparatur an. Das Absorptionsrohr wird nun wie vor der Bestimmung gereinigt. Sollten etwa Paraffinreste aus den imprägnierten Schlauchstücken in das Zu- oder Ableitungsröhrchen geraten sein, so sind sie mit Hilfe eines auf einem gerauhten Draht aufgebrachten Wattebäuschchens aus den Röhrchen zu entfernen. In hartnäckigen Fällen benutzt man zuerst ein alkoholfeuchtes, hierauf ein trockenes Wattebäuschchen. Nach erfolgtem Druckausgleich, der wieder sowohl im Absorptionsgefäß als auch im Taragefäß[2] vorzunehmen ist, läßt man beide Gefäße 10 Minuten neben der Waage stehen, bringt sie dann 5 Minuten auf die Waagschalen und wägt nunmehr. Die Gesamtdauer einer derartigen Kohlensäurebestimmung beträgt ungefähr $1^1/_4$ Stunden. Der Apparat wird einerseits durch gründliches Ausspülen mit destilliertem Wasser,[3] anderseits durch Abschalten bei *3* und Durchspülen des Kühlers vor der nächsten Bestimmung gereinigt. Für diese wird ein zweites trockenes Zersetzungsgefäß benutzt und während dieser Bestimmung das erste im Trockenschrank getrocknet.

Reinigung des Absorptionsgefäßes: Wenn eine solche erforderlich geworden ist, wird das Einsatzrohr *a* aus der Hülse *b* herausgezogen und der Natronasbest mittels verdünnter Salzsäure gelöst.[4] Nach Entfernen der Absorptionssubstanzen wäscht man das Einsatzrohr mit

---

[1] Das Wägeschälchen soll erst durch die kochende Flüssigkeit umgeworfen werden, so daß die Substanz nicht schon früher mit der Säure in Berührung kommt.

[2] Dieses ist in der Zwischenzeit in der Waage aufbewahrt worden.

[3] Man läßt mehrmals Spülwasser durch den Tropftrichter in ein daruntergestelltes Becherglas fließen.

[4] Das Anhydrone läßt sich in der Regel leicht mechanisch entfernen.

destilliertem Wasser, hierauf mit Alkohol und schließlich mit Äther. Bei der Hülse wird nur das am Schliff befindliche Hahnfett mit Benzol oder Alkohol (Wattebausch) entfernt. Die gereinigten Teile steckt man zusammen und saugt der Sicherheit halber einige Minuten lang Luft hindurch.

Phosphorsäure.

1. Bestimmung als Magnesiumammoniumphosphathexahydrat.[1]

Phosphorsäure wird aus schwach salpetersaurer Lösung, auch bei Gegenwart von Schwermetallen und Erdalkalien, durch Ammoniummolybdat als gelbes kristallines Phosphorammoniummolybdat gefällt. Der Niederschlag wird in Ammoniak gelöst und die Phosphorsäure mit Magnesiumchlorid als Magnesiumammoniumphosphat $MgNH_4PO_4 \cdot 6\ H_2O$ gefällt. Dieses wird lufttrocken gewogen. Umrechnungsfaktor F für P_2O_5 : 0,2892; log F: 0,46121—1.

Fällungs- und Filtergeräte: Je zwei Becher (Tiegel) und Filterstäbchen; oder je ein Becher (Tiegel) und Filterstäbchen sowie ein Filterbecher.

Ausführung: 1 bis 5 mg der festen Probe (je nach dem Phosphatgehalt) werden in einen Mikrobecher eingewogen und in 0,3 ccm verdünnter Salpetersäure[2] aufgelöst. *Lösungen* von Phosphaten hingegen werden eingedampft und der Rückstand in der angegebenen Menge verdünnter Salpetersäure gelöst. Der Inhalt des Bechers wird nun im Aluminiumblock (S. 71, Abb. 25) auf 70° erwärmt und für je 1 mg P_2O_5 tropfenweise mit 0,5 ccm Molybdatreagens versetzt.[3] Der entstandene Phosphorammoniummolybdatniederschlag setzt sich rasch ab, muß aber während einer halben Stunde bei 70° im bedeckten Becher weiter erwärmt werden. Sodann wird die Lösung durch ein (nicht gewogenes) Filterstäbchen abgesaugt und der Niederschlag mehrmals mit wenigen Tropfen warmer Waschflüssigkeit[4] gewaschen. Die Waschflüssigkeit saugt man jedesmal ab. Ihre Gesamtmenge soll etwa 1 bis 2 ccm betragen.

Das Filterstäbchen wird von der Kapillare der Absaugvorrichtung gelöst und in den Becher gestellt, worauf 0,1 ccm 10%iger Ammoniak zugefügt wird. Durch Neigen und Drehen des Bechers sowie Auf- und Abziehen des Filterstäbchens entlang der Wände gelingt die Auflösung des Niederschlages sehr rasch. Man verdünnt hierauf mit 0,5 ccm Wasser und saugt die Lösung durch das Filterstäbchen in einen zweiten Becher, der zusammen mit einem Filterstäbchen gewogen worden ist. Man kann

---

[1] H. Thurnwald und A. A. Benedetti-Pichler: Z. analyt. Chem. **86**, 41 (1931); Mikrochem. **9**, 325, 329 (1931).

[2] 1 ccm Salpetersäure ($D = 1{,}2$) wird mit 100 ccm Wasser verdünnt.

[3] Herstellung des Reagens nach H. Biltz und W. Biltz: Ausführung quantitativer Analysen. 2. Aufl., S. 189. Leipzig 1937: 8 g Ammoniummolybdat werden in 20 ccm heißem Wasser gelöst und mit einer Lösung von 20 g Ammoniumnitrat in 30 ccm Wasser versetzt. Unter beständigem Rühren wird diese Mischung in dünnem Strahl in 50 ccm Salpetersäure (1 : 1) eingetragen. Nach eintägigem Stehen wird filtriert.

[4] 2 g Ammoniumnitrat und 1 ccm konz. Salpetersäure in 100 ccm Wasser.

jedoch statt des zweiten Bechers sehr zweckmäßig einen Filterbecher benutzen. Das Nachspülen erfolgt in zwei bis drei Anteilen mit insgesamt 1 ccm lauwarmem Wasser, das mit 1 Tropfen Ammoniak versetzt worden ist.

Der Becher wird nach Zugabe von 30 mg Ammoniumchlorid bis zum beginnenden Sieden der Lösung erhitzt und mit 0,2 ccm 10%iger wäßriger Lösung von $MgCl_2 \cdot 6\,H_2O$ versetzt, wobei zunächst ein amorpher Niederschlag entsteht. Man entfernt den Becher aus dem Aluminiumblock, schwenkt um und fügt zur Lösung 1 Tropfen 10%igen Ammoniak hinzu, worauf man den Becher mit einem Uhrglas bedeckt, bzw. den Filterbecher in eine passende Glasschale mit Deckel stellt (Reagenspapierdose). Nach 15 bis 20 Minuten langem Stehen bei Zimmertemperatur hat sich der Niederschlag in der Regel in die kristalline Form umgewandelt, worauf er filtriert und zuerst tropfenweise mit insgesamt 2 ccm 1%igem Ammoniak und hierauf zweimal mit je 1 ccm absolutem Methylalkohol gewaschen wird. Man trocknet den Becher mit Stäbchen bzw. den Filterbecher in der dazu passenden Trockenvorrichtung (S. 103, Abb. 53, bzw. S. 105, Abb. 56 oder 57) durch halbstündiges Durchsaugen von mit Chlorcalcium getrockneter Luft.

Für die Beleganalysen kamen Salzmengen mit einem P_2O_5-Gehalt von 0,75 bis 3,4 mg zur Anwendung.

Reinigung der Geräte: Der Becher, in dem der Phosphorammoniummolybdatniederschlag ausgefällt wurde, und das zugehörige Filterstäbchen werden erst mit warmem 10%igem Ammoniak und heißem Wasser (unter Hindurchsaugen), hierauf mit heißer verdünnter Salzsäure und abermals mit heißem Wasser gereinigt, während der Becher mit dem Filterstäbchen (bzw. der Filterbecher), worin das Magnesiumammoniumphosphat bestimmt wurde, mit heißer Salzsäure (1:1) und sodann mit heißem Wasser behandelt werden müssen.

2. Bestimmung als Phosphormolybdänsäureanhydrid.[1]

Die Phosphorsäure wird aus schwach salpetersaurer Lösung als Phosphorammoniummolybdat gefällt. Der Niederschlag wird nach Auflösen in Ammoniak umgefällt, bei 450° erhitzt und als Phosphormolybdänsäureanhydrid $P_2O_5 \cdot 24\,MoO_3$ gewogen. Umrechnungsfaktor F für P_2O_5: 0,03947; log F: 0,59626—2.

Fällungs- und Filtergeräte: Je zwei Tiegel und Filterstäbchen (Porzellan).

Ausführung: Die Lösung, deren Salpetersäurekonzentration etwa 2% und deren Volumen ungefähr 2 ccm betragen soll, wird in einem Porzellantiegel im Aluminiumblock (S. 71, Abb. 25) auf 70° erwärmt und mit dem auf S. 251 angegebenen Biltzschen Ammoniummolybdatreagens tropfenweise unter Umschwenken gefällt, wobei für je 1 mg P_2O_5 0,5 ccm Reagens zur Anwendung kommen. Die Fällung erwärmt man im Tiegel, der mit einem Uhrglas bedeckt wird, während 3 Stunden bei 70° weiter und stellt sie

[1] H. Krafft-Ebing: Dissertation, Universität Wien (1934). — F. Hecht und E. Kroupa: Z. analyt. Chem. **102**, 83 (1935). — Das Mikroverfahren geht auf die entsprechende makroanalytische Methode zurück: s. F. P. Treadwell: Lehrbuch, II. S. 374.

dann über Nacht, womöglich aber 16 bis 20 Stunden lang, beiseite. Hierauf wird der Niederschlag mittels eines Porzellanfilterstäbchens filtriert und vier- bis fünfmal mit je 0,3 ccm warmer Waschflüssigkeit (S. 251, Fußnote 4) gewaschen. Nun fügt man 0,5 ccm 10%igen Ammoniak hinzu, erwärmt auf dem Wasserbad eine halbe Minute und bringt den Niederschlag durch Auf- und Abziehen des Filterstäbchens entlang der Innenseite der Tiegelwände vollkommen in Lösung. Hierauf saugt man die Lösung durch ein Porzellanfilterstäbchen in einen zusammen mit einem anderen Porzellanfilterstäbchen gewogenen Porzellantiegel mit außen glasierter Bodenfläche (S. 67) und spült drei- bis viermal mit je 0,5 ccm 2,5%igem Ammoniak nach. Man verdünnt die Flüssigkeit mit Wasser auf 4 bis 5 ccm, erwärmt im Aluminiumblock auf 70° und fügt zuerst tropfenweise unter Umschwenken 1 ccm konz. Salpetersäure, dann noch (auf einmal) 0,5 ccm Ammoniummolybdatreagens hinzu. Die Fällung wird wie beim erstenmal 3 Stunden lang bei 70° weiter erwärmt. Nach 16- bis 20stündigem Absetzen wird der Niederschlag mit Hilfe des vorher mitgewogenen Filterstäbchens filtriert und drei- bis viermal mit je 0,5 ccm warmer Waschflüssigkeit gewaschen. Tiegel, Filter und Niederschlag werden im Trockenschrank bei 105 bis 110° vorgetrocknet und dann im elektrischen Ofen allmählich auf etwa 450° erhitzt, bis der gesamte Niederschlag blaugrün gefärbt erscheint. Man erhält von diesem Augenblick an noch 20 bis 30 Minuten lang bei dieser Temperatur und kühlt hierauf Tiegel und Stäbchen auf dem Metallblock ab, worauf in der üblichen Weise gewogen wird. Da 0,1 mg des Niederschlages immerhin 4 γ P_2O_5 entsprechen, ist die Wägung womöglich nicht auf der gewöhnlichen Analysenwaage, sondern auf der Mikro- oder „Halbmikrowaage" auszuführen. Selbstverständlich genügt eine Genauigkeit der Wägung von 0,01 bis 0,02 mg vollauf.

Diese Methode eignet sich für die Bestimmung von 1 bis 5 mg P_2O_5. Bei größeren Mengen sind die Volumina entsprechend zu vergrößern, was jedoch nach Möglichkeit vermieden werden sollte. Die Genauigkeit des Verfahrens ist etwas geringer als die der unter 1 beschriebenen Methode.

Reinigung der Geräte: Diese erfolgt durch Behandeln mit warmem 10%igem Ammoniak und darauffolgendes mehrmaliges Durchsaugen von heißem Wasser durch das Filterstäbchen. Hierauf wird heiße verdünnte Salzsäure[1] und zum Schluß abermals heißes Wasser hindurchgesaugt.

3. Bestimmung in kristallisierten organischen Substanzen als Phosphorammoniummolybdat nach H. LIEB.[2]

Die kristallisierte organische Substanz wird entweder durch eine Soda-Salpeter-Schmelze oder durch Aufschluß mit Schwefelsäure und Salpetersäure zerstört. Die salpetersaure Lösung des Aufschlusses wird mit schwefelsäurehaltiger Salpetersäure versetzt und die Phosphorsäure mit Ammoniummolybdat ausgefällt. Der mit Alkohol und Äther (oder Aceton) gewaschene Niederschlag wird im Vacuumexsiccator getrocknet und

[1] Für den unwahrscheinlichen Fall, daß auf der Sinterplatte des Filterstäbchens sich Spuren von Metallhydroxyden befinden sollten.

[2] F. PREGL-H. ROTH: Mikroanalyse. S. 156. — H. LIEB in E. ABDERHALDEN: Handbuch der biolog. Arbeitsmethoden. Abt. I, Teil 3, Lfg. 16, S. 384. Berlin und Wien 1921. — Vgl. a. H. LIEB und O. WINTERSTEINER: Mikrochem. 2, 78 (1924).

hierauf als Phosphorammoniummolybdat gewogen. Umrechnungsfaktor F für P (empirisch): 0,014524; log F: 0,16209—2.

Fällungs- und Filtergeräte: Fällungs- und Filterröhrchen.

Ausführung: Die Zerstörung der organischen Substanz kann a) durch Aufschluß mit Hilfe einer Soda-Salpeter-Schmelze, b) durch Aufschluß mit Schwefel- und Salpetersäure im Mikro-KJELDAHL-Kölbchen[1] erfolgen.

a) Aufschluß durch Soda-Salpeter-Schmelze.

2 bis 5 mg Substanz werden in ein Platinschiffchen eingewogen und vermittels eines dünnen Platindrahtes mit dem fünf- bis sechsfachen Gewicht eines Gemenges aus wasserfreiem Natriumcarbonat und Kaliumnitrat[2] vermischt. Der Platindraht verbleibt im Schiffchen, das nun in ein 15 cm langes (vorher gut mit Chromschwefelsäure gereinigtes) Verbrennungsrohr aus Supremaxglas eingeführt wird. Dieses Verbrennungsrohr ist an dem einen Ende zu einer verhältnismäßig weiten, rechtwinkelig abgebogenen Kapillare ausgezogen, während das andere Ende durch einen Gummistopfen verschlossen wird. Durch diesen leitet man mittels einer verjüngten Kapillare Sauerstoff[3] mit einer Geschwindigkeit von 3 bis 4 ccm in der Minute. Man beginnt mit dem Erhitzen des Rohres vor dem Schiffchen und bringt die Flamme allmählich an dieses heran. Nach Beendigung der Hauptreaktion erhitzt man mit der rauschenden Flamme unterhalb des Schiffchens. Das Erkalten erfolgt im Sauerstoffstrom.

Das Schiffchen mit der Schmelze wird in einem Jenaer Reagensglas mit 5 ccm heißer Salpetersäure (1 : 1) behandelt. Die so erhaltene Lösung filtriert man durch ein angefeuchtetes hartes Filter in ein vorher mit Chromschwefelsäure gut gereinigtes weites Jenaer Reagensglas von 100 ccm Inhalt. Nun spült man nacheinander von beiden Seiten her das Verbrennungsrohr mit heißer Salpetersäure (1:1) aus und vereinigt die Flüssigkeit mit der Lösung der Schmelze in dem großen Reagensglas.

b) Aufschluß im KJELDAHL-Kölbchen.

3 bis 5 mg Substanz werden vermittels eines Wägeröhrchens[4] in ein mit Chromschwefelsäure gereinigtes, trockenes Mikro-KJELDAHL-Kölbchen eingewogen. Die Substanz wird mit 0,5 ccm Schwefelsäure ($D = 1{,}84$) und 4 bis 5 Tropfen Salpetersäure ($D = 1{,}4$) befeuchtet. Hierauf erhitzt

[1] F. PREGL-H. ROTH: Mikroanalyse. S. 109. Das KJELDAHL-Kölbchen aus Jenaer Geräteglas ist 16 cm lang; der Hals hat einen Durchmesser von 15 mm und ist am unteren Ende zu einer Kugel von 30 mm Durchmesser aufgeblasen.

[2] Beides gepulvert (1 : 1).

[3] R. KUHN : Hoppe-Seyler's Z. physiol. Chem. **129**, 64 (1923), beobachtete bei Präparaten von Saccharase, Peroxydase und Lipase ein Verspritzen, das sich aber verhindern ließ, wenn die Substanzen zuerst im Luftstrom erhitzt wurden, bis der größte Teil der organischen Substanz zerstört war. Erst dann wurde Sauerstoff angewendet.

[4] F. PREGL-H. ROTH: Mikroanalyse. S. 96, Abb. 24: „Stickstoffwägeröhrchen“.

man den KJELDAHL-Kolben, am besten auf einem Veraschungsgestell für Serienbestimmungen[1] — falls ein solches jedoch nicht zur Verfügung steht, unter Verwendung einer Holzklammer —, über kleiner Flamme bis zum Auftreten von Schwefelsäuredämpfen, setzt dann etwas Salpetersäure zu und wiederholt das Erhitzen bis zum Entweichen von Schwefelsäuredämpfen noch zweimal (unter jedesmaligem Zusatz von konz. Salpetersäure). Wenn diese Behandlung noch keine nach dem Erkalten klare Lösung ergibt, fügt man noch 4 bis 5 Tropfen reinstes, säurefreies Perhydrol hinzu und erhitzt neuerlich bis zum Auftreten von Schwefelsäuredämpfen. Dies wird wiederholt, bis die Lösung völlig klar ist. Den Inhalt des Kolbens spült man nach dem Erkalten in ein weites Reagensglas (siehe oben).

Man fährt nun, gleichgültig ob nach a oder b gearbeitet wurde, folgendermaßen fort: Die Lösung wird mit 2 ccm schwefelsäurehaltiger Salpetersäure[2] versetzt und mit Wasser auf 15 ccm gebracht, falls dieses Volumen nicht schon erreicht ist. Sodann stellt man das weite Reagensglas mit der Lösung in ein siedendes Wasserbad, nimmt es nach einiger Zeit heraus und läßt aus einer Pipette in die Mitte der Oberfläche der Lösung 15 ccm Ammoniummolybdatreagens[3] in feinem Strahl zufließen. Nach 2 bis 3 Minuten wird das Reagensglas kräftig umgeschwenkt. Die Fällung wird mindestens 6 Stunden stehen gelassen, bei Anwesenheit von nur 0,5 mg Phosphor jedoch 6 bis 18 Stunden und, falls weniger als 0,05 mg Phosphor zu erwarten ist, sogar 36 Stunden. Nach erfolgter Fällung darf das Reagensglas nicht mehr im siedenden Wasserbad erhitzt werden.

Zur Filtration wird ein Filterröhrchen mit Ammoniak, Wasser, heißer verdünnter Salpetersäure und dann abermals mit Wasser gewaschen. Das Auswaschen wird mit Alkohol und Äther oder Aceton[4] beendet (zweimaliges Auffüllen). Nun wird das Filterröhrchen feucht und trocken abgewischt[5] und in einem leeren Exsiccator, der kein Trockenmittel enthält, durch Evacuieren mit Hilfe der Wasserstrahlpumpe vom Äther oder Aceton befreit. Es darf beim Öffnen des Exsiccators kein Geruch darnach mehr wahrnehmbar sein. Das Filterröhrchen wird aus dem Exsiccator mittels eines Rehlederläppchens oder einer Kornzange auf die Waage gebracht und nach 5 Minuten gewogen. In völlig gleicher Weise ist später

[1] F. PREGL-H. ROTH: Mikroanalyse. S. 108, Abb. 27.

[2] 420 ccm Salpetersäure ($D = 1,4$) werden mit 580 ccm Wasser vermischt. Dazu gießt man 30 ccm Schwefelsäure ($D = 1,84$).

[3] 150 g zerkleinertes Ammoniummolybdat werden in 400 ccm siedendem Wasser gelöst. Nach dem Erkalten gießt man die Lösung unter Schütteln in dünnem Strahl in einen 1-Liter-Meßkolben zu einer Ammoniumsulfatlösung, die durch Auflösen von 50 g Ammoniumsulfat in 500 ccm Salpetersäure ($D = 1,36$) bereitet worden ist. Man füllt mit Wasser bis zur Marke auf und filtriert nach drei Tagen in eine braune Vorratsflasche.

[4] 96%iger Alkohol; alkohol- und wasserfreier Äther; aldehydfreies Aceton.

[5] Es darf von jetzt an bis zum Wägen nur mehr mit Rehlederläppchen berührt werden.

auch die Wägung des Filterröhrchens mit dem Niederschlag durchzuführen, so daß zwischen der Entnahme aus dem Exsiccator und der Wägung stets der gleiche Zeitraum verstreicht.

Die Filtration erfolgt in der üblichen Weise (S. 92, Abb. 43). Dabei wird zuerst die überstehende Flüssigkeit bis auf geringe Reste abgesaugt, der Niederschlag mit 2%iger Ammoniumnitratlösung[1] gewaschen und dann erst aufs Filter gebracht. Die letzten Niederschlagsreste werden abwechselnd mit der Ammoniumnitratlösung und mit Alkohol auf das Filter übergeführt. Schließlich füllt man das Filterröhrchen noch zweimal mit Alkohol und Äther (oder Aceton) an und saugt die Flüssigkeit hindurch. Das Abwischen, Trocknen und Wägen erfolgt, wie für das leere Filterröhrchen beschrieben. Die Wägung wird auf 0,01 mg genau ausgeführt.

Reinigung des Filterröhrchens: Diese erfolgt durch aufeinanderfolgendes Hindurchsaugen von Ammoniak, Wasser, heißer verdünnter Salpetersäure, wieder Wasser, dann Alkohol und schließlich Äther (Aceton).

4. Bestimmung als Oxinphosphormolybdat.[2]

Phosphorsäure liefert in salzsaurer Lösung mit Oxin und Ammoniummolybdat eine schwer lösliche Anlagerungsverbindung $3\,(C_9H_7ON)\cdot H_7[P(Mo_2O_7)_6]\cdot 2\,H_2O$. Trocknungstemperatur: 105°. (Empirischer) Umrechnungsfaktor F für P_2O_5: 0,03063; log F: 0,48615—2.

Arsensäure darf nicht vorhanden sein, da diese mit den genannten Reagenzien ebenfalls einen Niederschlag bildet.

Fällungs- und Filtergeräte: Tiegel und Filterstäbchen (Porzellan).

Ausführung: Ein mindestens 50 ccm fassender Berliner Porzellantiegel (hohe Form) wird zusammen mit einem Mikro- oder Makrofilterstäbchen aus Porzellan nach Trocknen bei 105° mittels einer (auf wenigstens 0,1 mg genauen) analytischen Waage gewogen. Hierauf bringt man die zu untersuchende neutrale oder höchstens ganz schwach saure, *arsenfreie* Phosphatlösung in den Tiegel.[3] Falls überschüssige Säure vorhanden ist, muß diese durch Eindampfen oder Abrauchen (weniger gut durch Neutralisieren mit Ammoniak) unschädlich gemacht werden. Man stellt auf ein Volumen von 25 ccm ein, in dem höchstens 2,5 mg P_2O_5 enthalten sein dürfen.[4] Nach Erwärmen der Lösung auf 70° läßt man aus einer Bürette 7,5 ccm Fällungsreagens (S. 62) zufließen. Es entsteht sofort ein orangefarbener Niederschlag, der nach mindestens zwölfstündigem Stehen filtriert wird. Man wäscht mit 2,5 bis 3 ccm 1%iger Ammoniumnitratlösung, die man in möglichst kleinen Anteilen anwendet,

---

[1] Diese ist mit einigen Tropfen Salpetersäure anzusäuern.

[2] K. Scharrer: Biochem. Z. **261**, 444 (1933). — Vgl. R. Berg: Z. angew. Chem. **41**, 611 (1928). — Derselbe: Das Oxin. S. 91. — Vgl. ferner H. T. Bucherer und F. W. Meier: Z. analyt. Chem. **85**, 334 (1931).

[3] Das Filterstäbchen wird selbstverständlich vorher, vor Staub geschützt, beiseite gestellt.

[4] Die Originalvorschrift von K. Scharrer ist einer Menge von 10 mg P_2O_5 (obere Grenze) in einem Volumen von 100 ccm angepaßt.

wobei der Niederschlag mit dem Filterstäbchen kräftig aufgerührt wird. Nach dem üblichen Abwischen des Tiegels und des oberen Filterstäbchenendes wird im Trockenschrank mindestens 4 Stunden lang getrocknet. Es ist notwendig, sich von der Gewichtskonstanz des Niederschlages zu überzeugen.

Die Vorschrift muß peinlich genau eingehalten werden. Ein größerer als der angegebene Salzsäuregehalt kann Ausfallen von Molybdänsäure zur Folge haben. Wenn mehr als 2,5 mg P_2O_5 zu bestimmen sind, müssen die Volums- und Mengenverhältnisse proportional abgeändert werden; auch ist ein größerer Tiegel oder sogar ein kleines Becherglas zu verwenden.

Gelöste Kieselsäure stört die Bestimmung nicht allzusehr, falls nicht mehr Kieselsäure (SiO_2) als Phosphorsäure (P_2O_5) anwesend ist. Größere Kieselsäuremengen sind vor der Fällung der Phosphorsäure durch Abrauchen mit Salzsäure abzuscheiden und durch Filtration zu entfernen.

Diese Methode wurde von dem Autor[1] zur Bestimmung des Phosphorgehaltes von Getreidesorten, Düngemitteln und Bodenproben angewendet.

Reinigung der Geräte: Diese erfolgt mit heißer Chromschwefelsäure.

Schwefel.

1. Bestimmung in organischen Substanzen (Wägung als Bariumsulfat).

a) Unter Anwendung der CARIUS-Mikrobombe.[2]

Die organische Substanz wird bei Anwesenheit von Bariumchlorid im Bombenrohr bei 270° mit konz. Salpetersäure zerstört und die entstandene Schwefelsäure als Bariumsulfat $BaSO_4$ im Mikro-NEUBAUER-Tiegel (aus Platin oder Porzellan) bestimmt. Glühtemperatur: 800°. Umrechnungsfaktor siehe S. 258.

Die Methode führt leicht zu Verlusten, die durch das in die Glaswand „eingebrannte" Bariumsulfat verursacht werden. Anderseits ist der Zusatz von Bariumchlorid vor dem Aufschluß unerläßlich, da sonst beim Öffnen der Mikrobombe leicht Schwefelverluste eintreten. Manchmal fallen die Werte jedoch auch infolge Ausscheidung von Kieselsäure aus dem Glas zu hoch aus.

Näheres über die Bestimmung siehe bei F. PREGL-H. ROTH, a. a. O.

b) Unter Anwendung des „Perlenrohres" nach F. PREGL.[3]

Die Verbrennung der organischen Substanz findet im Spiral- oder Perlenrohr[4] statt, analog wie dies bei der Halogenbestimmung (S. 239) angegeben worden ist. Zur Benetzung der Perlen (bzw. Spirale) und Absorption der Verbrennungsprodukte dient verdünntes Perhydrol, das die schweflige Säure, die gegebenenfalls entstehen kann, zu Schwefelsäure oxydiert. Nach Beendigung der Verbrennung wird das Rohr gründlich mit salzsäurehaltigem Wasser ausgespült und die gesamte Flüssigkeit in einer Glasschale aufge-

---

[1] Siehe Fußnote 2 auf S. 256.
[2] F. PREGL-H. ROTH: Mikroanalyse. S. 151.
[3] F. PREGL-H. ROTH: Mikroanalyse. S. 144.
[4] F. PREGL-H. ROTH: Mikroanalyse. S. 116, Abb. 29.

fangen. Durch Zusatz von ein oder zwei Kristallen Bariumchlorid wird die Schwefelsäure gefällt. Nach Einengen der Lösung führt man den Bariumsulfatniederschlag unter abwechselndem Spülen mit schwach salzsäurehaltigem Wasser und Alkohol in einen Mikro-NEUBAUER-Tiegel (S. 96) aus Platin (oder Porzellan) über. Das Waschen wird mit dem salzsäurehaltigen Wasser beendet. Nach Glühen des Tiegels im elektrischen Ofen bei ungefähr 800° wäscht man neuerlich einige Male mit ein wenig heißem Wasser aus, um aus dem Bariumsulfat das etwa eingeschlossene Bariumchlorid zu entfernen, und führt das Glühen und Wägen nochmals aus. Zur Sicherheit empfiehlt sich noch eine weitere Wiederholung dieses Vorganges. In der Regel ist nunmehr Gewichtskonstanz erreicht.

Eine nähere Beschreibung des Verfahrens erübrigt sich hier, da es in dem Lehrbuch von F. PREGL-ROTH[1] eingehend besprochen ist.

2. Bestimmung des Gesamtschwefels in Mineralen (besonders Silikaten):[2] Wägung als Bariumsulfat.

Das Mineralpulver wird mit Soda-Salpeter-Mischung im elektrischen Ofen aufgeschlossen, die erkaltete Schmelze mit Wasser ausgelaugt und der unlösliche Rückstand abfiltriert. Das mit Salzsäure angesäuerte Filtrat wird zur Trockne verdampft und mehrmals mit Salzsäure abgeraucht. Nach Filtration der Kieselsäure wird die Schwefelsäure mit Bariumchlorid gefällt. Das Bariumsulfat wird bei 800° geglüht. Umrechnungsfaktor F für S: 0,1373; log F: 0,13782—1.

Fällungs- und Filtergeräte: Tiegel und Filterstäbchen (Platin).[3]

Ausführung: 20 mg des Minerals werden in einen Platintiegel eingewogen, mit der zehn- bis fünfzehnfachen Menge einer Mischung von Natriumcarbonat und Natriumnitrat[4] im Verhältnis 3 : 2 gemischt und im elektrischen Ofen unter allmählichem Steigern der Temperatur auf etwa 800° aufgeschlossen. Der Platintiegel wird während des Aufschlusses mit einem Deckel bedeckt gehalten. Nach dem Erkalten laugt man die Schmelzmasse auf einem elektrisch geheizten Wasserbad mit 10 bis 15 ccm Wasser aus und filtriert die Lösung mittels eines Platinfilterstäbchens in einen Berliner Porzellantiegel von 40 ccm Fassungsvermögen (hohe Form). Der Rückstand wird fünf- bis sechsmal mit je 0,5 bis 1 ccm 2%iger Sodalösung gewaschen. Die Lösung wird durch vorsichtiges Überleiten von Salzsäuregas (vgl. S. 38 und 241) angesäuert, dann im bedeckten Tiegel eine halbe Stunde auf dem Wasserbad erwärmt und hierauf zur Trockne verdampft. Der Rückstand wird noch viermal mit je 1,5 ccm Wasser + 1,5 ccm Salzsäure abgeraucht,[5] schließlich mit 2 bis 3 ccm Salz-

[1] Siehe Fußnote 3 auf S. 257.

[2] F. HECHT: Mikrochim. Acta (Wien) 2, 202 (1937).

[3] Tiegel und Filterstäbchen aus Platin sind wegen der besseren Gewichtskonstanz und besseren Reinigungsmöglichkeit mittels heißer konz. Schwefelsäure den gleichen Geräten aus Porzellan vorzuziehen.

[4] Es sind für die ganze Analyse nur Reagenzien „p. a. mit Garantieschein“ zu verwenden!

[5] Er soll jedesmal — von der Kieselsäure abgesehen — in Lösung gebracht werden.

säure (1 : 5) aufgenommen und auf dem Wasserbad kurz erwärmt, bis sich das Natriumchlorid aufgelöst hat. Dann filtriert man mit Hilfe eines Platinfilterstäbchens in einen Platintiegel, der vorher zusammen mit einem anderen Platinfilterstäbchen gewogen worden ist. Als Waschflüssigkeit dient heiße 1(vol.)%ige Salzsäure. Das Filtrat wird auf ungefähr die Hälfte eingedampft, dann heiß mit 1 ccm siedender 2 n-Bariumchloridlösung gefällt und im bedeckten Tiegel über Nacht stehen gelassen. Meist bildet sich nach mehrstündigem Stehen eine oberflächliche Haut von Bariumsulfat. Am nächsten Tag wird filtriert und viermal mit je 0,5 ccm warmem (nicht heißem[1]) Wasser gewaschen. Der im Trockenschrank samt dem Filterstäbchen vorgetrocknete Tiegel wird im elektrischen Ofen bei 800° bis zur Gewichtskonstanz geglüht.

Es ist unbedingt erforderlich, in einigen Blindproben den Sulfatgehalt der Soda-Salpeter-Mischung + der 2%igen Sodalösung, die als Waschwasser dient, zu bestimmen. Die Blindprobe wird natürlich an einem Mehrfachen derjenigen Menge vorgenommen, die bei der Einzelbestimmung in Anwendung kommt. Auch die Salzsäuremenge soll im entsprechenden Verhältnis gewählt werden. Das Eindampfen darf sowohl bei den Blindproben als auch bei den eigentlichen Bestimmungen nur auf einem elektrisch geheizten Wasserbad (S. 109, Abb. 59) erfolgen, und zwar in einem Raum, in dem keine Gasflamme brennt, da die längere Verwendung von Gasbrennern die Sulfatbestimmung störend beeinflußt.[2]

Reinigung der Geräte: Diese kann durch Erhitzen mit konz. Schwefelsäure im Aluminiumblock (S. 71, Abb. 25) erfolgen. Man saugt zweimal je 15 ccm heiße Schwefelsäure durch das Filterstäbchen. Eine andere Reinigungsmöglichkeit gewährt ein Aufschluß mit Soda. Die Schmelze wird hierauf unter Erwärmen auf dem Wasserbad allmählich in Wasser gelöst. Das getrocknete Filterstäbchen wird kurz geglüht, wobei die im Schaftinnern enthaltene Soda schmilzt. Nunmehr wird mehrmals heißes Wasser, sodann heiße Salzsäure (1 : 1) und wieder heißes Wasser hindurchgesaugt.

3. Bestimmung des Sulfatschwefels als Bariumsulfat.[3]

Durch Bariumchlorid wird aus Sulfaten in schwach salzsaurer Lösung Bariumsulfat $BaSO_4$ gefällt, wobei bekanntlich eine Reihe von Umständen zu beachten ist, welche die Menge der Verunreinigungen des Niederschlages beeinflussen.[4] Vor allem müssen vor der Fällung die dreiwertigen Kationen entfernt werden. Der Bariumsulfatniederschlag wird bei 800° geglüht. Umrechnungsfaktor F für SO_4: 0,4115; log F: 0,61440—1.

---

[1] Wegen der nicht zu vernachlässigenden Löslichkeit von Bariumsulfat in heißem Wasser.

[2] Infolge Bildung von Oxydationsprodukten des Schwefels, die in die Lösung gelangen.

[3] E. Schwarz-Bergkampf: Z. analyt. Chem. **69**, **331** (1926). — Der Autor bestimmte das Sulfat-Ion in Lösungen von Magnesium- und Kupfersulfat.

[4] F. P. Treadwell: Lehrbuch, II. S. 397 ff.

Fällungs- und Filtergeräte: Tiegel und Filterstäbchen (Porzellan oder Platin).[1]

Ausführung: Die Lösung, deren Volumen einige Kubikzentimeter (je nach der anwesenden Sulfatmenge) beträgt, wird mit 2 Tropfen 10%iger Salzsäure versetzt und heiß[2] mit 2 bis 3 Tropfen 10%iger Bariumchloridlösung gefällt. Man erwärmt noch 5 Minuten. läßt dann 10 Minuten abkühlen, filtriert und wäscht dreimal mit ein wenig heißem Wasser. Tiegel und Filterstäbchen werden auf dem Wasserbad vorgetrocknet und hierauf im elektrischen Ofen 15 bis 20 Minuten bei 700 bis 800° geglüht. Nach dem Abkühlen wäscht man wieder dreimal mit ein wenig heißem Wasser,[3] trocknet, glüht 20 Minuten bei 800° und wägt.

Reinigung der Geräte: Die Reinigung erfolgt, wie auf S. 224 (bei der Bestimmung des Bariums als Bariumsulfat) bzw. auf S. 259 (bei der Bestimmung des Gesamtschwefels in Mineralen) angegeben.

6. Wasser.

Bestimmung des Wassers in Mineralen durch Austreibung und Absorption.[4]

Wasser wird aus Mineralen durch Glühen bei etwa 1000° ausgetrieben und durch einen trockenen Luftstrom in ein Absorptionsgefäß übergeführt, dessen Gewichtszunahme die Menge des absorbierten Wassers anzeigt.

Apparative Behelfe: Apparatur nach F. HECHT (Abb. 93). Diese besteht aus einem Quarzrohr, das durch einen röhrenförmigen elektrischen Widerstandsofen mit Innenwicklung bzw. eine heizbare Metallvollgranate erhitzt werden kann, sowie aus einem vorgeschalteten Trocknungssystem und Druckregler, ferner zwei auf das Quarzrohr folgenden Absorptionsgefäßen, an die ein Schutzrohr anschließt, das mit einer MARIOTTEschen Flasche[5] in Verbindung steht.

Aus einem im Freien gefüllten Gasometer gelangt ein Luftstrom nach Passieren des mit destilliertem Wasser beschickten Druckreglers *A*, des Schwefelsäure enthaltenden Blasenzählers *B* und des mit „Anhydrone" (wasserfreiem Magnesiumperchlorat)[6] gefüllten U-Rohres *C* in das Quarzrohr *D*.[7] In diesem befindet sich während der Bestimmung ein Diffusionskörper *a* aus Quarz, der die Kondensation von etwa zurückströmendem Wasserdampf außerhalb der durch den Ofen *E* erhitzten Zone des Rohres

[1] Siehe Fußnote 4 auf Seite 224.

[2] Der Tiegel wird im Aluminiumblock (S. 71, Abb. 25) oder auf dem siedenden Wasserbad erhitzt.

[3] Versuche, bei denen nach dem Glühen mit verdünnter Salzsäure gewaschen wurde, ergaben zu niedrige Werte.

[4] F. HECHT: Mikrochim. Acta (Wien) 1, 194 (1937).

[5] Deren Anwendung ist z. B. bei F. PREGL-H. ROTH: Mikroanalyse, S. 38 und 55, beschrieben.

[6] Siehe Fußnote 5 auf Seite 246.

[7] Länge 25 cm, innere Weite 8 mm.

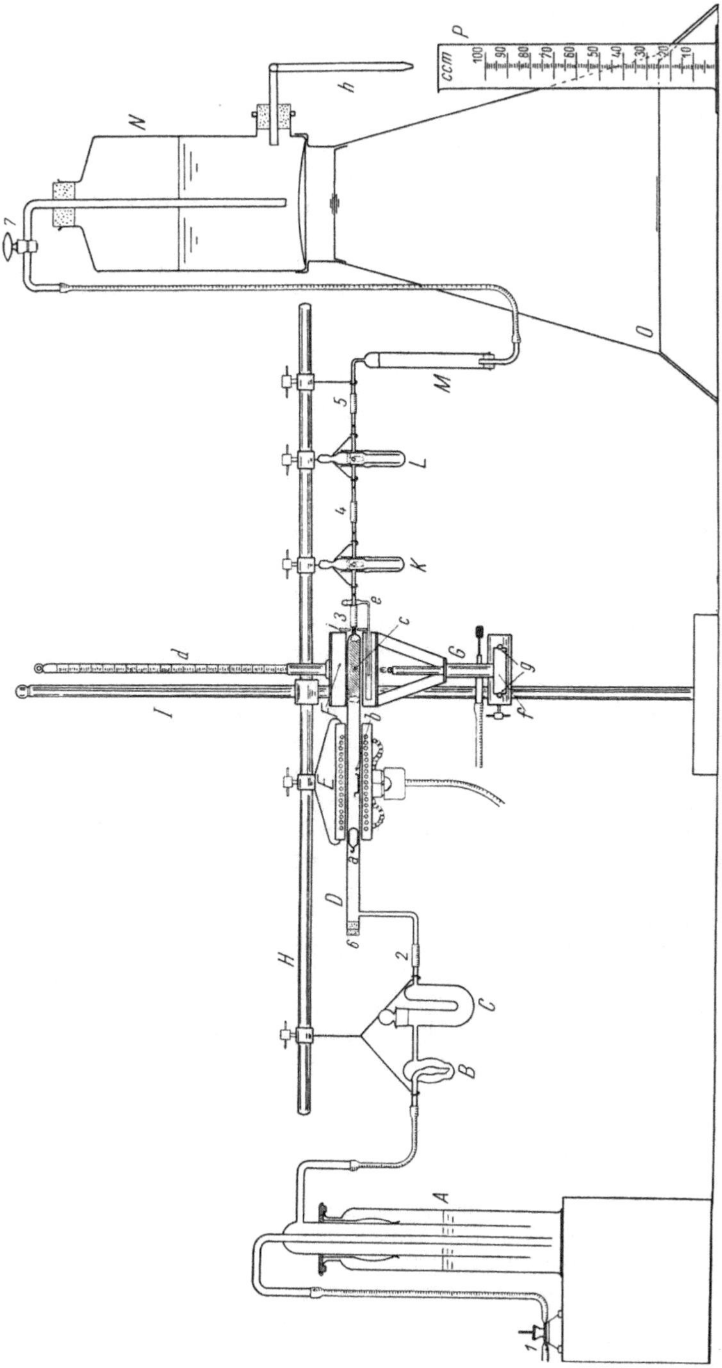

Abb. 93. Apparatur zur Bestimmung des Wassers in Mineralen ($^1/_7$ der natürlichen Größe). [Aus Mikrochim. Acta (Wien) **1**, 197 (1937).]

möglichst verhindern soll, sowie ein Platinschiffchen *b*, das die Substanz enthält. Vor dem rechten (im Sinne des Luftstromes rückwärtigen) Ende des Quarzrohres ist zwischen zwei Glaswollebäuschen die Reinigungsmasse *c* angeordnet, die weiter unten beschrieben wird. Sie wird durch die Metallvollgranate *F* erwärmt, aus der ein Thermometer *d* ragt und die selbst durch einen Mikrogasbrenner *G* geheizt wird. Die Granate ist in bekannter Weise[1] mit einem verschiebbaren einfachen oder doppelten Kupferbügel *e* versehen, der, auf das anschließende seitliche Ansatzrohr des Absorptionsgefäßes *K* gelegt, der Kondensation von Wasser an dieser Stelle entgegenwirken soll. Der Schlauch[2] wird durch die Asbestplatte *i* vor zu großer Erwärmung geschützt. Auf das Absorptionsgefäß *K* folgt das gleichartige Gefäß *L*, beide in der von A. FRIEDRICH[3] angegebenen und im vorliegenden Buche bei der Bestimmung der Kohlensäure eingehend geschilderten Form (S. 246, Abb. 91). Den Schluß bilden das Schutzrohr *M* und die MARIOTTEsche Flasche *N*, die auf einem Metalldreifuß *O* erhöht steht. An der waagrechten Stange *H* aus rostfreiem Stahl, die mittels Klammer und Muffe an einem Stativ *I* (gleichfalls aus rostfreiem Stahl bestehend) angebracht ist, sind die Metallgranate *F* und der elektrische Röhrenofen *E* mit metallenen Haltern[4] befestigt. Dieser Ofen *E* ist mit Innenwicklung aus Chromnickeldraht versehen und mit einer Porzellanhülle umgeben. Die erreichbare Höchsttemperatur beträgt etwa 950°. Der Ofen ist um eine exzentrische waagrechte Achse ein wenig schwenkbar, während die Metallgranate mittels eines zwischen zwei waagrechten Metallstäben *g* senkrecht zur Bildebene verschiebbaren Schlittens *f* in die richtige Stellung gebracht werden kann. Für besondere Zwecke kann man den Röhrenofen auch durch einen Spezialofen mit Platin-Innenwicklung ersetzen, wodurch Temperaturen von etwa 1200 bis 1400° erzielbar sind. Manche Silikate geben ihr chemisch gebundenes Wasser erst bei so hohen Temperaturen vollständig ab.

An der Verjüngungsstelle des Quarzrohres (hinter der Reinigungsmasse *c*) befindet sich ein Glaswollebausch. Der bei der Mikro-Verbrennungsapparatur nach F. PREGL an dieser Stelle angebrachte sog. „Bremspfropf“[5] ist hier überflüssig, da nicht — wie bei einer Verbrennung — Sauerstoffüberdruck benötigt wird. Die MARIOTTEsche Flasche am Ende des Apparates bewirkt eine kleine Druckerniedrigung, erzeugt also eine gewisse Saugwirkung. Die Geschwindigkeit des Luftstromes wird

---

[1] F. PREGL-H. ROTH: Mikroanalyse. S. 34 (siehe auch S. 33, Abb. 11).

[2] Alle Kautschukschläuche, insbesondere *2*, *3*, *4*, *5* (je 20 mm lang), sind künstlich gealtert bzw. mit Paraffin imprägniert. Sie werden von der Firma P. Haack, Wien, geliefert. — Vgl. dagegen J. LINDNER: Mikro-maßanalytische Bestimmung des Kohlenstoffes und Wasserstoffes. Berlin 1935. S. 41.

[3] A. FRIEDRICH: Mikrochem. **19**, 23 (1936).

[4] Aus zeichnerischen Gründen sind in der Abb. 93 der Halter von *E* und die Drahthalter der Absorptionsgefäße *K* und *L* sowie des Schutzrohres *M* nicht waagrecht dargestellt, wie dies ihrer wirklichen Anbringung an der Stange *H* entpricht.

[5] F. PREGL-H. ROTH: Mikroanalyse. S. 48.

außerdem noch mit dem Präzisionsquetschhahn *1*[1] reguliert, der zur Feineinstellung dient. Das durch den Apparat getriebene Luftvolumen wird durch die im Meßzylinder *P* aufgefangene Wassermenge gemessen.

Das U-Rohr *C*, die beiden Absorptionsgefäße *K* und *L* sowie das Schutzrohr *M* werden mit Anhydrone gefüllt. Dieses ist als Absorptionsmittel für Wasserdampf ebenso wirksam wie Phosphorpentoxyd. Das Absorptionsgefäß *K* dient zur Aufnahme des ausgetriebenen Wassers, während *L* das von A. FRIEDRICH[2] eingeführte sog. „Kontrollrohr" ist.

Um den Gasstrom von Schwefeloxyden aus Sulfiden oder Sulfaten, von Chlorwasserstoff aus hydrolysierbaren Chloriden sowie von Fluor, das aus mineralischen Substanzen, insbesondere Silikaten und Apatiten, frei werden kann, zu reinigen, enthält das Quarzrohr zwischen zwei Glaswollebäuschen die in der makroanalytischen Literatur[3] angegebene Mischung gleicher Teile von Bleioxyd und Bleisuperoxyd (Mercksche Präparate), die in der Abbildung mit *c* bezeichnet ist. Diese Rohrfüllung eignet sich nicht für die Analyse stickstoffhaltiger anorganischer Salze (Ammoniumsalze). Hingegen stört bei der hier beschriebenen ausschließlichen Wasserbestimmung[4] das bekannte Bindungsvermögen der verwendeten Reinigungsmasse für gewisse Mengen Kohlendioxyd nicht.

Ausführung: Man verbindet zunächst durch den Schlauch *3* das Schutzrohr *M* mit dem verjüngten Schnabel des Quarzrohres, erhitzt die Metallgranate mit Hilfe des Mikrobrenners auf 180 bis 190° und leitet dann aus dem Gasometer Luft in gleichmäßigem Strome durch die Apparatur, wobei man seine Geschwindigkeit so bemißt, daß ungefähr 4 ccm in der Minute hindurchgehen. Die Einstellung erfolgt einerseits mit Hilfe des Präzisionsquetschhahnes *1*, anderseits durch Höher- oder Tieferstellen des Hebels *h* der MARIOTTEschen Flasche.[5] Währenddessen wägt man sowohl das Absorptionsrohr *K* als auch das „Kontrollrohr" *L* gegen ein gleichartiges (ebenfalls mit Anhydrone gefülltes) Absorptionsgefäß, das als Taragefäß für beide Rohre *K* und *L* dient und stets auf einem Drahtgestell im äußeren Waagenkasten verbleibt. Man macht sich auf diese Weise von den Schwankungen des Luftdruckes, der Luftfeuchtigkeit und der Temperatur weitgehend unabhängig (S. 17). Das Taragefäß muß mit den beiden anderen soweit als möglich volums- und gewichtsgleich sein. Die Differenzen werden durch Gewichtsstücke und den Reiter ausgeglichen. In allen drei Rohren ist vor sämtlichen Wägungen der Luftdruck auszugleichen.

---

[1] F. PREGL-H. ROTH: Mikroanalyse. S. 25.

[2] A. FRIEDRICH: Mikrochem. **19**, 35 (1935). — A. FRIEDRICH und H. STERNBERG: Mikrochem., MOLISCH-Festschrift, 121 (1936).

[3] P. JANNASCH: Praktischer Leitfaden der Gewichtsanalyse. 2. Aufl., Leipzig 1904. S. 15, 20. — H. BILTZ und W. BILTZ: Ausführung quantitativer Analysen. 2. Aufl., Leipzig 1937. S. 168. — I. M. KOLTHOFF und E. B. SANDELL: Textbook of Quantitative Inorganic Analysis. New York 1936. S. 282.

[4] Ohne gleichzeitige Bestimmung der Kohlensäure.

[5] Dessen langer Schenkel ist in Abb. 93 aus zeichnerischen Gründen waagrecht, d. i. senkrecht zur Bildebene dargestellt.

Nach dem Wägen von *K* und *L* wägt man die Substanz in ein Platinschiffchen ein. Die Einwaage soll 10 mg nicht unterschreiten, weil das Wasser ohne vergrößernden Faktor ausgewogen wird und ein Wägefehler von 5 γ bei 10 mg Einwaage schon 0,05% entspricht. Ein größerer Wägefehler oder eine kleinere Einwaage steigert die Ungenauigkeit der Bestimmung im entsprechenden Maße.

Nunmehr verschließt man den Hahn *7*, nimmt das Schutzrohr unter fortgesetztem Durchleiten trockener Luft durch die Apparatur ab, verbindet *K* durch das Schlauchstück *4* mit *L* und schließt *K* dann bei *3* mittels des Schlauches an das Quarzrohr an. Hierauf setzt man bei *5* wieder das Schutzrohr *M* an und stellt so von neuem die Verbindung mit der MARIOTTEschen Flasche her. Nunmehr zieht man den Diffusionskörper *a* mehrmals durch die rauschende Flamme eines Bunsenbrenners, legt ihn auf ein reines Uhrglas, öffnet das Quarzrohr[1] durch Herausnehmen des gut schließenden Korkstopfens *6*, führt rasch das Platinschiffchen *b* samt Einwaage mit Hilfe einer Platinspitzenpinzette ein, schiebt es mit einem Platin- oder Kupferdraht bis zur Mitte des elektrischen Ofens vor, bringt den Diffusionskörper *a* im Quarzrohr an die in der Abbildung bezeichnete Stelle und verschließt das Rohr wieder mit dem Korkstopfen *6*. Dann werden die Hähne in der Reihenfolge *K*, *L*[2] und *7* geöffnet. Der Luftstrom muß nach wie vor mit der Geschwindigkeit von 4 ccm in der Minute durch den Apparat streichen. Nun schaltet man den elektrischen Ofen ein. Nach etwa 10 Minuten ist die volle Temperatur erreicht, die man während weiterer 15 Minuten beibehält.[3] Das übergehende Wasser kondensiert sich, wenn seine Menge nicht zu gering ist, rechts von *3* im Ansatzrohr des Absorptionsgefäßes *K*, von wo es mit Hilfe des Metallbügels *e* in das Innere von *K* übergetrieben wird.[4] Sobald dies erreicht ist, verstärkt man den Luftstrom auf 5 ccm in der Minute. Nachdem der Ofen insgesamt 25 Minuten angeheizt war, wird er ausgeschaltet und der Luftstrom noch während 10 Minuten durch den Apparat geleitet. Während der ganzen Versuchsdauer sollen 160 bis höchstens 180 ccm Luft hindurchgeleitet werden. Nur bei ganz besonders wasserreichen Mineralen kann die Luftmenge 180 bis 200 ccm (während 40 bis 45 Minuten langem Durchleiten) betragen. Zur Beendigung der Bestimmung schließt man die Hähne in der Reihenfolge *7*, *L*, *K*, nimmt

[1] Diese Form ist bei den für die Mikroelementaranalyse verwendeten Verbrennungsrohren üblich und verhindert, daß etwa beim Einführen des Schiffchens in das Rohr feuchte Luft eintritt. — Vgl. A. FRIEDRICH: Die Praxis der quantitativen organischen Mikroanalyse. Leipzig und Wien 1933. S. 27.

[2] Man muß darauf achten, daß der Luftstrom durch die *Bohrung* in den Schliff eintritt, nicht etwa durch die Rinne! (Vgl. S. 247.)

[3] Für besondere Zwecke läßt sich mittels eines Widerstandes (nach vorhergehender Eichung mit Hilfe eines Thermoelementes) auch eine niedrigere Temperatur einstellen.

[4] Noch besser läßt sich dies mit einem zweifachen Metallbügel ausführen, durch den auch der Schnabel des Quarzrohres rechts von der Asbestplatte *i* erwärmt werden kann.

das Schutzrohr *M* ab,[1] zieht das durch den Schlauch *4* mit dem Kontrollrohr verbunden bleibende Absorptionsrohr bei *3* vorsichtig aus dem Schlauch und entfernt jetzt erst den Schlauch *4*. *K* und *L* werden in das gebräuchliche Drahtgestell[2] neben der Waage gehängt. Der Luftstrom ist in der Zwischenzeit nicht abgestellt worden. Man verbindet hierauf das Schutzrohr bei *3* wiederum mit dem Quarzrohr, öffnet den Hahn *7* und leitet, falls weitere Bestimmungen angeschlossen werden sollen, den Luftstrom mit der Geschwindigkeit von 4 ccm in der Minute durch den Apparat. Die Bleioxydschicht wird gleichfalls weiterhin gleichmäßig erwärmt. Die Rohre *K* und *L* werden nun in der üblichen Weise (vgl. S. 82) abgewischt und 15 bis 20 Minuten neben der Waage stehen gelassen. Dann öffnet man diese beiden Gefäße und auch das Taragefäß zwecks Druckausgleiches je 10 Sekunden lang,[3] bringt das Absorptionsgefäß links, das leichtere Taragefäß rechts auf die Waagschalen bzw. auf die Aufhängedrähte und legt die wenigen ergänzenden Gewichtsstücke auf. Nach weiteren 10 Minuten führt man die Wägung aus. Hierauf wägt man in gleicher Weise das Kontrollrohr *L*. Die Gewichtsänderungen dieses Apparates, der den Gasdurchgang in der gleichen Weise wie der eigentliche Absorptionsapparat (*K*) mitgemacht hat, bringt man bei der Auswaage als Korrektur an, und zwar in verkehrtem Sinne. Hat das Kontrollrohr beispielsweise sein Gewicht scheinbar um 10 γ *erhöht*, so nimmt man an, daß auch *K* durch dieselben Einflüsse um den gleichen Betrag an Gewicht zugenommen hat, der jedoch nicht auf Absorption von Wasser aus der analysierten Substanz zurückzuführen ist und daher von der infolge Absorption des ausgetriebenen Wassers bedingten Gewichtszunahme *abgezogen* werden muß. Das Umgekehrte gilt für Gewichtsabnahmen des Kontrollrohres. Sie werden zur „Auswaage" addiert. Bei der Wägung ist es unerläßlich, die Empfindlichkeit der Waage zu bestimmen und in Rechnung zu setzen.

Wünscht man eine zweite Bestimmung anzuschließen, so wird sofort die neue Einwaage in einem zweiten Platinschiffchen[4] vorgenommen.

Die notwendigen Blindversuche führt man in völlig gleicher Weise wie die eigentlichen Bestimmungen aus. Selbst der Diffusionskörper wird erwärmt und dann in das Rohr eingeführt, damit das Rohr ebensolange wie bei der eigentlichen Bestimmung geöffnet bleibt. Die Gewichtszunahme des Absorptionsrohres nach Anbringung der Korrektur für das Kontrollrohr soll 30 γ nicht überschreiten. Man bestimmt das Mittel aus 3, gegebenenfalls aus 4 oder 5 Blindproben und zieht es

[1] Dabei hängt man es zweckmäßig über die waagrechte Metallstange *H*.

[2] F. PREGL-H. ROTH: Mikroanalyse. S. 52.

[3] Die Rohre dürfen dabei nur mit den trockenen Rehlederlappen und der Kornzange berührt werden. Die „trockenen" Rehlederlappen sind vor dem Abwischen der Rohre mindestens eine Stunde lang in einem Gefäß, in dem ein feuchter Flanellappen liegt, aufzubewahren. Sehr geeignet ist auch die Aufbewahrung in einem Exsiccator über zerfließendem Chlorcalcium.

[4] Man kann selbstverständlich auch das erste benutzen, das inzwischen gereinigt und im elektrischen Ofen 5 bis 10 Minuten bei 1000° geglüht worden ist.

als Korrektur von den Auswaagen sämtlicher Bestimmungen der ganzen Serie ab. Man wird solche Analysen womöglich als Serie ausführen, denn für eine einzige wäre die durch die Blindproben verursachte Mühe außerordentlich unrationell aufgewendet. Zweckmäßig werden von den Blindproben ein oder zwei zwischen einzelne Bestimmungen der Serie eingestreut. Neue Quarzrohre müssen vor der ersten Benutzung (d. i. dem ersten Blindversuch) längere Zeit (mindestens 6 Stunden) bei Höchsttemperatur ausgeglüht werden,[1] wobei auch das Bleioxydgemisch auf 190° zu erhitzen ist. Erst wenn die Gewichtszunahme des Absorptionsrohres beim Blindversuch nicht höher als 30 γ (in hartnäckigen Fällen äußerstens 40 γ) ist, darf mit den Bestimmungen begonnen werden.

Zur Stabilisierung des Wassergehaltes der Bleioxydschicht ist vor der ersten Analyse einer Serie bzw. dem ersten Blindversuch nicht nur das Rohr drei Stunden lang auszuglühen, sondern auch bei noch nicht gewogenen Absorptionsapparaten K und L aus einer nicht gewogenen, wasserhaltigen Substanz wie bei einer wirklichen Bestimmung das Wasser auszutreiben.[2] Auf diese Weise wird in dem System das betreffende Gleichgewicht hergestellt. Man verwendet zu diesem Zweck ein Kriställchen Bariumchlorid.

Reinigung des Platinschiffchens: Diese erfolgt durch Auskochen mit Salzsäure (1 : 1). In hartnäckigen Fällen schmelzt man mit etwas Soda und löst die Schmelze in Salzsäure. Nach dem Abspülen mit heißem Wasser wird das Schiffchen 5 bis 10 Minuten bei 1000° geglüht.

7. Bestimmungsmethoden nach J. Donau.

In diesem Abschnitt soll die praktische Anwendung der auf S. 114ff. beschriebenen Methoden zur Bestimmung der wichtigsten Basen und Säuren kurz erläutert werden. Von einer erschöpfenden Darstellung ist aus räumlichen Gründen abgesehen worden, doch ist anzunehmen, daß auch manche andere, hier nicht angeführte Bestimmungsarten, besonders was die der seltener vorkommenden Elemente anbelangt, mittels der Filter- und Fällungsschälchen bzw. der Fällungs-(Hahn-)röhrchen durchgeführt werden können. Naturgemäß wird eine *unmittelbare* Übertragung der für die Makroanalyse vorgeschriebenen Maßnahmen nicht immer zum Erfolg führen, sondern von Fall zu Fall eine besondere Anpassung an die mikroanalytische Arbeitsweise erfordern. In dieser Beziehung sei insbesondere auf die Bestimmungsmethoden mittels organischer Fällungsmittel hingewiesen.

---

[1] Sie pflegen nach Beobachtungen von J. Lindner: Mikro-maßanalytische Bestimmung des Kohlenstoffes und Wasserstoffes, Berlin 1935, S. 85 und 86, anfangs kleine Mengen Wasser abzugeben.

[2] Nach länger anhaltendem Glühen des Rohres pflegt nämlich das Bleioxydgemisch bei der ersten Analyse wieder etwas Wasser aufzunehmen, wodurch ein Minusfehler verursacht würde. S. F. Pregl-H. Roth: Mikroanalyse. S. 79.

Die mikrochemische Analyse einer festen oder flüssigen Probe, die nur *eine* Base oder Säure, gegebenenfalls *ein* Salz enthält, bietet im allgemeinen keine besonderen Schwierigkeiten. In vielen Fällen gelangt man schon durch einfache Rückstandsbestimmungen, also ohne Fällung und Filtration, ans Ziel. Wesentlich anders ist die Sachlage, wenn der viel häufigere Fall eintritt, daß mehrere oder viele Basen und Säuren in der zu bestimmenden Probe vorliegen. In solchen Fällen kann die Bestimmung der einzelnen Bestandteile meist nur mit Hilfe von mehr oder minder komplizierten Trennungsmethoden erfolgen. Hierzu stehen dem Analytiker bekanntlich dreierlei Wege offen: die direkte und indirekte Analyse sowie die Bestimmung aus der Differenz. Während bei der direkten Analyse eine wirkliche Scheidung der Stoffe erreicht wird, werden bei der indirekten Analyse — ohne tatsächliche Trennung — z. B. durch Wägung der Summen in zwei verschiedenen Wägungsformen die Mengen der nebeneinander befindlichen Basen und Säuren berechnet. Bei der Differenzbestimmung werden zwei Verbindungen zusammen gewogen; sodann wird der eine Bestandteil in geeigneter Weise bestimmt und dessen Gewicht von der Summe abgezogen, woraus sich das Gewicht des anderen Bestandteiles ergibt. Von den beiden letzten Methoden macht man jedoch in der Regel nur dann Gebrauch, wenn es an guten eigentlichen Scheidungsverfahren fehlt.

Bietet schon beim makroanalytischen Arbeiten manche Trennung erhebliche Schwierigkeit, so trifft dies bei der Trennung kleiner und kleinster Stoffmengen naturgemäß in noch stärkerem Maße zu. Anderseits jedoch lassen sich mit kleinen Substanzmengen mitunter leichter Trennungen durchführen als auf makroanalytischem Wege. Dies ist beispielsweise der Fall, wenn die Trennung auf der verschiedenen Flüchtigkeit gewisser Verbindungen in der Hitze beruht.

Gelegentlich, besonders bei technischen Analysen, ist die Beschaffung von guten Durchschnittsproben schwierig (s. S. 30 bis 32). In solchen Fällen wird, falls der Vorrat und die sonstigen Umstände es zulassen, eine größere Durchschnittsprobe in Lösung gebracht und diese dann in aliquoten Anteilen mikrochemisch weiterbehandelt.

Im Hinblick auf die beschriebenen Filtrations- und Fällungsverfahren ergibt sich, daß in den verschiedenen Fällen bald dem einen, bald dem anderen der Vorzug zu geben sein wird. So wird z. B. die erste Bestimmung oft vorteilhaft im Fällungsschälchen vorgenommen; das Filtrat kann sowohl im Fällungs-(Hahn-)röhrchen als auch im vorher austarierten Wägefläschchen aufgefangen werden. Das Fällungsröhrchen wählt man, wenn das ganze Filtrat zur weiteren Bestimmung verwendet wird, während das im Wägefläschchen aufgefangene Filtrat zu aliquoten Auswägungen für mehrere gleiche oder verschiedene Bestimmungen geeignet ist. Die weiteren Filtrate werden ebenfalls je nach Bedarf in dem einen oder anderen Gefäß aufgefangen usw. Es steht bei vielen Trennungen nichts im Weg, einzelne Bestandteile auch auf einem anderen als dem gewichtsanalytischen Wege zu bestimmen.

Übungsbeispiele für einfache Bestimmungen.

Im folgenden soll die Bestimmung der wichtigsten Basen und Säuren an Hand von *Übungsbeispielen* mit bekannten Substanzen erläutert werden.

Kalium.

Die eingewogene Substanz, z. B. Kaliumchlorid, wird im Fällungsschälchen in 1 bis 2 Tropfen heißem Wasser gelöst. Zur besseren Durchmischung läßt man noch 1 Tropfen Wasser in die Lösung fallen. Hierauf wird mit einem Überschuß an 20%iger wäßriger Platinchloridchlorwasserstofflösung gefällt. Der Reagenszusatz erfolgt natürlich nur tropfenweise aus einem gewöhnlichen Tropfröhrchen. Sodann wird das Fällungsschälchen samt dem Filterschälchen auf den Heizblock gestellt und die Flüssigkeit bei einer Temperatur von ungefähr 100° *fast* zur Trockne eingedampft. Nun werden die Schälchen auf die Filterplatte gebracht und nach Zusatz von etwa 6 Tropfen 96%igem Alkohol ungefähr 15 Minuten stehen gelassen. Dann leitet man durch einen weiteren Zusatz von Alkohol die Filtration in der schon bekannten Weise ein und wäscht den Niederschlag mit Alkohol bis zum Verschwinden der Chlorreaktion.

Für die Trocknung des Kaliumplatinchlorids werden die Schälchen zwecks Vermeidung von Verlusten durch Dekrepitieren mit dem mitaustarierten Deckel bedeckt und im Trockenblock (S. 103, Abb. 52) bei etwa 150° bis zur Gewichtskonstanz getrocknet. Den Ablauf des Trocknungsprozesses kann man, wie auf S. 121 erwähnt, durch Auflegen eines kalten Uhrglases auf die Mündung des Blockes feststellen.

Nach erfolgter Trocknung, also nach ungefähr 3 Minuten, werden die Schälchen in den Exsiccator gebracht und nach etwa 1 Minute gewogen. Der so berechnete Kaliumwert fällt in der Regel um 1% und mehr zu hoch aus. Um bei Anwendung des theoretischen Faktors, also nicht des üblichen empirischen, genaue Ergebnisse zu erhalten, muß man nach Versuchen von J. DONAU nach der Trocknung und Wägung das Kaliumplatinchlorid mittels heißen Wassers gänzlich vom Filter- und Fällungsschälchen fortwaschen und das Filterschälchen nach erfolgter Trocknung zurückwägen.

Es hat sich nämlich gezeigt, daß das Filterschälchen beim Durchfiltrieren von Platinchloridlösung an Gewicht zunimmt. Diese Gewichtszunahme läßt sich weder durch Erhitzen noch durch längeres Waschen mit heißer Salpetersäure verringern. Die bereits einmal filtrierte Platinchloridlösung ruft bei neuerlichem Filtrieren durch das Filterschälchen abermals eine Gewichtszunahme hervor. Die Zunahmen sind bei Anwesenheit von Alkohol größer, woraus man folgern könnte, daß dieser bei der katalytischen Wirkung des Platinschwammes auf das Platinchlorid, um die es sich hierbei allem Anschein nach handelt, als Sensibilisator auftritt.

Ammonium.

Die Bestimmung des Ammoniums wird in analoger Weise wie die des Kaliums ausgeführt. Auch in diesem Falle wird die Menge des Ammoniumplatinchlorids so ermittelt, daß man den getrockneten, in den austarierten Schälchen gewogenen Niederschlag mit heißem Wasser völlig entfernt und nach dem Trocknen die Schälchen zurückwägt.

Die Schälchen können nach Beendigung der Analyse sofort für weitere Bestimmungen verwendet werden.

Magnesium.

Die Bestimmung des Magnesiums läßt sich sowohl mit dem Fällungsschälchen als auch mit dem Hahnröhrchen leicht durchführen. Im letzteren Falle wird die Probe, z. B. Ammoniummagnesiumsulfat, in den schwach ausgebauchten Teil des Fällungsröhrchens eingewogen. Das Rohr ist dabei in schräger Stellung im Stativ eingespannt (S. 123). Um die Substanz aufzulösen, werden mittels einer Hakenpipette einige Tropfen Wasser, das mit ganz wenig Salzsäure und Phenolphthalein versetzt worden ist, zur Probe hinzugefügt. Zur Beschleunigung der Auflösung kann mittels eines Flämmchens vorsichtig erwärmt werden. Nach dem Zusatz von etwa 6 Tropfen einer 5%igen Natriumphosphatlösung wird das Röhrchen senkrecht gestellt und die Flüssigkeit behutsam erhitzt. Hierbei kann man sich des auf S. 121 (Abb. 68) erwähnten Heizapparates bedienen, indem man das Röhrchen durch die auf der Heizplatte befindliche konische Bohrung steckt und den Wärmezuleitungsstab mittels eines Brenners erhitzt. Nun wird in die warme Lösung tropfenweise Ammoniak (1:1) bis zur bleibenden Rotfärbung hinzugefügt. Nach Zugabe eines Überschusses von 2 bis 3 Tropfen Ammoniak wird nach etwa halbstündigem Stehen in der bekannten Weise filtriert. Das Glühen des vorschriftsmäßig gewaschenen Niederschlages erfolgt am besten im HERAEUSschen elektrischen Ofen oder wohl auch auf einer geeigneten Unterlage, z. B. einer Quarzplatte, mittels eines Brenners. Falls der Niederschlag nach dem Glühen nicht rein weiß ist, wird das Schälchen eine Weile in eine Salpetersäureatmosphäre eingehängt und neuerlich geglüht.

Das Filterschälchen sowie das Fällungsschälchen befreit man durch längeres Waschen mit warmer konzentrierter Salpetersäure von den mechanisch nicht leicht entfernbaren Resten des Niederschlages. Statt die Schälchen nur auf der Filterplatte zu waschen, kann man sie auch in ein Gefäß mit warmer Salpetersäure legen. Hierauf muß noch auf der Filterplatte bis zur Erreichung der Gewichtskonstanz gewaschen werden.

Barium.

Da der Bariumsulfatniederschlag dazu neigt, durchs Filter zu laufen, muß man, wie erwähnt, für derartige Niederschläge besonders dichte Filterschälchen bereithalten. Die Substanz, z. B. Bariumchlorid, wird in das Fällungsschälchen eingewogen, in 1 bis 2 Tropfen Wasser gelöst und die Flüssigkeit auf dem Heizblock auf etwa 100° erhitzt. Die Fällung erfolgt durch tropfenweisen Zusatz von heißer verdünnter Schwefelsäure. Nach einigem Stehen auf dem warmen Heizblock wird der Niederschlag filtriert und mit heißem Wasser bis zum Verschwinden der Chlorreaktion gewaschen. Die vorerst getrockneten Schälchen werden dann schwach geglüht, nochmals kurz mit heißem Wasser gewaschen, abermals geglüht und nach dem Erkalten gewogen.

Die Schälchen werden nach mechanischem Entfernen der Hauptmenge des Niederschlages zur Reinigung in heiße konzentrierte Schwefelsäure gelegt und nach kurzem Verweilen darin mit reiner konzentrierter Schwefelsäure und schließlich mit heißem Wasser auf der Filterplatte bis zur Gewichtskonstanz gewaschen. Bei Schälchen, die wieder zur gleichen Bestimmung benutzt werden, genügt natürlich die mechanische Entfernung des Niederschlages.

Strontium.

Das Salz, z. B. Strontiumnitrat, wird nach dem Einwägen und Lösen im Fällungsschälchen zunächst mit etwas Ammoniak versetzt, worauf man mit Ammoniumcarbonat fällt. Nach dem Absetzen des Niederschlages wird mit einem weiteren Tropfen des Fällungsmittels auf Vollständigkeit der Fällung geprüft. Da der Niederschlag sehr feinkörnig ist, muß auch in diesem Falle mit besonders dichten Filtern gearbeitet werden. Zum Schluß wäscht man mit etwa 20 Tropfen ammoniakhaltigem Wasser. Der Niederschlag wird nach dem Trocknen kurze Zeit bis zur beginnenden Rotglut erhitzt. Das Glühen muß bis zur Gewichtskonstanz fortgesetzt werden.

Die Reinigung der Schälchen wird durch Waschen mit warmer verdünnter Salzsäure vorgenommen.

Calcium.

Das Calcium wird aus ammoniakalischer Lösung mit Ammoniumoxalat gefällt und nach mehrstündigem Stehen filtriert. Auch hier müssen dichte Filter benutzt werden. Der Niederschlag wird bei 100° getrocknet und als Oxalat gewogen. Dieses kann durch Erhitzen bis zur beginnenden Rotglut quantitativ ins Carbonat übergeführt und als solches gewogen werden. Am sichersten ist es, den Niederschlag durch kräftiges Glühen ins Oxyd zu verwandeln, was bei kleinen Mengen naturgemäß weit rascher und vollständiger als bei der makroanalytischen Bestimmung gelingt. Das Wägen des Oxyds muß natürlich bei vollständigem Ausschluß von Feuchtigkeit und Kohlensäure vor sich gehen. Bei der Benutzung der Kuhlmannschen Waage kann das Wägen unter einem Deckel erfolgen, während man beim Arbeiten mit der Nernst-Donau-Waage durch Anwesenheit von gebranntem Kalk im Waageninneren bewirken kann, daß die Wägung des Oxyds einwandfrei möglich ist.

Aluminium.

Ein Alaunkriställchen wird in Wasser gelöst und nach Zusatz eines Tropfens mäßig verdünnter Ammoniumchloridlösung mit aufs Dreifache verdünntem Ammoniak gefällt. Durch vorsichtiges Erwärmen wird der Überschuß des letzteren so weit vertrieben, daß ein über das Fällungsschälchen gehaltenes, feuchtes rotes Lackmuspapier nicht mehr gebläut wird. Nach einigem Stehen kann filtriert werden. Der vorschriftsmäßig gewaschene und getrocknete Niederschlag wird schließlich bei aufgelegtem Deckel bis zur Gewichtskonstanz stark geglüht. Die Wägung des hygroskopischen Aluminiumoxyds erfolgt ähnlich wie die des Calciumoxyds.

Die Reinigung der Schälchen wird durch Aufschließen mit Kalium- oder Natriumbisulfat und nachträgliches gründliches Waschen mit heißem Wasser durchgeführt.

Chrom.

Reines Kaliumbichromat wird in wenig Wasser gelöst und mit Bariumacetat gefällt. Nach dem Filtrieren und Waschen mit verdünntem Alkohol werden die unbedeckten Schälchen getrocknet, hierauf bis zur Gewichtskonstanz schwach geglüht und gewogen. Die Bestimmung kann auch in der Weise erfolgen, daß das Chromat mit Salzsäure und Alkohol zunächst zu Chromisalz reduziert und dieses mit Ammoniumsulfid gefällt wird. Der so erhaltene Niederschlag wird nach dem Filtrieren, Waschen und Trocknen im bedeckten Schälchen geglüht und als Chromoxyd gewogen. Die Filterschälchen werden in beiden Fällen durch Aufschluß mit Soda und Salpeter und nachfolgendes Waschen mit heißem Wasser gereinigt. Da die Schälchen durch den schmelzenden Salpeter Schaden erleiden können, wird nur wenig davon zugesetzt.

Zink.

Die Lösung wird zunächst ammoniakalisch gemacht und mit Essigsäure neutralisiert oder schwach angesäuert. Die Fällung erfolgt mit Schwefelwasserstoffwasser. Zur Erleichterung der Filtration kann vor der Fällung ein Tropfen verdünnter Sublimatlösung zugesetzt werden. Nach einigem Stehen wird der Niederschlag filtriert, mit schwefelwasserstoffhaltigem Wasser gewaschen, getrocknet und bis zur Gewichtskonstanz geglüht. Um die Umwandlung in Zinkoxyd zu beschleunigen, kann man die Schälchen vor dem Erhitzen auf kurze Zeit in eine salpetersäurehaltige Atmosphäre einhängen.

Nickel.

Die Fällung des Nickels wird mit alkoholischer 1%iger Dimethylglyoximlösung vorgenommen. Da die Wägungsform ein hohes Molekulargewicht besitzt und daher geringe Niederschlagsverluste auf das Resultat kaum einen Einfluß ausüben, werden die Fällungen am besten im Hahnröhrchen ausgeführt.

Zur Fällung wird die verdünnte ammoniakalische Nickelsalzlösung mit einem Überschuß des Reagens versetzt, der entstandene Niederschlag sogleich filtriert und nach dem Trocknen bei 120° als Nickeldimethylglyoxim gewogen. Das Filtrat ist stets auf Vollständigkeit der Fällung zu prüfen.

Mit Hilfe des genannten Fällungsmittels können natürlieh auch Trennungen des Nickels von Kobalt und einigen anderen Metallen ausgeführt werden.

Der Nickelniederschlag ist mit warmer Salpetersäure leicht wieder entfernbar.

Kobalt.

Die essigsaure Lösung, die auch Nickel enthalten darf, wird erwärmt und tropfenweise mit einer Lösung von α-Nitroso-β-naphthol gefällt (vgl. S. 195), filtriert und mit heißem Wasser gewaschen. Zuletzt wird ein Tropfen Oxalsäurelösung durchs Filter fließen gelassen und außerdem noch eine kleine Menge sublimierter (wasserfreier) Oxalsäure in die Schälchen gebracht. Nach dem Trocknen wird der Niederschlag zuerst schwach, dann kräftig erhitzt. Die Umwandlung in das metallische Kobalt erfolgt durch Erhitzen der Schälchen im Wasserstoffstrom.

Durch Auflösen des Kobalts in warmer Salpetersäure werden die Schälchen wieder gereinigt.

Mangan.

Die wäßrige Lösung von Mangansulfat wird mit Ammoniak alkalisch gemacht und mit Ammoniumsulfid gefällt. Auch hier empfiehlt es sich, wie beim Zink etwas Sublimatlösung zuzusetzen. Man filtriert so den schleimigen Niederschlag viel leichter und erleidet weniger leicht Verluste. Der Niederschlag wird mit ammoniumsulfidhaltigem Wasser gewaschen, getrocknet, durch Glühen in das Oxyd Mn_3O_4 übergeführt und gewogen.

Die Schälchen werden mittels konz. Salzsäure gereinigt.

Eisen.

Die im Fällungsschälchen befindliche Eisensalzlösung, die gegebenenfalls mit einem Tropfen konz. Salpetersäure oxydiert werden muß, wird tropfenweise mit Ammoniak im Überschuß gefällt, nach kurzem Stehen in der Wärme filtriert und mit heißem Wasser gewaschen. Nach dem Trocknen wird der Niederschlag geglüht und als Eisenoxyd gewogen.

Quecksilber.

Das Quecksilber wird durch Fällung mit Schwefelwasserstoffwasser oder Einleiten von Schwefelwasserstoff gefällt. In letzterem Falle wählt man statt der Schälchen Hahnröhrchen.

Nach einigem Stehen wird der Niederschlag filtriert, gewaschen und bei 110 bis 120° bis zur Gewichtskonstanz getrocknet.

Nach dem Verflüchtigen des Niederschlages durch Erhitzen sind die Schälchen wieder gebrauchsfertig.

Silber.

Das Silber wird aus schwach salpetersaurer Lösung mit verdünnter Salzsäure gefällt. Nach dem Waschen und Trocknen bei etwa 150° wird das Chlorsilber gewogen. Eine durch das Licht bewirkte oberflächliche Reduktion des Chlorsilbers kann man leicht rückgängig machen, wenn man die Schälchen mit dem noch feuchten Niederschlag im Räuchergefäß kurze Zeit einer Chloratmosphäre aussetzt. Durch längeres Liegenlassen der Schälchen in konz. Ammoniak und nachträgliches Waschen kann das Chlorsilber wieder entfernt werden.

Kupfer.

Die Lösung wird schwach erwärmt und mit Lauge gefällt. Nach längerem Stehen wird der schwarze Niederschlag filtriert, gewaschen, getrocknet, geglüht und als Kupferoxyd gewogen. Nach dem Glühen ist es angezeigt, den Niederschlag nochmals kurz zu waschen und nach dem Trocknen wiederum zu glühen. Hierdurch werden bisnun festgehaltene Verunreinigungen von Alkalimetall entfernt. Das Kupferoxyd läßt sich am besten mittels Salpetersäure von den Schälchen ablösen.

Wismut.

Die Wismutnitratlösung wird mit Ammoniak nahezu neutralisiert und nach dem Versetzen mit einem Tropfen Ammoniumchloridlösung mit Wasser gefällt. Die Fällung wird wegen der größeren Flüssigkeitsmenge im Fällungsröhrchen vorgenommen.

Nach dem Absetzen wird der Niederschlag filtriert, gewaschen und nach Trocknen bei 100° als Wismutoxychlorid gewogen.

Blei.

Die salpetersaure Lösung wird vor oder nach Zusatz von verdünnter Schwefelsäure fast eingedampft. Nach Zufügen von wäßrigem Alkohol läßt man einige Stunden bedeckt stehen, filtriert dann und wäscht mit dem verdünnten Alkohol. Das Bleisulfat wird sodann bei etwa 200° getrocknet und gewogen. Das Entfernen des Niederschlages aus den Schälchen erfolgt durch Behandlung mit Ammoniumacetat.

Arsen.

Die Lösung der arsenigen Säure wird mit Salzsäure versetzt und sodann durch Einleiten von Schwefelwasserstoff gefällt. Den Überschuß des letzteren vertreibt man durch einen Kohlendioxydstrom, der mittels eines Dreiweghahnes eingeschaltet wird. Die Fällungen werden, um Verluste durch Verspritzen hintanzuhalten, in der schon angegebenen Weise im Hahnröhrchen ausgeführt.

Der ausgewaschene Niederschlag wird bei 100° getrocknet und als Arsentrisulfid gewogen. Nach dem Verjagen des letzteren durch Erhitzen wird ein etwaiger Rückstand in Abzug gebracht.

Antimon.

Die Lösung wird in heißem Zustand mit Schwefelwasserstoff gefällt, der während des Abkühlens wie beim Arsen durch Kohlendioxyd verdrängt wird. Der Niederschlag wird durch Einhängen der Schälchen in eine Salpetersäureatmosphäre in die Verbindung Sb_2O_4 übergeführt.

Die Schälchen reinigt man mittels Lauge bzw. durch Aufschließen mit Soda.

Zinn.

Die schwach saure Lösung von Zinnchlorid wird mit überschüssigem Ammoniumnitrat gefällt, längere Zeit erwärmt, filtriert und mit ammoniumnitrathaltigem Wasser gewaschen. Nach dem Trocknen im bedeckten Schälchen und 1 Minute langem Glühen wird der Rückstand als Zinndioxyd gewogen.

Durch wiederholtes Glühen unter Zusatz von Ammoniumchlorid kann man die Schälchen wieder gebrauchsfertig machen.

Salzsäure.

Die schwach salpetersaure Lösung wird mit einigen Tropfen 10%iger Silbernitratlösung gefällt. Die letztere muß in kleinem Überschuß zugesetzt werden. Erst *nach* erfolgter Fällung gelangen die Schälchen auf den erhitzten Block, wo sie bis zur Klärung und Absetzung des Niederschlages verbleiben. Nach dem Filtrieren und Waschen werden die bedeckten Schälchen bei etwa 170° getrocknet und nach dem Abkühlen im Exsiccator gewogen.

Bezüglich der Behandlung des Niederschlages in einer Chloratmosphäre und der Reinigung der Gefäße gilt das bei der Silberbestimmung (S. 272) Gesagte.

Schwefelsäure.

Die auf dem Heizblock erwärmte Lösung wird tropfenweise mit heißer Bariumchloridlösung gefällt. Nach längerem Stehen wird der Niederschlag möglichst langsam filtriert. Das Waschen mit heißem Wasser wird bis zum Verschwinden der Chlorreaktion fortgesetzt und das Bariumsulfat nach dem Trocknen schwach geglüht. Okkludierte Salze lassen sich nach dem ersten Glühen durch heißes Wasser leicht entfernen, worauf nach neuerlichem Glühen gewogen wird.

Bezüglich der Schälchenreinigung gilt das beim Barium Gesagte.

Phosphorsäure.

Zur Probe wird ein Tropfen einer Lösung von Ammoniumnitrat in Salpetersäure hinzugefügt und erwärmt. Hierauf fällt man mit heißer 10%iger Ammoniummolybdatlösung und filtriert nach etwa halbstündigem Stehen. Der vorschriftsmäßig gewaschene Niederschlag wird in warmem Ammoniak im Schälchen gelöst und die Flüssigkeit in ein darunter gestelltes Hahnröhrchen filtriert. Die Lösung wird nach Zugabe einer Spur Ammoniumnitrat und Ammoniummolybdat mittels einiger Tropfen heißer Salpetersäure neuerlich gefällt und der Niederschlag nach dem Absetzen filtriert, gewaschen und bei 160 bis 170° getrocknet. Nach dem Wägen kann er mit Ammoniak leicht wieder entfernt werden.

Kieselsäure.

Die feinstgepulverte Substanz wird in einem Fällungsschälchen mittels Soda oder Borsäureanhydrid aufgeschlossen. Nach dem Auflösen der Schmelze in Salzsäure wird die Flüssigkeit zur Trockne eingedampft. Um beim Auflösen der Carbonate Verluste zu vermeiden, kann man das schwach angefeuchtete Schälchen eine Zeitlang in eine Salzsäureatmosphäre hängen, wodurch das Kohlendioxyd ohne Aufbrausen vertrieben wird. Bei Verwendung von verdünnter Salzsäure als Lösungsmittel löst man in einem entsprechend großen Hahnröhrchen. Nach Befeuchten des Abdampfrückstandes mit starker Salzsäure und etwa 10 Minuten langem Stehen wird filtriert. Falls Borsäureanhydrid zum Aufschließen benutzt wurde, muß alles Bor als Borsäuremethylester vorher verjagt werden. Das noch Kieselsäure enthaltende Filtrat wird nochmals eingedampft und nach dem Aufnehmen des Trockenrückstandes in Salzsäure durch das gleiche Filterschälchen filtriert, das inzwischen stark geglüht worden ist. Zwecks Prüfung auf Reinheit kann die Kieselsäure mittels Flußsäure bis zur Gewichtskonstanz des Schälchens verflüchtigt werden.

Die Schälchenreinigung wird durch Aufschluß mittels Soda und Waschen mit Wasser durchgeführt.

II. Trennungen von Kationen.

Trennung und Bestimmung von Antimon und Zinn.[1]

Die Trennung beruht auf der Fällbarkeit des Zinns in schwach salzsaurer Lösung mit Cupferron, während fünfwertiges Antimon durch dieses Reagens nicht gefällt wird.

Man kann die Trennung sowohl in ganz schwach saurer (siehe im folgenden unter A) wie auch in ein wenig stärker saurer Lösung (siehe unter B) vornehmen. Letzteres ist dann erforderlich, wenn verhältnismäßig viel Alkalien vorliegen. Insbesondere Kalium wirkt durch die Bildung von schwer löslichem saurem Kaliumtartrat störend, weshalb die Menge der anwesenden Kaliumsalze 18 bis 20 mg Kaliumchlorid je Kubikzentimeter der ursprünglichen Zinn- und Antimonlösung nicht überschreiten soll, falls nach A vorgegangen wird. Bei etwas größeren Alkalimengen ist das Verfahren nach B zu wählen.

A. Die in einem — bei 800 bis 900° bis zur Gewichtskonstanz geglühten — Porzellantiegel befindliche salzsaure Lösung, deren Volumen 7 bis 8 ccm beträgt, versetzt man mit 2 Tropfen Perhydrol, worauf der Tiegel mit einem Uhrglas bedeckt und auf dem Wasserbad erhitzt wird. Wenn die Gasentwicklung fast ganz aufgehört hat, unterbricht man das Erwärmen, spült das Uhrglas ab und läßt abkühlen. Sodann fügt man Weinsäure in Form einer 50%igen Lösung zu, und zwar die fünffache Gewichtsmenge an Weinsäure, bezogen auf die Summe Sb + Sn. Hierauf versetzt man mit 10%igem Ammoniak, bis die Lösung einen bleibenden, jedoch sehr schwachen Ammoniakgeruch aufweist.[2] Nach Abkühlen der Flüssigkeit fügt man etwa die

[1] M. v. MACK und F. HECHT: Mikrochim. Acta (Wien) 2, 227 (1937).

[2] Die Anwendung eines Indikators ist wegen des noch vorhandenen Chlors nicht möglich. Eine zu stark ammoniakalische Lösung würde beim

Hälfte der zur vollständigen Fällung nötigen Menge 5%iger Cupferronlösung zu (für je 1 mg Zinn sind bei dieser Trennung insgesamt 0,4 bis 0,5 ccm Cupferronreagens anzuwenden). Nun setzt man — unter Umschwenken nach jedem Tropfen — so lange tropfenweise Salzsäure (1 : 4) zu, bis nichts mehr ausfällt. Sodann werden noch auf je 10 ccm „Endvolumen"[1] 1 bis 2 Tropfen Salzsäure im Überschuß angewendet. Zum Schluß läßt man die restliche Menge der Cupferronlösung zufließen.

B. Die Oxydation erfolgt auf die nämliche Art, wie unter A beschrieben. Vor dem Zusatz der Weinsäure wird Ammoniak bis zur ersten bleibenden Trübung zugegeben, die durch Salzsäure eben wieder in Lösung gebracht wird. Hierauf fügt man die fünffache Weinsäuremenge, bezogen auf das Gewicht an Sb + Sn, hinzu und weiters noch 0,2 ccm konz. Ammoniak auf je 10 ccm „Endvolumen". Die Lösung ist dann noch schwach sauer, und zwar etwas stärker als beim Verfahren nach Vorschrift A. Nach Abkühlen des Tiegelinhaltes wird mit 5%iger Cupferronlösung unter andauerndem Umschwenken gefällt, wobei für je 1 mg Zinn 0,6 bis 0,7 ccm Fällungsreagens angewendet werden.

Sowohl bei Fällung nach A als auch nach B wird der Niederschlag nach 20 bis 30 Minuten langem Stehen in der Kälte (einige Grade über Null) mit Hilfe des auf S. 78 beschriebenen Filterstäbchens mit Papierhülse filtriert und mit je 1 ccm 0,5%iger Cupferronlösung vier- bis fünfmal gewaschen. Bei Fällungen nach B scheiden sich meistens zusammenhängende Krusten von Cupferron aus. Diese müssen während des Auswaschens mit Hilfe des Filterstäbchens vorsichtig zerteilt werden. Es gelingt dann leicht, durch Umschwenken mit der Waschflüssigkeit den Niederschlag in noch kleinere Partikel zu zerlegen, aus denen das Reagens herausgewaschen werden kann. Die Trocknung und Veraschung des Niederschlages samt Papierfilter sowie das Glühen erfolgen gemäß der Vorschrift auf S. 180.

Das cupferronhaltige Filtrat der Zinnfällung, das wegen seines verhältnismäßig großen Volumens in einem geräumigen Porzellantiegel aufgefangen worden ist, wird so lange mit Ammoniak versetzt, bis dessen Geruch kräftig vorwaltet. Hierauf werden 1,5 bis 2 ccm Perhydrol zugefügt. Man erhitzt nun auf dem Wasserbad, wobei eine heftige Reaktion einsetzt. Die Lösung darf den Tiegel höchstens bis zur halben Höhe füllen. Der Tiegel wird mit einem auf der Unterseite gerillten Uhrglas (S. 112, Abb. 62) bedeckt. Das Erhitzen wird anfänglich auf einem nur schwach siedenden Wasserbad oder im Aluminiumblock (S. 71, Abb. 25) bei 80° vorgenommen, damit der Reaktionsverlauf nicht zu stürmisch wird. Gegen Ende erhitzt man auf dem stark siedenden Wasserbad bis zum völligen Aufhören der Gasentwicklung. Man erhält so eine zumeist hellgelb gefärbte Lösung, die nach Abnehmen und Abspritzen des Uhrglases auf ein

---

nachfolgenden Ansäuern mit Salzsäure durch die freiwerdende Neutralisationswärme zu heiß werden.

[1] Unter „Endvolumen" ist das Volumen der Lösung nach Zugabe sämtlicher Reagenzien, also auch der Cupferronlösung, zu verstehen.

kleines Volumen eingeengt wird. Nunmehr wird nochmals Ammoniak und Perhydrol zugegeben und wie vorhin verfahren. Nach Beendigung dieser zweiten Oxydation liegt in der Regel eine gänzlich farblose Lösung vor, die auf 2 ccm eingeengt und dann durch ein Porzellanfilterstäbchen in den Filterbecher für die Antimonbestimmung (S. 175, Abb. 85) übergesaugt wird. Man spült dabei mit möglichst wenig Salzsäure (1 : 4) nach. Falls sich beim Eindampfen im Tiegel ein Bodenkörper gebildet haben sollte, wird erst die überstehende Flüssigkeit durch das Filterstäbchen abgesaugt und dann das Nachspülen mit heißer Salzsäure (1 : 4) vorgenommen, wobei sich dieser Bodenkörper leicht auflöst. Die Fällung des Antimons als Sulfid führt auch bei Anwesenheit reichlicher Mengen von Alkali- und Ammoniumsalzen zu richtigen Werten. Der Filterbecher mit der Antimonlösung wird in einem Wasserbadaufsatz auf ein zunächst noch kaltes Wasserbad gestellt, worauf man während 15 Minuten einen langsamen Schwefelwasserstoffstrom einleitet. Unter andauerndem Einleiten erhitzt man nunmehr das Wasserbad bis zum Sieden, das einige Minuten aufrecht erhalten wird. Das Antimonsulfid löst sich beim Erwärmen in Anwesenheit der Oxydationsprodukte des Cupferrons gewöhnlich teilweise auf, scheidet sich aber bei längerem Einleiten von Schwefelwasserstoff in der Kälte wieder quantitativ ab. Man dreht daher die Gasflamme ab und bedeckt das Wasserbad mit den Porzellanringen. Während des Abkühlens sowie noch eine weitere halbe Stunde lang wird Schwefelwasserstoff eingeleitet, so daß die ganze Einleitungsdauer insgesamt 1 bis $1^1/_4$ Stunden beträgt. Die Filtration, das Auswaschen und die weitere Behandlung des Niederschlages erfolgen nach S. 176f. wie bei der einfachen Antimonbestimmung. Die Wägung ergibt Antimontrisulfid Sb_2S_3.

Von dem Versuch einer Zerstörung des Cupferrons mit (rauchender) Salpetersäure ist unbedingt abzuraten,[1] da schließlich eine zähe Masse zurückbleibt, aus der die letzten Anteile der Salpetersäure unter starkem Blasenwerfen nur langsam entweichen, was kaum ohne Verluste verläuft. Auch ist es nur schwer möglich, diesen Rückstand in Salzsäure zu lösen und die Lösung zwecks Bestimmung des Antimons in den Filterbecher überzusaugen.

Die vorstehend beschriebene Methode der Trennung bewährte sich für Mengen von 1 bis 7 mg Zinn und 1 bis 4 mg Antimon.

Reinigung der Fällungs- und Filtergeräte: Diese erfolgt nach S. 179 (Zinn) bzw. nach S. 178 (Antimon).

Trennung und Bestimmung von Blei und Kupfer.[2]

Die in einem Platintiegel (S. 67) — der zusammen mit einem Platinfilterstäbchen bei 600° bis zur Gewichtskonstanz geglüht worden ist — befindliche Lösung der Nitrate wird mit 0,1 bis 0,15 ccm konz. Schwefelsäure versetzt und auf dem Wasserbad oder im Metallblock (S. 71, Abb. 25)

[1] Es sei denn, daß dabei im Mikro-KJELDAHL-Kölbchen gearbeitet wird [vgl. K. SCHOKLITSCH: Mikrochem. **20**, 251 (1936)].

[2] Nach unveröffentlichten Versuchen von F. HECHT.

unter Aufblasen von trockener Luft soweit wie möglich eingedampft. Hierauf wird im Metallblock unter allmählicher Steigerung der Temperatur bis etwa 180° oder auch in der auf S. 104 (Abb. 55) angegebenen Apparatur bis zum starken Entweichen von Schwefelsäuredämpfen erhitzt. Die weitere Bestimmung des Bleies als Sulfat erfolgt nach S. 150 (1 b). Falls jedoch nennenswerte Mengen Kupfer zugegen sind, ist das Volumen des Wassers und Alkohols gegenüber den dort angegebenen Mengen auf das Doppelte zu vermehren, da Kupfersulfat in verdünntem Alkohol nicht ganz leicht löslich ist. Der Sulfatniederschlag muß unbedingt rein weiß erscheinen und darf keinesfalls blau gefärbt sein.

Das Filtrat des Bleisulfats wird in einem Platintiegel aufgefangen, mit Wasser auf das Doppelte verdünnt und auf einem schwach siedenden Wasserbad soweit als möglich eingedampft. Zum Schluß wird die Schwefelsäure völlig abgeraucht, der Rückstand in 0,1 bis 0,2 ccm Salpetersäure (1 : 10) in der Wärme gelöst und das Kupfer nach S. 156 als Kupferdibromoxychinolat bestimmt.

Bestimmung des Kupfers als Chinaldinat in Anwesenheit von Cadmium, Blei, Mangan, Nickel, Kobalt, arseniger Säure, Arsensäure, Phosphorsäure.[1]

Darüber finden sich im Schrifttum[1] Angaben, die jedoch keine Einzelheiten anführen.

Elektrolytische Trennung und Bestimmung von Kupfer und Zink in Messing.[2]

Nach dem Vorschlag von P. Wenger, Ch. Cimerman und G. Tschanun[2] löst man 0,4 bis 0,5 g der Legierung in 2 ccm 50%iger Salpetersäure und verdünnt in einem Meßkolben auf 100 ccm.

Zur Bestimmung des Kupfers werden 1 bis 2 ccm dieser Lösung in das Elektrolysengefäß der Preglschen Apparatur (S. 130, Abb. 69) gebracht und mit 1 bis 2 Tropfen konz. Schwefelsäure versetzt. Man elektrolysiert sodann 25 Minuten lang in der Wärme bei 2,5 bis 3 Volt Spannung (0,1 bis 0,7 A). Nach den ersten 10 Minuten spült man die Innenwandung des Elektrolysengefäßes mit 0,5 bis 1 ccm Wasser ab. Während der letzten 5 Minuten wird die Lösung durch Einstellen des Elektrolysengefäßes in ein mit kaltem Wasser gefülltes Becherglas abgekühlt. Nach Ablauf von insgesamt 25 Minuten seit Beginn der Elektrolyse hebt man die Elektroden aus dem Gefäß und spült sie mit ungefähr 3 ccm Wasser ab, die man im Elektrolysengefäß auffängt. Die Kathode wird hierauf in der bekannten Weise getrocknet und gewogen.

---

[1] P. R. Rây und J. Gupta: Mikrochem. **17**, 14 (1935). — S. a. die makroanalytische Ausführung des Verfahrens bei P. R. Rây und M. K. Bose: Z. analyt. Chem. **95**, 400 (1933).

[2] P. Wenger, Ch. Cimerman und G. Tschanun: Mikrochim. Acta (Wien) **1**, 52 (1937).

Für die elektrolytische Bestimmung des Zinks wird die Kathode nach S. 202 verkupfert. Die in der eben beschriebenen Weise vom Kupfer befreite Lösung versetzt man erst mit einigen Tropfen 50%iger Natronlauge, hierauf tropfenweise mit 10%iger Natronlauge, bis der entstandene Zinkhydroxydniederschlag sich eben wieder löst. Die Bestimmung des Zinks wird dann nach S. 202 ausgeführt.

Bestimmung des Kupfers neben Eisen.[1]

Man fällt das Kupfer nach S. 157 mit Salicylaldoxim unter Zusatz einer Messerspitze (0,1 bis 0,2 g) Weinsäure.

Trennung und Bestimmung von Nickel und Kupfer.[2]

Man versetzt die Lösung mit einer Messerspitze (0,1 bis 0,2 g) Weinsäure und hierauf tropfenweise mit verdünntem Ammoniak bis zur Blaufärbung. Sodann wird das Nickel durch tropfenweisen Zusatz von 1%iger alkoholischer Dimethylglyoximlösung gefällt. Man erwärmt etwa eine halbe Stunde lang auf 70 bis 80°, prüft auf Vollständigkeit der Fällung und läßt den Niederschlag in der Kälte sich absetzen. Nun wird der Niederschlag filtriert, mit 20%igem Alkohol (S. 190) gewaschen und bei 110° getrocknet. Im Filtrat bestimmt man das Kupfer nach der auf S. 157 angegebenen Methode mit Salicylaldoxim.

Trennung und Bestimmung von Aluminium und Beryllium.[3]

Aus der Lösung der Sulfate wird Aluminium als Oxychinolat gefällt (S. 207). Das Filtrat wird in einem Mikrobecher (aus Pyrexglas) aufgefangen und auf dem Wasserbad soweit als möglich eingedampft. Zum braunroten Rückstand fügt man 3 bis 5 Tropfen konz. Schwefelsäure hinzu und erhitzt noch einige Minuten auf dem Wasserbad weiter, wobei eine dunkelbraune Lösung entsteht. Man läßt den Becher abkühlen und gibt 6 bis 10 Tropfen konz. Salpetersäure hinzu, um eine Mischung von Salpetersäure und Schwefelsäure im Verhältnis 2 : 1 zu erhalten. Nun erwärmt man so lange auf dem Wasserbad, bis keine Stickoxyde mehr auftreten. Man fertigt sich gegebenenfalls ein Luftbad an, das aus einem Nickeltiegel besteht, der mit einer Asbestplatte bedeckt ist, in deren kreisrunder Öffnung der Mikrobecher sitzt, ohne den Boden des Nickeltiegels zu berühren. Besser jedoch verwendet man statt dessen das auf S. 104 (Abb. 55) beschriebene elektrische Luftbad, um den Becherinhalt allmählich so stark zu erhitzen, daß Schwefelsäuredämpfe entweichen. Nach abermaligem Abkühlen fügt man wieder doppelt soviel Salpetersäure zu, als noch Schwefelsäure übrig ist, und verfährt wie vorhin. Wenn nötig, wiederholt man das Ganze ein drittesmal, bis die Flüssigkeit farblos erscheint. Man erhitzt schließlich bis etwas über 300°, um alle

[1] W. Reif: Mikrochem. 9, 427 (1931).

[2] W. Reif: a. a. O., 428.

[3] H. Thurnwald und A. A. Benedetti-Pichler: Mikrochem. 11, 202 (1932).

Schwefelsäure zu entfernen. Es verbleibt ein weißer Rückstand, der in 1,5 ccm Wasser und 3 Tropfen konz. Salzsäure gelöst wird. Man fügt Methylrot hinzu, erwärmt die Lösung und bläst mittels einer Kapillare, deren Mündung sich nicht mehr als 1,5 cm über der Flüssigkeitsoberfläche befindet, einen Strom Ammoniak führender Luft[1] gegen die eine Becherwandung, so daß eine leichte Einbuchtung in der Flüssigkeitsoberfläche entsteht. Das Aufblasen wird beendet, sobald die Lösung gelbe Färbung annimmt. Man erhitzt noch kurze Zeit und filtriert warm mit Hilfe eines Porzellan- oder besser Platinfilterstäbchens. Der Niederschlag wird zwei- bis dreimal mit je 0,5 ccm warmem 1%igem Ammoniak gewaschen und dann unter Erwärmen in 0,5 ccm Schwefelsäure (1 : 3) gelöst. Die Lösung wird in einen gewogenen Mikrobecher oder Platintiegel übergesaugt, wobei zwei- bis dreimal mit heißem, ganz schwach schwefelsaurem Wasser nachgespült wird. Die Lösung dampft man soweit als möglich auf einem Wasserbad ein und steigert dann die Temperatur im Aluminiumblock (S. 71, Abb. 25) allmählich auf 120° und schließlich bis auf 280 oder 300°. Die weitere Behandlung ist die gleiche wie bei der Bestimmung des Berylliums als Sulfat (S. 207). Sollte der Rückstand infolge Anfärbung des Berylliumhydroxyds durch den Indikator nach dem ersten Eindampfen gefärbt erscheinen, so ist bei der ersten Behandlung mit konz. Schwefelsäure noch ein Tropfen konz. Salpetersäure zuzufügen.

Trennung und Bestimmung von Beryllium und Magnesium.[2]

Aus der schwach salzsauren, Beryllium und Magnesium enthaltenden Lösung wird in einem Becher oder Porzellantiegel das Beryllium, wie vorangehend beschrieben, als Hydroxyd ausgefällt, während Magnesium unter den angegebenen Bedingungen in Lösung bleibt. Das Berylliumhydroxyd wird in das Sulfat übergeführt und in dieser Form bestimmt (S. 207). Aus dem das Magnesium enthaltenden Filtrat, das in einem samt Filterstäbchen gewogenen Becher oder Porzellantiegel aufgefangen wird, kann Magnesium entweder als Oxychinolat (S. 220) oder als Magnesiumammoniumphosphat (S. 220) gefällt werden. In letzterem Falle soll die Konzentration des Magnesiums vor der Fällung nicht geringer als 0,5 mg/ccm sein, widrigenfalls eingeengt werden muß.

Trennung und Bestimmung von Aluminium, Beryllium und Magnesium.[3]

Die drei Metalle sollen als Chloride oder Sulfate vorliegen. Zuerst wird das Aluminium mit Oxin ausgefällt und als Oxychinolat bestimmt

[1] Ein Luftstrom wird in einem Kolben, der 10%ige Ammoniaklösung enthält, mit dem Gas beladen. Vgl. a. A. Benedetti-Pichler: Z. analyt. Chem. **64,** 427 (1924).

[2] A. A. Benedetti-Pichler und F. Schneider: Mikrochem., Emich-Festschrift, 11 (1930). — H. Thurnwald und A. A. Benedetti-Pichler: Mikrochem. **11,** 209 (1932).

[3] H. Thurnwald und A. A. Benedetti-Pichler: Mikrochem. **11,** 210 (1932).

(S. 207). Das Filtrat wird eingedampft und das überschüssige Oxin zerstört (S. 279). Der weiße Rückstand wird in 1,5 ccm heißem Wasser gelöst und die Lösung mit 3 Tropfen konz. Salzsäure und einem Tropfen alkoholischer Methylrotlösung versetzt. Hierauf nimmt man die Trennung und Bestimmung von Beryllium und Magnesium wie vorstehend angegeben vor.

Trennung und Bestimmung von Eisen und Aluminium.

1. Mittels Sulfidfällung des Eisens in ammoniakalischer tartrathaltiger Lösung.

Diese Trennung erfolgt genau so wie weiter unten für die Trennung des Eisens, Aluminiums und Titans angegeben. An Stelle des gemeinsamen Oxychinolatniederschlages von Aluminium und Titan tritt selbstverständlich das Aluminiumoxychinolat allein, weshalb sich eine Überführung dieser Verbindung in das Oxyd mit nachfolgendem Aufschluß erübrigt (vgl. S. 283). Die Trennung ist demnach mit der Bestimmung des Aluminiums als Oxychinolat beendet.

2. Mittels Fällung des Eisens als Oxychinolat bei Gegenwart von Malon- oder Oxalsäure.

Bei Anwesenheit von genug Malon- oder Oxalsäure fällt in essigsaurer Lösung auf Zusatz von Oxin Eisen allein als Oxychinolat aus. Der Niederschlag wird filtriert und das Filtrat ammoniakalisch gemacht, worauf sich das Aluminiumoxychinolat ausscheidet.

Über die Trennung mit Hilfe von Malonsäure finden sich in der Literatur einige Angaben.[1] Die mikroanalytische Trennung in oxalathaltiger essigsaurer Lösung ist von dem einen der Verfasser des vorliegenden Buches (F. Hecht) im Hinblick auf die Mikroanalyse der Uranmineralien ausgearbeitet worden (unveröffentlichte Versuche). Es erscheint jedoch vorläufig nicht ratsam, diese Trennungsmethoden, deren richtige Ausführung ein hohes Maß an Erfahrung, sowohl in der mikroanalytischen Arbeitstechnik als insbesondere in der Anwendung organischer Reagenzien, voraussetzt, dem allgemeinen Gebrauch zu empfehlen, da sie in der Hand des Mindergeübten leicht zu Mißerfolgen führen können.

Trennung und Bestimmung von Eisen, Aluminium und Titan.[2]

Die schwach salzsaure, Eisen, Aluminium und Titan enthaltende Lösung, deren Volumen 2,5 bis 3 ccm betragen soll, wird mit 0,1 bis 0,2 g Weinsäure (fest oder in Lösung) versetzt, gegebenenfalls auf dem Wasserbad erwärmt, bis alles gelöst ist, und nach dem Abkühlen mit Schwefelwasserstoff gesättigt. Nach 10 Minuten langem Einleiten macht man ammoniakalisch und leitet noch weiter Schwefelwasserstoff ein. Falls sich das Eisensulfid nicht sehr bald deutlich absetzt, ist noch etwas

---

[1] J. Kokta bei R. Berg: Das Oxin. S. 80; ferner: K. Schoklitsch: Mikrochem. **20**, 248 (1936).

[2] F. Hecht: Mikrochim. Acta (Wien) **2**, 194ff. (1937).

Ammoniak zuzugeben. Vom Augenblick des Ausflockens an wird noch einige Minuten lang Schwefelwasserstoff eingeleitet. Nach Beendigung werden einige Tropfen konz. Ammoniak hinzugefügt. Das Gaseinleitungsrohr (S. 72, Abb. 27) wird mit Schwefelwasserstoffwasser in den Tiegel abgespritzt und auch die Kapillare durchgespült. Man legt das Einleitungsrohr während der Filtration verkehrt auf ein Uhrglas beiseite und stülpt ein Becherglas darüber. Die Lösung wird durch ein Porzellanfilterstäbchen in einen samt einem anderen Porzellanfilter gewogenen, auf der Unterseite des Bodens glasierten Porzellantiegel (S. 67) abgesaugt und der Niederschlag vier- bis fünfmal mit je 0,5 ccm einer auf das Zehnfache verdünnten, natriumtartrathaltigen,[1] frisch bereiteten Ammoniumsulfidlösung gewaschen.

Der Porzellantiegel, der das Eisensulfid enthält, wird mit einem in der Mitte durchlochten Uhrglas bedeckt, so daß der Stiel des Filterstäbchens durch das zentrale Loch herausragt. Hierauf bringt man 1 ccm Salzsäure (1 : 3) in den Tiegel (unter das Uhrglas) und erwärmt auf dem Wasserbad. Das Uhrglas wird nach 10 Minuten abgenommen und mit heißem Wasser abgespült. Mit Hilfe einer Spritzflasche, die heiße Salzsäure (1 : 3) enthält, wird nun auch die vorhin beiseitegestellte Gaseinleitungskapillare innen und außen von etwa anhaftendem Eisensulfid gereinigt und die Säure im Tiegel aufgefangen. Die salzsaure Lösung dampft man zur Trockne ein, wobei sich das Eisen oxydiert. Gegebenenfalls kann der Eindampfrückstand noch mit einem Tropfen Salpetersäure (1 : 1) abgeraucht werden, doch ist dies in der Regel überflüssig. Der Rückstand wird in 2 bis 3 Tropfen Salzsäure (1 : 3) und 1 ccm Wasser auf dem Wasserbad gelöst und die Lösung durch das Porzellanfilterstäbchen in einen gewogenen Filterbecher übergesaugt, wobei mit heißem Wasser, dem einige Tropfen der verdünnten Salzsäure zugesetzt werden, dreimal nachgewaschen wird. Die Lösung im Filterbecher wird nun mit Wasser auf 3 bis höchstens 4 ccm verdünnt. Man fügt unter Umschwenken tropfenweise 10%igen Ammoniak bis zum Ausfallen von Eisenhydroxyd zu und bringt dieses mit einem Tropfen der verdünnten Salzsäure wieder in Lösung. Hierauf wird das Eisen nach S. 188 mit 4%iger Oxinacetatlösung gefällt, wobei der Reagenszusatz annähernd das Zweieinhalb- bis Dreifache der theoretisch berechneten Menge betragen soll.

Das Filtrat des Eisensulfidniederschlages, welches das Aluminium und das Titan enthält, wird so stark ammoniakalisch gemacht, daß der Ammoniakgeruch sehr deutlich vorwaltet. Dann wird tropfenweise unter Umschwenken und wiederholtem kurzem Erwärmen auf dem Wasserbad das Zwei- bis Zweieinhalbfache der theoretisch berechneten Menge an 4%igem Oxinacetatreagens zugefügt.[2] Nach Beendigung des Reagenszusatzes gibt man, um ein Mitausfallen von Oxinreagens zu verhindern, noch einige Tropfen 10%igen Ammoniak hinzu, so daß die Lösung wieder

[1] Der Gehalt an Natriumtartrat soll etwa 2 bis 3% betragen.

[2] Die (makroanalytische) Ausfällung von Aluminiumoxychinolat in dem ammoniumsulfidhaltigen Filtrat des Eisensulfids geht auf E. SCHWARZ-BERGKAMPF: Z. analyt. Chem. **83**, 345 (1931), zurück.

sehr deutlich darnach riecht, und schüttelt um. Der Niederschlag, der bei Anwesenheit von Titan mehr oder minder orange verfärbt ist, flockt auf dem Wasserbad rasch aus. Nach 10 Minuten langem Erwärmen entfernt man den Tiegel vom Wasserbad und fügt noch einige Tropfen 10%igen Ammoniak zu, um den beim Erwärmen entstandenen Verlust zu ersetzen. Die über dem Niederschlag befindliche Flüssigkeit muß völlig klar erscheinen, andernfalls ist Fällungsmittel mit ausgefallen. Nun filtriert man den Oxychinolatniederschlag des Aluminiums und Titans mit Hilfe des vorher mitgewogenen Porzellanfilterstäbchens und wäscht gründlich (sechsmal) mit je 0,5 ccm warmem, nötigenfalls heißem Wasser. Der Niederschlag wird beim Auswaschen sowohl mit Hilfe der Spritzflasche als auch mit dem Filterstäbchen aufgewirbelt. Das Waschwasser ist in der Regel schon nach dem zweiten oder dritten Auswaschen farblos. Tiegel, Filterstäbchen und Niederschlag werden bei 130° getrocknet und als Summe von Aluminium- + Titanoxychinolat gewogen. Sollte der Niederschlag durch überschüssiges Oxinreagens verunreinigt sein, so wird die Gewichtskonstanz erst nach mehrstündigem Trocknen erreicht, doch ist dies bei Anwendung von genug Ammoniak durchaus vermeidbar.

Man löst nun den Oxinniederschlag auf dem Wasserbad in 1 ccm heißem Eisessig, saugt die Lösung unter Nachspülen mit heißem Eisessig in einen Platintiegel und verdampft sie darin zur Trockne. Nach Zugabe von 1 ccm Salpetersäure und 0,1 ccm Perhydrol erwärmt man den bedeckten Tiegel auf einem gelinde siedenden Wasserbad bis zum Aufhören der Gasentwicklung, spült das Uhrglas mit heißem Wasser ab und dampft die Flüssigkeit neuerlich ein. Der Tiegel wird nun eine halbe Stunde auf dem Wasserbad weiter erwärmt, um die Flüssigkeit so weitgehend als möglich zu vertreiben, und dann nach Überschichten mit sublimierter Oxalsäure allmählich mit kleiner Flamme des Brenners auf einem Tondreieck sehr vorsichtig erhitzt. Wenn verhältnismäßig viel Rückstand vorliegt, setzt man ein in der Mitte durchlochtes Uhrglas (S. 101) auf, durch das die Oxindämpfe zum größten Teil entweichen. Soweit sich auf der Unterseite des Uhrglases ein Beschlag absetzt, wird dieser mit heißer Salpetersäure (1 : 1) in den abgekühlten Tiegel abgespült und die Lösung nochmals zur Trockne verdampft, wonach das völlige Wegrauchen dieser Oxinreste keine Schwierigkeit mehr bereitet.[1] Zum Schluß wird schwach geglüht. An Sicherheit der Ausführung ist dieses Verfahren der Zerstörung des Oxins mit Hilfe von konz. Schwefelsäure und Salpetersäure überlegen.

Der geglühte Rückstand im Platintiegel besteht aus Aluminiumoxyd + Titandioxyd. Er wird mit möglichst wenig Kaliumpyrosulfat aufgeschlossen und die Schmelze nach dem Erkalten in einigen Kubikzentimetern Wasser auf dem Wasserbad gelöst. Durch Ansäuern mit 0,2 ccm Salzsäure kann man das Auflösen der Schmelze beschleunigen. Aus der Lösung werden Aluminium und Titan in der Wärme mit einem geringen Ammoniaküberschuß (Anwendung eines Tropfens Methylorange als

[1] Man überschichtet neuerlich mit sublimierter Oxalsäure.

Indikator) gefällt und mit Hilfe eines Platinfilterstäbchens filtriert, wobei 5%ige, schwach ammoniakalische Ammoniumsulfatlösung als Waschflüssigkeit dient. Das Filtrat wird verworfen. Den Niederschlag löst man in 1,5 bis 2 ccm 10%iger[1] Schwefelsäure und 1 ccm 50%iger Weinsäure und saugt die Lösung in einen samt Platinfilterstäbchen gewogenen Platintiegel über. Als Spülflüssigkeit dient Schwefelsäure der gleichen Konzentration. Aus der eisgekühlten Lösung wird Titan nach S. 219 mit 5%iger wäßriger Cupferronlösung gefällt. Aus dem Gewicht des zu TiO_2 verglühten Niederschlages wird Titanoxychinolat berechnet, dessen Menge von der Summe des früher erhaltenen Aluminium- und Titanoxychinolats abgezogen und so das Aluminiumoxychinolat ermittelt. Es sei erwähnt, daß nach dem Vorgehen von K. SCHOKLITSCH[2] im Filtrat des Titancupferrons eine direkte Bestimmung des Aluminiums möglich wäre, und zwar durch Zersetzen des Cupferrons mit Salpetersäure und Perhydrol im Mikro-KJELDAHL-Kölbchen und nachfolgende Fällung des Aluminiums als Oxychinolat. Es ist in diesem Fall jedoch wesentlich, daß dabei keine Weinsäure anwesend ist, da diese bei der Oxydation der organischen Substanz Schwierigkeiten bereitet. Man müßte demnach den Niederschlag von Aluminium- und Titanhydroxyd in kalter Schwefelsäure lösen und den Weinsäurezusatz vermeiden.

Selbstverständlich kann das Titan zweckmäßig auch mikrocolorimetrisch bestimmt werden.

Trennung und Bestimmung von Nickel und Uran.[3]

Die Lösung der Nitrate von Nickel und Uran wird in einem Berliner Porzellantiegel mit außen glasierter Bodenfläche (S. 67), der vorher zusammen mit einem Porzellanfilterstäbchen bei 120° bis zur Gewichtskonstanz getrocknet worden ist, völlig eingedampft. Der Rückstand wird mit einem Tropfen Salpetersäure (1 : 1) und hierauf mit 5 bis 10 ccm Wasser (je nach der Menge des vorhandenen Nickels) aufgenommen. Nach kurzem Erwärmen auf dem Wasserbad wird tropfenweise die im Vergleich zum vorhandenen Nickel sechsfache Menge Dimethylglyoxim in Form einer 1%igen alkoholischen Lösung zugefügt. Dabei schwenkt man den Tiegel in der üblichen Weise mit kreisender Bewegung vorsichtig um. 1 ccm der Reagenslösung reicht praktisch zur Fällung von 1,6 bis 1,7 mg Nickel aus. Bei Mengen von weniger als 0,5 mg Nickel verwendet man einen etwas größeren Reagensüberschuß, ungefähr der sieben- bis achtfachen Gewichtsmenge an Dimethylglyoxim entsprechend. Man fügt hierauf noch 0,5 bis 1 ccm einer 50%igen Ammoniumacetatlösung (S. 43) hinzu und filtriert den Niederschlag mit Hilfe des vorher mitgewogenen Filterstäbchens. Er wird noch dreimal mit je 0,5 ccm heißem Wasser und sodann dreimal mit je 0,5 ccm warmem 25%igem Alkohol gewaschen. Die Trocknung wird bei 120° vorgenommen.

---

[1] Volumprozente!
[2] K. SCHOKLITSCH: Mikrochem. **20**, 251 (1936).
[3] E. KROUPA: Mikrochim. Acta (Wien) **3**, 306 (1938).

Das uranhaltige Filtrat wird in einem gewöhnlichen Platintiegel aufgefangen, auf dem Wasserbad vorsichtig zur Trockne verdampft und der Rückstand verglüht, was keinerlei Schwierigkeiten bereitet. Den Glührückstand löst man in 0,5 ccm Salpetersäure (1 : 1), verdampft die Lösung zur Trockne und löst den nunmehrigen Rückstand in einem Tropfen Eisessig und 0,5 ccm heißem Wasser. Die Flüssigkeit wird unter mehrmaligem Nachspülen mit je 0,5 ccm heißem Wasser — wobei einmal auch ein Tropfen Eisessig zugesetzt wird — in einen Mikroplatintiegel[1] übergesaugt, der vorher bei 950° zusammen mit einem Platinfilterstäbchen zur Gewichtskonstanz geglüht worden ist. Man fällt nunmehr das Uran mit Oxin (S. 205) und filtriert den Niederschlag mit Hilfe des Platinfilterstäbchens. Nach Waschen mit heißem Wasser trocknet man das Uranyloxychinolat bei 130° und verglüht es nun langsam im elektrischen Ofen unter allmählichem Steigern der Temperatur. Der Glührückstand ist U_3O_8.

Die Bestimmung des Urans als Oxychinolat ergibt, wenn sie in einem Platintiegel mit Platinfilterstäbchen ausgeführt wird, gegenüber der durch Verglühen des Oxychinolats erhaltenen U_3O_8-Auswaage um etwa 1 bis 2% zu hohe Werte.[2] Dies ist vielleicht auf eine zu starke Erhitzung der Platintiegelwände auf dem Wasserbad zurückzuführen, was zur Folge haben könnte, daß etwas Fällungsreagens an der Wandung eintrocknet und kaum mehr in Lösung geht. Bei Fällung im Filterbecher tritt diese Erscheinung zu hoher Werte nicht auf. Aus dem genannten Grunde verzichtet man zweckmäßig überhaupt auf die Wägung des Uranyloxychinolats und verglüht den filtrierten Niederschlag unmittelbar nach dem Trocknen zu U_3O_8.

Die hier beschriebene Methode wurde für Mengen von 0,5 mg Nickel neben rund 5 mg Uran bis zu Mengen von 7,5 mg Nickel neben 0,8 mg Uran ausgearbeitet. Bei Nickelmengen von mehr als 2,5 mg ergeben sich in der Regel Fehler von etwa —1%. Da das der Bestimmung entgangene Nickel zusammen mit dem Uran als Oxychinolat ausfällt, jedoch beim Verglühen dieses Niederschlages teilweise flüchtig ist, äußert sich dies in einem positiven Fehler der Uranwerte, der dem Minusfehler der Nickelbestimmung in der Regel nicht völlig gleichkommt. Der Plusfehler der Uranwerte würde überdies bei einer Wägung des Oxychinolatniederschlages größer ausfallen als bei der Wägung des Oxyds, weil das Nickeloxychinolat weniger Metall enthält als das Uranyloxychinolat und daher mehr Uran vortäuscht, als die der Fällung entgangene und zusammen mit dem Uran ausfallende Nickelmenge beträgt. Aus diesem Grunde ist bei der Trennung von Nickel und Uran die Methode der Uranoxydwägung in Platingeräten der Bestimmung als Oxychinolat im Filterbecher vorzuziehen.

Trennung und Bestimmung von Zink und Uran.[3]

Die Zink und Uran enthaltenden Nitrat- oder Chloridlösungen werden in einem Berliner Porzellantiegel eingedampft. Der Rückstand wird mit

[1] 20 ccm Fassungsraum, 10 bis 11 g Gewicht; siehe S. 67.

[2] E. KROUPA: a. a. O., 309.

[3] E. KROUPA: Mikrochem. 27, 1 (1939). — Das Mikro-Trennungsver-

einem Tropfen Salzsäure (1 : 1) und etwa 1 ccm Wasser aufgenommen. Dann versetzt man die Lösung tropfenweise mit ungefähr 2 n-Natriumcarbonatlösung (0,1 g wasserfreies Natriumcarbonat auf 1 ccm Wasser), bis sich der entstehende Niederschlag beim Umschwenken nicht mehr löst. Hierauf setzt man 0,5 ccm 2 n-Monochloressigsäure[1] zu, worauf der Niederschlag in Lösung geht, fügt des weiteren noch 0,5 ccm 1 n-Natriumacetatlösung[2] hinzu und verdünnt mit Wasser von ungefähr 90° auf etwa 8 ccm. Dann leitet man durch ein Gaseinleitungsrohr (S. 72, Abb. 27) während 10 Minuten in mäßig raschem Tempo (eine Blase in der Sekunde) Schwefelwasserstoff ein, läßt den entstandenen Zinksulfidniederschlag eine Viertelstunde lang sich absetzen und spült hierauf das Innere der Einleitungskapillare und die Unterseite des gewölbten (Glas-)Deckels mit Waschflüssigkeit[3] gut aus bzw. ab. Das Gaseinleitungsrohr wird sodann beiseitegestellt und die Flüssigkeit durch ein Porzellanfilterstäbchen abgesaugt. Viermaliges Nachwaschen mit je 1,5 bis 2 ccm Waschflüssigkeit[4] (unter gründlichem Aufwirbeln des Niederschlages) ist ausreichend. Filtrat und Waschwasser werden in einem Jenaer Bechergläschen von 25 ccm Inhalt (hohe Form) aufgefangen und auf dem siedenden Wasserbad erwärmt. Zur Vermeidung von Verlusten durch Verspritzen (infolge zu heftigen Entweichens von Schwefelwasserstoff) bedeckt man dabei das Bechergläschen mit einem Uhrglas. Je nach dem Urangehalt der Lösung tritt dabei stärkere oder schwächere Schwefelabscheidung auf. Nach dem Aufhören jeglicher Gasentwicklung wird das Uhrglas mit heißem Wasser in das Bechergläschen abgespült und die Flüssigkeit auf etwa 1 ccm eingedampft. Man setzt 0,5 ccm konz. Salzsäure und 0,5 ccm gesättigtes Bromwasser zu, verdampft zur Trockne und wiederholt das Abrauchen noch einmal unter Anwendung der gleichen Mengen Salzsäure und Bromwasser. Der Tiegel mit dem Eindampfrückstand wird noch ungefähr eine Stunde lang auf dem Wasserbad belassen, der Rückstand in 2 Tropfen Salzsäure (1:1) und wenig Wasser gelöst und die Flüssigkeit unter mehrmaligem Nachspülen mit geringen Mengen heißen Wassers in einen Filterbecher übergesaugt. Das Uran wird hierauf in essigsaurer Lösung als Oxychinolat gefällt und bestimmt (S. 205).

Zur Auflösung des Zinksulfids werden Porzellantiegel und Filterstäbchen mit einem in der Mitte durchlochten Uhrglas bedeckt und nach Zusatz von etwa 2 ccm Salzsäure (1 : 5) auf dem Wasserbad erwärmt. Nach dem Aufhören der Schwefelwasserstoffentwicklung wird das Uhrglas mit heißem Wasser abgespült, worauf man auch das vorher beiseitegestellte Gaseinleitungsrohr mit heißer Salzsäure (1 : 1) und heißem Wasser

---

fahren wurde nach dem Vorbild der makroanalytischen Methode von C. Mayr: Z. analyt. Chem. **92**, 166 (1933), ausgearbeitet.

[1] 9,5 g $CH_2ClCOOH$ gelöst in 50 ccm Wasser.

[2] 6,8 g $CH_3COONa \cdot 3\,H_2O$ gelöst in 50 ccm Wasser.

[3] 30 ccm Wasser + 2 ccm 2 n-Monochloressigsäure + 2 ccm 1 n-Natriumacetatlösung werden mit Schwefelwasserstoff gesättigt.

[4] Diese verhältnismäßig große Menge Waschflüssigkeit kann wegen der äußerst geringen Löslichkeit des Zinksulfids ohne Bedenken angewendet werden.

in den Tiegel abspritzt.[1] Nach Eindampfen zur Trockne nimmt man den Rückstand mit 2 Tropfen Salzsäure (1 : 1) und 1,5 ccm heißem Wasser auf und saugt die Flüssigkeit durch das Filterstäbchen in einen Filterbecher über (unter mehrmaligem Nachspülen mit geringen Mengen heißen Wassers bei einmaligem Zusatz eines Tropfens Salzsäure [1 : 1]). Das Endvolumen beträgt etwa 4 bis 5 ccm. Das Zink wird nunmehr als Zinkammoniumphosphat gefällt und bestimmt (S. 201).

Das beschriebene Trennungsverfahren ergab befriedigende Ergebnisse für Mengen von 0,5 mg Uran neben 6 mg Zink bis zu Mengen von 12 mg Uran neben 1,2 mg Zink.

Bestimmung des Zinks als Chinaldinat in Anwesenheit von Kupfer, bzw. von Quecksilber und Silber.[2]

Die Lösung der Sulfate (etwa 1 ccm Volumen) wird in einem Mikrobecher zwecks Reduktion des Kupfers mit 0,3 bis 0,5 ccm (je nach der Menge des vorhandenen Kupfers) frisch bereiteter 20%iger Natriumbisulfitlösung versetzt. Hierauf fügt man 1 bis 2 Tropfen (0,05 ccm) Eisessig und tropfenweise unter Rühren 1 bis 1,5 ccm 10%ige Thioharnstofflösung[3] zu (zur Maskierung des Kupfers). Dabei entsteht eine weiße Fällung, die sich jedoch in der Kälte allmählich, schneller beim Erwärmen auf dem Wasserbad, wieder auflöst. Hierauf wird das Zink bei Wasserbadtemperatur durch tropfenweise Zugabe (unter Rühren bzw. Umschwenken) von überschüssiger Natriumchinaldinatlösung, die in bezug auf Chinaldinsäure 1%ig ist, ausgefällt (s. S. 200). Je nach der vorhandenen Zinkmenge sind dazu 0,2 bis 1,0 ccm erforderlich. Man läßt den Niederschlag auf dem Wasserbad sich absetzen und filtriert ihn hierauf unter Verwendung eines Filterstäbchens, wobei man fünf- bis sechsmal mit je 0,5 bis 1 ccm heißem Wasser wäscht. Das Zinkchinaldinat wird bei 125° getrocknet.

Nach Angabe der Autoren ist es in ähnlicher Weise möglich, Zink von Quecksilber und Silber zu trennen. Dabei ist jedoch der Zusatz von Natriumbisulfit zu unterlassen, da sich sonst unlösliches Mercurosalz oder metallisches Silber ausscheiden, die mit Thioharnstoff nicht in Lösung gehen.

Die von den Autoren angeführten Beleganalysen erstrecken sich auf Zinkmengen von 0,1 bis 1,2 mg in Anwesenheit von 2 bis 4 mg Kupfer bzw. von je 2,5 mg Quecksilber und Silber.

Bestimmung des Zinks als Chinaldinat in Anwesenheit von Mangan.[4]

Die Fällung des Zinks als Chinaldinat (S. 200) ermöglicht nach den Angaben der Autoren[4] auch eine Trennung des Zinks von Mangan, Magnesium,

[1] Man spült das Innere der Einleitungskapillare gründlich durch und spritzt sodann auch die Unterseite des Deckels ab. Die Auflösung der geringen an dem Einleitungsrohr haftenden Niederschlagsmengen ist dabei deutlich wahrnehmbar.

[2] P. R. RÂY und T. CH. SARKAR: Mikrochem. **27**, 64 (1939). — Das Mikroverfahren fußt auf der makroanalytischen Methode von P. R. RÂY und N. K. DUTT: Z. analyt. Chem. **115**, 265 (1938/39).

[3] 1 ccm bei Gegenwart von 2 mg Kupfer; 1,5 ccm bei Gegenwart von 4 mg Kupfer.

[4] P. R. RÂY und M. K. BOSE: Mikrochem. **17**, 12 (1935). — Das Mikro-

alkalischen Erden und Phosphorsäure. Beleganalysen sind jedoch nur für die Trennung des Zinks von Mangan angegeben.

Man setzt in diesen Fällen etwas mehr Eisessig als bei der einfachen Zinkbestimmung, nämlich 0,05 bis 0,1 ccm,[1] zu und wäscht den Zinkchinaldinatniederschlag erst dreimal mit je 0,5 bis 1 ccm heißer Waschflüssigkeit,[2] sodann noch dreimal mit gleichen Mengen heißem Wasser.

Die von den Autoren[3] angeführten Beleganalysen erstrecken sich auf Mengen von 0,2 bis 0,75 mg Zink neben wechselnden Mengen Mangan (0,75 bis 2,5 mg).

Bestimmung des Zinks als Chinaldinat in Anwesenheit von Eisen oder Aluminium.[4]

Die neutrale Lösung, die 0,15 bis 1 mg Zink und etwas größere Mengen (bis zu mehreren Milligramm) der oben bezeichneten Fremdelemente enthalten darf,[5] wird in einem Volumen von etwa 2 bis 2,5 ccm mit 0,4 bis 1 ccm 5%iger Natriumtartratlösung versetzt. Hierauf bläst man Ammoniak (siehe S. 280) auf die Oberfläche der Flüssigkeit, bis diese Ammoniakgeruch aufweist. Das Zink wird unter Umschwenken des Bechers durch tropfenweisen Zusatz von Natriumchinaldinatreagens (entsprechend 1 g Chinaldinsäure in 100 ccm Wasser) gefällt, wobei 0,2 bis 0,25 ccm Reagens über die berechnete Menge hinaus angewendet werden. Da Zinkchinaldinat in alkalischem Medium beträchtlich löslich ist, wird der Überschuß des Ammoniaks entfernt, indem man die Flüssigkeit auf 50 bis 60° erwärmt und durch eine Kapillare auf die Oberfläche Luft aufbläst. Die angegebene Temperatur darf nicht überschritten und das Erwärmen nicht zu lange fortgesetzt werden, da sonst Gefahr besteht, daß das Eisen, falls vorhanden, in der ammoniakalischen tartrathaltigen Lösung reduziert wird und als rotviolettes Ferrochinaldinat mitausfällt. Nach Entfernen des Ammoniaks wird rasch abgekühlt, der Niederschlag filtriert, mit heißem Wasser gewaschen und bei 125° zur Gewichtskonstanz getrocknet (siehe S. 200).

Die von den Autoren[4] angeführten Beleganalysen erstrecken sich auf Mengen von 0,1 bis 1 mg Zink neben wechselnden Mengen Eisen oder Aluminium (2 bis 6 mg). Beleganalysen, bei denen andere Fremdelemente als Eisen und Aluminium zugegen waren, sind nicht angegeben.

---

verfahren geht auf die makroanalytische Methode von P. R. Râу und A. K. Majumdar, Z. analyt. Chem. **100**, 324 (1935), zurück.

[1] Von der Menge des Fremdmetalls abhängig; bei Anwesenheit von Magnesium oder alkalischen Erden kann der Zusatz an Eisessig zweckmäßig etwas verringert werden.

[2] 2,5 ccm Eisessig und 5 ccm Natriumchinaldinatlösung (äquivalent 1 g Chinaldinsäure in 100 ccm Reagenslösung) werden mit Wasser auf 100 ccm verdünnt.

[3] Siehe Fußnote 4 auf S. 287.

[4] P. R. Râу und M. K. Bose: Mikrochem. **18**, 89 (1935). — Das Mikroverfahren fußt auf der von P. R. Râу und A. K. Majumdar: Z. analyt. Chem. **100**, 324 (1935), angegebenen makroanalytischen Methode.

[5] Eisen muß in der dreiwertigen Form vorliegen; gegebenenfalls wird mit einigen Tropfen Bromwasser oxydiert.

Trennung des Thoriums von den seltenen Erden und Bestimmung des Thoriums.[1]

Die salpetersaure Lösung des Thoriums und der seltenen Erden wird in einem Porzellantiegel zur Trockne verdampft. Der Rückstand wird mit 0,5 ccm Wasser aufgenommen und die Flüssigkeit abermals eingedampft. Dies wiederholt man noch dreimal, um die Salpetersäure vollkommen zu entfernen. Der zuletzt erhaltene Eindampfrückstand wird in 1,5 bis 2 ccm 10%iger Ammoniumnitratlösung bei 70° gelöst, worauf die Lösung tropfenweise mit 0,3 bis 0,4 ccm frisch bereitetem, 3%igem Wasserstoffsuperoxyd versetzt und 2 bis 3 Minuten auf dem Wasserbad erwärmt wird. Das Erwärmen darf nicht zu lange fortgesetzt werden, damit keine zu starke Zersetzung des Wasserstoffsuperoxyds eintritt. Es fällt ein schaumiger Niederschlag von Thoriumperoxydhydrat aus, der durch mitgerissenes Cer gelb gefärbt erscheint. Die Lösung wird durch ein Porzellanfilterstäbchen abgesaugt und der Niederschlag dreimal mit je 0,3 bis 0,5 ccm heißer 10%iger Ammoniumnitratlösung gewaschen. Man löst den Niederschlag sodann in 1 ccm warmer Salpetersäure (1 : 3) und saugt die Lösung durch das Filterstäbchen in einen anderen Porzellantiegel über, wobei man vier- bis fünfmal mit heißem, schwach salpetersaurem Wasser nachspült. Die Lösung wird zur Trockne verdampft, die Salpetersäure durch viermaliges Abdampfen mit Wasser, wie oben geschildert, entfernt und die Fällung wiederholt. Dieser zweite Niederschlag des Thoriumperoxydhydrats ist in der Regel schon beträchtlich weniger durch Spuren von Cer verfärbt als der erste. Er wird abermals wie vorhin in Salpetersäure gelöst, die Lösung in einen zusammen mit einem Platinfilterstäbchen gewogenen Platintiegel übergesaugt und in diesem wiederum zur Trockne verdampft. Nun wird eine dritte Trennung[2] ausgeführt und schließlich der Tiegel mit dem Filterstäbchen und dem Niederschlag auf dem Wasserbad vorgetrocknet. Hierauf wischt man den Tiegel und das oberste Ende des Stäbchens wie üblich ab und erhitzt im elektrischen Ofen allmählich auf 950°, welche Temperatur man 25 bis 30 Minuten lang beibehält. Die Auswaage ist ThO_2.

Trennung und Bestimmung von Eisen, Aluminium, Titan, Mangan, Calcium und Magnesium.[3]

Die Trennung und Bestimmung dieser Elemente ist von wesentlicher Bedeutung für viele Mineralanalysen. Man geht dabei in der nachfolgend beschriebenen Weise vor.

Trennung des Fe, Al, Ti von Mn, Ca, Mg. Die schwach salzsaure Lösung, die in 3 bis 4 ccm die angeführten Elemente enthält, wird in einem Porzellantiegel in der Kälte mit Ammoniak (1 : 3) tropfen-

[1] F. Hecht: Mikrochem. **12**, 200 (1932); Amer. J. Sci. (5) **27**, 334 (1934).

[2] Zwar pflegt auch dieser Niederschlag noch ganz schwach gelblich gefärbt zu sein, doch rührt dies von derart geringen Spuren Cer her, daß sie prozentual überhaupt nicht ins Gewicht fallen.

[3] F. Hecht: Mikrochim. Acta (Wien) **2**, 193 (1937).

weise bis zum beginnenden Entstehen eines Niederschlages versetzt, den man sofort durch Zusatz von 1 bis 2 Tropfen Salzsäure wieder in Lösung bringt. Man fügt nun das Zweieinhalb- bis Dreifache der für die Ausfällung von Fe, Al und Ti rechnungsmäßig notwendigen Menge an 4%igem Oxinacetat (S. 57) hinzu, erwärmt auf dem siedenden Wasserbad 5 Minuten und gibt unter Umschwenken 0,75 ccm 50%ige Ammoniumacetatlösung und dann noch 5 Tropfen 10%igen Ammoniak zu. Fe, Al und Ti fallen als Oxychinolate aus.[1] Man erwärmt auf einem nur *schwach siedenden*[2] Wasserbad während weiterer 10 Minuten, läßt die Fällung dann 5 Minuten abkühlen und filtriert mit Hilfe eines Porzellanfilterstäbchens, wobei fünf- bis sechsmal mit je 0,5 ccm heißem Wasser (von ungefähr 70 bis 80°) gewaschen wird. Der Niederschlag ist jedesmal mit Hilfe der Spritzflasche und durch drehende Bewegung des Filterstäbchens aufzulockern. Das Filtrat, in dem sich das Mn, Ca und Mg befinden, wird vollkommen eingedampft.

Trennung und Bestimmung von Fe, Al und Ti. Der Oxychinolatniederschlag wird in warmer Salzsäure (1 : 3) unter Erwärmen auf einem siedenden Wasserbad gelöst und die Lösung unter gründlichem Nachspülen mit heißer Salzsäure der gleichen Konzentration in einen Porzellantiegel (von möglichst kreisrundem Querschnitt) übergesaugt und darin zur Trockne verdampft. Der Eindampfrückstand wird im bedeckten Tiegel mit 1 ccm Königswasser behandelt. Nach Beendigung der heftigen Reaktion wird das Uhrglas oder die Glaskugel (S. 111, Abb. 61), womit der Tiegel bedeckt war, mit heißem Wasser abgespritzt und die Flüssigkeit zur Trockne verdampft. Man spült hierauf die Außenseite des Porzellantiegels gut ab, stellt ihn in einen größeren Tiegel aus Porzellan („Übertiegel“, siehe S. 112) und läßt unter Bereithalten der Glaskugel 1 ccm Salpetersäure und 0,2 ccm Perhydrol zufließen. Die Glaskugel wird sofort auf den Tiegel gesetzt; der äußere Tiegel, in dem sich auch der kleinere befindet, wird dann auf dem Wasserbad erwärmt. Alsbald beginnt eine heftige Reaktion, die indessen nach kurzer Zeit beendet ist, worauf man die Glaskugel mit heißem Wasser in den inneren Tiegel abspritzt. Nunmehr wird dieser mit der Platinspitzenpinzette gefaßt, auf der Außenseite gründlich mit heißem Wasser abgespült und auf einen Wasserbadaufsatz gestellt. Nach genügendem Einengen saugt man das Spülwasser aus dem äußeren in den inneren Tiegel über und dampft die gesamte Lösung nun völlig ein. Der Rückstand wird noch zweimal mit Salzsäure (1 : 3) abgeraucht.

Die weitere Trennung und Bestimmung von Fe, Al und Ti erfolgt nach S. 281 ff.

Trennung des Mn von Ca und Mg sowie Bestimmung des Mn. Das weiter oben erwähnte Filtrat des Oxychinolatniederschlages

[1] Eine Fällung des Fe, Al und Ti mit Ammoniak ist einerseits wegen der nicht völligen Unlöslichkeit des Aluminiumhydroxyds in schwach ammoniakalischer Lösung, anderseits wegen des teilweisen Mitfallens des Mn zu vermeiden.

[2] Zur Vermeidung etwaigen Zusammenschmelzens des Niederschlages.

von Fe, Al und Ti wird zur Trockne verdampft und im bedeckten Porzellantiegel unter Anwendung eines „Übertiegels" mit 2 ccm Königswasser zur Zerstörung der überschüssigen Ammoniumsalze und zur Oxydation des Oxins auf dem Wasserbad erwärmt. Sobald die heftige Reaktion vorüber ist, spritzt man die Glaskugel in den inneren Tiegel ab, spült diesen außen gut ab, saugt das Spülwasser in den Tiegel zu der Lösung und verdampft diese zur Trockne. Der Rückstand wird zwecks Umwandung der Chloride[1] fünfmal mit Salpetersäure[2] abgeraucht und hierauf erst schwach, später stärker geglüht, bis die organische Substanz vertrieben ist. Der Glührückstand ist durch Oxyde des Mangans dunkelbraun bis schwärzlich gefärbt. Er wird erst mit 0,1 ccm Salzsäure und sodann mit 1,5 bis 2 ccm Wasser aufgenommen, worauf die Lösung nach kurzem Erwärmen auf dem Wasserbad mit kohlensäurefreiem Ammoniak schwach ammoniakalisch gemacht wird. In der Zwischenzeit hat man aus 1 ccm kohlensäurefreiem Ammoniak durch Einleiten von Schwefelwasserstoff und nachheriges Versetzen mit der gleichen Menge Ammoniak in bekannter Weise Ammoniumsulfid bereitet. Einige Tropfen davon dienen zur Ausfällung des Mangansulfids. Man erwärmt den Tiegel mit Inhalt kurz auf dem Wasserbad und filtriert den ausgeflockten Niederschlag mit Hilfe eines Porzellanfilterstäbchens. Als Waschflüssigkeit verwendet man die mit Wasser auf das Zehnfache verdünnte Ammoniumsulfidlösung. Das Filtrat wird in einem Porzellantiegel aufgefangen, während der Niederschlag in verdünnter Salzsäure gelöst und die Lösung in einen anderen Porzellantiegel übergesaugt wird, in dem man die Ausfällung des Mangansulfids in der gleichen Weise wiederholt. Das zweite Filtrat wird mit dem ersten vereinigt. Das Mangansulfid löst man im Tiegel in einigen Tropfen Salzsäure (1 : 3) und dampft die Lösung ein. Den Rückstand nimmt man mit 0,1 ccm Salzsäure und 1 ccm Wasser auf, erwärmt die Lösung kurz und saugt sie in einen samt Filterstäbchen gewogenen Platin- oder Porzellantiegel über. Die weitere Fällung mit Bromwasser und Ammoniak sowie das Verglühen des Niederschlages zu Mn_3O_4 erfolgt nach S. 204.

Trennung und Bestimmung von Ca und Mg. Die vereinigten Filtrate der Mangansulfidfällung werden mit Salzsäure (1 : 3) angesäuert, auf dem Wasserbad anfänglich im bedeckten Tiegel erwärmt und nach dem Aufhören der Schwefelwasserstoffentwicklung zur Trockne verdampft. Der Rückstand wird mit 0,2 ccm Salzsäure und 1,5 ccm Wasser aufgenommen und das Calcium nach S. 222 als Oxalat gefällt. Der Niederschlag wird nach einer Stunde[3] samt dem Schwefel mit Hilfe eines Porzellanfilterstäbchens filtriert. Als Waschflüssigkeit dient bei 20° gesättigte Ammoniumoxalatlösung, die auf das Zehnfache verdünnt worden ist. Das Filtrat wird in einem Porzellantiegel aufgefangen, während der Niederschlag unter Erwärmen auf dem Wasserbad in möglichst wenig Salzsäure (1 : 3) gelöst und die Lösung unter Nachspülen mit heißem,

[1] Schmelzendes Calciumchlorid greift den Porzellantiegel an.

[2] Die beiden ersten Male mit schwächerer Säure (1 : 1), die nächsten Male mit konz. Salpetersäure.

[3] A. Benedetti-Pichler: Z. analyt. Chem. **64**, 422 (1924).

ganz schwach salzsaurem Wasser in einen Filterbecher übergesaugt wird, in dem die Oxalatfällung bei Wasserbadtemperatur wiederholt wird. Die Filtration erfolgt nach einer Stunde. Als Waschflüssigkeit dient anfänglich die oben erwähnte verdünnte Ammoniumoxalatlösung, zum Schluß jedoch kaltes Wasser, das zweimal in einer Menge von je einigen Zehntelkubikzentimetern angewendet wird. Die Auswaage des bei 105 bis 110° getrockneten Niederschlages ergibt $CaC_2O_4 \cdot H_2O$.

In den vereinigten Filtraten wird Magnesium nicht unmittelbar mit Oxin bestimmt, sondern die überschüssige Oxalsäure zweckmäßig vorher zerstört. Dazu werden die vereinigten Filtrate beider Calciumoxalatfällungen im Porzellantiegel zur Trockne verdampft und der Eindampfrückstand im bedeckten Tiegel auf dem Wasserbad mit 2 ccm Königswasser behandelt. Nach dem Aufhören der heftigen Reaktion wird das Uhrglas oder die Glaskugel mit heißem Wasser in den Tiegel abgespült und die Flüssigkeit soweit als möglich verdampft. Zur Entfernung der Mineralsäure wird der Eindampfrückstand in einigen Zehntelkubikzentimetern Wasser gelöst und die Lösung abermals verdampft. Dies wird zwei- bis dreimal wiederholt. Nach dem letztenmal wird noch eine halbe Stunde auf dem siedenden Wasserbad weiter erwärmt und schließlich der nunmehr genügend trockene Rückstand in einem Trockenschrank allmählich bis 200° erhitzt, wobei sich die Oxalsäure verflüchtigt, ohne daß es im mindesten zum Spritzen kommt. Den Rückstand behandelt man im bedeckten Tiegel auf dem Wasserbad mit 0,5 ccm Königswasser, spült das Uhrglas mit heißem Wasser ab und dampft zur Trockne ein. Sodann löst man den Eindampfrückstand in 0,2 ccm Salzsäure und 0,5 ccm Wasser und fügt hierauf Ammoniak in leichtem Überschuß zu (Geruch). Nach kurzem Erwärmen wird die Lösung von dem gegebenenfalls entstandenen geringfügigen Niederschlag durch ein Porzellanfilterstäbchen in einen Filterbecher abgesaugt, wobei mit heißem Wasser nachgespült wird. Der erwähnte geringe Niederschlag enthält Spuren von Verunreinigungen (meist Kieselsäure) und Staub, die vom Filterstäbchen zurückgehalten werden, so daß bei der nachfolgenden Fällung das Magnesiumoxychinolat in sehr reiner Form ausfällt. Zu der 2 bis 2,5 ccm betragenden Lösung fügt man das Zwei- bis Dreifache der rechnungsmäßig erforderlichen Menge 3%iger alkoholischer Oxinlösung[1] zu und erwärmt auf dem Wasserbad bis etwa 60°. Es darf keine Trübung von sich ausscheidendem Oxin auftreten. Um dies zu verhindern, setzt man unmittelbar nach Beendigung des Erwärmens noch einige Tropfen 10%igen Ammoniak und 0,5 bis 1,0 ccm Alkohol hinzu. Das Magnesiumoxychinolat scheidet sich in stark lichtbrechenden Kriställchen ab.[2] Nach dem Erkalten der Flüssigkeit auf Zimmertemperatur wird filtriert und nach S. 220 (s. a. dortige Fußnote 3) gewaschen. Der Niederschlag von der Formel $Mg(C_9H_6ON)_2 \cdot 2H_2O$ wird bei 105° getrocknet.

---

[1] Siehe Fußnote 2 auf S. 220.

[2] Bei sehr geringen Magnesiummengen verzögert sich die Entstehung der Kristalle einigermaßen.

Anhang: Bestimmung bzw. Trennung der Halogene.[1]

Eine Trennung des Jodid-Ions vom Chlorid- bzw. Bromid-Ion beschreiben R. STREBINGER und I. POLLAK.[1] Jod wird mit salzsaurer Palladium(II)-chloridlösung als Palladium(II)-jodid PdJ_2 gefällt. In einem zweiten Teil der Probe bestimmt man die Summe Silberjodid + Silberchlorid bzw. Silberjodid + Silberbromid.

Chlorid- und Bromid-Ion werden nicht direkt getrennt, sondern auf indirektem Wege ermittelt: Man bestimmt zunächst die Summe der Silberhalogenide, löst dann den Niederschlag in Kaliumcyanidlösung und bestimmt das Silber elektrolytisch.

Nähere Einzelheiten siehe im Original.

III. Spezialmethoden.

1. Fällungen im hängenden Tropfen und auf Trägersubstanzen.

Fällungen in der Öse.

Wenn bei einer Bestimmung nur wenige Tropfen Probelösung und Reagens erforderlich sind, ist auch ein anderes, sehr einfaches Fällungsverfahren anwendbar, das darin besteht, daß die Fällung in einer mit dem Filterschälchen (S. 115) austarierten, kurzstieligen Öse vorgenommen wird.

Abb. 94. Schieberpinzette ($^1/_3$ der natürlichen Größe). [Aus Mh. Chem. **33**, 170 (1912).]

Die Öse kann je nach Bedarf aus Glas, Quarz oder Platin angefertigt sein. Durch entsprechende Verschlingung läßt sie sich so formen, daß sie bis zu 5 Tropfen hält, ohne sich von selbst zu entleeren. An Stelle der Öse hat sich auch ein schalenförmig eingedrücktes, feinmaschiges Platindrahtnetz mit seitlich angeschweißtem kurzem Platindraht gut bewährt. Der Durchmesser des Netzes wie auch der eben erwähnten Öse muß natürlich entsprechend kleiner sein als der des dabei mitverwendeten Filterschälchens. Der Drahtfortsatz hat den Zweck, bequemes Anfassen und Hinstellen zu ermöglichen. Hierbei bedient man sich am besten einer sog. Schieberpinzette (Abb. 94), in welche die Öse oder das Drahtnetz eingeklemmt und so in die jeweils nötige Stellung gebracht werden kann.

Aus der nachfolgenden Beschreibung der Arbeitsweise geht hervor, daß es auch auf diese Art leicht gelingt, Niederschläge in einwandfreier Weise auf das Filter zu bringen und in wägbare Formen überzuführen.

Liegt eine *Flüssigkeit* zur Untersuchung vor, so wird ein Tropfen in bekannter Weise eingewogen, z. B. aus dem Wägefläschchen (S. 120, Abb. 67), indem man aus dem Tropfröhrchen einen Tropfen in die Öse oder auf das Drahtnetz bringt und das Fläschchen zurückwägt.

[1] R. STREBINGER und I. POLLAK: Mikrochem. **3**, 38 (1925).

Handelt es sich um eine *feste* Substanz, so bringt man zunächst einen Tropfen des Lösungsmittels in die Öse bzw. auf das Drahtnetz und wägt die nötige Probemenge in ähnlicher Weise ab, wie dies beim Einwägen fester Substanzen in das Hahnröhrchen angegeben wurde (S. 123). Man faßt dabei das kleine Löffelchen, in dem sich die abzuwägende Stoffmenge befindet, mit der Pinzette und kippt es knapp oberhalb des Tropfens um. Damit die etwa seitwärts herabfallenden Substanzteilchen wieder zurückgewogen werden können, wird beim Eintragen der Probe die Öse (Drahtnetz) mittels der Schieberpinzette ganz nahe oberhalb des eigentlichen Vorratsschälchens festgelegt.

Die Auflösung kann durch schwaches Erwärmen mit einer kleinen Flamme beschleunigt werden. Zur Vermeidung der Aufnahme von Verbrennungsgasen durch den Tropfen wird ein dünnes Platinblech dazwischen angebracht. Nach erfolgter Auflösung wird gegebenenfalls unter Erwärmen das Fällungsmittel hinzugefügt. 1 bis 2 Tropfen des letzteren sollen zur vollständigen Fällung genügen.

Um nun den entstandenen Niederschlag zu filtrieren, wird die in der Pinzette festgehaltene Öse (Netz) dicht über das mitaustarierte, auf der Filterplatte befindliche Filterschälchen gebracht und die Flüssigkeit samt dem Niederschlag ins Schälchen gespült. Etwa noch anhaftende Niederschlagsspuren werden nicht entfernt, da sie bei der späteren Wägung ohnedies mitgewogen werden.

Nach gründlicher Waschung wird die Öse (Netz) durch Öffnen der Schieberpinzette ins Filterschälchen fallen gelassen, mit dem zusammen es nach der vorschriftsmäßigen Weiterbehandlung schließlich gewogen wird. Die so erzielten Ergebnisse fallen nicht minder gut aus als die mit dem Fällungsschälchen erhaltenen.

Fällung auf Trägersubstanzen.

Die chemische Gewichtsanalyse anorganischer Stoffe setzt bekanntlich voraus, daß die zu bestimmenden Stoffe in genügender Konzentration und Menge vorhanden sind, damit die Filtration und Behandlung des N·ederschlages quantitativ durchgeführt werden kann. Wenn jedoch die fragliche Substanzmenge und deren Konzentration unter jene Grenze sinken, bei der Fällungen noch sedimentieren, wo demnach nur mehr eine Opaleszenz oder schwache Trübung die Anwesenheit des betreffenden Stoffes anzeigt, dann versagen die üblichen Methoden der Gewichtsanalyse, so daß man in solchen Fällen auf die Bestimmungen mittels des *Nephelometers* bzw. *Colorimeters* angewiesen ist.

J. DONAU arbeitete vor einiger Zeit ein Verfahren aus, mit dessen Hilfe man manche Stoffe gewichtsanalytisch so zu bestimmen vermag, daß der zu fällende Niederschlag auf einen festen Körper niedergeschlagen, gewaschen, verascht oder in anderer Weise weiterbehandelt und schließlich gewogen wird.[1]

[1] J. DONAU: Mikrochem. 8, 257 (1930).

Als *Fällungsträger* dient z. B. käufliche japanische Seide. Diese zeigt nach vorheriger gründlicher Reinigung und Veraschen auf dem Platinblech fast gar keinen wägbaren Rückstand, jedenfalls nicht mehr als bestes quantitatives Filterpapier.

Die Reinigung der Seide erfolgt durch längeres Digerieren mit verdünnter warmer Salzsäure und nachträgliches Waschen mit destilliertem Wasser. Die so behandelte Seide wird gut abgepreßt, sorgfältig getrocknet und staubsicher verschlossen. Das Gewebe wird in Form kleiner drei- oder viereckiger Stückchen mit 0,1 bis 0,5 qcm Fläche angewendet und soll zur Schonung der Fasern nur mit einer mit Elfenbeinspitzen versehenen Pinzette angefaßt werden. Um auf der Seide Niederschläge fixieren zu können, muß man sie für jeden zu bestimmenden Stoff besonders vorbehandeln.

Die Methode wurde zunächst zur Bestimmung *kleinster Goldmengen* ausgearbeitet. Von einer ganz allgemeinen Anwendung des Verfahrens kann natürlich nicht die Rede sein, da eine Fällung auf der Faser nicht bei allen Stoffen erzielbar und auch die Weiterbehandlung der betreffenden Trägersubstanz mitunter schwer durchführbar ist. Man wird diese Arbeitsweise daher hauptsächlich dort anzuwenden versuchen, wo die schließliche Wägungsform durch Glühen erhalten wird und das in der Seide enthaltene Reagens entweder durch Waschen oder Verflüchtigung gänzlich entfernt werden kann. So könnten außer Gold voraussichtlich noch Platin, Silber, Blei, Kupfer, Nickel (letzteres z. B. mit Dimethylglyoxim) auf ähnliche Art bestimmt werden.

Der weitere Ausbau der Methode wird vielleicht erweisen, daß man die auf Seide oder anderen Trägersubstanzen fixierten Fällungen ähnlich behandeln kann wie auf gewogenen Filtern gesammelte Niederschläge. Durch die Beschreibung dieser Art der Analyse soll auf eine grundsätzlich neue Möglichkeit der gewichtsanalytischen Stoffbestimmung und somit auf ein noch bearbeitenswertes Gebiet hingewiesen werden.

Bestimmung kleinster Goldmengen.

Um die Seide für die Goldbestimmung geeignet zu machen, wird sie nach dem Reinigen zunächst auf ihren Aschengehalt geprüft. Dies kann mikrochemisch so vor sich gehen, daß mehrere gewogene Seidenstückchen auf dem Fällungsschälchen nacheinander vorsichtig erhitzt und sodann verascht werden. Nur bei ganz unerheblichem Glührückstand ist die Seide benutzbar. Bei der Bestimmung besonders kleiner Goldmengen wird man natürlich selbst den geringsten festgestellten Rückstand zu berücksichtigen haben. Hierauf wird die Seide, deren durchschnittlicher Glührückstand nunmehr bekannt ist, mit einer mäßig verdünnten Hydrazinhydratlösung im zugeschmolzenen Rohr etwa eine halbe Stunde im siedenden Wasserbad erhitzt, sodann gut mit Wasser gewaschen, ausgedrückt und schließlich bei gelinder Wärme getrocknet. Die Prüfung der so präparierten Seide wird folgendermaßen vorgenommen: Man bringt in ein kleines Glasschälchen einige Tropfen einer 1%igen Lösung von Goldchloridchlorwasserstoff und legt ein ungefähr 0,5 qcm großes Stoffstück ein. Hierauf wird die Flüssigkeit auf einem Heizblock mit eingestecktem Thermometer auf fast 100° erwärmt. Das in der Goldlösung befindliche Seidenfleckchen färbt sich alsbald purpurn oder violett (je nach der Konzentration und Reinheit der Lösung). Sollte Gold auch außerhalb der Faser reduziert werden, so ist es notwendig, diese nochmals flüchtig zu waschen. Sie ist erst dann für quantitative Versuche geeignet, wenn sich außerhalb der Seide nicht die geringste Spur einer Goldausscheidung feststellen läßt. Nach einigen Versuchen gelingt es leicht, ein brauchbares Präparat zu erhalten. Es muß im Dunkeln verschlossen aufbewahrt werden und ist dann fast unbegrenzt haltbar.[1] Die Reaktion wird am besten in einem etwa 1 ccm fassenden, mit einem angeschmolzenen Stiel zum Anfassen versehenen Glasschälchen ausgeführt.

Die Einwaage der auf ihren Goldgehalt zu untersuchenden Probe, deren Bestandteile in qualitativer Hinsicht bekannt sein müssen, richtet sich darnach, ob eine Flüssigkeit oder ein fester Stoff vorliegt und ob die zu erwartende Goldmenge gering oder bedeutend ist, was ja bei der qualitativen Prüfung leicht wahrgenommen werden kann.

Hat man es mit einer Flüssigkeit zu tun, so werden je nach dem mutmaßlichen Goldgehalt ein oder mehrere Tropfen davon auf die schon (S. 122) beschriebene Weise aus dem Wägefläschchen ins Reaktionsgefäß eingewogen.

Wenn über den Goldgehalt keine Anhaltspunkte vorliegen, so müssen vorher einige orientierende Versuche angestellt werden (vgl. S. 307). Sollten in der Flüssigkeit freie Halogene enthalten sein oder aber sich beim Erwärmen entwickeln, so muß vorher ganz eingedampft und der Rückstand mit Wasser aufgenommen werden. Sind in der zu untersuchenden Flüssigkeit Substanzen zugegen, welche die Bestimmung stören könnten, so ist das Gold auf einem der weiter unten angegebenen Wege zu isolieren.

Liegt eine feste Substanz von bekannter qualitativer Zusammensetzung vor, so muß sie für die Goldbestimmung entsprechend vorbereitet werden (siehe unten). Die Einwaage richtet sich natürlich nach dem Goldgehalt. Auf alle Fälle ist zu trachten, daß nach erfolgter Auflösung der Substanz und der Trennung des Goldes von der Hauptmenge der übrigen Bestandteile genügend Material für wenigstens zwei Bestimmungen erhalten wird. Die vorbereitete Flüssigkeit wird sodann quantitativ in das austarierte Wägefläschchen gebracht und gewogen. Von diesem Vorrat, der einer genau bekannten Menge Ausgangssubstanz entspricht, werden die Proben ausgewogen.

Die *Vorbereitung* der Gesamtprobe für die Mikrobestimmung hängt von der qualitativen Zusammensetzung ab. Das Augenmerk ist zunächst darauf zu richten, daß das Gold von der Hauptmenge der übrigen Bestandteile getrennt wird. Dafür sind verschiedene Wege vorgeschlagen worden. So läßt sich nach S. SONSTÄDT das Gold aus

[1] J. DONAU: Mikrochem. 8, 259 (1930).

sehr verdünnten Lösungen durch Quecksilberfällungen mitreißen. Am geeignetsten hat sich die Fällung des metallischen Quecksilbers aus Sublimat mit Zinnchlorür erwiesen. Nach dem Fortglühen des Quecksilbers in einem Porzellantiegelchen hinterbleibt das Edelmetall, das sodann in Königswasser gelöst wird.

Sehr zweckmäßig ist auch die Behandlung der festen Probe mit einem Gemisch von Brom und Äther in Druckröhren bei höherer Temperatur. Man kann sich dabei des bei der Mikro-CARIUS-Methode (siehe S. 299ff.) erwähnten Bombenblocks bedienen. Die Probe muß selbstverständlich feinst zerteilt sein. Durch die Behandlung mit dem Äther-Brom-Gemisch wird alles Gold in die Halogenverbindung umgewandelt, während die Hauptmenge der übrigen Bestandteile ungelöst bleibt.[1]

Wesentlich einfacher gestaltet sich die Vorbereitungsarbeit, wenn goldreichere Proben vorliegen. In diesen Fällen wird nach Vornahme der Auflösung und Entfernung der freien Halogene sowie etwa vorhandener störend wirkender Metalle die mit Wasser aufgenommene Probe in das Wägefläschchen gespült, aus dem dann die für die Mikrobestimmungen nötigen Mengen herausgewogen werden.

Ausführung der Bestimmung: Nach erfolgter Einwaage der goldhaltigen, von störenden Beimengungen befreiten Flüssigkeit wird das Reaktionsschälchen auf einen Heizblock gestellt, der auf fast 100° erwärmt wird. Hierauf legt man einen etwa 0,5 qcm großen präparierten Seidenfleck ein. Falls dessen Aschengehalt nicht vernachlässigt werden darf, muß er ebenso wie die noch hinzugefügten weiteren Stückchen gewogen und der bereits ermittelte durchschnittliche Aschengehalt berücksichtigt werden.

Für die vollständige Ausfällung des Goldes aus 0,1 g einer 0,1%igen Lösung genügen ungefähr 3 mg Seide.

Das eingelegte Seidenstück färbt sich in der heißen Lösung bald rot oder violett, je nach dem Reinheitsgrad der Lösung. Die Seide soll auf ihrer ganzen Oberfläche von der Flüssigkeit benetzt werden. Wenn dies nicht der Fall ist, so genügt in der Regel das Auffallenlassen einiger Tropfen heißen Wassers, um die Benetzung zu bewirken. Nun wird ein zweites Seidenstück hinzugefügt. Dieses färbt sich, falls noch nicht alles Gold reduziert wurde, gleichfalls in kurzer Zeit, doch ist die Färbung meist schon weniger kräftig als beim ersten Stück. Man bringt nacheinander so lange Seidenstückchen in die Lösung, bis das zuletzt eingetragene einige Zeit lang vollkommen weiß bleibt, worauf die Reaktion als beendet zu betrachten ist. Während des Versuches darf die Flüssigkeit nicht völlig verdunsten, weshalb ab und zu ein Wassertropfen hinzugefügt werden muß.

Die gefärbten Seidenstücke werden hierauf mittels einer Pinzette mit Elfenbeinspitzen auf ein Filterschälchen gebracht und auf der Filterplatte mit heißem Wasser gut gewaschen. Etwa losgelöste kleine Seidenfasern bleiben auf dem Filter. Nach längerem Waschen wird die Seide

[1] F. DÖRING: Berg- u. hüttenmänn. Ztg. **1900**, **59**.

mittels der Pinzette aus dem Filterschälchen entfernt und auf ein mit diesem zusammen austariertes Fällungsschälchen gelegt. Nun werden beide Schälchen im Trockenblock oder in einem gewöhnlichen Trockenschrank getrocknet. Sodann faßt man das Fällungsschälchen mittels einer Pinzette mit Platin- oder Quarzspitzen und glüht es über einer Mikroflamme vorsichtig aus. Die Seide schrumpft dabei unter Rauchentwicklung zusammen, bis schließlich nach starkem Glühen fast nichts mehr von ihr wahrzunehmen ist, da sich das zurückbleibende Gold mit dem Platin alsbald legiert. Hierauf wird auch das Filterschälchen auf einer Quarz- oder Porzellanunterlage schwach geglüht, damit etwa darin befindliche Faserreste gleichfalls verascht werden. Die Schälchen werden noch heiß in den Exsiccator gebracht und nach dem Erkalten gemeinsam gewogen.

Da der Glührückstand der Seide in verdünnten Säuren größtenteils löslich ist, kann er durch nachträgliches Waschen mit Säure so gut wie ganz entfernt werden, in welchem Falle natürlich die weitere Berücksichtigung der Seidenasche entfällt.

Was den Einfluß fremder Substanzen auf die Reaktion betrifft, so hat sich herausgestellt, daß z. B. Eisen-, Blei- und Kupfersalze keineswegs stören, selbst dann nicht, wenn die Menge dieser Fremdmetalle die des Goldes um ein Mehrfaches übertrifft. Da die Faser Metallsalze adsorbiert, müssen in solchen Fällen die Seidenstückchen längere Zeit mit heißem Wasser gewaschen werden. Der Einfluß anderer Schwermetalle kommt weniger in Betracht, da das Gold durch die Vorbereitung der Probe von den meisten ohnehin isoliert wurde. Etwa anwesendes Platin müßte vorher beispielsweise als Ammoniumplatinchlorid abgeschieden werden. Eine ebenfalls brauchbare Methode zur Trennung des Goldes von den unedlen Metallen besteht nach J. DONAU darin, daß man die zu untersuchende Probe zunächst mit Königswasser behandelt, eindampft, den Rückstand mit salpetersäurehaltigem Wasser aufnimmt und filtriert. Das Filtrat samt Waschwasser wird unter Zusatz von etwas Silber in Schwammform in einem Schälchen etwa eine halbe Stunde erhitzt, wobei das vorhandene Gold reduziert wird und ausfällt. Nach dem Entfernen des größten Teiles der überstehenden Flüssigkeit mittels einer Pipette wird der Rückstand nach mehrmaligem Ausziehen mit heißem Wasser auf dem Wasserbad getrocknet, nach neuerlicher Behandlung mit wenig Königswasser wird nochmals eingedampft. Den wäßrigen Auszug des nunmehrigen Rückstandes bringt man möglichst quantitativ in ein austariertes Wägefläschchen, aus dem dann Anteile zur Goldbestimmung ausgewogen werden können.

Da bei der qualitativen Untersuchung der ursprünglichen Probe auch eine sehr empfindliche Prüfung auf Gold von wesentlicher Bedeutung ist, sei an dieser Stelle an eine Reaktion erinnert, die J. DONAU vor mehr als 30 Jahren mitgeteilt hat[1] und die darin besteht, daß Goldsalz-

[1] J. DONAU: Mh. Chem. **25**, 913 (1904); vgl. auch Kolloid-Z. **2**, 273 1907/08).

lösungen, wenn sie auf noch nicht völlig zur Perle verschmolzenen Borax gebracht werden, beim weiteren Schmelzen zunächst einen rosaroten Schaum und schließlich eine rubinrote Färbung der Perle bewirken. Bei fortgesetztem Glühen wird die Perle violett, dann blau und endlich farblos. Auch Silber sowie die Platinmetalle liefern bei gleicher Behandlung des Borax kolloidgefärbte charakteristische Perlen.

2. Mikroanalysen nach dem Prinzip von CARIUS.

Obgleich eigentlich in das Gebiet der organischen Elementaranalyse gehörend, soll nachstehend eine Modifikation der für geringe Substanzmengen umgearbeiteten Methode nach CARIUS näher beschrieben werden, weil einerseits die betreffenden Elemente schließlich doch nach den üblichen anorganischen Methoden bestimmt werden, anderseits das Verfahren auch noch in anderer Hinsicht Anwendung zu finden geeignet sein dürfte.

Die ersten Bestimmungen dieser Art wurden von F. EMICH und J. DONAU ausgeführt.[1] Auch F. PREGL wandte zuerst eine selbstmodifizierte Arbeitsweise nach CARIUS an, arbeitete allerdings später ein anderes Verfahren mit Hilfe des „Perlen"- oder „Spiralrohres" aus[2] (siehe S. 239 u. 257).

Das hier beschriebene Verfahren[3] unterscheidet sich von der bekannten CARIUSschen Methode außer durch die geringe Dimensionierung der Einschlußröhren auch durch deren Gestaltung, durch die das quantitative Ausbringen der Niederschläge erleichtert wird. Die hierbei vorkommenden Operationen sind folgende:

1. Herstellung der Mikrobomben.
2. Erhitzen der Bomben.
3. Weiterbehandlung der Bomben und Filtration des Niederschlages (Bestimmung des Schwefels bzw. der Halogene).

1. Herstellung der Bomben.

Die Bombenröhrchen werden aus schwer schmelzbarem Glas verfertigt. Der Außendurchmesser beträgt etwa 8 mm, die Wandstärke 0,75 bis 1 mm. Eine unten ganz schwach erweiterte Proberöhre von etwa 10 cm Länge wird in geringem Abstand vom Boden mit einer Ausbauchung versehen. Die Beschickung dieser Röhre mit der zu untersuchenden Substanz (Abb. 95) gestaltet sich folgendermaßen: Die Probe wird in ein kleines Platinfolienschälchen mit angeschweißtem Stiel eingewogen, das Schälchen sodann mittels einer Schieberpinzette (S. 293, Abb. 94) gefaßt, in das waagrecht eingespannte Rohr eingeführt und am geschlossenen Ende durch eine einfache Drehung zum Herausfallen gebracht. Das Schälchen wird zurückgewogen. Hierauf wird mittels eines zweiten

[1] F. EMICH und J. DONAU: Mh. Chem. **30**, 745 (1909).
[2] Vgl. F. PREGL-H. ROTH: Mikroanalyse. S. 115.
[3] J. DONAU: Mh. Chem. **33**, 169 (1912).

ähnlichen Schälchens die entsprechende Menge Silbernitrat bzw. Bariumchlorid zur eingewogenen Substanz zugefügt. Nun werden mit einer langen Hakenpipette einige Tropfen konz. Salpetersäure in die kugelförmige Ausbauchung des noch immer waagrecht eingespannten Röhrchens einfließen gelassen und die Pipette sorgsam wieder herausgezogen. Endlich schmelzt man das Rohr, ohne es aus seiner Lage zu bringen, mittels eines Gebläses, am besten eines sog. „Sterngebläses",[1] das Stichflammen von drei Seiten her erzeugt, auf eine Länge von 6 bis 7 cm ab. Das spitz zulaufende Ende braucht hierbei weder besonders fein noch länger als etwa 0,5 cm zu sein.

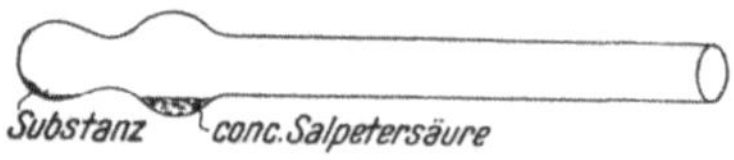

Abb. 95. Beschicken des Bombenröhrchens mit Substanz und Salpetersäure ($^1/_2$ der natürlichen Größe). [Aus Mh. Chem. **33**, 170 (1912).]

Erst jetzt wird durch Senkrechtstellen des Röhrchens die Salpetersäure zur Substanz fließen gelassen und die nun fertige „*Mikrobombe*" in die Heizvorrichtung gebracht (vgl. schematische Darstellung in Abb. 96).

Wenn die zu untersuchende Probe mit Salpetersäure nicht stürmisch oder unter Gasentwicklung reagiert, wird die Zugabe der Säure sowie das Zuschmelzen der Röhre in vertikaler Stellung vorgenommen.

Die Einwaage kann selbstverständlich auf jeder beliebigen Mikrowaage erfolgen. Das Einwägen von Flüssigkeiten nimmt man mittels des Wägefläschchens bei senkrecht stehendem Bombenröhrchen vor.

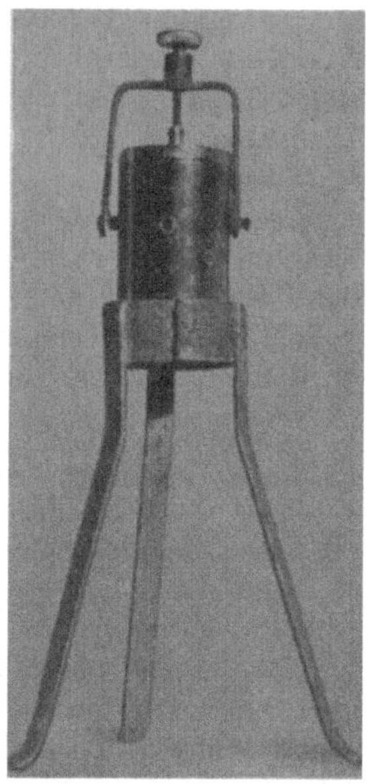

Abb. 97. Mikrobombenofen nach J. Donau: Gesamtansicht (etwa $^1/_5$ der natürlichen Größe).

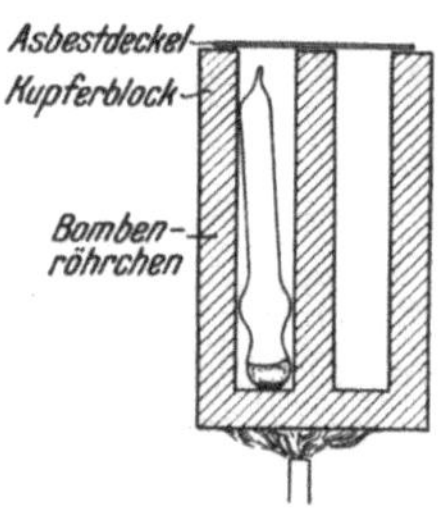

Abb. 96. Schematische Darstellung des Bombenblockes ($^1/_4$ der natürlichen Größe). [Aus Mh. Chem. **33**, 171 (1912).]

2. Erhitzen der Bomben.

Das Erhitzen der beschickten Bombenröhrchen wird in aufrechter Stellung im *Mikrobombenofen* (Abb. 96 und 97) vorgenommen. Dieser besteht aus einem Kupfer- oder Aluminiumblock von etwa 10 cm Höhe und 30 bis 40 qcm Querschnitt. Die Form des Blockes kann zylindrisch oder prismatisch sein; er besitzt mehrere Bohrungen, die zur Aufnahme der Bomben dienen. Der Durchmesser der Bohrungen beträgt je 16 mm, die Tiefe 8 bis 9 cm. Die Röhrchen müssen bequem hineinpassen und dürfen mit ihrer Spitze nicht herausragen. Das Thermometer, das zur Tempe-

[1] F. Emich: Z. chem. Apparatenkunde **1**, 17 (1905).

raturkontrolle unbedingt nötig ist, wird in eine seitlich angebrachte Bohrung eingesteckt.

Um den Bombenblock auf die erforderliche Temperatur zu bringen, wird er entweder an zwei seitlich angeschraubten starken Haken frei hängend erhitzt oder auf ein solides Stativ gestellt und mittels eines kräftigen, regulierbaren Bunsenbrenners angeheizt. Das Anwärmen erfolgt allmählich, etwa so, daß in drei Viertelstunden 300° erreicht werden; bei dieser (oder je nach Vorschrift höherer) Temperatur erhitzt man die Bombenrohre 1 bis 3 Stunden, je nach der Zersetzbarkeit der betreffenden Substanz. Viele Stoffe, z. B. Thioharnstoff, werden bekanntlich schon bei weit geringerer Temperatur und in kürzerer Zeit zerlegt.

3. Weiterbehandlung der Bomben und Filtration.

Nach dem vollständigen Abkühlen des Metallblockes werden die Röhrchen vorsichtig mit Hilfe der schon erwähnten langen Schieberpinzette herausgenommen, über deren beide Enden je ein dünner Schlauch gezogen wird, damit die erfaßten Röhrchen nicht abgleiten können.

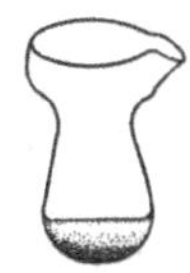

Abb. 98. Abgesprengtes Bombenröhrchen (natürliche Größe). [Aus Mh. Chem. **33**, 169 (1912).]

Das Bombenröhrchen wird nun in aufrechter Stellung in ein Stativ eingespannt und vorsichtshalber hinter eine Glasscheibe gestellt. Hierauf erwärmt man mittels eines Bunsenbrenners zunächst den obersten Teil ganz schwach, bis die dort angesammelte Salpetersäure nach unten destilliert ist, und erhitzt sodann die Spitze stärker, bis der Überdruck der eingeschlossenen Gase diese aufbläst und durchlocht. Die aufgeblasene Stelle wird mittels der Flamme etwas rundgeschmolzen, damit später keine feinen Glassplitterchen in die Röhre gelangen. Zur Erleichterung der weiteren Handgriffe wird sodann ungefähr in der Mitte der Ausbauchung, in die bei der Beschickung die Säure gebracht wurde, das Rohr abgesprengt. Zu diesem Zwecke bringt man an einer Stelle der Ausbauchung mittels eines Schneidediamanten zunächst eine Kerbe an, die in einer Stichflamme erhitzt wird. Beim raschen Abkühlen unter einem dünnen Wasserstrahl entsteht nach einigen Versuchen an der gewünschten Stelle ein Sprung, der mit der Sprengkohle ganz herumgeführt wird, worauf sich der obere Teil des Röhrchens glatt abheben läßt. Bei allen diesen Operationen ist zu achten, daß das Gefäß nicht zu sehr aus der Steilstellung gerät, damit nicht Flüssigkeit und Niederschlag bis in die Ausbauchung gelangen. An dem abgesprengten unteren Teil des Röhrchens wird durch eine feine Stichflamme und leichtes Andrücken eines dicken Platindrahtes oder dgl. ein Ausguß angebracht (Abb. 98).

Der abgehobene obere Teil des Rohres wird, mit der Spitze nach unten, mehrmals mit einigen Tropfen heißen Wassers gut ausgespült und die Flüssigkeit jedesmal mit entsprechender Vorsicht in das kleine mit Schnabel versehene Gefäß (unterer Teil der Bombe) gebracht.

Die Weiterbehandlung geht nun verschiedenermaßen vor sich, je nachdem es sich um eine *Schwefel-* oder um eine *Halogenbestimmung* handelt.

Bei der *Schwefelbestimmung* wird der Inhalt des Gefäßes mehrmals mit Salzsäure eingedampft, wobei das Verdampfen durch Aufblasen eines staubfreien Luftstromes sehr beschleunigt werden kann. Der Rückstand wird mit 2 bis 4 Tropfen salzsäurehaltigem Wasser aufgenommen und mittels eines dünnen Glasstabes oder Federfähnchens auf ein austariertes, bereits auf der Filterplatte befindliches Platinfilterschälchen gebracht. Man bedient sich hierbei zweckmäßig einer Mikrospritzflasche mit schräg nach aufwärts gebogener, kapillarer Spritzröhre.[1] Es gelingt auf diese Art in kürzester Zeit, den Niederschlag praktisch quantitativ auf das Filter zu bringen.

Nach dem Auswaschen mit einigen Tropfen heißen Wassers wird das Filterschälchen mit dem Niederschlag getrocknet, hierauf schwach geglüht, abermals kurz gewaschen, getrocknet, nochmals geglüht und nach dem Abkühlen im Exsiccator gewogen. Das Waschen des Niederschlages nach dem ersten Glühen bezweckt, aus dem Niederschlag die ursprünglich adsorbierten, jedoch infolge des Glühens freigewordenen Salze zu entfernen.

Bei der *Bestimmung der Halogene* wird die im abgesprengten Schälchen befindliche Flüssigkeit auf dem Wasserbad oder Heizblock auf 1 bis 2 Tropfen eingedampft, sodann mit einigen Tropfen Wasser verdünnt und nach einigen Minuten Stehen das Halogensilber in der oben angegebenen Weise aufs Filter gebracht. Dies geht meist sehr rasch vonstatten, da das Chlorsilber in der Regel in groben, zusammenhängenden Flocken vorliegt und z. B. mittels eines dünnen Platindrahtes in das Filterschälchen befördert werden kann. Es ist nicht rätlich, den Gefäßinhalt bis zur Trockne einzudampfen.

Nach dem Waschen des Niederschlages mit einigen Tropfen Wasser wird das Schälchen samt dem Niederschlag, der beim Arbeiten bei Tageslicht stets eine oberflächliche Reduktion erleidet, vor dem Trocknen etwa eine Minute lang in eine Chlor- bzw. Bromatmosphäre gebracht, wozu sich das auf S. 120 beschriebene Räuchergefäß gut eignet.

Nach dem Trocknen bei 130° erscheint sodann der Niederschlag rein weiß bzw. gelblich. Das Platin wird bei diesem Räuchern nicht merklich angegriffen.

Die Vorteile der mikrochemischen Ausführungsart der CARIUS-Methode sind bedeutend. Die größte Rolle spielt dabei der äußerst geringe Substanzverbrauch. Der Zeitaufwand ist weit geringer als bei der Makromethode, da die Zersetzung der Substanzen schneller beendet ist. Auch ist die Erhitzung der kleinen Röhrchen im Bombenblock weit weniger gefährlich und kann fast immer auf dem Arbeitstisch vorgenommen werden. Schließlich fallen auch die äußerst geringen Kosten der Röhrchen gegenüber denen der großen Verbrennungsröhren ins Gewicht.

Die Ermittelung der übrigen nach CARIUS bestimmbaren Elemente kann in ähnlicher Weise erfolgen.

---

[1] Erhältlich bei P. Haack, Wien. Durch die Verwendung einer *kapillaren* Spritzröhre wird die Bildung von Luftblasen beim Gebrauch vermieden.

Bei dieser Gelegenheit sei darauf hingewiesen, daß der zum Erhitzen der Röhrchen verwendete Block auch bei anderen Arbeiten, bei denen Reaktionen unter Überdruck in Betracht kommen, mit Vorteil benutzt werden kann.

IV. Analyse zusammengesetzter Substanzen.

1. Legierungsanalyse.

Mikrobestimmung von Gold in Goldlegierungen.

Die übliche Art, den Goldgehalt einer Goldlegierung festzustellen, besteht darin, daß die zur Untersuchung vorliegende Probe zunächst in einem porösen Gefäß aus gebrannter Magnesia, der sog. Kapelle oder Kupelle, „abgetrieben" wird. Das legierte Gold wird zu diesem Zweck mit so viel Feinsilber zusammengeschmolzen, daß die Gesamtmenge des vorhandenen Silbers dem Zweieinhalb- bis Dreifachen des ungefähren (z. B. durch die Strichmethode ermittelten) Goldgehaltes entspricht. Diese Operation bezeichnet man als *Quartierung*. Hierauf befreit man die Legierung durch längeres Erhitzen im Treibofen mit der 8- bis 32fachen Gewichtsmenge Blei von den unedlen Metallen. Das schließlich erhaltene Gold-Silber-Korn wird auf dem Amboß plattgeschlagen, dünn ausgewalzt und zu einem Röllchen aufgewickelt. Nach zwei- bis dreimaligem Auskochen mit reiner Salpetersäure von steigender Konzentration wird das rein zurückgebliebene Gold aus dem Kochkolben in einen Tiegel übergeführt, gewaschen und nach schwachem Glühen gewogen.

Fehlerquellen dieses Verfahrens stellen bekanntlich vor allem das Einsickern von Goldspuren in die Kapelle, ferner die Verflüchtigung geringer Goldmengen beim Quartieren und Abtreiben dar. Die gebrauchten Kapellen verraten fast immer an den auftretenden rosaroten Anflügen Gold in kolloider Form, aber auch im Inneren der Kapelle kann man in allen Teilen Goldspuren nachweisen. Weiters mag dahingestellt bleiben, ob die etwas gewaltsame Behandlung des weichen Goldes mit Hammer und Amboß sowie das Auswalzen nicht gleichfalls Goldverluste zur Folge haben. Durch strenges Einhalten stets gleicher Arbeitsbedingungen gelingt es nach diesem Verfahren trotzdem, brauchbare und namentlich untereinander gut übereinstimmende Resultate zu erhalten, zumal auch durch die Unmöglichkeit, das Silber mittels der Salpetersäure aus dem Gold-Silber-Korn vollständig herauszulösen, eine Kompensation der oben angedeuteten Goldverluste eintreten kann.

Die gleiche Arbeitsweise mikrochemisch — also mit nur wenigen Milligramm — durchzuführen, erscheint insofern gewagt, als die erwähnten Verluste in diesem Falle noch mehr ins Gewicht fallen würden und anderseits die durch die unvollständige Ausbringung des Silbers gegebene Kompensationsmöglichkeit voraussichtlich weniger günstig ist. J. Donau hat daher das übliche Kupellationsverfahren für die mikrochemische Ausführung umgestaltet. Hierbei ergab sich, daß man nach der modifizierten Arbeitsweise auch mit größeren Mengen mindestens ebenso gute Ergebnisse erhält wie nach dem umständlicheren Treibverfahren.[1]

Das Wesen der neuen Methode besteht darin, daß unter Ausschaltung der Kapelle und der Bleizutat die zu untersuchende Legierung mit der erforderlichen Menge einer Cadmium-Zink-Legierung in dünnen Röhrchen aus Jenaer Glas im Wasserstoffstrom zusammengeschmolzen und hierauf mit Salpetersäure in der üblichen Weise weiterbehandelt wird. Das zurückgebliebene Gold wird nach dem Waschen schwach geglüht und gewogen.

Bisher wurde gewöhnlich Feinsilber als Quartierungsmetall verwendet, was jedoch verschiedene Nachteile in sich birgt. Ganz abgesehen von der hierbei nötigen höheren Temperatur und der damit verbundenen Verflüchtigung von Gold zeigt sich noch die unangenehme Erscheinung des sog. Spratzens (Ausscheidung des aufgenommenen Sauerstoffes beim Erstarren), wodurch gleichfalls Goldverluste entstehen können. Für den Fall einer beabsichtigten Bestimmung des in der Legierung enthaltenen Silbers muß das hinzugefügte, genau gewogene Quartierungssilber von besonderer Reinheit sein.

Das zum Quartieren schon mehrfach vorgeschlagene Kupfer bietet gegenüber dem Silber keine nennenswerten Vorteile. Desgleichen sind Versuche mit reinem Cadmium bekannt,[2] doch wurden mit diesem Metall nicht so gute Erfolge erzielt wie mit der erwähnten Cadmium-Zink-Legierung. Die Ursache der besseren Wirkung dieser ungefähr 87% Cadmium enthaltenden Legierung liegt anscheinend in der Anwesenheit des Zinks, durch das der Zerfall der Legierung in günstiger Weise beeinflußt wird. Die so quartierten Proben liefern nach zweimaliger Behandlung mit heißer Salpetersäure fast immer ein zusammenhängendes, leicht auswaschbares Schwämmchen von reinem Gold.

Die Quartierung mit der genannten Legierung hat noch den weiteren Vorteil, daß die dabei anzuwendenden Mengenverhältnisse nicht an so enge Grenzen gebunden sind wie bei der Silberquartierung. Es genügt, wenn man der zu untersuchenden Legierung ungefähr vier- bis neunmal soviel Cadmium-Zink-Legierung zusetzt, als dem mutmaßlichen Goldgehalt entspricht. Durch die *niedrige* Schmelztemperatur der Zusatzlegierung wird auch die Quartierungstemperatur so weit herabgesetzt, daß man das Schmelzen mit dem Flämmchen eines Mikrobrenners vornehmen kann.

Das Schmelzen in einer Wasserstoffatmosphäre hat den Zweck, Oxydation der unedlen Metalle zu vermeiden. Dabei genügt es, wenn der beispielsweise einem KIPPschen Apparat entnommene Wasserstoff mit einem geeigneten Trockenmittel, etwa konz. Schwefelsäure, getrocknet wird. Besondere Maßnahmen zur Entfernung von geringen beigemengten Sauerstoffspuren sind nicht nötig. Nur zur Erzielung ganz blanker Schmelzen, z. B. bei der Herstellung von Testproben, kann man den

---

[1] J. DONAU: Z. analyt. Chem. **104**, 257 (1936).

[2] W. LAATSCH: Die Edelmetalle. Berlin 1925.

Wasserstoff gegebenenfalls über eine glühende Kupferspirale oder über Palladiumasbest, der auf etwa 400° erhitzt wird, leiten.

Das Schmelzen unter einer Decke von Cyankalium oder Borsäure statt in einer Wasserstoffatmosphäre auszuführen bietet keinerlei Vorteile, da dabei der Schmelzprozeß nicht gut verfolgbar ist und auch störende Verunreinigungen auftreten können.

Geräte.

1. Mikrowaage.

Die Wahl der zu benutzenden Waage hängt ganz von den zu wägenden Substanzmengen ab. Bei Wägungen von etwa 20 mg und mehr genügt schon eine gewöhnliche gute Analysenwaage. Bei geringeren Mengen ist man auf die Verwendung einer Mikrowaage angewiesen.

2. Schmelzröhrchen.

Diese aus Jenaer Glas leicht selbst herstellbaren Gefäße sind etwa 40 mm lang, 8 mm weit und besitzen eine Wandstärke von ungefähr 0,5 mm.

Zur Durchführung von Serienbestimmungen empfiehlt sich die Bereithaltung einer größeren Anzahl Schmelzröhrchen, die wiederholt verwendet werden können. Ihre Reinigung erfolgt am besten mittels Königswassers, wodurch zurückgebliebene Goldreste entfernt werden.

3. Brenner.

Zum Erhitzen dienen Bunsenbrenner mit Sparflamme oder sog. Mikrobrenner mit regulierbarer Flamme (siehe S. 103, Abb. 54).

4. Kippscher Wasserstoffapparat oder eine Wasserstoffbombe.

5. Aluminiumblöcke.

Diese dienen teils zum Trocknen und Erhitzen, teils zum Abkühlen der Schmelzröhrchen. Man benötigt drei solcher Blöcke. Zwei davon haben eine Höhe von je 4 cm und einen Durchmesser von etwa 4,5 cm. In jedem Block befindet sich im Kreise angeordnet eine Anzahl (z. B. 6) Bohrungen, deren Weite und Tiefe so bemessen sind, daß die Röhrchen knapp hineinpassen und oben ungefähr 0,5 cm herausragen. Einer der beiden Blöcke besitzt außerdem noch eine Bohrung zur Aufnahme eines kleinen Thermometers und dient zum raschen Trocknen der Schmelzröhrchen. Das Erhitzen wird auf einem passenden Stativ vorgenommen. Der andere gleich große Block dient als „Kühlblock“ zum raschen Auskühlen der nach erfolgtem Trocknen schwach geglühten Röhrchen. Der dritte Block weist eine Höhe von nur 1,5 cm auf und wird zur Aufnahme der Röhrchen während der Behandlung mit Salpetersäure verwendet. Er wird auf einen entsprechenden Dreifuß aufmontiert und kann durch einen daruntergestellten Brenner erwärmt werden. Ein kleines, von fünf zu fünf Grad eingeteiltes Thermometer („Kurzthermometer“; siehe S. 103) ermöglicht die jeweilige Feststellung der Temperatur. Es wird zu diesem Zweck in eine seitlich angebrachte Bohrung des Blockes eingeführt.[1]

6. Wasserstrahlpumpe.

Um die bei der Behandlung der Probe mit Säure entstehenden lästigen nitrosen Dämpfe abzusaugen, befestigt man über der Mündung der Röhrchen einen umgekehrten Glastrichter, der mit der Saugpumpe in Verbindung steht. Diese Art der Beseitigung schädlicher Dämpfe ist wirksamer als ein Abzug, da auch die schweren Dämpfe vom Luftstrom mitgerissen werden, und ermöglicht die Säurebehandlung der Legierung auf dem Arbeitstisch.

7. Stativ zum Einspannen der Schmelzröhrchen beim Quartieren.

Man benutzt hierzu ein kleines, der Höhe nach verstellbares Stativ mit einer mit Kugelgelenk ausgestatteten Klammer.

8. Pipetten.

Zur Entnahme der erforderlichen Menge Salpetersäure dient eine graduierte Pipette, die zum Schutze gegen Verätzungen des Mundes mit einer Kugel versehen ist. Um die Flüssigkeit bequem aus den Röhrchen aussaugen zu können, benutzt man spitzwinkelig gebogene, gegen das Ende zu dünn ausgezogene Röhren, die gleichfalls eine angeblasene Kugel als Schutzvorrichtung gegen Verätzungen besitzen. Zum Abziehen der Hauptmenge verwendet man solche Röhren, die weniger dünn ausgezogen sind, während die letzten Reste am besten mit sehr dünn ausgezogenen Pipetten mit feinster Spitze abgesaugt werden. Hierdurch wird einerseits Zeit erspart, anderseits die Gefahr des Mitsaugens kleiner Goldteilchen vermindert.

9. Reagenzien.

Die verwendete Salpetersäure darf weder salpetrige Säure noch Chlor enthalten, was ja auch bei den üblichen Verfahren zur Goldbestimmung erfordert wird. Um chlorhaltige Salpetersäure zu entchloren, versetzt man sie mit etwas Silber. Falls etwa auch eine Silberbestimmung geplant ist, muß der Silbergehalt einer solchen Säure natürlich genauest bekannt sein und vom gefundenen Silber in Abzug gebracht werden.

Bekanntlich ergeben sich durch die bei der Säurebehandlung entstehende salpetrige Säure geringe Goldverluste. Um diese zu verringern, hat man einen Zusatz von etwa 0,5 Vol.-% Methylalkohol vorgeschlagen. Näheres über diese Goldverluste und die schützende Wirkung des Methylalkohols hat A. Hackl berichtet.[2]

Das *Quartierungsmetall* ist, wie schon bemerkt, eine Cadmium-Zink-Legierung mit einem Cadmiumgehalt von etwa 87%. Man kann sie leicht selbst herstellen; sie ist auch in Scheideanstalten erhältlich.

---

[1] Die erwähnten Blöcke sowie alle andern Behelfe sind von der Firma P. Haack, Wien, beziehbar.

[2] A. Hackl: Z. analyt. Chem. **97**, 411 (1934); **98**, 166 (1934).

10. Schieberpinzette und Handzentrifuge.

Zum bequemen Anfassen der Schmelzröhrchen dient eine etwa 20 cm lange Schieberpinzette (S. 293, Abb. 94). Ihre Enden sind derart eingebogen, daß sie die Röhrchen allseitig gut umfassen.

Eine Handzentrifuge benötigt man in jenen Ausnahmefällen, in denen das Gold sehr fein zerteilt zurückbleibt und nicht rasch genug zu Boden sinkt, wie dies bei sehr goldarmen und viel Zinn enthaltenden Proben mitunter vorkommt.

Ausführung einer Goldbestimmung.

Die Form der zu untersuchenden Proben ist belanglos. Auf alle Fälle müssen die eingewogenen Legierungen vollkommen blank und frei von Fett sein. Die Einwaage ist so zu bemessen, daß die mutmaßliche Menge des zurückbleibenden Goldes noch mit genügender Genauigkeit gewogen werden kann.

Die zunächst in Betracht kommenden Legierungen enthalten außer Gold noch Kupfer, Silber, Zink, Nickel. Die Arbeitsweise bei Anwesenheit von Palladium und insbesondere Zinn soll weiter unten gesondert behandelt werden. Die Goldbestimmung bei Gegenwart von Platin und Platinmetallen bedarf noch des näheren Studiums. Bekanntlich geht bei der Säurebehandlung auch Platin in Lösung, wenn Silber zugegen ist. Wieweit diese Eigenschaft des Platins zu seiner Trennung vom Gold verwendbar ist, wird erst untersucht werden müssen.

Zu den in den Schmelzröhrchen befindlichen gewogenen Goldproben wird zunächst die erforderliche Menge der Cadmium-Zink-Legierung hinzugefügt. Während bei der Quartierung mit Silber der Goldgehalt mittels der bekannten Strichprobe ziemlich genau ermittelt werden muß, ist dies bei dem neuen Quartierungsmittel nicht in so hohem Maße nötig. Es genügt in den meisten Fällen, wenn die vier- bis neunfache Menge Cadmium-Zink-Legierung zugesetzt wird. Der Schätzungsfehler darf demnach sehr beträchtlich sein.

Das mit den Metallen beschickte Röhrchen wird in das erwähnte Stativ mit Kugelgelenk eingespannt, worauf man Wasserstoff einleitet. Zur rascheren Luftverdrängung ist es angezeigt, ein dickwandiges Einleitungsrohr zu benutzen, das gerade noch in das Schmelzrohr hineinpaßt. Das Einleitungsrohr wird zunächst fast bis zum Boden des Schmelzrohres eingeführt, ohne jedoch die Probe selbst zu berühren. Nachdem in etwa einer Minute die Luft verdrängt worden ist, wird das Schmelzröhrchen so weit gesenkt, daß die Mündung des Einleitungsrohres mehrere Zentimeter vom Boden absteht.

Hierauf nimmt man mittels einer kleinen, nicht leuchtenden Stichflamme eines Mikrobrenners die Schmelzung vor. Während dieser Operation wird das Röhrchen durch Beklopfen mit einem harten Gegenstand kleinen Erschütterungen ausgesetzt, wodurch eine schnelle und innige Vereinigung der Metalle erzielt wird. Sobald sich ein nahezu kugelförmiger Regulus gebildet hat, wird die Flamme entfernt und der

Wasserstoffstrom nach etwa einer halben Minute abgestellt. Sodann führt man das noch heiße Röhrchen in eine der Bohrungen des niedrigeren Aluminiumblockes ein. Ein Springen des Glases ist dabei nicht zu befürchten. In der Regel wird man eine größere Anzahl von Proben so vorbereiten und in den zur Verfügung stehenden numerierten Bohrungen unterbringen. Die erhaltenen Schmelzen sehen, sofern nicht erhebliche Mengen von Sauerstoff Zutritt hatten, meist rein metallisch aus.

Die nun folgende Behandlung mit Salpetersäure führt man in der Weise aus, daß man in die Röhrchen mittels einer Pipette je 1 bis 2 Tropfen mit dem gleichen Volumen Wasser vermischter Salpetersäure bringt. Zur rascheren Vertreibung der entstehenden salpetrigen Säure ist es angezeigt, die Salpetersäure heiß anzuwenden. Durch Zusatz einer geringen Menge (0,5 Vol.-%) Methylalkohol soll, wie schon bemerkt, ein Auflösen von Gold vermieden werden. In die Röhrchen werden sodann der Reihe nach je 0,5 ccm der Säure gebracht, worauf mit dem Erhitzen begonnen wird. Man setzt den mit einem kleinen Thermometer versehenen Block (S. 305) in ein passendes Stativ und erhitzt ihn vorsichtig. Die Temperatur des Blockes soll zur Vermeidung von Verlusten durch Überschäumen nicht über 110° ansteigen. Zur Entfernung der Gase wird der Absaugtrichter knapp oberhalb der Mündung der Röhrchen angebracht. Nach 15 bis 20 Minuten wird die über dem Rückstand befindliche Säure mittels einer Pipette vorsichtig abgezogen und, falls außer Gold noch andere Metalle bestimmt werden sollen, zur weiteren Behandlung aufbewahrt. Nun werden je 0,5 ccm *konzentrierte* Salpetersäure in die Röhrchen zutropfen gelassen, worauf man etwa 10 Minuten erwärmt. Die konz. Säure verdünnt sich mit dem im Röhrchen zurückgebliebenen Rest der früheren Säure. Bei ganz genauen Bestimmungen folgt noch eine dritte Behandlung mit konzentrierter Säure. Die Legierung zerfällt während des Lösungsvorganges und hinterläßt das Gold meist in Form eines braunen Schwämmchens oder dunklen Netzwerkes. Bei schwacher Quartierung bleibt es in der Regel als schalenförmiges gelbbraunes Gebilde zurück. Die Probe wird durch die wiederholte Behandlung mit starker Salpetersäure von den unedlen Metallen und etwa vorhandenem Silber befreit und bewahrt gegebenenfalls nur noch einen kleinen Gehalt an Silber und Kupfer. Diese Verunreinigung ist bei der neuen Cadmium-Zink-Quartierung wesentlich geringer als bei den bisherigen Quartierungsarten und beeinflußt das Ergebnis fast gar nicht.

Zum Reinwaschen des zurückgebliebenen Goldes saugt man die darüberstehende saure Lösung mittels der Pipette sorgfältig ab und ersetzt sie durch heißes Wasser. Dieses wird abermals abpipettiert und so fort, bis nach sechs- bis achtmaligem Wasserwechsel alle Salze aus dem Röhrchen entfernt sind.

Bezüglich der Technik des Absaugens wäre hinzuzufügen, daß man am besten das Röhrchen mit der linken Hand schräg hält, mit der Pipette längs der oberen Seite der Wand bis nahe an den Boden des Gefäßes rückt und mit dem Munde langsam absaugt. Man entfernt das erstemal die Hauptmenge der Flüssigkeit mittels des weiteren Absaugröhrchens, während der Rest mit dem schon erwähnten, sehr spitz zulaufenden Rohr abgesaugt wird. Wenn das Edelmetall in sehr fein zerteiltem Zustand vorliegt, bedient man sich, um es rascher zum Sedimentieren zu bringen, einer Zentrifuge. Zur Reinigung des Goldes ist es hierbei nötig, das am Boden liegende Goldpulver nach dem Zusatz des Waschwassers vor dem Zentrifugieren mittels eines Platindrahtes od. dgl. jedesmal aufzurühren.

Um das gewaschene Gold von den letzten Flüssigkeitsmengen zu befreien und zu trocknen, bringt man die Röhrchen nunmehr in den erwähnten, inzwischen auf ungefähr 100° erwärmten Aluminiumtrockenblock, wo die Trocknung rasch vor sich geht.

Um sich von der Entfernung aller Feuchtigkeit zu überzeugen, kann man über die Mündungen der Röhrchen ein kaltes Uhrglas stülpen, das sich an den betreffenden Stellen sogleich mit Kondenswasser beschlägt, falls noch Feuchtigkeit entweicht.

Das völlig getrocknete Röhrchen mit dem Feingold wird hierauf mit der Schieberpinzette aus dem Heizblock gehoben. Um bei dem nun folgenden Erhitzen ein Ankleben des Goldes an die Glaswand zu verhindern und anderseits ein Zusammenbacken der mitunter losen Goldpartikelchen zu bewirken, wird das Rohr während des Erhitzens durch Beklopfen mit einem harten Gegenstand leicht erschüttert.

Wenn das Gold in Form eines Pulvers oder nicht zusammenhängenden Netzwerkes vorliegt, was das quantitative Ausbringen erschwert, fügt man einige Milligramm reinstes Ammoniumchlorid hinzu und verflüchtigt es wieder durch starkes Erhitzen. Dieses Abrauchen bewirkt eine Sinterung der losen Goldteilchen.

Zur raschen Abkühlung werden die noch heißen Röhrchen in den Kühlblock gestellt. Um schließlich das Gold zu wägen, kann man es aus dem Röhrchen in ein austariertes Wägeschälchen bringen oder aber zusammen mit dem Schmelzröhrchen wägen und letzteres nach Entfernen des Goldes zurückwägen. Die erste Art der Ermittlung des Goldgewichtes ist insofern vorteilhafter, als dabei stets in demselben Schälchen gewogen wird. Sollten sich beim Herausschütteln des Metalls Schwierigkeiten durch Anhaften an der Wandung ergeben, so reibt man die betreffenden Stellen mit einem Draht und erhitzt unter ständigem Beklopfen des Rohres nochmals.

Wenn außerdem noch eine Silberbestimmung beabsichtigt ist, müssen natürlich sämtliche abgezogenen Waschflüssigkeitsmengen gesammelt werden. Wie auf S. 312 gezeigt werden soll, kann man das Silber durch Einhängen eines Kupferstabes in die betreffende Lösung isolieren und genau bestimmen.

Goldbestimmung bei Anwesenheit von Palladium und Zinn.

Die Bestimmung bei Gegenwart von Palladium unterscheidet sich von der vorhin angegebenen Bestimmungsweise im wesentlichen nur durch die längere Dauer des Lösungsvorganges. Diese ist durch die geringere Löslichkeit des Palladiums in Salpetersäure bedingt. Die größte

Menge dieses Metalles geht allerdings schon bei der ersten Säurebehandlung in Lösung, was an der stärkeren Gelbfärbung zu erkennen ist, während nach der zweiten und dritten Behandlung die Flüssigkeit fast farblos erscheint und auch mit empfindlichen Reaktionen[1] kein Palladium mehr nachweisbar ist. Bei einem Palladiumgehalt von über 20% verbleiben mitunter noch geringe Mengen ungelösten Metalles beim Gold. In diesem Falle ist eine nochmalige Quartierung mit der sechs- bis achtfachen Menge der Cadmium-Zink-Legierung erforderlich. Bei der darauffolgenden Behandlung mit starker Salpetersäure gehen dann auch die letzten Palladiumspuren in Lösung.

Schwieriger liegen die Verhältnisse bei Anwesenheit von Zinn. Dieses bleibt nach der Säurebehandlung als Metazinnsäure mit dem Gold zurück, von dem es getrennt werden muß. Ferner ist zu berücksichtigen, daß man bei Anwesenheit größerer Zinnmengen (mehr als 10%) die Menge des zuzusetzenden Quartierungsmetalls wesentlich herabzusetzen hat. Das Zinn bewirkt nämlich an sich schon eine mehr oder minder feine Zerteilung des Goldes, die sich beim Vorwalten des Zinns so weit steigern kann, daß das Gold in kolloider Form mit der entstandenen Zinnsäure als stabile Adsorptionsverbindung (CASSIUSscher Goldpurpur) auftritt.

Bei einem Zinngehalt von unter 30% läßt sich der allzu feinen Goldzerteilung dadurch Einhalt tun, daß man die übliche Menge an Quartierungsmetall entsprechend vermindert, etwa auf das Einfache bis Doppelte des angenommenen Goldgehaltes. Bei noch größerem Zinngehalt ist die Quartierung zwecklos. Um in diesen und ähnlichen Fällen das fein zerteilte Gold verlustlos erfassen zu können, läßt man die Suspension gegebenenfalls unter Beschleunigung mit der Zentrifuge sich absetzen und zieht die darüberstehende Säure vorsichtig ab. Dem heißen Waschwasser wird eine geringe Menge Ammoniumnitrat zugesetzt, das als Elektrolyt die Bildung einer kolloiden Lösung beim weiteren Waschen verhindert. Nach jedem Zusatz frischer Waschflüssigkeit muß das am Boden befindliche Pulver mittels eines dünnen Glasstabes od. dgl. aufgerührt werden. Das Stäbchen bleibt während des Zentrifugierens bis zur Beendigung des Waschprozesses im Röhrchen und wird vor dem letzten Zentrifugieren abgespült.

Die nun folgende Trennung des Goldes von der Metazinnsäure beruht auf der bekannten Eigenschaft der letzteren, sich beim Erhitzen mit Ammoniumchlorid in das leichtflüchtige Zinntetrachlorid zu verwandeln.

Das gewaschene Gemisch von Gold und Zinnsäure wird zunächst durch Erhitzen im Trockenblock von aller Feuchtigkeit und gegebenenfalls auch vom zugesetzten Ammoniumnitrat (siehe oben) befreit. Hierauf wird reines Ammoniumchlorid zugesetzt. Von diesem muß ein Überschuß im Vergleich zum mutmaßlichen Zinngehalt angewendet werden. Bei größerem Zinngehalt ist eine Wiederholung des Abrauchens mit Ammoniumchlorid geboten.

---

[1] Siehe Fußnote 1 auf S. 298.

Das Abrauchen wird in der Weise vorgenommen, daß man das mit Ammoniumchlorid beschickte Röhrchen mit der Schieberpinzette anfaßt und zunächst sehr vorsichtig mit kleiner Flamme erhitzt. Sobald die Zersetzung des Ammoniumchlorids im Gang ist, wird das ganze Rohr mit stärkerer Flamme so lange erhitzt, bis sich alles Salz verflüchtigt hat. Die Röhrchen werden unmittelbar darnach in den Kühlblock gebracht, worauf das Gold in der schon angegebenen Weise gewogen werden kann.

Die mit der beschriebenen, Zeit und Material sparenden Methode erzielten Ergebnisse sind mindestens ebenso genau wie nach dem umständlicheren Treibverfahren.

Silberbestimmung mittels Kupfers.

Die Methode beruht auf der bekannten Fällbarkeit des Silbers aus seinen Lösungen durch metallisches Kupfer und gewährt bei Einhaltung bestimmter Bedingungen befriedigende Ergebnisse. Voraussetzung für ihre unmittelbare Anwendbarkeit ist die Abwesenheit anderer durch Kupfer fällbarer Metalle. Im anderen Falle müßten die gemeinsam gefällten Metalle weiter getrennt werden.

Die bei dieser Methode zur Anwendung gelangenden Geräte und Reagenzien sind größtenteils die nämlichen wie bei der beschriebenen Goldbestimmung. Im übrigen sind nur noch reiner Kupferdraht von 0,5 bis 1 mm Dicke und etwas größere Röhrchen aus Jenaer Glas erforderlich.

Vorbereitung der Lösung.

Wenn beispielsweise eine Gold-Silber-Legierung vorliegt, so muß das Silber vorerst herausgelöst werden. Dies geschieht in der Weise, daß man die Legierung wie bei der Goldbestimmungsmethode mit Cadmium-Zink-Legierung zusammenschmelzt (quartiert) und dann mit starker Salpetersäure behandelt. Hierbei geht mit den gegebenenfalls vorhandenen unedlen Metallen auch das Silber in Lösung.

Die Quartierung und Säurebehandlung erfolgt je nach der Größe der Einwaage in verschieden großen Röhrchen aus Jenaer Glas genau nach der bei der Goldbestimmung angegebenen Vorschrift. Nach etwa 20 Minuten wird die Hauptmenge der entstandenen Lösung mittels der gebogenen Pipette (siehe S. 306) abgesaugt und in ein vorbereitetes enges Jenaer Glasrohr einfließen gelassen. Hierauf wird das zurückgebliebene, noch etwas silberhaltige Gold mit einigen Tropfen, höchstens aber mit 0,25 ccm konz. Salpetersäure versetzt und nochmals im Block erhitzt. Nach etwa 10 Minuten wird wieder abpipettiert und dieser zweite Auszug mit der Hauptmenge vereinigt.

Um das gelöste Silber quantitativ ins Sammelgefäß überzuführen, wird noch fünf- bis sechsmal mit heißem Wasser nachgewaschen.

Liegt die zu bestimmende Probe als Legierung ausschließlich mit unedlen Metallen vor, so verwendet man zur Lösung wenig Salpetersäure, um einen größeren Säureüberschuß zu vermeiden, und verdünnt die Lösung vor der Ausfällung mit Kupfer. Wenn das Silber in einer Lösung zu bestimmen ist, kann diese nur bei Abwesenheit anderer ebenfalls durch Kupfer fällbarer Metalle (Quecksilber, Palladium u. a.) zur unmittelbaren Bestimmung des Silbers verwendet werden (siehe oben). Ein zu großer Säureüberschuß muß durch längeres Erhitzen im Block verringert werden.

Ausfällung des Silbers.

Nach etwaigem Einengen der zur Fällung bestimmten Lösung zwecks Verringerung des Volumens oder Verminderung eines Säureüberschusses wird das Silber mittels eines blankgescheuerten Kupferdrahtes gefällt. Um zu verhindern, daß dabei infolge stärkerer Gasentwicklung Verluste eintreten, wird das bis zu äußerstens zwei Drittel seiner Höhe gefüllte Röhrchen zunächst schräg gestellt. Nach dem Aufhören der Gasentwicklung werden die von der schiefen Gefäßwand aufgefangenen Flüssigkeitsteilchen durch Schwenken des Röhrchens wieder mit der Hauptmenge vereinigt.

Bei stärkerer Gasentwicklung dauert die Ausfällung 10 bis 15 Minuten, während bei säurearmen Lösungen die Reaktion oft eine Stunde in Anspruch nimmt. Das ausgefällte Silber setzt sich rings um den Kupferdraht in Form eines dichten Schwammes an. Um sich von der Vollständigkeit der Fällung zu überzeugen, kann man der Lösung mittels einer dünn ausgezogenen Pipette nach Ablauf der erwarteten Fällungsdauer ein Tröpfchen entnehmen und z. B. mit der Boraxperle (Fußnote 1 auf S. 298) auf Silber prüfen. Falls sich noch Silber in Lösung befindet, muß natürlich der Kupferdraht noch weiter einwirken gelassen werden. Die kleine Probeentnahme beeinflußt das Ergebnis nicht wesentlich.

Wenn sich bei säurearmen Lösungen keine oder nur eine ganz geringe Gasentwicklung einstellt, so kann man die Reaktion durch gelindes Erwärmen des Röhrchens im Block oder durch Einstellen in warmes Wasser sehr beschleunigen. Falls die Reaktion dabei allzu stürmisch wird, muß sie durch Abkühlen mit kaltem Wasser entsprechend gemäßigt werden.

Auswaschen des Silbers.

Nachdem man sich von der Vollständigkeit der Ausfällung des Silbers überzeugt hat, wird die im Röhrchen befindliche Flüssigkeit mittels der spitzwinkelig gebogenen Pipette vorsichtig abgesaugt, indem man den dünn ausgezogenen Teil der Pipette bis nahe an den Boden der Röhre bringt, ohne dabei den auf dem Kupfer angesetzten Silberschwamm zu berühren. Das Absaugen erfolgt in der gleichen Weise wie bei der Goldbestimmung.

Nach dem Absaugen der Lösung wird unverzüglich kaltes Wasser nachgefüllt und dieses ebenfalls abgesaugt. Um den größten Teil der Flüssigkeit zu entfernen, saugt man zum Schluß noch mit der feinen Pipette ab. Nach neuerlichem Wasserwechsel wird der Kupferdraht vorsichtig entfernt, indem man ihn zunächst etwas vom Boden entfernt und sodann mit einem harten Gegenstand (Glasstab) leicht beklopft.

Durch die Erschütterung löst sich der nur lose hängende Silberschwamm restlos ab.

Wenn man statt des kalten Wassers als Waschflüssigkeit heißes Wasser verwendet, scheidet sich bei längerem Verweilen des Kupferdrahtes in der Flüssigkeit metallisches Kupfer als braunroter Belag auf dem Silberschwamm aus.

Sogleich nach dem Entfernen des Drahtes wird ein drittesmal mit kaltem Wasser nachgewaschen. Das Absaugen und Nachfüllen wird sechs- bis achtmal wiederholt, wobei die letzten Waschungen mit heißem Wasser vorgenommen werden können, da dann eine etwaige Auflösung von Silber nicht mehr zu befürchten ist.

Während des ganzen Waschprozesses soll der Silberschwamm tunlichst geschont werden, weil dann das Waschen rascher vor sich geht und auch die Befürchtung weniger naheliegt, daß losgerissene Silberteilchen dabei fortgeschwemmt werden könnten.

Um das Silber nach dem Trocknen leicht und quantitativ aus dem Röhrchen entfernen zu können, drückt man vor dem letzten Absaugen den Schwamm mittels eines am Ende kugelförmig verdickten Glasstabes schwach an den Gefäßboden an. Hierauf wird der Glasstab herausgezogen und die Flüssigkeit möglichst vollständig abgesaugt.

Trocknen und Wägen des Silbers.

Das Trocknen des rein gewaschenen Silberschwammes erfolgt in dem bereits erwähnten Aluminiumblock (S. 305) oder auch in einem gewöhnlichen Trockenschrank.

Das Wägen des Silbers wird wie beim Gold vorgenommen. Das am Gefäßboden leicht haftende Metall wird mit einem Draht oder dünnen Glasstab zunächst aufgelockert und unter beständigem Drehen und Beklopfen schwach erhitzt. Auf diese Weise gelingt es leicht, das Silber quantitativ in ein austariertes Wägeschälchen überzuführen. Staubförmig zurückgebliebene Silberreste werden durch Auswischen mit einem gewogenen Lederfleckchen aus dem Röhrchen entfernt. Gegebenenfalls kann man das Silber auch im Rohr wägen, das nach der quantitativen Entfernung des Metalls zurückgewogen wird.

In ähnlicher Weise wie das Silber lassen sich auch Quecksilber, Kupfer und andere Metalle bestimmen.

2. Mineralanalyse.

Die Analyse von Pechblenden und Uraniniten.[1]

Der Grund für die Aufnahme der Analysenmethode dieser radioaktiven, verhältnismäßig seltenen Minerale in das vorliegende Werk ist

[1] F. HECHT: Mikrochem. **10**, 45 (1932); Mitt. Inst. Radiumforsch. Wien, Nr. 281 (1931); Mikrochem. **12**, 193 (1933); Amer. J. Sci. (5) **27**, 321 (1934). — F. HECHT und W. REICH-ROHRWIG: Mikrochem. **12**, 281 (1933). — F. HECHT und H. KRAFFT-EBING: Mikrochem. **15**, 39 (1934). — F. HECHT

der, daß einerseits deren Analyse ein eingehend ausgearbeitetes und ganz besonders lehrreiches Beispiel für die Mikro-Mineralanalyse darstellt, da die Bestimmung einer größeren Anzahl von Konstituenten beschrieben wird, und daß anderseits wohl mindestens die Hälfte aller bisher bekannt gewordenen Mikro-Mineralanalysen Uraninite bzw. Pechblenden[1] zum Gegenstand gehabt hat.

Bestimmung der Gangart und der Kieselsäure. Ungefähr 20 mg des Minerals werden in einen Platintiegel (S. 67) eingewogen, der vorher zusammen mit einem Platinfilterstäbchen gewogen worden ist. Zu dem Mineralpulver setzt man 1 ccm Salpetersäure (1 : 1) zu und bedeckt den Tiegel sofort mit einem Uhrglas. Die meisten Uraninite beginnen sich schon in der Kälte unter Austritt des eingeschlossenen Heliums zu zersetzen. Später erwärmt man auf dem Wasserbad, worauf die Zersetzung des Minerals schnell zu Ende geht. Man spült das Uhrglas mit heißem Wasser ab, verdünnt auf insgesamt 2 bis 2,5 ccm und saugt die Lösung durch das vorher mitgewogene Platinfilterstäbchen in einen zweiten Platintiegel über, der ebenfalls zusammen mit einem Platinfilter gewogen worden ist. Man wäscht vier- bis fünfmal mit je 0,5 ccm heißem, schwach salpetersaurem Wasser. Der erstverwendete Tiegel mit dem Filterstäbchen wird auf dem Wasserbad vorgetrocknet, nach dem üblichen Abwischen im elektrischen Ofen bei 950° geglüht und dann gewogen. Man erhält so die Gangart, die aus Kieselsäure, meist aber teilweise auch aus Beimengungen von Erdsäuremineralen besteht. Nach Abrauchen mit 1 bis 2 ccm Flußsäure und 0,3 ccm konz. Salpetersäure, Trocknen und Glühen ergibt sich aus der Gewichtsdifferenz das in der Gangart enthaltene SiO_2.

Das Filtrat der Gangart wird in dem Platintiegel zur Trockne verdampft und zweimal mit je 0,2 ccm konz. Salpetersäure abgeraucht. Der Platintiegel mit dem Rückstand wird schließlich eine halbe Stunde im Trockenschrank bei 110° erwärmt. Hierauf befeuchtet man den Rückstand mit 0,3 ccm Salpetersäure, bedeckt den Tiegel mit einem Uhrglas und läßt ihn 5 Minuten stehen. Sodann wird mit 2 ccm heißem Wasser verdünnt und die unlöslich gewordene Kieselsäure mit Hilfe des vorher mitgewogenen Platinfilterstäbchens filtriert, wobei zwei- bis dreimal mit je 0,5 ccm heißer 10%iger Salpetersäure und zweimal mit je 0,5 ccm heißem, schwach salpetersaurem Wasser gewaschen wird. Das Filtrat wird in einem Porzellantiegel („C 1"; s. S. 67) aufgefangen. Platintiegel und Filterstäbchen werden wie bei der Bestimmung der Gangart vorgetrocknet, geglüht, gewogen und die Reinheit der Kieselsäure durch Abrauchen mit Flußsäure und Salpetersäure geprüft.

Bestimmung des Bleies. Das zuletzt erhaltene Filtrat wird im Porzellantiegel zur Trockne verdampft und der Trockenrückstand fünfmal mit je 0,5 ccm Salzsäure (1 : 1) abgeraucht. Beim ersten Abrauchen ist Vorsicht anzuwenden, da gegen Ende unter Umständen

---

und E. Kroupa: Z. anorg. allg. Chem. **226**, 248 (1936); Z. analyt. Chem. **106**, 82 (1936).

[1] Wir machen uns hier die Unterscheidung zwischen kristallisierten „Uraniniten" und amorphen bzw. kryptokristallinen „Pechblenden" zu eigen.

Entwicklung nitroser Gase auftreten kann. In diesem Fall ist sofort 1 ccm Salzsäure (1 : 1) zuzugeben. Beim zweiten oder dritten Aufnehmen des Rückstandes mit Salzsäure (1 : 1) erkennt man deutlich das Bleichlorid in glänzenden Kristallen und kann bei einiger Übung daraus schon entnehmen, ob nur wenige Prozent Blei oder beispielsweise etwa 10% zu erwarten sind. Nach dem letzten Abrauchen wird der Rückstand mit 4 Tropfen konz. Salzsäure und 4 bis 5 ccm Wasser aufgenommen. Der Tiegel mit der Lösung wird auf dem Wasserbad erwärmt, wobei alles Bleichlorid in Lösung geht. Sowohl aus der Färbung des Trockenrückstandes wie auch aus der Färbung der Lösung läßt sich schließen, ob verhältnismäßig viel oder nur wenig Eisen anwesend ist. Man leitet nun in die heiße Lösung einen langsamen Schwefelwasserstoffstrom bis zum Erkalten ein (siehe S. 72), bereitet hierauf Schwefelwasserstoffwasser, dem für je 10 ccm 2 Tropfen konz. Salzsäure zugefügt werden, und filtriert das gut abgesetzte Bleisulfid (samt gegebenenfalls mitausgefallenem Kupfersulfid) mittels eines Porzellanfilterstäbchens, nachdem man das „Gaseinleitungsrohr" mit Schwefelwasserstoffwasser gut ab- bzw. durchgespült hat. Dabei ist darauf zu achten, daß das gesamte Spülwasser langsam und tropfenweise in den Tiegel fällt, der die Lösung des Minerals enthält. Der Niederschlag wird fünfmal mit je 0,5 ccm Waschflüssigkeit gewaschen und das Filtrat in einem Porzellantiegel („C1") aufgefangen, der dabei ziemlich voll zu werden pflegt. Der Tiegel mit dem Niederschlag und dem Filterstäbchen wird auf dem Wasserbad ausreichend getrocknet. Hierauf setzt man ein in der Mitte durchlochtes Uhrglas (S. 101) auf und bringt 1 ccm Salpetersäure (1 : 4) zu dem Niederschlag. Nach einigem Erwärmen auf dem Wasserbad ist der größte Teil des Bleisulfids gelöst. Man spült das durchlochte Uhrglas auf der Unterseite mit heißer Salpetersäure (1 : 1) ab und dampft die Lösung einige Zeit auf dem Wasserbad ein, wobei gelegentlich durch Auf- und Abziehen des Filterstäbchens entlang der Tiegelwandung diese überall mit Salpetersäure benetzt wird. Das Filterstäbchen ist dabei einige Millimeter unterhalb seines oberen Endes mit der Platinspitzenpinzette zu fassen, da beim Eindampfen aus der oberen Öffnung des Stieles gewöhnlich Flüssigkeit austritt, ohne indes überzufließen. Nach halbstündigen Erwärmen auf dem Wasserbad ist in der Regel keine Spur von schwarzem Bleisulfid mehr wahrzunehmen. Man spült nun das obere Ende des Filterstäbchens mit heißer Salpetersäure (1 : 1) ab und verbindet es mit der Absaugapparatur (S. 79, Abb. 32), in deren Inneres man einen zusammen mit einem Platinfilterstäbchen gewogenen Platintiegel stellt. Das Platinfilterstäbchen wird inzwischen in einer reinen Glasdose auf Rehleder aufbewahrt. Man saugt nun die salpetersaure Lösung durch das Porzellanfilterstäbchen in den Platintiegel, wobei man vier- bis fünfmal mit je 0,5 bis 0,8 ccm heißer Salpetersäure und zweimal mit je 0,5 ccm heißem Wasser nachspült. Nach Beendigung des Übersaugens bringt man in den Platintiegel 0,15 ccm konz. Schwefelsäure und dampft die Flüssigkeit auf dem Wasserbad soweit als möglich ein. Schließlich wird die Schwefelsäure im Aluminiumblock (S. 71, Abb. 25) oder in der auf S. 104 (Abb. 55) angegebenen Vorrichtung abgeraucht, jedoch nur soweit, daß während 2 Minuten weiße Dämpfe entweichen. Hierauf digeriert man unter Zugabe von 2 ccm Wasser 5 Minuten auf dem siedenden Wasserbad, läßt dann erkalten, fügt die gleiche Menge Alkohol hinzu und läßt den mit einem Uhrglas bedeckten Tiegel unter einer passenden Glasglocke oder einem umgestürzten Becherglas einige Stunden oder besser über Nacht stehen. Falls beim Eindampfen größere Mengen von Kupfer sich durch Bildung blauer Kristalle bemerkbar gemacht haben, ist die Wasser- und Alkoholmenge etwas zu vermehren. Die weitere Bestimmung des Bleies als Sulfat erfolgt nach S. 150 (1b).

Bestimmung des Kupfers. Das Filtrat des Bleisulfats wird in einem Platintiegel aufgefangen, mit der gleichen Menge Wasser verdünnt und hierauf eingedampft. Die Verdünnung mit Wasser gewährleistet ein ruhiges Abdampfen des Alkohols. Nach Verdampfen des Wassers und Alkohols wird in bekannter Weise die Schwefelsäure abgeraucht und der Rückstand mit 1 bis 2 Tropfen 10%igem Ammoniak befeuchtet. Blaufärbung zeigt Kupfer an. In diesem Falle wird der Ammoniak fortgedampft, der Rückstand in 0,1 bis 0,2 ccm Salpetersäure (1 : 10) und 0,5 ccm Wasser in der Wärme gelöst, die Lösung in einen gewogenen Filterbecher übergesaugt und das Kupfer nach S. 156 als Dibromoxychinolat bestimmt (siehe auch S. 278).

Trennung des Aluminiums, Eisens, Thoriums und der seltenen Erden von Uran, Mangan, Calcium, Magnesium. Das Filtrat und das Waschwasser des Bleisulfidniederschlages werden erst im bedeckten Tiegel eine halbe Stunde auf dem Wasserbad erwärmt und hierauf, wenn die Gefahr heftigen Entweichens des Schwefelwasserstoffes vorüber ist, nach Abspülen des Uhrglases mit heißem Wasser zur Trockne verdampft. Der Rückstand wird mit einigen Tropfen Wasser und einem Tropfen Salpetersäure befeuchtet, um Oxydation zu bewirken. Die Flüssigkeit wird neuerlich abgedampft. Den Eindampfrückstand nimmt man mit 5 Tropfen Salzsäure (1 : 1) und 6 ccm Wasser auf, fügt 0,3 g Hydroxylaminchlorhydrat hinzu und erwärmt auf dem Wasserbad. Nach 5 Minuten macht man mit 10%igem kohlensäurefreiem Ammoniak kräftig ammoniakalisch, wobei sich die Lösung infolge Bildung eines Komplexsalzes des Urans tief dunkelgelb färbt. Das Eisen, das durch Hydroxylamin in salzsaurer Lösung reduziert worden ist, wird in der ammoniakalischen Lösung durch dasselbe Reagens wieder oxydiert. Falls nennenswerte Mengen Eisen vorhanden sind, äußert sich dies durch heftige Gasentwicklung infolge Zersetzung des Hydroxylamins. Der Tiegel muß daher während der nächsten 10 Minuten auf dem Wasserbad gut bedeckt bleiben. Nach diesem Zeitraum entfernt man ihn vom Wasserbad, spritzt das Uhrglas mit heißem Wasser ab, ergänzt den Ammoniak bis zum starken Vorwalten seines Geruches und saugt die Lösung noch heiß durch ein Porzellanfilterstäbchen in einen anderen Porzellantiegel. Man wäscht den Niederschlag dreimal mit je 0,5 ccm einer warmen 2%igen Ammoniaklösung, die 5% Ammoniumchlorid enthält. Das Filtrat wird auf dem Wasserbad eingedampft, wobei peinlichst darauf zu achten ist, daß zunächst keine Gasentwicklung auftritt. Diese beginnt auf jeden Fall, sobald sich infolge weitgehenden Eindampfens eine Kruste gebildet hat. Falls jedoch schon früher Gasblasen zu beobachten sind, muß die Lösung sofort mit Salzsäure (1 : 1) angesäuert werden. Als Indikator dient dabei das Verschwinden der dunkelgelben Färbung der komplexen Uranverbindung. An und für sich ist es natürlich am einfachsten, das Filtrat sofort nach der Filtration anzusäuern und in diesem Zustand einzudampfen, was auch den Vorteil aufweist, daß die salzsaure Flüssigkeit den Porzellantiegel nicht angreift.[1] Ungünstig wirkt sich aber dabei der Umstand aus, daß die Menge der Ammoniumsalze, die später zerstört werden müssen, stark vermehrt wird, wodurch ein wesentlicher Zeitverlust bedingt ist. Es ist daher am besten, erst dann anzusäuern, wenn bereits ein beträchtlicher Teil der Flüssigkeit verdampft ist, sich jedoch noch keine Krustenbildung bemerkbar macht.

Während der mit Ammoniak gefällte Niederschlag aus den Hydroxyden des Aluminiums, Eisens, Thoriums und der seltenen Erden[2] besteht, befinden sich im Filtrat das Uran, Mangan, Calcium und Magnesium. Der Hydroxydniederschlag enthält stets etwas Uran okkludiert, so daß eine zweite und zweckmäßig eine dritte Umfällung notwendig sind. Diese Umfällungen erfolgen nach S. 100ff. durch Lösen des Niederschlages in Salzsäure (1 : 4) und neuerliche Fällung mit Ammoniak bei Anwesenheit von 0,2 g Hydroxylaminchlorhydrat. Der zum drittenmal gefällte Hydroxydniederschlag wird mit warmer 2%iger Ammoniaklösung, die 5% Ammoniumnitrat (nicht -chlorid)[3] enthält, gewaschen. Die beiden Filtrate und die Waschwässer werden mit dem ersten, inzwischen weitgehend eingedampften Filtrat vereinigt. Sobald das dritte Filtrat hinzugekommen ist, muß beim Eindampfen besondere Vorsicht gewahrt werden, da nunmehr Chloride und Nitrate nebeneinander zugegen sind, was bei dem späteren Ansäuern zum Spritzen führen kann, sobald die Flüssigkeit genügend weit eingeengt ist. Man muß sie daher im letzten Stadium des Eindampfens, bevor es zur Krustenbildung kommt, in kurzen Abständen beobachten und sofort, wenn Blasenbildung feststellbar ist (die im Anfang völlig harmlos verläuft und zu keinen Verlusten führt), den Porzellantiegel mit einer Glaskugel mit Dornansatz (S. 111, Abb. 61) bedecken, außen mit heißem Wasser gründlich abspülen und in einen größeren Porzellantiegel („Übertiegel", siehe S. 112) stellen, der in einen passenden Wasserbadaufsatz gebracht wird. Nun läßt man von Zeit zu Zeit je 0,5 ccm konz. Salpetersäure entlang der nur ganz wenig gelüfteten Glaskugel in die Lö-

[1] Die heiße ammoniakalische Flüssigkeit löst in der Regel etwas Kieselsäure aus dem Tiegel.

[2] Titan befindet sich teilweise im Niederschlag, teilweise im Filtrat, doch ist es in den Pechblenden stets in so geringem Prozentgehalt vorhanden, daß seine Bestimmung vernachlässigt werden kann.

[3] Da der Niederschlag später in Salpetersäure gelöst und die Lösung in einem Platintiegel eingedampft wird, dürfen Chloride, die beim Auswaschen leicht vom Niederschlag zurückgehalten werden, nicht zugegen sein.

sung fließen und erwärmt so lange unter zeitweiligem Erneuern der Säure,[1] bis über der Lösung gelbrote Dämpfe auftreten. Dies ist das Zeichen, die Glaskugel mit heißem Wasser abzuspülen und abzunehmen. Das Entfernen des inneren Tiegels aus dem „Übertiegel“ erfolgt nach S. 112. Die Lösung wird nunmehr, ohne daß irgendwelche Gefahr des Spritzens droht, zur Trockne verdampft.

Bei der beschriebenen Trennung mit Hydroxylamin gehen infolge der stark ammoniakalischen Reaktion, die zur Ausfällung der seltenen Erden erforderlich ist, und infolge der zweimaligen Umfällung kleine Mengen von Hydroxyden, hauptsächlich des Aluminiums, in Lösung. Diese müssen, gleich wie bei der Makroanalyse von Silikatmineralen, aus den vereinigten Filtraten wieder ausgefällt werden. Man führt infolgedessen, genau wie vorhin beschrieben, nach Lösen des Eindampfrückstandes in 4 Tropfen Salzsäure (1 : 1) und 3 ccm heißem Wasser nochmals eine Trennung mit Hydroxylamin aus, bei der gewöhnlich nur ganz geringe, manchmal kaum wahrnehmbare Mengen von Hydroxyden ausfallen.[2] Der Niederschlag wird mit der vorhin erwähnten ammoniakalischen Ammoniumnitratlösung gewaschen. Im Filtrat wird in der weiter oben angegebenen Weise das Hydroxylamin samt den Ammoniumsalzen zerstört, was aber diesmal ungleich schneller vor sich geht, da ja nur *eine* Trennung ausgeführt worden ist.

Zweifellos ist diese Art der Trennung mit Hilfe von Hydroxylamin und insbesondere die nachfolgende Zerstörung dieses Reagens einigermaßen langwierig. Sie ist jedoch weitaus exakter als die sog. „Ammoniumcarbonattrennung“ des Urans von Eisen und Aluminium, die bei den in Pechblenden und Uraniniten vorliegenden Mengenverhältnissen unzuverlässige Ergebnisse liefert, abgesehen davon, daß dabei keine klare Trennung des Urans vom Thorium und den seltenen Erden erfolgt. Deren quantitative Abscheidung mit Oxalsäure bzw. Ammoniumoxalat aus der Lösung, die das gesamte Uran enthält, würde jedoch die größten Schwierigkeiten bieten. Die einwandfreie Trennung der oben genannten Elemente voneinander zählt zu den schwierigsten analytischen Problemen.

Trennung und Bestimmung von Uran, Mangan, Calcium und Magnesium. Der nach der endgültigen Zerstörung des Hydroxylamins erhaltene Eindampfrückstand wird mit einem Tropfen Salpetersäure und 1 ccm Wasser aufgenommen und auf dem Wasserbad gelöst, worauf man die Lösung in einen gewogenen Filterbecher übersaugt. In diesem wird die Bestimmung des Urans nach S. 205 als Oxychinolat ausgeführt. Das Filtrat wird in einem Porzellantiegel eingedampft und hierauf nach S. 290ff. die Zerstörung der Ammoniumsalze und des Oxins sowie die Trennung und Bestimmung von Mangan, Calcium und Magnesium vorgenommen.

---

[1] Das Erneuern der Salpetersäure hat stets dann zu erfolgen, wenn die Entwicklung von Gasblasen, die durch die Glaskugel hindurch leicht beobachtet werden kann, allmählich nachzulassen beginnt.

[2] Nur wenn sehr viel Eisen vorhanden war, findet man an dieser Stelle des Analysenganges manchesmal nennenswerte Niederschlagsmengen.

Trennung der seltenen Erden und des Thoriums von Eisen und Aluminium; Bestimmung der Summe: Thoriumoxyd + seltene Erden. Sowohl die Hauptmenge des Hydroxydniederschlages als auch die bei der letzten Hydroxylamintrennung gewonnene Nebenmenge wird auf dem Wasserbad in Salpetersäure (1 : 5) gelöst. Da beim Auflösen der Hauptmenge manchmal eine geringe Kohlendioxydentwicklung aus beigemengten Carbonaten auftritt, bedeckt man den Porzellantiegel mit einem in der Mitte durchlochten Uhrglas (S. 101). Die salpetersaure Lösung des Aluminiums, Eisens, Thoriums und der seltenen Erden wird in einen zusammen mit einem Platinfilterstäbchen gewogenen Platintiegel übergesaugt, wobei mit heißer Salpetersäure (1 : 5) ausreichend nachgewaschen wird. Die Lösung wird zur Trockne verdampft. Den Rückstand nimmt man mit 0,3 bis 0,4 ccm konz. Salpetersäure und 3 ccm Wasser auf, erwärmt die Lösung auf dem Wasserbad und fällt tropfenweise unter Umschwenken mit 3 ccm einer bei Zimmertemperatur gesättigten Oxalsäurelösung. Hierauf bedeckt man den Tiegel mit einem Uhrglas, erhitzt die Fällung 3 Stunden lang auf dem Wasserbad weiter, fügt schließlich noch 0,2 ccm der Oxalsäurelösung zu[1] und läßt über Nacht stehen. Am nächsten Tag wird der Niederschlag nach S. 210 (siehe unter b) mit Hilfe des früher mitgewogenen Platinfilterstäbchens filtriert, gewaschen, vorgetrocknet und unter allmählicher Temperatursteigerung verglüht. Die Auswaage besteht aus Thoriumoxyd und zumeist dem größten Teil der seltenen Erden. Allerdings kann bei thoriumfreien Pechblenden, die oft auch nur wenig seltene Erden enthalten, an dieser Stelle eine Fällung überhaupt ausbleiben.

Das Filtrat wird in einem zusammen mit einem Platinfilterstäbchen gewogenen Platintiegel aufgefangen und bei Wasserbadtemperatur tropfenweise mit 10%igem Ammoniak versetzt, bis ein Niederschlag ausfällt und die Lösung eben schwach nach Ammoniak riecht.[2] Das Ausfallen des Niederschlages kann auch ausbleiben, was u. a. von dem relativen Mengenverhältnis der seltenen Erden untereinander abhängt, die in dem Mineral anwesend sind. Man macht durch Zugabe von 3 Tropfen konz. Salpetersäure wieder schwach sauer, erwärmt die Fällung im bedeckten Tiegel 2 Stunden auf dem Wasserbad und läßt sie dann womöglich über Nacht stehen. Am nächsten Tag wird der Niederschlag mittels des Platinfilterstäbchens gemäß S. 216 (siehe unter b) filtriert, gewaschen und schließlich geglüht. Die Auswaage besteht aus einem weiteren Anteil der seltenen Erden.

Sollte (über Nacht) keine erste Fraktion der seltenen Erden einschließlich des Thoriums ausgefallen sein, so wird selbstverständlich schon in dem ersten Platintiegel durch Neutralisieren mit Ammoniak die zweite

[1] Während des langen Erhitzens der Fällung auf dem Wasserbad zersetzt sich ein Teil der Oxalsäure.

[2] Die Anwendung eines Indikators ist zu unterlassen, da er zerstört würde.

Fraktion gefällt. Falls sich hingegen während einer Stunde kein Niederschlag der zweiten Fraktion der Erden bildet, wird die Flüssigkeit, die infolge Bildung eines komplexen Eisenoxalats mehr oder minder gelb gefärbt ist, in einen Porzellantiegel übergesaugt. Dies geschieht auch mit dem Filtrat einer etwaigen zweiten Fraktion. Man dampft die Lösung in dem Porzellantiegel soweit als möglich ein, bis eine Kruste entsteht, bedeckt dann den Tiegel mit einem Uhrglas und behandelt den Inhalt zur Zerstörung der Ammoniumsalze gemäß S. 292 mit Königswasser. Sobald ferner in der dort angeführten Weise die Oxalsäure vertrieben ist, löst man den Rückstand im bedeckten Tiegel auf dem Wasserbad in 0,25 ccm Königswasser, spült nach Beendigung der Reaktion das Uhrglas mit heißem Wasser ab, dampft die Flüssigkeit ein und raucht den Rückstand zweimal mit je 1 ccm Salpetersäure (1 : 1) und weitere zweimal mit je 0,5 ccm konz. Salpetersäure ab. Den nunmehrigen Eindampfrückstand löst man unter Erwärmen in 2 Tropfen konz. Salpetersäure und 1 ccm Wasser, saugt die Lösung durch ein Porzellanfilterstäbchen unter gründlichem Nachspülen mit heißem, ganz schwach salpetersaurem Wasser in einen samt Platinfilterstäbchen gewogenen Platintiegel, engt auf 1 ccm ein und fällt mit 0,4 ccm Oxalsäure- sowie 0,2 ccm Ammoniumoxalatlösung (beide bei Zimmertemperatur gesättigt). Es bildet sich regelmäßig ein feiner Niederschlag, einigen Zehntelmilligramm Oxyden der seltenen Erden entsprechend. Die Flüssigkeit wird, ohne daß der Niederschlag filtriert wird, auf dem Wasserbad eingedampft, bis schließlich eine blasige Kruste entsteht, wodurch alle Anionen außer Oxalat vertrieben werden. Der Rückstand wird in 1 bis 1,5 ccm Wasser gelöst und der Tiegel mit einem Uhrglas bedeckt. Die Fällung wird noch eine Stunde lang auf dem Wasserbad erwärmt und nach 6 Stunden oder besser erst am nächsten Tage mit Hilfe des Platinfilterstäbchens filtriert. Als Waschflüssigkeit dient die auf S. 216 (siehe unter b) angegebene Lösung, von der man drei- bis viermal je 0,3 ccm anwendet. Hierauf werden die Oxalate nach S. 216 zu Oxyden verglüht. Diese dritte Fraktion umfaßt den Rest der seltenen Erden und ist, wie schon erwähnt, stets vorhanden.

Trennung des Thoriums von den seltenen Erden; Bestimmung des Thoriums. Die erste Fraktion der Erden, die auch das Thorium enthält, wird im Platintiegel mit einigen Gramm Natriumpyrosulfat[1] aufgeschlossen (S. 40). Zur erkalteten Schmelze werden 1 ccm Salpetersäure und 10 ccm Wasser zugefügt und der Tiegel in einem geeigneten Aufsatz auf ein siedendes Wasserbad gesetzt. Gelegentliches Umrühren mit dem Platinfilterstäbchen beschleunigt das Auflösen des Schmelzkuchens. Von Zeit zu Zeit ergänzt man das verdampfte Wasser. Sobald nur mehr eine von schwer löslichen Doppelsulfaten herrührende Trübung bemerkbar ist, jedoch keine ungelöst gebliebenen Teile der

[1] Natriumpyrosulfat ist dem gleichartigen Kaliumsalz vorzuziehen, da die Kaliumdoppelsulfate der seltenen Erden schwerer löslich sind als die entsprechenden Natriumverbindungen. Ein sehr großer Unterschied ist jedoch bei den hier beschriebenen Mikromethoden nicht feststellbar.

Schmelze,[1] wird die noch etwa 8 ccm betragende Flüssigkeit mit 10%igem Ammoniak stark ammoniakalisch gemacht, wobei sich ein deutlicher Niederschlag bildet, und eine Viertelstunde auf dem Wasserbad erwärmt. Sodann fügt man noch einige Tropfen Ammoniak zu. Man saugt hierauf die Lösung durch das Platinfilterstäbchen in einen gläsernen Mikrobecher. Dabei fallen im Filtrat gewöhnlich einige Niederschlagsteilchen aus, die aus der Flüssigkeitsmenge stammen, die sich im hohlen Stiel des Filterstäbchens angesammelt hat und daher der Fällung entgangen ist (siehe weiter unten). Der meist körnige Niederschlag wird mit warmer 2%iger Ammoniaklösung, die 5% Ammoniumnitrat enthält, mehrmals gewaschen und dann in heißer Salpetersäure (1 : 3) gelöst. Diese Lösung wird durch das Filterstäbchen unter Nachspülen mit heißer verdünnter Salpetersäure in einen Porzellantiegel gesaugt. Durch das Platinfilterstäbchen werden nun drei- bis viermal je 20 ccm heißes Wasser gesaugt, worauf es zur Filtration der obenerwähnten geringfügigen Niederschlagsteilchen benutzt werden kann, die inzwischen in dem Mikrobecher durch Erwärmen auf dem Wasserbad zum Absetzen gebracht worden sind. Als Waschflüssigkeit dient wiederum die warme ammoniakalische Ammoniumnitratlösung. Auch dieser Niederschlagsrest wird in heißer Salpetersäure (1 : 3) gelöst und die Lösung mit der im Porzellantiegel befindlichen Hauptmenge vereinigt. Hierauf engt man die gesamte Flüssigkeit auf einige Zehntelkubikzentimeter ein, verdünnt mit 2 ccm heißem Wasser und fällt bei Wasserbadtemperatur mit 10%igem Ammoniak, bis die Flüssigkeit stark darnach riecht. Die Fällung wird noch eine Viertelstunde weiter erwärmt, wobei sich diesmal ein *flockiger* Hydroxydniederschlag bildet. Dies weist darauf hin, daß nicht mehr basische Sulfate oder Doppelsulfate ausgefallen sind. Der Zweck der doppelten Fällung mit Ammoniak ist ja die Entfernung des Sulfat-Ions. Der Niederschlag wird mit Hilfe eines Porzellanfilterstäbchens filtriert und mit der schon mehrfach erwähnten ammoniakalischen Ammoniumnitratlösung gewaschen (Weiterbehandlung siehe im übernächsten Absatz).

Etwas einfacher liegt der Fall, wenn die Pyrosulfatschmelze sich nach Zugabe von Salpetersäure und Wasser auf dem Wasserbad klar aufgelöst hat (siehe die Fußnote 1). In diesem Fall entfernt man das an Kopf und Schaft gut abgespülte Platinfilterstäbchen aus dem Platintiegel, stellt es in einen gläsernen Mikrobecher, verbindet es dann mit der Absaugapparatur (S. 79, Abb. 32), in die man den Platintiegel stellt, und spült nun das Stäbchen mit heißer Salpetersäure (1 : 5) mehrmals gut durch. Sodann saugt man durch das Stäbchen drei- bis viermal je 20 ccm heißes Wasser[2] und verwendet es zur Filtration des Hydroxydniederschlages, der nun mit Ammoniak aus der Lösung der Schmelze gefällt wird.

Die zweite und dritte Fraktion der seltenen Erden werden je eine halbe Stunde mit heißer Salpetersäure (1:1) auf dem Wasserbad digeriert,

[1] Falls das Mineral nur einige Prozent Thorium oder seltene Erden enthält, löst sich die Schmelze in der Regel völlig klar.

[2] Spülwasser zwecks Reinigung (wird verworfen).

worauf die Lösungen unter ausreichendem Nachspülen mit heißer Salpetersäure der gleichen Konzentration in einen Porzellantiegel gesaugt und in diesem gemeinsam zur Trockne verdampft werden. Sodann löst man den vorhin erwähnten Hydroxydniederschlag (Hauptmenge der seltenen Erden und des Thoriums) in heißer verdünnter Salpetersäure (1 : 3 oder 1 : 5), saugt die Lösung unter Nachspülen mit dieser Säure in denselben Porzellantiegel[1] und verdampft abermals zur Trockne. Die weitere Trenn ung des Thoriums von den Erden und seine Bestimmung als Thoriumoxyd wird nach S. 289 ausgeführt. Falls die Trennung nur sehr geringe Thoriummengen erkennen läßt,[2] ist es zweckmäßig, den zuletzt erhaltenen Niederschlag von Thoriumperoxydhydrat in verdünnter Salpetersäure zu lösen, die Lösung einzudampfen, das Thoriumnitrat nach dem Auflösen in einen Filterbecher überzuführen und in diesem das Thorium entweder nach S. 211 als Oxychinolat oder gemäß S. 212 als Pikrolonat zu bestimmen.

Aus der Gewichtsdifferenz der Summe aller drei Oxydfraktionen und des zuletzt ermittelten Thoriumoxyds ergibt sich die Menge der seltenen Erden.

Da die geschilderte Bestimmung und Trennung des Thoriums und der seltenen Erden insbesondere durch das mehrmalige Stehenlassen der Fällungen über Nacht ziemlich viel Zeit beansprucht, führt man gleichzeitig die Trennung und Bestimmung von Uran, Mangan, Calcium und Magnesium sowie die von Wasser, Carbonat, Phosphat und Schwefel aus.

Trennung und Bestimmung des Eisens und Aluminiums. Das Filtrat der dritten Fraktion der seltenen Erden wird in einem Pozellantiegel soweit als möglich eingedampft. Hierauf zerstört man nach S. 292 die Oxalsäure, was diesmal wegen der geringen Menge nicht viel Zeit beansprucht (es genügt, nach der Krustenbildung nur 1 ccm Königswasser anzuwenden). Der Rückstand wird in 0,5 ccm Königswasser im bedeckten Tiegel auf dem Wasserbad gelöst. Sodann spült man das Uhrglas mit heißem Wasser ab, dampft die Flüssigkeit zur Trockne ein, raucht zweimal mit je 1 ccm Salzsäure (1 : 1) ab und führt schließlich die Trennung und Bestimmung des Eisens und Aluminiums nach S. 281 aus.

Carbonatbestimmung. Diese wird nach S. 245 vorgenommen.

Phosphatbestimmmung. Man wägt 20 mg Mineral in einen Platintiegel ein, löst gemäß S. 314 die Einwaage in Salpetersäure, verdampft die Lösung zur Trockne, raucht zweimal mit konz. Salpeter-

[1] Obwohl das Thoriumoxalat mit der ersten Fraktion ausfällt, werden zur Abtrennung des Thoriums von den Erden sicherheitshalber wieder alle drei Fraktionen vereinigt, um einen etwa bei der ersten Fraktion nicht ausgefällten geringfügigen Teil des Thoriums auf diese Weise wiederzugewinnen. Dieser müßte am ehesten in der dritten Fraktion enthalten sein.

[2] Im Fall der Abwesenheit einer ersten Fraktion der Oxalate fehlt in der Regel Thorium überhaupt in nennenswertem Ausmaße. Wenige Hundertstelprozent Thorium können natürlich auf die angegebene Art mikroanalytisch nicht mehr bestimmt werden.

säure ab und entfernt Gangart und Kieselsäure (siehe ebendort). Das Filtrat wird in einem zusammen mit einem Porzellanfilterstäbchen gewogenen Porzellantiegel (mit außen glasierter Bodenfläche; s. S. 67) aufgefangen und zur Entfernung der überschüssigen Säure eingedampft. Hierauf löst man den Rückstand in 0,25 ccm konz. Salpetersäure + 2 ccm Wasser und bestimmt die Phosphorsäure gemäß S. 252 (siehe unter 2).

Bestimmung des Gesamtschwefels. Diese wird nach S. 258 ausgeführt, doch ist nach der Abscheidung der Kieselsäure eine Fällung mit Ammoniak vorzunehmen, um vor allem das Uran zu entfernen. Der Niederschlag wird mit heißer 5%iger Ammoniumchloridlösung gewaschen und die Schwefelsäure im schwach mit Salzsäure angesäuerten Filtrat als Bariumsulfat bestimmt.

Bestimmung von $H_2O(—)$ und $H_2O(+)$.[1] Diese wird wie bei den Silikatmineralen gemäß S. 333 vorgenommen.

Analysensumme: Diese übersteigt manchmal 100% um 2 bis 3%, da das vier- und das sechswertige Uran kaum je in dem der Formel U_3O_8 entsprechenden Verhältnis anwesend sind.[2] Eine wirklich zuverlässige *Mikro*methode zur Bestimmung dieses Verhältnisses ist bisher noch nicht ausgearbeitet worden.

Mikroanalyse des Minerals „Kolbeckit".

Trennung und Bestimmung von SiO_2, Al_2O_3, BeO, Fe_2O_3, CaO, MgO, P_2O_5, H_2O.

Der Analysengang für dieses Mineral wurde von A. A. BENEDETTI-PICHLER und Mitarbeitern[3] in vorbildlich sorgfältiger Weise an künstlichen Gemischen analoger Zusammensetzung, und zwar sowohl für die Einzeltrennungen als auch im Ganzen ausgearbeitet.

Analysengang: 3 bis 3,5 mg des Minerals[4] wurden in einem ganz kleinen Mikroplatintiegel mit etwa 8 Tropfen konz. Salpetersäure behandelt und über Nacht unter einer Glasglocke stehen gelassen. Am nächsten Tage wurde die Säure auf dem Wasserbad (unter Verwendung des in Abb. 99 dargestellten Aufsatzes) abgedampft und der Rückstand abermals mit 5 Tropfen konz. Salpetersäure abgeraucht. Der Tiegel

[1] $H_2O(—)$ = „hygroskopisches" Wasser (unter 110° flüchtig); $H_2O(+)$ = = chemisch gebundenes Wasser (über 110° flüchtig).

[2] In den kristallisierten (weitgehend unveränderten) Uraniniten liegt in der Regel mehr UO_2 vor, als nach der Formel U_3O_8 zu erwarten wäre. Daher ergibt die Berechnung des Gesamturans als U_3O_8 eine zu hohe Analysensumme. Bei diesen Uraniniten fällt der „Glühverlust" negativ aus (= Gewichtszunahme).

[3] A. BENEDETTI-PICHLER und F. SCHNEIDER: Mikrochem., EMICH-Festschrift, 1 (1930). — H. THURNWALD und A. A. BENEDETTI-PICHLER: Mikrochem. 9, 324 (1931). — H. THURNWALD und A. A. BENEDETTI-PICHLER: Mikrochem. 11, 200 (1932).

[4] Dies dürfte wohl die untere Grenze der bei Mineralanalysen noch möglichen Einwaagen sein, da sich sonst die Wägefehler prozentual schon zu stark auswirken.

mit dem Rückstand wurde sodann im Trockenschrank eine halbe Stunde lang bei 110° erhitzt. Hierauf wurden 4 Tropfen konz. Salpetersäure und nach 10 Minuten noch 1 ccm heißes Wasser zugefügt, worauf 3 Minuten lang auf dem siedenden Wasserbad erwärmt wurde. Der unlösliche Rückstand wurde mit Hilfe eines Glasfilterstäbchens mit Filtrierpapierröllchen (Weißband) nach E. SCHWARZ-BERGKAMPF[1] (S. 77) filtriert, tropfenweise mit insgesamt 1,5 ccm heißem Wasser gewaschen und das Filtrat in einem Becher aufgefangen. Während der Filtration und des Waschens verblieb der Tiegel auf dem Wasserbad. Der Platintiegel und das Filterstäbchen wurden nun in einen größeren Porzellantiegel gestellt, der dem Filterstäbchen eine Stütze bot, und in einem elektrisch geheizten Trockenschrank eine halbe Stunde lang bei 120° getrocknet, worauf das Filtrierpapierröllchen leicht aus der Mündung des Stäbchens entfernt und mittels einer Platinspitzenpinzette in den Platintiegel gelegt werden konnte. Mit Hilfe dieser Pinzette und eines kleinen Stückchens feuchten Filtrierpapiers wurde die Mündung des Filterstäbchens von anhaftenden Spuren Kieselsäure gereinigt. Der Tiegel und sein Inhalt wurden dann getrocknet und nach langsamem Veraschen des Filtrierpapiers 10 Minuten geglüht. Die Wägung ergab die rohe Kieselsäure. Nach Zugabe von 1 Tropfen Wasser, 1 Tropfen konz. Salpetersäure und 4 bis 6 Tropfen Flußsäure wurde die Kieselsäure durch Abrauchen verflüchtigt. Der Rückstand wurde zweimal mit je einem Tropfen Wasser und einem Tropfen konz. Salpetersäure abgedampft, schließlich 5 Minuten lang geglüht und gewogen. Die Differenz der Wägungen entsprach der reinen Kieselsäure.

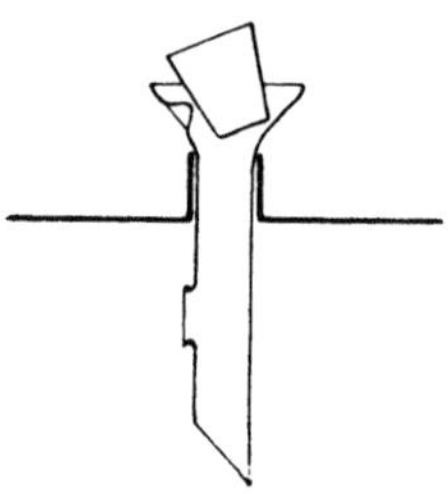

Abb. 99. Wasserbadaufsatz für Mikroplatintiegel nach H. THURNWALD und A. A. BENEDETTI-PICHLER (etwa 1/2 der natürl. Größe). [Aus Mikrochem. 11, 213 (1932).]

Der im Platintiegelchen verbliebene Rückstand war sehr gering und wurde mit ein wenig wasserfreiem Natriumcarbonat unter Bedecken des Tiegels aufgeschlossen; die erkaltete Schmelze wurde mit einigen Tropfen Wasser behandelt. Durch tropfenweisen Zusatz 30%iger Salpetersäure in den bedeckten Tiegel wurde eine klare Lösung erhalten, die in den Mikrobecher gesaugt wurde, in dem sich bereits das Filtrat und das Waschwasser der Gangart befanden. Die vereinigten Lösungen wurden auf dem Wasserbad zur Trockne verdampft und der Rückstand in 0,3 ccm 1%iger Salpetersäure gelöst. Die Phosphorsäure wurde nach H. THURNWALD und A. A. BENEDETTI-PICHLER[2] (S. 251) als Phosphorammoniummolybdat gefällt, der Niederschlag in Magnesiumammoniumphosphathexahydrat übergeführt und dieses gewogen. Das Filtrat wurde in einem Mikrobecher auf dem Wasserbad unter Aufblasen von Luft[3] zur Trockne eingedampft,

[1] E. SCHWARZ-BERGKAMPF: Mikrochem., EMICH-Festschrift, 268 (1930).

[2] H. THURNWALD und A. A. BENEDETTI-PICHLER: Z. analyt. Chem. **86**, 41 (1931); Mikrochem. **9**, 329 (1931).

[3] Der durch eine Wasserstrahlpumpe erzeugte Luftstrom wurde zuerst durch eine leere Waschflasche geleitet und hierauf durch Watte filtriert.

der Rückstand in 0,5 ccm konz. Salzsäure gelöst und die Lösung auf dem Wasserbad (*ohne* Luftaufblasen) erwärmt, bis kein Geruch nach Nitrosylchlorid mehr wahrgenommen werden konnte. Hierauf wurde die Flüssigkeit auf 0,25 ccm eingeengt und unter Nachspülen mit insgesamt 1,25 ccm Wasser mit Hilfe einer Kapillare in eine „Mikrodruckflasche" oder richtiger „Mikrodruckröhre" übergesaugt. Diese bestand aus einer Proberöhre aus Pyrexglas von 15 mm Innendurchmesser und 150 mm Länge. Das offene Ende war zu einer dickwandigen Röhre von 5 mm Durchmesser und 50 mm Länge umgestaltet. In diese Röhre wurde eine Kapillare bis nahe an die Oberfläche der Flüssigkeit eingeführt und Schwefelwasserstoff aus einem damit gefüllten Gasometer durchgeleitet. Auf diese Weise wurde zunächst durch einen starken Gasstrom die Luft verdrängt, dann die Einleitungskapillare entfernt und hierauf die Druckröhre unmittelbar durch ein Schlauchstück mit dem Gasometer verbunden. Die Lösung wurde bei Zimmertemperatur unter mehrmaligem Umschütteln 5 Minuten lang der Einwirkung des unter Gasometerdruck befindlichen Schwefelwasserstoffes ausgesetzt. Sodann wurde die Schlauchverbindung in der Nähe der Mündung der Druckröhre durch einen Schraubenquetschhahn geschlossen und die Druckröhre unter wiederholtem Schütteln 5 Minuten lang im siedenden Wasserbad erwärmt. Nach Entfernen der Druckröhre vom Wasserbad wurde der Quetschhahn geöffnet, die Lösung wiederum während 5 Minuten bei Zimmertemperatur mit Schwefelwasserstoff gesättigt und abermals wie vorher verschlossen auf dem Wasserbad behandelt. Nach einem dritten Sättigen der Lösung mit Schwefelwasserstoff bei Zimmertemperatur war das Molybdän als leicht filtrierbares schwarzbraunes Sulfid ausgefallen. Die Lösung wurde samt dem Niederschlag mittels eines kapillaren Saugrohres in ein Filterröhrchen, das statt mit Asbest mit einem Wattefilter[1] versehen war, übergesaugt. Als Waschflüssigkeit wurden dreimal je 0,5 ccm einer stark verdünnten, mit Schwefelwasserstoff frisch gesättigten Salzsäure angewendet. Nach jedem Waschen wurde die Flüssigkeit abgesaugt. Das Filtrat und die Waschflüssigkeit wurden in einem samt Filterstäbchen gewogenen Mikrobecher aus Fiolaxglas aufgefangen und zur Trockne verdampft. Zur Entfernung des Schwefelwasserstoffes und Oxydation des Eisens wurden vorher 0,5 ccm einer Lösung von 1 ccm konz. Salpetersäure und 5 ccm konz. Salzsäure in 100 ccm Wasser zugesetzt. Der Eindampfrückstand wurde mit einem Tropfen konz. Salzsäure befeuchtet und in 1 ccm Wasser gelöst. Aus dieser Lösung wurden Aluminium und Eisen zusammen als Oxychinolate[2] gefällt und gewogen (siehe S. 188 und 208). Der gewogene Oxychinolatniederschlag wurde im Mikrobecher durch Zugabe von 3 Tropfen konz. Salzsäure und 1 ccm heißem Wasser gelöst. Die Lösung wurde durch das Filterstäbchen unter Nachspülen mit verd. Salzsäure in eine kurze Probe-

[1] Reinste langfaserige Watte wurde trocken in das Filterröhrchen gelegt und zusammengepreßt. Die Watte erfüllte sowohl die Ausbuchtung des Filterröhrchens als auch das untere Drittel des trichterförmigen Teiles.

[2] A. Benedetti-Pichler: Mikrochem., Pregl-Festschrift, 11 (1929).

röhre aus Pyrexglas gesaugt und darin unter Luftaufblasen im Wasserbad zur Trockne verdampft. Im Rückstand wurde das Oxin mit Schwefelsäure und Salpetersäure zerstört (S. 279) und der weiße Rückstand in einem Tropfen konz. Salzsäure und 0,5 ccm Wasser gelöst. In dieser Lösung wurde das Eisen nach A. BENEDETTI-PICHLER[1] unter Anwendung von Diphenylamin als Indikator mit 0,004 n-Bichromatlösung maßanalytisch bestimmt. Das Ergebnis wurde auf Eisenoxychinolat umgerechnet und die so berechnete Menge von dem Gewicht des gemeinsamen Aluminium- und Eisenoxychinolatniederschlages abgezogen. Die Differenz entsprach dem Aluminiumoxychinolat.

Im Filtrat des gemeinsamen Oxychinolatniederschlages wurde nach S. 279 das überschüssige Oxinreagens mit Schwefelsäure und Salpetersäure zerstört, das Beryllium als Hydroxyd gefällt und in Berylliumsulfat übergeführt. Das Filtrat des Berylliumhydroxyds wurde in einem Fiolaxglasbecher aufgefangen, der zusammen mit einem Filterstäbchen gewogen worden war. Nach Eindampfen der Lösung auf ein Volumen von 1 ccm wurden ein Tropfen konz. Salzsäure und 0,5 ccm 3%ige Oxalsäurelösung hinzugefügt und das Calcium unter Neutralisation mit Ammoniak nach A. BENEDETTI-PICHLER[2] als Oxalat gefällt und bestimmt (S. 222). Ein Versuch, aus dem Filtrat Magnesium als Magnesiumammoniumphosphat auszufällen, erwies die Abwesenheit von Magnesium.

Der Gesamtwassergehalt des Minerals wurde in Sondereinwaagen als Glühverlust bestimmt.

Mikroanalyse von Silikatmineralen.

Die Methoden zur Mikroanalyse silikatischer Gesteine zählen zu den wichtigsten der gesamten Mikro-Mineralanalyse. Besondere Bedeutung haben sie bisher für die Untersuchung von Problemen der Migration der Elemente sowie der Umwandlungen und Durchdringungen durch Emanationen gewonnen.[3] Es ist derzeit bereits möglich, die in Silikatgesteinen vorkommenden Hauptbestandteile sowie einige Nebenbestandteile mikroanalytisch zu bestimmen.[4] Es sind dies die folgenden Mineralkonstituenten: SiO_2, Al_2O_3, Fe_2O_3, FeO, CaO, MgO, MnO, Na_2O, K_2O, TiO_2, S, CO_2, P_2O_5, $H_2O(-)$, $H_2O(+)$.[5]

Bestimmung der Kieselsäure. Diese ist auf S. 241ff. eingehend beschrieben.

Trennung und Bestimmung von Aluminium, Eisen (Gesamteisen), Titan, Mangan, Calcium, Magnesium. 10 bis 20 mg des Minerals werden in einen Platintiegel von etwa 20 ccm Fassungsraum und 10 bis 11 g Gewicht (S. 67) eingewogen, mit 0,5 ccm

---

[1] A. BENEDETTI-PICHLER: Z. analyt. Chem. **73**, 207 (1928).

[2] A. BENEDETTI-PICHLER: Z. analyt. Chem. **64**, 421 (1924).

[3] A. HOLMES (und F. HECHT): Mineral. Mag. J. mineral. Soc. **24**, 408 (1936).

[4] F. HECHT: Mikrochim. Acta (Wien) **2**, 188 (1937). — Vgl. auch F. HECHT: Mikrochim. Acta (Wien) **2**, 120 (1937) (Sammelreferat).

[5] Siehe Fußnote 1 auf S. 323.

Wasser und 2 ccm dreifach destillierter Flußsäure (S. 43) übergossen und eine halbe Stunde lang auf dem Wasserbad erwärmt. Nach dem Abkühlen fügt man 0,2 ccm konz. Schwefelsäure hinzu und dampft die Flüssigkeit auf dem Wasserbad so weit ein, bis keine Volumsverminderung mehr eintritt. Sodann fügt man abermals 1 ccm Flußsäure zu und dampft ein, bis kaum mehr geruchsmäßig Flußsäure wahrnehmbar ist. Das Bemühen, völliges Verschwinden ihres Geruches zu erreichen, ist sehr langwierig und

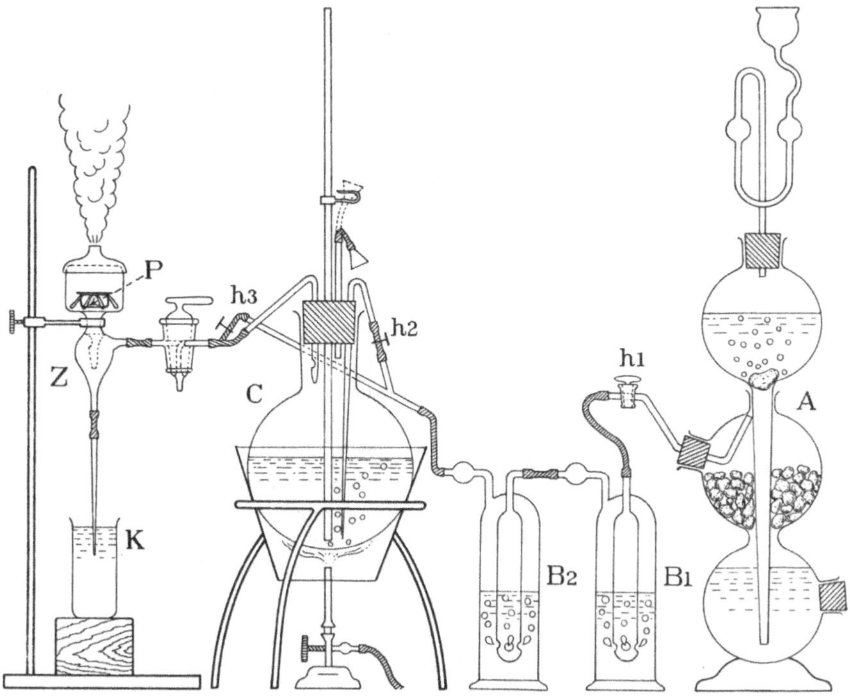

Abb. 100. Vorrichtung zum Aufschluß von Silikatgesteinen für die Ferroeisenbestimmung: Gesamtansicht (etwa 1/5 der natürl. Größe). [Aus Mikrochim. Acta (Wien) **3**, 293 (1938).]

auch nicht nötig. Man erhitzt nun allmählich im Aluminiumblock (S. 71, Abb. 25) oder, wenn ein solcher nicht zur Verfügung steht, über einem Tondreieck durch Bestreichen des oberen Tiegelrandes, später des Tiegelbodens, mit kleiner Flamme des Bunsenbrenners (unter Fächeln). Auf diese Weise wird die Schwefelsäure abgeraucht, bis der Rückstand trocken erscheint. Nach dem Erkalten und Zugabe von 1 bis 1,5 ccm Wasser wird auf dem Wasserbad erwärmt und, falls keine klare Lösung entsteht, mit 0,1 ccm Salzsäure angesäuert. Manchmal bleibt auch jetzt noch eine ganz feine Trübung zurück, aus unlöslichen Sulfaten bestehend, von denen die Lösung mittels eines Platinfilterstäbchens in einen Porzellantiegel abfiltriert wird. Man wäscht sechsmal mit je 0,5 ccm heißem Wasser nach.

Die Flüssigkeit wird in der Kälte mit Ammoniak (1 : 3) tropfenweise unter Umschwenken bis zum beginnenden Entstehen eines Niederschlages versetzt, worauf dieser durch Zusatz von 2 Tropfen konz. Salzsäure wieder in Lösung gebracht wird. Für je 10 mg Einwaage gibt man nunmehr unter Umschwenken tropfenweise 1,5 ccm oder bei sehr stark basischen Silikaten 2 ccm 4%iges Oxinacetat (S. 57) zu, erwärmt auf dem Wasserbad 5 Minuten lang und fügt hierauf in der gleichen Weise 1 bis 1,2 ccm 50%ige Ammoniumacetatlösung (S. 43) und schließlich noch 6 Tropfen Ammoniak (1 : 3) hinzu. Dabei fallen Eisen, Aluminium und Titan als Oxychinolate aus. Die weitere Arbeitsmethode stimmt mit den Angaben auf S. 290ff. überein.

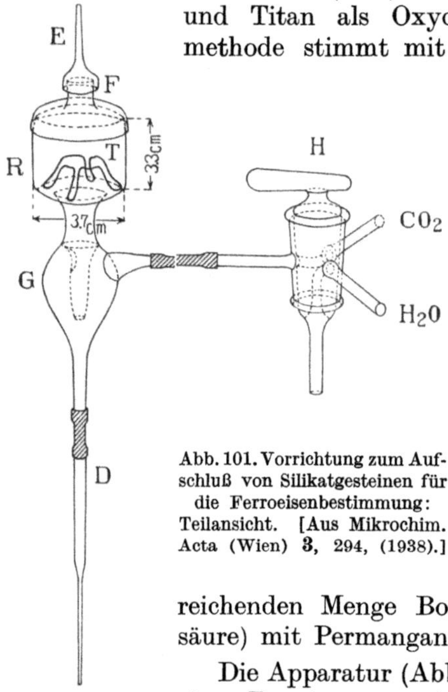

Abb. 101. Vorrichtung zum Aufschluß von Silikatgesteinen für die Ferroeisenbestimmung: Teilansicht. [Aus Mikrochim. Acta (Wien) **3**, 294, (1938).]

Bestimmung von Ferroeisen (FeO). Diese Bestimmung erfolgt nicht mikrogewichtsanalytisch, soll aber wegen ihrer Unerläßlichkeit für die Silikatgesteinsanalyse hier trotzdem beschrieben werden, und zwar in der von M. Shiori und S. Mitui[1] angegebenen Ausführungsform. Sie beruht im Prinzip ebenso wie das entsprechende makroanalytische Verfahren darauf, daß die Silikatgesteinsprobe mit Schwefelsäure und Flußsäure in der Hitze unter Fernhaltung von Luftsauerstoff aufgeschlossen und sodann das Ferroeisen nach Zusatz einer ausreichenden Menge Borsäure (zwecks Bindung der Flußsäure) mit Permanganat titriert wird.

Die Apparatur (Abb. 100) setzt sich im wesentlichen aus einer Zersetzungsvorrichtung *Z*, einem Kippschen Kohlensäureentwicklungsapparat *A* und einem Dampfentwickler *C* zusammen.

Die aus Jenaer Geräteglas verfertigte Zersetzungsvorrichtung enthält (siehe Abb. 101) einen Zersetzungsraum *R*, der mit einem nach oben schwach gewölbten, in der Mitte durchlochten Glasdeckel *F* und einer unmittelbar angeschmolzenen, unten mit einem kapillaren Röhrchen *D*, seitlich mit einem Dreiweghahn *H* verbundenen Schaumkugel *G* versehen ist. Ein auf *F* aufliegender Glasaufsatz *E* geht oben in eine kapillare Spitze über. Die Verbindung von *E* und *F* bzw. von *F* und *R* erfolgt durch Schliffe, die Verbindung von *G* und *D* bzw. von *G* und *H* durch Schlauchstücke. Auf einen im Zersetzungsraum *R* befindlichen Platindrahtring *T* mit nach unten gebogenen Füßchen ist ein mit umgebogenem Rand versehenes Platintiegelchen *P* (Abb. 100)[2] aufgesetzt (Durchmesser 13 mm,

[1] M. Shiori und S. Mitui: Mikrochim. Acta (Wien) **3**, 291 (1938).

[2] In Abb. 101 weggelassen.

Höhe 10 mm, Inhalt 1,3 ccm). In diesem Tiegelchen wird der Aufschluß des Minerals vorgenommen. Durch Eintauchen der unteren Spitze von *D* in einen mit Wasser gefüllten Becher *K* (Abb. 100) wird ein wirksamer Schutz gegen Luftzutritt und ein selbsttätiges Ablaufen des kondensierten Wassers erzielt. Mit Hilfe des Dreiweghahnes *H* ist sofortiges Umschalten des Kohlendioxyd- bzw. Wasserdampfstromes möglich. Wenngleich im Laufe der Analysen die Glasgeräte durch Flußsäuredämpfe stark angeätzt werden, verhindert dieser Umstand doch nicht den öfteren Gebrauch der Apparatur.

Das Kohlendioxyd wird in einem Kippschen Apparat entwickelt, wobei die von F. Pregl[1] angegebenen Vorschriften zur Erzielung eines vollständig luftfreien Kohlendioxydstromes beachtet werden müssen. Sie sind nachstehend kurz wiedergegeben.

Auf Haselnußgröße zerklopfter Marmor wird mit verdünnter Salzsäure angeätzt, gewaschen, mit Wasser überschichtet und 10 Minuten ausgekocht. Nach dem Abkühlen wird der Marmor in einem größeren Exsiccator mit Chlorcalciumlösung überschichtet, die aus einem erschöpften Kippschen Apparat abgehebert und mit einigen Stücken Marmor neutralisiert worden ist.[2] Der Exsiccator wird nun so lange an der Wasserstrahlpumpe evacuiert, bis aus dem Marmor keine Gasblasen mehr austreten ($^1/_2$ bis 1 Stunde). Beim Aufheben des Vacuums füllen sich die Poren des Marmors mit der Calciumchloridlösung. Man wiederholt den Vorgang, indem man noch einmal $^1/_2$ Stunde lang evacuiert. Zur möglichst raschen Entfernung der Luft aus dem Kippschen Apparat (2 l Inhalt) ist das mit dem Glashahn h_1 verbundene Glasrohr im Inneren der mittleren Kugel hakenförmig nach oben gebogen, so daß das Gas von deren höchstem Punkt entnommen werden kann. Diese Kugel wird bis zum seitlichen Tubus mit dem präparierten Marmor angefüllt. Zur Trennung gegen die untere Kugel des Kippschen Apparates dienen entweder kurz geschnittene Glasstäbe oder ein durchlochter Glaszylinder,[3] der am Boden der mittleren Kugel über das Steigrohr gezogen wird. Zum Füllen des Apparates wird rauchende Salzsäure mit dem gleichen Volumen Leitungswasser verdünnt. Außer der unteren Kugel soll noch ungefähr ein Drittel der oberen Kugel gefüllt sein.

Zum Entlüften des Apparates wird der Hahn h_1 geöffnet, so daß die Luft aus der mittleren Kugel entweichen und die Entwicklung des Kohlendioxyds beginnen kann. Dieses enthält anfangs noch aus der Salzsäure stammende Luft beigemengt. Man läßt nun von der oberen Kugel aus zwei oder drei haselnußgroße Marmorstücke in den Apparat fallen, die im Steigrohr stecken bleiben und dort ausgiebig Kohlendioxyd entwickeln. Wenn man nun durch wiederholtes Öffnen und Schließen des Hahnes immer neue Säure in die obere Kugel steigen läßt, bewirkt man auf diese Weise die Entfernung der in der Salzsäure gelösten Anteile Luft. Einen vollkommen neuen Kippschen Apparat muß man nach dem Füllen noch etwa zwei Tage unbenutzt stehen lassen. Erst nach neuerlichem Hineinwerfen eines haselnußgroßen Marmorstückes wird die Entlüftung wiederholt. Bei schon benutzten Apparaten, die nach völliger Reinigung sofort wieder gefüllt und in Betrieb genommen werden, genügt

[1] F. Pregl-H. Roth: Mikroanalyse. S. 88.

[2] Zur Füllung neuer Kippscher Apparate bereitet man sich die Lösung aus stark verdünnter Salzsäure und Marmor.

[3] Lieferfirma: P. Haack, Wien.

meist eine Wartezeit von einem Tag. Da auch bei ständigem Gebrauch durch die dauernde Berührung der in der oberen Kugel befindlichen Salzsäure mit der Atmosphäre in den schon entlüfteten KIPPschen Apparat Luft eintritt, muß er vor jedesmaligem neuerlichem Gebrauch wieder in der beschriebenen Weise entlüftet werden. Diese erwähnte ständige Berührung der Säure mit der atmosphärischen Luft wird durch eine von F. HEIN[1] angegebene Anordnung vermieden (Abb. 102). Bei dieser wird der Gasraum der oberen Kugel gegen die Zimmerluft durch ein Quecksilberventil abgeschlossen und der Gasraum der mittleren mit dem der oberen Kugel durch eine Rohrleitung mit Glashahn verbunden. Die Handhabung dieses Apparates erfordert Umsicht und Erfahrung.

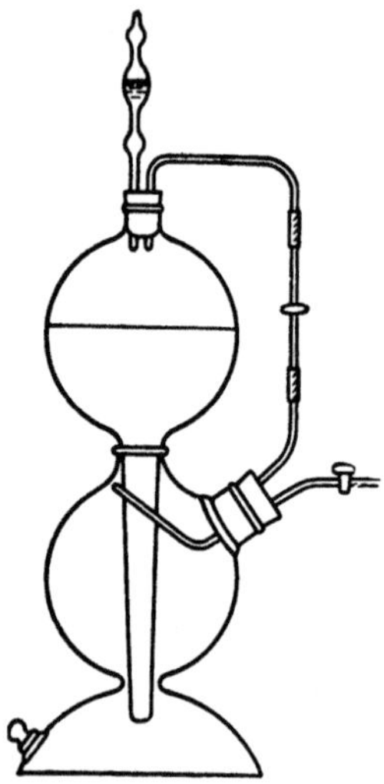

Abb. 102. KIPPscher Apparat nach F. HEIN mit Quecksilberventil. [Aus F. PREGL-H. ROTH: Mikroanalyse. S. 92.]

Die Prüfung auf völlige Luftfreiheit des Kohlendioxyds gestaltet sich sehr einfach, falls man über ein (für die Mikro-Stickstoffbestimmung nach F. PREGL[2] [DUMAS] erforderliches) Mikroazotometer verfügt. Die Mikrobläschen des Kohlendioxyds müssen so vollkommen von der 50%igen Kalilauge absorbiert werden, daß nach halbstündigem Einleiten (mit der Geschwindigkeit von einer Blase in der Sekunde) noch keine bleibenden Gasblasen wahrnehmbar sind.

Beim Entleeren der erschöpften Säure aus dem Apparat darf keine Luft in die mittlere Kugel eintreten. Zu diesem Zwecke läßt man die Säure hochsteigen und hebert sie dann aus der oberen Kugel ab. Sie kann auch durch einen Glashahn, der im Tubus der unteren Kugel bzw. Halbkugel steckt, abgelassen werden. Die Hälfte dieser Säure versetzt man mit dem gleichen Volumen konzentrierter reiner Salzsäure und füllt diese calciumchloridhaltige Säure wieder in den Apparat, da sie gegenüber einer mit reinem Wasser verdünnten Säure einen geringeren Absorptionskoeffizienten für Luft aufweist.

Das entwickelte Kohlendioxyd wird zuerst mit gesättigter Natriumbicarbonatlösung (in Waschflasche B_1), hierauf mit gesättigter Kupfersulfatlösung (in Waschflasche B_2) gewaschen (siehe Abb. 100). Die Kupfersulfatlösung dient zur Absorption von Spuren beigemengten Schwefelwasserstoffes, um eine Reduktion von Ferrieisen zu verhindern.

Der Wasserdampf wird in einem Kolben von 1 Liter Inhalt erzeugt. Den Verschluß bildet ein Gummistopfen, durch dessen vier Bohrungen ein langes Steigrohr, ein unten zur Kapillare ausgezogenes Einleitungsrohr für Kohlendioxyd, ein Wasserzulauftrichter und schließlich ein gebogenes Dampfausströmungsrohr führen.

Bei Beginn der Bestimmung bringt man den Dreiweghahn H in die in Abb. 101 skizzierte Stellung, hängt den Trichter des Dampfentwicklungskolbens in den dazu vorgesehenen Stativring (gestrichelte Stellung in Abb. 100) und öffnet den Glashahn h_1 sowie die Quetschhähne h_2 und h_3.

---

[1] F. HEIN: Z. angew. Chem. **40**, 864 (1927).

[2] F. PREGL-H. ROTH: Mikroanalyse. S. 84.

Den Hahn h_3 schließt man nach kurzem Durchleiten des Kohlendioxyds und erhitzt hierauf das im Dampfentwicklungskolben befindliche Wasser zum Kochen, während dauernd Kohlendioxyd eingeleitet wird. Der Wasserdampf entweicht teils durch den Hahn H nach unten, teils durch den Trichter nach oben. Dadurch, daß das Kohlendioxyd in Bläschen die Flüssigkeit durchströmt, wird ein gleichmäßiges Sieden des über freier Flamme erhitzten Wassers bewirkt. Nachdem das Sieden eine Weile vor sich gegangen ist, hängt man den Trichter wieder aus.

In der Zwischenzeit wägt man 5 bis 30 mg des Minerals[1] in das Platintiegelchen P ein, feuchtet das Pulver mit 0,2 ccm Schwefelsäure (1 : 3)[2] unter Umschwenken gut an und fügt nochmals die gleiche Menge Schwefelsäure zu. Bei Olivin tritt dabei Festkleben der Substanz auf, das durch einen Zusatz von 10 bis 15 mg reinem Quarzpulver[3] vermieden werden kann. Das Platintiegelchen P wird nun vorsichtig auf den im Zersetzungsraum R befindlichen Platindrahtring T gesetzt, während R mit dem Glasdeckel F und dem Glasaufsatz E bedeckt wird.

Nach Öffnen des Quetschhahnes h_3 (h_2 ist geöffnet geblieben) wird Kohlendioxyd durch die Schaumkugel in den Zersetzungsraum eingeleitet. Es entweicht durch die kapillare Spitze des Aufsatzes E nach oben, bzw. entströmt nach unten durch das Glasrohr D gleichmäßig in Gestalt von Bläschen in das mit Wasser gefüllte Becherglas K. Nach 3 Minuten langem Durchleiten des Kohlendioxyds wird der Aufsatz E entfernt, worauf man sogleich durch das zentrale Loch von F 10 Tropfen (etwa 0,3 ccm) reinster Flußsäure vorsichtig mit Hilfe eines Silberrohres von 9 cm Länge und 3 mm Durchmesser in das Platintiegelchen bringt. Das Silberrohr wird dabei etwa 3 cm tief durch das Loch hineingeschoben. Nun bewirkt man durch Umdrehen des Hahnes H um 120°, daß der Kohlendioxydstrom abgeschaltet und durch Wasserdampf ersetzt wird. Dadurch wird der Tiegelinhalt im Wasserdampfstrom erhitzt. Den Hahn h_3 schließt man sofort, um unnötigen Verlusten an Kohlendioxyd vorzubeugen.

Gewöhnlich ist der Aufschluß nach 30 Minuten langem Erhitzen im Wasserdampfstrom beendet. Man öffnet nunmehr den Hahn h_3 und läßt durch H das Kohlendioxyd einen Augenblick nach unten ausströmen. Hierauf dreht man H um 120° und läßt den Tiegelinhalt 3 Minuten im luftfreien Kohlendioxydstrom abkühlen.

[1] Bei Einwaagen unter 3 mg werden zu niedrige Werte für das Ferroeisen erhalten. Die Mineralproben werden vor der Einwaage erst in einem Diamantmörser zerklopft, dann mehrmals durch ein geeignetes Platindrahtnetz gesiebt, im Achatmörser 5 Minuten lang unter Alkohol zerrieben und schließlich an der Luft getrocknet.

[2] Volumteile.

[3] Man zerklopft den Bergkristall im Diamantmörser und siebt das Pulver durch das obenerwähnte Platindrahtnetz wiederholt ab. Die gesiebte Substanz wird mit heißer konz. Salzsäure von den etwaigen Verunreinigungen befreit, unter Abdekantieren der feinsten Teilchen mehrmals mit Wasser, dann mit Alkohol und Äther gewaschen und schließlich getrocknet.

Nunmehr wird die Titration des Ferroeisens vorgenommen. Zu diesem Zweck hat man vorher 0,3 g gepulverte Borsäure und 7 ccm verdünnte, mit reiner Borsäure gesättigte Schwefelsäure (1 Volumen konz. Schwefelsäure + 40 Volumina Wasser) in einen etwa 20 ccm fassenden Porzellantiegel eingebracht. In diesen läßt man nun das Platintiegelchen samt dem abgekühlten Inhalt mit Hilfe einer Platinspitzenpinzette rasch hineingleiten und titriert mit 0,02 n-Permanganatlösung bis zur bleibenden Rosafärbung. 1 ccm der 0,02 n-Permanganatlösung entspricht 1,437 mg FeO.

Bestimmung der Alkalimetalle. In einen Platintiegel (20 ccm Fassungsraum) werden 10 bis 20 mg des Minerals eingewogen und in bekannter Weise mit 0,2 ccm konz. Schwefelsäure und 4 ccm dest. Flußsäure (S. 43) abgeraucht. Die Schwefelsäure wird beim erstenmal nicht völlig abgeraucht, sondern erst, nachdem nochmals mit 1 ccm Flußsäure abgedampft worden ist. Nach dem nunmehr folgenden vollkommenen Entfernen der Schwefelsäure im Aluminiumblock (S. 71, Abb. 25) wird der Rückstand in 2 ccm heißem, dreifach destilliertem Wasser (S. 42) gelöst und die Lösung mit Hilfe eines Platinfilterstäbchens in eine Platinschale von ungefähr 8 cm Durchmesser filtriert. In dieser sind vorher 0,15 g frisch hergestelltes Calciumoxyd (S. 235) mit 10 ccm Wasser zur Kalkmilch angerührt worden. Nun werden nach S. 235 Natrium und Kalium zusammen als Sulfate bestimmt.[1] Die Kieselsäure ist im vorliegenden Fall bereits durch das Abrauchen mit Flußsäure entfernt worden.

Die gewogenen Sulfate löst man in heißem Wasser, saugt dann die Lösung in einen bei 110° samt einem Porzellanfilterstäbchen auf der gewöhnlichen analytischen Waage gewogenen Porzellantiegel (mit außen glasierter Bodenfläche; siehe S. 67) über und dampft sie auf etwa 1 ccm ein. Liegt ein Silikat mit mehr als 10 bis 12% Alkalioxyden vor, so ist ein Tiegel anzuwenden, dessen Fassungsraum 25 ccm übersteigt. Unter der Annahme, daß alles Alkalisulfat reines Natriumsulfat wäre, setzt man für je 1 mg dieserart berechnetes Natrium 12 ccm Magnesium-Uranylacetatreagens (S. 225) zu. Die Fällung wird 16 Stunden lang an einem dunklen Ort stehen gelassen und hierauf mit Hilfe des Porzellanfilterstäbchens filtriert. Auswaschen und Wägen (auf der gewöhnlichen analytischen Waage) erfolgen, wie auf S. 226 angegeben. Man löst nunmehr den Niederschlag auf dem Wasserbad in Salzsäure (1 : 5) und saugt die Lösung unter Nachspülen mit verdünnter Salzsäure in einen auf der Mikrowaage mit einer Genauigkeit von 0,01 bis 0,02 mg gewogenen Filterbecher über. Die Lösung wird in dem Filterbecher zur Trockne verdampft (S. 110) und der Rückstand in 0,5 bis 1 ccm heißem Wasser gelöst. Nach kurzem Auskühlenlassen fällt man mit der aus der „Makrowägung“ des rohen Niederschlages berechneten Reagensmenge, indem man wiederum für 1 mg Natrium 12 ccm Reagens anwendet.

[1] Der in dem verwendeten $CaCO_3$-Präparat nach S. 236 ermittelte Alkalisulfat-Blindwert ist selbstverständlich zu berücksichtigen.

Die obere Grenze der im Filterbecher noch bestimmbaren Natriummenge ist daher etwa 0,4 mg. Falls mehr Natrium vorhanden ist, muß wie bei der ersten Fällung ein Porzellantiegel mit Porzellanfilterstäbchen benutzt werden. Die Bestimmung wird nach S. 226 zu Ende geführt.

Mit Hilfe des so erhaltenen Natriumwertes berechnet man das ursprünglich vorhanden gewesene Natriumsulfat und zieht dessen Menge vom Gewicht der Alkalisulfatsumme ab. Die Differenz entspricht dem Kaliumsulfat. Als Korrektur ist diejenige Natriummenge in Abzug zu bringen, die in dem verwendeten Calciumoxyd enthalten war und in einer großen Einwaage des $CaCO_3$-Präparates ein für allemal zu diesem Zweck bestimmt werden muß (vgl. S. 236).

Bestimmung des Gesamtschwefels. Diese wird nach S. 258 ausgeführt.

Carbonatbestimmung. Diese wird nach S. 245 mit einer Einwaage von etwa 20 mg ausgeführt (S. 249).

Bestimmung des $H_2O(-)$.[1] 10 bis 20 mg der Substanz werden in einen Mikroporzellantiegel von etwa 1 ccm Fassungsraum eingewogen. Nach zweistündigem Erhitzen im Trockenschrank bei 110° wird der Tiegel in ein kleines offenes Wägegläschen gestellt, das vorher samt dem leeren Mikrotiegel gewogen worden ist, und mit diesem Wägegläschen in einen neben der Waage befindlichen, mit Schwefelsäure beschickten Exsiccator gebracht. Nach 10 Minuten wird das Wägegläschen verschlossen in die Waage gestellt und nach weiteren 15 Minuten samt dem Tiegel gewogen. Das Wägegläschen darf selbstverständlich nur mit einer Tiegelzange bzw. einem Rehlederlappen angefaßt werden. Als Tara dient ein gleich großes Wägegläschen mit einem Porzellantiegel von der Größe desjenigen, in dem sich die Substanz befindet.

Das Trocknen bei 110° wiederholt man durch eine halbe Stunde, worauf die Wägung ebenso wie zuvor ausgeführt wird. In der Regel ist schon bei dieser zweiten Wägung Gewichtskonstanz erreicht.

Bestimmung des $H_2O(+)$.[1] Man bestimmt nach S. 260 in einer Einwaage von 20 mg das Gesamtwasser. Aus der Differenz zwischen diesem und $H_2O(-)$ ergibt sich $H_2O(+)$.

Phosphatbestimmung. Die zur Bestimmung des $H_2O(-)$ verwendete Einwaage wird mit Hilfe einer Schnepfenfeder (S. 94, Abb. 45) in einen Platintiegel von 20 ccm Fassungsraum gebracht und darin mit 0,5 ccm konz. Salpetersäure und 4 ccm Flußsäure abgeraucht. Den Rückstand raucht man drei- bis viermal mit konz. Salpetersäure ab und löst ihn sodann in 0,1 ccm konz. Salpetersäure + 2 ccm Wasser auf dem Wasserbad. Die Lösung wird durch ein Platinfilterstäbchen in einen samt einem Porzellanfilterstäbchen gewogenen Porzellantiegel mit außen glasierter Bodenfläche (S. 67) übergesaugt, wobei mit heißem, ganz schwach salpetersaurem Wasser nachgespült wird. Der Tiegel mit der Lösung wird in einen Aluminiumblock (S. 71, Abb. 25) gestellt und auf 70° erwärmt. Bei einem Gesamtvolumen von ungefähr 4 ccm fällt man

[1] Siehe Fußnote 1 auf S. 323.

nunmehr nach S. 252 die Phosphorsäure mit 0,5 ccm BILTZschem Ammoniummolybdatreagens und erwärmt den bedeckten Tiegel samt Inhalt noch weitere 3 Stunden bei 70°. Nach Stehen über Nacht wird der Niederschlag filtriert und nach S. 253 in Phosphormolybdänsäureanhydrid übergeführt. Für die Wägung genügt eine Genauigkeit von 0,01 bis 0,02 mg.

„Glühverlust". Die Bestimmung des sog. „Glühverlustes" bei 1000 bis 1100° ist zwecklos, weil einer Gewichtsabnahme infolge Abgabe des gesamten Wassers, des Kohlendioxyds, möglicherweise auch eines Teiles der Alkalimetalle (z. B. als Sulfate) sowie eines Teiles des Schwefels als Schwefelsäureanhydrid eine Gewichtszunahme durch Oxydation des Mangans und Ferroeisens[1] und gegebenenfalls des Sulfidschwefels zu Sulfatschwefel (soweit dieser sich nicht verflüchtigt) gegenübersteht.

V. Bestimmung von Nebenbestandteilen in zusammengesetzten Substanzen.

In zahlreichen Fällen, z. B. bei der Analyse von Mineralen, Legierungen oder technischen Produkten, handelt es sich darum, geringfügige Nebenbestandteile im Betrage von Zehntel- bis Hundertstelprozenten oder noch weniger zu ermitteln. Wenngleich für diese Zwecke meist andere, vor allem colorimetrische, spektralanalytische und polarographische Verfahren herangezogen werden, deren Beschreibung allein schon den Inhalt eines Buches ausfüllen könnte, sind dennoch in manchen Fällen auch mikrogewichtsanalytische Methoden mit Vorteil anwendbar. Es ist auf diese Weise des öfteren möglich, von weit geringeren Einwaagen auszugehen, als sie bisher erforderlich waren. Zu diesem Zwecke beginnt man die Analyse makrochemisch, geht jedoch bei den letzten Trennungen und den Endbestimmungen der Nebenbestandteile rein mikroanalytisch vor. Dem geübten Mikroanalytiker wird der dabei notwendige Übergang von den makro- zu den mikroanalytischen Methoden kaum nennenswerte Schwierigkeiten bereiten. Bis jetzt liegen noch nicht viele derartige Untersuchungen vor, doch haben sie in der Gesteinsanalyse sowie — zum Zwecke geologischer Zeitmessung — bei der Bestimmung von Blei, Thorium und Uran in radioaktiven Mineralen schon jetzt eine gewisse Bedeutung erlangt.[2]

Der Vorteil, den in solchen Fällen die Arbeitsweise mit einer Substanzeinwaage von höchstens 1 g bietet, ist jedem analytischen Chemiker verständlich, da die Schwierigkeiten und die Unhandlichkeit der analytischen Arbeit mit Substanzmengen von 10 oder gar 20 g außer Frage stehen. Eine derartige Verkleinerung der Einwaage ist jedoch nur möglich, wenn man makro- und mikrochemische Analysenverfahren kombiniert,

---

[1] Die Oxydation des Ferroeisens zu Ferrieisen erfolgt nie vollständig.

[2] F. HECHT: Z. analyt. Chem. **110**, 388 (1937). — E. KROUPA und F. HECHT: Z. anorg. allg. Chem. **236**, 181 (1938). — E. KROUPA: Mikrochem. **27**, 165 (1939). — F. HECHT und F. KORKISCH: Mikrochem. **28**, 30 (1940).

d. h. also, wenn man nach Abtrennung der Hauptmengen bzw. zweckmäßiger nach unmittelbarer Anreicherung der gesuchten Nebenbestandteile die endgültige Bestimmung der letzteren mit Hilfe von *Mikromethoden* vornimmt.

Im folgenden soll lediglich an einem einzigen Beispiel, nämlich an dem der Bleibestimmung in dem radioaktiven Mineral Allanit,[1] ein solches Verfahren besprochen werden, um dem Benutzer des vorliegenden Buches Fingerzeige dafür zu geben, welcher *Arbeitstechnik* man sich in ähnlichen Fällen zu bedienen hat. Statt wie bisher große Einwaagen von mehreren Gramm oder sogar bis zu 10 g anzuwenden, geht man dabei von nur 1 g aus.

Die nachstehend beschriebene Arbeitstechnik der Trennung geringfügiger Niederschlags- von großen Flüssigkeitsmengen ist *allgemeiner Anwendung fähig.* Mit ihrer Hilfe ist es sicherlich möglich, in solchen Fällen Erfolge zu erzielen, die bisher einer exakten gewichtsanalytischen Bearbeitung nicht zugänglich schienen.

Die Bestimmung des Bleies in Allaniten als Beispiel der mikrogewichtsanalytischen Ermittlung eines Mineral-Nebenbestandteiles.[2]

Die ungefähr 1 g betragende Einwaage des feinstgepulverten Minerals wird in einer Platinschale mit 7 ccm dreifach destillierter Flußsäure[3] (S. 43) abgedampft. Nach dem Vertreiben der Säure auf dem Wasserbad wiederholt man das Abdampfen mit je 7 ccm Flußsäure + 2 ccm konz. Salpetersäure dreimal. Zum Schluß wird der Inhalt der Schale noch vier- bis fünfmal mit konz. Salpetersäure abgeraucht, damit die Fluoride möglichst weitgehend zersetzt werden. Der Rückstand wird mit Salzsäure und etwas Wasser in ein Jenaer 250-ccm-Becherglas gespült, die Lösung zur Trockne verdampft und der Eindampfrückstand mit 1 ccm Salzsäure und ganz wenig Wasser aufgenommen. Nach kurzem Digerieren bei Wasserbadtemperatur verdünnt man mit heißem Wasser auf 100 ccm.

In die heiße Lösung leitet man ohne Rücksicht darauf, daß beim Aufnehmen des Rückstandes mit Salzsäure und Wasser nicht alles völlig in Lösung zu gehen pflegt, bis zum Erkalten Schwefelwasserstoff ein. Eine höhere Säurekonzentration als die angegebene ist für die Bleisulfidfällung nicht günstig. Neben dem Bleisulfid scheidet sich infolge der Anwesenheit von Eisen(III)-chlorid ziemlich viel Schwefel, außerdem

[1] Das Mineral Allanit (Orthit) ist ein wasserhaltiges Alumosilikat des Calciums, des Eisens und der seltenen Erden. Sein Thoriumgehalt beträgt gewöhnlich wenige Prozent, während derjenige an Blei und Uran um mindestens eine Zehnerpotenz niedriger liegt.

[2] E. KROUPA und F. HECHT: a. a. O., 184.

[3] W. F. HILLEBRAND: United States Geological Survey, Bull. **700,** 178 (1919). (Zersetzung von Fluoriden und Silikofluoriden in Silikatgesteinen.)

auch etwas Platinsulfid[1] ab. Der Niederschlag wird mittels eines Porzellanfilterstäbchens von der Flüssigkeit abgetrennt, wobei man sich der in Abb. 33 (S. 80) dargestellten Absaugapparatur bedient. Das Filterstäbchen und die Wandungen des Becherglases werden mehrmals mit frischbereitetem Schwefelwasserstoffwasser gewaschen, das 1 Vol.-% Salzsäure enthält. Hierauf löst man das Stäbchen von der Absaugapparatur, legt es in das Becherglas, das mit einem Uhrglas bedeckt wird, und löst den Niederschlag auf dem Wasserbad in 25 ccm „verkehrtem Königswasser". Nach Beendigung der heftigen Reaktion wird die Lösung von einem etwa ungelöst gebliebenen, geringfügigen Rückstand mit Hilfe des Porzellanfilters abgesaugt und in einem Becherglas aufgefangen, wobei man unter Benutzung von Mikrospritzflaschen mehrmals abwechselnd mit heißer Salpetersäure (1 : 1) und heißem Wasser nachwäscht. Das Filtrat verdampft man im Becherglas zur Trockne und raucht den Rückstand drei- bis viermal mit Salzsäure ab. Man löst ihn sodann wieder in 1 ccm Salzsäure und 100 ccm heißem Wasser[2] und wiederholt die Fällung in der gleichen Weise wie früher. Auch das Lösen des Niederschlages wird wie vorhin bewerkstelligt, die Lösung jedoch diesmal nach Einengen in ein kleines Jenaer Becherglas (25 ccm, hohe Form) übergeführt und eingedampft; der Rückstand wird viermal mit konz. Salpetersäure abgeraucht. Dies bedeutet den *Übergang von der Makro- zur Mikromethodik.* Der zuletzt entstandene Rückstand wird in Salpetersäure (1 : 1) gelöst, die Lösung durch ein Porzellanfilterstäbchen in einen Platintiegel von 20 ccm Fassungsraum (S. 67), der zusammen mit einem Platinfilterstäbchen auf 0,1 mg genau gewogen worden ist, übergesaugt und nach Zugabe von 0,15 ccm konz. Schwefelsäure soweit als möglich eingedampft. Hierauf erhitzt man den Platintiegel in der passenden Bohrung eines Aluminiumblockes (S. 71, Abb. 25) bis zum beginnenden Entweichen von Schwefelsäuredämpfen. Nach dem Abkühlen wird mit ungefähr 3 ccm Wasser verdünnt, die Flüssigkeit auf dem Wasserbad bis zur Hälfte eingedampft[3] und erkalten gelassen. Sodann setzt man noch 1,5 ccm Alkohol hinzu und läßt den Tiegel mit dem Niederschlag, gegen Verdunstung des Alkohols geschützt (S. 151), über Nacht stehen. Am nächsten Tage filtriert man den Niederschlag, der zwar alles Bleisulfat, jedoch auch Verunreinigungen anderer Art (z. B. Platin) enthält, mit Hilfe des früher mitgewogenen Platinfilterstäbchens, wäscht drei- bis viermal mit je 0,5 ccm der üblichen Waschflüssigkeit (S. 151) und zuletzt zweimal mit je 0,5 ccm reinem Alkohol. Tiegel und Stäbchen werden im elektrischen Ofen bei 600° geglüht, so daß die Hauptmenge des Platins unlöslich wird, und wieder auf 0,1 mg genau gewogen.

Nun füllt man den Tiegel mit 20%iger ammoniakalischer Ammoniumacetatlösung bis etwa 0,5 ccm unterhalb des Randes und erwärmt 15 Mi-

[1] Einigen Milligramm Platin entsprechend, das als „Schlepper" durchaus erwünscht ist.

[2] In der Regel tritt an dieser Stelle der Analyse völlig klare Auflösung ein.

[3] Dieses Digerieren mit Wasser bezweckt wirksameres Lösen fremder Sulfate.

nuten auf dem Wasserbad, worauf die Flüssigkeit durch das im Tiegel verbliebene Filterstäbchen in ein 50 ccm fassendes Jenaer Becherglas abgesaugt wird. Die Extraktion wird in gleicher Weise nochmals wiederholt und die Flüssigkeit in demselben Becherglas aufgefangen. Sodann wäscht man noch einmal mit Ammoniumacetatlösung nach. Nun engt man die Lösung auf dem Wasserbad auf etwa 5 ccm ein. Tiegel und Stäbchen werden inzwischen getrocknet, bei 600° geglüht und neuerlich gewogen, so daß man die Menge der in Lösung gegangenen Substanz erfährt. Die eingeengte Ammoniumacetatlösung wird im Bechergläschen mit 0,2 ccm konz. Salzsäure angesäuert, mit Wasser auf 10 ccm verdünnt, erhitzt und dann bis zum Erkalten mit Schwefelwasserstoff gesättigt. Dabei bedient man sich eines der Größe des Becherglases angepaßten Mikro-Gaseinleitungsrohres (S. 72, Abb. 27). Das ausgefällte, in der Regel noch verunreinigte Bleisulfid wird mit Hilfe eines Porzellanfilterstäbchens filtriert und mit schwach salzsaurem Schwefelwasserstoffwasser[1] gewaschen. Becherglas und Stäbchen werden auf dem Wasserbad zur Entfernung der Salzsäure getrocknet. Hierauf löst man den Niederschlag im bedeckten Becherglas in Salpetersäure (S. 315) und erwärmt die Lösung einige Zeit auf dem Wasserbad. Sobald keine dunklen Niederschlagspartikel mehr wahrnehmbar sind, wird das Uhrglas abgespült. Die salpetersaure Lösung saugt man unter abwechselndem Nachspülen mit heißer Salpetersäure (1 : 1) und heißem Wasser in einen anderen Platintiegel der vorhin bezeichneten Form über, den man samt einem Filterstäbchen auf der Mikrowaage gewogen hat (erforderliche Gewichtskonstanz mindestens 10 γ). In diesem Tiegel wird die Sulfatfällung in eben der gleichen Weise ausgeführt, wie dies weiter oben beschrieben worden ist, doch werden die Wägungen mit der größtmöglichen Genauigkeit auf der Mikrowaage ausgeführt. Das Bleisulfat wird neuerlich mit Ammoniumacetat extrahiert und der Tiegel samt dem Filterstäbchen zurückgewogen. Man wiederholt nun die beschriebene Umfällung des Bleisulfates solange, bis zwei aufeinanderfolgende Bestimmungen als Sulfat keinen größeren Gewichtsunterschied der Auswaage als höchstens 20 γ ergeben. In der Regel stimmen bereits bei der zweiten und dritten Fällung die Gewichte des geglühten Niederschlages ausreichend überein.

Unumgänglich notwendig sind bei allen derartigen Analysen zumindest zwei parallele Blindbestimmungen des Bleies in der entsprechenden Gesamtmenge der verwendeten Säuren und des Ammoniumacetats. Aus ihrem Eindampfrückstand wird das Blei zuerst mikroanalytisch als Sulfid abgetrennt (S. 315) und sodann wie oben angegeben in Sulfat übergeführt. Selbstverständlich sind bei diesen Fällungen die Volumina entsprechend klein zu wählen.

Die beschriebene Methode wurde mit Erfolg an künstlichen Mischungen (Salzen) überprüft, deren Zusammensetzung derjenigen natürlicher Allanite entsprach.

---

[1] Der Salzsäuregehalt darf nicht mehr als 1 Vol.-% betragen (vgl. S. 335f.).

Sachverzeichnis.[1,2]

[1] Die *kursiv* gedruckten Ziffern beziehen sich auf diejenigen Seiten, auf denen eingehendere Ausführungen über den betreffenden Gegenstand zu finden sind.
[2] Im besonderen Teil („Analysenmethoden") öfter genannte Geräte usw. werden nicht zitiert.

Manzsche Buchdruckerei, Wien IX.

GPSR Compliance

The European Union's (EU) General Product Safety Regulation (GPSR) is a set of rules that requires consumer products to be safe and our obligations to ensure this.

If you have any concerns about our products, you can contact us on ProductSafety@springernature.com

In case Publisher is established outside the EU, the EU authorized representative is:

Springer Nature Customer Service Center GmbH
Europaplatz 3
69115 Heidelberg, Germany

Batch number: 10577896

Printed by Printforce, the Netherlands